이지 남미

멕시코+쿠바

페루·볼리비아·칠레·아르헨티나·브라질

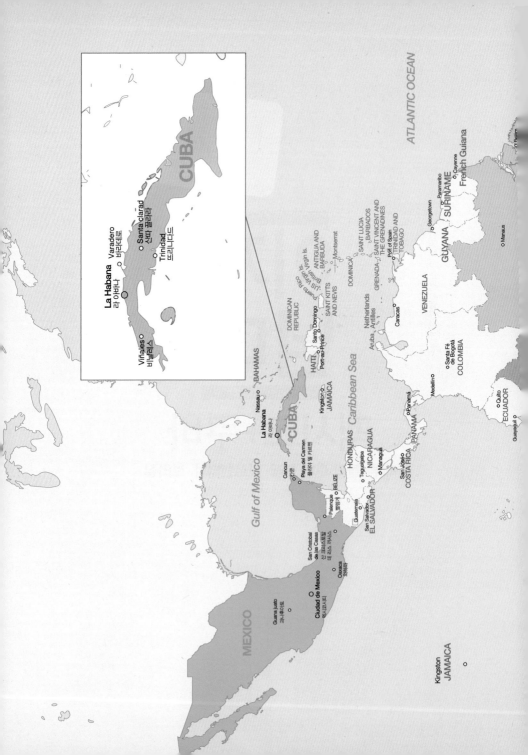

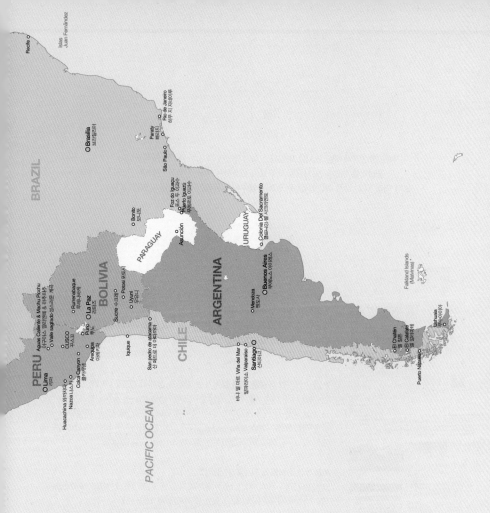

Recife

Islas
Juan Fernández

BRAZIL

Brasília
브라질리아

Rio de Janeiro
히우 지 자네이루

Paraty
빠라찌

São Paulo

Bonito
보니또

PARAGUAY

Foz do Iguaçu
포스 두 이과수

Asunción

Puerto Iguazu
뿌에르또 이과수

Colonia Del Sacramento
꼴로니아 델 사크라멘토

URUGUAY

BOLIVIA

Machu Picchu
마추픽추

Aguas Calientes
아구아스 깔리엔떼 &

Valle sagrado 성스러운 계곡

Rurrenabaque
루레나바께

Potosi 뽀또시

Uyuni
우유니

Buenos Aires
부에노스 아이레스

CUSCO
꾸스꼬

Puno
뿌노

La Paz
라빠스

Sucre 수크레

Mendoza
멘도사

PERU

Huacachina 와카치나

Nazca 나스카

Colca Canyon
꼴까캐년

Arequipa
아레끼빠

Iquique

San pedro de atacama
산 페드로 데 아따까마

Lima
리마

ARGENTINA

CHILE

El Chaltén
엘 찰뗀

El Calafate
엘 깔라파떼

Ushuaia
우수아이아

Viña del Mar
비냐 델 마르

Valparaiso
발빠라이소

Santiago
산띠아고

Puerto Natales

PACIFIC OCEAN

Falkland Islands
(Malvinas)

중남미 전도

일러두기

이 책은 중남미의 핵심 도시를 여행하는 여행자에게 최고의 정보를 제공합니다.
중남미를 여행하는 사람들 대부분이 선호하는 주요 지역을 선정해
보다 의미 있고 알찬 여행이 될 수 있도록 풍부하고 유익한 정보들을 담았습니다.

▶ **최적의 추천 코스를 제시하였습니다.**
효율적인 시내 교통, 쇼핑 시간, 기차 이동 시간, 효과적인 동선 등 도시 정보에
필요한 모든 사항을 고려하여 최적의 추천 코스를 만들었습니다. 이를 토대로
시행착오 없이 주어진 시간 동안 가장 효율적인 여행이 가능합니다.

▶ **쉽고 편리한 여행을 위해 찾아가는 방법을 상세히 설명했습니다.**
이 책이 다른 책과 차별되는 가장 큰 강점은 바로 명소를 찾아가는 자세한 방법
과 효율적인 동선 소개입니다. 최적의 추천 코스와 각 볼거리로 이동하는 방법
을 현장감 있게 구체적으로 설명했습니다. 동선을 따라가면 낯선 도시에서도 헤
매지 않고 시간과 체력을 절약하는 즐거운 여행이 가능합니다.

▶ **볼거리 정보를 보기 편하게 정리했습니다.**
모든 볼거리의 위치, 시간, 요금, 홈페이지 같은 기본 정보를 따로 정리하였으며
책의 바깥쪽에 위치시켜 찾기 쉽고 보기 편하게 했습니다.

▶ **풍부한 여행 경험, 투어 리더 경력을 갖춘 저자 3명의 공동작업입니다.**
각자 수십 차례가 넘는 중남미 여행 마니아이자 최고의 투어 리더로 손꼽히는 3
명의 저자들이 제작 과정에 참여하였습니다. 자칫 주관에 치우치고 전문성이 결
여될 수 있다는 문제점들을 보완하기 위해 끊임없는 회의를 통해 정보의 정확성
과 객관성을 높였습니다.

▶ **팁 박스와 스페셜 / 테마 페이지들을 통해 다양한 읽을거리를 제공합니다.**
효율적인 여행을 위한 노하우들 역시 이 책의 강점입니다. 현지인 조차도 잘 모
르는 여행 팁과 함께 다양한 읽을거리를 제공해 여행을 더욱 풍부하게 합니다.

▶외국어 표기

현지 스페인어 및 포르투갈어 발음을 기준으로 표기했습니다. 많은 사람들이 사용하고 알아듣기 쉬운 현지어를 기준으로 표기했습니다만, 간혹 지명 특성상 영어식 또는 한국식으로 표기한 경우도 있습니다. 표기가 일치되지 않는 부분이 있더라도 양해 바랍니다.

▶숙소 및 레스토랑

예산은 공식 화폐 또는 달러로 표기하였습니다. 호스텔과 레스토랑은 위치와 금액을 고려해 여행자가 이용하기에 무리가 없는 곳으로 선정하고자 노력하였습니다. 이 가운데 일부 지역은 위치와 맛, 가격 등의 변동이 있을 수 있습니다.

▶매년 정보를 업데이트하고 있습니다.

죽은 정보는 과감하게 버리겠습니다. 기한이 지난 정보는 가치가 없다고 판단. 매년 낡은 정보를 업데이트하고 있습니다.

▶다양한 기획 페이지들이 여행을 더욱 풍요롭게 해줍니다.

책에서 다루는 중남미 국가에 대한 베스트 볼거리를 비롯하여 국가별로도 먹거리, 인물. 역사 등을 소개하는 기획 페이지들을 제공합니다.

▶도시 위치와 목차를 한 번에!

국가별 지도 위에 목차를 표기함으로써 도시 위치까지 함께 볼 수 있습니다.

주의사항

남미 대륙은 영업 시간이나. 요금. 버스 스케줄 등이 항상 급변하는 지역입니다.
이 책에 기재된 정보들이 현지를 여행하는 시기의 정보와 다를 수 있으니 유의하시기 바랍니다.

정보 아이콘

 보자! BERN SIGHTS

 사자! SHOPPING

먹자! EATING

 하자! ACTIVITIES

자자! ACCOMMODATIONS

⌂ 주소

Ⓞ open, close 시간

⊙ 요금

⊙ 교통

☏ 전화

지도 아이콘

버스 　　　 지하철 　　　 기차

병원 　　 환전/은행 　　 안내소

화장실 　　 캠핑/산장

Contents

저자 소개

차기열

2003년 중남미와 첫 만남...
지금까지 남미만 바라보고
살아왔다.
한국보다 남미가 이제는 더 편한
사람. 지금은 한국에 체류 中

페루, 볼리비아 집필

강혜원

현재 중남미 및 스페인 지역
프리랜서 투어리더 겸 가이드북
여행 작가로 일한다.
2018 〈이지 남미〉의 멕시코 편을
신규 집필 했으며 단독 저서로는
2018 〈이지 스페인〉이 있다.
whodonethis@gmail.com

멕시코, 칠레, 아르헨티나, 브라질 집필

김현각

아프리카와 아랍 지역에서 주로
일을 해오다 느즈막이 방문한
중남미에서 특유의 매력에 빠지게
되었다. 쿠바 입국을 계획하며
쿠바 정보가 너무 부족함을 알고,
이럴 바엔 책을 써버리자는 만만한
생각으로 덤볐다가 산전수전을
겪었다. 최초로 쿠바 전역을 다룬
여행안내서 〈이지 쿠바〉도 집필
하였다.
cafe.naver.com/cubadiary

쿠바 집필

이지 남미

멕시코+쿠바

페루·볼리비아·칠레·아르헨티나·브라질

중남미의
랜드마크

테오티우아칸 Teotihuacán

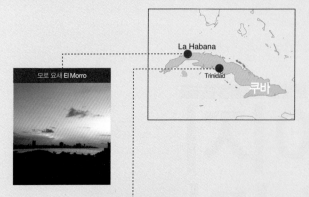
La Habana

Trinidad

쿠바

모로 요새 El Morro

마추픽추 Macchu Picchu

뜨리니다드 Trinidad

유유니 소금 사막 Salar de Uyuni

달의 계곡 Valle de la Luna

페리토 모레노 빙하 Perito Moreno Glacier

또레스 델 파이네 Torres del Paine

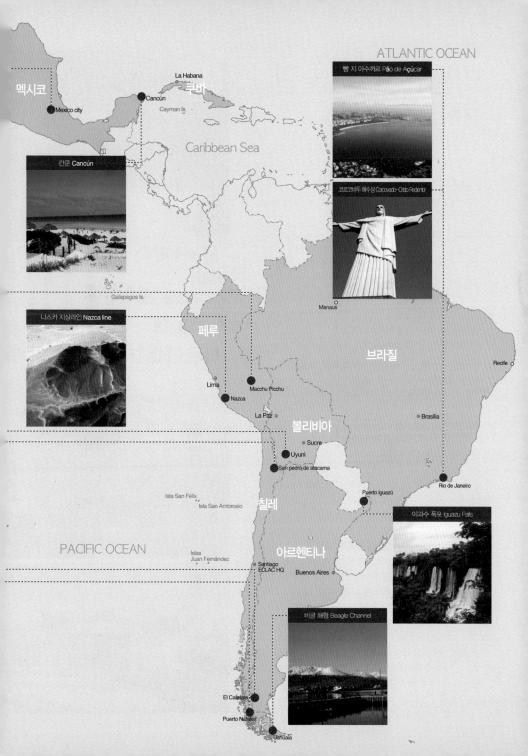

ATLANTIC OCEAN

빵 지 아수까르 Pão de Açúcar

코르코바두 예수상 Corcovado-Cristo Redentor

멕시코
Mexico city

La Habana
쿠바
Cancún

Cayman Is.

Caribbean Sea

칸쿤 Cancún

Galapagos Is.

나스카 지상라인 Nazca line

페루

Lima

Macchu Picchu

Nazca

La Paz

볼리비아

Sucre

Uyuni

San pedro de atacama

Manaus

브라질

Recife

Brasilia

Rio de Janeiro

Puerto Iguazú

이과수 폭포 Iguazu Falls

Isla San Félix

Isla San Ambrosio

칠레

PACIFIC OCEAN

Islas
Juan Fernández

아르헨티나

Santiago
ECLAC HQ

Buenos Aires

비글 해협 Beagle Channel

El Calafate

Puerto Natales

Ushuaia

박물관 & 미술관
Best 10

⑥

⑦

⑧

⑨

⑩

남미의
와인

페루와 볼리비아에서 맛보는 와인

와인으로 유명한 스페인의 영향을 오랫동안 받았기 때문에 남미 또한 와인이 유명하다. 지형적 특성상 칠레와 아르헨티나는 대표적으로 양질의 와인을 생산하는 나라다. 하지만 이 두 나라 외 페루와 볼리비아도 와인을 생산하고 있으며 저렴한 가격에 괜찮은 와인을 즐길 수 있다.

남미에서 가장 오래된 포도원 TACAMA

스페인의 남미 원정과 함께 1500년대 중반부터 시작된 남미에서 가장 오래된 포도원이다. TACAMA는 현재까지 페루를 대표하는 와인으로 자리잡았으며, 와인뿐 아니라 페루를 상징하는 증류주인 피스코도 생산하고 있다.

1822년에 지어진 붉은색의 포도원 벨타워는 TACAMA 포도원의 상징으로 자리잡았다. 오래된 숙성의 맛은 아니지만 저녁식사와 함께 가볍게 곁들이기 좋은 와인이다.

고원에서 생산되는 볼리비아의 와인

ARANJUEZ의 와인이 2012년 남미와인품평회에서 금메달을 수상한 사실을 아는 관광객이 별로 없을 정도로 볼리비아와 와인은 거리가 멀어 보이지만 많은 양의 와인을 생산한다. ARANJUEZ 와인과 더불어 CAMPO DE SOLANA 와인 또한 볼리비아에서 생산되는 와인 중 하나로 가볍게 마시기 좋다.

평균 해발 1,800m에 위치한 Tarija 지역에서 주로 생산되며 고산에서 재배되는 볼리비아의 특성상 와인에 'Vino de Altura(고원 와인)'라고 표기된 것이 인상적이다.

칠레와 아르헨티나 와인

남미 지역 와인의 양대 산맥인 칠레와 아르헨티나. 칠레 마이푸, 카사블랑카 밸리와 아르헨티나 멘도사, 북부의 카파야테 일대에서 양질의 와인이 생산된다. 칠레에서 재배되는 포도 품종 가운데 가장 맛있고 인기있는 것은 카베르네 쇼비뇽. 대중적 와인으로는 까시렐로 델 디아블로, 산타리타 120, 몬테스 알파M 등이 있다. 아르헨티나 멘도사 지역에서 생산되는 말벡은 향이 진하고 강한 것으로 유명하다. 추천 와인으로는 앙헬리카 자파타, 트라피체, 카파야테, 욱스말 등이 있다.

칠레와 아르헨티나 와인 생산지역 연도별 작황

와이너리마다 생산하는 와인 종류마다 그 맛이 다른 것은 사실이지만 같은 와인이라 할지라도 그해 작황에 따라 맛의 차이가 있다.
절대적인 지표가 될 수는 없지만 기본적으로 남미에서 가장 유명한 와인 생산국인 칠레와 아르헨티나 두 나라의 와인 주요 생산지역 별 작황을
알아보는 것도 조금 더 맛있는 와인을 고르는데 도움이 될 것이다.

점수별 작황
94-97 superb 최고
90-93 excellent 훌륭함
87-89 very good 매우 좋음
83-86 good 좋음
80-82 acceptable 괜찮음

숙성도
■ 아직 기다려야함
■ 마실 수 있으나 절정에서 조금 이를 수 있음
■ 마시기 가장 좋음
■ 마실 수 있으나 절정에서 조금 지났을 수 있음
■ 맛이 안 좋아졌거나 마시지 못할 수도 있음
※ Wine Enthusiast 2014 Vintage Chart 참고

나라	지역	분류	2017	2016	2015	2014	2013	2012	2011	2010	2009	2008	2007	2006	2005
칠레	Maipo	Reds	86	83	90	88	90	88	89	88	88	89	95	88	94
	Casablanca/Coastal	Whites	87	85	91	84	88	85	90	90	86	88	93	90	92
	Colchagua	Reds	85	84	90	85	87	88	90	90	87	90	94	88	94
아르헨티나	Argentina/Mendoza	Reds	91	84	85	85	90	87	88	90	89	87	86	93	85

중남미의 맥주

중남미 지역에도 유럽 못지 않게 맛 있는 맥주들이 많다. 여행의 피로를 가시게 할 중남미 각 국의 대표 맥주를 알아보자.

페루

쿠스퀘냐 Cusqueña

이름에서도 알 수 있듯이 페루의 쿠스코를 대표하는 맥주다. 1909년부터 생산된 쿠스퀘냐는 병의 모양 또한 잉카의 수도 쿠스코를 상징하기 위해 잉카의 석조 모양을 본떠 만들었다. 약간 단맛이 나는 이 맥주는 몬데 셀렉션 세계 맥주 품질대회에서 2007년 부터 2012년까지 연속 수상을 할 정도로 그 맛이 뛰어나다.

필센 까야오 Pilsen Callao

1863년에 생산하기 시작한 페루에서 가장 오래된 맥주 중 하나로, 리마에서도 가장 오래된 지역 중 한 곳인 Callo 지역을 대표하는 맥주다. 가볍고 시원한 느낌의 맥주로 페루 서민들을 비롯해 리마 대부분의 사람들에게 많은 사랑을 받고 있다.

크리스탈 Cristal

Backus Y Johnston 양조장이 1922년 생산하기 시작한 페루의 수도 리마를 대표하는 맥주다. 크리스탈이라는 이름에 걸맞게 맑고 깨끗한 맛을 가지고 있어 대중의 입맛을 사로잡았다. 페루 축구 Primera Division 리그의 Sporting Cristal의 공식 후원 업체이기도 한 이 맥주는 2009년 몬드 셀렉션 세계 맥주 품질대회에서 'Silver상'을 수상하기도 했다.

쿠바

부카네로 Bucanero

쿠바의 대중적인 맥주는 부카네로Bucanero다. 이 맥주는 쿠바 동쪽의 Holguin에서 생산한다.

멕시코

코로나

멕시코의 맥주회사인 모델로Modelo가 만든 라거 맥주로 1925년 탄생했다. 코로나는 스페인어로 '왕관Crown'을 뜻한다. 코로나 엑스트라는 특히 멕시코 시장 내에서 판매량 1위 맥주 브랜드로, 현재 전 세계 180여 개국에 수출되고 있다.

브라질

브라흐마 Brahma

브라질 사람들에게 사랑받는 대중적 맥주는 브라흐마다. 브라질뿐만 아니라 아르헨티나에서도 인기가 많다. 톡 쏘는 탄산감과 부드러운 목넘김이 특징이다.

볼리비아

파세냐 Paceña

1877년부터 시작해 볼리비아 맥주 시장의 약 80%를 장악하고 있는 볼리비아 국영 맥주양조장 CBN(Cerveceria Boliviana Nacional S.A.)이 만드는 볼리비아를 대표하는 맥주다. 해발 3,600m 고원에서 만들어지는 맥주라는 독특한 이력을 가지고 있다.

우아리 Huari

파세냐와 마찬가지로 국영 맥주양조장 CBN(Cerveceria Boliviana Nacional S.A.)에서 만드는 볼리비아 맥주로 파세냐와 더불어 볼리비아 사람들이 가장 많이 찾는 맥주다. 잔에 따랐을 때 떨어지는 거품의 양이 아주 적당하며, 아로마가 좋다는 평을 듣는다.

칠레

아우스트랄 Austral

칠레 남부 파타고니아 지역에서만 마실 수 있는 이 맥주는 1896년, 칠레 남부 푼타 아레나스에 정착한 호세 피셔 Jose Fischer라는 독일 브루마스터에 의해 탄생했다. 칼라파테 에일(블루), 파타고니아 페일에일(레드), 야간 다크 에일(블랙), 라거(그린), 또레스 델 파이네 5종류가 있다.

아르헨티나

낄메스 Quilmes

아르헨티나의 국민 맥주 낄메스. 1888년 부에노스 아이레스에서 생산을 시작해 현재 맥주 시장의 75%를 차지하고 있다. 부드러운 맛이 특징이다. 아르헨티나의 대중적인 맥주로는 낄메스 외에도 이센백 ISENBACK 등이 있으며 부에노스 아이레스에서 페일 라거 맥주를 즐기고 싶다면 Patagonia Amber를 추천한다.

비글 Beagle

우수아이아 Fuegian Beverage Company에서 생산되는 크래프트 맥주. 에일, 스타우트, 페일에일 3종류가 있다. 우수아이아를 감싸고 있는 비글 해협에서 이름을 가져왔다. 에일은 진한 오렌지 컬러로 부드러운 목넘김을 느낄 수 있다. 우수아이아에 자체 쇼룸을 갖고 있다.

페르넷 Fernet

페르넷은 맥주가 아니지만 아르헨티나의 대중 알콜 음료로 통한다. 쓴 맛과 함께 강한 아로마향이 감도는 이 음료는 다양한 종류의 허브와 포도원액을 발효해 만든 것으로 검은 병에 든 원액은 알콜 도수만 45도에 이른다. 보통 원액과 콜라를 2:8의 비율로 채운 뒤 얼음을 띄워 마신다. 아르헨티나 20~30대들은 오히려 맥주보다 페르넷을 선호한다. 노란 라벨은 일반, 초록 라벨은 민트향이 있다.

데킬라

위스키, 브랜디와 더불어 세계인들이 가장 즐겨 찾는 독주로 멕시코를 대표하는 술이다.
마르가리타, 프레스카, 페인킬러 같은 칵테일로도 즐기는 이 술의 유래와 술의 등급에 대해 알아보자.

데킬라의 유래

7~8세기 멕시코 지역에 꽃피웠던 아즈텍 문명에서 그 기원을 찾을 수 있는데, 아즈텍 인들은 당시 뿔께(Pulque)라는 이름의 술을 만들어 마셨다. 옥뜰리(Octli)라고도 불리는 뿔께는 아즈텍 문명의 중심이었던 멕시코에서 자라는 난초과 식물인 용설란(Agave=Maguey)즙을 발효시켜 만든 술로, 쌀 혹은 밀을 발효시켜 만드는 우리나라의 막걸리와 비슷하다고 보면 이해하기 쉽다.

알코올이 주는 효과 때문에 당시 이 술은 제사장들이 종교 의식을 치르는 데 주로 사용했으며, 그로 인해 일반인들이 마시는 것을 엄격히 금지했다고 한다. 이후 스페인의 정복자들이 증류 기술을 더해 메스깔(Mezcal)이라는 이름의 독한 증류주를 만들어냈다. 그중 데킬라 마을이 속한 할리스꼬(Jalisco) 주에서 주로 자라는 푸른용설란(아가베 아술, Agave Azul)을 이용해 만든 메스깔에 데킬라라는 이름을 붙여 완성되었다. 그렇다고 해서 데킬라 지역에서 생산하는 모든 메스깔을 데킬라라고 부를 수는 없다.

1978년 법 제정을 통해 지역 및 성분함량 등 '데킬라' 명칭을 사용할 수 있는 까다로운 조건을 만들었다. 할리스코주를 포함해 과나후아토, 나야리트, 미초아칸, 타마울리파스주에서 만드는 것중, 7~10년 자란 푸른용설란만 사용해야하고, 원액 함량이 51% 이상 함유되어야만 '데킬라'라는 이름을 사용할 수 있다. 즉, 데킬라는 법으로 제정한 지역에서 특별한 기준을 가지고 만든 메스깔의 한 종류라고 보면 이해하기 쉽다. 이 데킬라에도 아가베 원액만으로만 만들어진 100% Agave 제품과 아가베 원액 51% 이상과 다른 당류를 혼합한 Mixto 제품으로 나뉜다.

다양한 등급의 데킬라

Blanco(블랑꼬)

숙성시키지 않은 상태로 출하하거나 오크통에서 30일 이하 저장한 것으로 스트레이트로 즐기기 보다는 주로 칵테일용으로 많이 사용한다.

Reposado(레뽀사도)

최소 2개월에서 1년 미만 나무통에서 숙성시킨 원액으로 만든 것으로 가장 대중적으로 접할 수 있는 있는 등급이다. 황금색 혹은 짙은 갈색을 띤다.

TIP 술 안에 벌레가!!!! Gusano

멕시코 여행을 하다 만나는 술을 보면 벌레가 들어가 있는 것들이 있다. 라벨에는 당당히 Con Gusano(벌레 포함)이라고 적혀있는데, 만약 벌레가 들어가 있는 술을 발견했더라도 놀라지 말자. 메스깔 중 일부러 벌레를 집어넣은 술이 있기 때문이다. 용설란에 기생해서 자라는 나방 애벌레를 넣은 것인데, 우연히 술병에 들어간 애벌레가 술맛을 더 좋게 해 이후 일부러 넣어 만들었다는 설이 있고, 에 벌레를 넣어 일정 기간 동안 썩지 않는지 보고 적당한 알코올로 술이 잘 빚어졌음을 확인하기 위함이라는 설도 있다. 자양강장에 좋다는 속설로 마지막 술잔에 애벌레를 넣어 마시는 현지인들도 많다. 단 데킬라에는 애벌레는 절대로 넣지 않는다.

Añejo(아녜호)

600L 이하 작은 나무통에서 최소 1년 이상 숙성 시킨 것으로 고급 등급에 속한다. 이 술부터는 칵테일 보다는 스트레이트로 즐기는 것이 일반적이다.

Extra Añejo(엑스트라 아녜호)

3년 이상 장기 숙성시킨 최고 등급이다. 단 데킬라는 너무 오래 나무통에서 숙성시키면 아가베 특유의 향이 숨겨져 본래의 맛을 잃기 때문에 4년 이하로만 숙성시키는 것이 일반적이다. 물론 11년 숙성시킨 데킬라도 있다.

* Joven Abocado (호벤 아보카도)
이 등급은 믹스토 제품에만 있는 등급으로 좀 더 달고 부드러운 맛을 내기 위해 사탕수수즙이나 카라멜시럽을 더해 만든 등급이다.

증류주
피스코

페루와 칠레에서 생산되는 포도 증류주 '피스코'

페루의 수도 리마에서 2시간 정도 차를 타고 남쪽으로 내려가면 피스코 Pisco라는 항구도시가 나온다. 스페인 사람들이 본국으로 가기 전 반드시 들르는 항구였다. 리마의 까야오 Callao라는 항구가 있지만 그곳에서 바로 본국으로 돌아가지 않고 피스코를 거쳐 간 이유는 먼 여정 동안 마실 포도 증류주를 싣기 위해서였다. 이곳에서 생산하는 술 이름이 항구도시의 이름을 그대로 이용해 피스코라 불리게 됐다.

피스코는 어떤 술?

피스코는 포도 증류주인 블랜디의 한 종류다. 지금으로부터 약 500년 전 스페인 사람들이 페루에서 와인을 마시기 위해 포도를 재배하려 여러 지역을 물색하다 선택한 곳이 피스코 였으며 수많은 실패 끝에 이 지역의 기후와 토질에 맞게 적응한 새로운 백포도 품종 케브란타 Quebranta(길들여진)가 탄생했다. 이 품종을 와인처럼 2주 동안 발효시킨 후 증류해 순수한 알코올만 뽑아낸 증류주가 피스코인데 원래 오루호 Orujo(와인만들고 남은 포도껍질과 씨를 다시 발효 후 증류한 스페인 전통술)를 마시다 브랜디(포도 증류주)의 선호도가 많아지며 만들어지게 됐다. 현재 양조장은 피스코보다 남쪽으로 65km 정도 더 떨어진 Ica 지역에 많은데 500년이 넘는 세월 동안 페루의 기후가 많이 바뀌어 Ica 쪽으로 옮겨갔다고 전해진다.

페루와 칠레의 피스코

몇 년전 국내 공영방송에서도 다룬적이 있을 정도로 페루와 칠레 두 나라간의 '피스코'라는 술의 원조 공방이 치열하다. 칠레가 피스코의 월등한 생산량 및 해외의 인지도를 앞세워 자신이 원조라고 주장하면서 이 공방은 시작되었다. 그러나 페루의 입장에서 볼 때, 칠레와의 전쟁으로 빼앗긴 땅에서 생산되는 피스코를 자신들이 원조라 주장하는 칠레에 불편한 심기를 드러내는 것이 일반적이다. '일본에서 독도가 자기 땅이라고 하는데?'라는 질문을 한국에서 하면 안 되는 것이 불문율인 것처럼 페루에서도 피스코에 대한 원조이야기는 하지 않는 것이 좋다. 페루와 칠레의 피스코는 나라에서 정한 법률 등에 따라 조금 차이가 있다.

페루 피스코

페루는 전통방식을 고수하는데 색깔이나 첨가물이 전혀 없어야 한다. 허용된 8가지 포도 품종 중 케브란타 품종을 가장 많이 이용하며 약 2주간 발효한 와인형태를 증류해 보히따 Bojita라는 항아리에서 숙성시킨 것만을 피스코로 허가하고 있다.

칠레 피스코

지역적 특성상 가장 많이 생산되는 품종인 머스캣 Muscat을 주로 사용한다. 완전히 발효된 와인을 증류해 만들고, 오크통 숙성도 허용되며 희석 및 첨가도 허용하고 있어 완성된 피스코의 색깔도 다양하다.

소고기
부위별 정복

싸고 질 좋은 소고기를 먹을 수 있는 아르헨티나.
하지만 부위별 스페인어 명칭을 모르면 주문에 어려움을 겪을 수밖에 없다.
기본적인 부위별 특징과 명칭을 알고 간다면더 맛있고 즐겁게 스테이크를
즐길 수 있을 것이다.

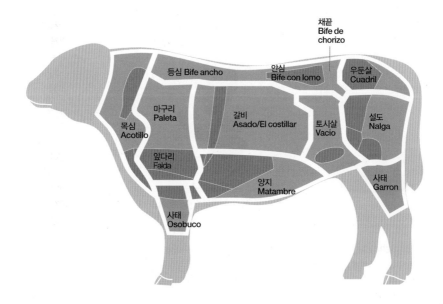

아르헨티나 소고기 역시 소고기의 기본인 등심과 안심이 인기가 많다. 가장 무난한 선택은 등심이다. 채끝 등심인 비페 데
초리소 Bife de chorizo 또는 우리에게 '립아이 스테이크'로 익숙한 꽃등심, 비페 안초 Bife ancho(오호 데 비페 Ojo de Bife라
부르기도 함)를 주문해보자. 안심은 비페 데 로모 Bife de lomo라고 하며 토시살인 바시오 Vacio 역시 인기가 높다.
고기구이 전문 식당인 빠리쟈 Parrilla에서는 기본 부위 외에 LA갈비인 띠라 데 아사도 Tira de asado, 소시지인 초리소
Chorizo, 내장 및 닭고기 등도 맛볼 수 있다. 빠리쟈다 Parrillada는 각종 특수 부위를 그릴에 구워 한 번에 내놓는 것을 뜻하
고 아르헨티나인들이 좋아하는 Asado는 숯불이나 그릴에 갈비뼈 부위를 통째로 굽는 것을 말한다. 고기엔 양념 없이 소금
으로만 간을 하는 것이 일반적이며 치미추리 Chimichurri 소스를 곁들여 먹기도 한다. 스테이크를 주문할 때 레어는 후고소
Jugoso, 미디움 레어는 뽀꼬 꼬시도 Poco cocido, 미디움 또는 미디움 웰던의 경우 통상적으로 메디오 Medio라고 하며 웰
던은 비엔 꼬시도 Bien cocido라고 말한다.

남미의 과일

남미에선 다양한 열대 과일을 맛볼 수 있다. 재래시장과 마트에서 만날 수 있는 과일들은 넓은 대륙을 여행하며 지친 여행자들에게 활력을 준다.

❶ 아사이베리 AÇAI BERRY

'아마존의 보랏빛 진주'로 불리는 아사이베리는 브라질의 아마존 지역이 주 원산지이지만 볼리비아의 정글에서도 많이 생산된다. 항산화 기능, 항염증 효과, 콜레스테롤 조절에 탁월한 효능을 가진 것으로 알려져 있다.

❷ 아세로라 ACEROLA

브라질과 볼리비아가 주원산지인 아세로라는 비타민C가 많이 함유된 과일로 직접 먹기는 어렵지만 다른 과일과 혼합해 주스로 마신다. 재래시장에 가면 아세로라가 함유된 주스를 많이 판다.

❸ 카카오 CACAO

초콜릿의 원료인 카카오가 볼리비아에서 많이 난다는 사실을 아는 사람은 많지 않다. 라파즈나 수크레의 경우 이 카카오를 이용한 다양하고 고품질의 초콜릿을 파는 상점이 많다.

❹ 카람볼라 CARAMBOLA

스타후르츠로 잘 알려진 이 과일은 부드러운 신맛을 가지고 있어 샐러드 및 주스의 재료로 많이 쓰인다. 신부전증이 있는 사람에게는 맞지 않는 과일로 알려져 있다.

❺ 치리모야 CHIRIMOYA

생긴 것과 달리 하얀 속살의 맛은 상당히 달다. 잘 익은 치리모야의 달콤함은 상상 이상이다. 브라질과 볼리비아에서는 치리모야 맛 아이스크림이 인기가 좋다. 딱딱한 것을 구입하는 것보단 만져봤을 때 말랑말랑한 것을 고르는 것이 잘 익은 치리모야를 구입하는 방법이다.

❻ 아차차이루 ACHACHAIRÚ

볼리비안 망고스틴으로 불리는 이 작은 과일은 신 오렌지 맛이 나며 매년 1월이 제철이다.

❼ 귀네오 GUINEO

아주 작은 바나나 귀네오는 과테말라에서는 작은 금덩어리라는 뜻으로 'Oroito'라고도 불리며 바나나 종류 중 가장 높은 당도를 자랑한다. 특히 바나나빵을 만드는데는 Guineo가 좋다.

❽ 마라쿠야 MARACUYÁ

이 과일은 겉껍질을 까면 마치 개구리 알처럼 점도가 높은 물질이 씨앗을 덮고 있는데 이것을 먹는 과일이다. 신맛과 동시에 단맛도 가지고 있어 그냥 먹기도 하고 특히 주스로 많이 마신다. 100일 갓 지난 아기에게도 먹일 만큼 독성이 없는 과일로 알려져있다.

❾ 카키 KAKI

우리나라 단감을 남미에서도 만날 수 있다. 떫은 맛이 좀 많이 날 경우도 있으므로 최대한 익은 것을 구입하는 것이 좋다.

❿ 파카이 PACAY

거대한 콩처럼 보이지만 껍질을 벗겨 흰 속살을 먹으면 달콤한 맛이 난다. 재래시장 등에서 손쉽게 만날 수 있다. 커다란 검은 씨는 먹는 것이 아니다.

⓫ 팔타 PALTA

아보카도로 알려진 과일로 조금 느끼한 버터맛이지만 피부미용과 변비에 탁월한 효과가 있는 것으로 알려져 있다. 소금을 뿌려 먹으면 느끼한 맛이 덜하다. 빵을 먹을 때 팔타를 으깨 소금과 함께 곁들여 얹어 먹는다. 바로 먹으려면 초록색보다는 말랑말랑한 검정색 팔타를 고르면 바로 먹을 수 있다.

⓬ 멜론 페루아노 MELÓN PERUANO

페루에서는 Pepino Dulce(단 오이)라고도 불리며 페루가 원산지 이지만 볼리비아에서도 많이 난다. 약간 단맛을 가지면서 과즙이 풍부하며 칼로리가 거의 없기 때문에 남미에서는 이 과일을 다이어트 음식으로 애용한다.

⓭ 파파야 PAPAYA

남미 전역에서 흔히 볼 수 있는 열대과일이다. 주홍빛이 많이 도는 파파야를 고르면 맛이 좋다.

⓮ 툼보 TUMBO

마라쿠야의 한 종류이며 신맛이 강해 그냥 먹기보다는 설탕 등 단맛을 혼합해 주스로 많이 마신다.

⓯ 뚜나 TUNA

선인장 열매인 뚜나는 볼리비아와 페루에서 가장 많이 나는 과일 중 하나로 과육에 박힌 씨앗은 단단하지만 맛이 아주 달다. 빨간색 뚜나와 초록색 뚜나가 일반적인데 껍질에 잔가시들이 많으므로 만지지 말고 길거리에서 까주는 것을 사먹는 것이 좋다.

⓰ 멤브리요 MEMBRILLO

커다란 사과같이 생긴 이 과일은 향은 녹색 사과의 향이 나지만 맛은 거의 없다. 하지만 이것으로 만든 잼(Dulce de Membrillo)은 독특하고 맛이 좋아 사람들이 많이 찾는다. 멤브리요 잼은 대부분 양갱같은 블록 형태로 판매한다.

책을 내면서...

우리나라에서 가장 먼 대륙. 지구 반대편까지 날아가야 하는 중남미는 그간 많은 여행자 사이에서 '꼭 한 번쯤 가보고 싶은' 미지의 여행지이자 꿈의 여행지로 많은 사랑을 받아왔습니다. 점차 매스컴을 통해 알려지고는 있지만 아직 중남미 지역에 대한 정보와 여행안내서가 부족한 것이 현실입니다. 여행의 준비 단계에서부터 인터넷 정보에 의존하다보니 현지에서 시행착오를 겪게 되는 경우도 더러 있습니다. 이러한 문제점을 해결하고자 중남미 지역 전문가들이 힘을 뭉쳤습니다.

〈이지 남미〉는 중남미를 처음 여행하는 초보 배낭여행자가 목적지까지 안전하게 도달할 수 있도록 상세한 설명과 함께 실용적인 정보를 제공하려 노력했습니다. 이 책을 만들기까지 우리는 처음 여행을 시작하는 사람의 마음을 잃지 않으려 했습니다. 다시 배낭여행자가 되어 갔던 곳을 다시 가고, 와이파이가 터지지 않는 곳에서도 충분히 우리 책만으로 즐거운 여행을 할 수 있을지 고민하고 또 고민했습니다. 더불어 이 책에 실린 모든 정보는 저자가 발로 뛰어 얻은 소중한 정보들로 어떠한 광고나 협찬 없이 진행하였음을 알려드립니다.

막상 책이 출간된다고 하니 설렘보다 두려움이 앞섭니다. 우리는 시시각각 변하는 중남미의 특성상 '다르다'라는 말은 들을 수 있을지라도 '틀리다'라는 말은 듣지 않도록 노력했습니다. 물론, 급변하는 지역적 특성상 환율 및 가격, 위치 변동 등 책에 포함된 정보가 독자분들의 여행을 따라가지 못해 실망하는 경우가 있을 수 있습니다. **수정이 필요한 부분은 개정 때 반영할 수 있도록 최선을 다하겠습니다.**

알면 알수록 빠져들 수밖에 없는 곳이 바로 중남미입니다. 이 책을 통해 막연히 어렵다고 느꼈던 중남미여행이 조금 더 쉽고 재미있어지기를 바라는 마음을 담아봅니다. 독자 여러분들이 다양한 경험과 문화 체험을 통해 좋은 추억을 만들 수 있기를 바랍니다.

이 책을 출간을 위해 힘써 주신 이지앤북스 송민지 대표님, 한창수 이사님 그리고 잦은 원고 변경과 디자인 수정에도 애써주신 김영광 디자이너님, 강제능 에디터님, 오대진 에디터님께 깊은 감사를 드립니다.

2020년 1월 저자 일동

준
비
편

남미 여행에 대한 이해

남미 대륙은 우리가 상상하는 것보다 훨씬 거대하다. 이 책에서 소개하는 남미 5개 나라 중
가장 작은 나라에 속하는 칠레가 우리나라보다 약 7.5배가 크며, 브라질은 세계에서 5번째로 큰 나라다.
실례로 아르헨티나의 수도 '부에노스 아이레스'에서 남부 파타고니아의 작은 관광도시 '엘 깔라파테'를 가려면
비행기를 타고 3시간 30분을 날아가야 한다. 그만큼 어마어마한 몸집을 자랑하는 나라들로 구성돼 있다.
또한 우리나라에서 접할 수 없는 해발 5,000m 이상의 고지대부터, 방송으로 익히 접한 아마존 지역,
세계에서 가장 건조한 아따까마 사막 등 참으로 다양한 기후와 지역들이 남미 대륙 안에 들어있다.
때문에 남미 여행을 준비하려면 무엇보다 먼저 각 여행지에 속한 지형과 그 지형에 따른 기후에 대한
이해가 뒷받침 돼야 여행 준비 하는데 기본적인 맥락을 잡을 수 있을 것이다.

온대기후

우리나라와 비슷한 기후인 온대기후는 칠레의 중부 이남 지역과 아르헨티나에 해당한다. 칠레, 아르헨티나, 브라질까지 우리나라와 반대의 절기를 갖는다. 대표적인 도시로는 산티아고, 발파라이소, 라 세레나, 부에노스 아이레스, 히우 지 자네이루, 멘도사, 몬테비데오 등이 있다.

고산기후

남미 대륙에 길게 뻗은 안데스 산맥 지역에서 나타난다. 고산지역의 특징은 낮에 따뜻하고 햇볕이 강한 반면, 해가 떨어지면 추운 날씨를 보이므로 큰 일교차에 대한 대비가 필요하다. 남미 대부분의 유명 여행지가 고산지대에 속하는데, 우유니 소금사막은 4,000m 이상의 지역을 넘나드는 여

행코스로 고산증세 및 기타 준비들이 필요하다. 이런 고산지대는 페루, 볼리비아, 에콰도르, 칠레, 아르헨티나 등 안데스 산맥에 위치한 남미 국가가 포함된다.

해안사막기후

남미 대륙에서 안데스 산맥 서쪽 태평양 쪽의 해안지대로 폭은 약 40~50km, 길이는 3,000km다. 페루를 중심으로 칠레 북부까지 뻗어있는 해안 사막지대를 가리키며 연평균 20도로 일년 내내 거의 비가 내리지 않는다. 페루 이까의 모래사막과 수수께끼 그림 나스까 라인, 구리광산으로 유명한 칠레 북부 지방을 볼 수 있다. 대표적인 도시로는 나스까, 피스코, 리마, 이까, 아리까, 이키께, 산 페드로 데 아따까마 등이 있다.

한대기후

남미대륙 남위 40도 이남의 땅 파타고니아 지역이 대표적이다. 안데스 산맥을 사이에 두고, 안데스의 서쪽인 칠레 파타고니아는 피오르드로 복잡한 해안선과 산, 호수 및 빙하 등 변화가 많다. 아르헨티나 쪽은 건조한 바람만이 태평양에서 들어와 키 작은 풀이 무성한 팜파스 평야지대이다. 이 지역은 바람이 많고 빙하 하강풍이 불어 1년 내내 추운 겨울의 날씨다. 따라서 여행 성수기에 방문하더라도 겨울처럼 춥다. 대표적인 도시로는 지구 최남단의 우수아이아, 또 레스 델 파이네 국립공원이 있는 푸에르토 나탈레스, 모레노 빙하로 유명한 엘 깔라파테, 아르헨티나의 스위스로 불리는 바릴로체 등이 있다.

열대우림기후

아마존 강 유역(적도 지역)으로 우리가 흔히 알고 있는 아마존을 가리킨다. 강한 일사로 인한 스콜이 내리며 연중 많은 비가 내린다. 특히 햇빛이 큰 나무들에 가려 습기가 많은 것이 특징이며, 모기 및 각종 벌레들이 많으므로 그에 맞는 여행 준비가 필요하다. 브라질, 콜롬비아, 볼리비아, 페루, 베네수엘라 등 남미 국가 대부분의 지역에 열대우림이 분포 되어 있다. 대표적인 도시로는 푸에르토 말도나도, 마나우스, 벨렘, 이키토스, 리오 브랑코 등이 있다. 해가 떨어지면 추운 날씨를 보이므로 큰 일교차에 대한 대비가 필요하다. 고산지대는 페루, 볼리비아, 에콰도르, 칠레, 아르헨티나 등 안데스 산맥에 위치한 남미 나라가 포함된다.

준비편

패키지여행 vs 단체 배낭여행 vs 자유여행

패키지여행

남미 대륙을 빠른 시간 동안 많이 볼 수 있는 여행 방법이다. 사실 짧은 기간 동안 많은 도시를 방문하는 특성상 여행이라기 보다는 관광에 가깝다고 할 수 있다. 대륙 특성상 한국에서 남미까지의 이동시간이 길고, 남미 대륙 내에서의 비행기 이용 횟수도 많아 요금이 타 대륙에 비해 상당히 비싸다. 한 여행사에서 팀을 모아 출발시키기엔 아직까지 수요가 적기 때문에 항공사가 주최가 되어, 여행사가 공동으로 모객하는 형태의 항공사연합상품을 주로 이용하게 된다. 다만 하나투어 등 큰 여행사의 경우는 단독으로 진행하는 상품도 있다. 대한민국에서 남미까지의 직항 노선이 없으므로 대부분의 여행상품이 남미와 가깝고 직항 노선이 많은 미주 대륙을 거쳐 남미로 들어간다. 때로는 유럽을 통해 들어가는 상품도 출시되고 있다.

대한민국 대표 연합상품 3사

① **라탐항공그룹** 라탐항공그룹은 우리나라에 들어오지 않는 오프라인 항공사지만, LAN Airlines, TAM Airlines을 운영하며 남미 내 가장 다양한 노선을 가지고 있다. 오랫동안 명맥을 유지하고 있는 전통 있는 남미 여행상품이다.

② **대한항공연합** L.A를 거쳐가지만 브라질의 경제 도시 상파울루까지 직항을 보유한 유일한 국적기 항공이다. 저렴한 여행상품보다는 소수인원으로 출발 할 수 있는 여행상품을 주로 다루고 있다. 조금 비싸더라도 여유로운 관광을 원하는 사람들에게 적합한 상품이다.

③ **아시아나연합** 마찬가지로 미주를 거쳐 남미로 들어가는 연합여행상품이다. 미주 지역의 연계상품 등 조금 더 다양한 형태의 여행상품들을 다루고 있다.

단체 배낭여행

과거 대한민국에 인도 배낭여행 붐이 일어난 때가 있었다. 기존 패키지여행사와는 전혀 다른 형태의 여행 방법을 제시한 단체 배낭여행사들이. 도시만 찍고 돌아오는 패키지여행이 아닌 새로운 여행 방법을 제시했다. 단체로 여행하되 전문화된 인솔자가 여행 팀을 이끌며 그 안에서 스스로가 음식도 사 먹고, 교통편도 예약하며 여행의 본질적인 자유를 부여했다. 많은 정보를 수집하고 준비해 떠나기엔 시간적 여유가 없는 사람들, 혹은 혼자서 가기에는 아직 두려움이 앞서는 사람들이 그 대상이었으며 큰 성공을 거뒀다. 이러한 단체 배낭여행 형태를 남미 대륙에 접목시켜 출발시키는 여행사들이 몇 개 있다. 앞서 말한 몇 가지 이유로 홀로 떠나지 못하는 사람들, 그렇지만 패키지여행을 선택하기 싫은 사람이라면 남미 단체 배낭여행을 생각해봐도 괜찮을 것 같다.

남미 단체 배낭여행을 주로 다루는 회사들

여행마법사 www.wiztravel.co.kr
오지투어 www.ojitour.com
인도로가는길 www.india.co.kr
아미고투어 www.amigotour.co.kr
남미사랑 cafe.naver.com/nammisarang
작은별여행사 www.smallstartour.com
여행꾼 tourkun.com
빛나는여행 www.shinytravels.com

자유여행

남미 여행을 자유여행으로 간다는 것은 도전일 수 있다. 영어가 잘 통하지 않고 지역 정보는 타 지역에 비해서 상대적으로 적다. 치안 역시 타 지역에 비해 좋지 않음은 분명하기 때문이다. 하지만 이러한 지역적 현실을 출발 전 미리 염두하고 준비해 떠난다면, 분명 남미 여행은 그 어떤 나라의 여행보다 자유롭고, 다채로우며, 기억에 남을 만한 여행이 될 것이다. 이미 상당수의 여행자들이 남미 여행에 대한 막연한 두려움을 뛰어넘어 여행했다. 그들이 돌아와 극찬하는 이유는 분명히 있다.

준비편

자유여행 준비 6개월 전부터

미리 말했듯이 상대적으로 자유여행을 하기 어려움이 있는 지역인 만큼 준비를 철저히 해야
남미 여행을 하는데 있어서 어떤 상황이 닥치더라도 헤쳐나갈 수 있을 것이다.

기간 및 여행 국가 정하기, 그에 따른 IN-OUT 항공권 구입

South America
D-180

남미 대륙에는 총 13개국이 존재하며, 나라의 크기들이 상당하므로 반드시 가능한 여행 기간을 정하고, 그에 따른 여행 국가를 정해야 할 것이다. 자유여행의 특성상 여행 기간 동안 방문하는 도시 및 나라가 바뀔 수 있으나 대략적이라도 첫 나라와 마지막 나라를 정하는 편이 도움이 된다. 첫 나라와 마지막 나라가 정해졌다면 그에 따라 항공권을 구입하도록 한다. 6개월 전이면 저렴한 항공권을 구입할 수 있는 확률이 아주 높은 시기이기도 하지만, 너무 싼 항공권은 출발지 및 날짜 변경이 발권 후엔 불가능할 수 있으므로 항공권 구입 전 조건을 확실히 알아보고 구입하자.

정보 수집 및 여행 루트 계획

자신의 체력과 여행 기간을 기준으로 여정을 짜보자. 남미전문 여행카페 등에 가입해 각종 정보를 수집하고, 여행을 다녀온 여행자가 올린 블로그의 후기들을 상세하게 살펴보며 자신의 여행일정에 대입시켜보자. 반드시 보고 싶은 커다란 여행지 위주로 며칠의 여유를 두고 동선을 짜기 시작하자. 나머지 세세한 여행지들은 미리 메모를 해두고, 실제로 여행하며 채워나가는 편이 좋다. 남미여행은 대륙이 크기 때문에 교통편 하나를 놓치면 하루를 그대로 날리기 십상이다. 빡빡하게 일정을 짰다가 교통편이나 현지 상황으로 인해 일정이 틀어진다면 곤란해지므로 반드시 여유 있게 일정을 짜도록 하자.

예방 접종 및 각종 서류 준비

A형 간염 등 각종 예방 접종이 필요하다면 미리 맞아 두는 편이 좋다. 특히 볼리비아가 여행지에 포함된 경우 현지에서 비자를 받아 입국하기 위해서는 '황열병 예방접종증'이 반드시 필요하므로, 반드시 접종 후 접종증을 챙기도록 하자. 관광지 입장 시 할인 혜택을 받을 수 있는 국제학생증 및 국제운전면허도 필요하다면 미리미리 준비하자.

배낭 등 준비물 구입 및 체크

캐리어가 아닌 배낭을 짊어지고 여행할 여행자라면, 반드시 배낭은 직접 매어보고 구매하자. 아무리 좋은 배낭도 자신의 몸과 맞지 않다면 여행 내내 고생한다. 조금 불편하더라도 인터넷에서 구입하지 말고 직접 발품을 팔아 메어보고, 수납공간도 꼼꼼히 체크하여 구입하자. 특히 전기제품 등은 남미 현지에서 구입하기 힘들거나 상당히 비싼 값을 줘야 살 수 있는 것들이 많으므로 미리 준비하자.

본인의 건강 상태 유지

대부분의 남미 여행이 장기 여행인 만큼 출발 한 달 전부터는 스스로의 몸 상태를 체크해 장기 여행에 대비하는 편이 좋다. 선천적으로 지병이 있어 약을 복용해야 하는 경우 병원에 방문해 여행 기간 동안 복용할 약을 미리 준비해 놓는 편이 바람직하다.

환전 및 국제현금카드 준비

남미는 나라마다 쓰는 돈이 다르지만 기본적으로 미국 달러를 가져가 여행하는 나라에서 쓸 만큼 그 나라 화폐로 환전해 사용하는 것이 일반적이다. 따라서 한국에서의 출발 일주일 전 미국 달러로 경비를 환전하도록 하자. 여행 기간 중 환전할 돈이 많다면 국제현금카드를 동시에 미리 준비해 여행 비용을 입금해 놓는 편이 바람직하다.

3시간 전 공항 도착 필수

출발일이다. 손은 여권과 항공권을 들고 있어야 하며, 등 뒤 혹은 다른 한 손에는 여행할 동안 함께 할 짐이 있어야 한다. 비행기 출발 시간보다 적어도 3시간 전에는 공항에 도착하는 편이 좋다. 보통 2시간 30분 전에 체크인 수속을 시작하지만, 그전에 미리 부칠 짐을 다시 한 번 점검하고 체크하는 편이 바람직하다.

여권 만들기

외국으로 여행을 떠나기 위해 꼭 필요한 것이 여권이다. 국내에서 주민등록증이 나의 신분을 증명해 주듯
외국에서는 여권이 나의 신분을 증명해 준다. 일반인들에게 여권은 단수여권과 복수여권이 있는데,
복수여권은 5~10년 동안 사용이 가능하고 단수여권은 한 번만 사용할 수 있다.
외교부 여권과 www.passport.go.kr

구비 서류

여권 발급 신청서
외교부 여권과 홈페이지의 [민원서식] 메뉴에서 다운로드
할 수 있으며, 여권 업무가 가능한 (여권 업무를 하지 않는
곳도 있다.) 구청, 시청, 도청의 여권과에도 구비되어 있다.

여권용 사진 1매
사진관에서 찍을 때는 여권용 사진이라고 말하면 된다. 각
자가 찍을 경우에는 반드시 여권용 사진의 조건에 맞춰야
한다. 즉, 가로 3.5cm, 세로 4.5cm인 6개월 이내 촬영한 천
연색 상반신 정면 사진으로 머리의 길이 (정수리부터 턱까
지)가 3.2~3.6cm이어야 한다. 사진 바탕은 반드시 흰색이
어야 하며 귀를 보이게 한다. 얼굴 윤곽도 뚜렷이 나와야
하고 어깨선은 수평되어야 한다. 모자나 선글라스 착용 금

지, 안경을 쓴 경우 눈동자가 보여야 하고 조명에 의한 적
목현상이 있어서는 안 되며 컬러렌즈를 착용하면 안 된다.
전자여권은 1매, 사진 부착 여권의 경우에는 사진이 2매 필
요하다.

신분증
사진이 부착되어 있는 주민등록증 또는 운전면허증, 공무
원증, 군인신분증

병역관계 서류
25~37세 병역 미필 남성은 국외여행허가서가 필요하며,
18~24세 병역 미필 남성은 서류가 필요없다.

수수료

구분	성인(10년)	미성년자		단수(1회용)
		만 8세 이상~ 만 18세 미만	만 8세 미만	
48면(일반여권)	5만3,000원	4만5,000원	3만3,000원	2만 원
24면(알뜰여권)	5만 원	4만2,000원	3만 원	

발급 절차

전국의 236개 여권사무 대행기관에서 신청할 수 있다. 대행기관은 서울시 25개 모든 구청, 경기도 28개 시청 등 각 지역의 시청이나 구청, 군청, 도청이다. 본인의 거주지나 주민등록지 관할에서만 해야하는 것이 아니라 가까운 곳에서 신청하면 된다. 다만, 반드시 본인이 신청해야 한다(18세 미만 미성년자와 질병, 장애, 사고 등의 특수한 경우에만 대리신청 가능).

구비 서류를 준비해 가서 여권을 신청하고 나면 여권 접수증을 준다. 접수증에는 여권을 수령받을 날짜와 창구번호, 그리고 여권수령 시 지참물이 안내되어 있다. 여권을 수령하러 갈 때에는 반드시 신분증과 접수증을 지참해야 한다. 발급 소요기간은 보통 4~5일(영업일 기준)이다. 직접 수령이 어렵다면 대리인 또는 등기 서비스도 가능하다.

준비편

비자 VISA 만들기

여권과는 별개로 각 나라간 협약에 따라 방문 전 VISA를 요구하는 나라들이 남미에도 있다.
아래표를 참고하도록 하자.

국가명	관광비자	비용 및 참고사항
콜롬비아	90일 무비자	
베네수엘라	90일 무비자	입국 시 황열병 예방접종증 확인하는 경우 있음
기아아나	30일 무비자	
수리남	90일 무비자	
에콰도르	90일 무비자	추가 체류 신청 시 90일 연장 가능
페루	90일 무비자	
볼리비아	비자 필요	국내 소재 주한볼리비아대사관(www.embolcorea.com)에서 무료로 발급 가능. 공항 도착 비자 약 USD100, 중남미 각국 볼리비아 영사관에서 발급 가능
브라질	90일 무비자	황열병 예방접종증 확인하는 경우 있음
칠레	30일 무비자	
아르헨티나	90일 무비자	
파라과이	90일 무비자	
우루과이	90일 무비자	
멕시코	90일 무비자	
쿠바	비자 필요	입국 전 여행자카드(Tarjeta del turista) 구매 필요. 에어캐나다항공의 경우 여행자카드 포함. 국내 글로벌그린여행사에서 구매 가능(2018년 7월 현재 4만7,000원+ 등기 수령 시 등기비 별도)

※볼리비아 비자 발급 받는 방법 (p.184 '남미에서 볼리비아 비자발급 총정리' 참고), 쿠바 비자 발급 방법(p.680 '쿠바 비자' 참고)

남미 배낭여행 일정 짜기 해법

남미 배낭여행의 일정을 짜는 데는 스스로 정한 여행 기간과 방문 국가, 그리고 여행 형태에 따라 천차만별로 나뉜다.
하지만 일정을 짜기 전 반드시 두 가지만 체크하자! 그러면 일정 짜기가 아주 조금은 수월해 질 것이다.

남미 여행은 반드시 고산지역을 염두하고 짜되, 우유니 소금사막을 고산지역의 중심 포인트로 삼아라

볼리비아는 남미 5개국 중 가운데에 위치하고 있어 루트를 짤 때 항상 일정 중간에 끼게 되는 나라다. 게다가 주요 방문 지역 거의 전부가 **해발 3,000m 이상의 고산지대**다. 99.9%의 여행자가 볼리비아를 여행하는 이유는 우유니 소금사막을 보기 위해서라고 해도 과언이 아니다. 고산지역임에 유의해서 루트를 짜자.

칠레에서 볼리비아로 넘어가는 우유니 투어 루트를 보면 투어 출발한 지 3시간 만에 해발 5,000m 고지로 이동하게 된다. 고산 경험 및 적응이 안 된 상태에서 이 일정대로 투어를 출발하게 된다면 아주 위험한 여행 루트다. 고산은 병이라 단정할 수 없지만 뇌에 산소가 부족하여 여러 가지 안 좋은 증세로 나타나며, 심지어 목숨도 앗아갈 수 있는 위험한 증상이다. 따라서 위 루트를 피해 조금이라도 고산에 적응하며 이동하기 위해서는 반대 여정으로 일정을 짜야 한다.
※ p.78 고산병 파헤치기 참고

거의 모든 단체 배낭여행사의 남미 여행상품이 북쪽인 페루 리마에서 출발해 남쪽으로 이동하는 이유가 바로 이 때문이다. 반드시 여행하는 지역의 해발고도를 확인 후 고산지역에 적응해가는 여행 루트를 짜도록 하자.

칠레에서 볼리비아로 〈우유니 소금사막 2박 3일 one-way tour 일정〉

산 페드로 데 아따까마(2,500m)에서 우유니 2박 3일 투어 시작 → 히토 카홍 Hito cajon(4,300m) → 솔데 마냐나 Sol de manana(5,000m) → 라구나 콜로라다 Laguna colorada(4,300m) → 산후안 Sanjuan(4,000m) → 살라르 데 우유니 Salar de uyuni(3,800m) → 우유니 시티 Uyuni city(3,800m)

여행하는 시기의 기후를 파악해라

남미 대륙을 여행하는 동안 여러 기후대를 만나게 되는데, 아래 세 지역의 기후는 일부 기간 동안은 들어가기 힘들거나 반대의 계절과 비교해 여행에 제한이 있을 수 있다. 여행하는 시기에 맞춰 아래 세 지역들의 기후를 파악한 뒤 동선을 짜자.

1. 볼리비아 우유니 소금사막의 건기와 우기

남미 여행의 하이라이트라 불리는 볼리비아 우유니 소금사막의 경우 1~2월이 극우기에 해당한다. 소금사막에 비가 와 거울처럼 변한 풍광 때문에 이 시기에 방문하는 여행자가 많지만, 많은 비로 소금사막에 위치한 물고기섬 등 방문할 수 있는 지역이 제한 될 수도 있음을 명심하자. 또한 타 도시에서 육로로 이동하는 경우 1~2월 우기엔 길이 유실돼 이동시간이 계획한 것보다 늘어나거나 심지어는 하루를 날려버리는 경우도 허다하다. 반대로 7~8월의 경우는 건기에 해당해 이동이나 소금사막 구경의 제한은 상대적으로 덜 한 편이며, 동시에 겨울에 해당하기 때문에 밤에는 기온이 영하로 내려갈 정도로 상당히 춥다. 또한 1~2월 우기의 우유니의 밤도 상당히 춥기 때문에 소금사막 여행에는 두터운 겨울 복장을 준비하는 것은 필수다.

2. 쿠바의 허리케인

최근 몇 년 9~10월간 쿠바 동부 지역에 허리케인의 피해가 심각했다. 많은 여행자들이 방문하는 산띠아고 데 꾸바나 바라꼬아 지역은 특히 피해가 심했기에 앞으로 동기간의 여행 안전성을 보장하기 힘든 상황이다. 가급적 일정을 조정하고, 9~10월 쿠바 입국이 불가피하다면 동부 지역은 피하는 것이 좋겠다.

3. 아마존 정글 지역의 우기

1~2월 아마존 정글 지역은 우기다. 육로 이동을 하는 지역의 경우 길이 유실되어 많은 시간을 도로에서 보내야 하는 일이 생기기도 하며, 많은 비로 인해 가뜩이나 힘든 아마존 관광이 더욱 힘들어지는 계절이기도 하다. 아마존 관광은 이 시기를 피해 일정을 짜도록 하자.

4. 파타고니아 지역의 겨울

엘 깔라파테, 우수아이아, 바릴로체 등 파타고니아 한대기후에 속한 지역은 6~8월 건기에 아주 많은 눈이 내릴 정도로 춥다. 모레노 빙하트레킹은 이 시기에 운영을 하지 않으므로, 빙하트레킹을 염두한 여행자라면 이 시기를 피해야 하며, 여행코스에서 배제해 동선을 짜는 것도 고려해야 한다.

남미 5개국 배낭여행 계절별 추천 루트

남미 여행을 하는 데에는 정답이 없지만, 계절과 지형 등을 고려해 몇 가지 추천 루트를 제시해본다.
항공 이동은 최대한 배제했으며, 고산 적응을 위해 북에서 남으로 이동하는 것을 기준으로 잡았다.
제시한 일정은 꼭 봐야 하는 지역과 지역 간 이동을 그 나라 대중교통의 시간대를 참고해 만들었다.
따라서, 스스로의 기간과 예산, 보고자 하는 지역을 고려해서 아래 일정에 가감하면 좋겠다.

페루/볼리비아 핵심 12일 (직장인 및 시간이 부족한 여행자들을 위한 일정)

일자	여행지	투어 및 비고	숙박
1	인천–리마	항공 이동	리마 1박
2	리마–이까	이까 석양 버기 투어	이까 1박
3	이까–나스까–리마	나스까 경비행기 투어	리마 1박
4	리마–꾸스꼬–아구아스 깔리엔테	항공 이동+차량+기차 이동	아구아스 깔리엔테 1박
5	마추픽추–오얀타이탐보	마추픽추 유적	오얀타이탐보 1박
6	오얀타이탐보–꾸스꼬	살리나스, 모라이, 꾸스꼬 4대 근교유적 등	꾸스꼬 1박
7	꾸스꼬–라파즈–우유니	항공 이동. 우유니 일몰 투어	우유니 1박
8	우유니	우유니 전일 투어	우유니 1박
9	우유니–라파즈	항공 이동. 달의 계곡 투어	라파즈 1박
10	라파즈–리마	항공 이동	비행기
11	리마	항공 이동	비행기
12	인천		

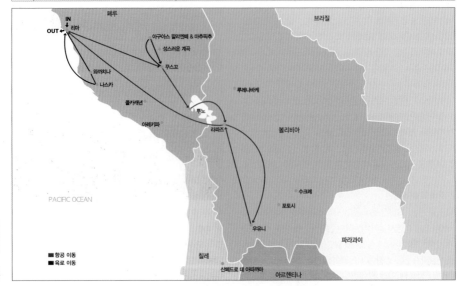

남미 5개국 33일 (1~2월 기준, 파타고니아 지역 포함)

일자	여행지	투어 및 비고	숙박
1	인천-리마	리마 밤 도착	리마 1박
2	리마-이까	이까 버기 투어	이까 1박
3	이까-나스까-꾸스꼬	나스까 오전 경비행기	야간 버스 1박
4	꾸스꼬	오전 꾸스꼬 도착, 볼리비아 비자 받기	꾸스꼬 1박
5	꾸스꼬-오얀따이땀보-아구아스 깔리엔떼	우루밤바 계곡 투어	아구아스 깔리엔떼 1박
6	마추픽추 유적(아구아스 깔리엔떼)-꾸스꼬	마추픽추 유적 구경	꾸스꼬 1박
7	꾸스꼬-뿌노	오전 투어 버스 이용	뿌노 1박
8	티티카카 호수 1박 2일 투어	우로스-아만따니 섬-따낄레 섬 1박 투어	아만따니 섬 1박 민박
9	뿌노	오후 4시 뿌노 도착	뿌노 1박
10	뿌노-라파즈	오전 국경 넘어 라파즈로 이동	라파즈 1박
11	라파즈	달의 계곡 & 차칼따야 투어	라파즈 1박
12	라파즈-우유니		야간 버스 1박
13	우유니 투어	07:00 도착, 10:00 투어 시작	민박
14	우유니 투어	우유니 투어	민박
15	우유니 투어-산 페드로 데 아따까마	국경 넘어 칠레 산 페드로 데 아따까마 13:00경 도착	산 페드로 데 아따까마 1박
16	산 페드로 데 아따까마	달의 계곡 투어 등	산 페드로 데 아따까마 1박
17	산 페드로 데 아따까마-산띠아고	깔라마 경유 26시간 버스 이동 or 항공 이동	야간 버스 1박
18	산티아고	발파라이소, 비냐 델 마르	산티아고 1박
19	산티아고-뿐따아레나스-푸에르토 나탈레스	비행기 & 버스 이동	푸에르토 나탈레스 1박
20	푸에르토 나탈레스	토레스 델 파이네 1일 투어	푸에르토 나탈레스 1박
21	푸에르토 나탈레스-엘 깔라파테	버스로 국경 넘기	엘 깔라파테 1박
22	엘 찰튼	미라도르 델 콘도르 트레킹	엘 찰튼 1박
23	엘 찰튼-엘 깔라파테	피츠로이 트레킹	엘 깔라파테 1박
24	엘 깔라파테	모레노 빙하 트레킹	엘 깔라파테 1박
25	엘 깔라파테-부에노스 아이레스	비행기 이동	부에노스 아이레스 1박
26	부에노스 아이레스	부에노스 아이레스 관광	부에노스 아이레스 1박
27	부에노스 아이레스-푸에르토 이과수	부에노스 아이레스 관광	야간 버스 1박 or 항공 이동
28	푸에르토 이과수	아르헨티나 이과수 폭포 관광	푸에르토 이과수 1박
29	포스 두 이과수-히우 지 자네이루	브라질 이과수 폭포 관광	야간 버스 1박 or 항공 이동
30	히우 지 자네이루	히우 지 자네이루 관광	히우 지 자네이루 1박
31	히우 지 자네이루-미국경유		비행기
32	미국-인천		비행기
33	인천 도착		

● 쿠스코 일정에 '비니쿤카 일일투어'를 추가하면 일정이 하루 늘어납니다.

남미 5개국 33일 (6~9월 기준, 파타고니아 제외, 볼리비아 루레나바께 아마존 추가)

일자	여행지	투어 및 비고	숙박
1	인천–리마	리마 밤 도착	리마 1박
2	리마–이까	이까 버기 투어	이까 1박
3	이까–나스까–꾸스꼬	나스까 오전 경비행기	야간 버스 1박
4	꾸스꼬	오전 꾸스꼬 도착, 볼리비아 비자 받기	꾸스꼬 1박
5	꾸스꼬–오얀따이땀보–아구아스 깔리엔떼	우루밤바 계곡 투어	아구아스 깔리엔떼 1박
6	마추픽추 유적(아구아스 깔리엔떼)–꾸스꼬	마추픽추 유적 구경	꾸스꼬 1박
7	꾸스꼬–뿌노	오전 투어 버스 이용	뿌노 1박
8	티티카카 호수 1박 2일 투어	우로스–아만따니 섬–따낄레 섬 1박 투어	아만따니 섬 1박 민박
9	뿌노	오후 4시 뿌노 도착	뿌노 1박
10	뿌노–라파즈	오전 국경 넘어 라파즈로 이동	라파즈 1박
11	라파즈	달의 계곡 & 차칼따야 투어	라파즈 1박
12	라파즈–루레나바께	비행기 이동, 정글 투어	루레나바께 1박
13	루레나바께	정글 투어	루레나바께 1박
14	루레나바께–라파즈	정글 투어	루레나바께 1박
15	라파즈	라파즈 관광	라파즈 1박
16	라파즈–우유니	라파즈 관광	야간 버스 1박
17	우유니 투어	07:00 도착, 10:00 투어 시작	민박
18	우유니 투어	우유니 투어	민박
19	우유니 투어–산 페드로 데 아따까마	국경 넘어 칠레 산 페드로 데 아따까마 13:00경 도착	산 페드로 데 아따까마 1박
20	산 페드로 데 아따까마	달의 계곡 투어 등	산 페드로 데 아따까마 1박
21	산 페드로 데 아따까마–산띠아고	깔라마 경유 26시간 버스 이동	야간 버스 1박
22	산띠아고	발파라이소, 비냐 델 마르	산띠아고 1박
23	산띠아고–멘도사	산띠아고 관광	야간 버스 1박
24	멘도사	마이푸 와이너리 투어	멘도사 1박
25	멘도사–부에노스 아이레스	멘도사 관광	야간 버스 1박
26	부에노스 아이레스	부에노스 아이레스 관광	부에노스 아이레스 1박
27	부에노스 아이레스–푸에르토 이과수	부에노스 아이레스 관광	야간 버스 1박 or 항공 이동
28	푸에르토 이과수	아르헨티나 이과수 폭포 관광	푸에르토 이과수 1박
29	포스 두 이과수–히우 지 자네이루	브라질 이과수 관광	야간 버스 1박 or 항공 이동
30	히우 지 자네이루	히우 지 자네이루 관광	히우 지 자네이루 1박
31	히우 지 자네이루–미국경유	히우 지 자네이루 관광	비행기
32	미국–인천		비행기
33	인천 도착		

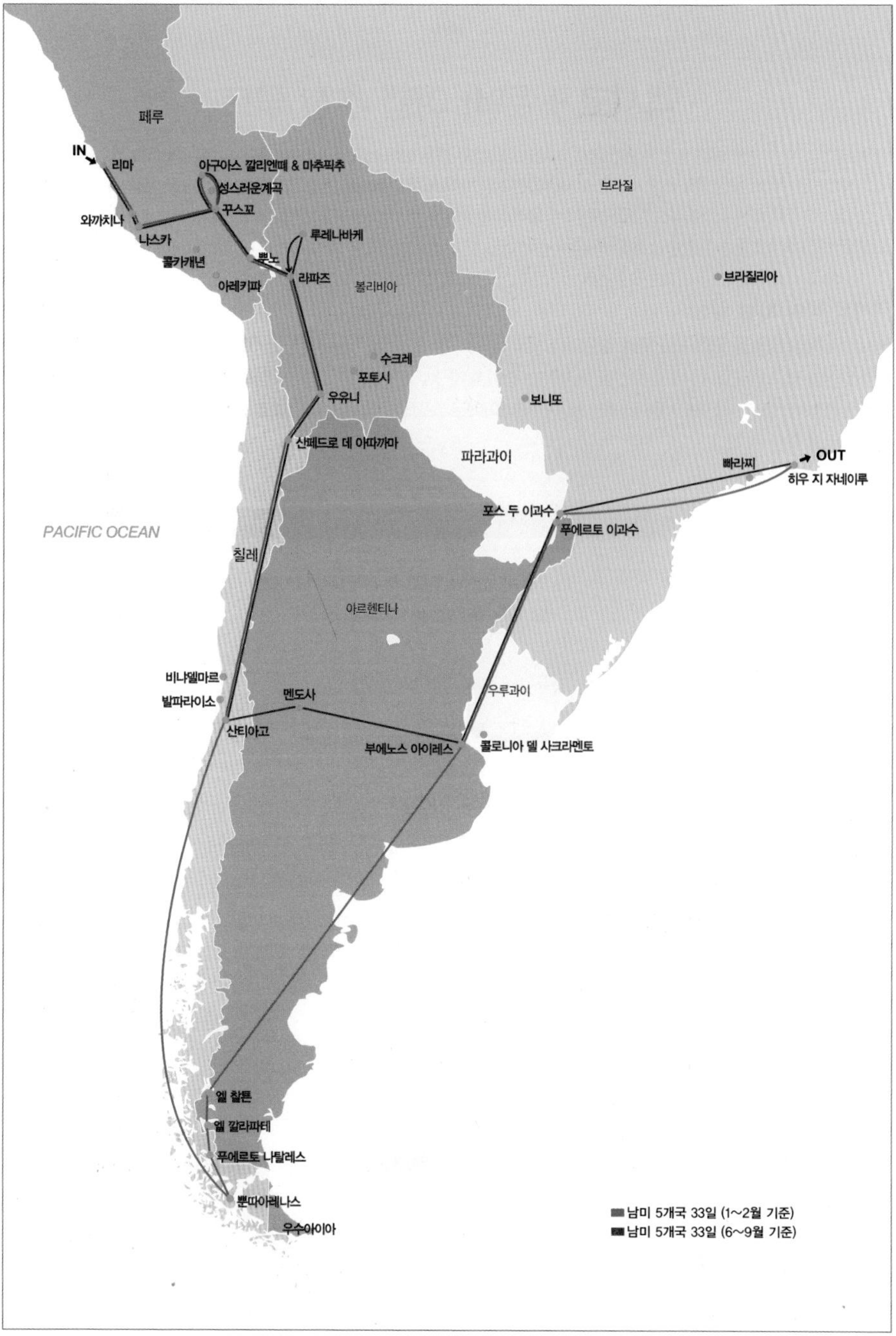

페루

IN 리마
아구아스 깔리엔떼 & 마추픽추
성스러운계곡
와까치나 꾸스꼬
나스카 루레나바케
꼴까캐년 라파즈
아레키파 뿌노 볼리비아

브라질

브라질리아

수크레
포토시
우유니 보니또

산뻬드로 데 아따까마 파라과이

OUT
빠라찌 하우 지 자네이루
포스 두 이과수
푸에르토 이과수

PACIFIC OCEAN

칠레

아르헨티나

비냐델마르
발파라이소 멘도사 우루과이
산티아고
부에노스 아이레스 꼴로니아 델 사크라멘토

엘 찰튼
엘 깔라파테
푸에르토 나탈레스
뿐따아레나스

우수아이아

■ 남미 5개국 33일 (1~2월 기준)
■ 남미 5개국 33일 (6~9월 기준)

멕시코 + 쿠바 여행 추천 루트

멕시코로 가는 가장 빠른 방법은 인천에서 멕시코시티까지 가는 아에로멕시코 직항편을 이용하는 것이다. 아에로멕시코 직항편은 주4회 운항되며 소요시간은 13시간40분이다. 이외에 유나이티드 항공으로 일본 또는 로스앤젤레스, 휴스턴 등을 1회 경유하거나 아메리칸 항공으로 미국 댈러스를 경유해 멕시코시티, 칸쿤으로 가는 것이 빠르고 편리하다. 델타 항공 역시 로스앤젤레스에서 아에로멕시코와 공동운항 연결편을 운항한다. 인천에서 로스앤젤레스까지 약 10시간 50분, 로스앤젤레스에서 멕시코시티까지 약 2시간 30분 소요된다.

멕시코 핵심 10일 일정

멕시코의 핵심 지역을 둘러보는 10일 일정이다. 둘러볼 명소가 많은 멕시코시티에 2~3일을, 휴식을 중요시한다면 일부 지역 일정을 빼고 칸쿤에 더 많은 시간을 투자하는 것이 좋다. 멕시코 시티와 칸쿤, 와하까, 산 크리스토발 데 라스 까사스 등지에 공항이 있으며 각 대도시를 국내선 항공편(비바아에로부스, 볼라리스, 아에로마르 등)을 사전에 예약해 이동한다면 시간 낭비를 줄일 수 있다.

멕시코 10일

일자	여행지	투어 및 비고	숙박
1	멕시코시티 IN		
2	테오티우아칸 또는 과나후아토	테오티우아칸(버스 1시간), 과나후아토(버스 6시간)	
3	와하까	항공 이동 1시간 또는 버스로 6시간 소요	
4	몬테알반, 엘 뚤레, 미뜰라 유적		
5	산 크리스토발 데 라스 까사스	항공 1시간30분, 야간 버스 11시간	
6	수미데로 계곡, 차물라, 시나깐딴		
7	빨렝게 또는 칸쿤	빨렝게(버스 8시간), 칸쿤(항공 1시간 40분)	
8	칸쿤	휴식, 이슬라 무헤레스 다녀오기	
9	플라야 델 카르멘	칸쿤에서 버스로 1시간20분	
10	칸쿤 OUT		

카리브해 낭만 신혼여행, 멕시코 칸쿤+쿠바 연계 10일 일정

신혼여행 루트로 인기있는 칸쿤, 쿠바 10일 일정이다. 칸쿤으로 들어가 올인클루시브 리조트에서 휴식을 취한 후 인근의
이슬라 무헤레스, 플라야 델 카르멘을 돌아보고 이후 절반은 쿠바에서 보내는 일정이다. 칸쿤에 더 많은 시간을 할애
하고 싶다면 2일 정도만 쿠바 아바나에 다녀오는 것도 방법이다.

일자	여행지	투어 및 비고	숙박
1	멕시코 칸쿤 IN		
2	칸쿤	테마파크, 치첸이사 투어 즐기기	칸쿤 올인클루시브 리조트
3	이슬라 무헤레스	스노클링과 스쿠버다이빙 즐기기	
4	플라야 델 카르멘, 툴룸	세노테 투어, 코바, 툴룸 유적	
5	칸쿤→쿠바 아바나	항공 1시간, 아바나 구시가지 돌아보기	
6	아바나→바라데로	버스 2시간, 바라데로 올인클루시브 리조트 및 해변 즐기기	
7	바라데로→아바나		
8	아바나→칸쿤	항공 1시간	
9	칸쿤	휴식	
10	칸쿤 OUT		

쿠바 3일

일자	여행지	투어 및 비고	숙박
1	인천 – 캐나다 – 라 아바나	라 아바나 오후 도착	라 아바나 1박
2	라 아바나 투어	라 아바나 비에하 및 시내 투어	라 아바나 1박
3	라 아바나 – 파나마 – 리마	리마	

쿠바 7일

일자	여행지	투어 및 비고	숙박
1	인천 – 캐나다 – 라 아바나	라 아바나 도착	라 아바나 1박
2	아바나 비에하 투어	베다도 투어	라 아바나 1박
3	라 아바나 – 뜨리니다드	뜨리니다드 투어	뜨리니다드 1박
4	앙꽁 해변	뜨리니다드 투어	뜨리니다드 1박
5	뜨리니다드 – 바라데로	바라데로 리조트 호텔	바라데로 1박
6	바라데로 리조트 호텔	바라데로 – 라 아바나	라 아바나 1박
7	라 아바나 – 인근 국가		

● 쿠바의 경우 기타 국가들과 위치가 상이한데다 실제로 여행 루트를 짜려면 쿠바 인근의 멕시코를 경유하는 것도 좋은 선택.

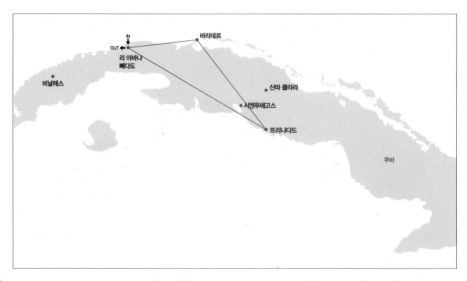

남미 항공권 이해 & E-Ticket

남미 여행을 준비하는 데 있어 가장 중요하며, 가장 많은 예산을 차지하는 부분이 항공권이다.
출발일과 귀국일, 그리고 첫 도시와 마지막 도시가 정해졌다면 항공권을 미리 구입하는 편이 금액적으로 분명히 도움이 된다.
하지만 너무 저렴한 항공만 찾다 보면 구입 후 사정으로 인해 항공권 날짜나 여정을 변경할 경우에 많은 추가비용을
지출해야 하는 일이 발생한다. 따라서 지금부터 제시하는 남미 항공권 내용을 토대로
본인의 여행 의도와 계획에 맞게 항공권을 구입해보자.

할인항공권에 붙은 규정, 제약이라 이해하면 편하다

전 세계로 이동하는 모든 항공권의 경우 할인항공권이 존재한다. 하지만 이 항공권에 붙은 요금 규정을 보면 할인되는 만큼 제약이 많다. 반드시 구입 전 요금 규정 사항을 자세히 읽어본 후 구입하는 것이 바람직하다.

할인 항공권 요금 규정(제약)의 종류

① **유효기간 축소** 1년짜리 정상 항공권에서 유효기간을 6개월, 3개월, 1개월 혹은 1주일 단위로 축소해 판매
② **예약 후 구입 조건** 예약 후 3일 이내, 혹은 24시간 이내 구입하지 않으면 예약이 자동 취소 되는 조건
③ **여정 변경 제약** 구입 후 무료로 여정 변경이 불가하거나 아예 변경 자체가 불가한 조건

④ **날짜 변경 제약** 구입 후 출발일 혹은 귀국일 날짜 변경 요청 시 변경수수료를 부과하거나 변경이 안되는 조건
⑤ **학생 할인** 학교에 재학 중인 학생에게만 할인된 항공 요금으로 발권해주는 조건
⑥ **카드 할인** 항공사와 카드사 간 체결 조건에 따라 특정 카드로 결제 시 할인해 주는 조건
⑦ **마일리지 축소** 정상적으로 적립되는 마일리지보다 적은 마일리지를 제공하거나, 마일리지 자체가 제공되지 않는 조건
⑧ **환불 제약** 구입 후 취소 시 환불수수료가 붙거나 환불 자체가 안 되는 조건
⑨ **경유지 체류 제약** 직항이 아닌 경우 구입 전 경유지 체류를 원할 시 추가요금이 부가되거나, 체류가 안 되는 조건

남미로 가는 항공 스케줄엔 직항이 없다

지구 반대편으로 날아가는 만큼 비행거리가 길어 아직 대한민국에서 남미로 날아가는 직항 항공편은 없다. 따라서 미국, 캐나다를 포함 북미를 경유하거나 유럽 혹은 중동 지역을 경유해 남미로 들어가는 항공편을 이용해야 한다. 이때 주의할 점은 남미 지역이 아무리 바쁘기라도 경유하는 도시가 성수기라면 저렴한 항공권 구입이 힘들 수도 있으므로 미리 계획해 구입하는 것이 바람직하다. (ex. 에어캐나다 항공의 경우 대한민국 유학생들이 주로 움직이는 1~2월, 6~7월의 항공 좌석을 구하기가 쉽지 않으며, 7~8월의 경우는 유럽 여행이 성수기라 유럽을 경유하는 남미 항공권을 구하기가 쉽지 않다.)

남미 취항 항공사 별 특징

•**라탐 항공 그룹** 칠레 산티아고를 허브로 남미 전 지역 90% 이상을 커버하는 남미 최대의 항공사이다. 남미 곳곳을 여행할 계획이라면 한 번쯤 반드시 타게 될 만큼 남미 내 가장 강력한 네트워크를 갖고 있다. 인천 출발 미주 또는 유럽까지는 대한항공 및 아시아나 항공 등 국적기, 일부 외국 항공사와의 코드쉐어를 통해 남미로 운항편을 제공하고 있으므로 구입에 전혀 불편함이 없다.

•**아에로멕시코항공** 인천-멕시코시티 구간을 증편해 주7회, 매일 1회 운항하며 돌아올때 몬테레이를 경유하던 노선도 직항으로 바뀌어 좀 더 편리해 졌다. 보잉사의 최신기종인 드림라이너로 운항하는 것도 장점 중 하나다. 쿠바 또는 남미대륙의 북쪽에 위치한 콜롬비아나 페루와의 연계노선도 괜찮은 편이다.

•**대한항공** LA를 거쳐 가지만, 유일하게 대한민국에서 브라질의 경제수도 상파울루까지 국적기를 이용해 이동할 수 있는 장점을 가진 항공이다. 상파울루만 운항하므로, IN-OUT을 달리 구입할 수 없는 단점이 있으며, 가격도 타 남미 항공권 중 가장 비싼 편이다.

•**아시아나항공** 공식적으로 남미로 들어가는 항공편은 없지만 미주로 다수의 항공편이 취항하는 만큼 미주까지는 아시아나항공을 이용하고, 미주에서 남미로 들어가고 나오는 항공은 외국 항공을 결합해 이용할 수 있다. 요금은 국적기인 만큼 타 외국 항공에 비해 저렴하지 않은 편이다.

•**아메리카항공** 미국 달라스를 허브로 남미 거의 전 지역을 커버하고 있는 미국 최대 항공사다. 대한민국도 취항하는 만큼 전체 여정을 구입할 수 있는 장점이 있으며, 남미 전 지역을 운항하므로, 여정을 짜기에 편리하다. 가격도 할인항공권을 잘 알아본다면 좋은 가격에 구입할 수 있다.

•**델타항공** 미국 아틀란타를 허브로 아메리카항공과 마찬가지로 중남미 전 지역을 커버하고 있는 미국항공사다. 스카이팀에 소속되어 있어 스카이 마일리지를 적립할 수 있는 장점이 있다.

•**유나이티드항공** 미국 샌프란시스코를 허브로 남미 지역을 커버하고 있는 항공사며, 기타 미주 항공사와 마찬가지로 저렴한 요금으로 남미를 다녀올 수 있는 항공사다.

•**에어캐나다** 밴쿠버, 토론토를 경유해 남미로 이동이 가능하며, 특히 쿠바를 여행할 시 토론토에서 쿠바의 수도 아바나까지 직항편을 제공해 편리하게 이용할 수 있다.

•**에미레이트항공** 두바이를 경유해 아르헨티나 혹은 브라질을 여행하기에 좋은 항공이다. 특히 에미레이트항공의 기내서비스가 타 외국 항공사에 비해 좋다는 평을 듣고 있다.

•**터키항공** 터키의 수도 이스탄불을 경유해 남미로 이동할 수 있다.

•**남아공항공** 홍콩을 경유, 남아공의 도시 요하네스버그를 거쳐 브라질 상파울로로 들어가는 항공사다. 여정이 길다는 단점이 있지만 아프리카나 홍콩을 연계해 방문할 수 있는 장점이 있으며, 남아공 국제선 항공권 소지자의 경우 미리 발권하면 브라질 항공사인 TAM항공의 남미 내 항공을 저렴하게 구입할 수 있다.

•**에어프랑스** 프랑스 파리를 경유해 남미로 들어가는 항공편을 제공하고 있다.

•**루프트한자** 독일의 대도시를 거쳐 남미로 들어가는 항공편을 제공하고 있다.

•**에티아드항공** 아랍에미레이트의 국영항공사로 아디스아바바를 거쳐 브라질의 하우 지 자네이루와 상파울로로 들어가는 항공편을 제공하고 있다.

전자항공권(E-Ticket) 보는 법

항공권을 구입하게 되면 본인의 이메일을 통해 전자항공권을 수령 받게 되며 기본적으로 아래와 같은 양식의 항공권을 받게 된다. 전자항공권을 보는 방법은 아래와 같다. 이 내용을 알고 있다면 자신이 여행하게 될 스케줄 및 구입한 항공권의 조건 등을 티켓으로 거의 대부분 확인이 가능하다. 만일의 일을 대비해 여행 전 수령한 E-Ticket은 인쇄해 보관하는 것이 좋다.

E-Ticket

❶ **승객명** 여권상 영문과 반드시 동일해야 한다.

❷ **예약번호** 티켓을 발권한 회사의 시스템 예약번호로서 실질적으로 티켓확인을 하는데 쓰이는 번호가 아니다.

❸ **항공권번호** 티켓 고유의 번호로 '바코드'라 생각하면 편하다. 프린트물 분실 시나 리컨펌 시에 이 번호로 확인이 가능하다.

❹ **편명** 자신이 타고갈 항공사와 편명을 알 수 있다. AA=아메리카항공, 026=편명

❺ **예약번호** AA항공에서 부여한 티켓의 고유 예약번호다. 이 예약번호로 인터넷 혹은 공항에서 티켓과 관련된 모든 사항을 체크할 수 있다.

❻ **출발** 출발지, 도착 날짜, 출발시간의 순서로 나타낸다.

❼ **도착** 도착지, 도착 날짜, 도착시간의 순서로 나타내며 도착시간은 도착지 현지시간이다.

❽ **비행시간** 실제로 비행기가 운항하는 운항시간이다.

❾ **좌석등급** 영문 알파벳으로 표기되며 알파벳에 따라 요금규정이 다르다.

❿ **예약 상태** 이 티켓이 정상적으로 확약 돼 있는지의 여부를 알 수 있다.

⓫ **수하물** 위탁수하물로 보낼 수 있는 짐의 개수와 무게를 표기하는데 항공사 별로 허용되는 짐 갯수와 짐 당 최대무게가 다르므로 발권할 때 유선상으로 꼭 확인하자. 2PC = 2개

⓬ **터미널** 도착 공항이 큰 경우 어느 터미널에 도착하는지 정보를 알 수 있다. 확정되지 않은 경우엔 빈 칸으로 표기된다.

각종 증명서 만들기

여권과 더불어 주요관광지에서 할인을 받을 수 있는 국제학생증 혹은 운전에 필요한 국제면허증은
큰 돈이 들지 않으므로, 조건이 되고 필요하다면 출발 전 미리 준비해 가는 것이 좋다.

황열병 접종증명서

남미를 여행하는데 있어 볼리비아 비자를 발급 받기 위해
반드시 필요한 서류 중 하나가 황열병 접종증명서다. 여행
자들이 찾지 않는 깊은 밀림에 들어가 장기간 생활하지
않는 이상 황열병은 걸릴 확률이 매우 희박하나, 볼리비아
비자를 받기 위해서는 이 증명서가 반드시 필요하다. 브라
질 입국 등 공항에서 출·도착 전 황열병 접종증 소지 여부
를 확인하는 경우가 있으므로 미리 준비하자.

황열병 접종 증명서

① 예방접종 시기 및 방법

- 여행 출발 10일 전까지 접종하기 바라며 접종 후 평생 유
  효하다.
- 접종 후 접종증을 발급받아 여행 시 소지해야 한다.
- 방문 시 준비물 : 여권(여권사본가능), 접종비용은 검역소
  마다 약간씩 다름.
- 분실 후 재발급을 위해 방문 시 여권과 수수료 1,000원
  을 내면 재발급이 가능하다.

② 접종 가능 기관

전화로 당일 접종 여부를 반드시 확인하고, 예약 후 방문 하자.
- 국립중앙의료원
  서울시 중구 을지로243 ☎ 02-2260-7092
- 인천공항검역소
  인천광역시 중구 운서동 2850 205호 ☎ 02-740-2700

- **부산검역소**

  부산광역시 중구 중앙동 4가 17-3 ☎ 051-442-5330
- **인천검역소**

  인천 광역시 중구 항동 7가 1-17 ☎ 032-883-7502
- **군산검역소**

  전북 군산시 장미동 45 ☎ 063-445-4239
- **마산검역소**

  경남 마산시 합포구 월포동 2-144 ☎ 055-246-2443
- **김해검역소**

  부산 강서구 대저2동 2350 ☎ 051-973-6526
- **통영검역소**

  경남 통영시 도천동 110-44 ☎ 055-645-3579
- **포항검역소**

  경북 포항시 북구 항구동 17 ☎ 054-246-8545
- **동해검역소**

  강원도 동해시 천곡동 838 ☎ 033-535-6022
- **제주검역소**

  제주시 이도1동 1549-6 ☎ 064-722-3857
- **목포검역소**

  목포시 항동 6-15 ☎ 061-244-0941
- **여수검역소**

  전남 여수시 수정동 348 ☎ 061-665-2367
- **울산검역소**

  울산광역시 남구 매암동 139-15 ☎ 052-261-7092
- 이 외 접종 가능한 곳은 질병관리본부 홈페이지(www.cdc.go.kr)
  에서 확인 가능하다.

③ 접종 전 주의사항
- 접종 대상은 9개월 이상 어린이와 성인은 접종이 가능하나
  연령 6개월 미만의 영아는 황열예방접종을 받지 않는다
- 임산부는 주의해야 한다.
- 다른 백신과 동시 투여 : 홍역, BCG, B형 간염백신과는
  함께 투여해도 항체 형성에 방해를 받지 않으나, 콜레라
  백신과는 적어도 3주 이상의 간격을 두고 맞는 것이 좋다.

④ 예방접종 후 주의사항
- 접종 후 약 10일 후에 항체가 형성되며, 10일 동안은 미열
  및 몸살의 증세가 나타날 수 있다.
- 접종 당일과 다음날은 과격한 운동을 삼가야 한다.
- 접종 당일은 과한 사우나 또는 목욕을 하지 않는 것이 좋다.
- 접종 부위는 청결하게 유지하는 것이 좋다.
- 접종 후 심한 고열 혹은 심한 경련이 일어날 때는 즉시
  의사의 진찰을 받도록 하자.

미국 비자 면제 프로그램 ESTA

미국 경유 항공 이용 시

ESTA 웹사이트 esta.cbp.dhs.gov

미국 비자가 없이 미국을 경유해 남미로 들어가는 항공을 이용할 경우 전자여권을 소지해야 하고, 여행 전 반드시 비자 면제 프로그램인 ESTA 홈페이지를 통해 미국 전자여행 허가를 받아야 한다.

ESTA 신청은 최소한 72시간 전에 완료하기를 권장하며 2010년 9월 8일부터 유료화돼 USD14.00를 신용카드로 지불해야 한다. 가끔 미국 입국심사대에서 신청서를 요구하는 경우가 있으니 신청 완료 후엔 신청서를 출력해 지참하는 것이 좋다.

국제학생증

국제학생증은 말 그대로 학생임을 국제적으로 증명하는 카드다. 학생임을 증명하면 일부 박물관, 미술관 등의 입장료와 자전거 대여료 등이 할인된다. 영문으로 표기된 학교 학생증도 인정해주는 곳이 있지만 국제적으로 공인된 학생증은 ISIC(International Student Identity Card)와 ISEC(International Student & Youth Exchange Card) 두 종류가 있으며 유럽에서는 ISIC가 약간 더 유용하다. 신청 시에는 학생증 사본 또는 재학증명서와 사진 1장이 필요하다.

ISIC www.isic.co.kr
전국 140개 대학교 학생서비스센터나 국제학생여행사(KISES) 또는 온라인으로 신청가능
비용 1만7,000원 (발급일로부터 13개월 유효)
온라인 신청시 배송비 2,200원 추가

ISEC www.isecard.co.kr
배낭여행 전문 여행사, 또는 온라인으로 신청가능
비용 1년 1만6,000원, 2년 2만2,000원,
온라인 신청 시 배송비 2,700원 추가

국제교사증

학생들을 위한 국제학생증처럼 교사들을 위한 국제교사증은 교사임을 증명하는 카드다. 국제교사증은 교육과 관련한 박물관이나 미술관 등의 입장료가 할인되는데, 가끔 국제학생증보다 할인 폭이 큰 경우도 있다. 신청 시에는 신분증과 교사증(또는 재직증명서), 사진 1장이 필요하다.
배낭여행 전문 여행사, 또는 온라인으로 신청가능
www.isic.co.kr
비용 1만4,000원 (발급일로부터 13개월 유효)
온라인 신청시 배송비 2,200원 추가

유스호스텔 회원증

저렴한 숙박시설인 유스호스텔(Youth Hostel)을 이용하려면 유스호스텔 연맹의 회비를 내고 회원증을 발급 받아야 한다. 유스호스텔에 따라서 회원증 없이 이용가능한 곳도 있으나 간혹 회원증이 없는 경우 추가 수수료가 붙거나 아예 회원에게만 숙박을 허용하는 곳도 있다. 전세계 90여 개국 약 4,000개의 가맹 숙소를 평균 10~30% 할인된 가격으로 이용할 수 있다. 중남미 여행을 자유여행으로 계획하는 여행이라면 만들어 놓는 것이 바람직하다. 온라인에서 신청 및 결제 완료해 모바일에 저장하는 E-멤버십 유스호스텔증과 실물 카드 형태의 유스호스텔증이 있는데, E-멤버십은 개인회원+1년 유효기간 형태만 발급할 수 있으며 가족 및 교사, 청소년 지도사, 10~30명 단체가 신청할 경우 카드 형태의 회원증을 1~5년 혹은 평생회원권으로 신청할 수 있으므로 상황에 맞게 신청하도록 하자. 실물 카드는 직접 방문 및 홈페이지를 통해 온라인 신청 후 우편수령이 가능하다. 금액 및 보다 자세한 내용은 홈페이지를 참고하도록 하자.
(www.youthhostel.or.kr/membership)

한국 유스호스텔
- 중앙연맹:서울시 송파구 송이로30길 13
  올림픽파크텔: 서울특별시 송파구 올림픽로 448
  올림픽파크텔YH (몽촌토성역 인근)
- 중앙연맹- 02)725-3031/올림픽파크텔YH 02)410-2514
- 월~금 0900~1800 토/일 및 공휴일 휴무
- 회비(1년) 만 24세 이하 2만1,000원, 성인 3만 원, 가족 4만5,000원 (온라인 신청 시 택배비 추가)

국제운전면허증

남미에서 운전을 하게 될 경우는 드물지만, 아르헨티나나 칠레 남부의 경우 렌터카를 이용할 수도 있으니 필요하다면 만들어가자. 가까운 면허시험장에 가서 사진 1장과 여권, 운전면허증을 제시 후 수수료 8,500원을 지급하면 당일 발급이 가능하다.

영문 운전면허증만으로 운전 가능한 중남미국가
영문운전면허증만으로 현재 33개국이 운전이 가능한데, 그 중 페루, 니카라과, 도미니카공화국, 바메이도스, 코스타리카, 트리니다드토바고, 세인트루시아가 포함되어 있다.

여행자보험

남미 여행 준비에 있어 필수로 들어야 하는 것이 여행자보험이다. 최장 3개월까지 여행자보험에 가입할 수 있으며, 보상 포함내용 및 보상 비용에 따라 금액 차이가 있다. 3개월이 넘어갈 경우 여행자 보험을 들 수 없다. 이때에는 장기 체류자/유학생 보험을 들어야 하는데 유학생 보험은 비용이 여행자 보험에 비해 상당히 비싸고, 소지품 및 귀중품에 대한 보상은 제공하지 않는다. 여행사나 공항, 혹은 인터넷을 통해 가입할 수 있다.
쿠바의 경우 입국 시 영문 여행자보험 소지가 필수이므로, 쿠바 방문을 계획한다면 꼭 미리 준비하기 바란다.

환전 및 경비 준비

남미 국가들 전부 자국의 화폐를 따로 사용하고 있어,
각 나라를 방문할 때 마다 환전을 해야 한다.

현금 CASH

남미 화폐로 바로 환전하는 것은 한국에서는 불가능하므로, 미국 달러 혹은 유로로 환전해 가져간 후 각 나라에서 그 나라 화폐로 환전해 사용한다. 남미 여행 특성상 일정이 길어 고액을 소지하고 다녀야 하는 불편함이 있지만, 가장 손쉽게 사용할 수 있는 방법이다.

국제 현금카드 INTERNATIONAL CASH CARD

현금인출기 ATM에서 국내와 마찬가지 방법으로 현금을 인출해 사용하는 방법이다. 고액을 소지하지 않고 필요할 때 마다 뽑아 쓸 수 있는 데다, 카드 분실 시 바로 정지 시킬 수 있어 안정성은 있지만, 수수료가 비싸고 ATM 인출을 하지 못하는 지역도 있으므로 현금과 혼용해 사용하는 경우가 대부분이다. 시티은행 국제 현금카드와 신한은행 국제 현금카드를 여행자들은 주로 사용하는 편이며, 분실 방지를 위해 두 개의 현금카드를 만들어가는 편이 바람직하다.

신용카드 CREDIT CARD

큰 쇼핑센터 혹은 공항 등이 아니면 신용카드의 사용이 제한적이고, 수수료가 비싸 비상 시가 아니라면 사용하지 않는 편이 바람직하다.
쿠바에서는 미국계 신용카드와 Maestro 카드는 사용이 안 될 수 있으니 유의하도록 하자.

현지 환전 요령

① 공항에서의 환전은 최소로

첫 나라를 도착했을 때 시내로 이동하기 위해 환전을 해야 하는 경우가 많은데, 이때는 필요한 최소의 경비만 환전하도록 하자. 일반적으로 공항의 환율은 시내 환전소보다 많이 낮은 편이다.

② 환전소(CASA DE CAMBIO) 이용 시

바로 옆 환전소인데도 환율이 조금씩 차이 나는 경우가 있다. 반드시 세 군데 이상 비교 후 환전하도록 하자.

③ 길거리 환전 시

일반 공식 환전보다 환율이 조금 더 좋을 수 있으나 거리에 노출돼 있어 소매치기의 타깃이 될 수 있으니 유의하자. 미리 소액의 지폐를 준비한 후 환전하는 것이 바람직하며, 간혹 위조지폐를 내어주는 경우가 있으니 확인하자. 일반적으로 자신이 환전했다는 표시로 작은 스탬프를 찍어주는데 이는 그나마 믿을 만하다.

④ 주말 환전 시

주말이라 환전소가 문을 닫은 경우에는 근처의 쇼핑센터나 카지노에 들어가면 환전이 가능하다. 다만 일반적인 환율보다는 약간 낮을 수도 있다.

가방 꾸리기

적게는 1주일, 길게는 몇 달씩 남미 여행을 하는 데 있어 가장 필요한 것이 가방 꾸리기다.
꾸릴 가방의 선정부터 어떤 물품을 준비해서 어떻게 차곡차곡 쌓느냐에 따라 여행의 편안함이 달라진다.
꼭 필요한 물품과 현지에서 구입이 어렵거나 비싼 물품을 위주로 준비하되, 무게는 일반적으로
7~10kg이 가장 적당하다. 무게가 무거울수록 이동은 더뎌지고, 체력 또한 낭비하게 된다.

배낭 VS 캐리어

가방을 준비하는데 있어 그 종류에 정답은 없지만, 일반적으로 남미 여행을 자유여행으로 할 때에는 배낭이 적합하다. 캐리어로도 여행이 불가능한 것은 아니지만 대중교통을 이용하거나, 터미널에서 숙소로 도보로 이동해야 할 경우엔 손에 드는 것보다는 어깨에 짊어지는 것이 분명히 편리하다. 실제로 남미 여행을 하는 여행객 대부분이 캐리어가 아닌 배낭을 짊어지고 다닌다. 또한 남미는 도시 여행보다 자연위주의 여행을 다니는 경우가 많아, 잘 닦인 포장도로가 아닌 비포장도로 및 산악지역일 경우가 많기에 캐리어보다 배낭이 적합하다.

여행용 배낭 고르기

① 직접 메어보고 구입하자
인터넷으로 예쁜 배낭을 구입하지 말고, 조금 불편하더라도 매장을 방문해 직접 메어보고 자신의 체형에 맞는 것으로 구입하자.
② 어깨 부분 조절 가능한 것이 편리
가끔 어깨 부분이 고정된 배낭들이 있는데, 이는 장기로 메고 다닐 시 조금 불편하다. 어깨 부분이 조절 가능한 것이 좋다.
③ 레인커버
요즘 배낭에는 기본적으로 하단부에 레인커버가 달려 나오지만 간혹 따로 구입해야 하는 배낭도 있다. 빗물의 침수를 막기 위해서도 필요하지만, 버스 짐칸에 짐을 실을 때 레인커버를 덮어씌우면 배낭이 더러워지는 것을 조금이나마 방지할 수 있다.
④ 자물쇠를 채울 수 있는 지퍼
자물쇠로 전부 채우고 다닐 것이 아니라면 외부 수납공간이 많은 것보다 큰 지퍼 안쪽으로 수납공간이 분리된 것이 분실 예방에 효과적이다. 배낭여행용으로 나온 가방은 메인지퍼에 자물쇠를 채울 수 있게 돼 있으니, 본인이 소지한 자물쇠가 채워지는 지도 확인하자.

가방에 들어갈 준비 목록 총정리

아래 준비 목록을 참고해 가방에 들어갈 짐을 준비한다면 남미 여행을 하는데 큰 불편함이 없을 것이다.

★★★ 반드시 필요한 것　　**★★ 있으면 좋은 것**　　**★ 없어도 무방한 것**

준비물	중요도	내용
옷	★★★	남미의 경우 여름시즌, 겨울시즌으로 구분할 수 있으며 지역에 따라 기후가 확연히 다름을 알아야 한다. 기본적으로 반팔 티 2~3장, 얇은 긴팔 티 1~2장, 긴 바지 2장, 반바지 1장을 준비하고 여름시즌에 여행하는 경우 남미는 겨울이기 때문에 옷 위에 걸칠 두터운 점퍼가 필요하다. 점퍼는 겨울점퍼처럼 너무 두꺼운 옷 보다는 늦가을 혹은 초겨울용 바람막이 점퍼로 준비하는 것이 좋다. 추가적으로 필요한 옷은 현지에서 얼마든지 구입이 가능하다.
운동화 /스포츠샌들	★★★	고산지대 및 파타고니아 지역을 여행할 때 추위 및 발목 보호에 대비해 경등산화 또는 트래킹화를 구비 하는 것이 좋다. 또한 배낭여행 시 가장 유용하게 사용되는 것은 스포츠샌들 또는 슬리퍼며 슬리퍼의 경우 현지에서 저렴하게 구입이 가능하다.
침낭	★★★	장거리 버스 여행 시, 혹은 청결하지 못한 숙소, 상대적으로 추운 지역에서 유용하게 사용되기에 필요하며 짐의 부피를 줄이는데는 사계절용 오리털(350g~400g) 침낭이 좋다.
보조가방	★★★	전자제품이나 여권 등 중요한 물품 들을 수납할 때 필요하며, 버스 이동 시에 큰 짐을 짐칸에 맡기거나, 큰 짐을 숙소에 넣어놓고 시내를 돌아다닐 때 반드시 필요하다.
복대	★★★	현금 및 중요한 물품을 그나마 안전하게 소지하는데 필요하며, 요즘은 팔찌형, 바지 내부 부착형 등 다양한 형태로 나오고 있다.
여권용 사진	★★	여권 분실 및 현지에서 비자 제작 등에 필요하므로 준비하자. 필요 시 현지에서도 만들 수 있다.
수첩, 일기장	★★★	여행하며 여행기 혹은 일기를 쓰거나 갑작스런 메모를 할 때 유용하게 사용된다.
멀티탭	★★★	남미 나라마다 각각 콘센트 모양이 다르므로 멀티탭을 반드시 준비해야 한다.
카메라	★★★	여행의 추억을 남기기에 이보다 더 좋은 것은 없다. 요즘은 휴대폰으로 찍기도 하지만, 조금 더 고퀄리티의 사진을 남기고자 한다면 준비하도록 하자. 일부 지역의 경우 충전이 힘들 수도 있으니, 여분의 배터리와 넉넉한 메모리카드도 같이 준비하자.
자물쇠	★★★	여행 시 도난에 대비하여 배낭을 잠글 수 있는 자물쇠와 도미토리 숙소 이용 시 락커에 사용할 자물쇠 총 두 개가 필요하다.
화장품	★★	건조한 지역 혹은 춥고 더운 지역 여행을 하며 피부가 상하는 것을 대비해 준비하되 부피가 큰 것 여러 개 보단 올인원 제품으로 간결하게 준비하는 것이 바람직하다.
선크림	★★★	고산의 태양은 자외선이 많아 피부를 상하게 한다. 썬크림을 준비하되 PA지수가 +++ 되는 것이 자외선 차단 능력이 좋다.
선글라스	★★★	멋을 낸 명품 선글라스 보다는 자외선지수가 높은 기능성 선글라스가 고산 등 강한 햇볕을 차단하는데 유리하다.
손전등	★★★	전원이 불안정한 도미토리 숙소 등에 필요하며 야간 버스 이동 및 트레킹 시에 필요할 수 있다. 휴대폰 플래시로 대체 가능하다.
모자	★★★	강한 햇볕에 대응하기 위해 필요하다. 현지에서 구입이 가능하다.
수영복	★★★	수영을 즐긴다면 준비하자. 대여나 구입도 가능하다.
비닐팩	★★★	비닐팩에 담아 공기를 빼고 짐을 싸면 부피가 많이 줄어든다. 빨래 등을 담아 보관할 수도 있으며, 현지에서 과일 등을 구입할 때 비닐팩에 담아 보관할 수도 있다.
계산기	★	여행에서 중요한 부분 중 하나인 여행경비를 사용할 때 적절히 사용할 수 있다.

손톱깎이	★★	장기간 여행 시 자라는 손톱은 위생상 잘라줄 필요가 있다. 현지에서도 구입이 가능하나 질이 좋은 편은 아니다.
맥가이버칼	★★	도미토리 숙소에서 음식을 해먹을 때, 트레킹 시에 필요하다. 항공 이동시엔 반드시 부치는 짐에 넣어야 한다는 단점이 있다.
노트북 or 넷북	★★	남미 숙소 혹은 기타 장소에서 인터넷 검색이 용이하며, 사진을 바로 저장 및 수정, 업로드할 수 있는 장점이 있다. 다만 짐의 무게가 늘어난다는 것이 단점이다.
휴대폰	★★★	속도는 느리지만 남미 대부분의 숙소와 식당에 무료 와이파이가 설치되어 있어 카카오톡, 네이버 라인, 스카이프 등의 어플을 이용해 무료로 한국과 이야기를 나눌 수 있다. 또한 비상상황 시 전화를 사용해야 할 때 유용하게 사용된다. 단 국제전화요금은 상당히 비싼 편이다.

의약품

준비물	중요도	내용
감기몸살약	★★★	여행을 하다보면 감기에 걸릴 수 있다. 감기 몸살약은 필수다. 현지에서도 구입이 가능하다.
설사약	★★★	평소 먹지않던 음식 섭취로 인해 설사가 날 수 있다.
배탈약	★★★	물갈이 등으로 인해 배탈이 날 수 있으니 준비하자.
멀미약	★★★	장거리 버스 이동 등으로 멀미가 날 수 있다. 멀미가 심한 사람은 반드시 준비하자.
벌레약	★★★	의외로 모기 등 벌레가 많은 편이므로 물린 후 바르는 약을 준비하자. 남미 현지에는 버물리나 물파스 같은 약은 팔지 않는다.
영양제	★★	여행은 항상 피곤하다. 본인의 체력에 맞게 영양제를 준비하되 현지에서 구입도 가능하다. 단, 가격은 조금 비싼 편이다.
모기기피제	★	현지에서 구입이 가능하다.
모기향	★	현지에서 구입이 가능하다.
고산예방약	★	한국에서는 처방을 받아 준비해야 한다. 고산지역 도시에서 판매한다.
생리대& 팬티라이너	★	현지에서도 충분히 구입이 가능하다.

실
제
편

출국 수속

2018년 1월 18일 인천공항 제2여객터미널이 개장하면서 기존 인천공항 이용과는 많은 부분이 달라졌다.
남미로 가는 항공 대부분이 인천공항에서 출발하므로 출발 전 변경된 인천공항 정보를 숙지하고
공항으로 이동해 체크인 수속을 진행하자.

제1여객터미널

기존 인천공항 여객터미널 / 출발 항공사 : 제2여객터미널 출발 항공을 제외한 모든 항공사

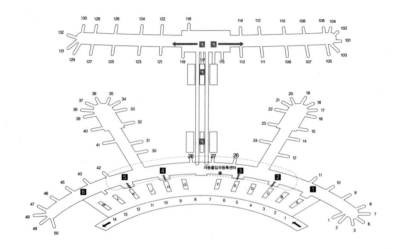

A – F					
제주항공	7C	F	진에어	LJ	E
중국국제항공	CA	E	캐세이패시픽항공 CX		D

S7항공	S7	E	아에로멕시코	AM	E	일본항공	JL	D
라오항공	QV	D	아에로플로트	SU	C	천진항공	GS	D
말레이시아항공	MH	E	에어아스타나	KC	D,K	체코항공	OK	D
몽골항공	OM	E	에어아시아 엑스	D7	D,E,J	타이에어아시아엑스 XJ		D,E,J
사천항공	3U	D	에어캐나다	AC	C,J	팬퍼시픽항공	8Y	C
산동항공	SC	D	영국항공	BA	D	피치항공	MM	D,E,K
스카이앙코르항공	ZA	C	오로라항공	HZ	C	필리핀에어아시아	Z2	D,J
스쿠트타이거항공	TR	D	우즈벡항공	HY	C,E	하와이안항공	HA	D
아메리칸항공	AA	D	이스타항공	ZE	E	홍콩익스프레스	UO	D
						홍콩항공	HX	D,K

G – M					
아시아나항공	OZ	KLM	중국동방항공	MU	H
중국남방항공	CZ	H	티웨이항공	TW	G

JC인터내셔널항공 QD		J	아쿠티아항공	R3	H	중화항공	CI	K
PAL익스프레스	2P	H	에미레이트항공	EK	K	춘추항공	9C	J
가루다인도네시아 GA		H	에바항공	BR	J	카타르항공	QR	H
로얄브루나이 항공	BI	M	에어마카오	NX	J	타이에어아시아엑스 XI		D,E,J
루프트한자항공	LH	J	에어서울	RS	G	타이항공	TG	J
안다련항공	AE	J	에어아스타나	KC	D,K	티키항공	TK	J
베트남항공	VN	K	에어아시아엑스	D7	D,E,J	폴란드항공	LO	G
비엣젯항공	VZ	K	에어인디아	AI	K	피치항공	MM	D,E,K
상해항공	FM	H	에어캐나다	AC	C,J	핀에어	AY	H
세부퍼시픽항공	SJ	K	에티오피아항공	ET	J	필리핀에어아시아 Z2		D,J
스카이앙코르항공	ZA	A,K	에티하드항공	EY	J	필리핀항공	PR	H
심천항공	ZH	J	유나이티드항공	UA	K	홍콩익스프레스	UO	G,J,K
싱가포르항공	SQ	J	유니항공	B7	H	홍콩항공	HX	D,K
알이탈리아항공	AZ	K	중국하문항공	MF	J			

제2여객터미널

새로 운영하는 터미널로 1터미널과는 약 15~18km 떨어져 있다. 버스 및 공항철도의 경우 1터미널을 경유해 2터미널로 도착하므로, 이 터미널을 이용하는 항공사라면 20~30분 정도 더 여유 있게 공항으로 이동하는 것이 바람직하다.

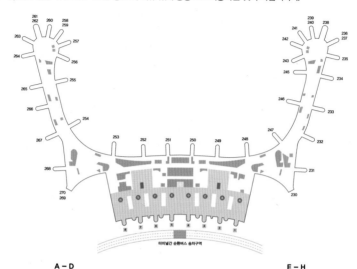

A – D	
🦅 대한항공	KE **A B C**
Ⓐ 대한항공 프리미엄 체크인존 ┃ KE Premium Check-in zone	
· 프리미엄 체크인 카운터 ┃ Premium Check-in Counter · FIRST CLASS 체크인 라운지 ┃ FIRST CLASS Check-in Lounge	
Ⓑ 대한항공 모닝캄 ┃ KE Morning Calm	
대한항공 발권, 스카이패스 ┃ KE Ticketing & SKYPASS	
Ⓓ 스마트 체크인존 ┃ SMART Check-in zone	
· 자동탑승권 발급 ┃ Self Check-in · 자동수하물 위탁 ┃ Self Bag Drop	

E – H	
🦅 대한항공 KE **F G E**	✈ 에어프랑스 AF **F**
▲ 델타항공 DL **F**	KLM KLM네덜란드항공 KL **F**
Ⓔ 스마트 체크인존 ┃ SMART check-in zone 자동탑승권 발급 ┃ Self check-in 자동수하물 위탁 ┃ Self Bag Drop	
Ⓕ 외국 항공사 체크인존 ┃ Delta Air Lines/Air France / KLM Check-in Zone 대한항공 한가족서비스 ┃ KE Family Service	
Ⓖ 대한항공 일반석, 백드롭 ┃ KE ECONOMY & Bag Drop	
Ⓗ 대한항공 단체 ┃ KE Group	

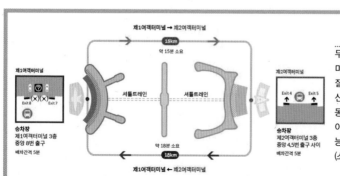

터미널 간 이동 방법

무료 셔틀버스를 이용해 각 터미널로 이동할 수 있다. 만약 잘못된 터미널에 도착했다면 신속히 셔틀버스를 이용해 이동하도록 하자. ※공항철도를 이용해 터미널 간 이동이 가능하다.
(소요시간 6분, 금액 900원)

체크인 하기 Check-In

공항에 도착해 가장 먼저 해야 할 일이 체크인 수속을 하는 것이다. 항공 체크인이란 소지한 항공권 즉, E-Ticket의 내용대로 실제 탑승하게 될 여정의 좌석이 지정된 탑승권인 보딩패스 Bording-pass를 발급받는 것과 동시에 위탁 수하물을 싣는 과정을 말한다. 인천공항의 각 터미널은 가로로 상당히 넓기 때문에 타고 갈 항공사 체크인 카운터 위치를 확인한 후 찾아가 체크인 수속을 하자. 체크인 카운터는 인천공항 3층 출국장에 있다.체크인 카운터는 각 여객터미널 3층에 위치하고 있다.(입국장은 1층)

을 수도 있다. 체크인 시 본인이 원하는 좌석을 이야기 해주면 좌석의 여유가 가능한 경우 원하는 좌석(창가, 복도, 비상구 등)으로 지정해 주며, 위탁수하물의 경우 항공사 규정마다 다르지만 기본적으로 23kg의 짐 한 개까지 허용한다. 소지한 항공권의 규정을 잘 살펴보거나, 구매한 항공사혹은 여행사에 확인하도록 하자. 구매한 항공사 혹은 여행사에서 확인하도록 하자. 일부 항공사의 경우 셀프-체크인 시스템을 운영하고 있으므로, 이용하는 항공사가 해당된다면 셀프체크인을 통해 보딩패스를 발급받고, Bag-drop 창구에서 짐만 붙이면 된다.

체크인 순서

체크인 카운터로 이동 → 여권과 E-Ticket 제시 → 좌석배정 → 위탁수하물 싣기 → 보딩패스와 짐택(Baggage tag) 받기 적어도 비행기 출발시간 3시간 전에는 공항에 도착해 체크인을 하는 편이 시간적으로 알맞다. 체크인 하는 시간과 출국심사에 걸리는 시간이 생각보다 많이 걸릴 수도 있다. 또한 일찍 체크인할수록 본인이 원하는 좌석을 배정 받

I.T.I 서비스
(International to International Service)

나라를 경유하는 일부 항공사의 경우(Ex. AA항공 한국-미국-남미) 경유지에서 짐을 찾지 않고 바로 해당 목적지로 보내주는 서비스를 제공한다. 짐을 붙일 때 반드시 I.T.I서비스를 제공하는지 확인하자. 만약 가능하다면 보딩패스와 짐에 'I.T.I'라고 표기해준다.

사전 좌석 지정 서비스를 이용하자!

남미로 가는 대부분의 항공사가 사전 좌석 지정 서비스를 제공한다. 항공권 예약 혹은 구입 후 예약정보(예약번호, 영문이름 등)를 숙지 후 홈페이지 혹은 유선을 통해 지정할 수 있다. 항공사마다 신청 가능 여부 및 방법 등이 다르니 항공권을 구입한 곳이나 항공사에 문의해 좌석을 미리 지정해보자. 참고로 상대적으로 편한 좌석의 경우 유료로 판매하는 항공사가 많다. 또한 www.seatguru.com을 이용하면 자신이 타게 될 항공기 좌석 배치와 어떤 자리의 좌석이 편한지 미리 알아볼 수 있으므로 참고해 보면 좋다.

소지 금지 & 기내 반입 금지 품목

화학물질, 인화성물질, 스프레이, 총포, 도검, 화약류, 항정신성 의약품, 씨앗, 생과일, 채소, 곤충 및 멸종위기 동식물 등은 소지 금지 품목으로 위탁수하물에도 실을 수 없다. 날카로운 물건 (ex. 맥가이버 칼, 수지침), 둔기류 등 인체에 해를 입힐 수 있는 물건은 기내 반입이 금지되므로 출발 전 위탁수하물에 미리 넣어 보내도록 한다.

액체류 휴대 반입 제한

강화된 항공보안규정에 따라 국제선 항공편 전 노선에 대해 1인 총 1L를 초과하는 액체 및 젤류의 기내 반입이 금지됐다. 다만 위탁수하물로는 처리가 가능하며, 용기 1개당 100㎖ 이하의 액체 및 젤류를 1L까지 규격된 (지퍼락 약 20×20㎝ 크기) 봉투에 담아 소지하는 경우 기내 휴대가 가능하다. 또한 영유아를 동반한 경우 액체로 된 음식물 및 의사처방을 받은 액체 의약품은 반입이 가능하다.

출국심사

체크인 Check-In 수속이 끝났다면 이제는 비행기를 타기 위해 게이트 Gate로 이동해야 한다. 그 전에 하는 일이 출국심사인데 보안검사와 함께 실시되므로 들어가기 전 기내용 짐과 옷에 기내 반입 금지 품목이 있는지 다시 한 번 확인하자.

출입국심사 순서

출국심사장 입구 앞에서 여권 및 보딩패스 소지 확인 → 보안검사 및 짐검사 → 출국심사

도심공항터미널 출국 수속

서울역, 삼성동, 그리고 광명역에 위치한 세 곳의 도심공항터미널을 이용해 체크인 및 출국수속까지 완료 후 공항으로 이동할 수 있으며 인천공항에 도착 후 전용출국장입구(승무원 전용)를 통해 바로 출국이 가능하다. 세 곳에 가까운 곳에 거주하거나 대중교통을 이용해 해당지역에서 출발하는 여행객의 경우 이용해 볼만하며, 각 터미널마다 가능한 항공사 및 이용조건이 다르므로 아래 홈페이지에 들어가 내용을 정확하게 숙지 후 이용하도록 하자.
한국도심공항(삼성동) www.calt.co.kr
공항철도 서울역 도심공항터미널 www.arex.or.kr
KTX광명역 도심공항터미널 www.letskorail.com

면세점

보안검사와 출국심사를 마쳤다면 이제 게이트로 이동해 비행기를 타면 된다. 그 전에 시간이 남았다면 탑승자만 이용할 수 있는 면세점에서 면세 쇼핑을 즐길 수 있다. 출국심사대를 나와서 게이트로 이동하는 곳곳에 제품별로 매장이 있으므로 원하는 제품별 매장을 방문해 쇼핑을 하면 된다. 다만, 쇼핑한 물품은 여행하는 동안 계속 가지고 다녀야 하므로 부피가 큰 물건이나, 값비싼 물건 혹은 무거운 물건 등은 구입을 자제하도록 한다. 또한 최종목적지의 면세 허용 범위를 벗어나는 물건은 반입이 제한될 수 있으므로, 구입 전 최종목적지의 면세 허용 범위를 숙지해 구입하는 것이 바람직하다.

남미 5개국과 멕시코+쿠바 면세 허용 범위

국가	허용 범위
페루	담배 400개비 이하 시가 50개 이하 타바코 50g 이하 음식 2kg 이하 주류 3병 이하(총 내용물 2.5L 이하) USD300 이하의 선물
볼리비아	만 18세 이상의 경우 허용 담배 400개비 이하 시가 50개 이하 타바코 500g 이하 주류 3L 이하 미개봉 신제품 USD1,000 이하
칠레	만 18세의 경우 허용 담배 400개비 이하 시가 50개 이하 타바코 500g 이하 주류 3L 이하 USD500 이하의 물품 납득할만한 양의 개인적 용도로 쓰일 향수
아르헨티나	만 18세 이상의 경우 허용 USD300 이하의 선물 담배 400개비 이하 시가 50개 이하 주류 2L 이하 향수 2병 만 18세 미만의 경우 위 허용량의 절반만 허용
브라질	만 18세 이상의 경우 허용 USD500 이하의 선물 담배 400개비 이하 시가 25개 이하 주류 2L 이하
멕시코	만 18세 이상의 경우 허용 담배 200개비 이하 또는 시가 50개 이하 또는 담뱃잎 200g 이하 주류 3L 이하 향수 USD500 이하
쿠바	담배 400개피 이하 USD 5,000 이하 소지

게이트 이동 및 비행기 탑승

비행기를 탑승하기 위해서는 해당 게이트로 이동해야 하며, 게이트 번호는 체크인 수속 시 발급받은 보딩패스에 명시돼 있다. 일반적으로 비행기 출발시간보다 40분~1시간 일찍 탑승수속을 시작해 비행기로 들어가므로 비행기 출발시간보다 늦어도 30분 전에는 게이트에 도착해 있는 편이 바람직하다. 게이트 탑승수속시간 또한 보딩패스에 명시돼 있다.

공항의 비행정보를 한눈에 보여주는 항공운항정보 전광판(FIDS)

정식적인 명칭은 '항공운항안내표출장치'며 보통 줄여서 FIDS(Flight Information Display System)라 한다. 공항을 찾는 이용객에게 항공기의 목적지(출발지), 출발시각, 도착시각, 항공사명, 항공기 편명, 탑승구 등 각종 정보와 더불어 수화물 수취를 돕기 위한 정보를 표출한다. 예전엔 검정색 얇은 판에 정보를 인쇄해 표출하던 Flap 방식을 주로 사용하였는데, 현재는 LCD, LED 등의 표출 방식으로 발전했다. 출발하는 경우 게이트가 갑자기 변경되거나, 지연되는 경우도 있기 때문에 공항 내에서 전광판이 보일 때 마다 자신의 비행기 출발 상황을 확인하는 것이 바람직하다. 특히 환승하는 경우 인천에서 출발 전에 게이트가 확정이 안되는 경우가 대부분인데 이때도 전광판을 확인해 게이트를 찾아가야 한다.

• 비행기 탑승

해당 게이트에서 비행기를 탑승할 때 여권과 항공권을 다시 한 번 검사하므로 탑승 전 미리 준비하고 탑승한다. 비행기 탑승 후 자신의 좌석을 안내 받아 이동해 앉으면 된다. 기내 복도가 좁고 복잡하므로 가지고 있는 짐이 다른 사람에게 피해를 주지 않도록 주의하자.

• 기내용 짐

짐은 좌석 위 트렁크 공간에 보관하면 되며, 운항 중 사용할 용품 등은 미리 빼내고 싶는 편이 이동 중 짐을 다시 꺼내는 불편함을 줄일 수 있다.

• 기내식

장거리 이동을 하는 비행기의 경우 간단한 음료 및 주류를 포함한 몇 번의 기내식을 제공한다. 일반적으로 음료 서비스가 먼저 제공되고 곧바로 식사 서비스가 제공되는데, 두 가지 메뉴 중 하나를 고를 수 있는 경우가 대부분이다. 만약 채식주의자거나 특별한 음식에 알러지가 있는 경우, 혹은 영유아를 동반해 이동용 음식을 제공받기를 원하는 경우라면 체크인 수속 때 미리 말을 해 놓으면 요청한 사항에 최대한 맞춰 준비를 해준다. 식사 후 차 혹은 커피 등의 서비스가 제공되며, 음료가 부족하거나 다른 음료가 필요한 경우엔 추가로 요청하면 된다.

이코노미 증후군 예방하기

비행기의 좁은 이코노미 좌석에 장시간 앉아 있으면 다리가 저리고 부어오르는 경우가 있는데, 이를 이코노미 증후군이라 부르며 전문용어로는 '심부정맥혈전증'이라 한다. 남미 여행의 경우 비행시간만 20시간이 넘는 장거리 여행이므로 이코노미 증후군에 걸리지 않도록 유의해야 한다.
① 꽉 달라붙는 청바지는 금물이다. 편하고 넉넉한 하의를 착용하도록 하자.
② 기내에서 신발을 벗는 것은 예의에 어긋난 행동이 아니다. 슬리퍼나 두터운 양말을 준비해 꽉 조이는 신발은 벗어두도록 하자.
③ 과도한 음주 및 카페인 섭취 또한 이코노미 증후군을 불러올 수 있으니 조금만 섭취토록 하자.
④ 신진대사를 활발하게 해주는 물을 자주 섭취해주자.
⑤ 한두 시간에 한 번씩은 자리에서 일어나 스트레칭을 해주는 편이 좋다.

• 안전벨트

이륙 전과 착륙 전에는 반드시 안전벨트를 매고 있어야 하며, 운항 중에도 기장의 요청에 따라 안전벨트 사인을 보내는 경우가 있다. 이때도 화장실 사용이나 이동을 피하여 안전벨트를 매고 사인이 꺼질 때 까지 안전하게 기다려야 한다.

• 화장실

비행기의 화장실에 보면 초록색으로 'Vacant'라고 표시되 있으면 비어있다는 뜻이고, 문이 잠기면 자동으로 빨간색으로 'Occupied'라고 표시되므로 노크할 필요는 없다. 따라서 사용 시엔 반드시 문을 잠궈야 다른 사람이 불쑥 들어오는 불상사를 방지할 수 있다.

입국 수속

입국 신고

여행의 첫 나라에 도착했다면 입국수속을 받아야 한다. 대부분 비행기에서 입국수속에 필요한 입국신고서와 함께 세관신고서를 나눠주므로 미리 작성해 놓는 것이 편하다. 입국심사대의 경우 줄을 섰다가 호명하는 차례대로 가서 심사를 받으면 되고, 이때 여권과 미리 작성한 입국신고서를 제출 하면 된다. 세관신고서는 짐을 찾고 나갈 때 필요하므로 따로 보관하도록 하자.

입국심사대에서 받을 수 있는 질문들

입국심사대에서는 여권의 인적 사항과 입국신고서 확인과 동시에 몇 가지 질문으로 여행자의 동향을 파악해 입국신고서에 허가도장을 찍어준다. 몇 가지 질문의 경우 대부분 비슷하므로 마음속으로 미리 준비했다가 차분하게 이야기 하자. 남미 공항이라 할지라도 영어로 물어보는 경우가 대부분이다. 또한 입국심사대에서 불쾌한 표정이나 머뭇거리는 행동은 삼가 하는 편이 바람직하다.

Show me your passport, please.
여권 좀 보여 주세요.

How long will be staying in Here?
얼마나 머무를 건가요?

Why are you here?
어떤 목적으로 오셨나요?

Are you first visit in here?
이곳엔 처음 오셨나요?

Where are you going to stay?
숙소는 어디서 머무르시나요?

짐 찾기 및 세관 신고

입국신고를 마쳤다면 짐을 찾아야 한다. 대부분 짐이 실린 컨베이어 벨트마다 전광판을 통해 편명과 출발지를 표기하므로 편명을 알아두는 것이 좋으며, 짐이 나오는 데는 시간이 소요되므로 기다렸다 자신의 짐을 찾도록 한다. 이때 같거나 비슷한 모양의 짐이 많으므로 출발 시 받은 짐택의 번호와 찾은 짐의 번호가 일치 한지 확인 하는 것이 바람 직하다. 짐을 찾고 나면 세관신고서를 통해 최종적으로 입국장을 나가게 되는데, 신고할 것이 없다면 바로 나가면 된다. X-ray를 통과해 짐을 검사하는 것이 대부분이지만, 불규칙적으로 짐을 따로 검사하는 경우도 있다. 검사관의 요청에 순순히 따라주면 큰 무리 없이 검사 후 짐을 다시 받을 수 있다.

짐이 안왔다면?

남미 여행의 경우 직항 항공이 없으므로, 대부분 경유를 통해 입국하게 되는데 이때 짐이 잘못 실려 안 오는 경우가 있다. 이런 경우 당황하지 말고 Baggage Claim 혹은 Lost Baggage로 표시된 카운터를 찾아가 짐택을 보여주고, 분실신고서를 작성해야 한다. 이때 묵을 숙소의 주소와 전화번호를 자세하게 기입해야 한다. 대부분의 경우 1~2일 정도면 찾은 짐을 신고서에 작성한 숙소의 주소로 보내준다. 그러나 다른 도시로 이동해야 할 시기에도 짐을 찾지 못할 경우, 미리 해당 항공사 혹은 공항 분실물 센터로 연락해 다음 도시에서 묵을 숙소의 주소 및 연락처를 알려줘야 한다. 만약 짐이 분실된 경우라면 해당 항공사에서 정한 규정에 따라 일정 부분 보상을 받을 수 있다.

남미 내 장거리 이동수단

남미 내에서 장거리로 이동 할 수 있는 수단은 크게 항공기와 버스 두 가지로 나뉜다.
거듭 언급되지만 남미대륙은 정말 거대하다. 그만큼 도시 간 이동거리가 상상을 초월한다.
예를 들면 비행기를 타고 아르헨티나의 수도인 부에노스 아이레스에서 남쪽 도시 우수아이아까지 이동하는데
3시간 30분이 소요된다. 항공으로 3시간 30분이면 인천공항에서 홍콩까지 가는 거리와 같다.
만약 이 구간을 버스를 이용한다면 60시간이 소요된다.
이와 같이 넓은 대륙이기 때문에 남미 여행은 도시 간 이동하는데 소요되는 시간이
여행의 상당 부분을 차지한다. 항공 이동을 많이 하자니 비용이 부담되고, 버스로만 이동하자니
길에서 버리는 시간이 너무나 많은 데다 장거리 버스를 계속 타고 다니기엔 체력적으로 무리가 되는 것이 사실이다.
따라서 남미 여행은 항공 이동과 육로 이동을 어떻게 조합해 짜내느냐가
알찬 여행을 만들어 내는 Key-Point라 할 수 있다.
본인의 예산과 여행기간에 맞도록 적절하게 이용하는 것은 여행자 스스로의 몫이다.

항공

가장 편리하고 빠르게 도시를 이동하는 수단임에는 분명하다. 다만 육로로 이동하는 것보다 비싼 비용을 지불해야 하는 것이 사실이다. 날짜를 미리 지정해 항공권을 구입하는 것보다. 남미 여행의 불규칙적인 여행 환경 특성상 하루 이틀 전에 구입하는 경우가 대부분인데, 이때에는 항공사 홈페이지들을 참고해 구입하거나, 체류하고 있는 지역에 위치한 여행사를 찾아가 문의해 가격 비교 후 구입하는 것이 바람직하다. 또한 인터넷 웹사이트 www.kayak.com, www.skyscanner.com, www.expedia.co.kr 등 전 세계 할인항공권 홈페이지에서도 가격 비교 후 온라인 구매가 가능하다. 남미 나라들과 더불어 나라 내에서 운항하는 항공사들은 다음과 같다.

LAN Airlines
www.lan.com　　LAN AIRLINES

란 항공은 칠레 항공사로서 남미 전 대륙의 가장 많은 노선을 보유하고 있다. 유럽, 미주, 오세아니아 등 국제 노선도 가장 많이 보유하고 있는 남미 최대의 항공사로 항공 서비스 역시 스카이 트랙스 선정 남미 최고의 서비스를 제공하는 항공사로 수상받은 바 있다. 남미 각 나라에 자회사(ex. LAN-Peru, LAN-Argentina 등)를 운영하고 있어 편리하다. 특히 항공기 결함으로 인한 취소나 지연이 거의 없어 안전한 항공사이기도 하다. 프로모션을 잘 활용하고, 2~3 구간 이상을 묶어 이용할 수 있는 PASS 요금으로 항공권을 구입한다면 보다 저렴하게 이용할 수 있다.

TAM Airlines
www.tam.com.br

탐 항공은 브라질 최대의 항공사로 현재는 란 항공과의 합병으로 그 규모를 더욱 확장했다. 넓은 브라질의 특성상 브라질 전체 도시의 노선을 커버하는 항공사다. 남미의 여러 나라를 연결하는 다양한 노선도 함께 보유하고 있으며, 유럽 및 미주로도 취항하고 있다.
란 항공과 함께 탐 항공 역시 2014년 3월부로 원월드의 공식 회원사가 되었다.

AERO ARGENTINA 항공
www.aerolineas.com.ar

아르헨티나 항공사로 아르헨티나 전 지역과 미주, 유럽 일부 노선을 운항 중에 있다. 여행자들에게는 아르헨티나의 수도 부에노스 아이레스를 기점으로 남부 파타고니아를 이동할 때 주로 사용되며, 얼마 전 SKYPASS동맹체에 가입해 SKYPASS마일리지를 적립할 수 있는 장점이 있다.

Cubana 항공
www.cubana.com

쿠바 국영 항공사로 주로 카리비안 국가, 남미, 유럽 등 20여개의 국제 노선을 운영하고 있다.

Gol 항공
www.voegol.com.br

브라질 항공사로 브라질 도시의 전 노선을 커버함과 동시에 미주로의 취항 노선을 보유하고 있다. 상대적으로 탐 항공보다는 서비스적인 면에서 부족하지만 상대적으로 저렴한 할인요금이 많이 출시되고 있다.

COPA 항공
www.copaair.com

콜롬비아 최대 항공사로 TACA항공을 인수해 남미 전 지역 및 미국, 캐나다, 멕시코, 스페인, 영국의 국제 노선을 운항 중이며 스타얼라이언스 동맹체로 아시아나 마일리지 적립이 가능한 항공사다.

AVIANCA & TACA 항공
www.avianca.com

콜롬비아 최대 항공사로 TACA항공을 인수해 남미 전 지역 및 미국, 캐나다, 멕시코, 스페인, 영국의 국제 노선을 운항 중이며 스타얼라이언스 동맹체로 아시아나 마일리지 적립이 가능한 항공사다.

BOA 항공
www.boa.bo

볼리비아 항공사로 볼리비아 국내선 및 스페인의 마드리드, 아르헨티나의 부에노스 아이레스, 브라질의 상파울루 국제 노선을 운항한다.

AMAZONAS 항공
www.amazonas.com

볼리비아 항공사로 볼리비아 국내선 및 페루 꾸스꼬와 아레끼파, 파라과이의 아순시온, 브라질의 깜포그란지 등의 국제 관광지로의 노선을 운항한다. 특히 볼리비아의 수도 라파즈에서 우유니로 이동하는 항공을 보유하고 있어 여행자들에게 인기가 많으며, 볼리비아의 정글 지역인 루레나바께의 왕복 직항 노선 또한 인기가 많다.

SKY 항공
www.skyairline.cl

칠레의 저가항공사로 칠레 전 지역 및 남미 내 주요 도시를 운항하고 있다.

LADE 항공
www.lade.com.ar

정식 명칭은 '라데공군항공'이며 아르헨티나 공군에서 운영하는 저가항공사로 수도 부에노스 아이레스를 기점으로 아르헨티나 대부분의 국내 노선을 운항하고 있다.

STARPERU 항공
www.starperu.com

페루 저가항공사로 페루 국내선 구간을 운영하며, IQUITOS, PUERTO MALDONADO, PUCALPA 등 주로 아마존 지역 도시의 노선을 운항한다.

PERUVIAN 항공
www.peruvian.pe

페루 저가항공사로 페루 국내선 구간을 운영한다.

저가항공 구매 시 추가요금 꼭 확인

저가 항공의 경우 처음에 노출되는 요금과 실제구입 진행으로 해보면 짐 추가, 보험 추가, 식사 추가 등 추가사항에 따라 요금이 비싸지는 경우가 대부분이니, 자신의 상황에 맞게 진행해보고 최종요금을 확인 후 구매하는 것이 바람직하다.

남미 내 버스 이동

남미 여행 시 가장 경제적이고 효율적인 방법으로 이동할 수 있는 수단으로 대다수의 배낭여행자가 버스를 이용해 도시를 이동한다. 국제선 버스를 포함해 각 나라별로 수십 개의 버스 회사가 도시간 이동 노선을 제공하고 있다. 나라별로 질적인 차이는 있지만 기본적으로 10시간이 넘는 장거리 버스의 경우 2층 버스를 운행하고 있다. 이 2층 버스는 버스 퀄리티, 층 당 좌석의 개수, 편안함, 제공되는 서비스 등에 따라 일반적으로 LOCAL, SEMI CAMA, CAMA 혹은 버스 회사별로 명칭이 다른 그 윗 단계 등급으로 나뉘며 그에 따른 가격 차이 또한 상당하다. 10시간 이상의 야간 버스를 이용할 경우에는 비용이 조금 들더라도 CAMA 이상의 등급을 이용하기를 권장한다.

1. 남미 2층 버스의 일반적 좌석 분류

① LOCAL BUS

1층 버스로 구분되며, 우리나라 좌석버스처럼 양쪽으로 2:2 좌석배열이다. 가장 저렴하지만 버스는 낡고 오래됐으며, 의자가 뒤로 젖혀지지 않는 경우도 허다하다. 1~2시간의 이동이라면 타볼 만하다.

② SEMI CAMA

CAMA란 단어는 침대를 뜻하며 로컬 버스와 같은 2:2 좌석배열이지만 앞 뒤 간격이 상대적으로 넓어 발을 뻗을 수 있는 공간이 있다. 좌석 또한 120~130도 정도 젖혀지므로 편안한 편이다. 6~8시간 정도의 장거리 여행이라면 이용해 볼 만하다.

③ CAMA

우리나라 공항 리무진처럼 좌석배치가 1:2 배열로 좌석 공간이 아주 넓게 배치돼 있다. 홀로 여행하는 경우 우측 개별석에 앉아 독립적으로 이동이 가능하며, 의자 또한 160도 정도로 젖혀져 잠을 청하는데 무리가 없다. 10시간 이상 야간 버스 이용 시 이용하면 체력적인 무리 없이 이동할 수 있다. CAMA 등급 이상부터는 배게 및 덮을 담요도 제공한다.

④ SUPER CAMA, SUITE, EJECUTIVO 등으로 불리는 럭셔리 버스

좌석이 180로 뉘어지며, 개별 엔터테인먼트 시스템 등 비행기의 비즈니스 클래스 좌석과 맞먹는 퀄리티를 보장한다. 식사 서비스 및 일부 구간의 경우 와인 및 위스키를 비롯한 주류 서비스도 지원되기 때문에 편안하게 장거리 이동을 할 수 있다. 다만 그만큼 가격이 비싸며 때로는 비행기 편도 가격보다 비쌀 때도 있지만, 한 구간쯤은 경험해 볼 만하다.

2. 남미 5개국 나라별 버스 비교

① 거리 및 서비스 대비 가격

브라질 〉 아르헨티나 〉 칠레 〉 페루 〉 볼리비아

물가 만큼이나 브라질 버스가 상대적으로 비싼 편이다. 볼리비아의 경우는 수준 높은 등급의 버스가 없다 해도 무방하지만 여행객들이 주로 다니는 구간의 경우 여행자 전용버스를 운행해 일반 로컬급 버스보다는 편리하고 안전함을 제공한다.

② 버스 퀄리티 및 서비스

아르헨티나 〉 페루 〉 칠레 = 브라질 〉 볼리비아

버스 퀄리티와 서비스만 비교하자면 아르헨티나 고급 버스들의 서비스 수준이 월등히 높다. SUITE 등급의 버스에서는 와인 및 주류를 포함한 상당히 괜찮은 수준의 식사도 제공되며, 일부 구간에서는 빙고 게임 등 탑승자 참여를 통한 경품 행사도 제공한다. 페루도 일부 주요 관광도시 구간은 상당히 높은 퀄리티의 버스를 제공하는 편이다. 브라질과 칠레의 경우, 상대적으로 아르헨티나와 페루 버스보다는 퀄리티 및 서비스가 떨어진다.

브라질 버스는 이렇게 나뉜다!

포르투갈어를 쓰는 브라질의 버스 등급은 아래와 같이 조금 다르게 나뉘니 참고하자!

Convencional

가장 저렴한 버스로 에어컨이나 화장실이 없는 버스도 많다. 화장실이 있는 경우 Com Sanitario라고 표시 돼 있고, 없다면 Sem Sanitario라고 표시 돼 있으니 참고하자.
- 2:2 좌석 배열로 등받이가 약 125도 정도 젖혀진다.
- 앞좌석과의 간격은 약 70cm 정도로 비좁다.

Executivo

화장실과 에어컨, 공용비디오시스템이 있는 버스로 Convencional 버스보다는 안락한 편이다.
- 2:2 좌석 배열로 등받이가 약 130도 정도 젖혀진다.
- 앞좌석과의 간격은 약 80cm 정도다.

Semi-Leito

기본 서비스는 Executivo와 같으나 조금 좀 더 편안한 좌석을 제공한다.
- 2:2 좌석 배열로 등받이가 약 145도 정도 젖혀진다.
- 앞좌석과의 간격은 약 90cm며 발 받침대가 있다.

Leito

브라질 버스 중 가장 좋은 등급의 버스로 타 남미나라의 CAMA에 해당하는 버스등급이다.
- 1:2 좌석 배열로 등받이가 약 160도 정도 젖혀진다.
- 앞좌석과의 간격은 약 105cm며 발 받침대가 있다.

장거리 버스 이동 시 추위에 대비하자!

남미의 장거리 비스 중 특히 브라질 버스의 경우 에어컨을 굉장히 세게 가동한다. 더운 날씨에 지쳐 반팔 한 장만 걸친 채 탑승하게 되면 강한 에어컨 바람과 싸워야 할 경우가 생긴다. 기본적으로 담요를 제공하지만 부족할 만큼 춥게 틀어놓을 때가 있으니, 야간 장거리 버스를 이용할 땐 추위에 대비할 긴 팔 한 벌 정도는 챙겨서 탑승하자!

비수기엔 버스비용 흥정도 가능

큰 도시 버스터미널에 도착해보면 같은 노선을 운행하는 다양한 버스회사들이 있는데, 비수기일때는 정상금 액보다 저렴하게 판매를 하는 경우도 있다. 현장구매를 하려는 비수기 여행자들이라면 한번쯤 흥정을 시도 해봐도 괜찮다.

국가별 주요 버스 회사

페루

페루의 경우 상당히 많은 버스 회사들이 질 좋은 서비스를 제공하는 편이다. 페루 전체를 아우르는 노선도 있지만, 북쪽과 남쪽 혹은 특정 도시만을 운행하는 버스도 많다.

① 크루즈 델 수르 Cruz del sur

www.cruzdelsur.com.pe

가장 크고 안전한 버스 회사다. 인터넷으로 예약 및 결제도 가능하고 터미널에서 다른 지역의 버스표 구입도 가능하다. GPS가 버스에 달려있어 실시간 버스의 위치 및 교통현황을 수신하기 때문에 보다 안전한 여행이 가능하다.

② 오르메뇨 Ormeño

www.grupo-ormeno.com.pe

페루에서 크고 오래된 버스 회사 중 하나며 페루 전 노선을 보유하고 있지만, 가격에 비해 서비스는 조금 떨어지는 편이다.

③ 올뚜르사 Oltursa

www.oltursa.com.pe

판아메리카나 고속도로에 위치한 대부분의 도시를 운행하는 버스로 가격 대비 서비스가 괜찮다는 평을 듣고 있다.

④ 씨바 Civa

www.civa.com.pe

가격 대비 가장 좋은 평을 듣고 있는 버스 회사로 북부의 에콰도르 국경, 남부로는 칠레 국경, 그리고 동쪽의 정글 도시 뿌에르또 말도나도까지의 다양한 노선을 운행하고 있다.

⑤ 텝사 Tepsa

www.tepsa.com.pe

1953년부터 운행을 시작한 페루에서 가장 오래된 버스 회사 중 하나며 서비스도 나쁘지 않다. 하지만 운행 노선이 조금 한정적인 것이 흠이다.

⑥ 잇싸 Ittsa

www.ittsabus.com

리마, 침보테, 뜨루히요, 치끌라요, 삐우라, 수아냐, 빠이따, 딸라라의 한정적 노선을 제공하는 단점이 있지만 자체적 버스

안전 시스템을 운영해 상당히 안전한 버스로 평가 받고 있다.

⑦ 모빌투어스 Movil tours

www.moviltours.com.pe

리마를 기점으로 북부를 여행하기엔 모빌투어스가 가장 다양하고 안정적인 노선을 보유하고 있다.

⑧ 플로레스 Flores

www.floreshnos.net

가격 대비 서비스 평이 좋지 않았던 버스였지만 최근 SUPER DORADO라는 이름의 최상급 버스를 운행함으로써 다시 인기를 얻고 있다. 페루 최북부 도시 뚬베스를 시작으로 꾸스꼬는 물론, 볼리비아로 넘어가는 국경 도시인 데사구아데로까지의 다양한 노선을 운행중이다.

⑨ 리네아 Linea

www.transporteslinea.com.pe

모빌투어스와 더불어 페루 북부의 다양한 노선을 운행하는 버스로, 가격 대비 버스의 질이 괜찮은 편이다.

⑩ 씨알 Cial

www.expresocial.com

가격 대비 평이 좋은 버스로 평가 받고 있으며, 높은 등급의 버스 또한 안전하고 쾌적한 편이다.

⑪ 페루버스(쏘유스) Peru bus(Soyuz)

www.perubus.com.pe

저렴하게 리마부터 남쪽 해안 도시를 여행하기 좋은 버스다. CAMA급 버스는 없지만 리마에서 매 15~30분마다 남쪽 해안 도시로 출발하기에 단거리 여행 시 편리하게 이용할 수 있는 장점을 가지고 있다.

볼리비아

볼리비아의 경우 버스 회사는 상당히 많지만 서비스 질이 좋은 편은 아니다. CAMA라고 써있어도 낡고 오래된 버스가 많으며, 일반 버스의 경우 유리창이 깨져 테이프로 막아 놓은 채 운행하기도 한다. 워낙 낡은 버스를 운행하는 데다 지형적 특성상 구불구불한 길과 비포장도로가 많아 타이어가 터져 길에 1~2시간 이상 정차하기도 다반수다. 특히 거의 대부분의 여행자들이 이용하는 라파즈-우유니 구간은 남미에서 가장 힘든 버스 이동 코스로 악명이 높으

며, 라파즈에서 동쪽 정글 도시 루레나바께로 이동하는 구
간은 세계에서 가장 위험한 도로라 불릴 정도로 험하다.
볼리비아를 버스로 여행할 때는 각오를 단단히 해야 한다.

① 플로타 볼리바르 Flota bolivar

수도 라파즈를 기점으로 특히 동쪽 대도시로 운행하는 버스
로 볼리비아 버스 중에서는 그나마 괜찮은 편이다.

② 또도투리스모 Todo turismo

www.todoturismo.bl
라파즈–우유니 구간을 매일 밤 9시. 1회 제공하는 여행자
전용 버스다. 버스가 기타 로컬 버스와 비교해 상대적으로
깔끔하고 전용 터미널을 가지고 있으며, 온라인 예약 서비
스도 제공한다.

③ 그 외 Trans omar, Panamericana, Panasur, Trans
Belgrano, trans predilecto 등의 버스가 볼리비아 관광의
메카 우유니 및 남부 도시로 운행한다.

칠레

칠레의 경우 Tur-BUS 뚜르버스 www.turbus.cl 와 Pullman
풀만 www.pullman.cl 이 두 회사가 가장 큰 버스 회사며
가장 많은 노선을 운행 중이다. 산티아고를 제외하고는 거
의 대부분의 도시에 자체적인 버스터미널을 운영하고 있어
안정성 면에서도 제일 좋은 평을 듣고 있다.
그 외에도 너무나 많은 버스 회사들이 있는데 www.
omnilineas.cl/companies에 들어가면 칠레 버스 회사 전
체를 한눈에 파악할 수 있으며, 버스 회사별 홈페이지엔
노선과 가격이 대부분 명시 돼 있어 편리하게 정보를 얻을
수 있다.

아르헨티나

아르헨티나 또한 수십 개의 버스 회사가 서로 경쟁하며 성
장하고 있는데, 남미 나라들 중 가장 편안하고 럭셔리한
버스들이 많다. 아르헨티나를 여행하며 장거리 버스를 이
용하는 것은 여행의 또 다른 묘미다.

① 안데스마르 Andesmar

www.andesmar.com

② 체바이예 Nueva Chevallier

www.nuevachevallier.com

③ 리오 빠라나 Río Paraná S.A

www.rioparanasa.com.ar

④ 비아 바릴로체 Vía Bariloche

www.viabariloche.com.ar

⑤ 엘 라삐도 El rapido international

www.elrapidoint.com.ar

⑥ 까따 Cata international

www.catainternational.com

⑦ 띠그레이과수 Tigre iguazu

www.tigreiguazu.com.ar

주요 관광지를 운행하는 버스 회사들은 위와 같으며, 서비
스의 질은 모두 최상급이다. 이외에도 비슷한 서비스를 제
공하는 버스 회사들이 아주 다양해 선택의 폭이 넓다.

---

www.omnilineas.com

아르헨티나 버스 회사 전체 노선과 대략적인 요금
을 한눈에 볼 수 있는 사이트로 아르헨티나 버스
전 노선의 버스 스케줄과 대략적인 요금을 알 수
있어 상당히 편리하게 이용할 수 있다.

브라질 버스는 사실 다른 남미 국가 버스들에 비해 가격 대비 서비스가 현저히 떨어지는 편이다. 등받이가 180도로 젖혀지는 'SUPER CAMA' 등급은 없으며, 한 겨울에도 에어컨을 틀어 추위와 싸워야 하며, 2층 버스도 별로 없다. 때문에 브라질에서 버스를 타고 여행하는 것은 다른 남미들에 비해 고통스러운 것이 사실이다. 남미 나라 중 가장 거대한 면적을 가지고 있기 때문에 대부분 비행기로 이동하는 것도 버스의 서비스 질을 저하시키는 원인이기도 하다.

① 쁠루마 Pluma

www.pluma.com.br

② 이따뻬미힘 Itapemirim

www.itapemirim.com.br

③ 까이오와 Kaiowa

www.kaiowa.com.br

④ 밀우노 1001

www.autoviacao1001.com.br

⑤ 뜨란스브라질리아나 Transbrasiliana

www.transbrasiliana.com.br

주요 관광지를 운행하는 버스 회사들은 위와 같으며 이 외더 많은 버스 회사의 루트와 시간은 www.onilinhas.com이나 www.brasilbybus.com을 들어가 확인해 볼 수 있다.

브라질 버스는 밥 안 줘요!

브라질 버스는 장거리 버스라 할지라도 식사를 제공하지 않는다. 대신 점심 혹은 저녁 시간에 휴게소에 들러 식사를 할 수 있는 시간을 준다. 약 30분 정도 제공되며 금액도 상대적으로 비싸다. 준비한 음식이 없다면 울며 겨자 먹기로 사 먹을 수 밖에 없기 때문에 브라질 장거리 버스 이용 시엔 출발 전 미리 음식과 음료 등 요기할 것을 가지고 타는 편이 바람직하다.

멕시코

아데오 ADO

www.ado.com.mx

멕시코에서 가장 큰 버스 회사로 멕시코 전역을 연결하는 다양한 버스편이 운행된다. 럭셔리 VIP 라인과 그 외 1등석, 2등석 버스가 있다. 안전할 뿐만 아니라 지연도 거의 없어 여행자가 이용하기 편하다.

쿠바

비아술 Viazul

www.viazul.com

쿠바는 국가 기반 시설을 정부에서 직접 운영하고 있기 때문에 다른 나라들처럼 다양한 버스 회사들이 운영되고 있지 않다. 비아술 버스는 쿠바 정부에서 특히 관광객들의 지방 이동을 위해 설립한 운송 회사로 각 주요 도시로의 이동을 책임지고 있는 운송수단이다.

비아술 버스는 CAMA나 SEMI-CAMA 등의 야간 버스용 좌석이 없다. 또한, 좌석번호도 배정되어 있지 않으므로 탑승해서 맘에 드는 자리에 앉으면 된다. 쿠바인들만 이용이 가능한 아스뜨로 나시오날 Astro Nacional 버스는 외국인 관광객이 이용할 수 없다.

버스 예약

아직까지 버스 회사 홈페이지를 이용한 온라인 버스 예약 및 구매 시스템은 몇몇 회사만 제공하고 있다. 남미 영주권이 있어 남미에서 발급받은 신용카드로만 결제할 수 있는 경우가 대부분이다. 따라서 도시에 도착했을 때, 도착한 터미널에서 바로 그 다음 도시의 티켓을 구매하는 것이 좋다. 여행자들이 많이 몰리는 도시의 경우 버스 회사 매표소가 도시에 위치한 경우도 있어 표를 구입할 수 있고, 여행사를 통해 구매도 가능하다. 하지만 여행사를 통해 구매하는 경우 일정 수수료를 받거나 바가지를 씌울 수도 있으므로 반드시 3군데 이상 비교 후 구입하도록 하자.

회사별로 버스정류장이 다른 리마

남미 대부분의 나라들이 대 도시의 경우 통합 버스터미널 (우리나라 강남고속버스터미널과 같은 시스템)을 운영하고 있지만, 페루, 특히 수도 리마의 경우는 버스 회사별로 터미널이 다르다. 따라서 여행사를 통해 버스표를 구입한 경우라면 반드시 구입한 버스 회사의 터미널 주소를 확인 후 그곳에 가서 타야 한다.

※페루 편 리마 지도 참고

나라마다 조금씩 다른 남미의 소매치기 및 강도 유형

항상 여행객은 이방인이며, 특히 남미대륙에서는 나쁜 마음을 먹은 사람들에게는 가장 좋은 먹잇감임을 항상 잊지 않고 조심하는 것이 좋다. 남미에서 실제로 있었던 소매치기 유형 중 몇 가지를 명시한다.

페루 대도시

1. 택시를 타고 신시가지에서 구시가지로 들어갈 때
구시가지로 진입 후 신호대기에 걸렸을 때, 양쪽에서 창문을 깨고 장신구 및 가방을 훔쳐간다.
대비책 구시가지로 들어가는 택시에서는 창문을 닫고 가방을 항상 발 밑에 두며, 고가의 장신구는 차지 않는 것이 좋다.

2. 경찰이 없는 리마 구시가지 작은 골목에서 횡단보도를 건널 때
앞 뒤에서 둘러싸 거리에 눕힌 뒤 가방과 귀중품을 훔쳐 달아난다.
대비책 해진 후 사람이 드문 리마 구시가지는 혼자 다니지 말고, 되도록 큰 도로로 다니는 것이 바람직하다.

볼리비아 대도시

1. 인적이 드문 골목에서
뒤에서 목을 조른 뒤 귀중품을 훔쳐 달아난다.
대비책 해진 후 사람이 드문 골목은 혼자 다니지 말고, 되도록 큰 도로로 다니는 것이 바람직하다.

2. 위장 경찰
사복 경찰로 위장해 여권을 보여달라고 한 뒤 여러 가지 변명으로 돈을 갈취하는 경우가 있다.
대비책 여권 원본은 특별한 일이 아니면 절대로 남에게 보여주거나 건네주지 말자.

칠레 대도시

1. 버스터미널 주변
저녁에 도착하는 버스터미널 주변으로 젊은 청년 2~3명이 약에 취해 몰려있다가 우범적으로 흉기로 위협해 돈을 갈취하는 경우가 있다.
대비책 흉기가 있는 경우는 어떠한 경우라도 눈을 마주치지 말고 순순히 가진 물건을 내어주는 것이 가장 좋은 방법이다.

아르헨티나 대도시

1. 사람이 붐비는 곳에서
2인 1조 혹은 3명 이상으로 진행되며 옷에 이물질을 묻힌 뒤 친절히 닦아주는 동안 다른 일행이 귀중품을 훔쳐 달아난다.
대비책 만약 옷에 무엇이 묻어 악취가 난다면 곧장 근처의 편의점 및 패스트푸드점으로 가서 스스로 닦는 것이 바람직하다.

2. 로컬 식당 및 PC방 등에서
가방을 옆에 두고 식사를 할 때 원주민 아주머니가 동전이 떨어졌다며 주으라고 한다. 몸을 숙이는 새 동행한 어린아이가 가방을 들고 도주한다.
대비책 자신의 가방은 항상 자신의 몸과 붙어있는 것이 가장 안전하다.

브라질 히우 지 자네이루

1. 코파카바나 해변가에서
해가 진 후 사람이 드문 곳을 걸을 때 흉기로 위협, 귀중품을 훔쳐 달아난다.
대비책 해가 진 후 혼자 코파카바나 해변을 걷는 것은 현지인들도 하지 않는 행동이다. 절대 혼자로 어두운 해변을 걷지 말자. 해수욕 시 귀중품은 숙소에 두고 나오도록 한다. 핸드폰 역시 도난 사고가 잦다.

PERU

안데스산맥, 사막, 정글, 잉카 유적, 식민지 시대의 흔적을 담고 있는 콜로니얼 형식의 도시 등 독특한 풍경과 신비로운 문화가 공존한다. 특히 고대 잉카제국의 수도와 제국의 가장 위대한 유산 마추픽추 유적을 한가운데 품고 있어 '남미 여행의 하이라이트'라 손꼽히는 곳이다. 볼거리뿐만 아니라 여행자들의 입맛을 사로잡는 먹거리로 여행의 맛을 더하는 가장 남미다운 나라다. 최근 경제적 안정과 함께 치안까지 좋아지면서 관광객뿐만 아니라 많은 배낭여행자들의 발길이 이어지고 있다.

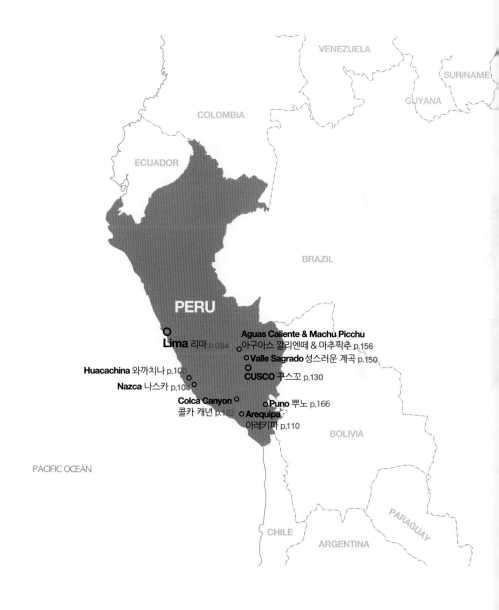

VENEZUELA

SURINAME

COLOMBIA

GUYANA

ECUADOR

BRAZIL

PERU

BOLIVIA

PACIFIC OCEAN

PARAGUAY

CHILE

ARGENTINA

국명 페루공화국 Republica de Peru/Republic of Peru

수도 리마 Lima

면적 1,285,000㎢

인구 약 3,297만 명(2020년 기준)

인종 원주민 45%, 메스티소 37%, 백인 15%, 흑인·일본 및 중국계 3%

종교 가톨릭 90.5%, 기독교 6.5%, 기타 3.0%

통화 누에보 솔 Nuevo Sol

환율 USD1=3,315(2020년 1월 기준)

언어 스페인어

시간대 우리나라보다 14시간 느림

페루 기본 정보

주요 연락처
국제코드 +51, 국가도메인 .pe
긴급전화
경찰 105
북리마관광경찰서 (01) 423–3005
남리마관광경찰서 (01) 247–1160
카야오관광경찰서 997–559–539, 951–963–997
화재 116
구급차 응급 (01) 225–4040
긴급의료지원 105, (01) 222–0222
납치범죄수사반 (01) 424–9524

한국대사관(리마 주재)
🏠 Calle Guillermo Marconi 165, San Isidro, Lima, Perú
📞 (+51-1) 632-5000, 영사과직통: (+51-1) 632-5015
FAX: (+51-1) 632-5010
✉ peru@mofa.go.kr
Facebook:
국문 https://www.facebook.com/embassyofkorea
서문 https://www.facebook.com/koreanembassy
Twitter :
국문 https://twitter.com/Emkope
서문 http://twitter.co/emcoreape
📞 휴일, 근무시간 외 사건 사고 시 긴급전화
(+51) 998 787 454 또는 (+51) 995 448 565

KOTRA
🏠 Av. Manuel Olguin 211, Of. 301, Surco, Lima, Perú
📞 (+51-1) 437-4341 / 5724 / 250-0020
팩스 (+51-1) 437-7167
✉ reception.kotralima@gmail.com

KOICA
🏠 Av. Manuel Olguin 211, Of. 802, Surco, Lima, Perú
📞 (+51-1) 627-5050~1 팩스 (+51-1) 637-4407
✉ sch@koica.go.kr

재페루한인회
🏠 Av. San Borja Norte 1037, San Borja, Lima, Perú
📞 (51-1) 746-7314 , 947 500 150
✉ asope_kr@hanmail.net
http://asopeco.org.pe/

주요 도시 지역 번호
우아랄, 우아초, 카야오, 리마 1
타라포토, 모요밤바 42
와라즈, 침보테 43
우안차코, 체펜, 트루히요 44
뿌노, 훌리아카 51
따크나 52
일로, 모케구아 53
아레끼빠 54
피스코, 이까, 친차 알타 56
뿌깔파 61
우아누코, 팅고 마리아 62
쎄로 데 파스코 63
따르마, 우안카요 64
이키토스, 유리마구아스 65
아야쿠초 66
뚬베스 72
삐우라, 카타코아스, 수야나, 탈라라, 파이타 73
치끌라요, 람바예께 74
까하마르까, 하엔 76
뿌에르토 말도나도 82
아반까이 83
꾸스꼬 84

정치
국가원수 마르틴 비스카라 Martin Alberto Vizcarra Cornejo(2018년 3월 23일~)
정치체제 연방공화제
정부형태 대통령중심제
대의기구 단원제
주요정당 아프라당 APRA, 인민행동당 AP, 기독인민당 PPC
국제기구 가입 UN, IMF, APEC, IBRD, IFC, UNCTAD, WHO, WTO 등
독립일 1824년 7월 28일

경제
주요 자원 및 수출입 현황
자원 커피, 목화, 원당, 쌀, 밀, 감자, 옥수수, 어류
수출 광물 자원, 농수산물, 섬유류, 농수산가공품
수입 연료, 전력 관련 플랜트, 자동차, 곡물
1인당 GDP 약 6,947.26달러(2018년)

전기

110V, 220V

기후와 옷차림

페루는 태평양을 접하고 있는 서쪽의 사막기후와 해안기후를 시작으로 안데스산맥의 고산기후, 아마존의 열대기후 등 다양한 기후대로 형성되어 있다. 따라서 여행 중 다양한 기후변화를 느낄 수 있다. 통상 1년 중 7~9월을 건기 및 겨울, 12~2월을 우기 및 여름으로 분류하지만 지역이나 시기마다 기후가 다르므로 페루를 여행할 때는 사계절 옷을 적절히 챙기는 것이 바람직하다.

리마 온도 그래프

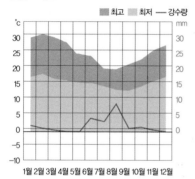

공휴일

1월 1일 신년
4월 18일 성금요일
5월 1일 노동절
6월 29일 성베드로와 바울의 날
7월 28~29일 독립기념일
8월 30일 리마성(聖)로사 축일
10월 7일 전승기념일
11월 1일 만성절
12월 8일 성모수태일
12월 25일 크리스마스

주요 축제 및 이벤트

매년 2월 첫째 주부터 2주간
푸노 '칸델라리아' 성모마리아 축제
6월 24일 꾸스꼬 인티라이미 '태양의 축제'

전화

동전주입식 공중전화가 일반적이며 국제전화도 공중전화로 사용할 수 있다. 국제전화의 경우 최소 50센타보 혹은 1Sol부터 사용이 가능하다. 1Sol이면 약 40초 정도 통화할 수 있기 때문에 충분한 통화를 원한다면 동전을 미리 준비하는 것이 좋다.

📞 **(직통)** 00 + 82(한국 국가번호) + 0을 뺀 지역번호(휴대전화는 0을 뺀 통신사번호) + 전화번호

ex) 서울 02 567 9876 → 0082 2 567 9876
휴대전화 010 234 5678 → 0082 10 234 5678

우편

우체국 Serpost(www.serpost.com.pe)을 이용하면 된다. 우리나라로 엽서를 보낼 경우, 6.5Sol이 들며 약 일주일 정도 소요된다. 중간에 분실되는 경우가 종종 있으니 유념할 것. 소포는 1kg에 약 USD40로 비싼 편이며 일주일에서 10일 정도가 소요된다.

인터넷 & 와이파이

페루는 생각보다 인터넷이 발달한 편이다. 수도 리마의 경우, 관광객들이 자주 방문하는 도시엔 어김없이 인터넷 PC방이 있다. 가격은 1시간에 3~6Sol 정도. 속도는 우리나라보다 빠르지 않지만 메일을 보내고 검색엔진을 사용하는 데는 무리가 없다. 와이파이는 호텔, 식당 등에서 대부분 무료로 제공하고 속도도 빠른 편이지만 서비스가 안정적이지 않다는 단점이 있다.

TIP

언어로 보는 페루 화폐개혁, 태양이 지고 새로운 태양이 뜨다!

1980년대까지 페루 화폐단위는 원주민 언어인 '께추아'어로 태양을 뜻하는 인띠 Inti였으나, 심각한 경제 악화 이후 스페인어로 '새로운 태양'을 뜻하는 누에보 솔 Nuevo Sol로 바뀌었다. 완벽하게 대체될 때까지 10여년 동안 1Nuevo Sol=1,000,000Inti의 환율로 사용되었는데, 이로 인해 웃지 못할 일이 벌어지기도 했다. 경제에 어두운 농민들이 집을 팔아 인티를 가지고 있다가 화폐개혁 후 집을 판 돈으로 쌀 한 가마니밖에 사지 못해 울분을 터뜨렸다는 것.

PERU
페루 길거리 음식

페루는 남미에서도 손꼽힐 정도로 길거리 음식이 풍부하다. 식당에 들러 한끼를 해결하기 힘든 상황이거나 간단하게 요기할 생각이라면 길거리 음식만큼 좋은 것이 없다. 철저한 위생까지 기대하기는 어렵지만 페루만의 독특하고 다양한 풍미의 길거리 음식들은 맛볼 수 있다.

안띠꾸초 Anticucho
페루 전역에서 맛볼 수 있는 가장 흔한 전통 길거리 음식으로 소 심장 꼬치구이다. 삶은 감자를 꼬챙이 앞에 끼워주며 소스와 곁들여 먹는다. 관광객이 많은 지역은 그냥 소고기 꼬치구이를 안띠꾸초라 불러 팔기도 한다. 길거리에서 먹으면 한 꼬치당 2~3Sol.

빤시따 Pancita
소 천엽 구이라고 생각하면 될까? 안띠쿠초를 구워 파는 곳에서 같이 팔곤 한다. 양념해서 굽는 경우가 대부분이지만 형태나 식감이 좋은 편은 아니다. 손바닥만한 한 접시에 3~6Sol.

삐카로네스 Picarones
밀가루를 반죽해 얇은 도넛 형태로 빠르게 튀겨낸 후, 올리고 시럽을 뿌려먹는 음식으로 달짝지근하고 쫄깃한 식감으로 많은 여행자들에게 사랑 받는 길거리 음식. 꾸스꼬에는 30년이 넘은 삐카로네스 집이 있다.

치차론 데 뽀요 Chicharon de pollo

닭튀김 요리로 우리나라뿐만 아니라 세계인의 입맛에 가장 익숙한 요리다. 튀긴 감자와 같이 나오는 경우가 대부분이며 양념을 하지 않아 케첩과 마요네즈, 그리고 머스터드 소스와 함께 먹는다. 한 접시에 5~6Sol.

암부르게사 Hamburguesa

저녁 늦은 시간까지 파는 페루인들의 국민야식. 대중적인 햄버거라 특징이 없어 보일 수도 있겠지만 조금 거창한 가판대에서 'Hamburguesa Royal'을 판다면 훌륭한 야식이 될 수 있다. 일반적으로 햄버거에 들어가는 속재료들과 함께 두툼한 달걀프라이까지 하나 얹어졌다면 진정한 Hamburguesa Royal이다. 가격은 7~10Sol.

우미따&따말레스 Humita & Tamales

삶은 옥수수 전분과 계란, 올리브, 닭고기 등을 옥수수껍질에 싸서 쪄낸 음식으로 주로 아침에 판매한다. 한 끼 아침 대용으로 훌륭하며 한 개에 2~5Sol.

부티파라 Butifara

맛이 아주 훌륭한 페루식 샌드위치. 시골보다는 도시에서 많이 판매한다. 바게트 질감의 빵을 잘라 양파 또는 양상추를 얹고, 철판에 즉석에서 양념해 구운 고기를 올린다. 어린 돼지고기가 올라가면 Butifara de lechon이 되고 칠면조고기가 올라가면 Butifara de Pavo가 된다. 길거리에서 7~9Sol에 먹을 수 있다. 현지인들은 페루 전통 음료수인 치차모라다 Chicha morada와 함께 자주 먹는다.

살치파파 Salchipapa

이 역시 페루 사람들이 즐겨 먹는 야식. 먹기 좋게 썬 소시지 살치차 Salchicha와 감자 Papa를 튀겨 같이 먹는 것으로 든든하지만 칼로리가 높은 음식이다. 케첩과 마요네즈, 혹은 머스터드 소스를 뿌려 먹으며 한 접시에 3~5Sol.

PERU
페루 역사

잉카제국 이전

문명의 씨앗

● BC 10세기~AD 1세기 | 페루 중북부 지방 중심으로 농경문화였던 차빈 Chabin & 빠라까스 Paracas 문명 형성

토착 문화

● BC 3세기~AD 8세기 | 북부 모치카 Mochica, 중남부 리마 Lima & 나스카 Nasca 토착 문화 형성

지역 문화

● 8세기~12세기 | 티티카카 호수를 중심으로 페루 전역을 와리 Wari 문명이 통치

● 12세기~15세기 | 와리 문명 쇠퇴 후 북부 치무 Chimu, 중부 찬카이 Chancay, 남부 이까 Ica의 지역 문화 형성

잉카제국

● 5세기~16세기 초 | 현재 에콰도르, 칠레 북부, 볼리비아 지역까지 아우르는 잉카제국 통치시대

스페인 식민시대

- **1532년** 정복자 피사로 페루잉카제국 정복
- **1544년~18세기** 스페인 부왕청 설치 식민지배 시작해 현재 파나마 & 콜롬비아 지역과 아르헨티나 부에노스 아이레스 지역에 부왕청을 설치할 때 까지 약 170년 동안 식민시대의 중심지 역할을 함

페루 독립 이후

- **1821년 7월 28일** 산마르틴 San Martin 장군이 페루의 독립 선포
- **1824년** 시몬 볼리바르 Simón Bolivar와 토레 타글레 Torre Tagle 총독 연합군이 스페인 군대 격파 후 페루의 스페인 식민시대 완전 종결
- **1879년~1884년** 칠레와의 전쟁에서 패한 후 현재 칠레 북부 아리까 Arica주 빼앗김
- **1948년~1956년** 오드리아의 군사혁명으로 독재정치

이후 1980년까지 군사통치 계속됨

- **1980년 5월** 벨라운데 테리 Fernando Belaúnde Terry가 대통령에 당선, 군정에 종지부를 찍음
- **1985년~1990년** 알란 가르시아 페레즈 Alan Garcia Perez 대통령 당선, 비동맹외교 시작
- **1990년 7월~2000년** 후지모리 대통령 당선 후 비동맹외교에서 탈피, 대선진국 외교 시작
- **1995년** 재선에 성공
- **1996년** 일본대사관저 인질 사건 직접 지휘해 일망타진
- **1997년** 아시아태평양경제협력체 APEC 가입
- **1998년** 에콰도르와 평화협정을 조인, 170여 년 간 지속된 에콰도르와의 적대관계 종식
- **1999년** 70년간 지속되어온 칠레와의 국경문제를 평화적으로 해결
- **2000년 11월** 야당의원 매수사건 파문으로 사임
- **2001년 6월 3일** 최초의 원주민 출신 후안 톨레도 Juan Toledo 대통령 당선
- **2006년 6월 4일** 미주인민혁명동맹 APRA당의 가르시아 Alan Garcia 후보가 두 번째 당선
- **2011년 6월** 오얀타 우말라 Ollanta Humala 대통령 당선
- **2016년 7월** 페드로 파블로 쿠친스키Pedro Pablo Kuczynski 대통령 당선
- **2018년 3월~현재** 마르틴 비스카라Martin Alberto Vizcarra Cornejo 대통령 당선

페루와 볼리비아 지역은 과거 다른 남미 대륙에 해당하는 거대한 지역을 통틀어 지배했던 잉카제국의 심장부와도 같은 곳으로 함께 번성해 왔다. 스페인 식민 시절 때도 정복자들은 이 두 나라에 해당하는 지역을 중심으로 세력을 확장해 왔으며 이후 근대 역사 속에서도 페루와 볼리비아는 연합군을 형성해 칠레와 태평양 전쟁을 치르는 등 다른 나라이면서도 같은 역사를 걸어왔다 해도 과언이 아니다.

프란시스코 피사로 Francisco Pizarro 1475 ~ 1541.6.26

에스파냐의 군인 출신인 아버지를 둔 그는 힘든 어린 시절을 보내다 용병으로 활동하던 시기에 발보아 원정대에 참가하여 1513년 태평양을 발견한다. 발보아 사망 후 후계자가 된 그는 군인이었던 디에고 데 알마그로와 에르난도 데 루케 신부와 함께 잉카제국을 탐험하러 원정대를 구성하여 남아메리카를 탐험하였다. 첫 번째 원정에서 소득이 없던 그는 두번째 원정을 준비하고 여러 반대에도 불구하고 당시 국왕 카를로스 5세를 설득해 원정을 허락받았다. 1531년 파나마에서 병사 180명과 함께 남아메리카로 떠난 그는 당시 잉카제국의 왕이었던 아타우알파를 기습적으로 체포하고 이를 빌미로 많은 금과 은을 석방 조건으로 받았다. 하지만 그는 1년 뒤 반역죄를 적용해 아타우알파를 처형했다. 꾸스꼬를 무력 없이 점거한 그는 꾸스꼬를 시작으로 1535년 리마에 새 수도를 건설하기 시작했으며 이 시기에 1차 원정대 동지였던 알마그로에게 꾸스꼬를 잠시 점령당하기도 했지만 그를 처형하고 다시 되찾은 역사도 숨겨져 있다. 1541년 6월, 알마그로의 추종자들과 벌인 싸움에서 피살돼 생을 마감했다. 관광객들이 찾는 꾸스꼬와 페루의 수도 리마의 구시가지는 그의 손으로 만들어낸 풍경이라고 해도 과언이 아니다.

호세 데 산 마르틴 Jose De San Martin 1778.2.25 ~ 1850.8.17

아르헨티나 야페유 강변에서 에스파냐 군인의 아들로 태어난 그는 7살이 되던 해 가족을 따라 본국으로 되돌아가 군인의 삶을 산다. 그의 나이 34살이 되던 때 라틴아메리카에서는 독립운동이 한창이었고, 그 운동에 참가하기 위해 아르헨티나의 부에노스 아이레스로 돌아가 독립혁명군의 삶을 살아간다. 벨그라노 장군과 협력해 에스파냐 군을 무찌르고 독립에 공헌한 그는 칠레 독립을 위해 차카부코 전투(1817)와 마이푸(1818) 전투에 참가에 에스파냐군을 무찌르고 칠레 독립에 공헌한다. 그 여세를 몰아 칠레 함대를 보강해 페루 피스코 해안에 상륙해 리마를 함락하고(1821) 페루 독립을 선언하기에 이른다.

현재 남미의 가장 유명한 나라인 페루, 칠레를 독립시킨 그는 이후 남아메리카 북부해방의 지도자였던 시몬 볼리바르의 야심을 뒤로 하고 프랑스에서 은둔생활을 하다 생을 마감한다.

남아메리카에서는 시몬 볼리바르와 함께 라틴아메리카 해방의 영웅으로 추앙받고 있다.

현재 그의 유해는 아르헨티나의 수도 부에노스 아이레스의 대성당에 안치돼 있다.

시몬 볼리바르 Simon Bolivar 1783.7.24 ~ 1830.12.17

베네수엘라의 부유한 집안에서 태어난 그는 유럽에서 공부를 마치고 베네수엘라로 돌아와 독립운동에 몸을 던진다. 1811년부터 베네수엘라, 콜롬비아, 에콰도르를 에스파냐군으로부터 독립시키며, 북부해방전선의 영웅으로 떠오른다. 당시 페루의 독립영웅 호세 산 마르틴의 요청으로 페루 북부(현 볼리비아)를 시작으로 에스파냐군을 무찌르며 볼리비아 독립에 공헌하며 그의 위세를 남아메리카까지 펼쳐나간다. 초기 독립시킨 3국을 묶은 '대콜롬비아공화국'이 1830년 각 국간의 견해 대립으로 해체되면서 일선에서 물러난 그는 마지막을 빈곤속에서 살다 생을 마감한다. 그렇게 생을 마감한 시몬 볼리바르지만 북부 아메리카지역을 포함한 라틴아메리카에서 그는 독립의 아버지로 추앙받고 있다.

하이럼 빙엄 Hiram Bingham 1875.11.19 ~ 1956.6.6

미국 하와이에서 태어난 그는 예일대와 하버드대에서 라틴아메리카 역사를 공부하고 예일대에서 교수 생활을 했다. 1908년 칠레에서 열린 국제학회를 계기로 페루 잉카제국의 관심을 가진 그는 페루에 들러 잉카제국의 유적을 답사하다 1911년 마추픽추 유적을 발견했으며, 1912년부터 발굴하기 시작한 마추픽추 유적은 지금 세계에서 가장 유명한 유적지 중의 하나가 되었다. 저서로는 〈잉카의 잃어버린 도시〉 등이 있으며, 그의 이름을 딴 기차는 현재 꾸스꼬-마추픽추를 잇는 기차 클래스 중 가장 럭셔리한 등급으로 운영되고 있다.

알베르토 후지모리 Alberto Kenya Fujimori

페루 출생의 일본계 이민 2세로, 리마국립농업대학과 미국 위스콘신대학교 등에서 농업학을 전공하였다. 1990년 6월 대통령 후보로 출마하여 작가인 바르가스 료사와 결선 투표 끝에 압승하면서 아시아계로는 라틴아메리카 사상 최초로 대통령에 당선되었다. 그해 7월 28일, 대통령에 취임한 후 인플레이션 억제와 재정 적자 해소에 중점을 두고 경제 재건에 착수했다.

1995년 4월 재선에 성공한 뒤에도 계속 초긴축정책과 외자 유치로 8,000%까지 치솟던 인플레이션을 안정시키는 한편, 30년 넘게 활동하던 게릴라 조직을 완전 진압함으로써 정치적 안정도 이루었다. 2000년 4월, 3선에 성공했으나 11월 야당 의원을 돈으로 매수하는 장면이 담긴 비디오 테이프가 공개되면서 실각, 일본으로 도주하였다. 이후 그의 집권 기간에 일어났던 각종 부정 비리가 드러나 집권 10년 만에 권좌에서 물러났다. 2000년 부터 5년 동안 일본에서 도피생활을 하다가 2005년 페루로 들어가기 위하여 칠레로 우회 입국을 시도하다가 칠레경찰에게 체포되었다.

2007년 9월 페루로 송환된 후 4차례 재판을 받으며 차례로 형량이 늘어났으며, 2010년 1월 3일 페루 대법원이 25년 징역형을 확정했다.

남미 여행의 복병 고산병, 이렇게 이겨내자!

해발 3,000m가 넘는 산이 없는 우리에게 고산병은 조금은 낯선 병명이다. 하지만 남미 페루나 볼리비아 같은 나라들은 도시 자체가 해발 3,000m 이상에 위치한 경우가 대부분이기에 여행을 계획한다면 고산병에 대한 기본 지식이나 사전 준비가 필요하다. 그렇지 않으면 육체적으로 상당히 힘든 여행이 될 수 있다. 실제로 고산 병에 적응하지 못해 오랫동안 준비한 여행을 포기하는 경우가 있다.

고산병 증세는 대부분 해발 3,000m 이상에서부터 나타나는 것으로 뇌로 유입되는 산소가 부족하기 때문이다. 사람마다 개인차가 있지만 대부분 구토나 몸살기운, 혹은 어지러움이나 극심한 두통, 불면증세 등을 동반한다. 이 증상은 대부분 2~3일 적응기간을 거치면 완화되지만 그 기간 동안 어떻게 대처하느냐에 따라 남은 여행을 잘 적응할 수도 그렇지 못하면 오랜 시간 고통을 겪거나 여행을 중도 포기해야 할 상황까지도 발생할 수 있다.

보통 고산 등반의 경우, 고도 적응을 위해 하루 동안 해발고도를 500m 이상 올리지 않으면서 천천히 도보로 움직인다. 이에 반해 남미 여행은 비행기 혹은 버스로 아주 빠른 시간에 고도를 올려 이동하기 때문에 몸이 적응하기도 전에 고산증세를 겪게 되는 경우가 대부분이다.

남미 여행 루트 중 처음으로 고산증세를 겪게 되는 주요 도시가 바로 꾸스꼬. 평균 고도가 120m 정도인 수도 리마에서 비행기를 타고, 혹은 나스카 등 평지 사막도시에서 버스로 곧장 해발 3,300m로 넘어오기 때문에 수많은 여행자들이 꾸스꼬에서 처음 고산증세를 경험하게 된다. 이런 경우에 대비해 고산증세를 예방, 완화하고 적응하는 방법에 대해 알아보자.

1. 도착한 첫날은 편안하게 휴식 취하기

고산지역에 도착했다고 바로 고산증세가 나타나는 것은 아니다. 3~4시간 정도 후에 그 증세가 나타나는 것이 대부분인데 처음 도착한 3~4시간의 활동이 중요하다. 숙소에 도착했다면 일단 휴식을 취하고 이날 하루만큼은 여행의 들뜬 기분을 잠시 뒤로 하고 느긋하게 휴식하는 것이 좋다. 어쩔 수 없이 걸어야 할 경우엔 뛰지 말고 최대한 천천히 움직이며 숨을 고르도록 하자. 식사 또한 첫날만큼은 소식하고, 음주 및 흡연은 되도록 삼가는 것이 좋다.

2. 해발고도가 낮은 지역으로 이동하기

가장 좋은 방법이 고도가 낮은 지역으로 이동하는 것. 사실 꾸스꼬에서 1시간 30분 정도 떨어진 피삭 Pisac에서 하루만 지내도 고산증세는 현저히 완화된다. 피삭은 해발고도가 2,800m이기 때문이다. 마추픽추 유적이 있는 아구아스 깔리엔떼 마을에 가면 그 증세는 더욱 완화된다. 아구아스 깔리엔떼는 해발고도 2,000m에 위치해 있다. 이처럼 고산증 해결을 위해선 고도가 낮은 지역으로 이동할 것을 권한다.

3. 마떼 데 코카 Mate de Coca

페루 고산지역의 식당에 들르면 어김없이 '마떼 데 코카' 라는 차를 주거나 저렴한 가격에 판매한다. 숙소 로비에 서비스로 놓여있는 경우가 많다. 페루 및 볼리비아에서 재배하는 코카 잎을 말린 것으로 고산증세 완화에 도움이 된다. 혹자들은 마약 및 환각제를 만드는 용도에 쓰이기 때문에 꺼리는 경우도 있지만 '코카 잎 몇 장은 마약이 아니다'라는 문구가 적힌 티셔츠를 판매하는 것처럼 환각이나 중독의 염려는 하지 않아도 된다.

4. 소로체 필 Soroche pill 복용하기

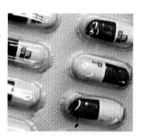

남미 여행을 준비하는 이들이 종종 의사처방을 받아 고산증세를 완화하는 소로체 필을 구입해서 들어온다. 국내에서는 그 비용이 만만치 않지만 페루 대부분의 약국에서는 저렴하게 판매한다. 만약의 경우를 대비해 이뇨제 역할을 하는 이 약을 페루 현지에서 구입하는 것도 하나의 방법. 알약의 형태가 대부분이지만 사탕처럼 빨아먹는 것도 있다.

5. 비상시 산소호흡기 착용하기

꾸스꼬 3성급 이상의 호텔이나 관광버스 등에는 산소호흡기가 비치되어 있다. 증세가 심한 경우 산소호흡기를 착용하면 1~2분 내에 상태가 현저히 호전된다. 약국에서도 스프레이 형태의 휴대용 산소호흡기를 판매한다. 가장 빠르게 증세를 완화시킬 수 있지만, 인위적으로 산소를 주입하기 때문에 적응하는 시간은 그만큼 늘어난다고 볼 수 있다. 고산지역으로의 여행이 많이 남아있는 경우에는 증세가 아주 심할 때 잠깐 사용하는 것이 장기여행에는 도움이 된다.

잉카 제국의 탄생

잉카는 아메리카에서 가장 거대한 제국이었다. 페루 꾸스꼬에 정치 행정기반 중심의 수도를 건립한 잉카는 1400년대 초를 시작으로 지방 세력들을 융합, 제국의 형태를 띠며 전성기를 맞이했다. 1438년부터 스페인 군대가 본격적으로 침략하기 전인 1533년까지 약 100년 동안 무력 정복과 평화 조약 등 다양한 방법으로 현재의 에콰도르, 콜롬비아 남부, 페루, 볼리비아, 서북 아르헨티나, 칠레 북부 등 안데스 산맥을 아우르는 남아메리카 전 범위에 걸친 거대한 잉카 제국을 완성하였다.

잉카의 건국 신화

잉카 제국에는 다양한 건국 신화가 존재하는데 가장 유명한 신화는 이렇다. 창조의 신이었던 비라코차에게는 8명의 자녀가 있었다. 아야르 카치, 아야르 오코, 아야르 아이카, 아야르 망코는 형제였고 나머지 4명은 자매였다. 이 자매들은 4명의 형제들의 아내이기도 했다. 이들은 다른 곳에 도시를 세우기 위해 태어난 땅을 떠나 긴 여행을 시작했다. 여행 중 아야르 망코와 자매 중 한 명인 마마 오콜로 사이에 아들 신치 로카가 태어났다. 아이는 영험한 기운을 품고 있어 그들을 큰 도시로 삼기 좋은 땅으로 인도한다. 땅의 신비로운 기운을 감지하고 도착한 곳을 '세상의 중심'이라 여겼고, 도시를 건설해 배꼽이란 뜻의 '꾸스꼬'로 명명했다. 그렇게 해서 망코 카팍은 꾸스꼬의 첫 번째 지도자가 되었다.

역대 잉카 왕조

•제1왕조

1. 망코 카팍 Manqu Qhapaq(재위 1200년 전후)
2. 신치 로카 Sinchi Ruq'a(재위 1230년 전후)
3. 로케 유팡키 Lluq'i Yupanki(재위 1260년경~1290년경)
4. 마이타 카팍 Mayta Qhapaq(재위 1290년경~1320년경)
5. 카팍 유팡키 Qhapaq Yupanki(재위 1320년경~1350년경)

•제2왕조

1. 잉카 로카 Inka Ruq'a(재위 1350년경~1380년경)
2. 아와르 우아칵 Yawar Waqaq(재위 1380년경~1410년경)
3. 비라코차 잉카 Viracocha Inca(재위 1410년경~1438년)
4. 파차쿠텍 Pacha Kutiq(재위 1438년~1471년)
5. 투팍 잉카 유팡키 Tupaq Inka Yupanki(재위 1471년~1493년)
6. 우아이나 카팍 Wayna Qhapaq(재위 1493년~1527년)
7. 우아스카르 Waskhar(재위 1527년~1532년)
8. 아타후알파 Atahualpa(재위 1532년~1533년)

•후기 왕조(1533년 이후)

1. 투팍 우알파 Tupaq Wallpa(재위 1533년)
2. 망고 잉카 유팡키 Manqu Inka Yupanki(재위 1533년~1544년)
3. 사이리 투팍 Sayri Tupaq(재위 1545년~1560년)
4. 티투 쿠시 유팡키 Titu Kusi Yupanki(재위 1560년~1571년)
5. 투팍 아마루 Tupaq Amaru(재위 1571년~1572년)

잉카 제국의 언어들

•께추아 Quechua

잉카 제국이 공용어로 채택하면서 중앙 안데스산맥 지방을 중심으로 가장 오랫동안 사용했던 언어로 약 1,000만 명 정도의 인구가 사용했다. 페루와 더불어 볼리비아에서는 스페인어와 함께 공용어로 지정되어 있으며, 두 나라의 도시명 대부분이 스페인어가 아닌 께추아Quechua어인 것을 알 수가 있다. 화폐 역시 1991년 스페인어로 태양을 뜻하는 'Sol(공식명칭 Nuevo soles : New Sun)'로 개혁 되기 이전에는 케추아어인 '인띠 Inti(태양)'를 사용했다.

•아이마라 Aymara

안데스의 아이마라 Aymara인들에 의해 사용되는 토착 언어로 께추아어, 남부 토착언어 과라니어와 함께 가장 세력이 큰 언어 중 하나다. 볼리비아와 페루에서 스페인어와 함께 공용어로 지정되어 있으며 약 200만 명의 인구가 사용하고 있다. 참고로 페루 여행 중 꾸스꼬를 넘어 티티카카 호수가 있는 푸노 지방으로 내려가다 보면 께추아어보다 아이마라어를 더 많이 사용한다. 푸노의 티티카카 호수에서 우로스 섬 토착민들을 만나게 되면 아이마라어로 인사해보자.

"까미사라끼?" [How are you?]
"왈리끼!" [Fine!]

잉카의 영적 존재, 파차마마 Pachamama

'대지의 어머니'란 뜻의 파차마마는 안데스 원주민

들이 가장 신성시하는 영적 존재다. 성모마리아와 동급의 존재로 인정받는 파차마마가 농작과 가축을 기르는데 절대적인 영향을 미친다고 믿었던 원주민들은 매년 일정한 시기에 공물공양을 함으로써 풍요를 기원했다. 공물공양을 게을리하면 흉작, 파괴와 같은 형태로 파차마마가 벌을 준다고 믿었기에 원주민들은 항상 술, 코카 잎, 혹은 음식으로 공양 올리는 것을 게을리하지 않았다. 음식을 섭취하기 전, 우리나라 '고수레'와 같은 형태로 땅에 자신이 먹고 마실 음식을 조금 떨구는 것을 볼 수 있는데, 이것이 대지의 어머니 파차마마에게 공양을 하는 일상의 방식이다.

잉카콜라 Inca Cola, 페루의 자존심이 되다!

페루의 국민음료, 잉카콜라

"사람들이 마시고 있는 저 노란 음료는 뭔가요?" 페루 음식을 처음 접하는 사람들에게서 나오는 질문이다. 콜라가 아닌 노란 탄산수로 보이는 이 음료에서는 풍선껌 혹은 파인애플 맛이 난다. 슈퍼마켓이나 식당 등 어디서나 볼 수 있고 마실 수 있는 대표적인 페루의 국민음료, 잉카콜라 Inca Cola다.

잉카콜라의 기원 및 역사

1910년 영국인 부부, 호세 로빈슨 린들리 Jose Robinson Lindley와 마르타 Martha는 페루의 항구 칼라오 Callao로 들어와 리마에서 새로운 삶을 시작하게 되었다. 그러다 부부는 조그맣게 자신들이 직접 만든 음료를 팔기 위해 탄산음료 가게를 연다.

1935년, 부부는 리마가 세워진 400주년을 기념하기 위해 특별한 음료 제작에 나선다. 그렇게 만들어진게 잉카콜라. 호세 린들리가 음료 이름을 정해서 팔기 시작했고, 그의 아들 아이삭 린들리가 기술력을 더해 단기간에 페루 시장 판매를 주도했다. 이후 잉카콜라는 페루의 상징이 되었다. 그동안 거대 음료기업인 코카콜라와 펩시가 막대한 자본으로 페루의 콜라 시장을 섭렵하려 했으나 잉카콜라의 주도권을 뺏지는 못했다. 1999년이 되어서야 주식의 50%를 코카콜라에 팔게 되었고, 코카콜라의 유통 루트를 이용해 페루 외 다른 나라에까지 잉카콜라를 팔 수 있게 되었다. 그 후 페루 맥도날드에서는 잉카콜라와 코카콜라를 같이 판매해 빅맥과 잉카콜라를 동시에 맛볼 수 있게 되었다.

PERU
페루 꼭 가봐야 할 곳

**신도시와 구도시가 완벽하게 분리된 곳이자
남미 여행의 출발점, 리마**

까야오 항구 근처에 위치한 리마 공항에 도착해
처음 발을 내디디면 항구 특유의 비릿한 냄새가
코를 자극한다. 해발고도 120m 해안가 절벽 위쪽에
자리잡은 도시 리마는 대부분의 남미 여행자들이
출발점으로 삼는 도시다. 그 외에 특별한 매력을
느끼지 못하고 거쳐가는 도시로 치부되지만 리마는
그 나름대로의 매력이 있다. 특히 신도시와 분리된
구도시의 웅장한 모습은 아르헨티나
부에노스 아이레스의 건물들 못지않다.

LIMA
리마

**리마
드나들기**

남미 여행의 핵심이라 할 수 있는 페루의 수도이기 때문에 미국 혹은 유럽 대부분의 도시에서 다양한 항공사가 리마로 들어오고 또 나간다. 우리나라에서는 직항은 없지만 미국을 경유하는 항공사를 이용하면 유럽을 경유하는 것보다 상대적으로 빠르게 리마로 들어올 수 있다. 가장 빠른 방법으로 '인천-LA-리마' 구간을 이용하면 된다. 환승 대기시간까지 포함해 24시간이면 도착할 수 있다. 물론 리마에서 남미 주요 나라의 도시 또한 아주 많은 항공이 운항 중이라 비행기를 이용해 리마에서 다른 나라로 이동하는 것은 문제되지 않는다. 다만 이동거리가 길기 때문에 요금은 비싼 편이다. 리마를 출발해 칠레의 산티아고나 아르헨티나의 부에노스 아이레스행 국제 버스도 운행한다. 대부분 이틀 이상의 시간이 소요된다.

주요 도시 소요시간
(국제선 항공) **LA** 8시간 40분 | **뉴욕** 7시간 50분 | **달라스** 7시간 20분 | **마이애미** 5시간 45분
마드리드 12시간 | **암스테르담** 12시간 30분
(남미 국제선 항공) **라파즈** 1시간 55분 | **산티아고** 3시간 30분 | **부에노스 아이레스** 4시간 25분
상파울루 4시간 50분 | **히우 지 자네이루** 5시간
(국내선 항공) **꾸스꼬** 1시간 10분 | **훌리아까(뿌노)** 1시간 40분 | **아레키파** 1시간 30분
(국제선 버스) **산티아고** 55시간 | **부에노스 아이레스** 70시간
(국내선 버스) **꾸스꼬** 26시간 | **이까** 4시간 | **아레키파** 16시간

리마 드나드는 방법 **01** 항공

리마 국제공항에서 시내로 이동하는 방법은 택시 혹은 로컬 버스를 이용하는 방법이 있지만, 익숙하지 않은 공항 주변의 상황이나 짐을 들고 로컬 버스를 이용해야 하는 불편함이 있어 택시 이용을 추천한다. 택시는 로컬 택시와 공항 택시, 두 종류로 나뉜다. 공항 출구 바로 앞에서 호객하는 로컬 택시 요금은 일반적으로 시내에서 움직이는 것보다는 비싸기 마련. 이럴 때는 같이 내린 다른 여행객들과 미리 택시비를 나누어내는 것도 하나의 방법이다.

공항버스 공항에서 신시가지 중심가인 미라플로레스Miraflores 지역으로 왕복 운행하는 공항버스가 있어 구시가지가 아닌 해당 지역으로 이동하는 여행자라면 일반 택시 및 대중교통 수단보다 상대적으로 편리하게 이동할 수 있다. 미라플로레스 중심가 지역 총 7개 정류장(리마 신시가지 지도 참고)을 거쳐 돌아오는 버스로 예약한 숙소와 가장 가까운 곳에서 내려 숙소로 이동하면 되며, 버스 티켓은 모바일 사이트(www.airportexpresslima.com)를 방문해 직접 결제 후 출력 없이 해당 결제 화면만 보여주면 이용할 수 있어 편리하다. 또한 공항 및 버스 탑승 시 직접 구매도 가능하다. 성인: 편도 USD 8 / 왕복 USD 15, 만 4세~ 15세: 편도 USD 6 / 왕복 USD 12, 만 4세

✈ **리마 국제공항** Jorge Chavez International Airport

리마 까아오 인터내셔널 에어포트 Lima Callao International Airport란 이름에서 알프스 산맥을 넘는 비행에 도전했다가 죽은 최초의 페루인, 호르헤 차베스 다르트넬 Jorge Chavez Dartnell(1878~1910)을 기념하기 위해 1965년 6월, '호르헤 차베스 국제공항'으로 이름을 바꾼 리마 국제공항. 국내선 공항을 겸하고 있다.

리마 공항

공항버스 운행시간

오전 (30분 간격 출발)	06:30–07:00–07:30–08:00–08:30–09:00– 09:30–10:00–10:30–11:00–11:30
오후 (1시간 간격 출발)	12:00–13:00–14:00–15:00–16:00–17:00
야간 (30분 간격 출발)	17:30–18:00–18:30–19:00–19:30–20:00–20:30–21:00– 21:30–22:00–22:30–23:00–23:30–00:00

안전을 위한다면 공항 택시

안전을 위한다면 조금 비싸더라도 공항 택시를 이용하는 것이 좋다. 국제선과 국내선 공항 출구 모두 공항 택시 서비스를 운영하고 있으니 이중 한 곳을 선택해 이용하자. 공항에서 신시가지까지의 요금은 대략 60~70Sol 정도로 로컬 택시에 비해 비싸지만 그만큼 안전하다.

TAXi365	Taxi 365 Llegadas nacionales e internacionales	Teléfono (511) 219-0266
Taxi Directo	Taxi Directo Llegadas nacionales e internacionales	Teléfono (511) 711-1111 RPC/Whatsapp 989067006 /986646351 E-mail servicioenlinea@taxidirecto.com Web www.taxidirecto.com
TAXI GREEN	Green Airport S.A Llegadas nacionales e internacionales 626 7146	Telefonos 484 4001/9 98267148 RPM920220 contacto@taxigreen.com.pe

리마 드나드는 방법 버스

리마에는 공영터미널이 없다(실제편 남미 버스 참고). 따라서 타 도시에서 버스를 타고 리마로 들어온다면 타고 온 버스 회사 터미널에서 내리게 된다. 대부분의 버스터미널이 구시가지와 신시가지 중간에 위치하고 있어서 내린 버스터미널에서 신시가지 혹은 구시가지로 들어가는 거리는 크게 차이 나지 않는다. 일반 로컬 버스를 이용하기는 불편하므로 택시를 이용하는 것이 바람직하다.

콜렉티보

※버스터미널에서 구시가지 및 신시가지까지의 택시 요금은 15~20Sol이며 공항까지는 30~45Sol로 약 1시간 정도가 소요된다.

시내 교통

승합 차량인 콜렉티보 Colectivo와 그것보다 크기가 큰 로컬 버스, 전용도로를 이용해 달리는 급행 버스인 메트로폴리타노, 그리고 택시가 있다. 하지만 초행길의 여행자들에게 콜렉티보나 버스를 타고 이동하는 일이란 쉽지만은 않다. 리마 시내를 이동할 거라면 택시를 이용하는 것이 그나마 나은 방법. 한 가지 주의할 점은 페루 택시에는 미터기가 없기 때문에 매번 흥정을 해야 한다는 것이다. 리마에 사는 현지인들조차 리마의 정확한 택시요금을 모른다. 기본요금도 없지만 평균 3~4Sol을 통상적인 요금으로 부른다. 이는 2km 이내며, 흥정제이기 때문에 차량이 막히는 출퇴근 시간엔 요금을 더 부른다. 택시요금을 대략적으로 예상해보려면 1km에 1~2Sol 정도로 계산하고 거기에 기본요금 3Sol 정도를 더 붙이면 평균요금이 된다.

메트로폴리타노 타고 신시가지(미라플로레스)에서 구시가지 이동하기!

Av.Aviacion 길 위에 지어져 운행하는 지상열차를 제외하곤 지하철 노선이 없는 리마는 대신 메트로폴리타노 Metropolitano 라는 전용노선만을 달리는 급행 버스가 있어 교통체증으로 유명한 리마에서 출퇴근 하는 직장인 들에게 상대적으로 빠른 교통수단을 제공하고 있다. 이 버스 라인 중 Ruta Troncal 노선이 신시가지에서 구시가지를 빠르게 잇는 전용도로인 Via Expressa 노선을 달린다. 이 루트를 타고 리마 구시가지로 보다 저렴하게 이동할 수 있다. 아래 노선의 10번역 Ricardo Palma에서 타고 20번 Jiron de la Union 역에서 내려 이동하면 구시가지의 명동인 La Union 거리다. 단, 현금결제는 안되고 카드(5Sol) 구입 후 원하는 만큼 요금을 충전해 이용(1회 2.5Sol)하면 된다. 카드 한 장으로 탑승 시 다중 결제가 가능하므로 여러 명이 움직인다면 좀 더 편리하게 이용할 수 있다.

📷보자! LIMA SIGHTS

앞서 말했듯이 리마는 다른 남미의 수도와는 달리, 구도시와 신도시가 아주 명확하게 구분되어 있다. 신도시와 구도시를 따로 구분해서 둘러보는 것이 바람직하다. 여행자들이 오래 머무르는 도시가 아니기 때문에 하루 일정으로 구도시 반나절, 신도시 반나절로 계획하면 무리가 없다.

추천 일정(반나절)

리마 구시가지

● 산 마르틴 광장
● 라우니온 거리
● 아르마스 광장
● 산 프란시스코 수도원
● 종교재판소 박물관

신시가지에서 택시를 타고 구시가지로 간다면 대부분의 기사들은 비아 엑스프레사 Via Expresa라는 시내 고속도로를 이용해 구시가지로 이동한다. 구시가지의 초입으로 들어오면 큰 길 좌측으로는 쉐라톤 호텔이 보이고 호텔과 마주한 우측으로는 리마 대법원 Placio de Justicia이 보인다. 이 두 건물을 뒤로하고 정면의 좁은 도로로 들어가게 되면 구시가지다. 처음으로 맞이하는 광장이 산 마르틴 광장인데 이곳에 내려 리마 구시가지 구경을 시작하면 된다. 구시가지의 경우 신시가지에 비해 치안이 좋지 않으므로 기왕이면 오전에 둘러보는 것을 추천한다. 걸어다닐 때나 많은 사람이 몰린 거리에서는 반드시 소지품에 유의하도록 하자.

리마 신시가지

● 사랑의 공원
● 라르코 마르
● 케네디 공원
● 피자거리

리마는 1,300만 명이 거주할 만큼 큰 도시다. 신도시 또한 그만큼 넓은 지역이지만 미라플로레스 Mira flores 지역 위주로 짧게 둘러봐도 리마 신시가지의 단면을 엿보기엔 충분하다. 해발 150m 사암지대에 지어진 도시인 만큼 해안도로인 코스타 베르데 Costa Verde 위쪽에 도시가 지어졌음을 두 눈으로 확인할 수 있는 '사랑의 공원'을 신도시 도보 여행의 시작점으로 삼으면 좋다.

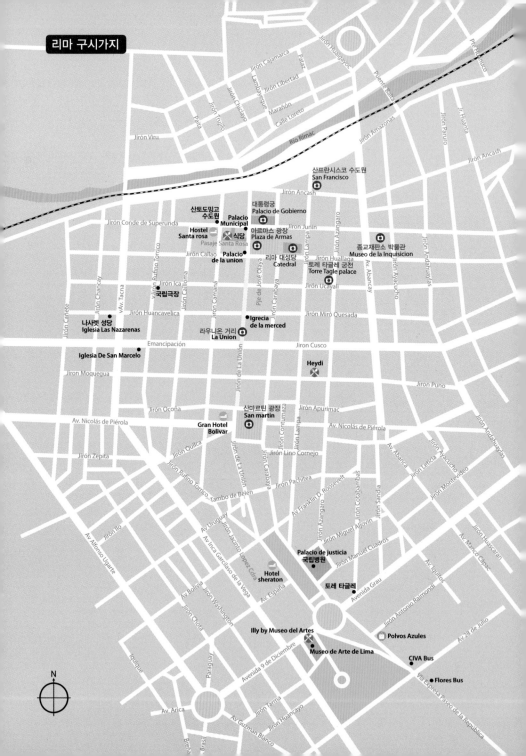

리마 구시가지

산프란시스코 수도원
San Francisco

산토도밍고
수도원
대통령궁
Palacio de Gobierno

Palacio
Municipal

Hostel
Santa rosa

식당
Pasaje Santa Rosa
아르마스 광장
Plaza de Armas

종교재판소 박물관
Museo de la Inquisicion

Palacio
de la union

리마 대성당
Catedral

토레 타글레 궁전
Torre Tagle palace

국립극장

나사렛 성당
Iglesia Las Nazarenas

Igrecia
de la merced

라우니온 거리
La Union

Iglesia De San Marcelo

Heydi

산마르틴 광장
San martin

Gran Hotel
Bolivar

Palacio de justicia
국립병원

Hotel
sheraton

토레 타글레

Illy by Museo del Artes

Polvos Azules

Museo de Arte de Lima

CIVA Bus

Flores Bus

Jirón Cajamarca
Paráz
Jirón Hualgayoc
Jr. Pte del Ejército
Jirón Libertad
Jirón Chiclayo
Lambayeque
Marañón
Jirón Trujillo
Paita
Calle Loreto
Puente Santa Rosa
Jirón Huanta
Jr. Panuro
Jirón Viru
Rio Rímac
Jirón Amazonas
Jirón Ancash
Jirón Conde de Superunda
Jirón Ancash
Jirón Junín
Jirón Camaná
V.Av. Tacna
Víctor Rufino Torrico
Jirón Ica
Jirón Callao
Pje de José Olaya
Jirón Carabaya
Jirón Lampa
Jirón Abancay
Jirón Ayacucho
Jirón Andahuaylas
Jirón Huallaga
Jirón Ucayali
Jirón Chancay
Jirón Cañete
Jirón Huancavelica
Jirón Miró Quesada
Emancipación
Jirón Cusco
Jiron Cusco
Jiron Moquegua
Jiron Puno
Jirón Ocoña
Jirón Apurimac
Av. Nicolás de Piérola
Av. Nicolás de Piérola
Jirón Contumaza
Jirón Lampa
Jirón Abancay
Jirón Leticia
Jirón Ayacucho
Jirón Montevideo
Jirón Andahuaylas
Jirón Zepita
Jirón Quilca
Jirón Lino Cornejo
Jirón Huascarán
Av. Abancay
Jirón Sandia
Rufino Torrico
Tambo de Belen
Jirón Carabaya
Jirón Pachitea
Av. Franklin D. Roosevelt
Av. Azángaro
Jirón Cotabambas
Jirón Miguel Aljovin
Jirón Manuel Cuadros
Av. Iquitos
Av. Marco Cápac
Av. Ilo
Av. Uruguay
Av. Jacinto López Cdra
Jirón Ayacucho
Av. Alfonso Ugarte
Av. Inca Garcilaso de la Vega
Av. Bolivia
Jirón Washington
Av. España
Avenida Grau
Av. Antonio Raimondi
Av. 28 de Julio
Jirón Cholá
Iquique
Paraguay
Avenida 9 de Diciembre
Via Expresa Paseo de la República
Breña
Brasil
N
Av. Arica
Jirón Tarma
Jirón Huancayo
Av. Guzmán Blanco

리마 구시가지

산 마르틴 광장 San martin

산 마르틴 광장은 남미 해방의 아버지로 불리는 '시몬 볼리바르 Simon Bolivar'와 함께 남미 독립에 앞장서 페루를 해방시켰던 '호세 데 산 마르틴 Jose de San Martin'(p.76 페루 & 볼리비아 역사속 인물 참고)을 기념하는 광장이다.

🚶 산 마르틴 광장에서 사람이 북적거리는 길이 보이는데 이 길이 '구시가지의 명동'이라 불리는 라우니온 La Union 거리다. 이 길로 곧장 5블록을 걸어가면 메인 광장인 아르마스 광장 Plaza de armas이 나온다.

라우니온 거리 La Union

언제나 사람들로 북적대는 이 거리는 리마에 사는 사람들이 쇼핑하러 오는 가장 큰 쇼핑 지역 중 하나다. 이곳에는 옷, 가전제품 등 온갖 종류의 물건을 파는 상점들이 밀집해있을 뿐만 아니라 백화점, 대형 슈퍼마켓 등도 자리하고 있다. 또한 저렴한 식당과 Norky's나 Ricky's 등 체인점 형식의 식당들도 들어와 있어 쇼핑과 식사를 한꺼번에 해결하기에 좋다.

라우니온 거리

🚶 산 마르틴 광장에서 시작해 인파에 떠밀려, 혹은 윈도우쇼핑을 하며 걷다 보면 어느새 커다란 광장이 나오는데 이 광장이 바로 리마의 메인 광장 Plaza de armas이다.

아르마스 광장 Plaza de armas

스페인 식민지 당시 수도로 정해졌을 만큼 화려하고 유수한 건축물로 둘러싸인 아르마스 광장은 1991년 유네스코 세계문화유산에 등록되었다. 특히 메인 광장인 아르마스에서 바라보는 리마의 대성당은 당시 건축양식의 진수를 보여주고 있다.

리마 아르마스(메인 광장)

리마 대성당

대통령궁

리마 대성당

- ⊙ **Open** 월~금 09:00~17:00
- 🎫 성인 10Sol, 학생 2Sol
- 📞 51 1 427 9647

리마 대성당 Catedral

스페인의 정복자 피사로가 1534년 페루의 리마를 수도로 정하고 1535년부터 건설하기 시작해 완성한 페루에서 가장 오래된 대성당이다. 당시 스페인 건축 양식이었던 바로크 양식으로 지어진 이 성당은 피사로가 직접 초석을 놓은 것으로 유명하며, 현재 이곳에는 그의 미라도 안치되어 있다. 아마존의 단단한 나무로 깎아 만든 성당 정면의 원목 발코니는 화려함의 진수를 보여준다.

대통령궁 Palacio de Gobierno

건축에 관심이 많았던 스페인의 정복자 피사로가 직접 초기 설계를 담당해 '피사로궁'으로도 유명하다. 지금의 건물은 1937년에 다시 건축해 현재까지 페루 정부청사 역할을 담당하고 있다.

🚶 대통령궁을 바라보고 광장 좌측 중앙에 난 산타 로사 Santa Rosa 골목에는 카페와 레스토랑이 많아 둘러보기 좋다. 광장에서 대성당을 바라보고 좌측으로 난 후닌 Junin 거리로 이동한 후, 첫 사거리에서 왼쪽으로 난 람파 Lampa 길로 한 블록 이동하면 산 프란시스코 San Francisco 수도원이 나온다.

TIP

영국에 견줄 만한 근위병 교대식!

매일 정오 약 한 시간 가량 리마의 대통령궁에서는 근위병 교대식이 진행된다. 엄숙함이 영국의 근위병 교대식과 견줄 만하다. 특히 주말 교대식에는 관광객을 비롯한 현지인 등 수많은 인파가 몰려 또 다른 볼거리를 제공한다.

산 프란시스코 수도원 San Francisco

1546년에 지어진 수도원으로 현재는 16~18세기에 수집한 약 2만5,000권의 방대한 책과 미술품 등이 전시되어 있는 곳으로 유명하다. 더욱 유명한 이유는 세계 몇 안 되는 지하묘지 카타쿰바 Catacumba가 있기 때문이다. 대성당을 바라보고 우측에 입구가 따로 있는 지하묘지 및 수도원 관람은 가이드가 동행하는 투어 형태로 진행된다.

영어와 스페인어 두 개의 언어로 진행되며 시간은 약 1시간이 소요된다. 이 투어에 참가하면 수도원의 전체적인 내부와 지배기간 동안 수집한 도서와 미술품, 종교와 관련된 화려한 용품 및 의복 등을 구경할 수 있으며, 약 7만 명의 유골이 그대로 드러나 있는 지하무덤을 둘러볼 수 있다.

👣 산 프란시스코 수도원을 나와 Jr Ancash 길에서 수도원을 등지고 좌측으로 걸어가면 Abancay 대로가 나오는데 우회전해서 한 블록을 걸어가면 사거리 대로 건너편에 보이는 흰색 건물이 종교 재판소 박물관이다.

종교 재판소 박물관 Museo de la Inquisicion

페루의 종교 재판소이며 현재는 국회 Colgreso에 소속된 박물관이다. 스페인 정복자들이 원주민들에게 개종을 강요하며 그에 반항하는 원주민들을 어떻게 고문하고 처형했는지 당시 상황을 기록해놓은 박물관으로 그림 및 다양한 인형으로 당시 악행을 설명하고 있어 역사에 관심 있는 여행자라면 들러볼 만한 곳이다.

종교재판소

 토레 타글레 궁전 Torre Tagle palace

종교재판소 근처에 있는 건물로 산마르틴 장군이 당시 총독이었던 토레 타글레 후작을 위해 1735년 완공한 건물로 외부의 목조 발코니와 내부 정원이 아름답기로 유명하다. 현재는 페루 외무성 건물로 이용하고 있다.
🏠 Ucayali 363
◎ Open 매일 09:00~17:00
💵 무료
📍 종교재판소 박물관을 구경한 후 다시 Avancay 대로로 나와 길을 건너 안으로 들어가 한 블록 지난 사거리에서 Jr. Azangaro 길로 좌회전해서 두 블록만 가면 화려한 목조 발코니 건물이 눈에 들어온다. 바로 그 건물이 토레 타글레 궁전.

 구시가지의 알아주는 세비체 맛집, 헤이디 Heydi

만약 구시가지 관광을 하고 점심시간이 됐다면 구시가지에 위치한 세비체 전문점, 하이디 Heydi를 찾아가보자. 이곳은 리마 현지인들 사이에서도 알아주는 세비체 맛집. 가격 또한 리마 신시가지 레스토랑에 비해 2/3 가격으로 먹을 수 있어 경제적이다. 각종 해산물이 섞인 믹스 세비체 Cebiche Mixto와 더불어 우리나라 매운탕과 비슷한 파리월라 Parihuela가 이 집의 대표 메뉴다. 홈페이지를 방문하면 자세한 메뉴 및 가격을 확인할 수 있다.
🏠 Jr. Puno 371, Centro lima, Peru
📞 (51 1) 426 3692 휴대전화 (51 1) 9 6971 4830
◎ Open 11:30~19:00
www.restaurantheydi.com

리마 신시가지

N

Av Vasco Núñez de Balboa
Martin Dulanto
Av Reducto
Casimiro Ulloa
Gral. Silva
Bartolome Trujillo
Av Alfredo Benavides
Av. Reducto
Amendariz
Santa Isabel
Aristides Aljovin

JW Marriott Hotel

Tant

Calle Jose Felix Olcay
Mariano Odicio
Calle Jose Felix Olcay
Calle Grimaldo del Solar
José González
Calle Marco Capac
Dallas

라르코 마르
Larco mar

Vista al mar

Tropicana
La Paz Apart Hotel
Calle Schell
Av. la Paz
Punto Azul
Av 28 de Julio
Calle Diego Ferré
Calle Juan Fanning

Alcanfores
Tierra Viva Miraflores Larco

Av. Ernesto Diez Canseco
Calle Cantuarias
Las Tejas
Tarata
Calle Bolívar
Calle San Martin
Calle Colón

Hotel Esperanza
Calle Manuel Bonilla
슈퍼
백화점
Calle José Larco
Av Alfredo Benavides

La Quinta
Av José Larco
Suites Larco656
Calle Ocharan
Rafael
Calle Porta

Calle Esperanza
Av. Ricardo Palma
Pariwana Backpackers hostel
버거킹

Narciso De La Colina
Mercado de Indio's
던킨도너츠
시티투어버스 타는 곳
케네디 공원
Parque Kennedy
Malecón 28 de Julio
Malecón Balta
La Rosa Nautic Restauran

Suarez
Gral. Pershing
Diagonal
Sangucherial La Lucha
피자 거리
Calle de las Pizzas
Hotel Las palmas
Hevett
Calle José Galvez
Venecia
사랑의 공원
Parque del Amor

Saga
백화점
Calle Bellavista
Calle Berlin
Calle Libertad
Hotel Cholcana
Calle Tripoli

Calle Las Flores
Av. Petit Thouars
Av. Jose Pardo
Francisco de Paula Camino
Calle Gral Recavarren
Calle Francia
Italia
Malecon Cisneros

Calle Tacna
Calle Petit Thouars
Av. Arequipa
Av Grau
Calle Jose Galvez
Bolognesi

Calle Domingo Elias
Calle Atahualpa
Calle 2 de Mayo
Calle Berlin
Roma
Calle Jose Galvez
Calle Madrid

Calle Cnel. Inclan
Calle Independencia
Calle Piura
Calle General Borgoño
Calle Enrique Palacios
Av Grau
Jorge Chávez
Av. Jose Pardo
Alfredo León

Calle Tarapaca
Calle Elias Aguirre
Arica
Av Grau
피자헛
KFC
파파존스
Ramon Zavala
Calle Martin Napanga
Avenida de la Aviación

Calle Victor Larco Herrera
Av Angamos Oeste
Calle Chiclayo
Calle 2 de Mayo
Calle Cesareo Chacaltana
Figueredo
Calle Tupac Amaru

Avenida Comandante Espinar
Calle El Rosario
Gral Iglesias
Calle General Varela
Calle Ureta

Wong
슈퍼마켓
샌드위치
스타벅스
베지테리언 피자
뉴욕버거
Av. Sta. Cruz
Mscal La Mar
Del Ejército

Chilis
Ovalo Gutierrez
Bembos
영화관

사랑의 공원 Parque del Amor

두 남녀가 부둥켜안고 키스하는 조각상으로 유명한 이 공원은 이름만큼 연인
들이 많이 찾는 장소다. 페루 젊은이들 말에 의하면 이곳에서 첫 키스를 한
연인은 헤어지지 않는다는 속설 때문에 젊은 연인들이 더욱더 많이 찾는다
고. 타일로 만들어진 벽에는 사랑과 관련된 달콤한 시어들로 가득하다. 그래
서일까. 이곳에서 바라보는 리마 해안가의 풍경은 사랑스럽다.

사랑의 공원

🚶 사랑의 공원을 등지고 산책로를 따라 몇 개의 공원을 더 거쳐 오른쪽으로 15
분 정도 걷다 보면 현대적 건축물로 이뤄진 쇼핑몰 라르코 마르 Larco mar를 볼
수 있다.

라르코 마르 Larco mar

복합쇼핑몰인 라르코 마르는 각종 고가 브랜드 숍을 비롯해 체인 레스토랑,
게임센터, 극장, 볼링장 등 갖가지 편의시설이 입점해 있어 구경하기 좋은 장
소다. 특히 절벽 해안가에 위치한 레스토랑에서 바라보는 일몰은 압권이다.

라르코 마르

🚶 라르코 마르를 등지고 중앙 정면으로 난 큰 길이 리마의 신시가지, 미라플로레
스 지역의 주도로인 Av. Larco다. 이 길을 따라서 약 15분 정도 걸어가면 성당과 함
께 어우러진 큰 공원을 만나게 되는데 이 공원이 케네디 공원 Parque Kennedy
이다.

사랑의 공원에 써있는 달콤한 시어들

사랑의 공원에는 연인들을 위한 달콤한 시들이 많이 쓰여져 있다. 아래 글귀를 한번 찾아보는 것도 여행이 주는 소소한 재미가 아닐까.
- Es dificil hacer el Amor, Pero se Aprende 사랑을 하는 것은 어려운 일이다. 하지만 배워야 한다.
- Vuelve mi palomita, Vuelve a tu dulce nido 내 작은 비둘기야. 달콤한 둥지로 돌아오려무나.
- Soy incorregible en el Amor 나는 사랑엔 제멋대로다.

케네디 공원의 명물, 리어카 부티파라 Butifara

공원 안을 돌아다니다 보면 리어카로 장사하는 사람들이 많다. 그중 빨간색으로 칠한 리어카를 만날 수 있는데, 리마에서 맛있기로 소문난 부티파라(페루식 샌드위치)를 파는 곳이다. 케네디 공원 바깥쪽에 위치한 샌드위치집의 부티파라도 맛있지만 현지인들은 이 리어카에서 파는 부티파라를 더 쳐준다. 날씨가 좋지 않거나 준비된 재료가 모두 떨어지면 바로 철수하기 때문에 이 가게를 만나는 것은 어쩌면 행운이다. 부티파라와 함께 마시는 치차 모라다(달콤한 옥수수 음료) 또한 그 맛이 좋다. 공원에서 이 리어카를 보게 된다면 꼭 한번 먹어보시길!

케네디 공원 Parque Kennedy

1960년대 미국 케네디 대통령이 방문해 그 이름이 붙여진 이 공원은 리마 젊은이들의 만남의 장소이자 휴식처다. 이곳에서 사방으로 음식점 및 숙박시설, 슈퍼마켓, 백화점 등이 밀집해 있어 여행객들에게는 여러모로 최적의 장소가 아닐 수 없다. 특히 일요일에는 골동품을 팔거나 무명화가들이 자신의 그림을 판매하는 소박한 장이 들어서 광장을 둘러보는 재미를 더한다.

피자 거리 Calle de las Pizzas

케네디 공원 한켠으로 시끌벅적한 대로가 있다. 낮에는 그 존재를 가늠하기 어렵지만, 어두운 밤이 되면 이곳은 언제나 새벽까지 불야성을 이루는 술집들로 장사진을 이룬다. 피자를 판매하는 집이 많아 길 이름도 '피자 거리 Calle de las Pizzas'라 불린다. 리마 신시가지에는 즐길 곳이 많지만, 이곳만큼 관광객들로 붐비는 지역은 그렇게 많지 않다. 그런 만큼 이곳에 머무를 때는 소지품 도난에 항상 유의하도록 하자.

리마 신시가지의 또 다른 볼거리

취미가 황금 모으기, 개인 수집품이라 믿기 어려운 황금 박물관 Museo de Oro

리마에서 태어나 오스트리아와 스페인에서 페루 대사로 근무했고, 외교부장관을 지낸 미겔 무히카 가요 Miguel Mujica Gallo(1910~1993)의 개인 수집품을 전시한 박물관이다. 그의 인생 절반인 40여년에 걸쳐 수집한 소장품은 약 2만 점, 전세계 무기류를 비롯해 황금으로 된 장식품 6,000여 점과 세계 유명인들로부터 받은 선물 등으로 구성되어 있다. 1983년에 개장했고 미겔이 죽은 후 유언에 따라 그의 딸 빅토리아에게 상속되었다. 신시가지 부촌에 위치한 이곳은 대중교통으로 찾아가기엔 다소 무리가 있다. 택시를 이용한다면 신시가지 케네디 공원을 기준으로 약 20~25Sol 정도, 돌아오는 택시를 잡기 어려우므로 애초에 기사에게 약 1시간 정도 기다려달라 하고, 돌아오는 비용까지 포함해 50~60Sol로 흥정하는 것이 편하다.

🏠 Alonso de Molina 1100, Monterrico, Surco, Lima, Perú 📞 51 1 345 1292, 1271, 1787
🕐 Open 매일 10:30~18:00, Close 1월 1일, 5월 1일, 7월 28일, 12월 25일 💵 어른 33Sol, 어린이 16Sol(만 11세 미만)

슬픈 전설이 깃든 자살바위, 엘 살토 델 프라일레 El Salto Del Fraile

리마 해안가 절벽 외딴 곳에 위치한 엘 살토 델 프라일레 레스토랑. 하지만 음식 맛보다는 슬픈 전설을 재현하는 퍼포먼스 장소로 더 유명하다. 이곳 절벽에서 일어났던 수도사의 자살을 재현한 것으로 그 이야기가 흥미롭다.
1860년대 후작의 딸 클라리타는 어린 시절을 함께 보낸 여종의 아들 프란시스코를 사랑하게 된다. 하지만 둘의 신분 차이로 후작은 프란시스코를 수도원에, 딸 클라리타는 배를 태워 멀리 다른 나라로 보내려고 한다. 클라리타를 태운 배가 항구를 떠나 바다로 출항하는 모습을 해안가 절벽에서 지켜본 프란시스코는 다시 만날 수 없다는 것을 직감하고 이별의 슬픔을 간직한 채 바다로 몸을 던진다.

리마 시내에서는 택시를 타고 이동이 가능하며 돌아오는 교통편을 구하기 힘들기 때문에 택시기사와 40~50Sol로 흥정해, 돌아가는 여정까지 함께 준비하는 것이 좋다.

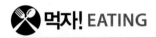 사자! SHOPPING

각종 백화점과 슈퍼마켓 그리고 저렴한 옷 가게 등 쇼핑하기엔 나쁘지 않다. 하지만 대부분의 토산품들은 꾸스꼬 및 다른 관광지역에 많이 팔고 있기 때문에 리마에서 쇼핑을 하는 사람은 많지 않다. 관광지에서 충분히 쇼핑을 못하고 리마로 돌아와 귀국해야 한다면 한번쯤 들러보자.

토산품 시장 Mercado Artesanal

알파카의 털로 만든 제품과 각종 토산품을 판매하는 대형 마켓이다. 꾸스꼬 및 다른 관광지역보다는 조금 비싸지만 원하는 제품을 구입하지 못했거나 업무차 들러 관광지를 방문하지 못하고 리마에서 귀국하는 여행자라면 들러볼 만하다. 신시가지의 중심인 케네디 광장에서 도보로 가능하다.

La Quinta 라낀따

케네디 광장에서 가까운 거리에 있는 옷 가게다. 수많은 종류의 옷들을 아주 싼 가격에 살 수 있다. 특히 페루의 면은 세계에서 질이 좋기로 유명하기 때문에 저렴한 가격에 반팔 티셔츠 한두 개쯤 사보자. 페루의 공장에 있는 이월 상품이나 약간의 하자가 있는 제품들이 이곳으로 보내진다. 교환 및 환불이 안되고 입어볼 장소가 없다는 것이 흠이라면 흠이다.

Polvos Azules 폴보스 아술레스

'De Todo Para Todos(From everything to the Everything)'이라는 슬로건답게 이 세상에서 팔 수 있는 모든 것을 판매하는, 우리나라 남대문 수입상가와 비슷한 곳. '푸른 먼지'로 해석되는 이곳은 건물만 봐도 이름과 딱 맞아떨어지게 푸른색이다. 실제로 과거 푸른색으로 가죽을 염색했던 방직공장 건물을 재사용해 지금의 상가를 만들었다. 10여 년 전만 하더라도 밀수와 복제품, 현금만 통용되는 범죄의 온상이었으나 지금은 온라인 홈페이지(www.polvosazules.pe)도 생기고 치안에도 많은 신경을 썼다. 복제 DVD, 중고 카메라, 신발, 옷가지 등이 주류며 정상가보다 훨씬 싸게 살 수 있다는 장점이 있다. 다만 신발과 옷가지를 구입할 때는 복제품이 많으니 유의하자. 가장 안전하게 다녀오는 방법은 편안한 복장으로 택시를 타고 입구에 내려 물건을 구입한 후 다시 택시를 타고 돌아오는 것. 이곳이 속한 빅토리아 La Vitoria 지역은 리마 내에서도 가장 치안이 불안하기로 유명하다. 방문할 일이 있다면 반드시 해지기 전에 다녀오도록 하자.

먹자! EATING

Ⓢ 10~30 Ⓢ Ⓢ 30~100 Ⓢ Ⓢ Ⓢ 100~

대도시인 만큼 리마는 먹거리가 풍부하다. 신시가지의 중심인 미라플로레스 지역의 케네디 공원을 중심으로 골목 골목마다 음식점들이 들어서 있으며, 라르코 마르로 향하는 대 로변에도 커피숍과 레스토랑들이 즐비해 식사하기에 더없이 좋다. 구도시 또한 라우니온 거리에 수많은 식당들이 있어 저렴한 가격으로 끼니를 해결할 수 있다. 물론 1인당 100달러 이상의 고급 음식점들도 있는데 이는 대부분 신시가지의 상업지구 쪽에 있어 여행자들이 찾기엔 다소 번거롭다.

리마의 한국 식당, 한인 슈퍼를 찾아서

약 1,200명의 한국 이민자가 살고 있는 리마에는 한인식당 및 한국식품을 구입할 수 있는 슈퍼마켓이 몇 군데 있다. 중국인이 운영하는 체인인 'Wong'에서도 라면 구입이 가능하지만, 라면 이외의 것이 필요하다면 찾아가보도록 하자.

한국 식당

노다지
🏠 Av. Aviacion 3257, San Borja
📞 (51 1) 476 0093

아리랑
🏠 Ca. Las Orquideas 443-447, San Isidro
📞 (51 1) 221-5627 / (51 1) 440-2898
휴대전화 (51 1) 999 83 1141

대장금
🏠 Av. San Borja sur 279, San Borja
📞 (51 1) 624 9254 휴대전화 (51 1) 995-80-0580

한국관
🏠 Av. San Luis 2256, Sanborja sur
📞 (51 1) 624 9004 휴대전화 (51 1) 987 74 9211

형제식당
🏠 Av. Aviacion 4812, Surco
📞 (51 1) 560-6287
휴대전화 (51 1) 998 32 3463

향일식
🏠 Centor Comercial San Felipe 59, Segundo Piso del Credito
📞 (51 1) 261 4038

한인 슈퍼

아씨마켓
🏠 Av. Aviacion 3257, San Borja
📞 (51 1) 225 4648

서울떡집
🏠 Av. San luis 2660, San Borja
📞 (51 1) 620 8570

오복떡집
🏠 El Regidor 101 Residencial, San Felipe 📞 (51 1) 460 1262

Sangucheria La Lucha ⓢ

돼지고기 Lechon 혹은 칠면조
고기 Pavo가 들어간 샌드위치로
유명한 맛집이다. 케네디 공원과
인접해 있어 근방에서 한 끼 식사를
때우기엔 그만이다. 만약 케네디
공원의 부티파라가 보이지 않는다면
차선책으로 이 집을 추천한다.
🏠 Diagonal308, Miraflores, Lima,
Peru

Tropicana ⓢ

저렴한 점심 메뉴로 인기가 높은 곳.
이 근방에서 근무하는 현지인들이
점심시간에 주로 이용하는데 깔끔하고
맛이 좋다. 저렴하게 점심 메뉴를
이용하길 원한다면 추천한다.
🏠 Schell 498, Miraflores, Lima, Peru

Rafael ⓢⓢⓢ

라르코 마르 대로변에서 한 블록
안으로 들어간 고급 레스토랑. 이곳의
해산물 파스타, 세비체, 그리고 페루
전통 칵테일 피스코 사우어 Pisco
sour는 리마에서도 손꼽히는 맛이다.
주머니 사정이 넉넉한 여행자라면 한번
방문해볼 만하다.
🏠 San martin 300, Miraflores, Lima
📞 51 1 242 4149

Las Tejas ⓢⓢ

페루 전통요리를 적당한 가격에 맛볼
수 있는 식당으로 특히 안띠쿠초 맛이
뛰어나다. 두 명이 함께 방문한다면 세트
메뉴인 라스 떼하 Las Teja를 주문하면
안티쿠초를 포함한 몇 가지 종류의 페루
전통요리를 한꺼번에 맛볼 수 있다.
🏠 Ernesto Diez Canseco 340,
Miraflores, Lima 📞 51 1 444 4360

점심특선 메뉴 Menu를
먹으면 저렴하다!

우리나라 식당에도 점심특선이 있듯, 페
루 대부분의 도시에 있는 식당에서는 점
심시간을 이용해 점심특선요리 '메뉴
Menu'를 판매한다. 오전부터 미리 준비
한 음식을 파는데 전식/메인/후식, 세 가
지가 포함되어 있고 전식과 메인은 두세 가
지 중에서 고를 수 있어 현지인들에게도
인기가 많다. 또한 일반 메뉴보다 훨씬 저
렴하게 판매돼 페루를 여행할 때 점심은
메뉴를 이용하는 것이 경제적이다.

Vista al mar ⓢⓢ

라르코 마르 내에 있는 페루 음식
전문 레스토랑으로 가격대비 음식이
나쁜 편은 아니나 음식의 맛보다는
아름다운 풍경으로 유명하다. 레스토랑
야외테라스에서 바라보는 해안가 풍경
은 보는 즐거움을 선사한다. 맑은 날
해질녘에 가면 더없이 좋다.
🏠 Larcomar, Lima, Peru
📞 51 1 242 5705

La Rosa Nautica Restaurante ⓢⓢⓢ

라르코 마르에서 내려다 보면 해안가 방파제 끝에 있는 식당으로 독일식
건축양식으로 지어졌다. 분위기뿐 아니라 해산물 요리의 맛이 리마에서도
손꼽는 식당 중 하나. 금액은 비싸지만 특별한 날 분위기를 내고 싶다면
이 식당만한 곳이 없다. 인기 있는 식당답게 전화 예약 후 이용이 가능하며
대중교통보다는 택시를 대절해 찾아가는 것이 좋다.
🏠 Espigon 4, Circuito de Playas, Miraflores, Lima 📞 51 1 447 0057

Punto Azul San Martin Miraflores ⓢⓢ

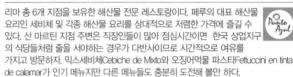

리마 총 6개 지점을 보유한 해산물 전문 레스토랑이다. 페루의 대표 해산물
요리인 세비체 및 각종 해산물 요리를 상대적으로 저렴한 가격에 즐길 수
있다. 산 마르틴 지점 주변은 직장인들이 많아 점심시간이면 한국 상업지구
의 식당들처럼 줄을 서야하는 경우가 다반사이므로 시간적으로 여유를
가지고 방문하자. 믹스세비체 Cebiche de Mixto와 오징어먹물 파스타 Fettuccini en tinta
de calamar가 인기 메뉴지만 다른 메뉴들도 충분히 도전해 볼만 하다.
🏠 Calle San Martin 595 📞 51 1 445 8078

Tanta larco mar ⓢⓢ

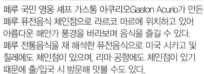

페루 국민 영웅 셰프 가스통 아쿠리오 Gaston Acurio가 만든
페루 퓨전음식 체인점으로 라르코 마르에 위치하고 있어
아름다운 해안가 풍경을 바라보며 음식을 즐길 수 있다.
페루 전통음식을 재 해석한 퓨전음식으로 미국 시카고 및
칠레에도 체인점이 있으며, 리마 공항에도 체인점이 있기
때문에 출/입국 시 방문해 맛볼 수도 있다.
🏠 Malecon de la reserva 610 📞 51 1 446 9357

Pickle's(Lince) ⓢⓢ

리마에서도 최고로 손꼽히는 로모
살타도 Lomo Saltado 맛집이다.
외진 곳에 위치해 관광객들에게는 잘
알려지지 않았지만, 우리의 소고기덮밥
같은 로모 살타도와 샌드위치는 리마
현지인들에게도 최고로 꼽힌다. 외진
곳이니 만큼 너무 늦은 시간에 방문하는
것은 피하자. 신시가지 케네디 공원에서
택시로 10~15Sol 정도이며 주말엔
대부분 휴무다.
🏠 Jr. Bartomome Herrera 316, Lince,
Lima

Illy by Museo del Artes ⓢ

구시가지 초입에 위치한 아트 뮤지엄
안에 있는 일리 Illy 커피 전문점.
접근성은 떨어지지만 콜로니얼
건축양식의 건물이라 분위기가 좋다.
분위기뿐만 아니라 특히 이곳의
카푸치노(7.5Sol)는 맛이 뛰어나다.
구시가지 관광 후 들러볼 만하다.
🏠 Parque de la Exposicion, Paseo
Colon 125
📞 51 1 3310126

자자! ACCOMMODATIONS

리마의 숙소는 형태와 종류가 매우 다양하다. 숙소의 위치를 구도시에 정할 것이냐, 신도시에 정할 것이냐를 결정하기만 하면 된다. 리마의 경우, 구도시의 볼거리가 다양하지만 치안이나 기타 다른 도시로의 이동 등을 고려한다면 관광객이 주로 몰리는 신도시 미라플로레스 지역에 잡는 것이 여러모로 바람직하다.

신시가지

Pariwana Backpackers hostel $

외국인 여행자에게 인기가 좋은 호스텔이다. 도미토리부터 더블 및 싱글 룸까지 다양하며 무엇보다도 케네디 공원과 바로 붙어있어 위치가 좋다. 옥상 테라스에서 즐기는 휴식은 덤이다.

- Av. Jose Larco 189, Miraflores
- 51 1 2424350

Hotel Esperanza $

케네디 공원에서 두 블록 떨어져 있지만 충분히 걸어 다닐 수 있는 위치다. 4인실부터 2인실 룸까지 다양한 방을 제공하며 모든 방에 전용 화장실이 있어 저렴한 가격에 안락한 휴식이 보장되는 곳이다. 시설은 조금 낙후됐지만 가격과 접근성이 그 단점을 커버한다.

- Esperanza 350, Miraflores, Lima
- 51 1 4442411

Hotel Las palmas $ $

전형적인 3성급 호텔로 가격대비 준수한 편이며 케네디 공원 근처이자 피자 거리가 지척이다. 북적대는 피자 거리의 밤을 즐기고 싶은 여행자들에게 추천한다.

- Jr. Bellavista 320, Lima
- 51 1 4446033

Hotel Cholcana $ $

라스 팔마스가 만실이라면 대안으로 삼을 수 있는 호텔이며 둘 사이의 거리는 가깝다. 요금과 시설 면에서도 큰 차이가 없다.

- Calle Libertad 445, Miraflores, Lima
- 51 1 4477978

Suites Larco656 $ $

접근성과 숙소의 질이 가격 대비 상당히 괜찮은 편이라 항상 예약이 꽉 찬다. 미리미리 예약하는 순발력을 발휘해보는 것은 어떨까.

- Av. Larco 656, Miraflores, Lima
- 51 1 5191700

La paz Apart hotel $ $ $

아파트처럼 거실과 방이 분리되어 있고 무엇보다도 음식을 해먹을 수 있다는 점에서 인기가 좋다. 근처 3분 거리에 24시간

운영하는 슈퍼마켓 산타이사벨 Santa Isabel도 있어 더욱 그 진가를 발휘한다.

- Av. Lapaz 679, Lima
- 51 1 2429350

Tierra Viva Miraflores Larco $ $ $

페루의 새로운 체인 호텔로 상당히 모던하면서 페루 전통 인테리어를 가미해 인기가 높다. 특히 호텔 성급 대비 침구의 안락함으로 휴식을 취하기에 그만이다. 위치도 라르코 거리와 두 블록 정도 떨어져 있어 접근성도 좋다.

- Calle Bolivar 176-180, Miraflores, Lima
- 51 1 3709080

JW Marriott Hotel $ $ $

명실공히 리마 신시가지 미라플로레스 지역을 대표하는 랜드마크다. 복합쇼핑몰인 라르코 마르가 길 건너에 있고 바다를 조망할 수 있어 인기가 높다. 최고급 호텔인 만큼 가격과 서비스는 리마에서도 손꼽을 정도이며 바다를 볼 수 있다는 장점 때문에 사전 예약은 필수다.

- Malecon de la Reserva 615, Miraflores, Lima
- 51 1 2177000

구시가지

Gran Hotel Bolivar $ $ ~ $ $ $

구시가지에서 묵기를 원한다면 이 호텔을 눈여겨보자. 산 마르틴 광장과 가까우며, 무엇보다도 콜로니얼 건축양식의 건물을 그대로 사용해 호텔 분위기가 상당히 고풍스럽다. 위치 특성상 호텔 수준 대비해 요금이 저렴한 편이며 조식 또한 깔끔하다.

- Jiron de la Union 958, Centro Lima
- 51 1 6191717

Hostal Santarosa $

공용 욕실을 쓰는 방과 화장실이 포함된 방이 구분되어 있는 콜로니얼 형식의 건물이다. 이 숙소의 장점은 무엇보다 메인 광장과 가깝다는 것. 숙소의 안락함을 기대하지는 말자. 간단한 조식을 서비스하기 때문에 배낭여행자들로부터 인기가 좋다.

- Jr. Camana 218, Centro lima
- 51 1 4278647

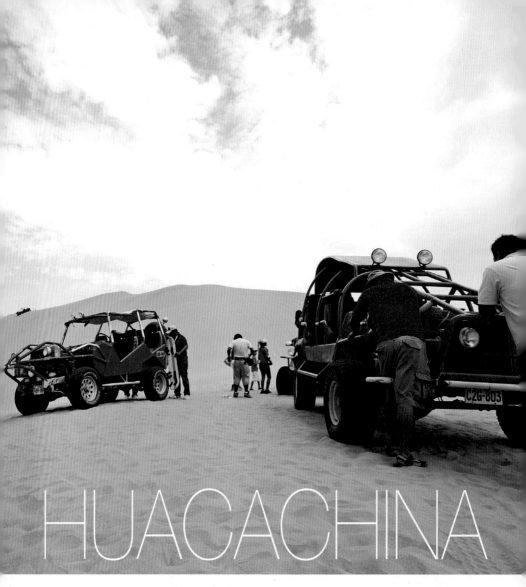

HUACACHINA

와까치나

사막 속의 진주 같은 오아시스 마을

사방이 사막으로 둘러싸인 아주 작은 마을, 하루쯤 이 마을에서 여유를 즐기는 것은
다소 지칠 법한 여행에서 꿀맛 같은 휴식이 될 것이다. 사막을 질주하는 독특한
매력의 버기카 Buggy Car를 타고 와까치나의 일몰을 바라보는 것 또한 휴식 속에서
진정한 여행의 의미를 찾게 해준다.

와까치나 드나들기

다른 도시에서 와까치나로 바로 들어오는 대중교통은 없다. 와까치나 마을이 속한 이까 Ica에 도착한 후 그곳에서 모토 택시 Mototaxi 혹은 승용 택시를 이용해야만 들어올 수 있다. 도시 이까와는 약 4㎞ 정도 떨어져 있는데 도보보다는 택시를 이용하는 게 안전하다.

※ 이까 시내버스 터미널에서 와까치나 마을까지 모토 택시 3~8sol, 일반 택시 5~10sol.

보자!

특별한 동선이 필요없는 작은 마을, 중앙에 있는 작은 호수를 배경으로 아침 저녁 시간에 거니는 것만으로 충분하다. 개별적으로 사막에 오를 수는 있지만, 해가 진 저녁에는 위험할 수 있으니 늦은 밤 혼자 사막에 오르는 것은 피하도록 하자.

 TIP

짧은 이동 구간에는 모토 택시 Mototaxi가 딱!

태국에서는 뚝뚝, 인도에서는 릭샤로 불리는 이 교통수단은 모터사이클을 개조해 만든 페루식 삼발이 차량. 좁은 도로를 달리거나 짧은 거리를 이동할 때 편리하다.

승용 택시에 비해 상대적으로 요금이 저렴해(2~5Sol이면 5~7㎞이동 가능) 배낭여행자들에게 유용한 교통수단이다. 다만 짐칸이 따로 없으므로 배낭이나 큰 짐을 가지고 타면 조금 불편할 수 있다.

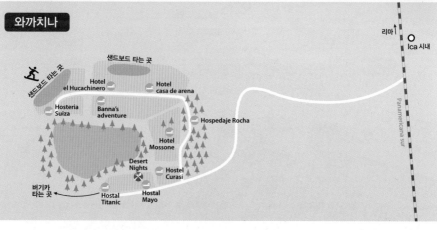

와까치나

샌드보드 타는 곳

Hotel el Hucachinero

Hotel casa de arena

Hosteria Suiza

Banna's adventure

Hospedaje Rocha

Hotel Mossone

Desert Nights

Hostel Curasi

버기카 타는 곳

Hostal Titanic

Hostal Mayo

리마

Ica 시내

Panamericana sur

하자! ACTIVITIES

와까치나에 오는 여행객 대부분의 목적이 사막에서 즐기는 버기 투어 Buggy Tour 때문이라 해도 과언이 아니다. 물론 곳 곳에서 샌드보딩 Sandboarding을 즐기는 사람들도 있으나, 투어 형식이 아닌 일반 여행자들을 위한 별도의 렌탈 서비스 는 미비한 편. 다양한 국적의 여행자들과 함께 투어로 즐기는 것이 훨씬 수월하고 재미있다.

사막 버기 투어 Buggy Tour

강력한 엔진에 튼튼한 철골로 무장한 사막 질주 전용차량인 버기카 Buggy Car, 2~15인승까지 그 크기도 제각각이다. 이 차를 타고 와까치나를 감싸고 있는 사막을 질주하며 전망 좋은 포인트에서 사진도 찍고 제공해주는 샌드보드를 배에 깔고 언덕에서 내려가는 액티비티 Activity를 즐길 수 있는 것이 사막 버기 투어다. 차량이 작고 큼에 상관없이 사막을 질주하는 느낌은 마치 롤러코스터를 탄 느낌 엔진 소리와 진동, 그리고 흔들림이 온몸으로 전해진다. 그러기에 어깨부터 허리까지 내려오는 안전벨트 착용은 필수다. 투어는 어느 때나 가능하지만 기왕이면 일몰 시간대를 택하자. 일몰 한 시간 전에 참여한다면 와까치나 사막의 황홀한 일몰을 덤으로 챙길 수 있다.

◎ 약 2시간
🎫 25~35Sol / 입장료 2sol별도
투어 예약 와까치나 대부분의 숙소에서 예약이 가능하다.
숙박과 묶어 40~70솔에 판매되기도 하며, 투어만 예약 시엔 25~35sol에 예약이 가능하다.

이까 와이너리 투어 Winery Tour

피스코 Pisco와 이까 Ica에 걸친 지방은 페루 최대의 와인 생산지. 페루의 와인 제조사인 타카마 Tacama 와이너리 또한 이곳에 위치하고 있어 시간이 되면 방문해보길 권한다.

투어 신청 시 30~35Sol의 비용으로 전용차량을 이용해 단체로 방문할 수 있으며, 택시를 이용해 다녀올 수도 있다. 와이너리 방문은 무료이며 단 일요일에는 문을 열지 않으므로 평일에 방문하도록 하자.
방문 시 와인 및 페루의 전통술인 피스코 Pisco도 시음해보자.

버기 투어할 때는 카메라, 소지품 조심!

사방이 뚫린 차를 타고 고속으로 모래사막을 질주하는 투어인 만큼 모래와 먼지에 취약한 카메라 보관에 유의하자. 출발 전 가방보다는 비닐 팩을 하나 준비해 카메라를 넣어두는 것이 바람직하며 주머니에 있는 동전이나 지갑, 소지품 등은 미리 빼놓는 게 좋다. 또한 선글라스나 모자는 이동 중 분실될 염려가 많으니 주의하도록 하자.

 먹자! EATING

Ⓢ 10~30

워낙 작은 마을이라 대부분의 숙소가 식당을 겸하고 있어 한끼 식사를 하는데 무리가 없다. 간단한 간식이나 음료를 좀더 저렴하게 구입하고자 한다면 이까에서 마을로 들어오는 길 초입 좌측에 위치한 대형마트(Plaza vea)에 들러 미리 구입하면 된다.

La casa de bamboo Ⓢ

숙소에서 운영하는 식당으로, 페루 음식이 아닌 태국식 커리와 브라우니의 맛이 좋다.

 자자! ACCOMMODATIONS

Ⓢ 30~80   ⓈⓈ 80~160   ⓈⓈⓈ 160~

와까치나는 아주 작은 마을이라 특별히 숙소를 어느 곳에 정한다는 것은 큰 의미가 없다. 준비한 예산에 맞게 숙소를 구하되, 사막기후에 속한 지형적 특성상 낮 기온은 연중 상당히 높으므로 야외 공영수영장이 딸린 숙소를 구한다면 더위를 식히는데 도움이 된다.

Hotel el Hucachinero ⓈⓈ

사막으로 바로 올라가는 뒷문이 있어 사막을 즐기기에 안성맞춤인 숙소다. 다만 숙소에 비해 수영장은 조금 작은 편이다.

🏠 Avenida Perotti sin numero
📞 51 56 217435

Hotel Las Dunas ⓈⓈⓈ

와까치나에서는 5km 정도 떨어져 있는 호텔이지만 규모와 시설은 근방에서 가장 좋은 숙소 중 하나다. 호텔에서 출발해 와까치나를 투어 형식으로 다녀올 수도 있다.

🏠 Av. La Angostura 400   📞 51 1 2135000

Hostel Curasi ⓈⓈ

방이 청결하며 수영장까지 갖추고 있다. 방 개수를 점점 늘려가고 있어 HOTEL로 이름을 바꿀 예정이다.

🏠 Balneario Huacachina 197
📞 51 56 216989

Hotel Mossone ⓈⓈⓈ

와까치나 마을에서 가장 규모 있는 숙소이며, 방 개수도 넉넉해 단체 여행객들이 주로 묵는다. 숙소 내 정원이 넓고 아름다운 곳이다.

🏠 Balneario de la Huacachina s/n
📞 51 56 213630

Banana Guesthouse ⓈⓈ

〈꽃보다 청춘〉으로 유명해진 숙소. 밤이 되면 많은 관광객들이 식당으로 모이는 숙소이므로 조용한 곳을 찾는 여행객들에게는 어울리지 않는 곳.

🏠 Calle Angela de Perotti s/n,
📞 51 56 237129

Wild Olive Guesthouse

역시 젊은 관광객들이 많이 찾는 숙소. 식당의 피자가 맛이 좋다는 평을 받는 곳.

🏠 Malecón José Picasso Peratta #154
📞 51 956 000 326

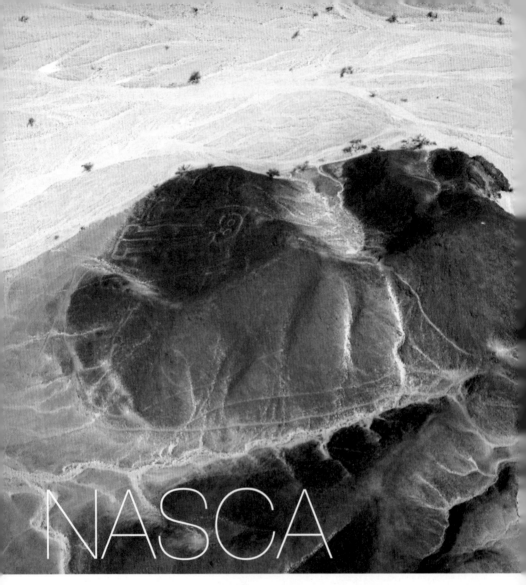

NASCA

나스카

사막에 펼쳐진 거대 그림들, 미스터리 지상라인을 품은 나스카

어떤 이유로 누가 이 황량하고 척박한 사막 한가운데에 그림을 그려놓았을까.
신앙에 대한 무한 숭배 때문인지, 혹은 외계인의 방문을 기대하는 마음의 표현인지
그 이유는 아직도 정확히 밝혀지지 않고 있다. 지상에서는 육안으로 볼 수 없어
비행기를 타야만 그 형태를 파악할 수 있는 엄청난 크기의 기하학적 그림들. 설명이
필요 없는 절대 감동의 순간을 나스카 창공에서 느껴보자.

🚌 나스카 드나들기

대중교통을 타고 이동한다면 시내 초입에 위치한 버스터미널에 정차한다. 터미널을 나와 진입한 반대 방향인 왼쪽 길로 10분 정도 걷다 보면 나스카의 메인 광장 Plaza de Armas에 다다를 수 있다.

📷 보자!

마을 내에서 추천하는 이동 경로는 따로 없다. 나스카 지상라인 Nasca Lines, 차우칠라 Chauchilla 무덤 등 대부분의 관광 포인트가 마을에서 차량으로 이동해야 하는 거리에 위치하고 있으니 여행객들은 투어를 이용하는 것이 좋다. 버스가 도착한 터미널에서 마을로 들어오는 길에는 여행자들을 위한 레스토랑과 토산품점, 여행사들이 모여 있으며, 메인 광장에서 사방으로 몇 블록만 벗어나면 재래시장, 공산품점 등 현지인들의 생활지역이 나온다. 치안은 대도시에 비해 안전한 편이지만 해가 진 저녁이나 인적이 드문 골목 등을 혼자 다니는 것은 피하도록 하자.

TIP 나스카-꾸스꼬 버스 구간은 고산 지역으로의 첫 관문!

남미를 처음 여행하는 사람이라면 이 구간이 고산지역으로 가는 첫 관문임을 몸으로 느낄 수 있을 것이다. 해발 4,000m가 넘는데다가 13~16시간 정도 꼼짝없이 버스에 갇혀 이동하는 구간이니 고산증에 미리미리 대비하도록 하자. 고산지대를 구불구불 지나는 동안 두통에 멀미까지 올 수 있으니 버스 탑승 전 과식은 피하고 버스에서 나눠주는 음식 또한 본인의 상황에 맞춰 소식하는 것이 좋다. 탑승 전 비닐봉지를 나눠줄 정도이니 사전에 멀미약을 복용하는 것도 하나의 방법이다.

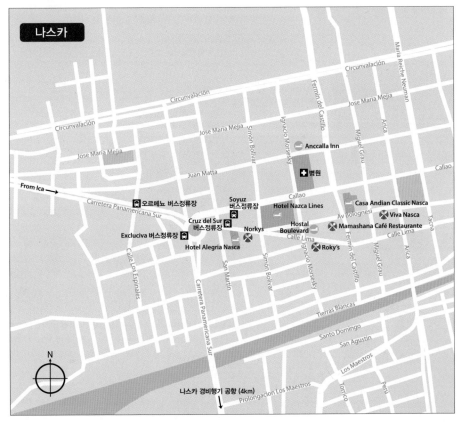

 하자! ACTIVITIES

나스카에 관광을 오는 이유는 나스카 경비행기를 타기 위해서다. 작은 경비행기를 타고 창공에서 바라보는 기하학적 그림들은 사람들의 시선을 끌기에 충분하다. 나스카 경비행기 외에는 옛 잉카인들의 매장 풍습을 볼 수 있는 차우칠라 무덤 등이 있다.

나스카 지상라인 경비행기 투어

나스카 마을에서 약 4㎞ 떨어진 공항에서 경비행기를 이용해 창공에서 나스카 지상라인을 보는 투어로 가장 일반적인 방법이다. 마을에 있는 여행사를 이용하는 것이 간편하다. 탑승 시간은 약 35분 정도 소요되며 왼쪽, 오른쪽 승객 모두 골고루 볼 수 있도록 비행해 준다. 한 가지 주의할 점은 비행 패턴과 경비행기의 특성상 멀미가 심하게 날 수 있으니, 탑승 전 음식물 섭취는 가급적 삼가고, 고소공포증과 멀미가 심한 사람들은 숙고해서 탑승하도록 하자.

Ⓞ 08:00~15:00 (당일 기상 상황에 따라 취소될 수도 있음)
🎫 여행사를 통해 예약 시 왕복 교통비와 공항세 등 포함 사항을
 꼭 확인하도록 하자.
 USD 70~120
 불포함사항 공항세 30Sol

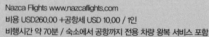

TIP **시간이 부족하다면 이카(와까치나)에서 경비행기를 타보자!**

와까치나에 있는데 시간은 부족하고 나스카 지상라인은 보고 싶은 여행자라면 이카에서 나스카 경비행기 투어를 해보자. 비용은 두 배 이상 비싸지만 이까에서 나스카를 왕복하는 4~5시간 이상의 시간이 줄어든다. 리마로 되돌아가는 계획이 있는 여행자라면 이용해 보는 것도 괜찮다.

Nazca Flights www.nazcaflights.com
비용 USD260.00 +공항세 USD 10.00 / 1인
비행시간 약 70분 / 숙소에서 공항까지 전용 차량 왕복 서비스 포함

전망대 투어 Mirador(Viewpoint) Tour

고소공포증 혹은 멀미에 대한 부담감으로 비행기를 탈 수 없는 사람이라면 전망대 투어를 이용해보자. 투어 시간은 약 2시간으로 철골로 이루어진 높이 약 10m의 전망대에 올라 나스카 지상라인을 구경하고 자연 언덕에 올라서 한번 더 지상라인을 구경하고 돌아오는 투어다. 비행기로 보는 것 보다는 못하지만 비행기를 탈 수 없는 여행객이 나스카 지상라인을 조금이나마 가까이서 살펴볼 수 있는 최선의 방법이다.

💲 USD13~15
숙소 및 버스터미널에서 전망대까지 왕복 차량 + 가이드

차우칠라 공동묘지
Cementerio de Chauchilla

잉카 이전의 프리잉카 시절, 나스카 해안지역과 사막지역에 분포해 거주하고 있던 원주민들의 무덤이다. 거의 모든 미라들이 주거지 형태의 공간에서 살아생전에 사용하던 도구들과 함께 쪼그려 앉은 형태로 있는데 이 모습을 통해 당시의 종교관을 유추해볼 수 있다. 당시 원주민들은 사후 환생할 때 육신을 다시 사용해 영혼이 들어온다고 믿었다. 그래서 어머니의 뱃속에 아기가 몸을 웅크리고 있는 형태로 미라를 보존했다고 학자들은 주장한다.

💲 USD10~13
숙소 및 버스터미널에서 공동묘지까지 왕복 차량 + 가이드
불포함 사항 공동묘지 입장료 8Sol

ᵀᴵᴾ 사막에 위치한 나스카의 낮은 뜨겁다!

지역 특성상 투어 대부분이 그늘 한 점 없는 땡볕에서 이루어지기 때문에 선글라스와 햇빛을 차단할 수 있는 선크림, 혹은 얇은 재킷 등은 미리미리 준비하자.

나스카 지상라인 연구에 생을 바친 마리아 라이헤(1903~1998)

독일 태생으로 29세의 나이로 페루 독일영사관에 유모와 선생 자격으로 방문했다가 1940년 나스카 지상라인을 최초로 연구한 미국의 고고학자 폴 코속의 일을 돕게 된 마리아 라이헤. 일에 대한 호기심과 사명감을 얻어 1948년 폴 코속이 사망한 이후에도 연구를 이어갔다. 그러다 1998년 95세의 나이로 나스카에서 생을 마감한 그녀는 극빈층의 삶을 살면서도 한평생을 나스카 지상라인 연구와 보존에 힘썼다. 1995년 페루 정부가 아마존에서 물을 끌어와 나스카 대평원에 물을 대는 관개 계획을 시행하려 하자 이를 앞장서서 무산시킨 장본인이기도 하다. 그 덕분에 지금의 나스카 지상라인이 건재할 수 있었던 것. 마리아 라이헤의 노력으로 1995년 나스카 지상라인은 유네스코 세계문화유산에 등재되어 보호받고 있다. 더 많은 것이 궁금하다면 박물관을 찾아보자. 나스카에서 이까 방면 약 30km 지점에 그녀가 살던 생가를 박물관으로 꾸며 관람객을 받고 있다. 당시의 연구실과 연구 흔적들을 두루 살펴볼 수 있다.

 # 먹자! EATING

경비행기 투어를 위해 잠시 들르는 마을이라 유명한 맛집은 많지 않지만, 그래도 사막에서 진주를 찾는 심정으로 돌아보는 것도 괜찮지 않을까. 돌아다니기가 부담스럽다면 저녁 무렵 메인 광장 근처에 들어서는 저렴한 길거리 음식으로 한끼 때우는 것도 좋다.

Norky's S S

나스카 버스정류장 길 건너에 위치하고 있는 체인 레스토랑. 치킨전문점으로 맛도 좋고 위치적으로 편리해 여행자들이 주로 이용한다.
⌂ Calle Lima 162 ☏ 51 9 9641 2751

Mamashana Café Restaurante S S

채식주의자들을 위한 음식부터 페루 전통음식, 피자, 파스타, 샌드위치 등 다양한 음식을 파는 곳이다.
⌂ Bolognesi 270, Nazca ☏ 56 521286

Viva Nasca S

현지인들 사이에서도 알아주는 샌드위치집이다. 여행자 거리에 위치한데다 저렴한 가격에 '점심 메뉴'를 판매해 인기가 좋다. Boulevard hostal과 같이 위치해 있다.
⌂ Calle Bolognesi 464, Nasca
☏ 51 9 9456 2477

Roky's S S

Norky's에서 광장 방향으로 50m만 걸어가면 맞은편에 위치하고 있는 또 다른 치킨 전문점이다. 페루 닭요리 체인점의 양대 산맥 중 한 곳.
⌂ Callo 320, Nasca
☏ 51 9 9641 2751

자자! ACCOMMODATIONS

§ 30~70 § § 70~130 § § § 130~230

마을에서 숙박해야 하는 경우라면 여행자 거리와 메인 광장 근방에 저렴한 숙소들이 있다. 큰 도시만큼 잘 되어있지 않지만, 저렴한 가격으로 하루 정도 숙박하기에는 충분하다. 사막지역인 점을 고려해 방의 편안함보다 샤워시설은 잘 갖춰져 있는지, 따뜻한 물은 잘 나오는지를 먼저 파악하는 것이 좋다. 추천하는 모든 숙소엔 와이파이가 무료로 지원된다.

Hotel Alegria Nasca § § §

작은 수영장이 딸린 3성급 호텔이다. 버스정류장 바로 건너편에 위치해 있어 다음 도시로의 이동이 편리하다
🏠 Calle Lima 166 📞 51 56 522702

Anccalla Inn §

버스정류장과 메인 광장에서 각각 도보로 10분 이내 거리에 위치하고 있다. 저렴한 요금에 비해 방 상태는 항상 청결함을 유지하고 있다. 숙소 요금에 간단한 아침식사도 포함돼 있으며, 경비행기 공항까지 무료 셔틀버스를 운행해 한결 편리하다.
🏠 Juan Matta 611
📞 51 56 524475

Hotel Nazca Lines § § §

나스카 시내에서 가장 큰 3성급 호텔이다. 콜로니얼 형식의 구조로 규모가 큰 수영장을 보유하고 있어 휴식을 취하기엔 아주 좋다.
🏠 Jr. Bolognesi 147
📞 51 56 522293

Hostal Boulevard § §

메인 광장에서 도보로 2분 거리에 위치하며, 여행자 거리에 자리잡고 있어 접근성이 좋다. 저렴한 가격에 간단한 아침식사까지 포함돼 있어 여행자들에게 인기가 있다.
🏠 Bolognesi 254
📞 51 56 521232

Casa Andian Classic Nasca § § §

페루의 유명 호텔 체인점인 Casa Andina에서 새롭게 지은 3성급 호텔로 가장 깨끗한 시설과 분위기를 자랑한다. 체인점의 특성상 호텔 관리가 아주 잘 되어있고 수영장도 딸려있어 휴식을 취하기에 안성맞춤. 여행자 거리에 위치하고 있어 접근성도 좋다.
🏠 Bolognesi 367
📞 51 56 523563

미스티 와 차차니 설산이 호위하고 있는 백색의 도시 "아리 께파이!!"

잉카 제국의 네 번째 황제 마이타 카팍Mayta Qhapaq (재위 1290~1320년경)이 잉카 제국 시절 이곳을 둘러보고 한 말이다. '아리 께파이 Ari Quepay'는 "이곳에 머물겠노라"라는 의미로, 지금 아레키파라는 도시명의 어원이 되었다고 전해진다.

꾸스꼬에서 리마를 잇는 교통 요충지로 당시 잉카 제국 최고의 부를 누렸던 도시였지만, 16세기 스페인 침략 후 이 도시는 철저하게 당시 스페인 건축양식의 도시로 재 건설 된다. 이후 두 차례에 걸친 대지진과 화산이란 천재지변에 의해 고통을 겪었지만 그 고통은 도시를 더욱 견고하게 만든 계기가 되었고, 페루 독립 이후 현재의 수도 리마와 수도 쟁탈 경합을 마지막까지 했을 만큼 명실공히 페루 제2의 도시다. 아레키파에 사는 사람들은 자신들을 뻬루아노(페루 사람)이라 불리기 보다는 '아레끼뻬뇨(아레키파 사람)'으로 불리는 것을 더 좋아할 만큼 자존심이 세다.

AREQUIPA
아레키파

아레키파
드나들기

해발 2,300m에 자리잡은 아레키파는 교통의 요충지로 수도 리마에서 판아메리카 고속도로를 타고 지형적 굴곡없이 드나 들 수 있으며, 마추픽추로 가는 관문인 꾸스꼬, 볼리비아로 가는 관문도시 뿌노, 그리고 칠레와 맞닿은 페루 최남단 도시인 따크나 로의 이동이 편리하다.

주요 도시 소요시간 (비행기/버스)
리마 1시간 30분(비행기)/16시간(버스)
뿌노 50분(비행기)/5시간 30분(버스)
꾸스꼬 1시간(비행기)/10시간(버스)
따크나 6시간(버스)

아레키파 드나드는 방법 항공

아레키파 공항 Rodríguez Ballón International Airport은 시내에서 약 20km 떨어져 있으며 택시를 이용하는 것이 여행자로서는 유일한 방법이다. 아레키파의 메인 광장을 기준으로 25~30Sol 이면 이동할 수 있고 시간은 20~30분 정도 소요된다. 출 퇴근 시간의 아레키파 시내는 교통체증이 심하므로 이 시간에 이동할 때는 20~30분 넉넉히 이동시간을 잡는 것이 좋다.

아레키파 드나드는 방법 버스

아레키파의 버스터미널은 시내에서 약 5km 떨어져 있다.
공항과 마찬가지로 여행자는 택시로 이동하는 것이 가장 편리하며, 터미널에 있는 택시의 경우 가고자 하는 지역마다 요금이 따로 정해져 있으니 택시기사와 미리 요금표를 확인 후 탑승하는 것이 좋다. 조금 더 저렴하게 이용하려면 터미널 밖으로 나와 오가는 택시를 이용하면 2~3Sol 정도를 절약할 수 있다.

TIP

아레키파의 버스정류장 Terrapuerto 와 Terrestre

아레키파의 버스정류장은 같이 붙어있지만 두곳으로 나뉘어 있다.
대도시와 다른 남미 국가를 잇는 장거리 및 국제 노선은 Terrapuerto을 이용하며, 아레키파 근교 및 소규모 버스 회사는 Terrestre 터미널을 이용한다. 또한 버스 회사 중 Flores의 경우는 두 터미널과 가까운 곳에 위치한 별도의 터미널을 이용하니 참고하도록 하자.

시내 교통

아레키파에서의 시내 교통은 택시다. 아레키파는 큰 도시지만 관광지가 몰려있는 아레키파 역사지구는 도보로 관광이 가능하다. 버스터미널과 공항을 제외한 역사지구 내의 이동은 3~6Sol이면 충분하다.

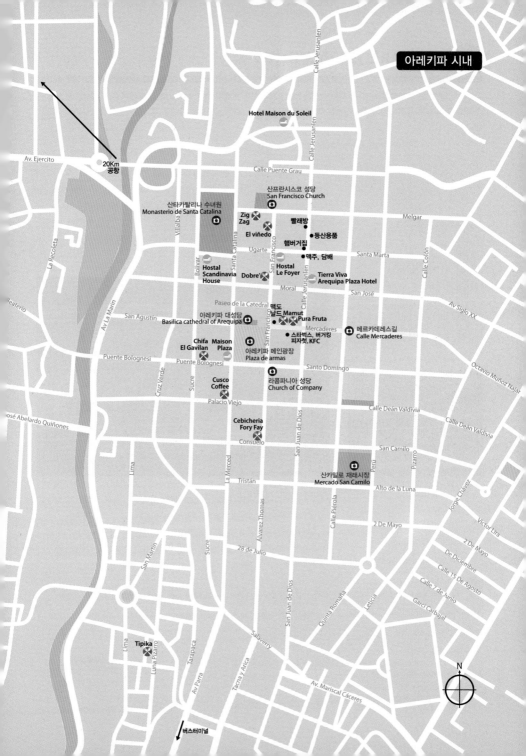

아레키파 시내

Hotel Maison du Soleil

Av. Ejercito

20Km
공항

Calle Puente Grau

산프란시스코 성당
San Francisco Church

산타카탈리나 수녀원
Monasterio de Santa Catalina

Zig Zag

El viñedo

빨래방

등산용품

햄버거집

맥주, 담배

Hostal
Scandinavia
House

Hostal
Le Foyer

Dobre'

Tierra Viva
Arequipa Plaza Hotel

Paseo de la Catedral

맥도
날드 Mamut

아레키파 대성당
Basilica cathedral of Arequipa

Pura Fruta

메르카데레스길
Calle Mercaderes

Chifa
El Gavilan

Maison
Plaza

스타벅스, 버거킹
피자헛, KFC

아레키파 메인광장
Plaza de armas

Cusco
Coffee

라콤파니아 성당
Church of Company

Palacio Viejo

Cebicheria
Fory Fay

Consuelo

산카밀로 재래시장
Mercado San Camilo

Tipika

N

버스터미널

📷 보자! AREQUIPA SIGHTS

2,000년 유네스코 세계문화유산으로 등재된 아레키파의 중심가는 스페인 침략 당시 가장 부유했던 도시인 만큼 도시 전체가 당시 가장 공을 들여 만든 건축양식들로 이루어져 특별한 코스 없이 골목골목 자체를 거니는 것만으로도 즐거운 여정이 된다.

추천 일정

- 메인 광장
- 대성당
- 라콤파니아 성당
- 재래시장
- 산 프란시스코 성당
- 산타 카탈리나 수녀원

아레키파 메인 광장 아치

아레키파 메인 광장 Plaza de armas

화산을 품고 있는 지형적 특징을 이용해 실야 Sillya라고 불리는 화산암을 주재료로 1540년 스페인 정복자들에 의해 건설되기 시작해 1582년 대지진 등의 자연재해를 겪으며 더욱 견고하게 정비해 지금의 모습을 갖추게 되었다. 메인 광장을 둘러싼 건물 1층의 흰색 아치는 아레키파의 푸른 하늘과 대비돼 그 아름다움을 더한다.

메인 광장

아레키파 대성당 Basilica cathedral of Arequipa

19세기 이전 바로크 교회 폐허를 기반으로 1847년 루카스 포블레테 Lucas Poblete가 설계 및 건축했다. 화산암을 이용한 이 교회는 남미 신고전주의 양식의 대표적 건축양식으로 해가 진 후 조명이 비치면 그 아름다움이 배가 된다.

TIP 얼음공주 Ice Princess라 불리는 잉카제국 시절 인신공양을 바쳤던 미라를 볼 수 있는 Museo Santuarios Andino

메인 광장의 남쪽 Mercedes 길로 조금만 내려가면 왼쪽에 있는 박물관이다. 안데스 성지 박물관으로 이곳에 가면 '후아니따 Juanita'로 불리는 어린 여아의 미라를 볼 수 있다. 잉카제국 당시 아레키파는 제국에서 가장 번성한 도시 중 하나였으며 주변의 높은 화산이 신성시 되어 자연의 화를 푸는 의미로 10~15살의 어린 여아를 산채로 공양드렸다는 주장이 있는데, 그 중 암파토 화산 Ampato Volcano에서 발견 된 미라들을 보관하고 있다.

설산의 특성상 시체가 온전히 보존되어 지금도 머리카락과 피부 등 당시 제물을 바쳤던 모습 그대로의 모습을 유지하고 있어 연구가치가 뛰어나다고 평가받고 있다.

🎟 20Sol 🕐 Open 월~토 09:00~18:00, 일 09:00~15:00 / Close 크리스마스, 신년
특이사항 : 가이트 투어로만 진행, 사진촬영 금지, 입장 시 보관함에 휴대폰, 카메라, 비디오 등 보관 후 관람

라콤파니아 성당 Church of Company

광장 한편에 붙은 콤파니아 성당 역시 화산암으로 18세기 경에 지어진 성당이다. 바로크 건축양식의 진수를 보여주는 건축물로 매끈한 벽면과는 대조적으로 정문 Portal을 장식한 화려한 조각이 보는 이의 시선을 사로잡는다. 개방시간은 정해져 있으나 문을 닫는 경우가 많으므로 지나다닐 때 확인해 방문해보자.

아레키파 대성당

⊙ Open 월~토 07:00~11:30,
17:00~19:30
일 07:00~13:00, 17:00~19:00

라콤파니아 성당

⊙ Open 월~일 09:00~11:00,
15:00~18:00

🚶 대성당 뒷쪽 으로 'Paseo de la Cathedral' 골목은 사진을 찍기 좋은 장소다. 레스토랑과 카페 몇 개가 있어 이곳에서 휴식을 취해도 괜찮다.

메르카데레스 길 Calle Mercaderes

대성당을 앞에 두고 오른쪽으로 사람이 북적대는 보행자전용도로인 이 길은 아레키파의 명동이라 불리는 메르카데레스 길이다. 8월 15일 광장 Plaza 15 de Agosto까지 이어진 이 길은 맥도날드, KFC, 스타벅스 등 외국 패스트푸드 체인점을 비롯해 각종 레스토랑, 쇼핑센터, 은행, 국립극장 등이 몰려 있어 항상 사람이 많다.

🚶 이길을 걷다가 Av. Peru길에서 우회전해 세 블록을 내려가면 아레키파의 재래시장인 '산 카밀로 시장 Mercado San Camilo'를 만날 수 있다.

메르카데레스 길

산 카밀로 재래시장 Mercado San Camilo

아레키파의 근교의 비옥한 땅에서 나는 농산물과 과일, 육류 등을 파는 거대한 재래시장이다. 이곳에 들렀다면 구경 후 싱싱한 과일을 그대로 갈아

재래시장 과일주스

산 프란시스코 성당

- ⊙ **Open** 월~토 07:00~09:00, 17:00~20:00
- 📖 수도원은 입장료 5Sol 별도 가이드 투어로 진행

산 프란시스코 성당

주는 과일주스를 마셔보자. 시장 한켠에는 점심시간을 이용해 식사를 파는 곳도 있으니 저렴한 가격에 점심 한 끼를 해결하는 것도 괜찮다. 과일주스 3~5Sol, 메뉴 식사 5~15Sol.

🚶 다시 메인 광장의 대성당을 기준으로 대성당 오른쪽 북쪽으로 난 San Francisco 길을 따라 걸어 올가면 보이는 건물이 San Francisco 교회다.

산 프란시스코 성당 San Francisco Church

1596년 지어진 이 성당은 수도원을 겸하는 성당으로 1687년 대지진 후 화산 암을 이용해 리모델링을 거쳤으며 1960년대 이후 몇 차례 걸쳐 더 복원이 돼 현재의 모습을 보여주고 있다.
본당 안의 화려한 은 제단이 찾아오는 이들의 이목을 끌고 있으며, 2만 권 이 상의 고서적을 보유한 수도원으로도 유명하다.

🚶 산 프란시스코 성당을 앞에 두고 왼쪽 길로 걸어가다 막힌 3거리에서 좌회전해 한 블록만 가면 산타 카탈리나 수녀원 입구가 있다.

산타 카탈리나 수녀원 Monasterio de Santa Catalina

약 2만㎡ 크기의 규모 때문에 도시 안의 작은 도시로 불리는 이 수녀원은 페 루에서 가장 큰 종교 건물이다. 1580년 10월경 완공된 이 수도원은 4세기 동 안 외부와 단절된 채 유지되다 1970년 외부에 그 속살을 공개해 지금은 아레

 TIP

조용히 사진 찍기 좋은 길
Calle Violin, San lazaro

메인 광장에서 북쪽으로 걸어서 10분 정도에 위치한 작은 골목으로 조용한 분위기에 사진 찍기 좋은 곳이다. 이곳에 있는 작은 광장인 Plaza Campo Redondo에서 Violin이란 이름의 작은 골목이 참 예쁘다.

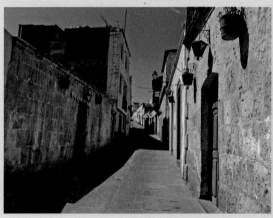

키파를 대표하는 관광지가 되었다.

수도원 내부는 '도시 안의 작은 도시'라는 호칭에 걸맞게 작은 도로와 광장, 빨래터, 주거지 등 일생을 사는 데 필요한 모든 시설들이 잘 구비되었으며 완공 이후 약 500명이 거주할 수 있는 규모로 발전했다.

당시 이곳으로 들어오는 수녀들은 신앙심이기 보다는 집안에 의한 강제 결혼을 피해 오는 귀족 집안의 딸들이 많았는데 이들은 들어올 때 막대한 지참금을 내고 들어와 내부에서 4~6명의 시종을 두며 생활했으며, 머무는 방 또한 온갖 화려한 가구들로 채우고 생활했다.

외부는 화산암 재질의 높은 담으로 단순하게 만들어졌지만, 수녀원 내부는 16세기부터 19세기 그 당시 건축양식들이 혼합된 건축양식의 집합체라고도 할 수 있으며, 작은 파티오(정원)들의 풍경과 원색으로 칠한 골목들은 정갈하며 아름답다.

참고로 외부에 공개된 후 이곳에 있던 수녀들은 수녀원 근처 현대적인 별도 구역에서 생활하고 있다.

산타 카탈리나 수녀원

○ Open 매일.
월, 목, 금, 토, 일 09:00~17:00
화, 수 09:00~19:30
Close 크리스마스, 신년, 성 금요일
(Good Friday or God's Friday
=부활주일 전 주 금요일)

성인 40Sol
21세 이하 국제학생증 소지시 20Sol
7세 미만 무료(여권사본 등 증빙서류
지참)
www.santacatalina.org.pe

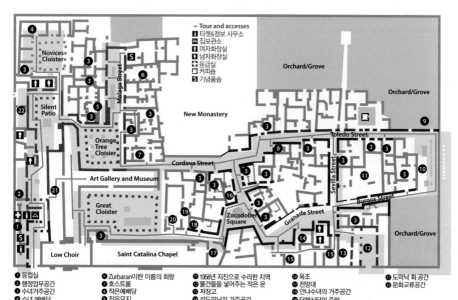

→ **Tour and accesses**
■ 티켓&정보 사무소
A 집보관소
🚺 여자화장실
🚹 남자화장실
➕ 응급실
☕ 커피숍
S 기념품숍

Novices Cloister

Malaga Street

New Monastery

Orchard/Grove

Orchard/Grove

Silent Patio

Orange Tree Cloisier

Toledo Street

Cordova Street

Art Gallery and Museum

Sevilla Street

Great Cloister

Burgos street

Zocodober Square

Granada Street

Orchard/Grove

Low Choir

Saint Catalina Chapel

❶ 응접실
❷ 행정업무공간
❸ 수녀거주공간
❹ 수녀 예배당
❺ 고해소(고해성사 하는 방)
❻ Zurbaran이란 이름의 회랑
❼ 호스트룸
❽ 작은예배당
❾ 작은묘지
❿ 공동빨래터
⓫ 1968년 지진으로 수리한 지역
⓬ 물건들을 넣어주는 작은 문
⓭ 저장고
⓮ 성도미닉의 거주공간
⓯ 주방
⓰ 욕조
⓱ 전망대
⓲ 안나수녀의 거주공간
⓳ 단체식당의 주방
⓴ 단체식당
㉑ 도미닉 회공간
㉒ 문화교류공간

아레키파의 심볼 미스티 화산 Misti Volcano 1박 2일 등반 투어

평소 트레킹 및 등반에 관심이 있는 여행자라면 1박 2일 투어로 진행되는 미스티 화산 등반에 도전해 보자. 해발 5,825m의 미스티 화산을 등반하는 것은 고산병 및 추위와 싸워야 하지만, 산을 좋아하는 여행자라면 도전해볼 만하다. 1DAY 등반도 가능하지만, 산을 충분히 만끽할 시간이 없다는 단점이 있다.

등반 전문여행사

Jerusalen 길에 콜카 캐년 투어와 같이 판매하는 여행사가 많다.

페루 어드벤처 투어 Peru Adventure tours

📞 Calle Melgar 308
(in front of Monasterio Santa Teresa) – Downtown
📞 (51 54)203737
　　51 973842688 (WhatsApp – Movistar)
　　51 959853447 (WhatsApp – Claro)
🕐 사무실 영업 08:00~17:00(불특정)
💵 USD159~405 / 1인

전문 라이센스를 가진 등반 전문 여행사에서 진행하며, 4명 한 팀을 기준으로 등반 전문 가이드 1명, 포터 1명이 동반한다. 4명이 넘어가면 1명의 어시스트가 더 붙게 된다. 점문 및 장비의 포함 사항에 따라 가격이 달라지니 충분히 상의 후 예약하도록 하자.
www.peruadventurstour.com

미스티 화산 등반 루트는 남부 루트와 북부 루트 2개의 루트가 있으며 두 코스 모두 1박 2일 코스로 등반이 가능하다. 여행자들마다 의견은 다르지만 대체적으로 북부 코스가 인기가 많다.
매년 1~3월은 우기에 해당해 등반 투어를 나가지 못하는 날이 많으므로 항상 날씨에 유념하도록 하자.

남부 루트 등반 스케줄

1일차
● 08:00 4x4차량으로 아레키파 출발(2시간 이동)
● 10:00 해발 3,600m 지점 도착 후 트레킹 시작(6~7시간 소요)
● 17:00 해발 4,800m 베이스 캠프 도착 후 캠핑
● 18:00 석식 후 취침

2일차
● 03:00 아침식사 후 미스티 화산 정상 등반 (약 7시간 소요)
● 10:30 정상 정복 후 해발 3,300m까지 하산(약 3시간 소요)
● 13:00 차량으로 아레키파로 이동(약 2시간 소요)
● 15:00 아레키파 도착

북부 루트 등반 스케줄

1일차
● 09:00 4x4차량으로 아레키파 출발(2시간 이동)
● 11:00 해발 4,150m 지점 도착 후 트레킹 시작(4~5시간 소요)
● 16:00 해발 4,800m 베이스 캠프 도착 후 캠핑
● 18:00 석식 후 취침

2일차 비니쿤카
● 04:00 아침식사 후 미스티 화산 정상 등반 (약 7시간 소요)
● 10:30 정상 정복 후 해발 3,300m까지 하산(약 3시간 소요)

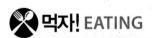 먹자! EATING

Ⓢ 10~25　ⓈⓈ 25~70　ⓈⓈⓈ 70~

먹거리의 도시로도 불리는 아레키파인 만큼 역사지구 곳곳에 먹을만한 식당은 얼마든지 있다.
특히 메인 광장과 산 프란시스코 성당 사이에 있는 San Francisco 길과 한 블록 떨어진 Jerusanlen 길에 여러 종류의 식당이 산재해 있으며, 아레키파의 명동인 메르카데레스 길에도 프렌차이즈 식당 등 각종 먹거리가 많으니 먹는 걱정은 아레키파에서는 안 해도 된다.

Chifa El Gavilan [Ⓢ]

맛보다는 4~5Sol의 저렴한 가격으로
어마어마한 양의 중국식 볶음밥 및 볶음
면을 먹을 수 있는 곳. 메인 광장에서
이곳으로 걸어오는 길에 비슷한 가격대의
중국식 음식점 2~3곳을 만날 수 있는데
그 중 인기가 가장 좋은 편. 음식은 대체
적으로 짠 편이니 간장을 조금만 넣어
볶아달라고 하는 것도 하나의 방법이다.
🏠 Puente Bolognesi 139

Dobre's ^{ⓈⓈ}

사진에 관심이 많은 프랑스계 주인이
차린 피자집으로 다양한 피자와 파스타,
샌드위치 요리가 있다. 음식 신선도가
상당히 청결한 편이며, 피자 이외
파스타 종류도 맛이 괜찮다.
🏠 San Francisco 205
📞 51 54 281828

Pura Fruta [Ⓢ]

USD3~5로 다양한 종류의 신선한
과일주스를 마실 수 있는 곳. 재래시장의
과일주스를 먹으러 가기 귀찮은
여행자라면 이곳에 들어 시원한 에어컨
바람과 함께 시원한 주스를 마셔보자.
과일주스와 함께 페루의 전통 음료인
Chicha Morada도 맛이 괜찮다.
🏠 Mercaderes 131, Arequipa, Peru
📞 51 54 231849

El viñedo ^{ⓈⓈ}

Zig zag 근처 Sanfrancisco 길에 위치한
페루식 스테이크집. 조금 더 저렴한
가격에 모둠 스테이크를 즐길 수 있으며
Zig Zag보다는 조금 더 조용한 편이다.
🏠 San Francisco 319
📞 51 54 205053

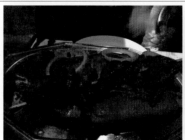

Mamut [Ⓢ]

메르카데레스 길에 위치한 유명한 샌드위치집. 외국사람들에게 유명한 샌드위치
집으로 이름과 같이 샌드위치의 크기가 상당히 큰 편이다. 그릴에 구운 고기와
야채, 그리고 바케트식 빵과 함께 나오는 Mamut de Bistek이 인기가 좋으며 저렴한
가격에 점심 한 끼 식사를 때우기에 충분하다. 크기와 들어가는 고기 종류에 따라
가격이 다르다. Vegetariano(베지테리언), Pollo(닭), Pavo(칠면조), Chorizo(소시지),
Lomito Ahumado(돼지고기 훈제햄), Bistek(소고기), Lomo Fino(소고기 안심부분)이
들어가는 주메뉴로 제공되니 참고할 것.
🏠 Mercaderes 111
📞 51 54 221466

Tipika $S-SSS

아레키파 메인 광장을 기준으로 남쪽으로 약 1.5㎞ 떨어진 야외 레스토랑이다. 조금 멀지만 이곳에서 판매하는 아레키파 및 페루 전통음식의 전체적인 맛이 아주 좋아 아레키파 현지 사람들도 특별한 날 많이 찾는다. 특히 야외에서 식사를 하는 운치가 있는 곳이다.

🏠 Calle Luna Pizarro 407, Vallecito
📞 51 54 223694

Cusco Coffee $S

Cusco coffee company에서 운영하는 커피숍. 페루 원두를 사용해 만드는 체인 커피숍으로 현대식 인테리어로 꾸며져 있어 맛 좋은 커피 한 잔을 마시며 쉴 수 있는 곳.

🏠 La Merced 135
📞 51 54 222485

Cevicheria Fory Fay S

메인 광장에서 남쪽으로 한 블록 떨어져 있는 아레키파에서 세비체로 유명한 식당으로 세비체를 좋아하는 여행자라면 들러보는 것도 좋다. 음식 특성상 점심시간에만 문을 여니 참고할 것.

🏠 Álvarez Thomas 221
📞 51 54 245454
🕐 점심 11:00~15:00에만 오픈

CEVICHERIA FORY FAY

Ceviche de Pescado	S/. 15.00
Ceviche de Pescado con Erizos	S/. 17.50
Ceviche de Mariscos	S/. 15.50
Ceviche de Mariscos con Erizo	S/. 18.00
Ceviche Mixto	S/. 15.00
Ceviche Mixto con Erizo	S/. 17.50
Ceviche de Erizos	S/. 20.00
Arroz Chaufa de Mariscos	S/. 15.00
Cerveza	S/. 3.50
Gaseosa	S/. 1.50
Vino Copa	S/. 3.00
Vino ½ Litro	S/. 10.00

Muy agradecidos por su visita
Calle Álvarez Thomas 221 Telf. 242400

Zig Zag $S-SSS

산 프란시스코 광장에서 가까운 페루식 스테이크 전문점으로 여행자들 사이에서는 유명한 곳이다. 소, 돼지, 알파카 모둠 스테이크가 조금 비싼 편이지만 로컬 푸드에 지쳐있다면 한번 들러 먹어볼만 하다. 외국 단체관광객들이 찾는 날엔 조금 씨끄러운 편이지만 그 외에는 대체로 조용하게 식사를 할 수 있다.

🏠 Calle Zela 210
📞 51 54 206020

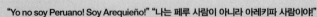

TIP

"Yo no soy Peruano! Soy Arequieño!" "나는 페루 사람이 아니라 아레키파 사람이야!"

각 지방마다 자기 지역 자존심은 있겠지만, 아레키파의 지역 자존심은 페루 내에서도 강한 편이다. '나는 페루 사람이 아니라 아레키파 사람이다' 라는 말을 종종 할 정도로 그 자존심이 강한데 19세기 스페인 추종 세력의 장기집권, 실패한 임시 수도 설립 등 정치 역사적으로 페루 전체적인 흐름과는 조금 다른 길을 걸어서이기 때문이기도 할 것이다. 아레키파의 자존심은 음료에서도 보여지는데 연세가 있는 분들은 맥주는 주로 'Arequipeña', 음료는 아레키파에서 생산하는 'Cola Escosesa'만 마시는 사람도 있을 정도다.

자자! ACCOMMODATIONS

ⓢ 20~50 ⓢⓢ 50~170 ⓢⓢⓢ 170~

역사나 메인 광장과 산 프란시스코 성당을 중심으로 근방에 숙소들이 촘촘히 산재해있어, 여행자들에게는 선택의 폭이 넓다.
역사지구 외곽 쪽 숙소는 치안 및 접근성이 좋지 않으므로 피하도록 하자.

Hostel Le Foyer ⓢⓢ

산 프란시스코 광장과 가까운
2층에 위치한 호스텔로 도미토리와
더블어 더블&싱글룸을 제공한다.
아침식사를 제공해주는 숙소
외부 테라스에서 바라보는
산 프란시스코 성당 방면의
풍경이 아름답다.
1층에 디스코텍바가 있어 주말에
시끄러운 것이 단점이다.

🛏 Ugarte 114
📞 51 54 286473

Maison Plaza ⓢⓢ

시설은 조금 오래됐지만 메인 광장에
바로 붙어있어 위치적으로는 가장 좋은
숙소다.

🛏 Portal de San Agustin 143
📞 51 54 218929

Hotel Maison du Soleil ⓢⓢ~ⓢⓢⓢ

산 라사로 지역에 위치한 조용하고
분위기 있는 숙소. 메인 광장에서는
떨어져 있지만 그만큼 조용하고 동네
분위기가 아기자기하다. 객실의 수준
또한 가격대비 준수한 편이다.

🛏 Pasaje Violin 100-102, San Lazaro
📞 51 54 212277

Hostal Scandinavia House ⓢ~ⓢⓢ

메인 광장과 두 블록 떨어져 있어
접근성이 좋으며 특히 이 숙소에서
바라보는 '미스티' 설산의 풍경이
아름답다. 외국인들에게 인기가 많아
조용하지는 않지만 세계 각국의 친구를
테라스에서 만나기 좋은 곳 중 하나이다.

🛏 Calle Ugarte 314 📞 51 54 227542

Tierra Viva Arequipa Plaza Hotel ⓢⓢⓢ

메인 광장과 두 블록 떨어진 접근성이 좋은 곳에 위치한 3성급 페루 체인
호텔이다. 생긴지 얼마되지 않아 숙소 청결 상태 및 시설이 준수하며
현대적이다. 방마다 차이는 있지만 와이파이도 잘 터지는 편이며 특히
침구류의 편안함이 장점인 곳.

🛏 Calle Jerusalen 202
📞 51 54 234 161

콜카 캐년
Colca Canyon

아레키파를 찾는 많은 사람들의 주 목적은 아레키파 도시 관광 보다는 근교에 위치한 세계에서
가장 깊은 협곡 중 하나에 속하는 콜카 캐년 트레킹을 위해서다.

콜카 캐년은 더 이상 세계에서 가장 깊은 협곡이 아니다

협곡의 깊이가 3,000m가 넘어 세계에서 가장 깊은 협곡으로 불렸던 콜카 캐년이 몇 년전 콜카 캐년 근방의 3,500m 깊이의 꼬따우아시 Cotahuasi 협곡이 알려지면서 그 타이틀을 내어주게 되었다.

여행자들은 대부분 여행사에서 투어로 제공하는 1박 2일의 트레킹을 겸한 코스와 당일치기 코스를 주로 이용한다.

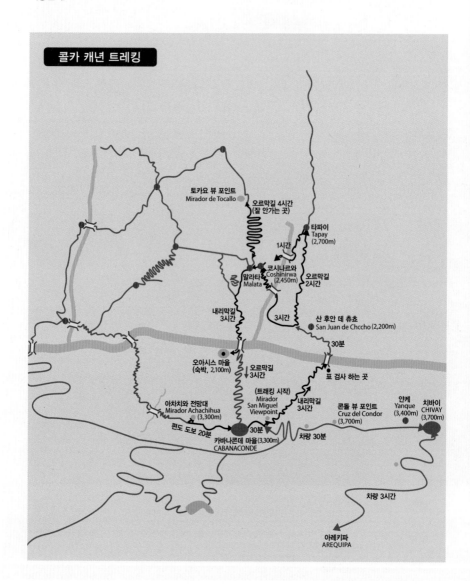

콜카 캐년 트레킹

토카요 뷰 포인트
Mirador de Tocallo

오르막길 4시간
(잘 안가는 곳)

타파이
Tapay
(2,700m)

1시간

코시나르와
Coshinirwa
(2,450m)

말라타
Malata

오르막길
2시간

내리막길
3시간

3시간

산 후안 데 츄쵸
San Juan de Chccho (2,200m)

30분

오아시스 마을
(숙박, 2,100m)

오르막길
3시간

표 검사 하는 곳

아차치와 전망대
Mirador Achachihua
(3,300m)

(트래킹 시작)
Mirador
San Miguel
Viewpoint

내리막길
3시간

콘돌 뷰 포인트
Cruz del Condor
(3,700m)

얀케
Yanque
(3,400m)

치바이
CHIVAY
(3,700m)

편도 도보 20분

30분

카바나콘데 마을 (3,300m)
CABANACONDE

차량 30분

차량 3시간

아레키파
AREQUIPA

여행사에서 운영하는 당일치기 및 1박 2일 트레킹 투어

[당일 투어] 아레키파에서 새벽 3시에 출발해 치바이 마을을 거쳐 콘도르 전망대에서 콘도르 구경 후 카바나콘데 마을에 들러 아레키파로 돌아오는 사람을 싣고 협곡의 작은 마을 마카, 작은 온천, 해발 5,000m의 설산 전망대 등을 거쳐 오후 4시경 아레키파로 돌아오는 투어다. 사실 이 코스는 콜카 캐년 트레킹 보다는 협곡의 풍경과 콘도르를 볼 수 있는 콘도르 전망대를 보고 오는 투어라 할 수 있다. 여행사마다 가격은 다르지만 치바이에서의 아침식사와 돌아오는 길 점심식사를 포함해 60~70Sol에 가능하다. 이때 캐년 입장료 70Sol과 온천을 가기 위해 건너는 잉카 다리 이용료 5Sol, 자율적으로 이용할 수 있는 온천 이용료 15Sol은 불포함이다.

캐년 입장권

콘도르 전망대

여행사버스

콘도르 전망대

[1박 2일 트레킹] 이 코스는 당일 코스팀과 콘도르 전망대까지는 일정이 같다. 이후 카바나콘데를 가기전 트레킹 시작 포인트에 내려 1박 2일 콜카 캐년 트레킹을 하고 카바나콘데에서 차량으로 아레키파로 돌아오는 것이 대부분이다. 마찬가지로 돌아올 때 온천과 전망대 등은 당일치기 팀과 같이 구경하고 오게 되는 경우가 많다.

1박 2일 트레킹의 경우 식사와 가이드, 협곡 내 마을에서 숙박 1박 등이 포함 된 비용이 약 150~180Sol 선이면 적당하다. 마찬가지로 캐년 입장료와 온천 비용은 별도다.

협곡이미지

개별적으로 이동해 즐기는 2박 3일 콜카 캐년 트레킹 추천 일정

투어를 이용해 편안하게 트레킹을 즐기 수도 있지만, 개별적으로도 얼마든지 콜카 캐년 트레킹을 즐길 수 있다.

1일차

● **03:00** 투어 버스를 이용하되 카바나콘데까지만 동승 : 25Sol(치바이 아침 불포함)
투어 버스에 동승하면 콘도르 전망대에 들러 구경 후 카바나콘데로 이동할 수 있기 때문이다.

● **10:00** 카바나콘데 도착해 숙소잡기 더블룸 기준 35~40Sol

● **13:00** 중식 후 아차치우와 전망대 Mirador Achachihua 다녀오기(편도 30분 소요)

● **18:00** 1박 트레킹 짐 준비 및 저녁 식사 후 취침

아차치우와 전망대 가는 길

카바나콘데

아차치우와 전망대에서 내려다 본 오아시스 마을

산 미구엘 전망대

오아시스 마을

말라타 교회

2일차

● **05:00** 기상

● **06:00** 아침 식사 후 산 미구엘 전망대 Mirador San Miguel 트레킹 출발 지점으로 이동

● **07:00** 콜카 캐년 트레킹 시작

산 미구엘 전망대 Mirador San Miguel – 3H – 산 후안 데 추초 다리 Puente San Juan de Chucho – 3H – 말라타 Malata – 4H – 상가예 Sangalle (= 오아시스 마을)

> 산 미구엘 전망대 → 산 후안 데 추초 다리 : 끝도 없는 내리막 길이다.
> 산 후안 데 추초 다리 → 말라타 : 오르막과 평지를 넘나드는 좁다란 마을 길이다.
> 말라타 → 오아시스 마을 긴 평지길에 이은 내리막 길이다.

● **15:00** 오아시스 마을 도착 후 숙박(숙박비 30~50Sol)

오아시스 마을 다리

산 후안 데 추초 다리

3일차

● **08:00** 오아시스 마을 출발

● **11:00** 카바나콘데 도착

> 오아시스 마을 → 카바나콘데 : 거의 수직으로 이뤄진 3~4시간 오르막 코스다. 전 날 떨어진 체력으로 인해 걷기가 불편하다면 숙소에서 미리 당나귀를 예약(50~80Sol)하면 1시간30분 만에 편하게 오를 수 있다.

● **14:00** 로컬버스로 아레키파로 이동(15Sol, 6시간 소요)

● **20:00** 아레키파 Terrestre 터미널 도착 후 시내로 이동(택시비 6~8Sol)
(06:00에 출발하면 카바나콘데에 일찍 도착해 투어 버스를 이용해 아레키파로 돌아갈 수 있다.)

콜카캐년 당나귀

로컬버스 시간표

위와 같은 여정으로 움직인다면, 투어를 이용하는 것보다 저렴한 비용으로 여유롭게 콜카 캐년 트레킹을 즐길 수 있다. 시간적 여유가 된다면 돌아오는 길에 치바이에 들러 온천 이용 후 하룻밤을 자고 아침에 아레키파로 돌아오는 로컬 버스를 이용하는 방법도 있다.

**침략의 상처를 갈무리하고 아름답게 치장하고 서 있는
도시 꾸스꼬여…**

옛 잉카 제국의 사람들은 이곳을 세상의 중심이라
생각했다. 그래서 도시 이름도 당시 언어였던
께츄아어로 '배꼽'이란 뜻의 '꾸스꼬'다. 잉카 제국의
중심이 됐고 가장 번성했던 도시, 그래서 가장 많은
침략을 받아 과거의 모습은 사라진 채 콜로니얼 도시가
되었지만, 남아있는 잔재만으로도 잉카 제국 중심
도시의 웅장함을 엿볼 수 있는 도시가 꾸스꼬다.
세계 7대 불가사의에 등재된 마추픽추 유적을 만나러
가기 위해서는 반드시 들러야 하는 해발 3,300m에
위치한 고산 도시임과 동시에 도시 특유의 끈적끈적한
매력으로 수많은 여행자의 발길을 잡아두는 이곳,
꾸스꼬의 매력에 한껏 빠져보자!

CUSCO
꾸스꼬

꾸스꼬 드나들기

잉카 제국의 수도였으며, 마추픽추로 가기 위해 반드시 들러야 하는 도시인 꾸스꼬는 남미 여행자라면 반드시 찾게 되는 도시다. 다만 해발 3,300m 이상에 위치한 도시이기 때문에 꾸스꼬로 들어오는 육로 루트는 고산을 넘나드는 비포장도로의 연속이다. 규모는 작지만 국제공항이 있어 비행기로 페루의 수도 리마 및 주요 관광도시인 아레키파, 훌리아까(뿌노)에서 들어올 수 있다. 인접국인 볼리비아의 수도 라파즈 대중교통을 이용해 주요도시에서 버스를 타고 들어올 수도 있다. 꾸스꼬에서 티티카카 호수가 있는 뿌노까지는 관광 열차로도 이동할 수 있는데, 스케줄이 많지 않은데다 요금이 비싸 이용객은 적다.

주요 도시 소요시간 (비행기 / 버스)
꾸스꼬 1시간 10분(비행기) / 26시간(버스)　**훌리아까(뿌노)** 55분(비행기) / 7~8시간(버스)
아레키파 55분(비행기) / 10시간(버스)

TIP

꾸스꼬-뿌노 구간 야간 버스 탑승 시, 소지품 주의

특히 꾸스꼬에서 뿌노를 이동하는 야간 버스의 짐 분실 사고가 많다. 일반 버스의 경우 뿌노로 들어가기 전 큰 도시인 훌리아까에서 한 번 정차하는데, 이 구간에서 내리는 사람들이 관광객들이 머리맡에 올려놓은 짐을 노리는 경우가 종종 일어나니, 뿌노로 야간 버스를 이용하는 여행객이라면 가지고 타는 짐은 반드시 안고 짐을 청하는 편이 그나마 불미스런 사고를 막는 방법이라 할 수 있겠다.

꾸스꼬 드나드는 방법 **01** 항공

 꾸스꼬 공항 Alejandro Velasco Astete International Airport

꾸스꼬 공항

1925년 안데스산맥 횡단 비행에 최초로 성공한 사람의 이름을 따서 만든 해발 3,300미터에 위치한 공항으로, 꾸스꼬 시내 중심(메인 광장 기준)에서 동남쪽으로 약 3km 떨어져 있다.
공항은 그리 크지 않으며, 비행기에 내려 공항을 빠져나가게 되는 출구 역시 하나라 길을 잃을 염려는 없다. 대신 화물로 실은 짐을 찾고 밖으로 나갈 때는 짐택을 확인하니 반드시 출발한 공항에서 짐을 실을 때 받은 짐택을 미리 준비하도록 하자.

택시

꾸스꼬 공항에서 시내로 오는 방법은 대중교통 수단인 콜렉티보를 이용하는 것과 택시를 이용하는 두 가지 방법이 있지만 콜렉티보를 이용하는 여행자는 거의 없다. 리마 도시편에서 설명한 '택시 흥정 유의사항'을 잘 기억해 원하는 시내 목적지까지 들어가는 것이 가장 좋은 방법이다.

공항 출구 바로 앞에서 호객하는 택시들은 일반적으로 남미 어디나 일반적으로 시내에서 움직이는 택시보다는 비싸게 마련이다. 대신 이럴 때는 항상 같이 내린 다른 여행객들과 미리 택시비를 쉐어하는 방법으로 같이 이동하는 편이 가장 바람직하다.
꾸스꼬의 경우 관광도시라 예약한 호텔에 미리 요청하면 택시 서비스를 유료로 제공하기도 한다.
직접 흥정하는 것보다는 조금 비싸지만 가장 안전하고 확실하게 숙소까지 이동할 수 있는 방법이라 이용해 볼만 하다.

꾸스꼬 공항에서 시내 택시비용 공항 대기 택시 10~15Sol, 약 20분 소요

꾸스꼬 드나드는 방법 02 버스

만약 다른 도시에서 고속버스를 타고 꾸스꼬를 온다면 메인 터미널로 도착할 확률이 높다. 남미에서는 큰 도시로 들어오는 버스의 대부분이 메인 터미널 도착 전 몇 군데 들러 사람들을 내려주고서 들어온다. 자신의 집과 조금이라도 가까운 곳에서 내리고자 하는 승객들이 많기 때문이다. 당황하지 말고 마지막 큰 터미널에서 전부 내리라고 안내하기 전까지 기다리자. 이 과정에서 가끔 절도 사건이 일어나는 경우가 있으니 자신의 짐을 꼭 챙기도록 하자.

꾸스꼬 버스터미널

꾸스꼬 공항 방면에 위치한 터미널로 시내 중심(메인 광장 기준)과 약 2km 떨어져 있다. 시내까지는 공항에서 시내까지 이용 방법과 마찬가지로 택시를 이용하는 편이 가장 좋다. 택시는 흥정하기 어려운 부분이 있으나 터미널에서 출구까지의 거리가 생각보다 멀고 고산이라 무거운 짐을 지고 걷는 것이 부담 되므로 인원이 2~3명이라면 조금 비싸더라도 터미널 택시를 이용한다. 밖에서 잡는 택시보다 2Sol 정도를 더 지불하면 무리가 없다.
만약 혼자라면 버스를 같이 타고 온 여행자와 택시를 같이 이용하는 것도 하나의 방법이다. 여자 혼자라면 더더욱 그러는 편이 좋다.

버스 터미널에서 시내 택시비용 공항 대기 택시 7~10Sol, 10~15분 소요

TIP
처음 들어가는 남미 도시 개념 잡기 'Plaza de armas'

남미의 유명한 도시들은 대부분 스페인 시절에 지어진 콜로니얼 도시 형태를 유지하고 있으며(대도시 제외), 그 도시 중심에는 쁠라사 데 아르마스 Plaza de armas라 불리는 메인 광장이 존재한다.
여행자들에게 필요한 숙소, 레스토랑, 환전소, 여행사 등이 대부분 메인 광장을 중심으로 위치하고 있기 때문에 처음 도착한 도시에 대해 지도가 없거나 위치 잡기가 어려울 때엔 일단 Plaza de armas를 찾으면 그 다음 동선을 잡기에 아주 수월하다.
다만 수도 리마 혹은 아르헨티나, 칠레의 남부 관광도시 등 도시 개발이 완벽히 진행되거나 일반 관광지로 개발된 도시의 경우 메인 광장이 아닌 신도시 혹은 메인화 된 주변으로 이동하는 것이 좋다.

TIP
꾸스꼬-뿌노 럭셔리 기차

꾸스꼬에서 뿌노를 연결하는 럭셔리 기차를 페루레일에서 운행하고 있다. 비용은 아주 비싸지만, 안데스산맥의 장엄한 풍경과 마추픽추를 왕복하는 기차와 또 다른 풍경을 기차에서 즐기고 싶은 여행자라면 이용해 볼만 하다.

○ **운행** 매주 수, 금, 일 주 3회
출발 오전 7시~8시 사이, 총 10시간 30분 소요
편도USD225~300
포함 고급 코스요리로 제공되는 점심, 다양한 레크레이션, 전통의상 패션쇼, 애프터눈 티, 코카&캐모마일차와 물 무제한 제공

시내 교통

흔히 봉고차로 불리는 차량을 이용한 콜렉띠보와 택시가 있다. 하지만 초행길의 여행자들에게는 콜렉띠보를 타고 이동하는 일이란 쉽지 않다. 꾸스꼬 시내를 움직일 요량이라면 택시를 이용하는 것이 바람직하다. 꾸스꼬 시내 반경 2~3km는 3~5Sol만 내면 어디든지 이동 가능하다. 특히 꾸스꼬 같은 좁은 길이 많은 도시라면 티코 택시를 이용하는 것이 유리하다.

여행 준비

꾸스꼬를 들르는 대부분의 여행자들은 마추픽추를 가기 위해서다. 물론 근교의 유적지도 마추픽추와 함께 방문할 수 있는데, 마추픽추 유적을 원하는 날짜에 들어가기 위해서는 최 성수기엔 미리 입장권을 구입하는 편이 좋으며, 마추픽추를 가기위해 제일 많이 이용하는 기차표는 항상 수요가 많으므로 미리 구입하도록 하자. 꾸스꼬 근교 유적지들을 방문하는 경우, 통합입장권을 구입하면 편리하게 방문 할 수 있다.

1. Boleto de turistico(통합 입장권)

꾸스꼬 시내 및 근교의 유적지 입장권을 총 3개의 구성으로 묶어 판매한다. 개별적으로 이용하는 비용과 비슷해 대부분의 여행자들이 통합입장권을 구매한다. 아래 표와 같이 유효기간 및 방문지가 다르니 참고해 구입하자.
www.cosituc.gob.pe

티켓 종류	가격	유효기간	방문 가능
Boleto Parcial Circuito 3	성인: 130Sol 학생: 70Sol (18세 이상 26세 미만으로 국제학생증 지참한 학생) 10~17세 : 70Sol	10일	Circuito 1, 2, 3
Boleto Parcial Circuito 1	70Sol	1일	Circuito 1
Boleto Parcial Circuito 2	70Sol	2일	Circuito 2
Boleto Parcial Circuito 3	70Sol	2일	Circuito 3

구분	포함 관광지
Circuito 1	Saqsayhuaman Qenqo Pucapucara Tambomachay
Circuito 2	Museo de sitio de Qoricancha, (Not Santo domingo Church) Museo Historico Regional Museo de Arte Contemporaneo Pachacuteq Tipon Piquillacta
Circuito 3	Ollantaytambo Pisaq Chinchero Moray

통합 입장권으로 방문 가능한 유적지

① 꾸스꼬 시내 및 근교
- Museo Municipal de Arte Contemporaneo
- Museo Historico Regional
- Museo de Sitio del Qoricancha
- Museo de Arte Popular
- Centro Qosqo de Arte Nativo (Danzas Folkloricas)
- Monumento a Pachacuteq
- Saqsaywaman · Qenqo
- Pukapukara · Tambomachay
- Tipon · Pikillacta

② 꾸스꼬 외곽 성스러운 계곡(Valle Sagrado)
- Pisac · MORAY · Ollantaytambo · Chinchero
참고로 꾸스꼬 메인 광장의 대성당(Catedral)과 꼬리깐차 유적(꼬리깐차 박물관과 다름)은 포함이 안되어 있어서 현장에서 개별적으로 구입해야 한다. 마추픽추 유적 역시 따로 구입해야 한다.

Boleto de turistico 가격 (S = Nuevo Sol 페루 화폐)

성인	130Sol (약 USD43 / € 32,50)
학생	70Sol (약 USD23 / € 17,50)
단체	70Sol
학생단체	40Sol

2. 마추픽추 기차표

꾸스꼬의 도시 나름대로의 매력도 있지만 모든 여행자의 최종 목적지는 마추픽추 유적이다. 바꿔 이야기하자면 마추픽추 유적을 가기 위해서는 반드시 들러야만 하는 도시가 바로 꾸스꼬다. 마추픽추 유적을 가는 방법 중 가장 대중적인 방법이 기차를 이용해 다녀오는 방법인 만큼 기차표를 구입을 하는 것은 꾸스꼬에 도착하면 가장 먼저 해야 하는 일 중 하나다. 아래 내용을 꼭 숙지 후 자신의 일정에 맞게 기차표를 구입해보자.

① 마추픽추 유적이 있는 Aguas Caliente(아구아스 깔리엔떼) 역까지 가는 기차는 Perurail 과 Incarail 두 개의 기차 회사가 운행한다.

② 꾸스꼬에서 마추픽추까지 역은 일반적으로 Poroy Cusco – Ollantaytambo – Aguas Caliente 세 개다.

③ 꾸스꼬 근교인 Poroy(시내에서 차량으로 20분 소요, 꾸스꼬 시내에서 가까웠던 San pedro 역은 2010년 이후로 마추피추로 가는 관광열차를 운행하지 않는다.)에서 출발하는 기차는 Perurail 밖에 운행하지 않는다.

④ 각 기차 회사마다 세 가지 등급의 기차가 있으며, 등급이 좋은만큼 그 가격은 차이가 난다.

⑤ 무조건 왕복을 구입할 필요는 없다. 상황과 스케줄에 맞춰 두 개의 회사를 조합해 끊어도 무방하다.

● 기차표를 구입하는 세 가지 방법

① 인터넷에서 신용카드를 이용한 직접 구매
해외 결제가 가능한 비자 혹은 마스터 신용카드가 있다면 가장 편하고 빠른 방법으로 기차표를 구할 수 있다. 두 기차 회사 사이트에 들어가 원하는 스케줄과 등급의 기차를 원하는 날짜에 예약&결제 후 프린트 하면 된다. 예약 시 여권번호를 기입해야 하니 여권도 함께 미리 준비해두자.
페루레일 www.perurail.com / 잉카레일 www.incarail.com

② 기차역에서 현장 구매
물론 가능한 방법이긴 하나 추천하지 않는다. 특히 꾸스꼬에서 출발하는 기차역은 시내와 차량으로 20분 정도 떨어져 있기도 하거니와 원하는 날짜에 출발하는 기차가 없다면 허탕을 치고 돌아올 가능성이 크기 때문이다. 여권정보를 기입해야 하기에 여권사본이 필요하다.

③ 여행사에서 일정의 수수료를 지불하고 대리 구매
여행사마다 조금씩 다르지만 평균 10~15%의 수수료를 따로 책정해 구매대행을 해준다. 수수료는 마추픽추 여행을 묶어서 사거나, 버스티켓 등 기차표 외에 다른 것과 함께 구매할 시엔 할인을 해준다. 마찬가지로 여권사본이 필요하다. 5~9월 성수기 기간에는 원하는 일정에 표를 구하지 못할 가능성이 상당히 크므로 미리미리 준비해야 스케줄이 엉키지 않는다. 따라서 인터넷 구매의 어려움이 있는 경우, 성수기 기간에 여행하는 여행자라면 여행사를 통해 미리 표를 구입하는 것도 하나의 안전한 방법이 될 수 있다. 대부분의 여행사 직원들이 기본적으로 영어를 이해하는 편이나 소통 상의 문제가 있는 경우 꾸스꼬에는 이를 대행해주는 한인여행사도 있으니 참고하자.

3. 마추픽추 입장권

통합입장권과 별도로 마추픽추 입장권은 따로 구매를 해야 한다. 마추픽추 유적지에선 이제 티켓을 직접 판매하지 않는다. 물론 마추픽추 유적 바로 아래 있는 Aguas Caliente에서도 당일 구입이 가능하지만 하루 2,500명으로 마추피추 입장이 제한됨에 따라 성수기에는 원하는 날짜에 티켓을 못 구 입할 수도 있기 때문에 이 또한 미리 준비하는 것이 바람직하다.

● **마추픽추 입장권을 구매하는 방법은 일반적으로 3가지**

① **인터넷으로 직접 구매**
기차표와 같은 방법으로 인터넷에서 직접 예약 구매가 가능하다. 마추픽추와 별도로 박물관, 와이나픽추 등을 묶어 총 5개의 종류로 티켓을 판매한다. 특히 마추픽추를 한 눈에 내려다 볼 수 있는 '와이나픽추가 같이 포함된 표는 와이나픽추의 입장 제한이 마추픽추와 별도로 지정돼 더욱 표를 구하기가 어려워 구하기가 매우 어렵다. ISIC 국제학생증이 있는 경우 50% 할인 혜택이 있다.

마추픽추 티켓 종류

- 마추픽추 입장 Only 순수히 마추픽추 유적만 둘러볼 수 있는 티켓으로 오전/오후 두 차례 입장할 수 있다.

- 마추픽추+와이나픽추 1st, 2nd 가장 인기있는 티켓으로 마추픽추 유적 입장권과 와이나픽추 입장권을 묶어서 판매한다. 두 번의 와이나픽추 입장 시간이 있는데 와이나픽추(왕복 1시간 30분)를 먼저 올라 마추픽추의 풍경을 감상하고, 내려와 마추픽추 유적을 구경하면 좋다. 비가 올 경우 입장 제한을 할 정도로 와이나픽추를 오르는 길이 가파르므로 유의하자.

- 마추픽추+몬타냐 1st, 2nd 와이나픽추 다음으로 인기있는 티켓으로 와이나픽추와 반대편 해발 3,082m 정상에서 마추픽추와 와이나픽추의 풍경을 한눈에 감상할 수 있다. 왕복 2시간 ~2시간 30분 정도 소요되나 체력 분배를 잘 해야 하는 코스.

- 마추픽추 오후 입장권 오후 1시 이후에 입장 가능한 티켓으로 할인된 가격으로 마추픽추 유적을 관람할 수 있는 티켓이 2017년 새로 생겼다.

마추픽추 Only 오전 (06:00~12:00) 오후 (12:00~17:30)	성인 152sol 학생 50% 18세 미만 50%	하루 2,500명 제한
마추픽추+와이나픽추 오전(07:00~08:00) 오후(10:00~11:00)	성인 200sol 학생 50% 18세 미만 50%	1st, 2nd 하루 각각 200명 제한
마추픽추+몬타냐 오전(07:00~08:00) 오후(09:00~10:00)	성인 200sol 학생 50% 18세 미만 50%	1st, 2nd 하루 각각 400명 제한
마추픽추 오후 입장 오후(13:00~)	성인 100sol 학생 50% 18세 미만 50%	하루 1,000명 제한

※ 학생은 ISIC국제학생증 소지 시 할인
　 마추픽추 티켓 예약 www.machupicchu.gob.pe

> **TIP**
> #### Museo Manuel Chavez ballon표 따로 판매
> 기존 마추픽추 입장권과 묶어서 판매하던 입장권을 2017년도부터 별도로 판매하니 유의하자. 입장료: 성인 22sol, 18세 미만 11sol, 국제학생증 소지 시 11sol, 8세 미만 무료 Museo Manuel Chavez ballon의 위치는 아구아스깔리엔테 마을에서 1.7km 떨어져 있으며 마추픽추를 오르는 지그재그 버스길 초입 근처에 있다.

② **공식판매처에서 직접 구매**
직접 표를 구매할 수 있으며 꾸스꼬와 아구아스 깔리엔떼 두 판매점에서 판매한다. 신용카드로도 구매가 가능하다.

꾸스꼬 판매처 Regional de Cultura Cusco Office
- 🏠 Av. La Cultura N°238 Condominio Huáscar.
- ◎ 공식업무 월~토 8:00~16:00
  　 메인 광장에서 도보로 20분 거리에 위치

아구아스 깔리엔떼 판매처
　 Regional de Cultura Aguas Calientes Office
- 🏠 Av. Pachacutec (just off the main square).
  　 (메인 광장에 바로 위치)
- ◎ 공식업무 월~일 5:00~22:00

③ **여행사에서 대리구매**
기차표와 마찬가지로 5~10% 수수료를 따로 지불하고 대리 구매가 가능하다. 위 두 가지 방법으로 구매를 못할 상황이거나 표를 못 구했을 시엔 시도해 볼만 하다.

📷 보자! CUSCO SIGHTS

꾸스꼬 시내를 돌아보는 일은 마추픽추를 다녀오는 일과는 별도로 무척 흥미롭고 재밌는 풍경을 선사한다. 잉카제국의 수도였던 만큼 도시 곳곳에 잉카제국 시절의 잔재들이 많이 남아 있기 때문이다. 또한 페루에서 가장 많은 관광객이 방문하는 만큼 각종 식당과 아름다운 카페들이 즐비하다. 기본적인 도시 관광은 하루로 충분하지만 소소한 재미들이 많이 있어 수많은 여행자가 이 곳 꾸스꼬에서 장기 체류를 하는 경우가 많다. 다만 해발 3,000m가 넘는 고산에 위치한 도시인 만큼 개인적인 체력 안배가 반드시 필요한 곳이다.

🚶 숙소에서 걸어서 일단 Plaza de armas로 나와보자. 잉카제국의 수도였던 모습은 오랜기간 스페인의 침략으로 사라졌지만 대신 스페인 사람들에 의해 지어진 건물들로 둘러싸인 아름다운 광장이 우리를 반겨 준다. 탁 트인 메인 광장을 중심으로 사방으로 난 길들 하나하나가 전부 예술작품이며 골목골목 남아있는 잉카 시절에 만들어진 석벽을 감상해보는 것이 주 포인트다.

메인 광장을 둘러싸고 있는 커다란 성당 두 개가 있다. 바로 대성당과 라꼼빠니아 데 헤수스 성당이다.

메인 광장 Plaza de armas

바로크 양식의 외관과 플레테레스큐 형식의 내관을 지닌 르네상스시대 건축양식의 대표적인 건축물들로 둘러싸인 광장으로 스페인 사람들이 만든 대표적인 콜로니얼 형태의 광장이다. 잦은 지진을 대비하기 위해 튼튼하기로 유명한 잉카인들의 건축 기초를 이용&혼합해 만든 건물들이 특징적이다. 메인 광장의 낮도 아름답지만 해가 진 후 꾸스꼬 메인 광장의 야경은 페루에서도 아름답기로 손꼽힌다.

꾸스꼬 시내

뿌까뿌까라
Pukapukara

땀보마차이 (7km)
Tambomachay (7km)

삭사이와망
Saqsaywaman

맥도날드
KFC

Hotel
Rumi Punku

Amaru
Hostal

산블라스 광장
San Blas

Restaurant
la Retama

Wakapunku
Hotel Boutique

7 Culebras

Mama Africa
(주말 밤 디스코)

잉카 박물관
MUSE INKA

Restaurant
Inkazuela

Uchu Peruvian
Steakhouse

노스
페이스

스타

대성당
Cathedral

JW Marriott El
Convento Cusco

Hostal Qorikilla

Fuego, Burgers
and Barbecue
Restaurant

Kintaro

메인 광장
Plaza de armas

Museo del Pisco

Bembos

El Mirador de Santa Ana
(350m)

환전소
라꼼빠니아성당
La Compana church

로레토 길(12각 돌)
Calle Loreto

SUMAYAQ
HOSTEL

메르세드 성당
La Merced

빰빠 데 까스띠요 길
Pampa de Castillo

산프란시스코 성당 & 광장
San Francisco Church

Kokopelli
hostel

산토도밍고 성당
(꼬리깐차 신전)
Santo Domingo

Milhouse
Hostel

꼬리깐차 박물관
Coricancha museu

산뻬드로 성당

Mercado Centro

Wanch
완차크 기차

버스터미널
(1.5Km)

꾸스코 공항
(5Km)

대성당 Catedral

잉카제국 시절 신성한 의식을 드리던 비라코차 신전 위에 지어졌다고 알려져
있으며, 1550년에 건축이 시작되어 약 100년의 공사기간을 걸쳐 완성된 성당
이다. 메인 성당 양쪽에 성당이 두 개가 있는데 왼쪽은 헤수스 마리아 교회,
오른쪽은 엘트라운포 교회며, 이 교회들은 1536년에 건립된 꾸스꼬 최초의
교회다. 대성당 지붕엔 1689년도에 제작된 남미에서 가장 큰 종이 걸려있다.
대성당 내부의 주제단은 은 300t으로 제작된 것으로 유명하며, 성당을 장식
하고 있는 약 400점의 종교화 중에 메스티조 화가였던 마르코스 사파타가
그린 최후의 만찬이 유명하다. 특이한 점은 이 그림에 묘사된 성찬은 꾸스꼬
의 특식으로 알려진 '꾸이' 요리다.

대성당
⊙ Open 월~토 10:00~18:00
🎫 30Sol 무료 오디오가이드 / 유료 안내가이드 서비스 사진 촬영 금지

라 꼼빠니아 데 헤수스 성당 La Compania de jesus church

메인 광장의 아름다운 풍경을 책임지는 두 개의 성당 중 하나로 잉카의 왕
와이나까빡의 궁전 터에 지어진 성당으로 알려져 있다. 아름다운 제단과 내
부 장식으로 유명하니 들어가 구경해 볼만 하다.

🚶 라꼼빠니아 성당을 마주보고 좌측편에 있는 길이 Loreto 길이다.

라 꼼빠니아 데 헤수스 성당
⊙ Open 월~토 08:00~11:00, 13:00~17:00 일 09:00~10:30, 13:00~17:00
🎫 10Sol 사진 촬영 금지

로레토 길 (12각 돌) Calle Loreto

이 길은 스페인 사람들이 어떻게 잉카인들의 건축 기초를 이용해 도시를 건
설했는지 알 수 있는 거리임과 동시에 종이 한 장 조차 들어가지 않을 만큼
정교하게 쌓아 올린 잉카 석조건축의 진수를 볼 수 있는 거리이기도 하다.
길을 걷다 보면 수많은 관광객들이 서있는 모습을 볼 수 있는데 12각의 돌이
바로 이 로레토 거리에 있다.

12각 돌

대성당

라꼼빠니아 성당

TIP
좁은 골목에선 차조심!

오래 전 만들어진 도시라 골목이 아주 좁다. 이 사이를 이동하는 차들을 항상 주의하고 또 주의하자. 자칫 방심하면 사고나기 십상이다.

이 길을 지나 한 블록을 더 지나면 Pampa de Castillo라는 이름의 길이 나온다. 만약 점심시간을 전후해 이 길을 지난다면 수많은 현지인들로 북적이는 모습을 볼 수 있다.

빰빠 데 까스띠요 길 Pampa de Castillo

일반 관광객에게는 잘 안 알려졌지만 이 길 좌측을 메운 식당들은 현지인들이 점심시간에 별미로 주로 먹는 치차론 데 찬초(이하 치차론) Chicharon de chancho집들이다. 만약 점심시간에 이 길을 지나게 된다면 꼭 들러 먹어보자. 한 접시당 가격은 24Sol(약 1만 원) 정도로 그리 싸지는 않지만 둘이 먹기에 충분하며 꾸스꼬에서 가장 맛있는 치차론을 굳이 찾아가지 않고 맛 볼 수 있는 기회이기 때문이다.

Pampa de Castillo 길을 쭉 따라가다 보면 커다란 성당과 마주치는데 이 성당이 바로 꼬리깐차 신전이 있는 산토 도밍고 성당이다. 꼬리깐차 박물관 역시 함께 위치하고 있다.

산토 도밍고 성당

🏠 Santo Domingo S/N

📞 51 84 249176

🕐 Open 월~토 08:30~16:30
　　 일 07:00~11:00

🎫 15sol

산토 도밍고 성당 (꼬리깐차 신전) Santo Domingo Church

산토 도밍고 성당과 꼬리깐차 신전은 같은 곳에 위치하고 있다. 그 역사를 살펴보면 이해가 된다. 스페인 침략 전인 잉카제국 시절 꼬리깐차는 잉카제국이 숭배했던 태양 Inti을 모시는 신전이었다. 잉카제국 최고의 신을 모셨던 신전이기에 가장 정교하고 공을 들여 만든 신전이었으며 그 안에는 금과 은으로 만들어진 성물들이 가득했다고 전해진다. 참고로 꼬리는 황금을 뜻하고 '깐차'는 거주지를 뜻한다.

침략 후 스페인 사람들은 이 꼬리깐차 신전의 본래 건물은 부수고 아주 견고했던 터와 외곽 벽을 기초로 그 위에 지금의 도미니크계의 산토 도밍고 성당을 짓고 수도원으로 사용했다. 1650년과 1960년 꾸스꼬에 두 차례 큰 지진이 있었는데 이때 산토 도밍고 성당의 대부분은 무너져 내려 현재보는 성당의 모습은 대부분 복원한 것이다. 두 번의 지진에도 산토 도밍고 성당을 지탱하

TIP
치차론 데 찬초 Chicharon de Chancho

현지인들이 점심 별미로 즐겨찾는 페루 전통음식으로 Chicharon=튀김, Chancho=돼지고기 이름 그대로 돼지고기 튀김이다. 특별한 양념없이 싱싱한 돼지고기를 기름에 튀겨내며 삶은 옥수수와 삶은 고구마 그리고 리몽즙과 민트잎 그리고 후추로 버무려 저민 양파와 함께 먹는다. 특별한 양념이 되지 않아 우리나라 입맛에 아주 잘 맞는다. 현지인들은 기름

지고 튀긴 음식은 주로 점심에만 먹기 때문에 이 음식 역시 주로 점심에 많이 찾으며 식당들 역시 오후 3시면 문을 닫는 집이 많다. 가끔 식사 후 아주 작은 잔에 무언가를 마시는 것을 볼 수 있는데 '아구아르디엔떼 Aguardiente'라는 민트향의 독주로 섭취한 기름을 중화시키는 역할을 한다고 알려져 이 역시 현지인들이 많이 찾는다.

산토 도밍고 성당(꼬리깐차 신전)

고 있는 꼬리깐차 신전의 외벽과 기초는 견고하게 그 모습을 유지했다고 한다. 꼬리깐차 신전 앞에서면 두개의 문이 있는데 신전을 마주하고 정면에 보이는 것이 신전 관광을 하기 위해 들어가는 입구고 오른쪽으로 난 문은 성당 내부를 볼 수 있는 문이다. 성당은 무료로 관람이 가능하지만 꼬리깐차 신전은 입장료를 내야한다(통합입장권에 불포함).

개별적으로 볼 수 있는 것이 아니라 일정한 인원이 모이면 현지가이드의 인솔하에 신전 관광이 진행된다. 안쪽으로 들어가게 되면 당시 어떤 방식으로 스페인 사람들이 꼬리깐차 신전을 이용해 그 위에 성당을 지었는지 살펴 볼 수 있으며, 잉카 석축기술에 대한 아주 자세한 부분을 가이드의 설명과 함께 볼 수 있다. 이 신전은 태양신을 모신 신전이었기에 가장 정교한 잉카 건축양식을 볼 수 있는 부분으로 평평한 표면 안쪽에 숨겨진 불규칙 요철 형태로 맞물려진 돌들을 구경할 수 있는 곳이기도 하다. 태양을 모셔놓은 신전이었기에 신전 앞 잉카 시절 당시 각종 종교 행사를 진행하기 위한 넓은 터를 한눈에 확인할 수 있고 페루 정부는 이 터를 그대로 남겨놓아 스페인 침략 이전의 모습과 잉카 조상들의 위대함을 잊지 않고 기리고 있다.

꼬리깐차 박물관 Museo de sitio de Qoricancha

꼬리깐차 박물관은 산토 도밍고 성당에서 Av. sol 큰길 쪽에 위치하고 있다. 아주 작은 박물관으로 꾸스꼬 도시의 변천사를 볼 수 있으며, 당시 사용했던 토기 및 유골과 몇 구의 미라를 볼 수 있다. 통합입장권으로 입장 가능하니 시간이 나면 들러보도록 한다.

🔍 Av.sol(Avenida sol=솔 대로)은 이름에서 느끼듯 꾸스꼬의 중심이 되는 대로로 공항 및 버스터미널, 그리고 꾸스꼬 주경기장 등 외곽에서 메인 광장으로 들어오는 주 대로다.

이 대로는 중앙 우체국, 법원, 문화관광청, 각종 은행 등 공관서들이 예전 스페인 건물을 그대로 보존해 사용하고 있다.

TIP

꾸스꼬에서 갈 수 있는 정글 투어 Manu 그리고 Tambopata (Puerto Maldonado)

페루 북동부의 이키토스, 볼리비아의 루레나바케 그리고 브라질의 마나우스 이 세 곳이 남미에서 가장 유명한 정글 투어 지역임에는 의심의 여지가 없으나 꾸스꼬에서도 정글 투어를 다녀올 수 있다. 두 지역 모두 유명한 정글 투어에 비해 액티비티 성향은 다소 덜하지만 좀 더 자연에 가까운 정글을 느낄 수 있다.

1. 마누Nacional Parque del Manu

정식 운항편이 없는 곳으로 경비행기를 이용하거나 차량으로 긴 이동을 해야 하기 때문에 타 지역에 비해 투어 비용이 비싸다는 단점이 있다.

대부분 4일 여정의 투어로 진행이 되며 차량을 이용한 투어의 경우 하루에 약 USD100~200 이상을 지불해야 투어에 참가할 수 있다. 이곳의 특징은 좀 더 고요하고 힐링에 가까운 정글을 만날 수 있으며, 특히 타 지역에 비해 보다 많은 종류의 야생조류를 관찰할 수 있으며 정글 수달을 만나 볼 수도 있다.

2. 땀보파타Tambopata

탐보파타 주에 메인타운인 뿌에르또 말도나도Puerto Maldonado를 시작으로 배를 타고 Madre de dios강을 타고 2~3시간 정도 떨어진 정글로 들어가 투어를 진행하는 것이 기본적인 스케줄이다. 정규 운항편이 있어 마누에 비해 상대적으로 관광화가 된 곳이라 마누보다 상대적으로 즐길 수 있는 액티비티가 다양한 편이다. 꾸스꼬에서 야간 버스(걷기 기준 10시간 소요)를 이용해 이동하는 투어가 가장 저렴하다. 두 지역의 투어 가격은 이동수단 및 묵게 되는 롯지의 등급, 성수기와 비수기에 따라 차이가 심하므로 반드시 여행사 몇 곳을 방문해 꼼꼼히 비교 후 결정하는 것이 바람직하다.

꼬리깐차 박물관

🕐 **Open** 월~토 08:00~17:00
　　　일 14:00~16:00

🎫 통합입장권 Boleto genera 혹은 Circuito 2 입장권에 포함

꼬리깐차를 뒤로하고 이 길을 걸어 메인 광장까지 올라오다 보면 좌측에 Foto라고
쓰여진 간판이 있는데 이곳에서 여권사진을 찍을 수 있다. 5Sol이면 6장의 사진을
즉석에서 20~30분 안에 뽑아준다. 만약 볼리비아 비자를 받거나 여권을 분실해
사진이 필요하다면 이곳에서 찍으면 된다.

산 프란시스코 성당

[박물관]

⊙ Open 월~금 09:12:00, 15:00~17:45
토 09:00~12:00
일요일 및 공휴일 휴무

▤ 10sol

[교회]

⊙ Open 월~토 06:30~08:00,
17:30~19:30
일 06:30~12:00, 17:00~20:00

▤ 무료

산 프란시스코 성당 & 광장 San Francisco Church

Av. Sol 대로에서 메인 광장으로 올라와 왼쪽으로 한 블록을 거쳐 걸어가면
아늑하고 평화로운 광장 하나가 나온다. 이 광장이 산 프란시스코 광장이다.
성당의 아름다움보다는 아기자기하고 평화스러운 광장의 모습을 바라보며
여유를 느끼는 것이 좋다. 광장에는 저렴한 가격에 옷을 살 수 있는 topNtop
옷가게와 작은 커피숍 등 소소한 볼거리들이 있어 잠시 동안의 여유를 부릴
수 있는 광장이다.

산 블라스 광장 Plaza San Blas

산 프란시스코에서 다시 메인 광장으로 나와 광장을 가로 질러 대성당 좌측
으로 난 길로 10여분 정도 걸어올라가면 San Blas 광장이 나온다.
이 광장 주변은 특별한 볼거리는 없지만 주변에 저렴한 숙소와 식당이 밀집
해 있다. 또한 저녁이 되면 분위기 좋은 바들도 많으니 저녁에 방문해 보면 좋
다. 다만 해가 진 저녁 골목길을 다닐 때는 항상 짐에 유의해야 한다.

산 블라스 성당

⊙ Open 월~일 08:00~18:00

▤ 15sol

🚶 산 블라스 광장에서 해가 진 후 다시 한번 메인 광장으로 내려와보자. 낮과는
또 다른 느낌의 아주 아름다운 야경이 펼쳐진다. 페루에서도 손꼽히는 광장 야경으
로도 유명한 꾸스꼬 메인 광장의 야경이 한눈에 보이는 2층 카페 테라스에 앉아 차
한잔을 기울이는 것도 아주 좋은 방법이다.

산블라스 광장

TIP
안데스 원주민 깃발이 성소수자들의 상징인 무지개 깃발이라고?

결론부터 이야기 하자면 당연히 아니다. 안데스 원주민들은 오래 전부터 무지개를 신이 사는 하늘의 세상과 인간들이 사는 세상을 연결시켜
주는 다리라고 믿었다고 한다. 때문에 잉카제국이었던 꾸스꼬를 상징하는 깃발이 무지개를 상징하는 7가지 색의 깃발이 되었다. 여담으로 페
루 최초의 원주민 대통령이었던 '알렉한드로 똘레도' 대통령 집권 당시에 수도 리마에 위치한 대통령궁에 페루 국기와 함께 꾸스꼬와 원주민
을 대표하는 상징인 이 깃발도 함께 나부꼈다.

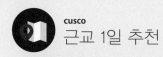

CUSCO
근교 1일 추천

꾸스꼬 시내 외곽엔 통상 '꾸스꼬 4대 잉카 유적지'라 불리는 '삭사이와망, 껭꼬, 뿌까뿌까라, 땀보마차이' 유적이 산재해 있다. 삭사이와망은 꾸스꼬 시내에서 걸어가는데 크게 문제가 없지만 나머지 유적은 걷기엔 다소 무리가 있는 거리이기 때문에 대부분의 여행자들이 여행사에서 주관하는 '4대 유적 투어'를 이용한다. 그리고 이 유적지들은 미리 구입한 통합입장권으로 관람이 가능하다. 혹은 삐삭행 로컬 버스나 택시를 타고 꾸스꼬 시내에서 가장 멀리 떨어진 땀보마차이에 내려 걸어서 4개의 유적을 보고 시내로 들어와도 된다. 하지만 이 일정은 많은 체력을 요하고, 혼자 움직이기엔 치안적으로 다소 위험한 요소가 있으므로 추천하지 않는다. 만약 혼자라면 여행사에서 주관하는 투어 이용을 추천하지만 함께 여행하는 인원이 3~4명 정도라면 택시를 대절해 다녀오는 것도 하나의 방법이다. 택시 대절은 묵고 있는 숙소와 여행사 두 군데 모두 비교해서 저렴한 쪽으로 이용하되, 총 소요될 시간과 택시기사가 영어가 가능한지 여부를 꼭 확인 바우처에 명시 후 금액을 지불하는 편이 좋다. 만약 잉카 유적에 큰 관심이 없거나, 상황이 여의치 않다면 도보로 삭사이와망만 다녀와도 감동을 받기엔 충분하다. 나머지 세 개의 유적은 상대적으로 볼거리가 부족한 것이 사실이다.

삭사이와망 Saqsaywaman

꾸스꼬 시내 중심에서 북쪽으로 약 2㎞ 떨어진 이 유적지는 잉카제국의 왕 파차쿠텍이 15세기경부터 건설을 시작해 그의 후계자 쿠팍유판키에 의해 완성됐다고 전해진다. 잉카제국의 역사가 우리나라의 실록처럼 글로 남겨진 역사가 아니기 때문에 잉카의 역사를 비롯해 유적지 역시 전부 추측에 근거한 설이라 삭사이와망의 건축 배경 또한 여러 가지 설로 추측 될 뿐이다.

약 6m 높이인 1단의 돌을 지그재그의 형태로 쌓아는 형태는 제사를 지내기 위해 잉카인이 믿었던 신중 지하세계를 지켰던 뱀을 형상화 해 만들었다는 설도 있고, 도시의 수호를 위해 쌓은 성벽이라는 설 꾸스꼬 도시 형태가 퓨마의 형태로 만들었기 때문에 그 머리에 해당하는 형태로 쌓기 위해 지그재그로 쌓았다는 설 등 수많은 설들이 존재한다. 여러 가지 추측보다 삭사이와망의 존재감을 알리는 것은 초벽을 쌓아온 돌의 규모와 맞물려 있는 정교함이다. 기술은 꾸스꼬 시내에서 보았던 잉카의 석조기술과 동일하나 그 크기가 가히 압도적이다.

삭사이와망

잉카 제국 최고의 행사는 태양의 축제, 인띠라이미 Inti Raymi

태양의 축제라고도 불리는 인띠라이미(잉카의 언어 께추아어)는 잉카의 수도 꾸스꼬에서 매년 6월 24일 열리는 브라질 히우, 볼리비아의 오루로 카니발과 더불어 남미 3대 축제 중의 하나로 꼽힌다. 인띠라이미란 말 그대로 잉카 문화의 주 부족이었던 께추아족의 언어로 태양(인띠)의 축제를 의미한다. 잉카는 그 어원이 '왕'을 뜻하며 동시에 태양의 아들을 상징하는데, 때문에 잉카 시대에는 하늘의 태양신과 땅의 태양신 아들 잉카의 제국을 이어주는 축제를 열었다. 현재는 매년 행해지는 축제로 발전해 매년 원주민 중에서 선출되는 잉카와 성녀들을 중심으로 화려했던 옛 문화의 복원과 전통을 지키려는 의미로 성대하게 진행되고 있다. 매년 동지인 6월 24일 오전 9시 태양신을 섬긴 사원으로 전해지는 꼬리깐차 사원에서 잉  카와 성녀들이 출발해 아름다운 꾸스꼬의 길들을 따라 천천히 삭사이와망 요새의 광장까지 이동한다. 바로 이곳 광장 주변에 벤치가 준비돼 있어 관광객들은 이곳에서 행사 관람이 가능하다. 수 많은 원주민들은 이날 꾸스꼬와 주변 각지에서 모여 부족마다 다른 화려한 옷으로 치장하고 축제를 즐기며 광장의 사람들이 한마음이 되어 소리를 지르며 축제는 절정에 치닫게 된다. 태양에게 금팔지를 바치는 의식 하늘을 연결하는 전령들이 펼치는 의식이 진행되면서 잉카가 황금잔에 따라진 치차라는 이름의 술을 마시면, 이어서 제사장으로 임명된 자가 앞으로 나와 안데스 대표적 동물 야마를 제물로 배를 갈라 심장을 꺼낸다. 펄떡대는 심장에서 떨어지는 피를 제사장들은 빵에 묻혀 나눠먹으며 그 해 농사 및 여러 행해질 일들에 대한 길흉을 점치며 행사는 서서히 마무리 된다.

비니쿤카 Vinicunca(=Apu Winicunca)

꾸스꼬에서 동남쪽으로 약 150km 떨어진 곳에서 불과 2년 전 발견된 새로운 관광지역으로, 단숨에 반드시 가봐야 할 명소가 된 곳이다. 해발 약 5,000m에 있는 형형색색의 지형이 어우러진 고산 언덕으로 케추아어로 '무지개 산'이라는 뜻의 비니쿤카라는 이름을 지었다. 대중교통이 없는 곳이라 투어를 통해 다녀올 수 있으며 약 15시간 소요되는 긴 여정이다. 해발 5,000m가 넘는 고산지대이므로 계절과 상관없이 반드시 두터운 겨울차림의 옷을 준비해야 하며, 오랜 시간 동안 흙 길을 걸어야 하므로 샌들보다는 운동화, 운동화 보다는 등산화를 추천한다. 아직 고산에 완전히 적응하지 못한 여행자라면 힘들 수 있으니 고산 적응을 충분히 마친 후 투어 신청하는 것이 바람직하다. 겨울에 해당하는 1월~2월에 비니쿤카 지역에 눈이 많이 내리면 형형색색의 광경을 못 볼 수도 있으니 해당 지역의 기상을 미리 확인하는 것이 좋다.

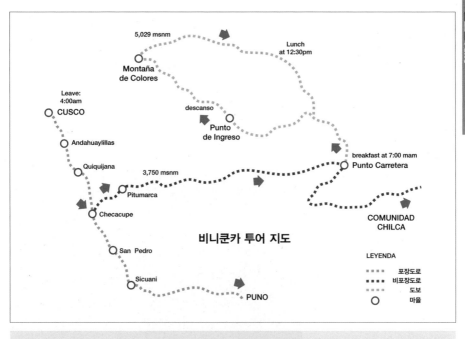

Map labels:
- 5,029 msnm
- Lunch at 12:30pm
- Montaña de Colores
- Leave: 4:00am
- CUSCO
- descanso
- Punto de Ingreso
- Andahuaylillas
- breakfast at 7:00 mam
- Punto Carretera
- Quiquijana
- 3,750 msnm
- Pitumarca
- Checacupe
- COMUNIDAD CHILCA
- San Pedro
- 비니쿤카 투어 지도
- Sicuani
- LEYENDA
- PUNO
- 포장도로
- 비포장도로
- 도보
- 마을

꾸스코 숙소 차량 픽업
2시간 동안 포장도로를 통해 차량으로 이동한다.

Pitumarca 마을 (해발 3,550m)
여행사에 따라 이 마을에서 아침식사를 하거나 바로 비포장
도로로 1시간 더 이동한다.

Punto Carretera (해발 4,330m)
Pitumarca에서 아침식사를 하지 않았다면 이곳에서 아침식사
를 하게 된다. 이곳에서부터 트레킹 시작이다. 말을 탈 수 있는
곳까지 완만한 경사를 약 30분 정도 걸어 이동한다.

말 타는 곳
여기서 말을 탈지 아니면 걸어 올라갈 지 결정을 해야 한다.
고산임을 감안했을 때 편도로라도 말을 타고 올라가는 것을
추천한다(왕복 70~80Sol / 오르막 편도 40~50sol / 내리막
편도 30sol) 관광객이 많은 성수기엔 말을 못 탈수도 있으니 유
의하자. 이곳에서부터 매표소까지는 40분에서 1시간 정도 소
요되며 조금 경사가 있는 오르막길이다.

매표소 Punto de Ingreso (해발 4,500m)
입장료 10sol(투어 예약 시 포함이라면 제외)을 내고 다시 2시간
정도 오르막길을 따라 이동한다.

말 내리는 곳
전망대까지 아주 가파른 오르막길 구간이 남아있는데 말이
올라갈 수 없는 구간이다. 무조건 걸어 올라가야 한다.
짧은 구간이지만 경사가 가팔라서 40분~1시간 정도 걸어 올
라가야 한다.

전망대 (Montaña de Colores 맞은편, 해발 5,000m)
약 20~30분 전망대에서 시간을 갖고 같은 길로 내려온다.
(2시간~2시간 30분 소요)

Punto Carretera → Pitumarca → Cusco
올 때와 마찬가지로 두 곳 중 한곳에서 점심(이른 저녁) 혹은
저녁식사를 하고 꾸스꼬로 돌아간다.
🚶 60~80Sol
포함 사항 (비니쿤카 입장료 10sol 불포함)
왕복 차량, 가이드, 조식 &중식 or 석식
필수로 챙겨야 할 것
두터운 겨울 차림, 선글라스 및 선블럭, 물, 충분한 간식, 고산병 약

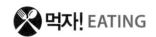

먹자! EATING

S 10~35 SS 35~70 SSS 70~

최고의 관광도시인 만큼 식당은 넘쳐나며 그 종류 또한 다양하다. 한국식당도 자리잡고 있어 한국음식이 그리운 여행객들이 체력 보충을 할 수 있는 포인트이기도 하다. 또한 편하게 앉아 여행의 여정을 정리하기 좋은 카페들도 아주 많다. 해가 진 저녁 술 한잔을 즐길 수 있는 BAR나 술집 또한 메인 광장 주변을 비롯해 꾸스꼬 골목마다 있으니 나이트라이프를 즐기는 여행자들에게는 천국이라 할 수 있다.

Uchu Peruvian Steakhouse SSS

스테이크 전문점이며, 가격에 맞게 맛과 질이 아주 뛰어난 스테이크를 맛볼 수 있다. 특히 고기가 식지 않게 달궈진 돌판 위에 고기가 얹어 나오는 것이 인상적이다. 레스토랑의 인테리어 또한 정원 형식으로 아주 아기자기하게 꾸며져 있어 아늑한 느낌을 받는다. 좋은 음식으로 분위기를 내고 싶을 때 방문하면 좋다.

Calle Palacio 135 ☎ 84 246598

재래시장 Mercado Centro S

꾸스꼬 메인 광장에서 그리 멀지 않은 곳에 위치하므로 한 끼 식사를 때우기에 충분하다. 주로 점심시간에 'MENU' 위주의 미리 준비된 음식을 팔기 때문에 빠른 시간에 값싸게 한 끼를 때우기엔 최고의 장소다. 저렴한 과일 등을 이곳에서 구입한 후 식사를 한다면 일석이조. 대신 현지인들이 북적대는 곳인 만큼 귀중품 및 소지품엔 항상 유의하며 식사값을 위해 소액권 및 동전을 미리 준비하는 편이 좋다. 재래시장에서는 달러는 받지 않는다. 번잡한 시장을 다닐 때는 항상 소지품에 유의하자.

산 프란시스코 광장 뒤(지도 참고)

Fuego, Burgers and Barbecue Restaurant S

Fuego, Casa de Barbacoa란 이름의 레스토랑으로 수제로 만든 버거와, 페루 전통 덮밥 요리인 로모살타도가 참 맛있는 곳이다. 특히 대부분의 접시에 같이 나오는 감자튀김이 괜찮다.

Calle Plateros 358 A, 2nd Floor
☎ 84 226196

Kintaro SS

일식 전문점으로 우동과 돈부리(덮밥)가 참 괜찮다. 현지 음식에 지쳤을 때 찾으면 위안이 될만한 음식점이다.
저녁보다는 점심 세트를 이용하면 저렴한 가격으로 한 끼를 해결할 수 있다.

2piso 334 Calle Plateros 2nd floor
☎ 84 260638

Restaurant Inkazuela SS

잉카 전통 건축양식으로 지어진 식당으로 입의 알파카 스튜가 특히 일품이다.
알파카로 만드는 요리는 잘못 만들면 안 좋은 냄새가 나는데 이 집은 그런 냄새가 거의 없다. 단품으로도 판매한다.

Plazoleta Nazarenas 167
☎ 84 234924

TIP

도전해보자, 꾸이 Cuy!

소 등의 큰 동물이 상대적으로 부족했던 페루 원주민들은 단백질 섭취를 위해 집 한 켠 혹은 부엌에 작은 우리를 만들고 꾸이를 키웠다. 꾸이는 우리가 흔히 기니피그로 알고 있는 쥐목 천축서과의 포유류로 성장이 빠르고 번식력이 왕성해 원주민들에게는 주 단백질 공급원으로 사랑받아 왔다. 꾸이를 잡아 내장을 제거 한 후 양념을 발라 화덕에 그대로 구워낸 요리로 그 모습은 상상을 초월할 정도로 혐오스럽지만, 원주민들의 전통요리이므로 한번은 시도해 볼만 하다. 전통음식 식당에 'Cuy a horno'라고 쓰여져 있다면 꾸이 요리를 파는 집이라 생각하면 된다. 그 모습이 조금은 혐오스러워 잘라서 나오는 경우가 있는데, 이 때는 주문할 때 'Entero(엔떼로)'로 달라고 하면 온전한 모습의 꾸이가 구워져 나오는 모습을 볼 수 있다. 특히 꾸이 요리는 꾸스꼬에서 동쪽으로 약 30㎞ 떨어진 Tipon 지역이 유명하다.

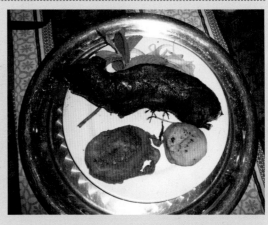

🛏 자자! ACCOMMODATIONS

S 35~70 S S 70~170 S S S 170~330

세계 각국에서 엄청난 관광객이 몰리는 만큼 꾸스꼬에는 저렴한 숙소에서부터 초고가의 숙소까지 아주 많은 호텔이 있다. 저렴한 호텔은 메인 광장에서 언덕 위쪽으로 위치한 산 블라스 광장에 많이 몰려있으며, 메인 광장을 중심으로 골목골목마다 다양한 형태의 숙소가 위치해 있으므로 본인 예산에 맞게 구하면 된다. 다만 고지대인데다 해가 떨어진 이후 메인 광장을 중심으로 너무 외곽 지역은 치안이 좋지 않으니 유의하자.

꾸스꼬 숙소 정하기

남미를 대표하는 관광도시인 만큼 숙소는 매우 많으며 가격대 또한 천차만별이다. 다만 해발 3,000m 이상에 위치한 도시인 만큼 숙소의 위치가 매우 중요한데 꾸스꼬 대부분의 볼거리들이 메인 광장을 중심으로 산재해 있으므로 메인 광장에서 멀리 떨어지지 않은 곳에 숙소를 정하는 것이 체력적으로 매우 유리하다. 하지만 볼거리의 중심과 가까운 만큼 시설대비 가격은 조금 나가는 점을 유의하자. 고산증세에 어느 정도 적응했거나 저렴하지만 많은 여행자들과 시간을 나눌 수 있는 준비가 된 여행자라면 메인 광장보다 위에 위치한 San Blas 광장 근처에 숙소를 잡는 것도 괜찮다. 페루에서 가장 많은 관광객이 모이는 만큼 메인 광장을 중심으로 반경 2㎞ 이내 곳곳에 숙소가 즐비하다. 본인의 예산과 성향에 맞게 숙소를 정하되, 성수기인 5~9월 사이 그리고 남미 최고의 공휴일인 부활절 주간 Semana santa와 꾸스꼬 최대 축제 태양의 축제 Intiraymi 엔 원하는 숙소 구하기가 만만치 않으니 미리 예약을 하는 편이 좋다. 인터넷 숙소 예약사이트를 이용할 경우, 메인 광장을 중심으로 그리 멀리 떨어져 있지 않은 곳에 숙소를 정하는 것이 좋다.

Mirador de Santa ana $^{S S}$

Qorikilla보다 조금 더 위로 올라가면 있는 3성급 수준의 호텔이다. 정말 조용하고 꾸스꼬의 환상적인 야경을 바라보며 여유를 만끽하기 좋은 호텔이다.

🏠 Av. la Raza 887, Zona Santa Ana, Cusco, Peru
📞 51 84 236393

Milhouse Hostel ^{S}

산 프란시스코 광장에서 한 블록 떨어진 체인 호스텔 아르헨티나에 두개의 체인점을 가진 호스텔로 관리가 매우 잘 되어 있다는 것이 장점이다. 3락 시 + 1박을 무료로 제공하는 서비스를 진행하기도 하며, 다양한 이벤트가 자체적으로 열려 숙소 이용자들에게 재미를 선사한다.

🏠 Calle Quera 270, Cusco
📞 51 84 232151

Amaru Hostal S S

메인 광장에서 산 블라스 광장으로 오르는 오르막 도로에 위치한 콜로니얼 형태의
숙소로 꾸스꼬 지역의 특색을 고스란히 간직해 분위기가 아늑하다. 목조 형태의 구조라
늦은 밤 삐걱대는 소리가 약간 들리는 것을 제외하면 충분히 조용한 숙소

🏠 Cuesta San Blas 541, Cusco 001, Peru
📞 51 84 225933

Hostal Qorikilla S S

메인 광장에서 약 4블록 떨어진 곳이지만 조용하고 가격대비 시설과 서비스가 나쁘지 않다.
약간 언덕에 위치하고 있어 밤에 이곳 옥상에서 바라보는 메인 광장의 야경이 인상적이다.
도미토리룸은 없으며, 풍성하지는 않지만 아침뷔페도 제공한다. 흰색벽 바탕에 각 방마다
원색으로한쪽 벽면을 장식한 것이 포인트.

🏠 Cuesta de Santa Ana, Calle Quillichapata C-1 –Cusco
📞 51 84 241147

Hotel Rumi Punku S S S

메인 광장에서 5분 거리, 큰 호텔은
아니지만 꾸스꼬의 색깔을 고스란히
담아낸 작은 콜로니얼 호텔이다. 숙소의
청결 상태, 아침식사의 종류, 직원들의
서비스 등 주변의 좋은 평들을 많이 받고
있는 곳.

🏠 Choquechaca 339 📞 51 84 221102

Kokopelli hostel S

꾸스꼬와 리마 등 페루 4개 지역에
체인을 가지고 있는 호스텔로 생긴지
오래되지 않아 시설이 깔끔하다.
산 블라스 지역에 위치하고 있어
조용하지는 않지만 세계 각국의 다양한
친구들과 어울리기엔 적합한 곳.

🏠 Calle San Andres 260
📞 51 84 315224
e cusco@hostelkokopelli.com

SUMAYAQ HOSTEL S

산 프란시스코 광장 근처에 위치하고
있는 콜로니얼 가정집 형태의 숙소.
시설이 청결하며, 도미토리룸 외에
더블룸, 싱글룸도 제공한다.
저렴한 가격에 조용히 꾸스꼬에서
지내기 좋은 곳.

🏠 Nueva Baja, 440, Cusco
📞 51 84 2367 91

Wakapunku
Hotel Boutique $$$

전 Wakapunku B&B에서 리모델링 후 새로 오픈한 호텔. 콜로니얼 형태가 아닌
현대적인 형태의 숙소를 원한다면 이곳이 해결책이 될 수 있다.

⌂ Calle Choquechaca 133, Centro Historico
☏ 51 84 226631

JW Marriott El Convento Cusco $$$

USD300 대의 가격을 자랑하는 메리엇 계열의 5성급 신축 호텔로 모든 것에 있어
최고를 자랑한다. 물론 더 고가의 숙소들이 있지만, 위치 면에서는 메리엇 호텔이
가장 좋은 곳에 위치하고 있다. 호사를 누리고 싶다면 한 번쯤 묵어봐도 좋은 호텔.

⌂ Esquina De La Calle Ruinas 432 y San Agustin, Cusco, Peru
☏ 51 84 582200

투어 버스를 이용해
뿌노로 이동하기

Inca express, Turismo mer, Wonder
peru expedition, Cruz del sur 4개 회
사가 뿌노로 가는 투어 버스를 운행
한다. 출발시간은 각각 회사가 7시~7
시30분으로 동일하며 뿌노 시내엔 오
후 5시경 도착한다. 가는 동안 성당과
몇 개의 프리잉카 유적지, 안데스 설
산 뷰포인트 등을 들르게 되고, 점심
뷔페도 제공한다. 가격은 USD45~60
로 일반 버스에 비해 조금 비싸지만
안전하고 이동하는 루트의 풍경이 절
경이므로 이용해 볼만하다. 회사가 꾸
스꼬 메인 버스터미널이 아닌 각각 다
른 터미널(회사 앞)에서 출발하니 반
드시 출발하는 터미널 위치를 알아두
도록 하자. 참고로 세 개의 터미널 모
두 꾸스꼬 공항에서 가까운 Av. 28 de
Julio 대로변에 위치하고 있다. 여행자
들은 주로 '투리스모메르' 회사를 이용
하며 www.turismomer.com 에서 정보
를 확인할 수 있다.

비수기엔 숙소도 흥정 가능

다른 남미 대부분의 숙소도 마찬가지
지만 특히 숙소가 많은 꾸스꼬의 비수
기 철에는 숙소 요금이 흥정이 가능하
다. 밤 늦게 도착하는 경우가 아니라
면 몇군데 들러 흥정을 해 숙소를 구
하는 것도 비용을 아낄 수 있는 방법
중 하나다.

Milhouse Hostel $

산 프란시스코 광장에서 한 블록 떨어진
체인호스텔 아르헨티나에 두개의 체인점을
가진 호스텔로 관리가 매우 잘 되어 있다는
것이 장점이다. 3박 시 + 1박을 무료로
제공하는 서비스를 진행하기도 하며,
다양한 이벤트가 자체적으로 열려 숙소
이용자들에게 재미를 선사한다.

⌂ Calle Quera 270, Cusco
☏ 51 84 232151

성스러운 계곡
Valle Sagrado(Sacred Valley)

꾸스꼬에서 차량으로 1시간 정도 떨어진 해발 2,800m에 위치한 계곡으로 마추픽추로 가는 이동 선상에 있으며 꾸스꼬와 마추픽추 기차역의 중간 역에 해당하는 오얀타이탐보 마을까지 이어지는 협곡을 의미한다. 꾸스꼬에서 기차로 왕복해 마추픽추를 다녀오는 방법이 가장 수월하지만 대부분의 여행자들은 올 때나 갈 때 중 한 번은 편한 기차 대신 대중교통 혹은 일반 차량을 이용해 성스러운 계곡에 속한 마을과 유적들을 둘러본다. 그만큼 이 계곡은 꾸스꼬, 마추픽추와는 또 다른 소박하고 정겨운 볼거리를 제공한다.

📷 보자!

꾸스꼬에서 오얀타이탐보까지 혹은 오얀타이탐보에서 꾸스꼬를 오갈 때 각각 다른 루트로 이동해보자.

추천 일정

- 꾸스꼬
- 삐삭
- 우루밤바
- 오얀타이탐보

- 오얀타이탐보
- 우루밤바
- 친체로
- 살리네라스
- 모라이
- 꾸스꼬

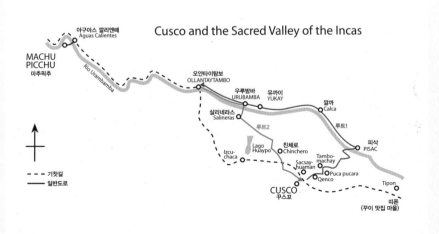

Cusco and the Sacred Valley of the Incas

아구아스 깔리엔떼 Aguas Calientes
MACHU PICCHU 마추픽추
Rio Urambamba
오얀타이탐보 OLLANTAYTAMBO
우루밤바 URUBAMBA
유까이 YUKAY
깔까 Calca
살리네라스 Salineras
루트2
루트1
피삭 PISAC
Izcu-chaca
Lago Huaypo
친체로 Chinchero
Sacsay-huaman
Tambo-machay
Puca pucara
Qenco
Tipon
CUSCO 꾸스꼬
띠뽄 (꾸이 맛집 마을)

- - - 기찻길
— 일반도로

삐삭 Pisac

꾸스꼬에서 차량으로 1시간 정도 떨어진 해발 2,800m에 위치한 작은 마을. 매주 화·목·일요일엔 마을 전체에 장이 서기 때문에 기념품을 사려고 많은 관광객들이 찾는 곳이기도 하다. 또한 삐삭은 '리틀 마추픽추'로 불리는 유적지가 있어 시간이 허락된다면 돌아보는 것도 좋다. 꾸스꼬에서는 메인 터미널이 아닌 시내에 위치한 버스터미널에서 로컬 버스를 타고 이동할 수 있으며, 시간대는 정해져 있지만 대부분 사람이 다 차야 출발하는 경우가 많다. 마을 곳곳을 정차하며 이동하기에 1시간 30분 정도가 소요되며, 요금은 3~4Sol로 저렴하다.

우루밤바 Urubamba

꾸스꼬에서 오얀타이탐 보까지

꾸스꼬 → 우루밤바
◎ 버스 2시간
🍴 6~8Sol

우루밤바 → 오얀타이탐보
◎ 콜렉티보 이용 30분
🍴 1.5~2Sol

계곡에 있는 마을 중 가장 큰 마을로 제법 그럴듯한 터미널도 갖춰져 있다. 마을 자체에는 볼거리가 없지만 오얀타이탐보로 로컬 버스를 이용해 움직이는 여행자라면 반드시 거쳐야 하는 마을이다. 우루밤바 터미널에 버스가 도착하면 터미널을 지나 반대편에서 오얀타이탐보로 가는 콜렉티보를 탈 수 있다. 꾸스꼬에서도 바로 우루밤바로 오는 버스가 많으며 삐삭과 마찬가지로 메인 터미널이 아닌 시내에 위치한 버스터미널에서 출발한다.

삐삭 유적

오얀타이탐보 Ollantaytambo

마추픽추 방향 기준. 차량으로 이동할 수 있는 계곡의 마지막 마을이자,
마추픽추로 가는 기차역이 있는 곳이기 때문에 수많은 여행자들로 붐빈다.
이곳에도 통합입장권으로 관람할 수 있는 유적지가 있다. 스페인 군대에
대항한 마지막 격전지였던 만큼 가파른 산에 유적들이 요새의 형태로
만들어져 있다. 이곳에 오르면 오얀타이탐보의 풍경을 한눈에 담을 수 있다.
마을 메인 광장에서 가까운 곳에 재래시장 Mercado Centro이 있어 3~4Sol
정도의 저렴한 가격으로 점심 한 끼를 때우거나 아구아스 깔리엔떼보다 조금
더 저렴한 가격으로 과일과 식품을 구매할 수 있다. 기차역은 메인 광장에서
도보로 10분 정도 떨어져 있으므로 기차시간을 잘 확인해 적어도 30분
전에는 역에 도착할 수 있도록 하자.

오얀타이탐보 기차역

살리네라스 Salineras

친체로를 통해 꾸스꼬로 들어가는 루트에 속해 있으며 해발 3,000m 고산에
만들어진 약 600년 된 전통방식의 염전이다. 이런 척박한 땅에, 그것도 3,000m
이상의 고산에서 염전수로를 발견해 계단식 염전을 만든 것을 보고 있자면
경이로운 인간의 노력에 숙연해지기까지 한다. 아직도 이곳에서는 소금을
생산해 판매 혹은 물물교환으로 삶을 살아가는 사람들이 거주하고 있다.

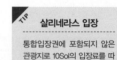

TIP **살리네라스 입장**

통합입장권에 포함되지 않은
관광지로 10Sol의 입장료를 따
로 구매해야 한다.

오얀타이탐보

살리네라스

살리네라스

모라이 Moray

살리네라스에서 차량으로 약 20분 정도 떨어진 곳에 위치한 잉카제국 시절의
유적지로 원형경기장 같이 약 280m 깊이로 층층이 단을 나눠 만든 계단식
원형 경작지를 볼 수 있다. 잉카 시절 이곳에서 기온과 고도에 따른 경작물을
실험하고 연구했다는 설이 있다. 실제로 경작지의 가장 낮은 곳과 높은 곳의
온도가 약 5℃ 정도 차이 난다고 한다. 또 다른 학자들은 이곳이 태양신에게
제사를 지내기 위해 만들어 놓은 제단이라고 추측한다.

TIP 우루밤바에서 살리네라스, 모라이, 친체로 들러 꾸스꼬까지 택시로 이용하기

살리네라스와 모라이는 대중교통을 이용하기가 쉽지 않다. 우루밤바 마을 초입에 흰색 택
시들이 정차해 있는데 기사와 협의하면 근교 유적지를 들러 꾸스꼬까지 이동할 수 있다.
여행자가 많은 성수기에는 세 곳의 관광지를 들러 꾸스꼬까지 가는데 120~150Sol 정도
(입장료 불포함)로 합의할 수 있고, 비수기에는 90~100Sol 정도면 가능하다. 기본적인 영
어가 가능한 기사는 요금이 조금 비싸므로 반드시 탑승 전에 합의해야 한다. 택시 한 대당
요금이라는 것을 구두로 설명해 확인토록 해야 도착해서 요금시비를 방지할 수 있다.

모라이

친체로 Chinchero

잉카제국 시절, 거대한 신전이 있던 곳으로 지금은 잉카 토속신앙과 카톨릭이 혼합된 성당이 친체로 마을 위에 자리잡고 있다. 이곳은 유적보다는 매주 일요일 열리는 장으로 유명하다. 이 마을에서 염색해 만들어낸 옷가지와 계곡에서 생산한 농산물이 품목의 주를 이룬다. 장의 규모가 계곡 마을 중 가장 크다 해서 많은 관광객이 일요일에 맞춰 이곳을 방문한다.

친체로 입장

꾸스꼬에서는 대중교통으로 약 50분 소요되며, 우루밤바로 가는 버스 중 친체로를 거쳐 가는 버스를 이용하면 된다. 혹은 터미널 앞에서 4~5명이 함께 택시를 이용한다면 조금 더 빠르고 편안하게 움직일 수 있다.

친체로

꾸스꼬에서 친체로까지

로컬 버스
◎ 약 40분
🎫 2.5~3Sol

합승 택시
◎ 약 20분
🎫 1인당 4~5Sol

액션밸리 슬링샷! 거꾸로 튀어 올라가는 번지점프

쿠스코에서 차량으로 약 30분 정도 떨어진 성스러운 계곡에 위치한 '액션밸리'에 '슬링샷Slingshot'이라 불리는 색다른 번지점프가 있다.

높은 곳에서 직접 뛰어내리는 번지점프와 반대로 줄에 매달려 지면에서 새총 쏘듯이 약 120m(405Ft) 정도 튀어 올라가는데 번지점프와는 또 다른 매력이 있다. 전 세계에서 이곳에서만 즐길 수 있는 액티비티라고 하니 익스트림스포츠를 좋아하는 여행자라면 한번 도전해 볼 만하다.

비용 : 슬링샷 1회 USD90 번지점프 1회 USD90 (콤보로 묶으면 할인)
포함: 쿠스코~액션밸리 왕복 차량, 안전장비, 티셔츠, 인증서
비고 : 몸무게 45kg~115kg, 만13~65세 만 이용 가능, 고혈압, 심장질환, 임산부, 골질상환자, 하지정맥류 환자 이용 불가
가능시간: 매일 09:00~16:00
www.actionvalley.com

아구아스 깔리엔떼 & 마추픽추
Aguas Caliente & Machu Picchu

작고 소박한 마을이 '마추픽추'라는 신비스런 유적을 품었다. 수많은 여행객들이 북적이는 마추픽추의 관문

아구아스 깔리엔떼는 아주 작은 마을이며 둘러보는 데는 20분 정도면 충분하다. 특별한 유적지가 있는 곳이 아니라, 마추픽추 유적지를 가기 위해 들르게 되는 베이스캠프와도 같은 곳이므로, 마을 시설 거의 대부분이 숙소, 식당, 토산품점 등 관광객들을 대상으로 하는 곳들이다.

기차역을 중심으로 반경 약 300m 안에 모든 시설이 몰려있으므로, 길을 잃을 염려도 없으며 치안도 대도시에 비해 상대적으로 안전하다. 다만 해진 이후 마을 오르막 쪽 사람들의 주거지 방면은 되도록이면 피하는 것이 좋다.

🚌 꾸스꼬에서 마추픽추(혹은 아구아스 깔리엔떼)드나들기

꾸스꼬에서 마추픽추로 오는 방법은 여러가지가 있으나 대부분의 사람들은 기차로 마추픽추 유적 바로 아래 있는 작은 마을 아구아스 깔리엔떼로 와서 셔틀버스를 타고 마추픽추를 방문한다. 하지만 그 외에도 마추픽추 유적을 방문하는 방법은 여러가지다.

꾸스꼬에서 마추픽추(혹은 아구아스 깔리엔떼) 오는 방법 **01** 기차

대부분의 여행자가 선택하는 방법으로 Peru-rail 혹은 Inka-rail 기차를 이용해 아구아스 깔리엔떼까지 이동한 후 이 마을에서 마추픽추를 다녀온다. Peru-rail을 이용해 꾸스꼬에서 바로 아구아스 깔리엔떼로 올수도 있고, Sacred vally의 작은 마을들과 유적지들을 구경하며 오얀타이탐보로 이동해 기차를 타고 올 수도 있다.

꾸스꼬에서 마추픽추(혹은 아구아스 깔리엔떼) 오는 방법 **02** 잉카 트레일

과거 잉카제국 원주민들이 이동했던 산과 협곡의 좁은 길을 따라 마추픽추 유적까지 걷는 코스로, 그 의미와 걷는 동안의 주변 풍광이 뛰어나 수개월 전 마감이 될 정도로 인기가 좋다. 하루 입장객은 500명으로 한정돼 있고, 매년 2월은 휴식기간이다.

오얀타이탐보 근처 트레일 시작점(Km.82)에서 마추픽추까지 걸어가는 이 트레일 코스는 3박 4일 코스와 조금 더 마추픽추와 가까운 곳(Km.104)에서 출발하는 1박 2일 코스로 나뉘어져 있다. 잉카 트레일을 주로 다루는 몇 개의 여행사 사이트에서 미리 예약한 후 이용할 수 있으므로 사전에 미리 준비하도록 하자. 각 여행사마다 포함 사항 및 컨디션&가격이 조금씩 다르므로 꼭 확인해보고 예약하도록 한다.

꾸스꼬에서 마추픽추(혹은 아구아스 깔리엔떼) 오는 방법 **03** 로컬 차량

가장 저렴하지만 그만큼 변수도 많고 고된 이동의 연속이다. 로컬 버스를 타고 꾸스꼬에서 산타 마리아&산타 테레사를 거쳐 히드로 일렉트로니카까지 간다. 그리고 기찻길을 따라 약 2시간 남짓 걸으면 마추픽추 유적 아래 마을 아구아스 깔리엔떼에 도착 할 수 있다. 1~2월 우기에는 길이 위험하고 끊기는 일이 많으므로 유의하자.

꾸스꼬에 있는 여행사에서 히드로 일렉트로니카까지 여행자용 미니 버스를 운영 하기도 하며(왕복 80Sol), 이 루트에 자전거 다운힐 등을 포함해 3박 4일짜리 투어코스로 묶어 판매(USD320~400)하는 여행사도 있다.

잉카 트레일 주요 여행사

이 세 곳 모두 수년 동안 잉카 트레일을 전문으로 다뤄온 업체다.

SAS Travel
- Calle Garcilaso 270 (near Plaza San Francisco) CUSCO
- 51 84 249194, 256324, mob 51 9 8465 2232
- 월~토 8:00~19:00, 일 04:00~19:30
- www.sastravelperu.com

Camino-Inca
- Calle Triunfo 392 - Of. 215
- 51 84 260747
- 09:00~20:00
- www.camino-inca.com

Perutrecks
- Av. Pardo 540, Cusco, Peru
- 51 84 222722
- www.perutreks.com

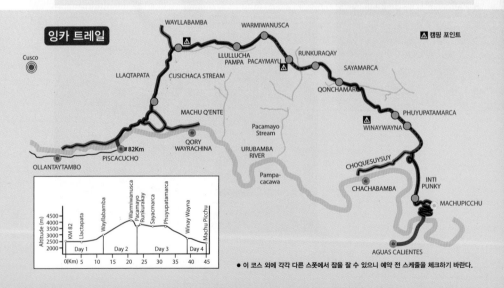

● 이 코스 외에 각각 다른 스폿에서 잠을 잘 수 있으니 예약 전 스케줄을 체크하기 바란다.

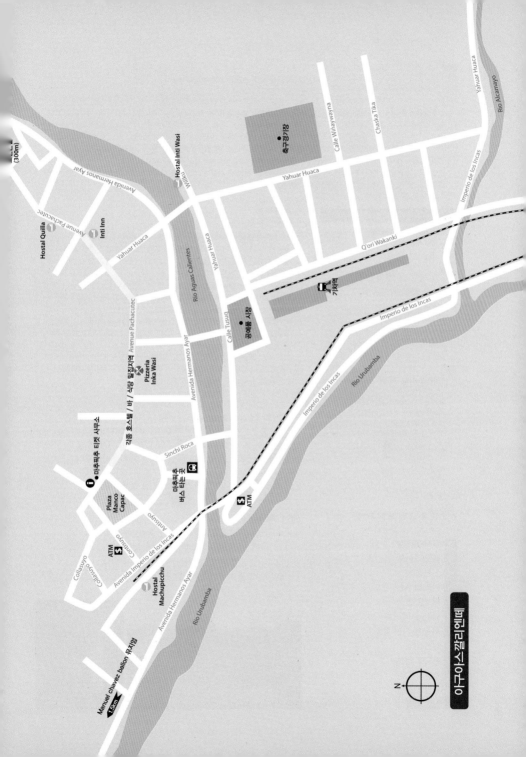

아구아스깔리엔떼

(300m)

Hostal Quilla

Avenue Pachacutec

Inti Inn

Yahuar Huaca

Avenida Hermanos Ayar

Hostal Inti Wasi

Willka

축구경기장

Yahuar Huaca

Calle Wiñaywayna

Chaska Tika

Imperio de los Incas

Rio Alcamayo

Yahuar Huaca

Rio Aguas Calientes

Avenue Pachacutec

Yahuar Huaca

Q'ori Wakanki

공예품 시장

Calle Tusuq

기차역

Imperio de los Incas

다름 호스텔 / 바 / 식당 밀집지역

Pizzeria
Inka Wasi

Avenida Hermanos Ayar

Imperio de los Incas

Rio Urubamba

마추픽추 티켓 사무소

Sinchi Roca

마추픽추
버스 타는 곳

Imperio de los Incas

Rio Urubamba

Plaza
Manco
Capac

Antisuyo

ATM

Collasuyo

Contisuyo

Antisuyo

ATM

Avenida Imperio de los Incas

Hostal
Machupicchu

Avenida Hermanos Ayar

Rio Urubamba

▲ Manuel chavez ballon 류지엄
(1km)

N

지금은 사라진 굿바이 소년! Chasqui(Chaski)

약 10년 전 까지… 마추픽추에서 버스를 타고 아구아스 깔리엔떼로 내려오다 보면 알록달록한 전통의상을 입은 소년이 버스가 굽이진 커브길을 틀 때 나타나 손을 흔들었다. 그 소년은 버스가 아구아스 깔리엔떼에 내려오는 마지막 커브길까지 계속 나타나 손을 흔들고 마지막 커브길에 버스를 타고 세계각국의 인사를 유창하게 건넸다. 빠른 발로 버스를 따라잡은 것이다. 그러고는 팁을 받아 챙겨 사라졌는데 지금은 아동학대, 수익구조의 부적절함 등의 이유로 사라진 이벤트다. 잉카제국에 빠른 발로 험준한 고산을 달려 산속에 있는 황제에게 신선한 생선을 제공하기도 하고 키푸라는 매듭문자로 만든 황제의 서신을 먼 곳까지 전달하기도 한 파발꾼 챠스키(Chasqui=Chaski)가 있었다 . 그들은 20~30㎞정도 거리의 탐보(Tambo=작은마을)와 탐보 사이를 릴레이 형식으로 전속력으로 달려 하루에 약 200~300㎞의 릴레이 전달이 가능했다. 지금은 사라진 굿바이 소년이지만 당시 그 소년들의 빠른 발을 보며 과거 잉카제국의 챠스키가 얼마나 대단했는지 엿볼 수 있었다.

마추피추 입장시간

◎ **입장 시간** 06:00~16:00
　　나오는 시간 17:00

마추픽추 유적 안에는 화장실이 없어요!

마추픽추 유적 안에는 화장실이 없다. 버스가 하차한 곳에 공용화장실이 있으니 들렀다 입장하기를 추천한다. (비용 1Sol)

마마추픽추구경은 One-way!

예전엔 자유롭게 다닐 수 있었지만, 지금은 루트가 일방통행처럼 한 방향으로 정해져 있어 큰 원을 그리듯이 구경하고 나오는 코스가 되었다.

마추픽추 유적 추천 루트

- 망지기의 집
- 메인 게이트
- 신전 지역
- 인티와타나
- 제례용 돌
- 와이나피추
- 세 문을 가진 집들
- 신전 지역
- 콘도르 신전
- 수로
- 태양의 신전
- 창고 지역

마추픽추

1911년 7월 25일 탐험가 하이럼빙엄은 이곳을 발견했다. 수백 년의 세월 동안 인간의 발길이 끊어졌던 곳이었기 때문에 발견 당시 이곳은 수풀로 뒤덮인 산에 불과했다고 한다. 밑으로는 우루밤바강이 휘둘러 지나가고, 2,400m 험준한 봉우리 위에 3만5,000헥타르에 이르는 완벽한 마을이 있을 것이라고는 스페인 군대는 상상을 못했을 것이다. 때문에 잉카 시절 당시 완벽한 도시의 모습 그대로 보존이 되어있는 현재까지 발견된 유일한 유적지 중에 하나로, 그 고고학적 가치는 잉카제국을 연구하는 데 있어 이루 헤아릴 수 없이 중요하다고 말한다. 스페인 군대를 피하려고 지어진 요새, 스페인 군대에 복수하기 위해 은밀히 군사훈련을 하던 곳, 홍수 같은 자연 재해 때 대피하기! 위해 만들어진 도시 등 아직도 마추픽추 유적을 건설한 목적은 수수께끼로 남아있지만, 하이럼빙엄이 발견했을 당시, 생활했던 도구 등 사람이 기거했던 흔적이 거의 없던 것으로 미루어보아 어떤 이유에서인지 모르겠지만 16세기 당시 이 도시를 버리고 산속 깊숙이 이곳에 살던 사람들은 사라졌다고 전해진다. 아직까지 그 모든 것이 수수께끼로 남아있는 은밀한 도시, 그 곳이 바로 마추픽추다.

망지기의 집 Guard House

유적지 입장 후 조금 걸어가다 보면 왼쪽으로 난 오르막 길이 있다. 이 길을 따라 약 20분 정도 올라가면 나오는 포인트, 일명 '망지기의 집'으로 불리는 곳으로 과거 이곳에서 외곽의 농지, 외부인의 출입 등을 이곳에서 관찰했다고 전해진다. 마추픽추 유적을 대표하는 사진을 찍는 포인트로 많은 사람이 붐비는 곳이다.
🚶 Guard House를 등지고 아래 내리막길로 걸어내려간다.

메인 게이트 Main Gate

Guard House에서 바라봤을 때 왼쪽에 있는 마추픽추 유적으로 들어가는 곳이다. 오래 전 이 도시로 들어가려면 이 문을 통해서만 들어갈 수가 있었다고 한다. 잉카의 석조기술로 정교하게 만든 이 문을 통해 마추픽추 유적으로 들어갈 수 있다.
🚶 메인 게이트를 지나 계속 직진한다.

마추픽추

메인 게이트

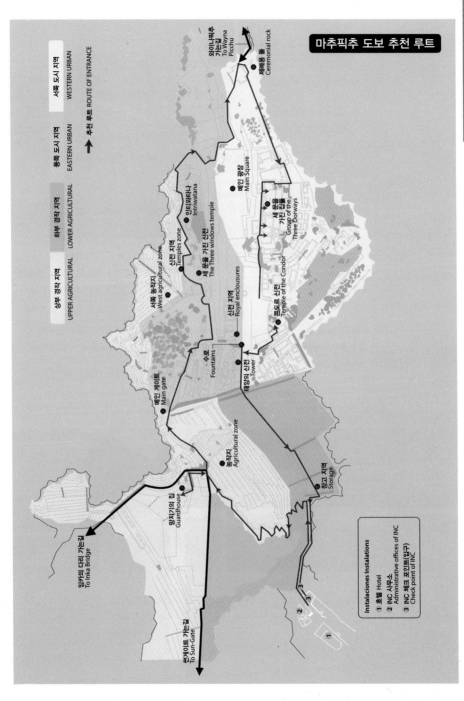

마추픽추 도보 추천 루트

상부 경작 지역 UPPER AGRICULTURAL

하부 경작 지역 LOWER AGRICULTURAL

동쪽 도시 지역 EASTERN URBAN

서쪽 도시 지역 WESTERN URBAN

추천 루트 ROUTE OF ENTRANCE

와이나픽추 가는길
To Wayna Picchu

제례용 돌
Ceremonial rock

인띠와따나
Intihuatana

메인 광장
Main Square

세 문을 가진 집단들
Group of the Three Dorways

신전 지역
Temples zone

세 문을 가진 신전
The Three windows temple

서쪽 농경지
West agricultural zone

신전 지역
Royal enclousures

꼰도르 신전
Temple of the Condor

수로
Fountains

태양의 신전
Tower

메인 게이트
Main gate

농경지
Agricultural zone

창고 지역
Storage

양치기의 집
Guardhouse

잉카의 다리 가는길
To Inka Bridge

썬게이트 가는길
To Sun-Gate

Instalaciones Instalations

1 호텔 Hotel

2 INC 사무소
Administrative offices of INC

3 INC 체크 포인트(입구)
Check point of INC

신전 지역 Temples Zone
메인 게이트에서 양쪽 창고로 사용했다고 전해지는 방들을 거쳐 깎다 만 돌 무더기를 지나면 만날 수 있는 작은 광장으로 세 개의 창문, 해시계 등 신전의 역할을 했다고 전해지는 곳이다. 정교한 잉카의 석조양식으로 완성된 이 곳은 그 당시 이곳이 독립적이고 완벽한 도시 구조를 갖추고 있었다는 것을 증명하는 장소다.

🚶 이 작은 광장을 빠져나와 북쪽으로 난 오르막 계단으로 올라가자.

인티와타나 Intiwatana
마추픽추 유적의 도시 안에서 가장 높은 곳에 해당하는 장소로, 동서남북을 완벽하게 나타낸 커다란 돌 하나가 놓여져 있는 가장 신성한 장소다. 인티와따나는 께추아어로 '태양을 묶어놓은 기둥'으로 해석되며 당시 잉카인들은 태양의 궤적이 바뀌면 큰 재앙이 온다고 믿었기에 이 돌을 이용해 태양을 묶어놓는 의식을 치렀다고 전해진다. 때문에 태양을 숭배했던 잉카의 이들에게 인티와따나는 가장 신성한 도구로 여겼으며 잉카의

깎다 만 돌 무더기

신전 지역

인티와따나

주요 도시에는 인티와따나가 신전에 있었다고 전해지는데 개종을 시키기 위해 스페인 군대는 잉카의 도시를 점령할 때 가장 먼저 인티와따나를 파괴했으며, 마추픽추 유적은 스페인 군대가 정복하지 못하고 탐험가가 발견한 이유로 현재 가장 완벽한 상태로 보존된 인티와따나가 놓여져 있다고 한다.

🚶 이곳에서 내려와 북쪽으로 난 길을 따라 와이나픽추 입구가 있는 곳으로 걸어간다.

제례용 돌 Ceremonial rock

마추픽추 도시 북쪽 끝, 와이나픽추로 들어가는 입구 근처에 위치한 커다란 돌로 이곳에서도 여러 의미의 제사를 지냈다고 추정하고 있다. 이곳에서 와이나픽추를 다녀올 수 있다.

🚶 Ceremonial Rock을 등지고 왼쪽에 있는 유적군을 향해 걸어가자.

세 문을 가진 집들 Group of the Three Doorways

인티와따나에서 내려다본 메인 광장

인티와따나에서 바라본 망지기의 집과 템플존

제례용 돌

와이나픽추 오르는 길

와이나픽추 경사

세 문을 가진 집들

자세한 목적은 알려지지 않았지만, 이곳은 이 마을의 제사장급들, 즉 지배자 계층이 거주했던 곳으로 전해진다. 해가 뜨는 동쪽에 위치한 이유 또한 가장 먼저 해를 받는 장소에 지배자들이 거주하는 것이 타당했기 때문이라고도 전해진다.

🚶 메인 광장을 오른쪽에 두고 이동하자.

콘도르 신전 Temple of Condor
잉카 사람들이 섬겼던 신 중에서 하늘과 제사를 담당하는 신인 아푸 쿤투르 Apu Kuntur(콘도르의 신)를 상징하는 신전으로 삼각형 모양의 커다란 두 개의 자연석은 콘도르의 날개를, 그 앞에 콘도르의 머리 모양을 낸 돌을 두어 콘도르 신을 형상화했다.

콘도르 신전

🚶 위쪽으로 난 길을 따라 나온 후 신전을 등지고 위로 계속 올라가자.

수로 Fountains
2,400m에 위치한 봉우리에 어떻게 물을 끌어왔는지는 아직도 미스터리로 남아있지만, 이곳엔 농경과 식수에 필요한 수로시설이 완벽하게 꾸며져 있다. 물 또한 잉카 시절에는 숭배했기 때문에 이곳 물의 원천을 마추픽추의 가장 가운데 두어 소중히 간직했다고 추측한다.

수로

태양의 신전

신전 지역 Royal Enclousures

레씬또스 프린시팔레스 Recintos Principales라고 불리는 도시 중심부에 해당하는 곳으로 물의 신전 등 각종 신전 등이 모여져 있다.

태양의 신전 Sun tower

정 동쪽에 창문을 낸 곡선의 타워로, 이곳이 태양신을 위한 제사를 지낼 수 있는 독립적인 도시 형태로 완성되어 있는 곳임을 알 수 있는 건축물이다.

🚶 조금만 내려와 처음 입장했던 입구 쪽으로 계속 걸어가자.

창고 지역 Qolqas Storage

농경지에서 나온 곡식을 저장해 놓는 창고들로 구성된 지역이다. 메인 광장 및 마추픽추의 경작지 규모로 봤을 때, 이곳에는 약 8,000~1만 명 이상의 사람들이 살았을 것으로 추측하고 있다.

TIP

마추픽추 유적
다른 각도에서 보기.
Sun Gate, Montaña, Wayna Picchu

Wayna Picchu
마추픽추 유적의 뒷 배경에 해당하는 산봉우리. 경사가 높아 다리에 무리가 가기 쉬우니 체력이 뒷받침 되는 사람만 신청하자. 왕복 1시간 반 정도의 코스로 하루 400명으로 입장 제한이 있으며 입장시간은 0700~0800/ 1000~1100 두 번으로 나뉘어져 있다. 가장 인기있는 코스.

Sun Gate
왕복 1시간 반 정도 걸리는 코스로 마추픽추의 또 다른 일출 포인트다. 마추픽추 유적을 둘러보기 전 다녀오기 좋은 코스.

Montaña
서쪽에서 마추픽추를 바라볼 수 있는 포인트로 미리 신청을 해야 입장할 수 있다. 왕복 3시간 이상이 걸리는 코스이지만 경사가 완만해 체력에 자신있는 사람은 다녀와 볼 만하다. 하루 관람 제한은 400명.

창고 지역

뿌노 & 티티카카 호수

하늘에 닿을 듯한 높은 고원이 호수를 품었다. 호수는 하늘이 되고 하늘은 호수가 되었다.

해발 4,000m 알티플라노 고원지대에 있는 고산 도시 뿌노. 볼리비아로 넘어가는 관문이자, 담수호 티티카카 호수를 품고 있는 고즈넉한 도시다. 숨이 턱턱 막힐 만큼 숨쉬기 힘든 도시지만, 티티카카 호수의 풍경과 그 호수에서 살아가는 사람들을 바라보고 있노라면 그 숨가쁨 또한 아름다운 경험이 되어 가슴속에 맺힌다.

뿌노 & 티티카카 드나들기

뿌노에는 공용 버스터미널이 있다. 대중교통인 버스를 타고 뿌노에 도착한다면 공용 버스터미널에 도착하게 된다. 시내 중심과 2㎞ 정도 떨어진 곳으로 짐이 많지 않은 여행자라면 택시가 아닌 모토 택시를 이용해 시내의 목적지로 움직이면 불편함이 없다.

※ 모토 택시로 시내까지 약 5~10분, 4~5Sol.

티티카카 호수 선착장

보자!

작은 도시인데다 티티카카 호수를 보기 위해 머무르는 곳이므로 도시의 특별한 볼거리는 없다. 메인 광장에서 삐노 광장 Parque pino으로 이어지는 리마 Lima 길이 여행자 거리로 이곳에 레스토랑, 여행사, 토산품점 등이 모여있다.

TIP **모토 택시에 짐을 실어야 한다면 꼭 줄로 묶어달라고 하자!**

혼자 모토 택시를 이용한다면 들고 타면 되지만 2인 이상이 탑승할 때는 모토 택시 뒤에 위치한 공간에 짐을 싣게 된다. 택시를 타기 전 이 공간이 넓은 차량을 골라 타는 것이 좋으며, 짐을 실을 때는 기사에게 줄 Cordel로 묶어달라 요청하자. 이동 할 때에도 떨어지거나 분실의 염려가 있으니 중간중간 확인하는 것이 바람직하다.

리마 거리

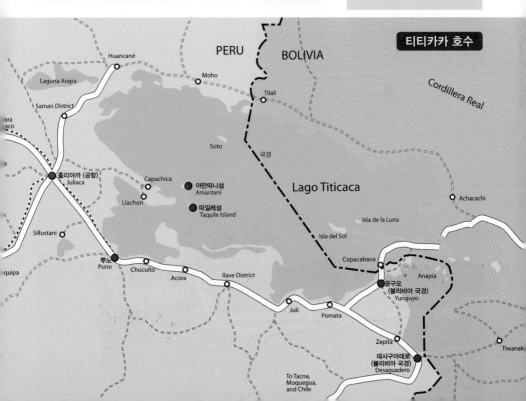

하자! ACTIVITIES

티티카카 호수 투어
티티카카 호수 투어는 크게 세 가지의 종류로 진행되며 모든 투어엔 숙소에서 선착장까지 픽업 서비스가 포함된다.

1. 우로스섬 반나절 투어
오전 8시에 선착장에서 출발하며, 선착장에서 배로 약 30분 정도 떨어진 우로스섬 두 개를 방문하고 돌아오는 투어.

◎ 소요시간 약 3~4시간
💵 20~30Sol
숙소-선착장 간 픽업서비스, 영어+스페인어 가이드, 우로스섬 왕복 배편
불포함사항 우로스섬에서 이동하는 토토라 배 체험비용 등

TIP
티티카카 호수의 햇살은 무섭다!!
해발 약 4,000m에 위치한 티티카카 호수에 내리쬐는 태양은 배 안으로 들어가지 않는 이상 피할 방법이 없다. 또한 호수에 반사 돼 더욱 따갑기 때문에 맑은 날엔 눈을 못 뜰 정도다. 선크림과 선글라스를 꼭 챙기고 햇볕을 가릴 수 있는 모자나 긴 팔 옷을 반드시 챙기자.

티티카카 호수 Lago Titikaka
면적 약 8,135㎢, 최대 수심 약 280m의 규모를 자랑하는 남아메리카 최대의 담수호. 해발고도 약 3,800m에 위치하고 있으며 배가 다니는 호수 중 세계에서 가장 높은 곳에 위치한 호수다. 아이마라 원주민 언어로 '티티'는 퓨마, '카카'는 호수 혹은 바위로 해석되며 당시 원주민들이 퓨마를 지상의 신으로 믿어 붙여진 이름이 아닐까 추측하고 있다. 이 호수의 물은 주변 안데스산맥에서 녹은 만년설이 흘러들어와 형성되었으며, 데사구아데로강으로 흘러들어간다. 워낙 높은 곳에 있어 강으로 흘러들어가는 물은 약 5% 정도며 나머지는 강한 햇살에 증발되어 사라진다.

우로스섬 Isla Uros
티티카카 호수에서 자생하는 갈대인 '토토라Totora'를 엮어 만든 인공섬으로, 뿌노에서 보트로 20여 분 떨어진 곳에 40여 개 이상의 섬이 군락을 이뤄 생활하고 있다. 약 60cm 두께로 엮어 만든 바닥면은 아랫 쪽이 썩어서 떨어져나가도 윗 쪽을 새 토토라로 덮기 때문에 계속 유지될 수 있으며 그 위에 주거공간 등 모든 환경을 토토라로 만들어 생활하고 있는 독특한 문화다. 잉카 시절 핍박을 받던 소주민족 우루족들이 핍박을 피해 티티카카 호수로 토토라로 만든 배를 타고 생활하다가 커지게 된 것이 기원이다. 현재는 섬의 네 귀퉁이를 호수 밑에 고정시켜 생활하고 있다. 내륙의 아이마라족과의 중혼으로 인해 1959년 순수혈통의 우루족은 없어졌지만 현재 우로스섬에서 많은 원주민들이 생활하고 있다.

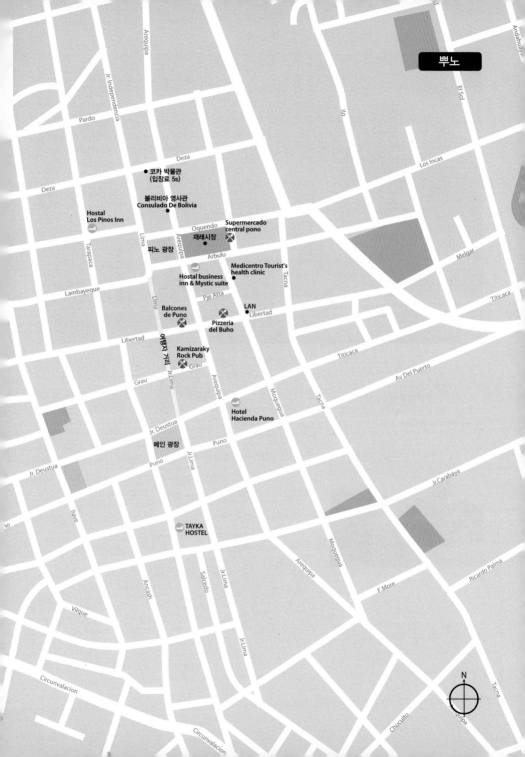

뿌노

코카 박물관
(입장료 5s)

볼리비아 영사관
Consulado De Bolivia

Hostal
Los Pinos Inn

Supermercado
central pono

재래시장

피노 광장

Medicentro Tourist's
health clinic

Hostal business
inn & Mystic suite

Balcones
de Puno

LAN
Libertad

Pizzeria
del Buho

여행자 거리

Kamizaraky
Rock Pub

Hotel
Hacienda Puno

메인 광장

TAYKA
HOSTEL

N

따낄레섬

2. 우로스섬+따낄레섬 풀데이 투어

오전 7~8시 선착장에서 출발하며, 우로스
섬을 방문 후 따낄레섬에 들어 섬을 일주하는
트레킹을 진행한 뒤 뿌노로 돌아오는 투어.

◎ 소요시간 약 9~10시간

🍺 50~70Sol

3. 우로스섬+아만따니섬 민박+따낄레섬 1박 2일 투어

오전 7~8시 선착장에서 출발. 우로스섬 방문 후 배로 3시간 이동해 아만따니섬에 도착해 민박집에서 하루 지내고 돌아오는 길에
따낄레섬을 들러 트레킹 후 뿌노로 3~4시에 돌아오는 투어.

ⓞ 소요시간 1박 2일

💲 100~120Sol

아만따니섬 일몰

뿌노 근교 유적지 시유스타니

뿌노에서 북쪽으로 약 30㎞ 떨어진 곳에
있는 유적지로 잉카제국의 전신인 추라혼
Churajon 문화에 속한 석탑묘 군락지다. 약
1,000년 전 전성기였던 추라혼 문화는 돌을
이용한 주거양식과 계단식 밭이 특징이며
출파 Chulpa라고 불리는 원형 석탑묘를
사용한 것이 가장 특징적이다. 이곳에서
가장 큰 출파는 높이가 약 12m, 지름이 7m
정도다. 이곳 시유스타니에는 약 100여개의
석탑묘가 존재해 있었을 것이라 추정하지만
많은 비가 내리는 이곳 기후 때문에 지금은
온전한 모습의 출파를 보긴 어렵다. 그래도
우마요 호수를 바라보는 이곳의 풍경은
상당히 아름다운 풍광을 지니고 있어 찾는
관광객이 많다. 여행사 그룹 투어를 이용해
다녀올 수 있으며 오후 2시에 출발해 6시에
돌아오고 비용은 USD15 정도다.

시유스타니 유적

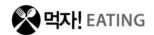

먹자! EATING

Ⓢ 10~35　Ⓢ Ⓢ 35~70　Ⓢ Ⓢ Ⓢ 70~

메인 광장과 피노 광장을 잇는 여행자 거리인 Jr.Lima 길에 대부분의 음식점이 들어서 있어 이용하는데 불편함이 없다. 티티카카 호수에서 잡은 뜨루차(송어) 요리가 뿌노의 주 메뉴이므로 한번 먹어봄직 하다. 화덕에서 구워내는 피자도 맛이 괜찮은 편이다.

Supermercado central pono Ⓢ

피노 광장에서 가까운 뿌노 재래시장으로 2층 식당들은 점심시간을 이용해 저렴한 가격으로 한끼 식사를 때우기에 안성맞춤이다. 메뉴는 그날마다 바뀌므로 찾아가서 확인하는 편이 좋다.

🏠 Calle Oquendo S/N　🕐 08:00~22:00

Pizzeria del Buho Ⓢ~Ⓢ Ⓢ

뿌노에서 손꼽히는 피자 맛을 자랑한다. 20년 전통을 가진 집으로 오후 5시30분부터 10시30분까지는 배달도 가능하다.

🏠 Jr.Libertad 240, Puno
📞 51 51 356223

Balcones de Puno Ⓢ~Ⓢ Ⓢ

페루 전통음식 및 피자 등 다양한 요리를 적당한 가격에 먹을 수 있다. 이 집의 특징은 매일 저녁시간마다 페루 전통공연을 관람할 수 있는 곳으로 많은 여행자가 이 공연을 보기 위해 찾는다. 조용한 분위기에서 식사를 하기 원한다면 다른 곳을 알아보는 것이 바람직하다.

🏠 Jr. Libertad 354, Puno　📞 51 51 365300

Kamizaraky Rock Pub Ⓢ~Ⓢ Ⓢ

저녁에만 문을 여는 술집이지만 화덕 피자도 판다. 술집 2층의 허름한 분위기가 나쁘지 않다. 틀어주는 현지 음악에 귀가 지쳤다면 이곳에서 맥주 한 잔을 마시며 록 음악을 듣는 것도 하나의 방법이다.

🏠 Calle Grau 158

🛏️자자! ACCOMMODATIONS

Ⓢ 35~100 ⓈⓈ 100~200 ⓈⓈⓈ 200~

여행객이 다닐 수 있는 지역은 타 남미의 도시와 마찬가지로 메인 광장을 중심으로 위치해 있다. 페루 관광의 요충지지만 가격대비 시설이 괜찮은 숙소가 생각 외로 많은 편이다. 다만 해발 4,000m에 위치한 고산도시인 만큼 이동하는데 있어 체력적인 소모가 많은 지역이므로 시내 중심인 메인 광장과 멀리 떨어지지 않은 곳에 숙소를 잡는 편이 바람직하다. 메인 광장을 기준으로 5~7블록 정도 안에서 숙소를 잡으면 이동하는데 무리가 없다. 대신 메인 광장에 있는 대성당 뒷 쪽은 언덕인데다 치안이 상대적으로 좋지 않으므로 특별한 경우가 아니라면 여행자 거리 방면 쪽에 위치한 숙소를 잡는 것이 괜찮다.

TAYKA HOSTEL Ⓢ

저렴한 호스텔로 가격대비 위치 및 방의 청결 상태가 깨끗한 편이다. 빠르지 않지만 무료 와이파이도 제공하며 간단한 조식도 제공한다.

🏠 Jr. Ayacucho 515
📞 51 51 351427

Hostal Los Pinos Inn Ⓢ

피노 광장에서 가까운 2성급 숙소로 화려하지 않지만 저렴한 가격에 싱글룸과 더블룸을 이용할 수 있다. 방과 화장실 청결 상태는 나쁘지 않으며, 와이파이가 방에서 잘 안 터진다.

🏠 Jiron Tarapaca 182
📞 51 51 367398

Libertador Lake Titicaca ⓈⓈⓈ

뿌노의 유명한 랜드마크로 배를 타고 우로스섬을 가다 보면 섬에 있는 흰색 건물이 바로 이 호텔이다. Libertador 계열의 5성급 호텔로 성급에 걸맞는 숙소 컨디션을 유지하고 있다. 섬에 위치해 접근성을 떨어지지만 이곳에 펼쳐진 풍광이 참으로 아름답다. 비싸지만 특별한 뿌노의 하룻밤을 원하는 여행자들이 이용을 하는 곳으로 시내 접근성과는 거리가 멀다.

🏠 Isla Esteves
📞 51 51 367780

Hotel Hacienda Puno ⓈⓈ

뿌노 메인 광장에서 한 블록 떨어진 3성급 호텔로 58개의 방을 보유하고 있고 접근성이 좋으며, 시설 또한 준수하다. 평상시 요금보다 할인을 자주 하며, 할인 시 USD40~50의 저렴한 금액으로 이용할 수 있다.

🏠 Jr. Deustua 297 📞 51 51 356109

Hostal business inn & Mystic suite Ⓢ

피노 광장과 재래시장이 가까운 숙소로 저렴한 가격에 숙박할 수 있는 곳이다. 특히 싱글룸의 요금은 15불 남짓으로 아주 저렴하다.

🏠 Jr. Fermin Arbulu 183
📞 51 51 355886

BOLIVIA

전쟁의 역사로 인해 바다를 품지 못한 나라. 경제여건 및 치안은 다른 남미에 비해 좋지 않지만 우유니 소금사막 등, 남미 다른 나라 그 어떤 곳과도 비교할 수 없는 신비로운 자연풍광을 가지고 있어 수많은 여행자들이 남미 여행의 중심으로 꼽는 곳이 바로 볼리비아다. 상대적으로 저렴한 물가는 여행자들의 발목을 더욱 붙잡아 한 곳에서 장기 체류하는 여행자들이 많다.

ECUADOR

PERU

BRAZIL

PARAGUAY

Isla San Félix

Isla San Ambrosio

CHILE

ARGENTINA

PACIFIC OCEAN

URUGUAY

국명 볼리비아공화국 Republica de Bolivia/Republic of Bolivia

수도 라파스 Lapaz, 헌법상 수도는 수크레 Sucre

면적 1,098,581㎢

인구 1,167만 명(2020년 기준)

인종 케추아족(30%) 메스티소(30%), 아이마 라족(25%), 백인(15%)

종교 가톨릭(95%) 기독교(5%)

통화 볼리비아노 Boliviano, Bs.

환율 US$1=6.92(2020년 1월 기준)

언어 스페인어, 케추아어, 아이마라어

시간대 우리나라보다 13시간 느림

볼리비아 기본 정보

주요 연락처

국제코드 +591, **국가도메인** .bo

유용한 전화번호
경찰: 110
화재: 119
구급차: 165
관광경찰서: +591-2-246-2111, 800-14-0081

한국 대사관 (라파즈 주재)

🏠 Av. Jose Ballivian 555, Edificio El Dorial, Piso 3~4, Calacoto, La Paz, Bolivia

📞 해외에서 볼리비아로 전화를 걸 때: +591-2-211-0361 ~ 3, 긴급 : +591-7673-3334
볼리비아 지방에서 라파스로 전화 걸 때: 010(또는 016) 누른 후 2-211-0361 ~ 3
라파스 내부에서 전화 걸 때: 일반전화 사용 시: 211-0361 ~ 3 휴대전화 사용 시 2-211-0361 ~ 3 팩스: +591-2-211 0365

📧 coreabolivia@mofa.go.kr

휴일 긴급 전화 한국인 사건사고 시 한국어 응대

📞 +591-7673-3337, +591-7673-3334
– 라파스에서 전화 걸 때: 7673-3337, 7673-3334
– 타지역에서 전화 걸 때: 일반전화 사용시 010(또는 016) 누른 후 7673-3337, 7673-3334, 휴대전화 사용 시 7673-3337, 7673-3334

대형 사건사고 · 자연재해(영사 직통)

📞 +591-7673-3334
– 라파스에서 전화 걸 때: 7673-3334
– 타지역에서 전화 걸 때: 일반전화 사용시 010(또는 016) 누른 후 7673-3334, 휴대전화 사용 시 7673-3334

긴급여권 상담

📞 +591-7673-3336
– 라파스에서 전화 걸 때: 7673-3336
– 타지역에서 전화 걸 때: 일반전화 사용시 010(또는 016) 누른 후 7673-3336, 휴대전화 사용 시 7673-3336

영사콜센터(서울, 24시간)

📞 +82-2-3210-0404

KOICA

🏠 Calacoto Calle 18 Edificio Parque 18 Piso 6

📞 +591-2-297-1577

한인회 연락처

손진후 회장: pmsco1616@hanmail.net (라파스 한인회)
최승욱 회장: sungocc@nicxgruop.com (산타크루스 한인회)
윤대근 총무: aaronydk@yahoo.com (코차밤바 한인회)
신창섭 회장: fotosin@hotmail.com (수끄레 한인회)

주요 도시 지역 번호

라파즈, 우유니, 오루로 2
산타크루스 3
수크레 4

정치

국가원수 자니네 아녜스 Jeanine Añez Chavez 임시 대통령
정치체제 공화제
정부형태 대통령중심제
대의기구 양원제(상원 36석, 하원 130석)
주요정당 사회행동당(MAS), 민족주의혁명운동당(MNR), 사회민주세력당(PODEMOS)
국제기구가입 UN, IMF, IBRD, IFC, IDA, OAS, IDB, WTO 등등
독립일 1825. 8. 6

경제

1인당 GDP 약 3,548USD(2018)
무역
주요수출 천연가스, 아연, 원유, 대두 등
주요수입 석유제품, 제지, 항공수송기, 자동차, 플라스틱 등
주요자원 콩류, 커피, 코카인, 면화, 옥수수, 사탕수수 등

공휴일

1월 1일 신년

4월 16일 부활절

5월 1일 노동절

6월 3일 종교기념일

8월 6일 독립기념일

10월 12일 아메리카대륙발견일

12월 25일 성탄절

전화

동전 주입식 공중전화보다는 전화방(Locutorio)을 이용하는 편이 훨씬 저렴하다. 볼리비아 대도시는 시내 곳곳에 전화방이 있어 불편함이 없다. 전화방마다 요금이 다 다르니 반드시 비교 확인 후 사용하도록 하자.

📞 (직통) 00+82(한국국가번호) + 0을 뺀
지역번호(휴대전화는 0을 뺀 통신사번호) + 전화번호

ex) 서울 567 9876 → 0082 2 567 9876

휴대전화 010 234 5678 → 0082 10 234 5678

인터넷 & 와이파이

볼리비아는 수도 및 대도시의 경우 인터넷 및 무선인터넷 사용이 수월한 편이다. 수도 라파즈의 경우 관광객들이 자주 방문하는 호텔과 레스토랑엔 와이파이 서비스를 무료로 제공하는 곳이 많다. 다만 지형적 특성상 도시를 벗어난 지역은 무선인터넷이 잘 안 되는 지역이 많다.

우편

볼리비아 우체국 Correos을 이용하면 되며 한국으로 엽서를 보낼 경우 10B.s(약 1,500원)가 들며 약 일주일 정도 소요된다. 소포의 경우 1kg에 약 670B.s(약 9만 원)로 비싼 편이며 3~4주 정도 소요된다. 내용물을 확인하므로 테이프를 붙이지 말고 가져가자. 또한, 보내는 사람의 신분증 사본을 같이 보내니 우체국에 가기 전 미리 준비하자.

볼리비아 유심칩 이용

볼리비아에는 통신사가 크게 Entel, Tigo, Viva 3개 있어 이 중 한 통신사를 이용하면 되며, 일종의 선불제 유심칩이라고 생각하면 된다. 그 중 Viva는 현지인들이 추천하지 않으므로 Entel이나 Tigo 유심칩을 사용하면 되는데, Entel에 비해 Tigo가 상대적으로 인터넷 속도가 빠르다는 장점이 있으며 Entel은 사용 가능 지역이 조금 더 넓다는 장점이 있다. 통신사 혹은 길거리에서 유심칩(Chip de Prepago)을 구입 후 원하는 비용을 충전 후 충전한 금액에서 데이터를 구입해 사용하는 방식이다.

각 통신사마다 재충전하거나 데이터를 구입하는 방법이 조금씩 다르므로 통신사에 들러 문의 후 정확한 방법을 숙지해 사용하는 것이 바람직하다.

기후와 옷차림

볼리비아는 동부 지역을 제외한 거의 대부분의 지역이 고산지대이기 때문에 일교차가 상당히 심하다. 수도 라파즈와 우유니의 경우 15~20도 이상 일교차가 나는 지역이므로, 두터운 외투 한벌은 여행 시기에 상관없이 항상 준비토록 하자. 동부 정글 지역은 남미 다른 정글 지역과 마찬가지고 고온다습한 기후를 지니고 있다. 통상적으로 12~3월은 여름이자 우기, 6~9월은 겨울이자 건기로 구분한다.

라파스 온도 그래프

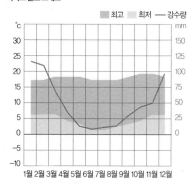

전기

110V, 220V

BOLIVIA
볼리비아 먹거리

칠레와의 전쟁으로 바다를 빼앗겨 자국에서 나는 해산물이 없는데다 동부 일부의 저지대를 제외하고 전부 3,000m 이상의 고산지역인 볼리비아는 음식의 재료가 다른 남미 국가에 비해 부족한 편이다.

살테냐 Salteña
볼리비아를 대표하는 음식으로 우리나라의 만두같이 생겼다. '아르헨티나에 엠빠나다가 있다면 볼리비아는 살테냐가 있다'고 할 정도로 볼리비아 사람은 살테냐를 좋아한다. 다양한 종류의 육류와 향신료, 감자를 국물있게 볶아낸 후 만두피처럼 생긴 피에 잘 싸서 오븐에 구워내는 음식이다. 점심 이전에 아침대용으로 간단하게 한끼를 해결하는 전통이 있어 살테냐를 전문으로 하는 집은 오후 3시 이전에 문을 닫는 경우가 많다. 바로 나온 살테냐는 안쪽에 국물이 매우 뜨거우므로 조심해 먹도록 하자. 살테냐와 함께 같이 여러 종류의 살사(소스) 및 매운 고추와 함께 먹는다.

마하오 Majao
볼리비아 전역에서 먹는 음식으로 다양한 향신료로 볶은밥, 그리고 약간 말린 소고기구이, 튀긴바나나, 달걀프라이를 얹어 먹는 전통음식이다.

귀소 데 까르네 Guiso De Carne
고산지대를 제외한 동부 저지대 대표 음식으로 우리나라의 소갈비찜과 비슷한 음식이지만 맛은 다르다. 귀소 Guiso는 Stew와 같은 말로 국물을 자작하게 끓인다. 이 음식은 볼리비아의 대표적인 가정식 중 하나며 식당에서 점심시간에 단골로 나오는 메뉴다.

크리스마스 레총 Chirstmas Lechon
어린 돼지 통구이인데, 볼리비아에서는 크리스마스 때 마을에서 이 음식을 먹는 전통이 있다.

파파 알 라 우안카이나 Papa A La Huancaina
페루와 볼리비아 지역에서 메인 요리 이전에 주로 먹는 음식
으로 삶은 감자와 계란에 땅콩으로 맛을 낸 소스를 얹어 먹
는다. 전채요리이지만 간단한 한 끼 식사로도 손색이 없다.

피칸테 데 뽀요 Picante De Pollo
남미 전반적으로 닭을 주재료로 한 음식이 많
은데 볼리비아도 닭으로 한 요리가 많다. 이
름 그대로 매운맛을 첨가한 국물소스에 화덕
에 굽거나 소스와 같이 익힌 닭을 밥에 곁들
인 저녁 메인 요리다.

아로스 꼰 께소 Arroz Con Queso
밥과 함께 연성 치즈를 첨가해 익힌 요리로 흰 쌀밥 위에 치즈
를 얹어 먹는다고 생각하면 그 맛이 상상이 될 것이다. 연성 치
즈이므로 조금 더 치즈의 신맛이 강해 입맛에 잘 맞지는 않지만
볼리비아 동부 지역의 전통요리 중 하나다. 이 밥과 함께 다른
요리를 곁들이는 것이 일반적이다.

피케 마쵸 Pique Macho
살테냐와 함께 볼리비아를 대표하는 가정식 요리로 원래
는 약간 말린 소고기와 각종 야채를 매운 소스로 볶아낸
요리지만 현대에 와서는 소고기 대신 소시지를 넣는 경우
가 일반적이다. 볼리비아 전역에서 저녁식사로 먹는다.

BOLIVIA
볼리비아 역사

원시 및 스페인 식민 이전

- BC 약 2만 년~B.C 10세기 : 원시 농경시대
- BC 약 800년 해안 및 고원지대에 차빈 문화 형성
- 7~13세기 티와나코 & 와리 문명이 중심 세력으로 성장
- 12~16세기 아이마라 왕국이 현재 페루의 아레키파 지역 및 뿌노, 라파즈, 오루로, 코차밤바 지역 통치

스페인 식민 시대

- 1538년 스페인 정복자 피사로가 볼리비아 점령
- 1545년 포토시 지역에서 대규모 은광이 발견돼 수크레, 포토시, 라파즈 등 은광산을 중심으로 대규모 도시 형성
- 1776년 현재 아르헨티나 부에노스아이레스로 통치권 이전
- 1806년 프랑스 군이 볼리비아를 통치하던 스페인을 점령함에 따라 뒤이어 1809년 7월 볼리비아 민중봉기가 일어남. 민중봉기는 리마부 왕이 파견한 파견군에 의해 실패 및 분쇄

독립 이후

- 19세기 초 남미 지역별로 독립운동이 일어남
- 1825 8월 6일 시몬볼리바르가 이끄는 독립군이 스페인 군대 격파, 독립 쟁취 후 그의 이름을 딴 Republica de Bolivia탄생
- 1829년~1839년 안드레스 데 산타크루즈 Mariscal Andres de Santa Cruz 대통령 집권, 최고의 전성기
- 1836년 페루와 국가연합 형성
- 1839년 1월 페루와 국가연합 해체
- 1841년 페루 군 침공했으나 호세 발리비안 Jose Ballivian 장군이 침투군 격파
- 1841년~1847년 호세 발리비안 대통령 통치
- 1857년 최초의 민선대통령 호세 마리아 리나레스 Jose Maria Linares 정권이 수립, 사법부와 행정부의 조직 개혁
- 1879년~1883년 페루와 연합해 칠레와 태평양전쟁. 전쟁에 패해 바다가 있는 안토파가스타 지역을 빼앗김
- 1932년~1935년 파라과이와의 국경분쟁 차코 Cahoco 전쟁, 이 전쟁에서 패해 독립 당시 영토의 40% 상실
- 1952년 4월 사회혁명 발발, 보통선거제도 정립 및 농업 개혁
- 1952년~1964년 망명지도자 빅토르 파스 에스텐소로 Victor Paz Estenssoro가 민족혁명운동당 창당해 집권
- 1964~1969년 쿠데타로 레네 바리엔토스 Rene Barrientos 집권, 1969년 비행기 사고로 사망
- 1970년~1971년 쿠데타로 호안 호세 토레스 Juan Jose Torres 집권

이후 약 20년간 수십 차례 쿠데타로 군사정권 혼돈 시대

- 1982년 에르난 실레스 수아소 Hernan Siles Zuazo 민간정부 출범
- 2003년 9월 15일 천연가스 북아메리카 수출계획 일환인 가스관 칠레 태평양 지역 통과에 반대하는 농민들의 시위 전국 확산, 반정부 시위대와 군경간 충돌로 사망자 68명에 이르는 이른바 '검은 10월 사건'으로 사회혼란 심화
- 2004년 7월 투표로 천연가스 수출 찬성, 당시 집권한 메사 대통령 인지도 강화
- 2006년 1월~ 2019년 11월 11일 사회주의운동당 총재인 에보 모랄레스 Juan Evo Morales Ayma 대통령 취임 후 현재까지 집권
- 2019년 11월 13일~현재 자니네 아녜스 Jeanine Añez Chavez 임시 대통령직 집권

볼리비아는 여행 시 비자가 필요한 나라다. 여행비자의 경우 30일 단수비자가 발급된다. 비자 발급은 한국 또는 여행하는 나라 각 도시에 있는 볼리비아 영사관에서 발급받을 수 있다. 얼마 전까지 한국에 있는 '주한볼리비아 다민족대사관'에서 비자를 발급받으려면 10만 원의 비용이 들어갔었기 때문에 대부분의 여행자가 현지에서 무료로 비자를 발급 받았으나, 최근부터 한국에서도 무료로 비자를 발급해주므로 비자 발급 후 90일 내에 볼리비아를 여행 할 계획이라면 미리 한국에서 발급받아 가는 것도 하나의 방법이다.

1. 한국에서 볼리비아 관광비자 발급받기 (주한 볼리비아 다민족국가 대사관)

☎ 서울특별시 중구 세종대로 55, 부영태평빌딩 20층

📞 02-318-1767(전화 문의 및 예약 불가능, 볼리비아)

◎ 접수 방법 : 준비서류 구비 후, 온라인(http://portalmre.rree.gob.bo/formvisas)으로 비자 신청서 작성해 출력
후 방문하여 발급(서류 이상 없을 시 당일 발급)

업무시간 : 매주 수, 목, 금 09:30~12:00

문의 : consulbolcorea@gmail.com

비자 조건 : 발급 후 90 일내 입국하여야 하며, 입국 후 30일 동안 머무를 수 있는 싱글 비자다.
즉 재 입국 시에는 다시 비자를 발급받아야 한다.

월요일 오전 (09:30-12:00): 50세 이상, 유선예약 후 방문 가능

50세 이상의 신청자 중 온라인 신청이 어려울 경우, 유선으로 월요일 오전에 현장신청 예약이 가능하며, 신청서를 제외한 기타 준비서류를 준비해 방문하면 현장에서 신청서 작성 후 발급이 가능하다. 또한 온라인 신청이 가능하다면 화~금요일 방문 가능하다.

화~금요일 오전 (09:30-12:00): 50 세 미만, 반드시 온라인 신청 후 방문

50세 이하의 모든 신청자는 온라인 포털에서 미리 온라인 비자를 신청 후 마지막 단계에서 생성되는 신청서를 인쇄 후, 구비서류와 함께 소지해 방문해야 한다. 구비 서류에 이상이 없는 경우 당일 발급된다.

신청 준비서류

● 신청서 (PREE-VC- 뒤 여섯 자리 코드 번호 필수 지참)
● 여권 (유효기간이 6개월 이상 남아있어야 한다.)
● 여권 사본 1부
● 여권용 사진 1매 (6개월 이내, 3.5×4.5cm 크기, 흰색 배경) - 신청서에 부착
● 황열병 접종 원본 및 사본 1부
- 라파즈(엘알토, 우유니 사막) 지역만 방문 시 접종 불필요

● E-티켓 - 볼리비아 in & out 혹은 중남미 전체 in & out (버스티켓 가능)
● 숙박 예약 확인증
- 숙소 이름과 주소가 포함된 확인증
- 동행인의 이름으로 예약된 경우, 동행인의 여권사본 첨부
- 볼리비아에 거주하는 지인이 초청한 경우는 초청장 필요/ 방문자, 초청자 정보 및 볼리비아 거주 지역과 초청 목적 기재/ 초청자 볼리비아 신분증 첨부

● 본인 명의 통장 잔고 증명서 영문 - 대사관 방문일 기준 한 달 이내 발급된 50만 원 이상의 잔고 증명

Tip 숙박 예약 확인증 쉽게 준비하기

여행 특성상 미리 숙소를 정하고 가는 것은 불가능에 가깝기 때문에 숙박 예약 확인증 준비에 어려움을 겪는데, 이때 온라인 숙소 예약 사이트를 이용해 무료 취소가 되는 숙소를 볼리비아 여행 기간에 맞춰 예약한 후 영문(혹은 스페인어)으로 출력해 준비하면 된다. 예약한 숙소을 이용하지 않을 것이라면 비자 발급 후 예약한 숙소를 취소하는 것은 잊지 말자.

---

*미성년자가 부모님과 여행하거나 부모님 동행 없이 타인과 여행하는 경우 부모님 여행 동의 허가서가 필요하다. 단 허가서 인증의 경우 절차가 까다로우므로 jlelisa0911@gmail.com으로 문의하는 것이 좋으며, 문의 시 전화번호를 남기면 유선 상담이 가능하다.

2. 현지 각 도시에서 비자 발급받기

남미 내에서 볼리비아 비자를 발급 받으려면 온라인 신청서(한국에서 준비하는 온리인 신청서와 동일)를 정확히 작성한 후 출력, 여권을 소지한 후 방문해서 신청하면 발급 받을 수 있다. 이때 온라인 신청 첨부서류 중 '영문통장잔고증명서는 본인 명의의 유효기간이 6개월 이상 남은 신용카드 앞, 뒷면 사본으로도 대체 가능하다.

3. 도착 비자

항공 혹은 육로로 볼리비아 비자없이 입국 시 약 100USD를 지불하면 도착비자(관광비자)를 발급해 준다. 다만 비용이 비싸므로 특별한 경우가 아니라면 미리 비자를 준비해 입국하도록 하자.

BOLIVIA

볼리비아 꼭 가봐야 할 곳

①

②

**평균 해발 3,700m,
세상에서 가장 높은 곳에 위치한 수도**

볼리비아의 수도 라파즈는 해발고도 약 3,700m의 고산
분지에 자리잡고 있다. 대한민국에서 가장 높은
한라산의 높이가 약 1,900m인 것을 감안하면 얼마나
높은 곳에 위치하고 있는지 짐작이 갈 것이다. 때문에
라파즈에서 언덕길을 만나면 일단 한숨부터 나온다.
하늘의 별과 가장 가까운 수도라서 그런 것일까.
라파즈의 야경은 마치 하늘을 수놓은 별들이 총총히
박혀있는 모습을 닮았다.

라파즈

라파즈 드나들기

남미 대륙의 가장 중심에 위치하고 있어 대부분의 여행자들이 여정상 라파즈로 바로 비행기를 타고 들어가기 보다는 페루나 브라질 등으로 입국해 육로로 볼리비아로 넘어간다.
육로의 경우도 지형적 특성상 들어가는 노선이 많은편은 아니다. 티티카카 호수를 같이 소유하고 있는 페루의 도시 뿌노에서 라파즈로 들어오는 루트가 일반적이며, 남부의 오루로, 수크레, 우유니, 포토시 등과 함께 동부 도시인 코차밤바, 산타크루즈 등으로 가는 버스 루트가 있다.
볼리비아 버스 구간은 포장도로보다는 비포장 길을 주로 달리게 되므로 불편하고 힘들기로 유명하니 이동 시 마음을 단단히 먹어야 한다.

> 주요 도시 소요시간 (비행기/버스)
> **마이애미** 9시간 40분(국제선) | **리마** 2시간(국제선) | **보고타** 3시간 40분(국제선)
> **우유니** 45분(국내선)/약 13~15시간(버스) | **코차밤바** 35분(국내선) | **산타크루즈** 1시간(국내선)
> **오루로** 약 3시간(버스) | **수크레** 약 7시간(버스) | **포토시** 약 8시간(버스)

라파즈 드나드는 방법 **01** 공항

✈ 라파즈 국제공항 El Alto International Airport

라파즈 국제공항은 라파즈 시내에서 서쪽으로 약 12km 정도 떨어져 있으며 그 규모가 크지는 않다.

택시를 이용해 시내로 이동

🚖 50~60B.s   🕐 30~40분(시내교통 체증으로 거리대비 시간이 많이 걸리는 편이다.)

라파즈 드나드는 방법 **02** 버스

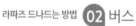

라파즈의 메인 버스터미널은 구 시가지의 랜드마크인 산 프란시스코 성당을 기준으로 도보로 20분, 차량으로 5분 거리에 있다. 터미널에서 산 프란시스코 성당 근처까지 넉넉히 5~8B.s 지불하면 적당하나 터미널 근처에 대기하고 있는 택시들은 10~15B.s정도의 요금을 지불해야 가니 유의하자.

라파즈 버스터미널

시내 교통

흔히 봉고차로 불리는 차량을 이용한 콜렉티보가 주로 다니며, 합승 택시와 일반 택시 또는 모터사이클 택시까지 교통수단은 다양하다. 하지만 여행자는 택시를 이용하는 편이 바람직하다.

TIP

라파즈에서 택시 이용 시 번호가 크게 쓰여진
Radio 택시를 이용하는 것이 보다 안젠!

사설로 택시를 운영하는 경우도 있지만 만일의 안전을 대비해 택시 양쪽 앞문과 위에 별도로 부착된 표시에 크게 전화번호가 쓰여진 Radio Taxi를 이용하는 편이 바람직하다!
숙소에서 택시를 이용 할 경우 벨보이에게 주소를 보여주면 길거리에서 잡아주는데 이 방법도 괜찮다.
이때 벨보이에게 1B,s 정도의 팁은 에티켓!!

 케이블카 (Mi teleferico)

지역 특성상 오르막길이 많고, 도로가 좁아 교통체증이 심한 라파즈에 새로운 교통수단 케이블카가 운행되고 있다. 시내 중심부에서 윗 동네인 El Alto 지역을 시내버스로 이동하면 40분에서 1시간 이상 걸렸는데 케이블카를 이용하면 단 10분이면 올라갈 수 있어 라파즈 시민들의 발빠른 발이 되어주고 있다.

노선 종점 야경

상대적으로 요금도 저렴해 많은 사람들이 이용하는데, 여행자도 같은 금액에 이용할 수 있어 라파즈의 색다른 재미를 선사한다. 현재까지 총 3개의 노선이 개통되었으며 향후 총 7개의 노선이 추가로 개통될 예정이다.
대부분 윗쪽 동네로 이동하기 위한 수단으로 만들어져 노선 마지막 역에서 바라보는 라파즈의 야경이 좋다. 특히 노란색 노선 종점에서 바라보는 라파즈의 야경은 황홀하다. 다만 관광 지역이 아니므로 치안이 좋지 않으니 소지품은 최소화하고 반드시 여러 여행객들과 동행해 이용하는 것이 바람직하다.

편도 3B,s 05:00~22:00, 매 7초마다 탑승 가능 App: mi teleferico

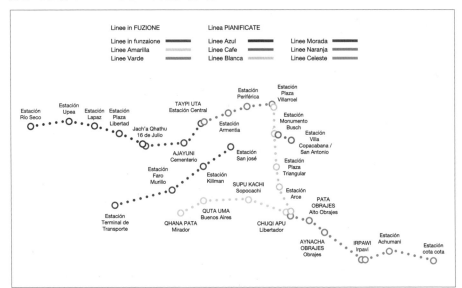

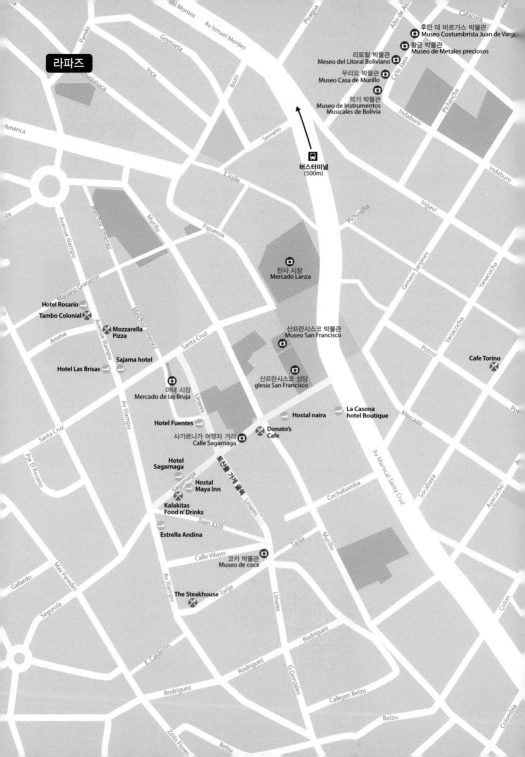

라파즈

후안 데 바르가스 박물관
Museo Costumbrista Juan de Varg

리토랄 박물관
Meseo del Litoral Boliviano

황금 박물관
Museo de Metales preciosos

무리요 박물관
Museo Casa de Murillo

악기 박물관
Museo de Instrumentos
Musicales de Bolivia

버스터미널
(500m)

란사 시장
Mercado Lanza

산프란시스코 박물관
Museo San Francisco

Cafe Torino

Hotel Rosario

Tambo Colonial

Mozzarella
Pizza

산프란시스코 성당
glesia San Francisco

Sajama hotel

Hotel Las Brisas

마녀 시장
Mercado de las Bruja

La Casona
hotel Boutique

Hostal naira

Hotel Fuentes

사가르나가 거리
Calle Sagarnaga

Donato's
Cafe

Hotel
Sagarnaga

Hostal
Maya Inn

Kalakitas
Food n' Drinks

Estrella Andina

코카 박물관
Museo de coca

The Steakhouse

📷 보자! LA PAZ SIGHTS

라파즈는 해발고도가 높은 곳에 위치한데다 다른 남미 대도시에 비해 치안이 좋지 않은 곳으로 도보 여행 시 주의를 요한다. 라파즈는 큰 도시기 때문에 전체를 본다는 것 보다는 센트로 지역의 산 프란시스코 성당 중심으로 도보 이동 하면 좋다.

추천 일정(하루)

구시가지

- 산 프란시스코 성당
- 산 프란시스코 박물관
- 사가르나가 여행자 거리
- 코카 박물관
- 마녀 시장
- 란사 시장
- 후안 데 바르가스 박물관
- 무리요 박물관
- 리토랄 박물관
- 황금 박물관
- 악기 박물관
- 무리요 광장
- 킬리킬리 전망대

산 프란시스코 성당 Iglesia San Francisco

16세기 바로크 건축양식으로 지어진 이 성당은 볼리비아의 대표적인 성당이다. 금빛으로 치장된 성당 대예배당의 모습 또한 아름답다. 특히 교회 앞 광장 Plaza San Francisco은 수많은 예술가들이 모여 그림을 전시하기도 하고, 공연을 펼치기도 하는 장소로 이용되며 만남의 장소로도 이용된다.

🚶 이 성당 좌측 오르막길로 난 길인 사가르나가 거리는 여행사, 식당, 저렴한 숙소 등이 몰려있는 여행자 거리로 형성이 돼있고 큰길 건너 맞은 편에는 메인 광장인 무리요 광장과 소규모 박물관들이 모여있는 곳이라 이곳에서 도보 여행의 시작점을 잡으면 어느 곳이든 이동이 수월하다.

산 프란시스코 성당

산 프란시스코 박물관 Museo San Francisco

성당 우측에는 당시 수집된 그림들과 각종 종교 용품 등을 전시해 놓은 산 프란시스코 박물관이 있어 관심있는 여행자라면 방문해보도록 한다.

👣 산 프란시스코 성당 좌측편을 따라 난 길로 걸어 올라가 보자. 이 거리가 라파즈의 여행자 거리라 불리는 사가르나가 거리다.

사가르나가 여행자 거리 Calle Sagarnaga

여행자들을 위한 숙소, 식당, 여행사, 쇼핑점 등이 모여 있는 거리다. 산 프란시스코 성당에서 오르막길로 라파즈 센트로 지역의 중심도로 중 하나인 얌푸 거리 Av. Illampu를 만나기까지 이어진 이 길에서 여행자들은 숙소를 찾아 기웃거리기도 하고 쇼핑점에서 흥정도 하며 각종 투어를 신청할 수도 있다.

👣 얌푸 거리를 만나기 전 좌측 편으로 나 있는 리나레스 Linares 길로 들어가서 10여 미터를 걷다보면 오른쪽 편 성문 같이 생긴 입구 안쪽에 작은 나무 간판으로 COCA MUSEO라고 써져 있는 간판을 만날 수 있다.

산 프란시스코 박물관

◉ Open 월~토 09:00~18:00

🎫 성인 20B.s
  국제학생증 지참 시 15B.s
  12세 미만 아동 5B.s

TIP 등산용품 구입을 원할 때는 얌푸 Av.Illampu 거리로!

얌푸 거리에는 여행사들과 식당들도 있지만 등산용품을 저렴하게 판매하는 가게가 많다. 정찰제이지만 흥정도 가능하니 필요한 용품이 있다면 구입해보자. 다른 남미에 비해 가격이 저렴하다. 단, 가짜도 섞여있으니 잘 확인하고 구입하자.

사가르나가 여행자 거리

⌂ Calle Linares906
📞 591 2 2311998
🕐 Open 월~금 10:00~18:00
💵 10B.s

코카 박물관

코카 박물관 Museo de coca

코카 잎의 역사와 기록들을 한자리에서 볼 수 있는 작은 박물관으로 한 번쯤 들러볼 만하다. 세계적으로는 향정신성 식품으로 분류돼 일반적인 거래가 불가능하지만 볼리비아 사람들에게 없어서는 안 될 중요한 수입원 중 하나인 코카 잎의 역사와 기록들을 한자리에서 볼 수 있는 작은 박물관이다. 입구의 간판이 크질 않아 지나치기 쉬우니 유의하며 내부의 사진 촬영은 안 되니 참고하자.

> **TIP** **La hoja de coca, no es Droga! (코카 잎은 마약이 아니다.)**
>
> 코카 잎은 안데스 지방을 중심으로 약 3,000년 전부터 종교의식, 차, 화폐, 약재 등 다방면에 사용해왔으며, 고된 농사 시 농민들이 배고픔을 잊기 위해 씹는 일상생활의 일부로 사용해 왔다. 코카 잎 성분 중 각성제 성분이 함유 되어 국제평화연합기구 유엔이 정한 향정신성 식품으로 분류되 사용금지 처분을 받은 데 반발해 볼리비아는 2011년 기구에서 탈퇴한다. 이후 유엔이 코카 잎을 생활에서 씹거나 차로 사용하는 전통방식을 인정하자 2013년 재 가입하는 일도 있었다. 코카인의 주원료로 사용되어 논쟁의 소지는 있지만 볼리비아 사람들은 항상 'La hoja de Coca, no es Droga! 라고 이야기한다.

🚶 왔던 길을 되돌아 사가르나가 거리를 건너 한 블록 이동하면 길 양쪽으로 라마 새끼를 비롯해 각종 향신료 등 음산한 분위기의 재료들을 파는 시장이 나온다.

마녀 시장

마녀 시장 Mercado de las Brujas

파는 재료들의 기괴하고 음침한 모습 때문에 마녀 시장이라는 이름이 붙었지만 사실 이 재료들은 대지의 신 파차마마에게 제사를 지내거나 주술사들이 미래의 길흉을 점치는 데 이용하는 재료들을 파는 주술 시장이다. 대지의 신이자, 시간을 지배하는 신임과 동시의 농사의 수확을 결정하는 신으로 아주 오래전부터 섬겨왔으며, 볼리비아 사람들은 항상 수확철이나 큰 일을 앞두고 파차마마의 신께 공양을 하거나 주술사를 불러 길흉을 점치곤 한다. 이 때 라마나 위폐, 자신의 용품 등을 술과 함께 태우며 타 들어가는 모습의 형태로 주술사들이 길흉을 결정한다고 한다.어쩌 보면 섬뜩하지만, 오래 전 안데스 전통 종교 방식의 명맥을 이어오고 있는 산 증거가 되는 시장이라 할 수 있다. 주인에게 정중히 요청하면 찍으라고 허락해 주는 경우가 있지만 일반적으로 사진을 찍는 것은 금하는 경우가 있으니, 꼭 물어보고 사진을 찍도록 하자.

🚶 산 프란시스코 광장으로 다시 내려와 성당을 등지고 좌측을 보면 3층 규모의 넓게 자리한 건물이 있다.

란사 시장 Mercado Lanza

과거 노천 재래시장을 현대식으로 탈바꿈시켜 정돈이 잘 되어있는 재래시장이다. 특히 이곳 2~3층은 아주 저렴한 가격으로 점심식사를 해결할 수 있는 작은 식당들이 가득 차 있어 점심시간에 이곳을 이용하면 다양한 종류의 식사를 골라 해결할 수 있다. 큼지막한 핫도그나 샌드위치부터 살테냐, 고기와 밥 그리고 야채가 한 접시에 나오는 메뉴 등 다양한 음식들을 10~20B.s 사이의 가격으로 먹을 수 있어 현지인들에게도 인기가 많다. 또한 신선한 과일을 바로 믹서에 갈아주는 가게가 많으므로 이용해보는 것도 좋다. 주스의 가격은 7~15로 다양하다.

라파즈 과일주스

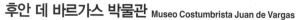 산 프란시스코 광장 앞 큰 길을 건너 지도를 보고 하엔거리 Calle Jaen를 찾아가보자. 그곳에는 각종 작은 박물관들이 밀집해 있다.

후안 데 바르가스 박물관 Museo Costumbrista Juan de Vargas

볼리비아 역사를 미니어처로 전시해 놓은 박물관이다. 스페인 정복자들에게 저항하다 처참한 죽음을 맞이한 투팍카타리의 처형 장면, 무리요 장군의 1809년 7월 16일 독립혁명 등을 미니어처로 아주 자세하게 묘사해 놓았다. 사진촬영은 불가.

후안 데 바르가스 박물관

- Av. Sucre, Plaza Riosinho
- 591 2 2280758
- Open 화~금요일 09:30~12:30, 15:00~19:00, 토~일요일 09:00~13:00
- 4B.s

무리요 박물관 Museo Casa de Murillo

1809년 7월 16일 볼리비아 혁명을 지휘했던 무리요 Don Pedro Domingo Murillo의 집으로 빨간색 건물 외관 2층 모서리에 튀어나온 목재 발코니가 인상적인 집이다. 내부는 총 5개의 섹션으로 분류했으며 생전 사용했던 가구들과 용품들, 여러가지 종류의 수집품들을 볼 수가 있으며 19세기에 지어진 식민지 건축양식의 화려함을 대표적으로 보여주는 집이다.

무리요 박물관

- Calle Jaen 790
- (591 2)2280758
- Open 화~금 09:30~12:30, 15:00~19:00, 토~일 09:00~13:00
  Close 월요일
- 10B.s

후안 데 바르가스 박물관

무리요 박물관

⌂ Calle Jaen 789
☎ (591 2)2280758
◷ Open 화~금 09:30~12:30,
15:00~19:00, 토~일 09:00~13:00
Close 월요일
🎫 4B.s

리토랄 박물관 Meseo del Litoral Boliviano

1978년에 설립된 박물관으로 1879년 칠레와의 전쟁 역사를 볼 수 있는 곳이다. 실물 크기로 제작된 당시 군사의 모습과, 전쟁으로 인해 바다가 있던 영토를 빼앗기기 전 볼리비아의 영토를 보여주는 지도 등을 볼 수 있다.

리토랄 박물관

⌂ Calle Jaen 777
☎ (591 2)2280758
◷ Open 화~금 09:30~12:30,
15:00~19:00, 토~일 09:00~13:00
Close 월요일
🎫 10B.s

⌂ Calle Jaen 711
☎ (591 2)2408177
◷ Open 월~일 09:30~13:00,
14:00~18:30
🎫 5B.s

악기 박물관

황금 박물관 Museo de Metales preciosos

잉카 건국 이전의 유물들을 전시하고 있으며 특히 황금으로 된 당시 장신구와 유물들이 다수 전시 되어있어 황금 박물관이라 불린다. 잉카 이전부터 황금으로 된 장신구는 제사장과 통치자들만 착용했다고 전해지며 당시 그들이 섬겼던 태양과 동일시되는 금속으로 알려져 있다. 잉카제국 이전 티와나쿠 유적지에서 발굴한 태초의 신 비라코차 Viracocha를 형상화 한 황금 등이 유명하다.

🚶 하엔 거리와 박물관을 구경했다면 동쪽에 위치한 무리요 광장으로 이동해보자. 도보로 15분 정도 소요된다. 많은 사람들이 지나는 건물 사이로 이동할 때는 항상 소지품에 유의하자.

악기 박물관 Museo de Instrumentos Musicales de Bolivia

안쪽에 작은 정원이 있는 전형적인 콜로니얼 건물에 단아하게 총 2층 규모 8개의 전시장으로 구분해 안데스 전통 악기 등 다양한 종류의 악기들을 전시해놨다.
특히 입으로 부는 목관악기의 종류가 상당히 인상적이다. 만약 잉카의 전통 악기를 짧게나마 배워보고 싶다면 이곳에 요청하면 1시간에 50~60B.s 비용을 받고 가르쳐 준다.

무리요 광장

무리요 광장 Plaza Mulillo

라파즈의 메인 광장이다. 대성당과 대통령 궁, 국립미술관이 둘러싸고 있어
메인 광장다운 자태를 뽐낸다. 특히 이 광장은 비둘기떼가 많은 것으로 유명
해 새를 싫어하는 사람이라면 좋은 공간이 아닐 수도 있다. 항상 여행객과 현
지 사람들이 붐비는 곳이라 소지품 도난, 분실이 사건이 잦은 곳이므로 소지
품에 유의하도록 하자.

킬리킬리 전망대에서 바라본 라파즈 시내

무리요 광장을 봤다면 라파즈 시내를 한눈에 볼 수 있는 전망대가 동북쪽 1㎞ 거리에 있다. 다만 전망대인 만큼 오르막이 가파르므로 여유를 두고 천천히 이동하도록 하자.

킬리킬리 전망대 Mirador Killi Killi

오르는 길이 만만하지는 않지만 라파즈의 시내를 한눈에 내려다 볼 수 있는 최적의 장소다. 산꼭대기까지 촘촘히 집들이 박혀있는 라파즈 도시의 풍경이 인상적이다. 특히 이곳에서 바라보는 야경은 라파즈 풍경의 백미로 손꼽힌다. 다만 해가 진 이후엔 치안이 좋지 않으므로 혼자서 가기 보다는 반드시 2~3명 동행해 이동하는 편이 바람직하다. 시내에서 이곳까지 택시로도 이동이 가능하며 요금은 8~10B.s이면 적당하다.

하자! ACTIVITIES

라파즈 근교에는 평소 우리가 접하지 못했던 지형들과 고산, 설산의 멋진 풍광들을 만날 수 있는 투어들이 있다. 대부분 라파즈 시내에서 멀리 떨어지지 않아 반나절 코스로 진행이 가능하며, 몇개를 묶어 하루 코스로 진행해도 좋다. 다만 투어 지역 대부분이 라파즈 보다 높으므로 고산병이 오지 않도록 체력적인 안배를 잘 하도록 하자.

달의 계곡 투어 Valle de la luna

풀 한포기 나지 않는 신비한 지형으로 그 모습이 흡사 달 표면과 비슷하다고 해서 이름 붙여진 이 계곡은 그 크기는 작지만 풍경은 신비롭다. 달의 계곡 투어는 라파즈의 시티 투어 버스로 편리하게 다녀올 수 있다. 센트로의 카톨리카 플라자에서 버스를 탑승해 조나수르 Zona sur 지역에 위치한 달의 계곡을 다녀오는데 약 1시간30분 소요되며 달의 계곡에 내려 30분 정도 자유시간 후 다시 시내로 돌아오는 코스다.

📋 1day pass 60B.s
◎ 출발 월~일 10:30, 13:30 2회
www.lapazcitytour.net

> **TIP**
> ### 달의 계곡 개인이 다녀올 시
> 입장료 15B.s / 월~금 09:00~16:00
> 샌프란시스코 성당-달의 계곡 교통 택시 편도 30B.s~40B.s / 30분 소요 버스 편도 3B.s 40분 소요

차칼타야 투어 Chacaltaya

차칼타야는 해발 5,300m에 위치한 세계에서 가장 높은 곳에 위치한 리프트 스키장이 있던 곳이다. 지구 온난화로 인해 이곳의 만년설이 거의 없어져 이제는 운영을 안 하지만 주변 풍광이 너무나 아름다워 반나절 투어로 이곳을 찾는 사람들이 많다.
투어는 대부분 이침 8시에 시작되며, 차칼타야 전망대(5,300m)까지 차량으로 이동해 주변 풍광을 감상하고 해발 6,000m에 이르는 봉우리를 올라갔다 오는 5시간 짜리 투어다. 이 투어의 경우 해발 5,000m를 넘어 6,000m까지 올라가는 투어기 때문에 고산병이 오기 쉬우므로 투어 선택에 신중을 기하자. 고산병이 걱정되는 여행자라면 과감하게 포기하는 것이 좋다.

데쓰로드 바이크(자전거) 투어

세계에서 가장 위험한 도로로 이름나 있는 융가스 도로를 바이크를 이용해 내려가는 짜릿한 투어다. 취급하는 여행사가 보유한 자전거의 상태와 장비, 이동 차량 등에 따라 가격 차이가 다르니 반드시 비교 후 결정하도록 하자. 가파른 내리막길을 내려가는 투어이므로 체력에 무리가 없어야 하며, 자전거의 상태가 안전을 책임지므로 비용이 조금 비싸더라도 자전거의 상태가 좋은 여행사를 택하는 것이 바람 직하다.

📋 450B.s~800B.s 바이크 및 장비 상태, 팀 당 인원 수 제한 등에 따라 요금 차이 있음
　바이크, 안전 헬멧, 장갑, 간식 및 식사, 왕복 차량, 안전 가이드
　불포함 사항 데쓰로드 이용료 15B.s
　필수 준비 사항 에너지 보충용 간식, 모기약, 선크림, 선글라스, 추위에 대비한 재킷 등

데쓰로드 바이크 투어 기본 일정

- 07:00 호텔 픽업
- 차량으로 La cumber(해발 4,700m)까지 이동(약 1시간30분 소요)
- 바이크 & 장비 인수 및 착용 후 아스팔트 길 다운힐 주행 시작(약 1시간 주행)
- 휴식지에서 간식 먹고 휴식
- 휴식 이후 비포장 도로 다운힐 주행(약 3시간 주행)
- 늦은 점심 후 라파즈로 귀환
- 16:00 라파즈 도착 후 해산

TIP 바이크 투어 시 Black fly 조심!

휴식 하거나 점심식사 시간 등 휴식할 때 자신도 모르게 피를 빠는 Black fly 에게 물려 1~2주 동안 극심한 가려움에 고생하는 여행자들이 많다. 크기가 작아 눈에 잘 띄지 않기 때문에 더 유의해야 하며, 이에 대비해 출발 전 모기기피제 등을 준비해가는 것이 좋다.

촐리타 레슬링 Cholita Wrestling

어릴 적 프로레슬링을 보며 자란 세대 들에게는 향수를 불러 일으키며, 그런 경험을 해보지 못한 젊은 여행자들에게는 약간은 충격적일 수 있는 엔터테인먼트가 바로 라파즈 근교의 한 경기장에서 매주 일요일마다 진행되는 전통 레슬링이다. 촐로 Cholo라는 말은 사전적인 의미로는 유럽계 백인과 원주민과의 혼혈 남자를 뜻하지만, 현재 남미에서는 통상적으로 원주민 남자를 친근하게 부를 때 사용한다. 이 단어의 여성형이 Chola인데 Cholita는 축소 혹은 좀 더 귀엽게 표현 한 것이다. 촐리타 레슬링은 말그대로 원주민 여성들의 레슬링이다. 우스꽝스러운 복장으로, 때론 평상복 그대로 입고 나와 펼치는 경기는 다소 과장되고, 선과 악이 뚜렷해 선이 이긴다는 진부한 스토리로 진행되지만 그런 어설픈 내용들이 이 레슬링의 매력이다. 더욱 재밌는 것은 여자들끼리의 경기도 있지만 주로 촐리따들은 남성을 상대해 항상 승리를 쟁취하는데 이는 과거 볼리비아의 가부장제도에서 억압된 여성들의 분을 해소하는 의미로 해석된다.

🏠 Multifuncional de la Cejade El Alto
📋 여행사에서 투어로 진행되며, Vip좌석(제일 앞자리)입장료, 콜라, 팝콘, 기념품, 왕복 차량이 포함된 가격으로 일괄적으로 100~170B.s에 판매하고 있다.
🕐 투어 및 관람 14:00~20:00

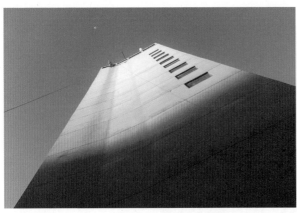

어반 러쉬 Urban Rush (www.urbanrushbolivia.com)

라파즈에서 특별하고 짜릿한 즐길거리를 찾는다면 어반 러쉬에 도전해보자.
샌프란시스코 광장 앞 대로 맞은편에 위치한 프레지던트 호텔 17층에서 로프를 잡고
거꾸로 50m를 내려오는 아찔한 액티비티다. 호텔 17층으로 올라가 안전요원의 교육을
받고 꼭대기에 몸을 맡기면 라파즈 시내가 한눈에 들어온다.
로프에 몸을 의지한 채 매달려 건물 6층 높이까지 내려가다 마지막엔 자유낙하로
착지지점까지 점프해 내려오는 액티비티다. 스파이더맨 복장 같은 코스튬 복장도
구비하고 있으니 마음에 드는 복장을 입고 시도해보는 것도 좋다.
진행요원이 사진을 찍은 후 자사 페이스북 페이지에 사진을 날짜 별로 정리해
올려놓으니 이용하자.
(www.facebook.com/urbanrushworldwide)

어반 러쉬

⌂ #920 Calle Potosi(Hotel Presidente 17층)
예약 사무실
#940 Linares (Between Sagarnaga & Tarija)
☎ 전화 591-2-2310218
591-7-6297222
▤ 1회 150B.s / USD 22
2회 200 B.s/ USD 29
추가 1회당 70 B.s / USD10
◎ 이용시간 월~금 13:00~17:00

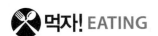

먹자! EATING   Bs 20~35 Bs Bs 35~100 Bs Bs Bs 100~

사가르나가 거리를 중심으로 반경 4~5블록 안에 음식점들이 밀집해 있다. 얌푸 거리에도 식당들이 있으니 식사를 하기엔
무리가 없다.

The Steakhouse Bs Bs~ Bs Bs Bs

2009년 오픈 해 관광객들에게 인기를 얻은 스테이크하우스
집이다. 볼리비아 문화상 피가 흐르는 고기를 안 먹는 것이
일반적이라 스테이크 다운 스테이크집이 없었는데 이집은 미국
정통 스테이크집과 같이 두꺼운 고기를 사용해 본인 취향에 맞게
굽는 정도를 요청할 수 있다. 스테이크를 시켰을 때 함께 나오는
프랜치프라이 또한 상당히 맛이 좋다. 메인 스테이크 요리의 경우
소스를 취향에 따라 변경할 수도 있다. 잭다니엘 스테이크 Jack
Daniels Steak 300g가 가장 인기가 좋은 메뉴다.
⌂ Tarija 243B ☎ 591 2 2310750

Paceña La Salteña 센트로점 ^{Bs}

산 프란시스코 성당 앞 메인도로를 따라
우측으로 1km정도 내려가면 만날 수 있는
살테냐 체인점. 라파즈에만 4개의 체인점이
있을 정도로 유명한 곳이며 오후에는 문을
열지 않으니 유의하자.
볼리비아 살테냐 체인점의 맛을 느낄 수
있는 곳.

- 🏠 Loayza 233 Edif. Mcal. de Ayacucho
- 📞 591 2 2202347
- 🕐 Open 매일 08:30~14:00

Cafe Torino ^{Bs~Bs Bs}

무리요 광장에서 두 블록 떨어진 Torino
호텔에서 운영하는 레스토랑으로, 콜로니얼
파티오가 유명한 이 호텔의 분위기를
마음껏 느낄 수 있는 장점이 있다. 저렴한
가격에 점심식사를 하기 좋은 곳.

- 🏠 Socabaya 457
- 🕐 Open 월~금 07:00~23:00, 일
  07:00~15:00
- 📞 591 2 240 6003/7456

Kalakitas Food n' Drinks ^{Bs Bs}

여행자 거리인 Sagarnaga 거리에 있는
멕시코 음식 전문점.
의외로 멕시코 칵테일인 마가리타와 한 끼
식사로 충분한 멕시코 전통음식 부리또가
맛있다.

- 🏠 Sagarnaga 363
- 📞 휴대폰 591 77560770

Mozzarella Pizza ^{Bs~Bs Bs}

피자의 맛과 양이 가격대비 훌륭하다.
포장도 되므로 숙소에 가져가서 먹어도
된다.

- 🏠 Illampu757
- 📞 591 222459146
- 🕐 Open 매일 11:30~23:30

Tambo Colonial ^{Bs Bs}

로사리오 호텔에 있는 레스토랑으로
가격대비 음식의 질이 뛰어나다. 알파카
스테이크와 각종 수프의 맛이 괜찮은 곳.
Hotel Rosario

- 🏠 Illampu 704
- 📞 591 2 2451658

Donato's Cafe ^{Bs}

라파즈에는 의외로 커피의 맛이 괜찮은
곳이 많은데 이곳 또한 여행자 거리에
위치하고 있으면서 커피 맛이 뛰어난 곳.

- 🏠 Calle Sagarnaga Esquina Murillo
- 📞 591 2 2314200

Corea Town ^{Bs Bs~Bs Bs Bs}

라파즈의 유일한 한국식당이다. 오래 전 얌푸 Illampu 거리
위쪽 재래시장에서 김치찌개 장사로 시작해 지금의 가게로
이사해 자리 잡았다. 김치찌개가 이 집 주 메뉴이며 해물짬뽕과
된장찌개도 인기가 좋다. 하지만 현지에서 배추를 구하지 못할
경우 양배추로 김치를 담가 김치찌개를 못 먹을 수도 있다.
한류열풍을 타고 현지인 손님도 많은 편이다. 택시를 타고 주소를
말하기 보다는 'Ministerio de Educacion'이라고 이야기하면 금방
알아듣는다. 코리아타운은 바로 맞은편에 위치하고 있다.
산 프란시스코 성당 기준 10~15Bs 20분 소요.

- 🏠 Av. Arce 2132
- 📞 (591 2)2441979
- 🕐 Open 월~토 12:00~15:00, 18:00~22:00

🛏 자자! ACCOMMODATIONS

라파즈 여행자 거리인 사가르나가 Sagarnaga 거리와 윗쪽 도로인 얌푸 Illampu 거리에 묶을 수 있는 저렴한 숙소가 많다. 멀리 떨어진 신도시에 4~5성급 이상의 고급 숙소들이 있으나 관광지와 거리가 멀기 때문에 추천하지 않는다.

Hotel Rosario  Bs Bs Bs

티티카카 호수와 라파즈 두 곳을 운영하는 체인 호텔로, 콜로니얼 형태의 오래된 집을 개조해 만든 숙소로 아늑하다. 오래된 집을 개조, 변형 했기 때문에 방들이 미로처럼 나뉘어져 있지만 이것 또한 이 호텔의 매력이다. 저녁에 운영 하는 레스토랑 또한 가격대비 맛이 괜찮다.

🏠 Illampu 704 📞 591 2 2776286/2451658

La Casona hotel Boutique Bs Bs Bs

구도시에서 좀 더 럭셔리한 숙소에 묵고 싶을 때 괜찮은 숙소로 콜로니얼 형태의 시설을 아주 잘살렸다. 어메니티와 각종 호텔 서비스의 대부분이 구비 돼 있으며, 시설 또한 구도시에서는 가장 좋은 편이다.

🏠 Av. Mariscal Santa Cruz 938
📞 591 2 2900505

Estrella Andina Bs Bs

저렴하게 더블룸을 이용할 수 있는 곳으로, 이곳 테라스에서 라파즈 구도시의 야경을 맛 볼 수 있다. 겉으로 보기엔 단촐 하지만 로비와 방마다 그려놓은 형형색색의 그림들이 인상적인 곳.

🏠 Illampu 716 📞 591 2 2456421

Hotel Fuentes Bs

여행자 거리인 Sagarnaga에서 한 블록 정도 들어간 곳에 위치하고 있어 상대적으로 조용한 것이 장점이다. 숙소의 상태도 청결을 유지하고 있다.

🏠 Calle Linares 888 (Entre Sta Cruz y Sagarnaga)
📞 591 2 2334145

Hostal Maya Inn Bs

저렴하게 이용할 수 있는 숙소로 숙소의 질은 좋지 않지만 위치가 좋아 많은 여행자들이 애용하고 있다.

🏠 Sagarnaga 339 📞 591 2 2311970

Hotel Las Brisas Bs Bs

얌푸 Illampu 거리에 있는 3성급 숙소로 청결함을 유지하고 있으며, 다른 동급의 숙소에 비해 아침식사가 푸짐하게 나온다.

🏠 Illampu 743 📞 591 2 2463646

Hostal Naira Bs

외국인 여행자들이 주로 애용하는 숙소로 조금 시끄럽지만 세계 여행자들과 친구가 되기에는 좋은 숙소.

🏠 Sagarnaga 161
📞 591 2 2311214

Sajama Hotel Bs Bs

얌푸 Illampu 거리에 있는 숙소로 레스토랑을 겸하고 있다. 저녁식사 메뉴는 가격대비 괜찮으며, 방 상태도 청결함을 유지하고 있다.

🏠 Illampu 775 📞 591 2 2453302

Hotel Sagarnaga Bs Bs

사라르나가 거리에 있는 저렴한 숙소로 약속장소로 잡기 좋을 만큼 위치가 좋다. 시설은 오래되었지만 일하는 직원들이 친절한 편이다.

🏠 Sagarnaga326
📞 591 2 2350252

RURRENABAQUE

루레나바케

태초의 숨소리를 그대로 간직한 아마존, 그 안에 소박한 모습으로 놓여진 작은 마을

TV를 통해 즐기는 아마존의 멋진 석양과 동·식물 등 원시 자연환경은 멋지지만, 실제로 그 멋진 광경을 만나기 위해선 열악한 자연환경과 수많은 벌레를 먼저 맞서야 할 수도 있다. 원시림에 위치한 롯지들은 도시의 호텔들과는 시설면에서 열악한 것이 사실이다. 하지만 이런 불편함을 감수하고 수많은 여행자들이 열대 우림을 찾아 아마존 투어를 하는 것은 그 어떤 풍경과 견주어 비교 불가능한 원시 그대로의 자연풍광과 날 것 그대로의 동·식물들을 만날 수 있기 때문이다. 아마존 지류인 Beni강을 끼고 있는 루레나바케는 이런 모든 조건을 갖추고 있는 도시이며, 다른 남미의 아마존과 비교해 투어 비용이 저렴해 많은 관광객들이 찾는 곳이다.

루레나바케 드나들기

볼리비아의 수도 라파즈에서 루레나바케로 가는 버스와 항공편이 있다.

루레나바케 드나드는 방법 01 항공

아마스조나스 Amazonas(www.amaszonas.com) 항공에서 라파즈 El Alto 국제공항을 거점으로 하루 최대 6회 왕복 운행한다. 요금은 USD90~110으로 비싼 편이지만 30분 만에 날아간다는 장점이 있다. 우기인 12~2월의 경우 루레나바케 날씨가 변동이 심해 항공기 결항이 잦으므로 유의하자.

아마스조나스 항공 외 탐 공군 항공기가 있지만 주 3~4회 오전 1편씩 비정규적으로 운행하기 때문에 악천후 등으로 비행기가 취소되면 꼼짝 없이 2~3일을 기다려야 한다. 때문에 시간이 돈인 여행자들은 상대적으로 운항 횟수가 많아 변수에 대처하기가 쉬운 아마스조나스 항공을 이용한다. 탐 공군 항공은 자체 공군 공항을 이용한다.

여행자 거리에서 가까운
아마스조나스 사무소

☎ Av. Saavedra 1649

☏ (591) 2 2220848

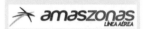

 우기 때 첫 비행기는 지연될 확률이 높다!!

12~2월 우기 시즌 루레나바케로 가는 첫 비행기는 대체로 지연될 확률이 높다. 왜냐하면 루레나바케 공항의 기상이 좋지 않기 때문이다. 아마존 우기의 경우 대부분 오전에 많은 비가 내렸다가 9~10시 이후 개이는데 루레나바케 공항은 공항 사정이 열악하므로 비가 내리면 비행기가 착륙하기 힘들어서 지연시키는 경우가 많다.

루레나바케 드나드는 방법 02 버스

버스의 경우 18~22시간 정도 걸리며 요금은 100~180B.s로 비행기로 이동하는 것 보다는 훨씬 저렴하다. 루레나바케행 버스는 메인 터미널이 아닌 코로이코 방면에 위치한 Villa Fatima 지역 버스터미널에서 출발한다. 따라서 택시를 타고 터미널로 이동할 때 꼭 'Bus terminal de Villa fatima'라고 이야기해야 한다. 15~20B.s로 시내에서 터미널까지 이동할 수 있으며 시간은 20~25분 정도 소요된다. 현재 Flota Yunguena, Turbus Totai가 하루 2회 혹은 1회 운행하고 있으며 매일 오전 11시 경 출발하지만, 사람이 다 차야 출발하므로 12시가 넘어 출발하는 때도 많으므로 여유를 가지도록 하자. 버스의 상태는 두 회사 모두 좋지 않지만, Flota Yunguena가 회사의 규모도 조금 더 크고 상대적으로 양호한 편이다.

 라파즈-루레나바케 구간은 상당히 불편하고 위험하다!

남미 여행자들에게 가장 힘들고 위험했던 버스 이동 구간이 어디냐 물어보면 다들 '라파즈-루레나바케' 구간을 꼽을 정도로 이 길은 상당히 불편하고 위험한 구간이다. 열악한 시내버스로 20시간 이상을 비포장도로로 달리는 것은 고역이다. 비용이 들더라도 비행기를 타고 이동하는 것을 추천한다. 만약 버스를 이용해야 한다면 12~2월 우기 만큼은 피하도록 하자. 우기의 경우 비가 많이 내려 길이 유실되 위험하거나 토사로 인해 수 시간 이상을 길에서 더 허비해야 할 수도 있기 때문이다.

루레나바케

Rio Beni

Alojamiento
Jislene

Calle La Paz

Avaroa

Comercio

Beni St

Junin

Calle La Paz

● 루레나바케 병원

Avaroa

Junin

Beni St

Comercio

Aniceto Arce

Calle Busch

Banana club
(현지인 디스코텍)

Calle Pando

Indigena
tours

Residencial
Japon

Junin

Jaguartour

Santa Cruz

Mercado municipal

TAM●

Calle Bolivar

Calle Pando

아마조나스 항공

Flecha

Banco Union●

유대교 성당

Pimienta
y canela

Calle Busch

Vaca Diez

Avaroa

ⓘ
투어 인포메이션

Monkey's bar

French
Bakery

Hostal
rurrenabaque

Calle Campero

Avaroa

Santa Cruz

Rio Beni

Comercio

Calle Campero

Calle Busch

Vaca Diez

Hostal
El Lobo

Avaroa

N

보자!

긴 도로 폭이 1㎞가 채 안되는, 도시라 불리기엔 너무나 작은 마을이다.
마을에 아스팔트로 된 포장도로는 없으며, 시멘트 길이거나 진흙으로 된 비포장 도로가 대부분이다. 마을에서 할 것을 찾기란 사실 어렵다. 몇 개의 노점 식당, 아마존 투어를 진행하는 10개 남짓한 여행사, 노천 바 및 여행자들을 대상으로 한 식당과 토산품점 등이 여행자가 즐길 전부다.

하자! ACTIVITIES

이곳을 찾은 여행자는 전부 아마존 투어에 참가하기 위해서다. 일명 '팜파스 투어'로 불리는 2박 3일 투어를 가장 많이 신청한다. 여행사마다 약간의 차이는 있지만 아래와 비슷한 여정으로 움직인다.

팜파스 2박 3일 투어 기본 여정

첫째 날

- 오전 9시 경 루레나바케에서 4×4 차량으로 약 3시간 떨어진 산타로사 마을로 이동.
- 마을에서 점심식사 후 배를 타고 정글의 롯지로 들어가는 3~4시간 동안 강 주변의 동·식물 등을 관찰.
- 롯지에 도착하면 숙소를 배정받고 휴식.
- 휴식 후 일몰 시간에 맞춰 배를 타고 나가, 아마존강으로 떨어지는 일몰을 감상.
- 저녁 식사 후 모든 동·식물들이 깨어나는 밤에 배를 타고 나가 관찰.

둘째 날

- 아침식사 후 고무 부츠를 신고 아나콘다 등 정글 동물을 찾으러 가는 투어를 진행
- 돌아와 점심식사 후 휴식
- 오후에 배를 타고 분홍돌고래를 찾으러 가는 투어를 진행 이때 아마존강에서 수영을 즐길 수도 있음.
- 저녁식사 후 휴식
  ※ 기상 및 사정에 따라 둘째 날 오후 일정과 셋째 날 오전 일정을 바꿔 진행 할 때도 있다.

셋째 날

- 오전 아마존강에서 피라냐 낚시
- 돌아와 점심식사 후 휴식
- 루레나바케로 귀환

2박 3일 여정 비용

여행사별로 조금씩 다르나 저렴한 투어는 600~1,000B.s, 롯지 및 이동차량의 퀄리티가 상대적으로 좋은 투어의 경우는 1,200~2,000B.s로 금액이 다양하다. 포함/불포함 사항의 경우 퀄리티 차이는 있지만 대부분의 여행사가 대동소이 함.
포함 사항 전일정 교통수단(4×4, 모터카누), 롯지 숙박, 전 일정 가이드, 식사와 간식, 투어 시 물, 장화
불포함 사항 Santa Rosa Municipal Park 입장료 150B.s, 여행보험(선택), 첫날 아침과 마지막 날 저녁, 이 외 포함사항에 언급되지 않은 모든 것

TIP
연말엔 투어 출발 안해요!
대부분의 여행사가 12월 31일, 1월 1일에는 투어 출발을 하지 않으니 날짜 체크를 하고 해당 여행사에 문의 후 예약하자.

필수 준비 사항
간단한 개인 세면도구, 벌레에 대비한 얇은 긴 팔 상 하의, 모기약, 모기향, 기타 상비약, 수영복, 투어 기간 동안 먹을 간식

팜파스 투어 여행사

여행사 선택 시 포함 사항과 일정은 거의 비슷하다. 차량과 2박 동안 묵을 롯지의 시설 등에 따라 요금이 차이가 나므로 반드시 여행사들을 비교해 결정하도록 하자. 여행사에서 보유한 사진과 후기 등도 참고하면 좋다.

팜파스 투어

팜파스 투어

Flecha 플레차 투어

히브리어를 구사하는 가이드가 있어
이스라엘 여행자들이 거의 독점으로
이용하는 여행사다.
투어 비용은 다른 여행사와 비교해
저렴한 수준이다.

⌂ Av. Avaroa y Santa Cruz
☏ 핸드폰 (591) 73509024/71122080
www.flecha-tours.com/rurre.html)

Jagua rtour 하구아 투어

Eco Cabin USD245 / Vip Cabin USD295로 투어
요금이 비싼 편이나 롯지 시설이 상대적으로 좋은
편이다.
Vip Cabin의 경우 전용 화장실과 뜨거운 물이 나온다.
오전 비행기로 도착 시 공항에서 무료로 픽업해 바로
투어 진행이 가능하기도 하다.

⌂ C. Avaroa between C. Pando and Av. Santa Cruz
☏ (591) 38922865, 핸드폰 (591) 73705600
www.jaguar.lobopages.com

Indigena tours 인디헤나 투어

루레나바케Rurrenabaque
⌂ Calle Avaroa between Calle Aniceto Arce and
   Calle Pando
☏ (591) 3892 2091

라파즈 La Paz
⌂ Calle Sagarnaga 380
☏ (591) 22110749
www.indigenatours.com

🍴 먹자! EATING

Bs 7~20 Bs Bs 20~35 Bs Bs Bs 35~

너무나 작은 마을이라 식당이 별로
없다. 로컬 식점 몇 개와 피자를 파는
식당 그리고 노천 바 몇 개가 이 마을
의 전부다.

Pimienta y canela ᴮˢ

점심에만 문을 여는 볼리비아 전통
음식점으로 15Bs 정도의 저렴한
가격으로 매일 다른 점심메뉴를
제공한다. 현지인들에게 특히 인기가
많다.
- 🏠 Santa Cruz between Bolivar and
  Avaroa

재래시장
Mercado Municipal ᴮˢ

점심시간에 방문하면 5~7Bs 정도의
아주 저렴한 가격으로 간단한
점심메뉴를 먹을 수 있다.
시장에 들러 과일 및 생필품을 구입 후
식사를 하고 나오면 좋다.
- 🏠 지도 확인

French Bakery ᴮˢ ᴮˢ

오전 7~8시에 오픈. 오전에만 문을
여는 빵집이다. 패스트리 종류의 빵이
달콤하고 맛이 괜찮다. 커피와 함께
저렴한 가격에 아침식사를 하기 괜찮은
곳이다.
- 🏠 Vaca Diez between Bolivar and
  Albaroa

Monkey's bar ᴮˢ ᴮˢ ᴮˢ

오후 7~9시 사이 Happy hour에
방문하면 조금 저렴하게 즐길 수 있다.
이 집의 피자와 파스타가 먹을만하다.
가격은 다른 로컬 식당에 비해 비싼
편이다.
- 🏠 Avaroa between Santa Cruz and
  Vaca Diez

🛏 쟈쟈! ACCOMMODATIONS

Bs 10~15 Bs Bs 15~30 Bs Bs Bs 30~

10불 미만으로 묵을 저렴한 숙소들은 많은 편이나 시설은 대부분 비슷하다. 지
역 환경과 더불어 여행자들의 대부분이 팜파스 투어를 나가 롯지에서 시간을 보
내고 다시 돌아가는 이유로 좋은 시설의 숙소는 찾기 힘들다.

Residencial Japon ᴮˢ

아주 저렴한 가격에 하루 정도 묵기
좋은 숙소.
- 🏠 Aniceto Arce, between German
  Busch and Bolivar

Alojamiento Jislene ᴮˢ ᴮˢ

공용 정원에 해먹이 있으며,
아주 간단하지만 아침도 준다.
- 🏠 CComercio between La Paz and
  Beni
- 📞 (591) 38922526

Hostal El Lobo ᴮˢ ᴮˢ ~ ᴮˢ ᴮˢ ᴮˢ

라파즈에도 숙소가 있는 체인 호스텔로 청결 상태가 다른 숙소에 비해 좋은 편이다.
- 🏠 Al final de la Calle Comercio | Pasando la Plaza 2 de Febrero
- 📞 La Paz office (591) 22457708/22456684 Lapaz office

Hostal
Rurrenabaque ᴮˢ ᴮˢ ~ ᴮˢ ᴮˢ ᴮˢ

2층 구조의 노란색 건물로 칠해져
있어 찾기가 쉽다. 작은 수영장이 딸린
실내 중앙 정원이 특징이며, 방 시설은
무난한 편이다. 숙박 시 조식을 뺀
요금을 제시할 경우가 있으니 조식
서비스가 포함인지 확인하자.
- 🏠 Vaca Diez S/N
- 📞 (591)38922481

포토시

세계에서 가장 많은 은을 품고 있는 하늘 아래 가장 가까운 도시,

'쎄로 리꼬!~ Cerro Rico', 달콤한 봉우리라는 이름의 산맥 속에 묻혀있던
엄청난 양의 은은 스페인 침략자들을 '포토시'라는 하늘 아래 가장 가까운
도시를 만들게 했다(해발 4,090m). 무분별한 채굴로 해발고도가 300m나
낮아진 '쎄로 리꼬'의 개미집 같은 탄광을 아직도 일터로 삼아 살아가고 있는
일꾼들의 거칠고도 고된 숨소리가 묻어나는 도시.

🚌 포토시 드나들기

4,000m가 넘는 곳에 위치한 포토시지만 공업도시이자 중부에 위치하고 있어 볼리비아 각 도시에서 버스가 드나든다.

> 주요 도시 소요시간 (버스)
> **라파즈** 약 11시간 | **오루로** 약 7시간 | **산타크루즈** 18~20시간 | **수크레** 약 3시간 | **우유니** 약 4시간

✈ 포토시 공항 Capitan Nicolas Rojas Airport

포토시 시내에서 북동쪽으로 약 10㎞ 떨어진 곳에 공항이 있지만 여행객을 실어 나르는 정규편은 없다.

🚌 버스터미널 Nueva Bus Terminal

다른 도시에서 출발한 버스 대부분은 새로 생긴 버스터미널에 도착한다. 시내에서 북쪽으로 약 5㎞ 떨어져 있는 버스터미널은 생긴지 얼마 되지 않아 크고 넓다. 버스터미널에 도착한 후 택시를 이용해 시내로 이동이 가능하다. 소요시간 약 10분, 요금 4~6B.s
구 버스터미널은 시내에서 북동쪽으로 약 2㎞ 떨어져 있다.

버스터미널

시내 교통

도시 중심의 경우 대부분 도보로 이동이 가능하며 택시를 이용한다면 도시 내 이동은 3B.s면 충분하다. 미크로 Micro로 불리는(1.5~2B.s) 승합 버스 및 합승 택시도 이용이 가능하지만 여행자가 이용하기엔 다소 복잡하다.

📷 보자!

포토시는 큰 관광도시는 아니다. 하지만 한때 최고의 은 광산으로 번영을 누렸던 곳인 만큼 당시의 화려한 과거를 보여주는 건축물들이 곳곳에 산재해 있다. 3~4시간 정도 걸어 다니며 포토시를 둘러보면 충분하다. 해발 4,000m가 넘는 도시인 만큼 고산병에 유의하며 느긋하게 다녀보자.

대성당 Catedral

1564년도에 준공해 1600년에 완공된 포토시의 메인 성당은 가장 볼리비아다운 모습의 성당이다. 19세기까지 붕괴와 재건축을 거듭한 신고전주의 양식의 대성당 내부는 과거 포토시의 번영을 반영하는 듯 화려하지만 지금은 새단장을 하느라 볼 수가 없다.

🚶 포토시 메인 광장인 Plaza 10 de Noviembre에 위치한 대성당 좌측으로 한 블록 옆에 화려한 양식의 건축물이 보인다.

추천 일정

- 🔴 대성당
- 🔴 볼리비아 국립 조폐국
- 🔴 산 로렌조 데 가랑가스 성당
- 🔴 산타 테레사 수녀원
- 🔴 코비하 아치건축물

대성당

🏠 Plaza 10 de Noviembre
🕐 Open 월~금 15:00~18:30,
개방시간은 행사 및 사정에 따라 수시로 조정될 수 있음

산 로렌조 데 가랑가스 성당

대성당

볼리비아 국립 조폐국

Casa national de Moneda (National Mint of Bolivia)

1753년부터 1773년까지 지어진 조폐국 건물은 남미에서 가장 아름다운 건축물로 꼽힐 만큼 정교하고 아름답게 만들어졌다. 17세기 한때 이곳 포토시에서 만들어진 동전이 볼리비아를 포함해 유럽 전체에서 통용됐을 정도로 이곳의 의미는 상당히 컸다고 한다. 지금의 볼리비아 동전은 캐나다와 칠레에서 만들어진다. 일반인의 방문은 가이드 투어로만 진행된다.

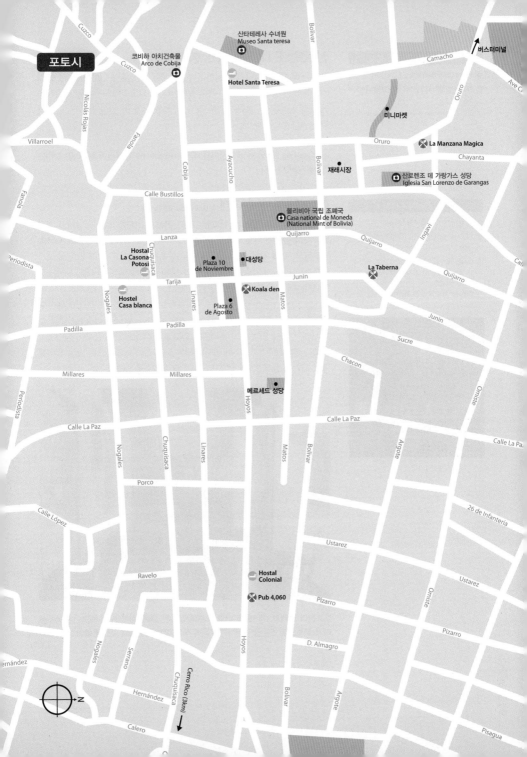

산 로렌조 데 가랑가스 성당

- Plaza del Estudiante
- Open 정확하지 않으며 닫혀있을 때가 많다.

산 로렌조 데 가랑가스 성당 Iglesia San Lorenzo de Garangas

화려한 메스티조 바로크 양식의 진수를 보여주는 정문을 가진 건물로 볼리비아에서 판매하는 엽서에도 꼭 등장하는 건물이다. 17세기 원주민 조각가들에 의해 시작된 이 교회의 정문 조각은 1744년 성당이 완성되기까지도 끝나지 않았다고 알려져 있다.

🚶 Casa de la Moneda 광장까지 내려와 Ayacucho 길에서 우회전하면 보이는 막다른 길까지 가자.

산타 테레사 수녀원

- Ayacucho Con Santa Teresa
- 21B.s + 사진기 10B.s / 가이드 투어로 진행 1시간~1시간30분 소요
- Open 월~토 09:00~12:30 / 15:00~18:00, 일 09:00~12:00 / 15:00~18:00
  Closed 화요일 오전 휴무

산타 테레사 수녀원

산타 테레사 수녀원 Museo Santa teresa

페루 아레키파에 있는 수녀원과는 크기 면에서 비교할 바는 아니지만 과거 부유층이 살았던 포토시에도 산타 테레사 수녀원이 있다. 당시 유럽 부유층 가문들은 '첫째 딸은 일반 동급의 가문과 결혼을 시키고, 둘째 딸은 수녀가 되게 해 하느님과 결혼을 시켰고, 만약 셋째 딸이 태어나면 군대에 보냈다'고 전해지는데 부유층 가문이 많았던 포토시 역시 이러한 전통을 지키고자 수녀원을 지어 가문의 둘째 딸들을 수녀원에 보냈다고 한다. 아기자기하지만 수녀들이 외부와 접촉을 피해 이곳에서 생활을 하며 살아왔던 모습을 엿볼 수가 있다. 현재도 약 10명의 수녀들이 이곳에 거주하며 각종 행사에 참여하며 전통을 유지하고 있다. 특히 이곳 내부는 당시 그림과 조각으로 가장 유명했던 스페인과 볼리비아의 작가가 참여해 그 화려함을 더했다.

🚶 산타 테레사 수녀원을 나와 오른쪽으로 한 블록 걸어가면 나오는 Cobija 길에서 좌측으로 조금만 걸어가면 우측에 작은 아치가 걸쳐져 있는 골목이 보인다.

하자! ACTIVITIES

코비하 아치건축물 Arco de Cobija

포토시를 상징하는 광산인 쎄로리꼬 Cerro Rico의 풍경을 도시와 함께 볼 수 있는 작은 아치로 저녁시간 때 찾아가면 좀 더 아름다운 포토시의 풍경을 사진에 담을 수 있다.

포토시에서 할 수 있는 것은 광산 투어 말고는 별로 없다. 패러글라이딩 및 자전거 투어 등 몇몇 투어가 있지만 환경이 좋지 않아 인기가 없다.
16세기부터 광산에서 나는 은을 채취해 막대한 부를 사람들에게 안겼던 포토시는 지금도 그 광산을 통해 수많은 포토시 주민의 삶을 이어가게 해주고 있다. 광산의 일은 세계에서 가장 고되고 위험한 일이라 할지라도 포토시의 사람들은 그 일을 자신의 숙명이라 여기며 일을 하고 있다.
이 광산을 방문하는 광산 투어를 통해 관광객들은 포토시 사람들의 어려움과 그 어려움 속에서도 잃지 않는 따뜻한 마음을 조금이나마 엿볼 수 있다.

코비하 아치건축물
⌂ Cobija Con Santateresa에서 20미터

코비하 아치건축물

광산입구

광산 투어(Cerro Rico)

1. **비용** 90~120B.s
2. **소요시간** 3~4시간
3. **포함사항** 가이드, 광산까지 왕복 차량, 랜턴, 장화, 안전모, 안전복
4. **간략한 투어 일정**

- 07:00 차량 픽업
- 담배, 순도95%의 알콜, 코카 잎, 음료수 등을 살 수 있는 작은 시장에 들러 광부들에게 선물로 전달해 줄 식료품 구입
- 광산 입구 도착
- 정제소 들러 정제 과정 견학
- 가이드 설명 후 광산 투어 시작
- 투어 종료 후 시내로 돌아와 해산

광산 투어 신청은 메인 광장 주변에 있는 여행사에서 신청할 수 있고, 호스텔에서 자체적으로 진행하는 경우도 있다.

광산 안에 광부들이 안전을 기원하는 신

광부들이 마시는 순도95% 알콜

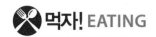
먹자! EATING

Bs 15~35 Bs Bs 35~100 Bs Bs Bs 100~

4,000m이상에 위치한 지리적&지형적 특성상 농산물 재배가 잘 되는 지역이 아니다. 때문에 전통있는 식당은 별로 없는 편이다. 관광객과 현지인들의 외식을 대상으로 하는 식당들이 있다.

Pub 4060 ^{Bs~Bs Bs}

포토시의 해발고도를 나타내는 이름이 특이한 이 현대적인 바는 식사가 주류라기 보다는 꽤 맛이 좋은 생맥주 리스트와 그에 걸 맞는 맥주 안주를 즐기기 좋은 곳이다. 스페인식 볶음밥 빠에야도 특별히 주문하면 만들어준다. 모든 메뉴가 50B.s를 넘지 않을 정도로 시설에 비해 저렴한 편.

⌂ Hoyos 1 ☎ 591 2 6222623 ◎ Open 16:00~00:00 Close 매주 월요일

La Manzana Magica ^{Bs}

베지테리안 식당이지만 베지테리안이 아닌 사람에게도 인기가 좋은 베지테리안 버거와 안데스식 수프를 판매하는 곳. 청결도 및 야채들의 신선도가 지역적인 특성을 감안하면 신선한 편.

⌂ Oruro 239 ☎ 591 2 71836312
◎ Open 월~토 11:40~14:30 / 18:00~22:00

Koala den ^{Bs~Bs Bs}

가볍게 한 끼 식사를 할 수있는 곳으로 아마 고기를 이용한 버거와 스테이크, 홈메이트 스타일의 케이크가 인기가 많다.

⌂ Ayacucho No 5
☎ 591 2 6228050
◎ Open 월~토 07:30~22:00

La Taberna ^{Bs Bs~Bs Bs Bs}

수크레에 있는 La Taberna와 같은 체인 프랑스 음식 레스토랑으로 포토시에서 가장 정갈한 인테리어와 코스 음식을 즐길 수 있다. 스테이크 요리 및 파스타 요리의 맛도 준수한 편.

⌂ Junin 12
☎ 591 2 6230123

🛏️ 자자! ACCOMMODATIONS

많은 관광객이 몰리는 도시가 아닌 만큼 숙소가 다른 관광도시에 비해 많은 편은 아니다. 3성급 이상의 호텔보다는 배낭여행자들을 위한 게스트하우스가 많다.

Hostel Casa blanca ^{Bs~Bs Bs}

화이트 톤의 벽면에 화려한 색채로 그린 그림들이 인상적인 호스텔로 저렴하게 이용할 수 있다. 다만 중앙의 휴게시설에서 들리는 소음이 거슬릴 때가 있어 조용한 숙소를 원하는 여행자들은 다른 숙소를 알아보는 것이 좋다.

🏠 Tarija 35 📞 591 70213818

Hostal Colonial ^{Bs}

접근성이 아주 좋으며, 가격도 저렴해서 많은 여행자들이 찾는 숙소다. 전형적인 콜로니얼 형태의 건물을 이용해 만든 숙소로 밖에서 보는 것과 달리 꽤나 넓은 파티오를 가지고 있다.

🏠 Hoyos 8 📞 591 2 6230523

Hostal La Casona Potosi ^{Bs}

콜로니얼 건물을 그대로 살린 숙소로 건물 내부의 색과 인테리어가 화려하다. 화려한 건물과는 달리 방 시설은 가격에 걸맞게 평범한 편.

🏠 Chuquisaca 460
📞 591 2 6230523

Hotel Santa Teresa ^{Bs Bs Bs}

작은 규모의 3성급 호텔이지만 전체적인 인테리어가 따뜻한 느낌을 준다. 시설의 청결함 또한 준수한 수준이다.

🏠 Ayacucho 43
📞 591 2 6225270

볼리비아의 헌법상 수도, 고즈넉한 화이트시티

19세기 말 대통령궁을 비롯해 입법부와 행정부가
라파즈로 이전하며 수도로서의 기능은 잃었지만
대법원이 남아있어 사법적 역할을 담당하며 현재
헌법상에도 수도로 기록돼 있다.
여러모로 힘든 볼리비아 여행에서 유유히 휴식을 취할
수 있는 오아시스 같은 곳.

SUCRE
수크레

공항보다는 육로 이동이 훨씬 발달되었으며, 중앙에 자리잡은 도시의 위치적 특성상 라파즈를 비롯한 대도시 거의 대부분 육로 이동이 가능하다.

주요 도시 소요시간 (비행기/버스)
라파즈 50분(국내선)/약 11시간(버스) | **코차밤바** 30분(국내선)
산타크루즈 35분(국내선) | **우유니** 약 8시간(버스) | **포토시** 약 3시간(버스)

수크레 → 포토시 합승 택시로 2시간 만에 이동
터미널 입구 등에 서있는 택시들 중 포토시로 손님을 태워 나르는 합승 택시들이 있다. 35B.s이면 두 시간 만에 택시로 포토시까지 이동이 가능하다. 로컬 버스 요금보다는 비싸지만 CAMA 버스 요금과 는 같은 요금이다.

수크레 드나드는 방법 **01** 공항

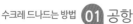

✈ 수크레 공항 Aeropuerto Internacional alcantari

새로생긴 수크레 국제공항은 수크레 시내 중심에서 동남쪽으로 약 40km 떨어져 있다. 공항에서 택시 또는 공항 콜렉티보를 이용해 시내로 이동할 수 있다. 수크레 공항에서 시내 택시 비용 50~80B.s 약 40분 소요, 콜렉티보 8B.s 약 1시간 10분 소요, 출국 시 공항세 11B.s 별도

알카타리 공항

알카타리 공항 택스

수크레 드나드는 방법 **02** 버스

수크레 버스터미널은 시내에서 북동쪽으로 약 2km 떨어져 있어 그리 멀지 않다. 택시를 이용해 시내로 이동이 가능하며, 짐이 많지 않다면 도보로도 이동이 가능하다. 수크레 버스터미널에서 시내 택시 비용 5B.s 약 5분 소요, 도보 30분

시내 교통

도시 중심의 경우 도보로 대부분 이동이 가능하며 택시를 이용한다면 도시 내 이동은 4~5B.s면 충분하다. 미크로 Micro 로 불리는(1.5~2B.s) 승합 버스 및 합승 택시도 이용이 가능하지만 여행자가 이용하기엔 다소 복잡하다.

수크레

버스터미널
(2Km)

볼리바르 광장
Parque Bolivar

Pachamama
hostal

중앙시장
Mercado Centro

산 프란시스코 성당

Chocolate
Para ti

La Taverne

Salteneria Flores
El patio Salteneria

자유의 집
Casa de la Libertad

무세프 MUSEF
Museo de Etnografia y Folklore

메인 광장
Plaza 25 de Mayo

Chifa
New Hongkong

Hostal
Sucre

TAM
항공

메트로 폴리타나 대성당
Catedral Metropolitan

Hostel
Rincon verde

El Hostal desu Merced

메르세드
성당

Abis patio

공동묘지
Cementerio Municipal

Casas kolping

인디헤나 박물관
Arte Indigena

Café Mirador

레꼴레따&Pedro de Anzurez 광장
Recoleta y Plaza Pedro de Anzurez

보자! SUCRE SIGHTS

수크레는 특별한 관광포인트가 있는 곳은 아니다. 대신 해발고도가 높은 라파즈(3,700m)와 우유니(3,800m) 등에 비해 상대적으로 낮은 곳(2,800m)에 위치한 도시라 고산증세에서 조금이나마 벗어날 수 있으며, 시끌벅적하지 않아 힘든 볼리비아 여행에서 휴식을 취하기 좋은 도시다. 1991년 유네스코 세계문화유산으로 등재된 마을은 구시가지의 모든 집 벽의 색을 흰색으로 통일시켜 남미의 산토리니라고 별명이 붙은 이 동네를 특별한 목적 없이 걸어 다니는 것만으로도 힐링이 된다.

추천 일정(하루)

구시가지

- 메인 광장
- 대성당
- 자유의 집
- MUSEF
- 중앙시장
- 볼리바르 광장
- 공동묘지
- 레꼴레따 및 인디헤나 박물관

TIP

메르세드 성당 옥상에서 바라보는 수크레 전망

성당이 열려있다면 입장료 10B,s를 내고 메르세드 성당 꼭대기에 올라갈 수 있는데, 시내 중심부에서 내려다 보는 전망이기 때문에 레꼴레따 광장에서 바라보는 전망과는 다른 멋이 있다. 안전 펜스가 설치되어 있지 않으므로 유의하자.

TIP

수크레 구 도시의 흰색은 의무

역사지구 내의 모든 건물의 색은 반드시 흰색으로 통일시켜야 한다고 주법으로 정해놓았다고 한다. 거의 매년 흰색으로 집을 칠하는 노력이 있어 수크레가 '화이트시티' 또는 '남미의 산토리니'라고 불린다는 사실!

메인 광장 Plaza 25 de Mayo

수크레의 중심이 되는 광장으로 당시 근교 포토시에서 나오는 막대한 양의 은을 관리하며 번성했던 도시답게 콜로니얼 도시의 빼어난 아름다움을 가지고 있다. 대성당을 비롯해 현재 관공서로 쓰이고 있는 건물들의 모습이 볼리비아에서 가장 화려하고 아름다움을 자랑한다. 특히나 밤이 되면 건물에 조명을 비춰 그 아름다움을 더한다.

🚶 메인 광장 서쪽 방면으로 보이는 커다란 건물이 대성당이다.

메인 광장

메트로 폴리타나 대성당

자유의 집

메트로 폴리타나 대성당 Catedral Metropolitana

1599년부터 1712년까지 약 110년의 건축기간을 가진 수크레의 메인 성당이다. 오랜 공사 기간으로 인해 건물은 바로크양식과 르네상스양식이 혼합되어있다. 대성당 종탑에 있는 12제자가 인상적이며, 성당 안쪽으로는 종교 박물관과 미술관이 있어 관심 있는 여행자라면 방문해 볼만 하다.

🚶 대성당을 왼쪽에 두고 한 블록 만 올라가면 오른쪽에 위치한 곳이 자유의 집이다.

자유의 집 Casa de la Libertad

메인 광장 한쪽에 위치한 이 건물은 선교활동을 위한 건물로 사용되었으며, 1825년 볼리비아 독립선언 서명이 이루어진 장소로 유명하다. 커다란 내부 공간에 당시 회의를 위해 마련된 공간과 서명서 등 당시 사용했던 각종 집기류 등이 전시돼 있다.

🚶 Espana 길로 나와 그 길을 따라 메인 광장 동쪽으로 한 블록만 걸어가자.

자유의 집
🏠 Arce(Plaza 25 de Mayo)
📞 591 4 6454200
🕐 Open 화~토 09:00~12:30,
14:30~18:30 일 09:00~12:00
🎫 가이드 동행15B.s, 사진 촬영 시 10B.s 추가

무세프 MUSEF Museo Nacional de Etnografia y Folklore

볼리비아 전통공연 때 쓰는 여러 종류의 탈을 모아놓은 박물관으로 지역별 각양각색의 탈들을 구경할 수 있어 관심 있는 사람이라면 방문해볼 만하다.

🚶 MUSEF를 등지고 바로 왼쪽 4거리에서 Ravelo 길을 따라 2블록을 올라가자.

무세프
🏠 Espana74
📞 591 4 6455293
🕐 Open 월~금 09:30~12:30,
14:30~18:30 토 09:30~12:30

중앙시장 Mercado Centro

메인 광장에서 북쪽으로 두 블록 떨어진 재래시장 점심시간 2층 식당가에서는 다양한 종류의 볼리비아 음식을 점심메뉴로 맛 볼 수 있다. 가격은 18~30B.s 사이. 1층에는 과일 주스를 판매하는 가게가 모여 있어 저렴한 가격에 신선한 과일 주스를 마실 수 있다. 크기 및 내용물에 따라 5B.s~10B.s로 저렴하다.

🚶 같은 길로 3블록을 더 올라가자.

볼리바르 광장 Parque Bolivar

수크레 사람들의 휴식처임과 동시에 주말마다 장이 들어서면 운영하는 놀이 기구들이 있어 가족단위로 현지인들이 몰려와 주말을 보내는 편안한 장소다. 이 광장 내부에 있는 철제 건축물은 파리의 에펠탑을 본떠 만들었다고 하나 그 모양은 사뭇 다르다.

🚶 메인 광장으로 돌아와 대성당 뒷편 Bustillo 길로 5블록을 걸어가면 큰 길가가 나오고 그 길 건너편에 흰 석조건물 입구가 나온다.

공동묘지 Cementerio Municipal

공동묘지

🏠 Entrada , Jose Manuel Linares
🕐 Open 월~금 08:30~11:00,
  14시~17:30 토~일 08:00~17:30

수크레 공동묘지로 아르헨티나 부에노스 아이레스의 공동묘지(Recoleta)보다 규모는 작지만 둘러 볼 만하다. 흔히 생각하는 공동묘지와는 달리 공원처럼 조성이 되어있으며, 큰 건물로 된 묘지와 아파트 형으로 된 묘지, 그리고 땅에 있는 작은 묘지 등 그 집안의 부에 따라 묘지의 크기도 각기 다르다는 것을 볼 수 있다.

🚶 메인 광장으로 돌아와 남쪽 오르막길을 따라 7~8블록 올라가야 한다.

공동묘지

레꼴레따 & Pedro de Anzurez 광장
Recoleta y Plaza Pedro de Anzurez

메인 광장에서 6블록, 약 800m 오르막길을 오르면 나오는 광장이다. 이 광장
의 아치형 기둥과 Colping 호텔 전망대에서 바라보는 수크레의 풍경이 아름
답다. 호텔의 전망대는 호텔을 이용하지 않더라도 무료로 개방이 되며, 광장
은 저녁이면 연인들이 많이 찾는 장소로 유명하다. 특히 이곳에서 바라보는
수크레의 일몰이 아름답다. 해진 후 내려올 땐 혼자보다는 여럿이서 동행하
는 편이 안전하다.

수크레의 풍경

레꼴레따 광장

인디헤나 박물관 Arte Indigena

레콜레타 전망대 아래 Itturicha 골목에 위치한 작은 박물관으로 이곳에 전시
된 원주민들이 만든 직물의 다양함이 특히 인상적이다.

인디헤나 박물관

🏠 Itturricha 314, Zona la Recoleta
📞 591 4 6456651
🕐 Open 월~금 09:00~12:00,
  14:30~18:30, 토 09:30~12:00,
  14:00~18:00
💵 22B,s

TIP
수크레 대형 수퍼마켓 SAS

수도 라파즈에도 두 개밖에 없는 현대식 대형 슈퍼마켓이 수크레에 있다. 만약 우유니로 들어가기
전 식품 등을 구매해야 한다면 수크레에 대형 슈퍼마켓이 있으니 들러서 필요한 물품을 구입하자.

수쿠레 근교 타라부코 일요일 시장 Tarabuco

타라부코마켓에서판매하는 질좋은직물

수쿠레에서 약 60km 떨어진 작은 마을로 매주 일요일 커다란 장이 선다. 특히 타라부코 근교 원주민들의 직물이 질이 좋기로 소문이나 먼 곳에서 구매하러 오는 사람들도 있다. 가전제품 및 공산품들은 우리나라 80~90년대 향수를 불러 일으키는 물건들이 많다. 대중교통인 미크로를 이용해 움직일 수도 있으나, 수쿠레의 오아시스 여행사 Oasis tour가 운행하는 왕복 셔틀버스를 이용하면 편리하게 다녀올 수 있다. 오아시스 여행사 셔틀버스는 아침 8시 30분 메인 광장 대성당 앞에서 매주 일요일 오전 8시 30분에 타라부코로 출발한다. 셔틀버스 왕복 요금은 35B.s, 이동시간 편도 1시간 30분.

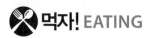

먹자! EATING

Bs 7~35 Bs Bs 35~100 Bs Bs Bs 100~

특별한 먹거리가 별로 없는 볼리비아지만 수쿠레는 그런 볼리비아 답지 않게 괜찮은 식당이 제법 있다. 힐링과 동시에 맛있는 음식으로 든든하게 체력 보충을 할 수 있는 도시가 수쿠레다.

La Taverne ^{Bs Bs ~ Bs Bs Bs}

많은 여행자들이 수쿠레 맛집으로 추천하는 곳이다. 프랑스 요리 전문인 이 집은 매일 점심마다 특선 요리를 제공한다. 애피타이저 / 메인 요리 / 디저트로 구성된 음식은 볼리비아임을 감안하면 음식 수준이 매우 높은편이다. 매일 다르게 제공되는 몇 가지 종류 중 선택할 수 있으며 무엇보다 45B.s라는 저렴한 가격에 먹을 수 있다는 장점이 있다.

🏠 Aniceto arce 35
📞 (591 4)6455719

Salteneria Flores ^{Bs}

El Patio와 함께 인기 있는 살테냐 집이다. 특히 베지테이언 살테냐가 인기가 많다.

🏠 San Alberto 26
📞 (591 4)6453578
🕐 Open 09:30~12:30
🍽 6~7B.s

Chifa New Hongkong ^{Bs Bs ~ Bs Bs Bs}

한국 스타일의 볶음밥이 괜찮으며, 매일 점심마다 제공되는 세트 런치도 30B.s 정도로 저렴하게 먹을 수 있다. 단품 메뉴는 양이 조금 적은 편이며 음식이 약간 짜므로 소금을 덜 넣어달라고 미리 주문하면 좋다.

🏠 San Alberto 242
📞 (591 4)6441776

Café Mirador ^{Bs Bs}

45B.s의 저렴한 비용으로 점심코스 메뉴를 먹을 수 있는 곳. 음식 맛 보다는 수쿠레 도시 전망을 감상하며 식사를 할 수 있다는 장점이 있다.

🏠 Hotel Kolping
📞 (591 4)6433038

El patio Salteneria ^{Bs}

현지인들도 줄을 서서 포장해가는 살테냐 집. 5~7B.s로 저렴하며 특히 닭고기 살테냐(Pollo)가 인기가 많다. 일반 살테냐에 비해 맛은 약간 단 편이다. 9시 정도에 문을 열어 오후 1~2시 사이에 닫히니 늦은 아침이나 이른 점심에 방문하자.

🏠 San Alberto 18
📞 (591 4)6454917

Chocolate Para ti ^{Bs Bs}

수쿠레가 초콜릿이 유명하다는 것을 아는 여행자는 별로 없다. 수쿠레에서

시작된 이 초콜릿 체인점은 볼리비아에서 가장 인기가 많은 초콜릿 체인점이다. 100g 단위로 판매하는 초콜릿이 인기가 많으며 그 중에서 한국에서 다이어트 식품으로 인기있는 '끼누아'가 들어간 초콜릿도 있다. 초콜릿 에스프레소(아주 진한 핫초코)도 이 가게의 인기 메뉴다. 수크레에 두 개의 매장이 있다.

- 🏠 Arenales 7(Main store), Audiencia 86(Audiencia store)
- 📞 (591 4)6455689(Main store) /6437901(Audiencia store)
- 🕐 Open 매일 08:30~20:30
- 🍽 무게 달아 파는 초콜릿 100g 15.6B.s
  일반 초콜릿 20~50B.s
  초코 에스프레소 5~10 B.s

Abis patio Bs Bs

멋진 정원에 차려진 깔끔한 식당. 신선한 감자튀김이 곁들여진 스테이크 메뉴와 수제 햄버거 메뉴가 괜찮다. 메인 광장에 Abis café는 같은 주인이 운영하는 카페며 샌드위치와 음료를 판매한다.

- 🏠 Perez 366 📞 (591 4)6467738
- 🕐 Open 평일 08:30~22:00,
  주말 08:30~자정
- 🍽 스테이크 메뉴 50~60B.s

Doña lita Bs Bs

일명 프라이드치킨이라 불리는 닭 요리를 원한다면 30년 이상의 역사가 있는 이 집에서 맛볼 수 있다. 'Pollos la la canasta'가 조각 프라이드 치킨이며 순살 팝콘 치킨으로 우리에게 알려진 'Pipoca de Pollo' 메뉴도 있다. 날개나 다리만을 따로 튀겨 팔기도 한다.

- 🏠 Calbo 75 📞 (591 4)6429596가

🛏 자자! ACCOMMODATIONS

Bs 35~70   Bs Bs 70~280   Bs Bs Bs 280~

높은 현대식 숙소는 없지만 과거 콜로니얼 시대의 부호 저택을 개조해 만든 호텔 등 전통 건물을 그대로 이용한 숙소들이 많다.

Pachamama hostal Bs

한국인 여행자들에게 잘 알려진 숙소. 이곳의 숙소는 커다란 정원이 있어 휴식하기 좋다. 숙소에 있는 Yellow book에는 한국여행자들이 수집해 적어놓은 수크레의 각종 정보들이 있어 참고하기 좋다.

- 🏠 Aniceto Arce 454
- 📞 (591 4)6453673

El Hostal de su Merced Bs Bs Bs

건물과 숙소 내의 모든 가구 등이 18~19세기 당시 앤티크로 꾸며져 있는 고풍스런 숙소. 매년 여행자들이 뽑는 호텔 순위 상위에 랭크 될 정도로 서비스 및 숙소에서 풍기는 인상이 좋다. 배낭여행자에겐 비싼 가격이지만 한 번쯤 도전해 볼 만한 숙소.

- 🏠 Azurduy 16 📞 (591 4)6442706
- 🍽 싱글룸 USD50 더블룸 USD65

Casas kolping Bs Bs

전망대로 더 유명한 숙소로 시내에서 오르막길로 떨어져 있지만 수크레 시내를 한눈에 내려다볼 수 있다는 장점이 있다.

- 🏠 Pasaje Itturicha 265
- 📞 (591 4)6423812

Hostal Sucre Bs Bs

메인 광장에서 한 블록 떨어져 있어 이동하기가 편하다는 장점이 있으며. 콜로니얼 건물 양식을 개조해 만든 숙소의 진수를 볼 수 있는 아름다운 숙소다. 숙소 옥상 야외 테라스에서 바라보는 전망도 나쁘지 않다.

- 🏠 Bustillos 113
- 📞 (591 4)6451411
- 🍽 싱글룸 USD24, 더블룸 USD36

Hostel Rincon verde Bs

4인 도미토리 50~60B.s 정도로 아주 저렴한 숙소며 간단한 아침까지 제공한다. 내부 상태 및 침구류의 상태가 가격에 비해 청결하다.

- 🏠 Colon 113
- 📞 (591 4)6451665

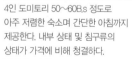

UYUNI

우유니

비가 오면 하늘 아래 또 다른 하늘이 펼쳐지는 우유니 소금사막

볼 것 없는 작은 도시 우유니에 수많은 관광객이 몰리는 이유는 경기도 면적
크기의 광활한 소금사막이 있기 때문이다. 온통 새하얀 소금사막은 지평선
너머서도 끝이 나지 않을 것 같다. 이곳에 비가 오면 표면이 마치 거대한
거울처럼 변해 어디가 하늘이고 어디가 땅인지 구분하지 못하게 되는
장관을 연출한다. 모든 여행자들이 갈망하는 우주의 풍경과도 같은 이곳.
바로 우유니 소금사막이다.

우유니 드나들기

우유니를 육로로 들어오는 길은 비포장도로의 연속이라 절대로 만만한 여정이 아니다. 볼리비아의 교통 여건상 로컬 버스 질도 다른 남미에 비해 현저히 떨어져 12시간 이상 고된 여정이 불가 피하다. 특히 7~8월 건기에 로컬 버스를 선택한다면 히터 없는 차 안에서 추위와의 싸움도 각오해야 한다. 라파즈에서 비행기를 타면 45분 만에 다다를 수 있지만 로컬 버스 대비 10배 이상의 요금을 지불해야 한다.

주요 도시 소요시간 (비행기/버스)
라파즈 45분 편도 (항공, 약 USD90~110) / 약 13~15시간(버스)
수크레 약 9시간(버스)
포토시 약 6시간(버스)
오루로 약 9~10시간(버스)
투피자 약 9시간(버스)

 TIP

오루로 → 우유니 기차로 이동

라파즈에서 버스로 3시간 떨어진 오루로에서 기차로 우유니까지 이동할 수 있다.
또한 우유니에서 남부 도시 투피자 Tupiza나 아르헨티나 국경과 가까운 비야손 Villazon 등으로 이동할 수 있다.
매일 출발하는 것이 아니므로 날짜와 시간이 맞아야 탈 수 있으며, 적어도 5일 전에는 예약을 해야 표를 구할 수 있으므로 기차를 타고 우유니로 들어가기는 쉽지 않다. 조금 더 특별하게 우유니로 들어가고 싶다면 도전해 보자. 표는 라파즈 공식 판매처에서 구입이 가능하고 일정액의 수수료를 붙여 여행사에서도 구입이 가능하다. 구입 후엔 날짜 변경 및 환불이 안되니 신중하게 구입할 것.

라파즈 공식 판매처(BOLETERIA DE LA PAZ)
Sanchez Lima 2199 (Zona de Sopocachi)
(591 2)2419770

볼리비아 기차 루트

볼리비아

● ORURO 오루로

● UYUNI 우유니
● ATOCHA 아토차
● TUPIZA 투피자
● VILLAZON 비야손

기차 시간표

출발-도착	Expreso del Sur 매주 화, 금 출발		Wara Wara del Sur 매주 수, 일 출발	
	출발시간	도착시간	출발시간	도착시간
Oruro-Uyuni	15:30	22:20	19:00	02:20+1
Uyuni-Atocha	22:40	00:45+1	02:50+1	05:00+1
Atocha-Tupiza	00:55+1	04:00+1	05:20+1	08:35+1
Tupiza-Villazon	04:10+1	07:05+1	09:05+1	12:05+1
Villazon-Tupiza	15:30	18:15	15:30	18:25
Tupiza-Atocha	18:25	21:35	19:05	22:45
Atocha-Uyuni	21:45	23:50	23:00	01:15+1
Uyuni-Oruro	00:05+1	07:00+1	01:45+1	09:10+1

+1 : 최초 출발시간 다음날

기차 요금표 = B,s

출발-도착	Expreso del Sur		Wara Wara del Sur		
	Eecutivo	Salon	Ejecutivo	Salon	Popular
Oruro-Uyuni	120	60	102	47	31
Oruro-Atocha	180	81	136	61	40
Oruro-Tupiza	239	107	181	80	54
Oruro-Villazon	279	126	220	100	65

우유니 드나드는 방법 항공

시내에서 약 4㎞ 떨어진 아주 작은 공항이다. 항공을 이용해 이곳에 도착했다면 택시를 타고 시내로 이동해야 한다. 공항에서 시내까지 이동 소요시간 약 10분, 요금 약30B.s

우유니 드나드는 방법 버스

우유니에는 버스터미널은 없으며 마을 중심가에 위치한 Arce 길 버스 회사 사무소 앞에 버스가 정차하며 이곳에서 모든 곳이 도보로 이동 가능하다.

대중교통을 이용하여 우유니에서 칠레로!!!

투어를 이용하지 않고 우유니에서 칠레로 넘어갈 수도 있다.

[Trans Azul (볼리비아)+Frontera del Norte(칠레)]

출발 월, 수, 목, 일 새벽 03:30분 출발 13~14시간 소요 **루트** Uyuni – Avaroa(볼리비아 국경) – Ollague(칠레 국경) – Calama

📖 140B.s

구입 시 표 두 장을 같이 주며, 한 개는 Uyuni - Avaroa, 다른 하나는 Ollague - Calama 구간을 탑승할 때 제출하면 된다.

깔라마에 도착해 산 페드로 데 아따까마까지는 같은 터미널에서 Frontera del Norte 버스를 이용하면 된다.

Calama-San Pedro de Atacama

출발 08:00/11:30/13:30/16:30/18:00/20:30 1시간 30분 소요

📖 2,500 칠레 페소

☝ 하자! ACTIVITIES

우유니에 온 여행자들의 목적은 단 하나, 우유니 소금사막을 보기 위함이다. 특히 1~3월 우기의 우유니는 비가 내려 물이 가득 찬 소금사막을 보기 위해 많은 여행자들이 우유니로 몰려든다. 우유니 소금사막은 투어를 통해 진행되며, 4X4 차량을 이용해 이동하게 된다. 우유니 투어는 당일 투어, 일몰&일출 투어, 1박 2일 투어, 2박 이상의 투어 등 다양하므로 본인이 원하는 시간대에 맞춰 투어를 신청하면 된다. 투어는 4X4 차량 한 대당 여행자 6명이 탑승하는 것이 기본이다. 기사와 가이드가 같이 탑승하는데 기사가 가이드를 겸할 때도 있다.

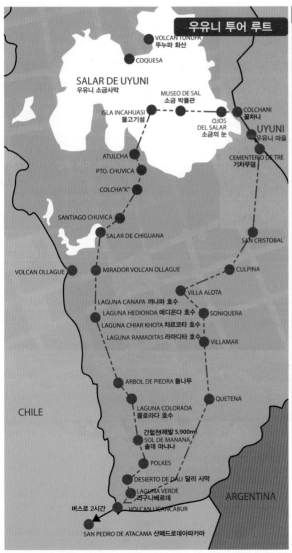

우유니 투어 루트

ᵀᴵᴾ 우유니 투어 선정 시 체크 사항!!!

짧게는 몇 시간부터 길게는 3일 이상의 시간을 어쩔 수 없이 함께해야 하는 투어이다 보니 투어 선정 시 여러 가지 불편함 사항을 꼼꼼히 체크한 후 선정하도록 한다.

1. 가이드 영어 소통 가능 여부 여행사들이 대부분 영어 소통이 가능한 가이드가 동행한다고 하는데 유창한 영어를 기대하지는 말자. 하지만 출발 전 가이드를 만났을 때 영어가 전혀 통하지 않는다면 컴플레인을 제기할 수 있다.

2. 칠레로 넘어가는 투어의 경우 칠레 국경 통과하는 버스비 포함 여부 투어 종료 후 칠레로 넘어갈 때 이용하는 버스 비용이 포함인지 꼭 확인하자. 따로 구입할 경우 비용은 50B.s

3. 입장료 물고기섬 및 라구나 콜로라다 Laguna Colorada는 입장료를 지불하는데 불포함인 경우가 대부분이나 포함하는 경우도 있으므로 확인하도록 하자. 특히 우기의 경우 물고기섬을 못 들어가는 경우가 있는데 투어 비용에 포함이라면 환불받도록 하자.

4. 팀원 구성 인기 있는 투어사마다 사무실 앞에 종이로 당일 혹은 날짜 별로 출발하는 투어 인원을 직접 적어 예약하는데, 출발 확률이 높거나 같은 국적으로 구성되었는지 알 수 있으므로 잘 살펴보고 예약하자.

5. 이 모든 내용을 바우처에 작성해 받은 후 요금 지불 바우처는 자신이 요금을 지불했음을 의미하며, 바우처에 적힌 내용이 서로 합의한 내용이 된다. 여행사의 기본 정보 및 전화번호도 명시되어 있으므로 반드시 받아 투어가 끝날 때까지 보관하도록 한다.

우기의 우유니

우기의 우유니

건기의 우유니

우유니 소금사막 투어 총정리

일출투어/일몰투어/별투어/풀데이투어/1N2D투어/2N3D투어 등 투어가 다양한데
여행자들은 두개의 투어를 묶어 한꺼번에 진행하는 조합형 투어를 많이 이용한다.
아래 소개하는 4개의 투어가 가장 많이 이용하는 투어지만 인원이 된다면 다양한
조합으로 요청이 가능하다.

❶ 별 투어(Starlight tour)+일출 투어(Sunrise tour)

별 구경을 하고 돌아오는 짧은 투어다. 일본인과 한국인 여행자의 요청을 수렴해
몇 년 전 일출 투어와 함께 만들어졌다고 한다. 새벽에 나가 우유니 밤하늘의 별을
감상하고 떠오르는 해까지 보고 오는 투어다. 시기를 막론하고 우유니의 새벽은 매우
춥다.

반드시 두터운 겨울 차림으로 투어를 나가는 것이 좋으며 하늘의 별을 담으려면
휴대폰 카메라보다는 DSLR카메라나 미러리스 카메라가 좋다. 또한 삼각대가 있다면
조금 더 편하게 별 사진을 촬영할 수 있다. 빛이 멀리 전달되는 휴대용 랜턴이 있다면
사진의 다양한 연출을 하는데 도움이 된다.

> **일정**
>
> ● 04:00 우유니에서 출발해 마른 소금사막으로 이동
> ● 소금사막에서 별 구경 및 일출 구경
> ● 08:00 우유니로 복귀

🕮 1인당 140~160B.s, 차량 1대당 최대 7명

> **TIP**
>
> **우유니 사막의 밤은
> 춥고 축축하다!!!**
>
> 해가 떨어지면 우유니 사막은 1~2월
> 일지라도 상당히 춥다. 추위에 대비한
> 옷과 간식을 준비하자. 그리고 여행사
> 에서 물이 찬 소금사막을 대비해 장화
> 를 준비해 주니 꼭 확인하고 장화를
> 챙긴 후 출발하자. 수건 한 장을 챙겨
> 가 맨발로 우유니 소금사막을 걸어보
> 는 것도 좋다.

❷ 일몰 투어 Sunset tour + 별 투어 Starlight tour

일정

- 16:00 소금사막으로 이동
- 우유니 소금사막의 일몰과 밤하늘의 별을 감상
- 20:00 우유니로 복귀

우유니의 일몰을 감상하고 기다렸다가 밤하늘의 별까지 감상하고 돌아오는 투어다. 해가 진 우유니는 시기를 막론하고 매우 추우니 반드시 두터운 겨울 차림으로 투어를 이용하자.

- 1인당 140~160 B.s
  차량 1대당 최대 7명

❸ 데이 투어 Full Day tour + 선셋 Sunset

일정

- 10:00 우유니 출발
- 기차무덤
- 꼴차니 마을
- 소금 호텔에서 점심
- 물고기섬
- 선셋 포인트
- 18:00~19:00 우유니로 복귀

오전에 출발해 우유니 근방과 소금사막의 관광포인트를 둘러보고 일몰 감상 후 돌아오는 투어다. 우유니 소금사막을 가장 알차게 구경할 수 있는 투어다. 낮 동안의 우유니는 햇살이 뜨거우므로 눈을 보호할 수 있는 선글라스를 지참하는 것이 좋으며 물고기섬을 방문할 때 30B.s의 입장료가 있으니 소량의 현금도 함께 지참하자.

- 1인당 140~160 B.s (중식포함)
  차량 1대당 최대 7명

물고기 섬

❹ 2박 3일 투어 1Night 2Day Tour

일정

- 기차무덤
- 꼴차니
- 소금사막
- 투누파 화산 전망 혹은 소금 호텔(점심)
- 물고기섬
- 소금 호텔(or San Juan 마을) 숙박
- 우유니

Full Day tour와 일정은 같지만 소금사막 한가운데 있는 소금 호텔 Playa Blanca에서 하루를 묵고 우유니로 돌아오는 여정이다. 하룻밤을 온종일 소금사막에서 지낼 수 있는 장점이 있지만 우기 때는 소금 호텔 Playa Blanca로 들어가지 못하는 경우가 많아 부득이 하게 근처 마을에서 자는 경우가 있다. 소금 호텔에서 자는 것을 조건으로 투어 신청 후 소금 호텔에서 숙박을 못 했을 경우 돌아와 차액을 돌려받아야 한다. 많은 여행자가 이용하는 투어는 아니다.

- 1인당 450~500B.s

플라야블랑카 호텔의 만국기

플라야블랑카 호텔 내부

기차무덤의 석양

물고기섬

꼴차니 마을 소금 수비니어

오야게화산 전망

1일차 (10:30~18:00)

- 우유니 Uyuni
- 기차무덤 Cementerio de Tren
- 꼴차니 마을 Colchani
- 소금사막 Salar de Uyuni
- 소금 호텔 Playa Blanca
- 물고기섬 Isla Inca Wasi(점심)
- 산 후안 마을 San Juan or 소금 호텔

2일차 (06:00~18:00)

- 산 후안 마을 San Juan 소금 호텔
- 오야게 화산 전망 Mirador Ollague Volcano
- 까냐파 호수 Laguna Canapa(점심식사)
- 에디온다 호수 Laguna Hedionda
- 온다 호수 Laguna Onda
- 실로리 사막 Desierto Siloli
- 돌 나무 Arbol de Piedra
- 붉은 호수 Laguna Cololada 숙박

3일차 (05:00~10:30)

- 붉은 호수 Laguna Colorada
- 솔 데 마냐나 Sol de Manana
- 온천 Polkes(아침식사)
- 달리 사막 Desierto Dali
- 초록 호수 Laguna Verde
- 국경 Hito Cajon

①
- 산 페드로 데 아따까마, 칠레 San pedro de Atacama, Chile

②
- 비야마르 마을 Pueblo Villa mar(점심)
- 바위 협곡 Valle de Piedra
- 산 크리스토발 마을 San cristobal
- 우유니 Uyuni 18:00 도착

TIP
우유니를 벗어나면 가전제품 충전이 힘들다.

2박 동안 지내는 숙소의 경우 전기가 들어오지 않거나 밤 10시가 되면 전원을 차단하는 경우가 대부분이다. 반드시 여분의 배터리를 챙겨가거나 아껴서 사용하는 편이 바람직하다.

📋 1,100~1,500B.s
투어 포함 사항 : 전용차량, 가이드, 기사, 2박 숙박, 전 일정 식사, 국경–산페드로 데 아따까마 버스비, 약간의 간식 등
추가 비용 : 물고기섬 입장료 : 30B.s, 콜로라다 국립공원 입장료 150B.s, 숙소 샤워 비용 10~15B.s, 야외 온천 입장료 6B.s +수건 대여 시 10B.s, 소정의 기사 및 가이드 수고비 일인 20~30B.s가 적당, 숙소에서 판매하는 주류비 맥주 1병 20B.s 정도
투어 준비물 : 선글라스, 선크림, 두터운 재킷, 물, 휴지, 사계절용 침낭, 온천 이용 시 수영복, 수건, 넉넉한 카메라 배터리

붉은 호수

달리 사막

라구나에디온다

라구나베르데

돌나무

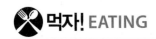
먹자! EATING

작은 마을이라 특별한 맛집이 있는 것은 아니다. 우유니 투어를 위해 모인 여행자들을 대상으로 한 식당들이 몇 개 있으며, 여행자용 식당은 대부분 시계탑 광장을 중심으로 몰려있다. 음식의 종류는 한정돼 있으며, 이 때문에 상대적으로 만들기 쉬운 피자나 파스타가 주 요리다. 저녁이 되면 길거리에서 연기를 피우며 파는 츌레타 Chuleta(숯불에 굽는 고기)로 끼니를 때우는 것도 방법 중 하나다.

TIP 볼리비아 전통 음식 삐케마쵸
Pique macho

원래 소시지, 감자튀김, 야채, 다진 고기 등을 양념해 기름에 볶아내는 요리지만 요즘은 고기 대신 소시지를 넣고 양념 없이 기름에 볶은 후 마요네즈와 캐첩을 뿌려먹는다. 우유니 식당 중 몇 집에서 판매를 한다. 맥주 안주로 먹기에도 좋다.

Minuteman Restaurante

캐나다 사람이 우유니에 문을 연 식당
이다. Tonito Hotel 내부에 있으며 이 집의 피자는 여행자들에게 인기가 많다.

⌂ Ferroviaria 60 (Tonito Hotel)
☏ (591 2)6933286
🕒 Open 매일 오후 17:00~21:00

자자! ACCOMMODATIONS

우유니에서 도시처럼 현대화된 숙소를 기대하면 안 된다. 숙소 사정이 다른 큰 도시에 비해 가격대비 매우 열악하다. 물 사정도 좋지 않아 뜨거운 물이 나오지 않거나 한정적인 숙소도 많다. 우유니의 도미토리 형식의 숙소는 시설과 사정이 대부분 비슷하며 시설이 열악한 만큼 춥다. 중간급 이상의 호텔 중 괜찮은 숙소를 엄선해서 소개한다.

Hotel Jardines De Uyuni Bs Bs ~ Bs Bs Bs

겉에서 보기엔 허름하지만 숙소 내부와 방은 아주 깔끔하다. 원색으로 칠해진 방은 따뜻하고 안락하다. 조식이 다른 숙소에 비해 잘나오는 편이다.

⌂ Potosi 113
☏ 591 2 6932989

TIP 샤워시설만 따로 사용 가능한 우유니의 숙소

우유니에 도착하는 버스 대부분이 새벽 5~7시에 도착하는데 이때 바로 10시~11시 투어를 떠나는 사람들을 위해 샤워시설만 따로 제공하는 숙소들이 있다. 숙소 간판에 'Hot Shower' 라고 써져 있는 숙소들을 찾아가면 이용할 수 있으며, 요금은 10~20B,s정도를 받는다.

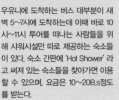

Hotel Playa Blanca ^{Bs Bs}

소금 호텔이지만 숙소의 질은 좋지 않다. 호텔이라기 보다는 호스텔에 가깝다. 전기도 없고 뜨거운 물도 나오지 않는다. 대신 150~200Bs의 비교적 저렴한 가격에 묵을 수있으며, 소금사막 한가운데서 하루를 보내기 때문에 숙소에서 일몰과 일출을 바로 감상할 수 있다는 장점이 있다. 위치 때문에 따로 숙박을 판매하기보다는 투어에 포함되있는 것이 일반적이다.

Tambo Aymara ^{Bs Bs}

콜로니얼 형태의 새로 지어진 아주 깔끔한 숙소. 간단한 조식도 포함이다.

⌂ Av. Camacho y Colón
☎ (591 2)6932227

Hotel Julia ^{Bs Bs}

중앙난방을 밤 8시부터 아침 8시까지 틀어줘 다른 숙소에 비해 따뜻하다. 뜨거운 물도 잘 나오는 편이다. 숙소 요금에 간단한 아침도 포함.

⌂ Ferroviaria esq, Arce N 314
☎ (591 2)6932134

우유니 마을 외곽에 위치한 소금 호텔들

소금사막에서 채취한 소금 블록을 쌓아 만든 소금 호텔은 우유니의 명물이다. 숙박 비용은 100USD 이상으로 비싸지만 세계에서 유일한 소금으로 지어진 호텔에서 하룻밤을 묵어보는 것도 의미가 있다. 12~3월 성수기에는 방이 다 차는 경우가 많으므로 반드시 예약 후 이용하는 것이 좋다.

Hotel Palacio De Sal ^{Bs Bs Bs}

☎ (591) 68420888
www.palaciodesal.com.bo

Hotel Luna Salada ^{Bs Bs Bs}

☎ (591)71212007
www.lunasaladahotel.com.bo

Hotel Cristal Samana ^{Bs Bs Bs}

☎ (591) 71440040
www.hotelcristalsamana.com.bo

CHILE

'세계에서 가장 긴 나라'라는 수식어에 걸맞게 광활한 사막에서부터 빙하에 이르기까지 다양한 자연환경을 가진 나라 칠레. 따뜻한 기온, 풍부한 강수량 덕에 과일과 채소가 잘 자라고 수산물 역시 풍부해 먹거리가 많다. 남부에선 토착민인 마푸체 원주민의 기상을 느낄 수 있고, 수도 산티아고에서는 개방적이고 활달한 칠레노를 만날 수 있다. 군부 쿠데타, 급격한 경제성장 등 여러모로 우리나라와 닮은 점이 많은 칠레. 칠레를 조금씩 알아가다 보면 어느새 친근한 느낌이 들 것이다.

PERU

BOLIVIA

BRAZIL

Lquique

San pedro de Atacama
산 페드로 데 아따까마 p.294

PARAGUAY

Isla San Félix

Isla San Ambrosio

Islas
Juan Fernández

Viña del Mar 비냐 델 마르 p.288
Valparaíso 발파라이소 p.278

Santiago 산티아고 p.256

URUGUAY

CHILE

ARGENTINA

PACIFIC OCEAN

Falkland Islands
(Malvinas)

Puerto Natales
푸에르토 나탈레스 p.310

수도 산티아고 Santiago
면적 약 756,102㎢
인구 약 1,833만 명(2019년 기준)
언어 스페인어
통화 페소(CLP)
환율 US$ 1 = 764.39페소(2020년 1월 기준)
경제 1인당 GDP 1만5,346억$(2017년 기준)
시간대 GMT-3
(우리나라보다 12시간 느림/섬머타임 적용 시 GMT-2)

칠레 기본 정보

주요 연락처

국제코드 +56, 국가도메인 .cl

유용한 전화번호
응급전화 131
경찰 133

한국 대사관 (산티아고 주재)

🏠 Embajada de la República de Corea : Alcántara
74, Las Condes, Santiago, Chile

📞 (+56-2) 2228 4214
긴급 (+56-9) 7430-4546, (+56-9) 9222-3707

📧 embajadadecoreaenchile@gmail.com

주요 도시 지역 번호

산티아고 2
발파라이소 32
비냐 델 마르 32
깔라마 55
푸에르토 몬트 65
푼타 아레나스, 푸에르토 나탈레스 61

전화

선불식 국제전화카드를 사용해 한국으로 전화를 걸려면
카드에 쓰여진 번호로 전화를 걸어 코드를 입력한 다음
국제전화 식별번호인 00+ 국가 번호 82+0을 뺀 지역 번호
또는 휴대폰 번호를 입력하면 된다. 유심 U-sim카드는 Claro나
Movistar 등 주요 통신사 매장에서 구입할 수 있다. 구입 후
원하는 금액만큼 돈을 내고 충전할 수 있다.

기후와 옷차림

칠레는 세로로 길고 가로로 좁은 지형을 갖고 있다. 남북으로
5,000km에 달해 세계에서 가장 긴 나라로 알려져 있다.
서쪽에서 동쪽으로는 고도 약 6,000m의 안데스 산맥이
자리하고 있으며 태평양을 끼고 있다. 북쪽으로는 페루,
동쪽으로는 볼리비아와 아르헨티나와 국경을 접하고 있으며
남쪽에는 수십 개의 크고 작은 섬이 있다. 국토의 길이가 긴
만큼 아열대, 사막, 지중해성, 온대 기후 등 다양한 기후가
나타난다. 북부는 사막 및 아열대성, 중부는 지중해성, 남부는
온대 및 한랭기후를 보인다. 겨울은 6~8월, 여름은
12월~2월이며 산티아고의 경우 지중해성 사막기후로 여름엔
매우 덥고 겨울은 다소 추운 편이나 눈은 내리지 않는다.
남부의 경우 겨울에 특히 비와 눈이 자주 내린다. 칠레는
환태평양 지진대인 일명 '불의 고리'에 속해 있어 크고 작은
지진이 빈번하게 발생하므로 주의를 요한다.

산티아고 온도 그래프

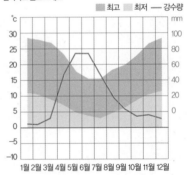

■ 최고 ■ 최저 — 강수량

1월 2월 3월 4월 5월 6월 7월 8월 9월 10월 11월 12월

전기

220V / 50Hz

우리와 전압이 같은 220V 이지만 모양이 다르게 생긴 것이
많아 멀티 어댑터를 가지고 가는 것이 좋다. 보통 우리나라
플러그보다 두께가 얇고 어댑터의 구멍도 작다.

공휴일

1월 1일 신정
4월 중 부활절 주간
5월 1일 노동절
5월 21일 해군의 날
7월 2일 성베드로와 성바울 사도 대축일
7월 16일 성모 마리아 기념일
8월 15일 성모승천일
9월 18일 독립기념일
9월 19일 국군의 날
10월 15일 미주대륙 발견기념일
10월 31일 개신교의 날
11월 1일 만성절
12월 8일 성모 잉태일
12월 25일 성탄절

주요 축제 및 이벤트

1~2월 타파티 라파누이 축제
6월 중 산 페드로 축제
9월 18~19일 파트리아스 축제

지리와 국내 교통

칠레는 남아메리카의 남서부에 위치하고 있다. 국토의 총
면적은 756,626㎢로 한반도의 3.5배다. 해안선의 길이가
6,435㎞에 이른다. 칠레는 환태평양 조산대에 속해 있어
지진이 잦다. 수도인 산티아고와 칠레 남부는 지진이 특히
잦은 편이며 남부 안데스산맥 일부 지역은 화산 폭발의
위험을 안고 있다.
지역적 특성상 국내외를 드나드는 항공편의 운항이 활발하다.
주요 항공사로는 란 LAN, 스카이 SKY 항공 등이 있다. 페루,
아르헨티나, 브라질로 가는 국제 버스가 있으며 남부
푸에르토 몬뜨, 북부의 산페드로 아따까마 등 국내
주요지역을 연결하는 장거리 버스가 활발히 운행된다.

우편

우체국 Correos은 시내 곳곳에 있어 큰 불편은 없다. 중요
우편물은 등기 Certificado로 보내는 것이 좋다. 일반 우편물은
분실 위험이 있다. 국제 우편물을 보낼 때에는 내용물을
확인하는 경우가 있기 때문에 완전히 포장하지 않은 상태로
가져가 확인을 받자. 항공편으로 보내는 경우 1~2주가
소요된다.

인터넷

칠레는 와이파이 사용이 편리하다. 주요 체인점인 맥도날드,
스타벅스, 버거킹 등에선 해당 와이파이 웹사이트를 통해
로그인 할 경우 무료 와이파이 사용이 가능하다. 이외의 주요
레스토랑과 상점, 호스텔 등에서도 무선인터넷을 사용할 수
있다. 체류 기간이 길다면 주요 통신사 매장에서 U-sim칩을
구입해 이용하자. 선불식 충전으로 3G를 무제한 이용할 수
있는 프로그램 등이 있어 인터넷 사용이 편리하다.

환전 및 ATM 사용

은행·공항·환전소에서 신분증 또는 여권을 제시하고 환전이
가능하다. 도시에는 시티은행 등 VISA, Master카드로 출금이
가능한 은행 ATM이 많다.

> **TIP**
> ### 칠레 유의할 점
> 칠레 입국시 과일, 육류, 유제품 등을 반입할 수 없다. 항공 및
> 육로로 입국할 경우 검사가 철저하고 소요시간이 길어질 수 있
> 으므로 유의하자.

CHILE
칠레 먹거리

해산물과 쇠고기, 신선한 과일과 야채가 풍부한 칠레에서는 어디서나 맛있는 요리를 즐길 수 있다. 스페인 등 유럽 이민자들과 남부의 마푸체족의 영향 역시 많이 받았다. 우리나라와 다른 점이라면 육해공 모든 종류의 고기를 섞어 찌거나 끓이는 음식이 많다는 것. 특유의 진한 국물이 어우러진 짭짤한 맛은 우리나라 사람들 입에도 잘 맞는다. 칠레에서는 뜨거운 국물 요리를 비롯해 풍성한 해산물 요리를 마음껏 즐겨보자.

카주엘라 Cazuela
칠레와 페루 등 남미 지역에서 즐겨 먹는 음식으로 닭고기와 소고기 뼈 등을 우린 국물에 당근, 감자, 옥수수 등을 큼직큼직하게 썰어 넣고 푹 끓인 국물류 음식이다. 우리식으로는 갈비탕이나 설렁탕과 언뜻 비슷하지만 두 종류의 고기를 함께 넣어 끓인다는 점이 다르다. 국물은 깊고 시원한 맛으로 우리나라 사람들 입맛에도 잘 맞다.

꾸란또 Curanto
칠레 중남부 지역의 전통 요리로 각종 해산물과 닭고기, 돼지고기, 양고기, 소시지 등 육해공의 다양한 재료를 섞어 쪄내는 영양 만점 음식. 진한 육수가 일품이다. 꾸란또는 마푸체 인디언의 언어로 '뜨겁게 달구어진 돌'이라는 뜻이 있다. 칠레 남부 칠로에 Chiloe 섬에서 만들어 먹기 시작했다고 알려졌다. 전통 방식으로는 땅에 구덩이를 판 다음 벌겋게 달군 돌을 깔고 그 위에 재료와 잎사귀를 겹겹이 쌓아 쪄낸다. 요리 시간이 오래 걸리기 때문에 현재는 풀메이 Pulmay라는 커다란 찜통을 이용해 쪄낸다.

우미따 Humita

옥수수 으깬 것을 버터 및 양념과 버무려 옥수수 잎에 싸서 찐 음식으로 아르헨티나, 브라질, 멕시코 등 중남미 전역에서 많이 먹는 음식이다.

파스텔 드 초클로 Pastel de choclo

해산물이나 닭고기 등을 양파, 찐 달걀과 함께 볶아 섞은 뒤 갈은 옥수수를 그 위에 덮어 오븐에 구워내는 음식이다. 간 옥수수 위에 설탕을 듬뿍 올리기 때문에 우리나라 사람들 입맛에는 잘 맞지 않을 수도 있다. 질그릇은 만지면 굉장히 뜨겁기 때문에 유의해야 한다.

피코로코 picoroco

피코로코는 따개비로 칠레와 페루 남부에서 주로 잡힌다. 쿠란또에 들어가는 단골 재료이다. 크기는 주먹만하다. 삶아서 꺼내 먹는데 다소 징그러울 수 있다.

빠일라 마리스코스 Paila Mariscos

키조개, 홍합, 새우, 생선 등 해산물을 듬뿍 넣어 끓인 '해산물 뚝배기'다. 간은 소금과 레몬으로만 한다. 에리조 Erizo라고 불리는 성게도 들어간다.

피스코 사워

칠레 마실거리

생선

메를루사	merluza	대구
콩그리오	congrio	붕장어
코르비나	corvinal	농어
레이네타	reineta	도미
렝구아도	lenguado	가자미
알바코라	albacora	황새치
살몬	salmón	연어

해물

에리조	erizo	성게
마차	macha	맛조개
삐꼬로꼬	picoroco	따개비
로꼬	loco	전복류
하이바	jaiba	자주색의 게
랑고스타	langosta	바닷가재
센뜨야	centolla	대게
까마론	camaron	새우

피스코 샤워 Pisco Sour

인기 있는 알콜 음료로 식전주로 많이 마신다. 무스카텔 알렉산드리아 품종으로 만든 와인을 증류해 레몬즙, 시럽, 슈가 파우더 등을 섞어 마신다.

떼레모또 Terremoto

'지진'이라는 뜻을 가진 이 전통주는 도수가 높아 한 잔만 마셔도 휘청거린다고 하여 붙여진 이름이라고 한다. 파인애플 아이스크림 위에 화이트 와인을 부은 다음 쓴맛이 나는 허브 술을 담아 먹는다. 칠레의 전통주 떼레모또를 마실 수 있는 곳은 산티아고의 '라 피오헤라'는 100년 전통의 선술집. 산티아고 사람이라면 누구나 한 번쯤 가봤을 정도로 현지인들에게 인기가 많다.

모떼 콘 우에시요 Mote con Huesillo

칠레의 전통 음료로 말린 복숭아 Huesillo를 설탕, 계피와 함께 넣고 끓여 차갑게 식힌 물에 삶은 밀쌀을 넣어 만든 음료이다. 안에는 설탕에 절인 복숭아가 1~2개씩 들어간다. 굉장히 달지만 중독성 있다. 산티아고 등지의 길거리 음식으로도 인기 있다.

말타 Malta

맥주에 계란을 넣어 먹는 흑맥주. 칠레 어부들이 달걀과 함께 맥주를 마시기 시작한 것에서 유래했다. 맥주에 달걀, 설탕을 넣어 믹서기에 갈아 마시기도 한다. 세르베사 콘 후에고(맥주와 달걀)라 불린다.

떼레모또　　말타　　모떼 콘 우에시요

CHILE
칠레의 인물

우리에게 영화 〈일 포스티노〉로 잘 알려진 시인 파블로 네루다 **Pablo Neruda**(1904~1973)는 1971년 노벨문학상을 수상한 칠레 민중시인이자 사회주의 정치가이며 외교관이다. 그는 초현실주의 시인이자 민중시인으로 작품활동에 있어서 다양한 스펙트럼을 보여주었다. 서정시와 사랑을 노래한 시뿐만 아니라 라틴아메리카 역사를 다룬 대서사시 등 다양한 시적 세계로 많은 이들의 사랑을 받고 있다.

세계가 사랑한 시인, 파블로 네루다

본명은 네프탈리 리카르도 레예스 바소알토 Neftalí Ricardo Reyes Basoalto로, 시를 쓰는 것을 반대한 아버지의 눈을 피해 창작활동을 이어가고자 14세에 체코 시인 J. 네루다의 이름을 따 필명을 지었다. 그는 1921년에 〈축제의 노래〉를 발표하여 시단의 인정을 받았고, 1924년 〈20편의 사랑의 시와 한 편의 절망의 노래〉로 큰 명성을 얻었다.

하지만 네루다가 시인으로서의 명성만을 얻은 것은 아니었다. 외교관 신분으로 스페인에 주재하던 1936년, 네루다는 프랑코 독재정부에 맞서 반 파시즘 시를 다수 발표하고 스페인 내전 당시 많은 지식인과 민중 운동가를 해외로 탈출시키는 데 큰 역할을 했다. 1945년에는 공산당에 가입해 상원의원으로 본격적인 정치 활동을 시작하지만 좌파를 탄압하는 곤살레스 비델라 정부에 항거하다 결국 아르헨티나, 파리, 이탈리아, 헝가리, 멕시코 등지에서 망명생활을 하게 된다.

1952년 칠레로 돌아온 그는 창작 활동을 이어가다 1969년 국민적 인기를 얻어 대통령 후보로 추대되기에 이른다. 하지만 첫 사회주의 정권을 이루기 위한 후보 단일화에 합의, 살바도르 아옌데에게 자리를 양보한 뒤 사퇴한다. 이후 칠레엔 첫 사회주의 정권이 탄생하지만 1973년 9월 피노체트의 군사 쿠데타로 아옌데 정권이 무너지고 끝까지 대통령궁을 지키던 살바도르 아옌데 대통령이 사망한다. 이 소식을 들은 네루다는 크게 슬퍼하다 지병이 악화돼 세상을 떠난다.

이후 피노체트는 네루다의 장례식을 공개적으로 여는 것을 허용하지 않았고 수천 명의 칠레인들은 이에 분노해 독재정권의 통행금지령을 어기고 거리로 뛰어 나와 네루다

이슬라 네그라 네루다 무덤

이름을 외치기 시작한다. 독재정권이 이어지는 동안 벽 곳곳에는 네루다의 이름이 쓰였고, 그의 이름은 칠레 민주화 운동의 상징이자 항거의 표현이 되었다. 그는 시 한 줄로 많은 이들의 가슴에 민주화의 불씨를 지폈을 뿐 아니라, 자신의 안락한 자리에 안주하지 않고 끊임없이 혁명을 위해 헌신한 시인이자 정치인이자 외교관이었다.

CHILE
칠레 인물과 역사

1498-1553	1778-1842	1889-1957	1904-1973

페드로 데 발디비아
Pedro de Valdivia

산티아고를 건설한 스페인
정복자이자 총독.

베르나르도 오이긴스
Bernardo O'Higgins
Riquelme

칠레의 독립을 위해
활약했던 민족의 영웅.

가브리엘라 미스트랄
Gabriela Mistral

1945년 남미 작가로는
처음으로 노벨문학상을
수상한 칠레의 시인이자
작가.

파블로 네루다
Pablo Neruda

칠레의 민중시인이자
사회주의 정치가.

- **16세기** 스페인 침략 이전 칠레 북부는 잉카 제국이 지배했으며, 토착 마푸체인(아라우코)들이 칠레 중앙부와 남부에 살고 있었음
- **1520년** 세계 일주를 한 페르디난드 마젤란은 남아메리카 대륙 최남단에 그의 이름을 딴 마젤란 해협을 발견
- **1540년** 프란시스코 피사로의 부관 페드로 데 발디비아가 산티아고를 건설. 페루 부왕령의 일부가 됨
- **1598년** 땅을 되찾으려는 남부의 마푸체족을 중심으로 대규모 반란이 수차례 일어남
- **1817년** 칠레의 애국자 베르나르도 오이긴스와 아르헨티나 독립 전쟁의 영웅 호세 데 산 마르틴이 안데스 산맥을 넘어 칠레를 해방시킴

1908-1973

1915-2006

1932-1973

1953-2003

살바도르 아옌데

Salvador Allende
Gossens

남미 최초로 민주 선거를
통해 집권한 사회주의
정당의 대통령.

아우구스토 피노체트

Augusto José Ramón
Pinochet

1973년 살바도르 아옌대
정권을 쿠데타로
무너뜨리고 1990년까지
칠레를 지배한 군부
독재자.

빅토르 하라

Víctor Lidio Jara
Martínez

칠레의 민중 음악가이자,
연극 무대 연출가이다.
노래를 통한 사회 변혁을
목적으로 하는 누에바
깐시온 Nueva cancion
운동을 주도했다.

로베르토 볼라뇨

Roberto Bolaño

라틴 아메리카의 노벨
문학상이라 불리는 로물로
가예고스 상을 수상한
라틴 아메리카의 대표적
작가. 대표작으로는
〈야만스러운 탐정들〉,
〈칠레의 밤〉 등이 있다.

- 1818년 베르나르도 오이긴스의 주도로 독립 공화국이 선포됨
- 1970년 사회주의 정당인 인민 연합의 살바도르 아옌대가 당선되면서 세계에서 처음으로 선거에 의해 합법적으로 선 사회주의 정권이 탄생함
- 1973년 피노체트가 군사 쿠데타를 일으킴. 이후 1990년까지 17년간의 독재 정치로 3,000여 명이 죽거나 실종됨
- 2006년 첫 여성 대통령 미첼 바첼렛 취임

CHILE
칠레 꼭 가봐야 할 곳

남북으로 길게 뻗은 총연장 4,300km의 칠레. 그 중심엔 칠레의 수도 산티아고가 자리해있다. 산티아고는 칠레 정치, 문화, 예술의 중심지 역할을 하고 있다.

SANTIAGO
산티아고

산티아고는 남미에서 항공편과 버스편이 많이 드나드는 대도시다. 지형이 길고 좁은 특성상 국내선 항공편 운항과 국경을 넘나드는 야간버스 운행이 활발하다.

주요 도시 소요시간 (비행기 / 버스)
리마 3시간 30분(비행기) / 55시간(버스) | **부에노스 아이레스** 2시간(비행기) / 22시간(버스)
상파울루 3시간 30분(비행기) / 55시간(버스) | **산 페드로 데 아따까마** 2시간(비행기) / 22시간(버스)
멘도사 1시간(비행기) / 6시간(버스) | **발파라이소, 비냐 델 마르** 1시간 40분(버스)
푸에르토 몬뜨 1시간 30분(비행기) / 12시간(버스) | **푼타 아레나스** 3시간 30분(비행기) / 42시간(버스)

산티아고 드나드는 방법 항공

많은 여행자들이 남미 여행의 시작 또는 종착점으로 산티아고를 선택한다. 항공편을 이용하는 여행자는 유일한 국제공항인 아르투로 메리노 베니테스 국제공항을 통해 드나든다.

✈ **아르투로 메리노 베니테스 공항** Arturo Merino Benítez(SCL)

도심에서 북서쪽으로 15㎞ 떨어진 곳에 있다. 1970년대에 칠레 공군의 창설자인 아르투로 메리노 베니테스의 이름을 따서 지어졌으며 2002년 터미널을 확장했다. 주요 취항사는 란 LAN 항공으로 인접국인 아르헨티나, 브라질 간의 승객 및 물류 이동이 활발하다. 국내선의 경우 저가항공인 스카이 SKY 항공이 칠레 북부와 남부 파타고니아 지역을 연결하고 있다.

공항에서 시내가기
① 센트로 푸에르토 버스 Centropuerto

센트로 푸에르토 Centropuerto 버스

택시

공항과 도심을 오가는 버스로 오전 6시부터 밤 11시 30분까지 매시간 15분마다 출발한다. 공항 도착 로비인 1층 출구 4~5번 쪽에서 출발하며 종착역인 Metro Los Héroes까지 40분~1시간 정도 소요된다. 공항버스는 Metro Barrancas - Metro Terminal Pajaritos - Metro Las rejas - San Alberto Hurtado - Metro Universidad de Santiago(버스터미널) – Metro Estación Central(기차역) – Metro Unión Latinoamericana - Metro república - Metro Los Héroes (Plazoleta Central) 순으로 정차한다. 요금은 편도 CH1,700 왕복 CH3,000이다. 버스터미널이 있는 Universidad de Santiago나 종착역인 Metro Los Héroes 역에서 내려 메트로 1호선 또는 택시를 타고 숙소로 이동하자. 바로 발파라이소로 이동하고 싶다면 공항에 서 가까운 Terminal Pajaritos에 내려 시외버스를 타면 된다. centropuerto.cl

② 투르 버스 TUR BUS

TUR BUS는 알라메다 터미널과 공항을 연결한다. 오전 5시부터 자정까지 20분 간격으로 운행하며 자정 이후엔 새벽 1시부터 4시까지 1시간 간격으로 운행한다. 알라메다 터미널까지 약 1시간 정도 걸린다. 공항 도착 층인 1층의 5번 출구 앞에서 탑승한다. 시내에서 공항을 갈 경우 알라메다 터미널 Terminal Alameda의 22~23번 승차장 앞에서 표를 구입해 20분마다 출발하는 공항행 버스를 타면 된다. 메트로 1호선과 연결되는 파하리토스 터미널 Terminal Pajaritos에서도 20분마다 출발하는 공항행 버스를 탈 수 있다.

③ 택시

택시를 이용할 경우 공항과 센트로 사이의 요금은 CH만~1만2,000 정도이며 미터 요금을 적용하기 때문에 거리에 따라 다소 차이가 있다.

산티아고 드나드는 방법 02 버스

칠레 각 지역과 인접 국인 아르헨티나, 페루, 브라질 등지로 가는 국제 버스가 운행되는 산티아고의 버스터미널. 많은 이들이 드나드는 곳인 만큼 소지품 보관에 유의하자.

🚌 알라메다 버스터미널 Terminal Alameda

메트로 1호선 산티아고 대학 Universidad de Santiago 역과 연결되는 알라메다 터미널에서는 산 페드로·데 아따까마와 푸에르토 몬뜨 등 칠레 주요 지역과 아르헨티나 부에노스 아이레스, 멘도사, 푸에르토 이과수, 브라질의 히우 지 자네이루 등으로 가는 Pull man, Tur bus 회사의 버스가 수시로 운행된다. 알라메다 버스터미널과 산티아고 터미널은 붙어 있다. 보통 좌석이 넓은 까마 Cama는 버스의 1층, 세미까마 Semi Cama는 2층에 있지만 버스에 따라 까마 또는 세미까마만 있는 경우가 있으므로 행선지와 버스 번호, 정류장을 잘 확인한 뒤 탑승해야 한다. 버스를 탈 때는 짐표를 잘 보관하도록 하자.

알라메다 버스터미널

📢 TUR BUS

⊙ 월~토 06:20~22:50,
　일 08:20~22:50

🎫 편도 CH1,900
　왕복 CH3,600

산티아고의 버스터미널

Terminal Santiago
알라메다 터미널과 붙어있는 산티아고 버스터미널로 국제 버스를 비롯 칠레 남부로 향하는 버스가 발착한다.
🏠 La Alameda 3850

Terminal Alameda
Pullman bus와 Tur bus 회사의 버스가 주로 사용하는 버스터미널로 북쪽과 남쪽, 해안지역을 주로 운행한다.
🏠 La Alameda 3750

Terminal San Borja
기차역인 Estacion Central 옆에 위치해 있다. 산티아고 근교와 북쪽, 산악지역 등을 주로 운행한다.
🏠 San Borja 184

Terminal Los Heroes
칠레 북쪽, 팬 아메리카 하이웨이 방면으로 가는 다양한 버스가 발착한다.
🏠 Tucapel Jimemez 21

TIP 주의해야 할 점

버스터미널은 이용자가 많은 만큼 좀도둑이 많으니 대합실에서 버스를 기다리거나 버스를 타고 내릴 때, 짐칸에서 짐을 꺼낼 때 배낭 및 캐리어, 작은 가방 보관에 유의하자.

TIP 칠레 국경을 넘을 때 알아두어야 할 것

버스나 비행기, 기차 등을 통해 칠레 국경을 넘나들 때 유의해야 할 점은 식료품(육류, 과일, 야채, 곡물류, 햄, 소시지, 우유, 치즈 등)의 반입과 반출이 불가능하다는 것. 공항과 육로 국경 등에서 검사를 철저히 하기 때문에 사전에 본인의 짐 점검을 하고 관련 식품이 있다면 먹거나 버리도록 하자. 특히 버스를 타고 칠레 산티아고~아르헨티나 멘도사를 잇는 국경을 넘을 때 검사 시간이 오래 걸린다. 주말이나 공휴일에는 나들이를 떠나는 현지 관광객이 많기 때문에 버스에서 오래 기다리지 않으려면 평일 오전이나 밤에 출발하는 버스를 타자.

시내 교통

산티아고 메트로 내부

산티아고 메트로 표시

산티아고 메트로

- **Open** 월~금 05:30~11:30
  토 06:30~11:30, 일 08:00~11:30
  (막차 시간 역에 따라 다름)
  metrosantiago.cl

버스카드

🚇 메트로 Metro

산티아고에는 5개의 메트로 라인이 있으며 대부분의 라인이 주요 관광지를 연결하고 있어 쉽고 빠르게 이용할 수 있다. 거리 간 요금 차액은 발생하지 않지만 시간대별로 요금 차등이 있다. 출퇴근 시간인 오전 7시~9시, 오후 6시~7시는 일반 시간대보다 60페소 비싼 720페소이며 새벽 6시~6시30분, 저녁 9시~11시 이후는 610페소다. 매표소에서 승차권을 낱장으로도 살 수 있으며 오래 머무를 예정이라면 지하철과 버스를 두루 이용할 수 있는 충전식 카드 'BIP'을 매표소에서 구입, 필요한 만큼 충전해서 사용하자.

투어리스트 센터

산티아고 아르마스 광장 건너편의 시청사 건물(국립 역사박물관 옆) 내 1층과 산타 루시아 언덕 건물 내에 투어리스트 오피스가 있어 지도와 각종 정보 등을 얻을 수 있다. 산티아고 관광안내 웹사이트 santiagocapital.cl에서도 주요 관광지 및 유적지, 호텔 및 지도 등 다양한 정보를 얻을 수 있다.

투어리스트 센터

TIP

프리 워킹 투어로 알차게 돌아보자

매일 오전 10시와 오후 3시에는 산티아고 주요 지역을 돌아보는 프리 워킹 투어가 대성당 앞에서 출발한다. 시간이 많지 않은 사람이라면 투어에 참여해보자(4시간 소요). 팁을 기반으로 하는 투어이므로 투어 후에는 가능한 사례를 하도록 한다. 자세한 정보는 freetoursantiago.cl를 참조.

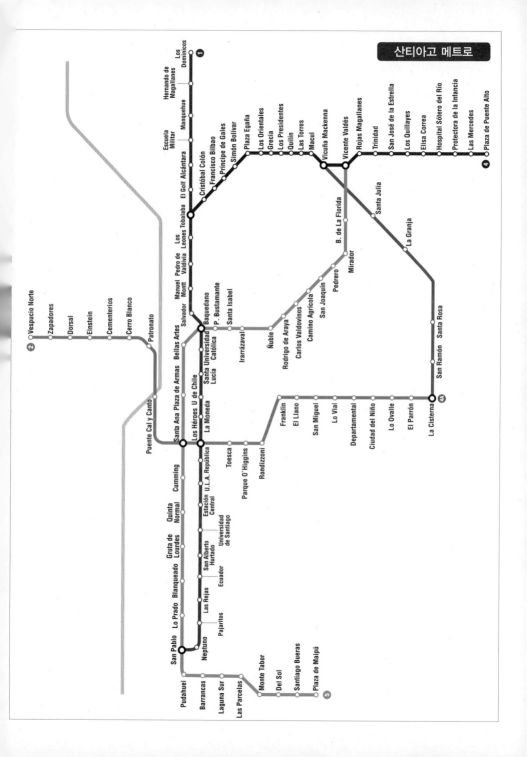

산티아고 메트로

산티아고 센트로

Autopista Central

Rio Mapocho

● Estación Mapocho

Ⓜ Cal y Canto

General Mackenna

La Julita ✕️
Empanadas Zunino ✕️ 🏢 중앙시장
Mercado Central

San Pablo

Rosas

Santo Domingo

Santo Domingo

국립 역사박물관
Museo Historico Nacional

Plaza de Armas Ⓜ

대성당 🏢 아르마스 광장
Catedral Metropolitana 🏢 Plaza de Armas

Hostel Plaza de Armas 🍽️ ✕️ 핫도그 골목

🏢 쁘레콜롬비노 박물관
Museo Chileno de arte Precolombino

기억과 인권 박물관 방향 (2km)
Museo de La Memoria y
los Derechos Humanos

Compañia de Jesús

BRASIL

CIVICO

증권거래소
La Bolsa

누에바 요크 거리
Nueva York

🏢 모네다 궁전
La Moneda Palace

🏢 모네다 문화센터
Centro Cultural Palacio de la Moneda Ⓜ Universidad de Chi

← 알라메다 버스터미널 (1km)

Ⓜ La Moneda

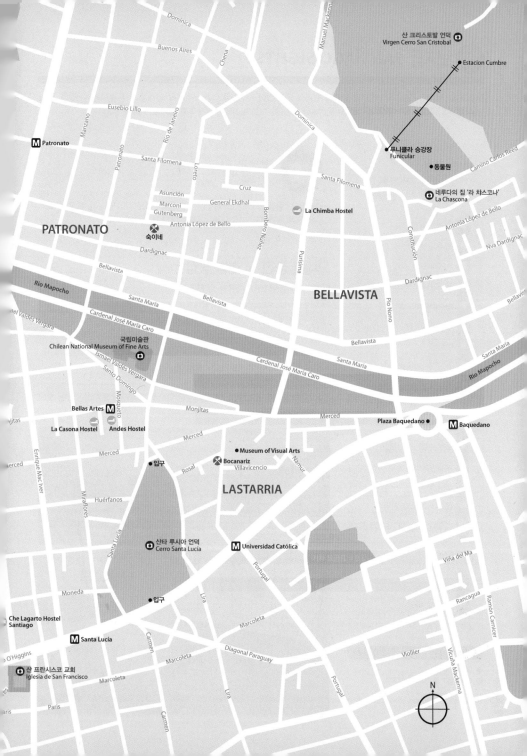

산 크리스토발 언덕
Virgen Cerro San Cristobal

Estacion Cumbre

푸니쿨라 승강장
Funicular

동물원

네루다의 집 '라 챠스코나'
La Chascona

M Patronato

PATRONATO

La Chimba Hostel

숙이네

BELLAVISTA

Rio Mapocho

Cardenal José María Caro

국립미술관
Chilean National Museum of Fine Arts

Bellas Artes M

La Casona Hostel   Andes Hostel

Rio Mapocho

Plaza Baquedano   M Baquedano

Museum of Visual Arts

입구   Bocanariz
Villavicencio

LASTARRIA

산타 루시아 언덕
Cerro Santa Lucía

M Universidad Católica

입구

Che Lagarto Hostel
Santiago

M Santa Lucía

산 프란시스코 교회
Iglesia de San Francisco

N

보자! SANTIAGO SIGHTS

산티아고 센트로는 구시가지에 주요 볼거리가 거의 몰려 있어 1~2일을 할애하면 주요 명소를 모두 돌아볼 수 있다. 관심 있는 지역을 위주로 동선을 짜고 발파라이소, 비냐 델 마르, 교외 와이너리 등을 위한 일정도 계획해 두자.

추천 일정

첫째 날

- 모네다 궁전
- 모네다 문화센터
- 누에바 요크 거리
- 산 프란시스코 교회
- 쁘레꼴롬비노 박물관
- 아르마스광장
- 대성당
- 국립역사박물관
- 기억과 인권 박물관

둘째 날

- 중앙시장
- 국립미술관
- 산타 루시아 언덕
- 산 크리스토발 언덕
- 네루다의 집 '라 차스코나'

셋째 날

- 발파라이소
- 비냐 델 마르

 santiago
첫째 날

산티아고 여행의 시작은 모네다 궁전에서 시작하는 것이 편하다. 메트로 1호 선을 타거나 걸어서 모네다 역으로 이동하자.

모네다 궁전 및 헌법 광장

Placio de la Moneda, Plaza Constitución

1805년 지어진 네오클래식 스타일의 건물로 현 대통령의 집무실이 있다. 1973년 군부 쿠테타 당시 살바도르 아옌대 대통령이 끝까지 이곳에 남아 저항했던 것으로 알려져 있다. 일반인은 모네다 궁전의 정문으로 출입해 외관을 둘러본 후 후문으로 퇴장한다. 반드시 여권을 소지해야 한다. 헌법 광장에서는 격일로 오전 10시에 위병교대식이 열린다.

🚶 모네다 궁전을 둘러보았다면 다시 정문 쪽으로 돌아와 광장 지하에 있는 모네다 문화센터로 가자.

모네다 궁전

모네다 문화센터

모네다 궁전

🏠 Morandé 130
🕐 Open 월~금 10:00~18:00

모네다 문화센터 Centro Cultural Palacio de la Moneda

모네다 궁전 앞 광장 지하에 있는 곳으로 과거 피노체트가 지하 벙커로 사용하던 곳을 개조해 문화센터로 개관했다. 이곳엔 두 개의 대형 전시홀과 시네마, 기념품 가게, 카페 등이 있으며 연중 다양한 전시가 열린다.

🚶 큰 대로변인 Av. Libertador Benardo O'Higgins를 따라 두 블록 내려가면 보행자 전용거리인 누에바 요크 거리와 아우마다 거리가 나온다. 건너편으로는 칠레 대학이 보인다.

모네다 문화센터

⌂ Plaza de la Ciudadanía 26
◷ Open 월~금 09:00~19:30
💲 일반 CH2,000 학생 CH1,000
ccplm.cl

누에바 요크 거리 Nueva York

영어로는 '뉴욕'으로 번역되는 이 거리는 Y자 모양으로 난 보행자 전용 거리인데 식민지 풍의 웅장한 건물들이 들어서 있다. 이 가운데에는 칠레 증권거래소 Bolsa de Comercio와 우니온 클럽 Club de la Union이 있다.

🚶 다시 오히긴스 대로로 나오면 건너편에 산 프란시스코 교회가 눈에 들어온다. 이 뒤편에 빠리스 론드레스 지구가 있다.

증권거래소

⌂ La Bolsa 64, La Alameda

산 프란시스코 교회 Iglesia de San Francisco

아우마다 거리를 따라 내려오면 오히긴스 거리 건너편 우뚝 서 있는 산 프란시스코 교회를 만난다. 산티아고에서 가장 오래된 건물 중 하나로 1586년 세워졌다. 시계탑은 1857년에 건물 상부에 추가로 만들어졌다고 한다.

산 프란시스코 교회

⌂ Av. O'Higgins 834

누에바 요크 거리

산 프란시스코 교회

쁘레콜롬비노 박물관

🚶 아우마다 거리를 따라 걷다가 아르마스 광장이 나오면 왼쪽으로 한 블록만 가자. 모퉁이에 쁘레콜롬비노 박물관이 있다.

쁘레콜롬비노 박물관 Museo Chileno de arte Precolombino

칠레에서 꼭 봐야 할 박물관 가운데 하나. 전시관은 크게 두 개로 나뉘는데 하나는 '칠레 이전의 칠레' 섹션이고 나머지 하나는 '쁘레콜롬비안 아메리카의 예술' 전시관이다. 2층에는 1번부터 8번 룸까지 시기별, 각 지역별로 출토품과 유물을 전시하고 있다. 12번 룸인 박물관 지하에는 칠레 이전의 토착민, 원주민의 역사를 소개하고 있어 연대기를 따라 순서대로 보고 싶다면 지하에서부터 출발하는 것도 좋다.

🚶 다시 한 블록 거리의 아르마스 광장으로 돌아가자. 광장을 기준으로 4면에 대성당, 국립역사박물관, 중앙 우체국, 핫도그 골목이 있는 아케이드 등이 접해있다.

아르마스 광장 Plaza de Armas

산티아고 시가 만들어진 1541년도부터 칠레 정치, 역사의 중심 역할을 해온 광장. 광장엔 스페인으로부터 독립을 기념하기 위해 세워진 독립기념비와 발디비아 기마상 등이 있다.

대성당 Catedral Metropolitana

네오클래식 양식으로 지어진 이 대성당은 1541년 스페인 침략자인 발디비아가 산티아고를 처음 만들기 시작할 무렵 짓기 시작해 1558년 문을 열었다. 화재와 지진 피해를 수차례 입었으며 현재에도 개보수 공사가 진행 중이다.

대성당

대성당 내부

국립 역사 박물관 Museo Historico Nacional

아르마스 광장에 접해있는 국립역사박물관은 역사에 관심 있는 사람이라면 한 번쯤 들러볼만한 곳이다. 2층 규모의 전시관을 돌다 보면 선사시대에서부터 근현대에 이르기까지의 칠레 역사를 한눈에 볼 수 있다. 역사박물관의 상징인 시계탑은 전망이 뛰어날 뿐만 아니라 시계탑과 이 건물에 얽힌 역사를 설명하는 작은 전시관으로 꾸며져 있어 올라가 볼 만한 가치가 있는 곳이지만 규정상 동반 가이드가 없인 올라갈 수 없다. 소지품은 입구 오른쪽 사물함에 보관해야 한다.

🏃 칠레 역사와 인권에 대해 관심이 있는 사람이라면 '기억과 인권 박물관'을 찾아가 보자. 비교적 가까운 거리이지만 걸어가기에는 다소 멀다. 아르마스 광장에서 메트로 5호선(초록색)을 타고 Quinta Normal 역으로 가자. 에스컬레이터를 타고 올라와 지상으로 나오면 길 건너편에 초록색의 거대한 박물관이 보인다.

기억과 인권 박물관

Museo de La Memoria y los Derechos Humanos

1973년 9월 11일부터 1990년 3월 10일까지 일어났던 칠레 독재정권의 인권유린을 기록한 박물관. 다양한 영상물과 기록물로 해설을 돕고 있다. 설명은 모두 스페인어로 되어있기 때문에 입구에서 영어 오디오 가이드(CH2,000)를 빌려 설명을 듣자. 3층 규모의 넓은 박물관엔 오디오 가이드 72번까지 안내가 있기 때문에 둘러보는 데에만 약 2시간 정도 걸린다. 3층에선 칠레 역사, 문화를 기록한 다큐멘터리를 감상할 수 있다.

국립 역사 박물관

🏛 Plaza de Armas 951
🕐 Open 화~일 10:00~18:00
museohistoriconacional.cl

국립역사박물관

기억과 인권 박물관

🏛 Matucana 501
🕐 Open 화~일 10:00~18:00
　Close 월요일
🎫 무료
📍 메트로 Quinta Normal에서 하차
museodelamemoria.cl

기억과 인권 박물관 내부

기억과 인권 박물관

둘째 날

둘째날은 센트로에서 시작해 바야스 아르떼스 지구와 라스타리아 지구를 돌아보자. 산티아고에서의 시간이 얼마없다면 첫째 날과 둘째 날 일정을 합쳐 관심있는 곳 위주로 둘러보면 된다.

🏠 Ismael Valdes Vergara 900

중앙 시장 Mercado Central

산티아고의 중앙 시장으로 다양한 해산물과 야채 등을 파는 가게가 있다. 조리가 가능하다면 직접 저렴한 가격에 연어 등의 생선과 각종 해산물을 구입하자. 특히 점심때는 시장에 들러 칠레의 신선한 해산물로 조리한 해물 요리를 맛보기를 추천한다. 진한 해물 육수에 조개, 새우 등이 듬뿍 들어간 빠일라 Paila등이 일품이다. 중앙 홀에 있는 대형 프랜차이즈 레스토랑 보다는 시장 곳곳에 숨어있는 작은 가게들이 비교적 저렴하고 맛도 있는 편이다.

중앙 시장 외부

🚶 중앙 시장 정문을 나와 마푸초 강을 따라 바야스 아르떼스 지역으로 이동하자. 공원을 따라 걷다보면 국립 미술관이 나온다.

🏠 Parque Forestal Casilla 3209
🕐 Open 화~일 10:00~18:00
mnba.cl

국립미술관 Museo Nacional de Bellas Artes(MNBA)

프랑스 파리의 페팃 팔레(현 박물관)를 모델로 하여 지어진 궁전으로 칠레 및 유럽의 다양한 중세, 현대 미술 작품을 전시하고 있다. 국립미술관 뒤로는 디자인, 사진, 조각 등을 전시한 현대미술관 Museo de Arte Contemporáneo MAC이 있다.

국립미술관

국립미술관 내부

👣 국립미술관에서 한 블록 내려오면 산타루시아 언덕의 북쪽 입구로 이어진다. 오히긴스 대로변에 있는 남쪽 입구보다 오르기에 편하다. 다소 지쳤다면 라스타리아 거리의 카페에서 쉬어가자.

산타 루시아 언덕 Cerro Santa Lucía

산티아고 시내가 내려다보이는 산타 루시아 언덕은 산티아고 시민들의 휴식처로 쉬어가기 좋은 곳이다. 과거엔 요새로 기능했으나 현재는 공원으로 조성돼 있다. 남쪽과 북쪽에 2곳의 출입구가 있으며 계단을 오르려면 입구에서 본인의 이름과 국적을 써야 한다. 언덕은 630m로 그리 높지는 않지만 전망대까지는 계단도 많고 길이 가파르기 때문에 꽤 힘들다. 시간을 여유 있게 배분하자.

산타 루시아 언덕
🏠 Av. O'Higgins
⏰ Open 09:00~19:00

산타 루시아 언덕

산타 루시아 언덕 정상

산타 루시아 언덕

푸니쿨라

⌂ Pío Nono 450

○ Open 화~일 10:00~20:00
월 13:00~20:00 (매주 첫째주
월요일은 푸니쿨라를 운행하지 않음)

🎫 월~금 편도 CH1,500 왕복 CH2,000
주말 및 공휴일 편도 CH1,950
왕복 CH2,600

pms.cl

🚶 언덕을 내려온 다음 다시 마푸초 Mapucho 강변을 따라 플라자 바케다노 Plaza Baquedano까지 간다. 다리를 건너 Pío Nono 거리를 따라 10분 정도 직진 하면 산 크리스토발 언덕의 푸니쿨라 정류장이 나온다.

산 크리스토발 언덕 Cerro San Cristóbal

산티아고 시내 전망이 한눈에 내려다보이는 언덕으로 높이는 324m이다. 가 파른 레일을 따라 오르내리는 푸니쿨라 Funicular가 있어 쉽게 정상부까지 갈 수 있다. 산책로를 따라 걸어서 올라갈 경우 1시간 30분~2시간 정도 소요 되고, 힘든 편이기 때문에 체력이 약한 사람에게는 추천하지 않는다. 푸니쿨 라 승강장에 내려 계단을 따라 정상부로 올라가면 높이 14m의 하얀 성모마 리아상 Virgen de la Inmaculada이 나온다. 산 크리스토발 언덕엔 보타닉 가든 과 동물원(오전 10시~오후 6시 월요일 휴무 CH3,000), 수영장(오전 10시~오 후 6시 30분 CH6,000) 도 있다. 성수기 주말과 오후엔 긴 줄이 늘어서 있으 므로 푸니쿨라를 타고 언덕을 오르려면 오전 일찍 가거나 늦은 오후에 가는 것이 좋다. 푸니쿨라를 기다리는 줄이 너무 길다면 인근에 있는 네루다의 집 '라 챠스코나'를 먼저 방문하자.

산 크리스토발 언덕 푸니쿨라 탑승장을 등지고 왼편으로 한 블록 코너를 돌아가면 네루다의 집 '라 챠스코나'가 있다. 한 번에 많은 인원을 입장시키지 않기 때문에 붐비는 시각에 가면 다소 기다려야 할 수도 있다.

네루다의 집 '라 챠스코나' La Chascona

산티아고에 있는 파블로 네루다의 집으로 세 번째 부인인 마틸다 우르띠야와 함께 살았던 곳이다. 바다를 사랑한 네루다는 부엌과 거실 등 집 안 곳곳을 '배에서 모티브를 얻어 꾸몄다. 원목 인테리어, 다채로운 색채가 특히 인상적이다. 영어, 스페인어 등의 오디오 가이드가 있어 각 룸을 둘러보면서 오디오 기기를 통해 설명을 들을 수 있다. 내부 사진 촬영은 불가능하며 외부 역시 일부 공간만 촬영 가능하다. 가방은 들어가기 전 입구 라커에 보관해야 한다.

시간이 남았다면 산 크리스토발 언덕을 내려와 바야비스타 거리를 걷거나, 인근의 페트로니토 한인 타운 등을 돌아보자. 주변엔 다양한 그래피티가 많아 걸어다니며 구경하는 재미가 있다.

네루다의 집 '라 챠스코나'

🏠 Fernando Marquez de la Plata 0192, Santiago

⊙ Open 3월~12월 10:00~18:00 (월요일 휴관) 1월~2월 10:00~19:00 (월요일 휴관)

📞 2 2777 8741

💵 일반 CH7,000 학생 CH2,500(국제학생증 제시)

www.fundacionneruda.org

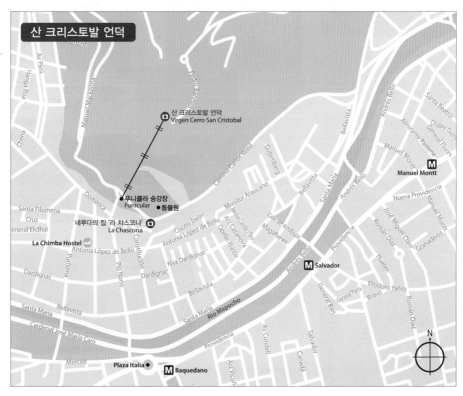

산 크리스토발 언덕

산 크리스토발 언덕
Virgen Cerro San Cristobal

Manuel Montt

푸니쿨라 승강장
Funicular ● 동물원

네루다의 집 '라 챠스코나'
La Chascona

La Chimba Hostel

M Salvador

M Baquedano

Plaza Italia

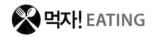

먹자! EATING

CH 1,000~10,000 CHCH 11,000~20,000

라 훌리타 La Julita ^{CH}

중앙 시장인 메르까도 센트럴 내에 있는 작은 식당. 두 곳이 있는데 1호점은 어머니가 2호점은 아들이 운영한다. 중앙 홀의 대형 식당들과 달리 소박하고 가격 역시 저렴한 편이다. 조개와 홍합, 새우 등을 넣고 푹 끓인 빠일라 Palla는 구수하고 짭짤하다. 세비체, 빵 등이 따라 나온다.

🏠 메르까도 센트럴 내
🍲 빠리야 해산물탕 CH4,000~

핫도그 골목 ^{CH}

아르마스 광장에 접한 꼼빠니아 데 헤수스 건물 1층 통로엔 핫도그 가게가 밀집해있다. 핫도그 2개에 음료가 포함된 금액이 CH1,500 정도로 저렴한 편이다. 보통 꼼플레또와 이탈리아노 두 종류가 있는데 차이는 이탈리아노가 덜 맵고 아보카도, 마요네즈가 많이 들어간다는 점.

🏠 Portal Fernández Concha

Emporio Zunino ^{CH}

1930년에 오픈한 가게로 메르까도 센트럴 바깥쪽에 위치해있다. 항상 사람들로 북적이기 때문에 쉽게 찾을 수 있는 곳. 소고기 엠빠나다 등 다양한 종류의 엠빠나다를 오븐에 구워 바로 판매한다.

🏠 Paseo Puente 800

Aqui esta Coco ^{CHCH}

프로비덴시아 지역에 있는 유명 해산물 레스토랑. 가격은 비싼 편이지만 제값을 한다는 평이 많다. 게와 새우, 세비체 요리 등이 인기 있다. 예약하고 가는 것이 좋다.

🏠 La Concepcion 236
📞 56 2 24106200

Bocanariz ^{CH}

보헤미안 풍의 북적이는 와인바. 현지인과 여행객 모두에게 인기 있는 곳이다. 작고 좁은 편이라 넓고 조용한 분위기를 원한다면 추천하지 않는다. 이곳의 주메뉴인 시그니처 와인 플레이트를 주문하자.

🏠 Av. Jose Victorino Lastarria 276
📞 562 6389893

숙이네 ^{CH}

삼겹살과 감자탕, 각종 찌개류 등 다양한 한국 음식을 파는 한인 식당. 한국이 그리울 때 찾아가 보자. 한인타운인 페트로나도 지역엔 한국 식재료품을 파는 아씨마켓을 비롯 여러 곳의 식당과 슈퍼, 한인민박, 미용실 등 편의 시설이 있다. 치안은 그리 좋은 편이 아니므로 소지품 분실에 유의하자.

🏠 Antonio López de Bello 244
📞 735 8693

자자! ACCOMMODATIONS

CH 8,000~1만3,000 CH CH 1만4,000~2만

Centro

Hostel Plaza de Armas CH

아르마스 광장 남쪽에 접해 있는 꼼빠니아 데 헤수스 건물(1층에 핫도그 골목이 있다) 6층에 위치해 있다. 좋은 위치와 광장이 내려다보이는 전망 덕분에 여행자들에게 인기가 많다. 빌딩 1층 중앙에 엘리베이터를 타는 곳이 있지만 호스텔 표시가 되어 있지 않고 번잡해 헷갈리기 쉽다.

호스텔엔 4~6인이 사용가능한 도미토리가 여러 개 있다. 단점은 겨울철 난방이 안되어 춥다는 것과 샤워 시설이 다소 부실하다는 것.

⌂ Compania 960 Dp. 607호
🛏 6인도미토리 CH8,000~

Andes Hostel CH

바야스 아르떼스 역 바로 앞에 있다. 시내를 돌아보기 좋은 위치지만 가격이 타 호스텔에 비해 다소 비싸다는 것이 단점이다. 기본적인 시설에 깔끔한 도미토리를 갖고 있다.

⌂ Monjitas 506
🛏 6인 도미토리 CH1만3,000

Bellavista

La Chimba Hostel CH

다양한 바와 레스토랑이 밀집한 바야 비스타 지역에 있는 호스텔로 센트럴에서는 다소 거리가 있지만 산 크리스토발 언덕과 네루다의 집, 한인타운 등에선 가까운 편이다. 리셉션이 친절하며 다양한 외국여행자들을 사귀기에 좋다.

⌂ E. Pinto Lagarrigue 262, Barrio Bellavista
🛏 6인 도미토리 CH1만2,000

Che Lagarto Hostel Santiago CH CH

체인 호스텔로 전반적으로 깔끔하며 관리가 잘 되어있는 편이다.

⌂ San Antonio 60
🛏 8인 도미토리 CH1만7,000

La Casona Hostel CH

센트로에서 가까운 바야스 아르떼스 지역에 있는 깔끔한 호스텔.

⌂ Almirante Montt # 465, Barrio Bellas Artes
📞 56 2 2664 3941
🛏 6인 도미토리 CH1만2,000
📧 hola@lacasonahostel.cl

칠레 와이너리로 떠나는 여행

콘차이토로 와인밭

칠레 와인이 처음부터 유명한 것은 아니었다. 16세기 스페인 정복자와 선교사들이 포도나무를 들여왔지만 칠레 와인이 '남미의 보르도'라는 별칭을 얻게 된 것은 80년대 후반에 이르러서다. 프랑스식 양조 기술과 포도 품종이 많이 수입되었으며 경제 성장에 따른 대대적인 투자가 병행되면서 칠레 와인 산업은 크게 성장했다. 따뜻하고 건조한 지중해성 기후는 포도가 자라는데 적합했으며 서쪽으로는 태평양, 동쪽으로는 안데스 산맥으로 고립돼 있어 병충해로 인한 피해가 적었다. 칠레에서 재배되는 포도 품종가운데 카베르네 소비뇽이 가장 인기다. 카베르네 소비뇽 와인으로 유명한 곳은 마이푸 밸리다. 마이푸 밸리는 칠레에서 가장 오래된 와인 생산지 중 하나로 수도인 산티아고와 가깝다. 근교의 카사블랑카 밸리 역시 화이트와인 생산지로 유명하다. 칠레는 일조량이 풍부하여 색깔이 진하고 단맛이 풍부한 포도가 생산된다. 레드 와인 용으로 카베르네 소비뇽, 카베르네 프랑, 말벡, 프티 베르도, 멜로 종이 재배된다. 화이트 와인으로는 세미용, 소비뇽 블랑, 리슬링이 주로 재배된다.

TIP

어떤 와인을 고를까

우리나라에 잘 알려진 와인으로는 비냐 몬테스 Montes의 몬테스 알파 M(Montes Alpha M), 대중적인 와인으로는 콘차이 토로 Conchy Toro에서 만드는 카시렐로 델 디아블로 Casillero del Diablo가 있으며 그 외 산타리타 Santa Rita 의 Santarita 120, 에라주리즈 Errázuriz의 Max Reserva Cabernet Sauvignon, 운두라가 Undurrga 브랜드 등이 있다.

콘차이토로 와이너리 Viña Concha y Toro

칠레에서 가장 큰 대형 와이너리 가운데 하나로 와인 테이스팅을 포함한 Traditional tour가 매일 오전 10시부터 오후 5시까지 매 시간 출발한다. 영어, 스페인어, 포르투갈어 투어가 있으며 영어 투어는 오전 10시, 오후 1시, 오후 2시30분, 오후 3시40분과 오후 4시에 있다. 투어는 콘차이토로 가든에서 시작하며 19세기에 지어진 콘차이토로 가문의 저택을 보고 다양한 품종이 자라고 있는 와이너리로 이동해 가이드의 설명을 듣는다. 포도가 자라는 시기에 가면 직접 따서 맛을 볼 수도 있다. 이후 와인 테이스팅을 한 후 디아블로 셀러로 이동한다.

> ### 콘차이토로 와이너리 투어
>
> 🎫 CH1만 또는 USD18
> Tradicional tour CH16,000
> Gran reserva tour CH20,000
> Tour Casillero del Diablo CH22,000
> (온라인 예약 가능)

🚶 가는 방법

메트로를 이용해 Las Mercedes(Line 4) 역으로 간다. "Concha y Toro Poniente"라 쓰여진 출구로 나와 메트로 버스 73, 80, 81번을 탄다. 택시를 탈 경우 CH5,000가량 나온다.

🏠 Av. Virginia Subercaseaux 210, Pirque, Santiago
📞 56 2 2476 5269
conchaytoro.com/tour-wine-experience

콘차이토로 와이너리

시음와인 까시레로 델 디아블로

콘차이토로 와인저장고

콘차이토로 시음장

콘차이토로 와인바 레스토랑

산타리타 와이너리 Viña Santa Rita

지나치게 상업적인 느낌의 대형 와이너리가 꺼려진다면 산타리타, 운드라가 와이너리를 추천한다. 산타리타는 특히 광활한 와이너리 풍경이 매력적이다. 방문자 센터에서 시간을 확인한 후 가이드와 함께 1시간 동안 와이너리를 걸으며 설명을 듣고 와인저장고를 둘러본다.

가이드 투어

◎ 화~일 **영어** 10:00, 14:45
  스페인어 11:00, 16:00
🎫 일반 CH14,000 18세 이하 CH3,000

가는 방법

산타리타 와이너리는 산티아고 센트로에서 1시간 가량 떨어져있다. 메트로를 이용해 Las Mercedes(Line 4)역으로 간다. 서쪽 출구로 나와 메트로 버스 정류장 앞에서 ALTO JAHUEL(알토 아우엘)로 가는 MB81번 버스를 탄다(30분 소요). 버스에 오르면 비냐 산타리타로 간다고 말하자. 버스에서 내려 방문자센터로 가면 된다.

🏠 Camino Padre Hurtado 0695, Alto Jahuel, Santiago
📞 56 2 2 362 2520
santarita.com

산타리타 와이너리

산타리타 저장고

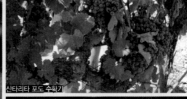
산타리타 포도 수확기

산타리타 연도별 와인보관

산타리타 시음장

산타리타120

Andean Museum

산타리타 와이너리에 있는 박물관으로 와이너리를 방문할 때 꼭 둘러보도록 하자. 1,800여점의 프레 콜롬비안 미술품이 전시돼 있다.

◎ Open 화~일 13:00~17:00(입장료 무료) ☏ 56 2 2 362 2524　santarita.com

산티아고 교외 와이너리 투어 ❸

운두라가 와이너리 Viña Undurraga

1885년에 만들어진 와이너리로 규모는 크지 않지만 알차다.
대형 와이너리보다 중소형 와이너리를 선호하는 사람들에게 알맞다. 영어
가이드 투어는 참가하는 이들의 국적에 따라 변동이 있을 수 있기 때문에
방문 전 투어 시간을 확인하도록 하자.

가이드 투어

◎ **영어 및 스페인어** 월~금 10:15, 12:00,
14:00, 15:30
토~일 및 공휴일 10:15, 12:00, 15:30

가는 방법

메트로 1호선을 타고 중앙 역 Estación
Central에 내려 San Borja 버스 터미널
의 79~81번 탑승장에서 Talagante행
버스를 탄다.
1시간 소요.

⌂ Camino a Melipilla km
34 Talagante
☏ 56 2 2372 2850
undurraga.cl

VALPARAÍSO

발파라이소

발파라이소에 대한 사람들의 평은 엇갈린다. 파스텔 톤의 아름다운 집들이 언덕을 이루고 있는 아름다운 항구 도시로 기억하는 이들이 있는가 하면 낡고 지저분한 도시이자 과대평가된 도시 가운데 하나라고 볼멘소리를 하는 이들도 있다. 어느 쪽일지는 직접 가보고 판단하는 편이 낫지만 여전히 발파라이소는 매력적인 곳임에 틀림없다. 부지런히 언덕을 오르내리는 낡은 아센소르, 다양한 색의 페인트칠을 한 작은 집들과 구불구불한 골목길, 콘셉시온 언덕에서 바라보는 일몰 등 발파라이소는 분명 당신의 호기심을 자극할 것이다.

🚌 발파라이소 드나들기

산티아고의 중앙 버스터미널과 파하리토스 Pajaritos 터미널(메트로 1호선) 등에서 매 시각 20분마다 버스가 출발한다. 풀만, 투르버스 등 다양한 버스 회사가 운행하며 버스 요금은 편도 CH4,000~5,500이다. 산티아고 중앙 터미널을 출발한 버스는 파하리토스 터미널에서 약 10분간 정차하며 발파라이소 터미널까지는 약 2시간이 소요된다.

시내 교통

발파라이소 버스터미널 Terminal Rodoviario(Av. Pedro Montt 2800)은 국회 앞에 있다. 콘셉시온 언덕 등 주요 볼거리가 몰려 있는 지역으로 가려면 역 앞의 아베니다 페드로 몬트 Av. Pedro Montt거리에서 소토마요르 광장으로 가는 버스 또는 택시를 타는 것이 좋다. 걸어서 갈 경우, 이 거리를 따라 오이긴스 광장, 빅토리아 광장, 볼리바르 광장을 지나 에스메랄다 Esmeralda거리의 뿌리 시계탑 앞까지 가서 콘셉시온 언덕을 오르는 아센소르를 타자.

발파라이소에서 비냐 델 마르

발파라이소와 비냐 델 마르를 오가는 미크로 버스는 버스터미널 인근의 아베니다 아르헨티나 거리, 해안도로인 Av. Errázuriz에서 탈수 있으며 메트로를 이용할 경우 소토 마요르 광장 앞 푸에르토 역에서 에스타시온 비냐 델 마르 역까지 20분 정도 걸린다. 바다를 보며 두 지역 사이를 오갈 수 있는 것이 장점이지만 메트로를 이용할 경우 발파라이소 메트로 카드 CH1,200를 구입해야 한다.

📷 보자!

2003년 유네스코 세계문화유산으로 지정된 발파라이소는 골목 구석구석 볼거리가 많다. 센트로는 걸어서 다닐 수 있는 규모이지만 콘셉시온 언덕, 바야비스타 언덕 등을 오를 때에는 버스나 콜렉티보, 택시 또는 아센소르를 이용하자. 일몰 이후에는 언덕을 돌아다니지 않는 것이 좋다. 특히 콘셉시온 언덕 북서쪽은 치안이 좋지않다.

추천 일정

- 쁘랏 부두
- 소토 마요르 광장
- 콘셉시온 언덕
- 네루다의 집
- 창공박물관
- 바부리사 궁전

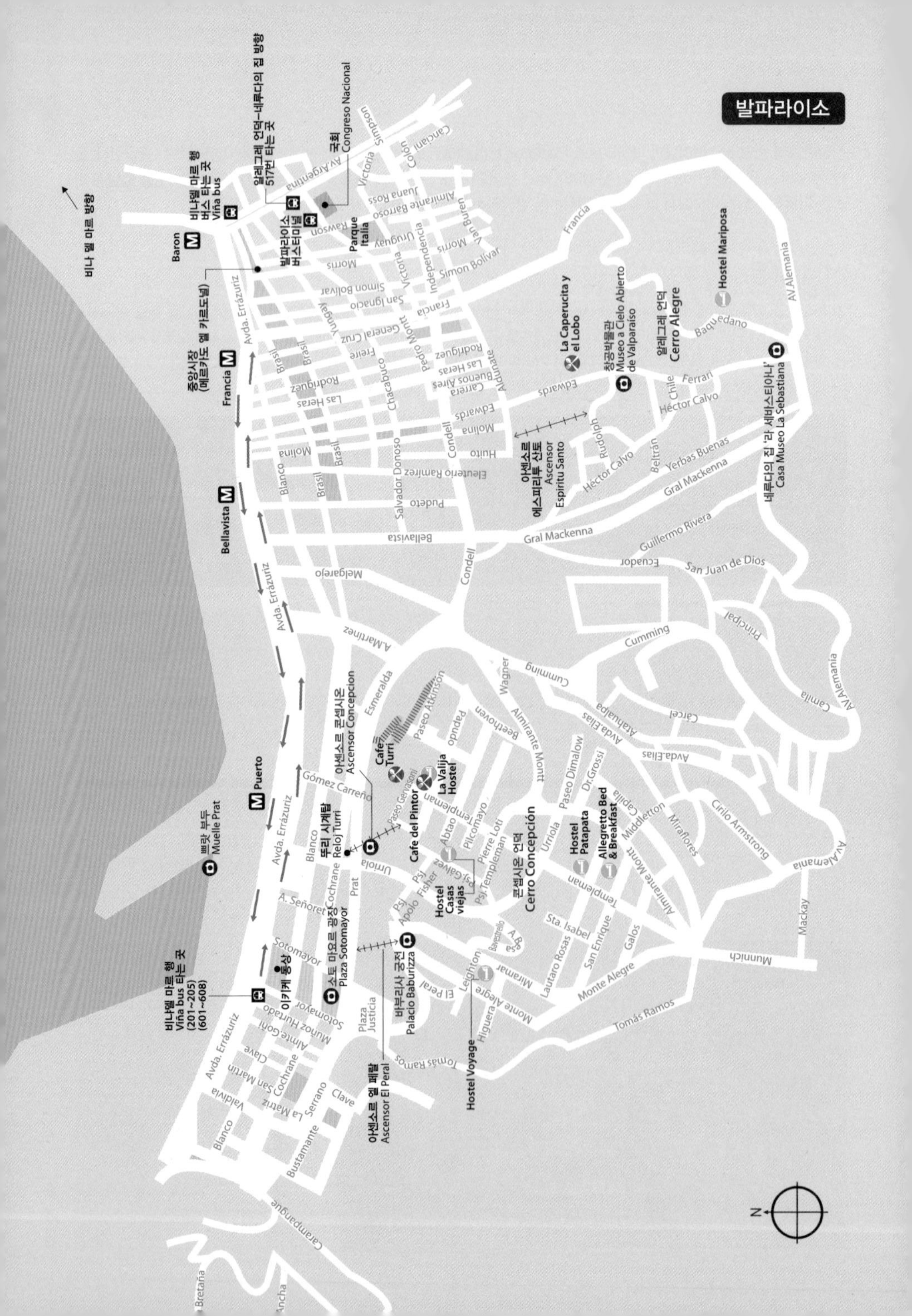

발파라이소

Congreso Nacional
국회

비냐 델 마르 행
버스 타는 곳
Viña bus

얄레그레 언덕–네루다의 집 방향
517번 타는 곳

Baron

발파라이소 버스터미널
버스터미널

Parque
Italia

중심가 (페르카도 델 카르도넬)
중앙시장 M

Francia M

Bellavista M

Puerto M

M Puerto

비냐 델 마르 행
버스 타는 곳
Viña bus

La Caperucita y
el Lobo

창공박물관
Museo a Cielo Abierto
de Valparaíso

얄레그레 언덕
Cerro Alegre

Hostel Mariposa

AV Alemania

아센소르 산토
에스피리투 산토
Ascensor
Espíritu Santo

네루다의 집 '라 세바스티아나'
Casa Museo La Sebastiana

Gral Mackenna

San Juan de Dios

Muelle Prat
뿌에르또 부두

아센소르 콘셉시온
Ascensor Concepción

Café
Turri

La Valija
Hostel

뚜리 시계탑
Relo Turri

Café del Pinto

Cerro Concepción
콘셉시온 언덕

Hostel
Casas
Viejas

Hostel
Patapata

Allegretto Bed
& Breakfast

비냐 델 마르 행
Viña bus 타는 곳
(201~205)
(601~608)

이가께
동상

소또 마요르 광장
Plaza Sotomayor

바부리사 궁전
Palacio Baburizza

아센소르 엘 페랄
Ascensor El Peral

Plaza
Justicia

Hostel Voyage

쁘랏 부두

쁘랏 부두 Muelle Prat

1986년 개항한 발파라이소 항구의 대표적인 부두로 각종 해군 시설이 모여 있다. 쁘랏 부두는 다양한 어선과 컨테이너 화물선, 항구 주변을 도는 유람선 등으로 항상 분주하다. 인원이 25명 정도 차면 출발하는 유람선은 발파라이소 항구 주변을 30~40분간 돌며 물개와 바다사자가 있는 포인트를 들렀다 온다.

소토 마요르 광장 Plaza Sotomayor

광장 중앙에 이끼께 영웅 기념탑 Monumento de los Heroes de Iquique이 서 있는 이곳은 쁘랏 부두와 칠레 해군 총사령부 건물 사이에 있다. 이 곳에서 매일 오전 10시, 오후 3시에 스페인어 및 영어로 진행되는 프리 워킹 투어가 출발한다. (무료 투어지만 투어가 끝나고 난 뒤 약간의 팁을 내도록 한다.)

쁘랏 부두

⌂ Plaza soto mayor & Av. Errazuriz
🗄 유람선 CH3,000

유람선

소토 마요르 광장

아센소르 콘셉시온

콘셉시온 언덕

콘셉시온 언덕 Cerro Concepcion

발파라이소에서 전망을 감상하기에 가장 좋은 언덕. 1883년 운행을 시작한 덜컹거리는 아센소르 콘셉시온을 타고 위로 올라가면 전망대가 여행객을 반긴다. 가장 중심이 되는 템플레만 거리 주변에 다양한 그래피티 아트 갤러리와 레스토랑, 호스텔 등이 몰려있다. 아센소르 콘셉시온은 센트로 뚜리 시계탑 Relojo Turri 건너편에 있으며 건물과 건물사이 좁은 통로로 타는 곳이 있어 찾기가 쉽지 않다. 다른 아센소르는 편도 CH1000이지만 콘셉시온 언덕을 오르는 아센소르는 편도 CH3000이다. 오전 7시부터 오후 10시까지 운행한다.

템플레만 거리

네루다의 집 '라 세바스티아나'

Casa Museo La Sebastiana

파블로 네루다가 세번째 부인인 마틸다 우르띠아와 함께 살았던 집으로 1959년 지어졌다. 산티아고 생활에 싫증이 난 네루다는 그의 친구에게 발파라이소에 작은 집을 구해달라고 요청했는데 '조용히 글쓰기에 적합하면서 너무 크지도 작지도 않은 집, 너무 높거나 낮지도 않은 집, 외곽에 있지만 항상 이웃과 교감할 수 있는 위치, 모든 것과 멀리 떨어져 있지만 버스 등 교통이 좋은 위치, 독립적이지만 상업시설과도 그리 멀지 않은 집'을 원했다.

이 집의 첫 주인인 세바스티안 코라도의 이름을 따 집 이름을 '라 세바스티아나'라고 지었으며 그의 책 〈Full Empowerment〉에 '라 세바스티아나'라는 시를 남겼다. 1992년 처음 박물관으로 문을 열었다. 영어, 스페인어, 포르투갈어 등의 오디오 가이드가 있으며 무료다. 내부 사진 촬영은 금지돼 있다.

네루다의 집 '라 세바스티아나'

🏠 Ferrari 692, Cerro Bellavista

🕐 **Open** 3월~12월 10:00~18:00(월요일 휴무) 1월~2월 10:00~19:00(월요일 휴무)

📞 32222 56606

🎫 일반 CH 7,000 학생 CH2,500 (국제학생증 제시시)

🎫 CH350~400

📍 발파라이소 터미널 왼쪽 50m 부근의 아베니다 아르헨티나에서 517번 버스를 탄다. 버스를 탈 때 라 세바스티아나 또는 까사 델 네루다 라고 이야기 할 것. 20분 소요. (돌아올 때 612번) www.fundacionneruda.org

라 세바스티아나

라 세바스티아나 가는 길

창공 박물관

창공 박물관

🏠 Cerro Bellavista

창공 박물관 Museo a Cielo Abierto de Valparaíso

1969년부터 1973년까지 20여 명의 발파라이소 지역 대학생들이 골목길을 따라 그려놓은 다양한 작품들을 만날 수 있는 곳. 네루다의 집인 '라 세바스티아나'를 나와서 경사가 급한 페라리 거리를 따라 10분쯤 내려오면 왼편에 Museo a Cielo Abierto라고 쓰인 입구가 있다. 말 그대로 '하늘을 향해 열려있는' 오픈 에어 뮤지엄이다. 입구를 지나 오르막을 따라 오르다가 아센소르 이스피리투 산토 Espiritu Santo 앞에서 계단을 따라 내려오면서 벽화를 감상하자.

바부리사 궁전

🕐 Open 10:30~19:00(월요일 제외)

바부리사 궁전
Palacio Baburizza (Museo Municipal de Bellas Artes)

엘 페랄 El Peral 아센소르(편도 CH100)를 타고 오르면 바부리사 궁전 (바야스 아르떼스 시립미술관)이 있다. 1916년에 지어진 이 궁전은 1941년에 박물관으로 바뀌었다. 유럽과 칠레의 다양한 회화 작품을 전시하고 있다.

바야스 아르떼스 시립 미술관

이슬라 네그라 Isla Negra

발파라이소에서 1시간30분 거리에 있는 이슬라 네그라에 위치한 파블로 네루다의 집. 파블로 네루다가 가장 많은 애정을 가졌던 집으로 다양한 수집품이 남아있다. 이 집에서 '엘 칸토 헤네랄' 등의 많은 저작들을 남겼다. 파블로 네루다는 죽은 뒤 이슬라 네그라에 묻히고 싶어했으나 피노체트 정권에 의해 산티아고 묘역에 강제 안장 됐다가 피노체트 정권 이후 이슬라 네그라에 있는 본인의 집 앞 뜰에 이장됐다. 항상 많은 사람들로 붐비고, 대기 시간이 길기 때문에 집 내부를 보려면 이른 시간에 가도록 하자.

가는 방법

산티아고, 발파라이소 터미널에서 버스가 운행된다. 풀만 버스 라고 페뉴엘라스 PULLMAN BUS LAGO PENUELAS를 타면 된다.
발파라이소—이슬라 네그라(산 안토니오 행을 타고 중간에 내린다) 1시간30분 소요 CH3,500

🏠 Camino Vecinal s/n Isla Negra
🕐 Open 화~일 10:00~18:00(1월~2월 10:00~19:00)
🎫 일반 CH 7,000 학생 CH2,500(국제학생증 제시)
www.fundacionneruda.org

네루다의 집

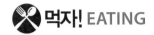 **EATING**

Color Cafe ^{CH}

다양한 샌드위치와 샐러드를 파는 인기
있는 카페. 점심시간과 저녁시간에
오늘의 메뉴를 합리적인 가격에 내놓는다.
샐러드와 수프, 오늘의 정식, 디저트가
포함되어 있다.

⌂ Lautaro Rosas540, Cerro Alegre
▤ CH3,000~9,000

Fauna restaurent ^{CH}

알레그레 언덕에서 전망이 좋은 카페
겸 레스토랑으로 호텔을 함께 운영한다.
가격은 다소 비싸지만 야외 테라스에서
발파라이소 전망을 즐기기에 좋다.

⌂ Paseo Dimalow 166, cerro Alegre
✆ 32 2121408
faunahotel.cl

Cafe Turri ^{CH}

발파라이소 전망과 함께 바다가
내려다보이는 레스토랑으로 콘셉시온
아센소르에서 매우 가깝다. 저녁에는
식사 메뉴만 주문 가능하다.

⌂ Templeman 147, Cerro
  Concepcion
✆ 32 236 53 07
▤ CH5,000~1만2,000

Cafe del Pintor ^{CH}

경제적인 가격에 칠레 가정식을 맛볼 수
있는 곳. 이 일대의 관광지 물가가 비싼
것을 감안할 때 이 가격에 코스 요리를
먹기란 쉽지 않은 일.

⌂ 652 Urriola | Cerro Alegre
✆ 56 32 223 7023
▤ CH8,000~CH1만2,000

La Caperucita y el Lobo ^{CHCH}

발파라이소에서 유명한 레스토랑으로
가격은 다소 비싸지만 한 번쯤 분위기를
내고 싶을 때 찾아가기 적당한 곳이다.
신선한 칠레 해산물을 이용한 코스 요리와
와인, 맛있는 디저트를 내놓는데 인기가
많아 예약이 필수다. 플로리다 언덕의
페라리 거리에 있어 다소 찾아가기
힘들 수 있다. 테라스에선 발파라이소가
한눈에 내려다보인다. 네루다의 집 '라
세바스티아나'에서 멀지 않다.

⌂ Ferrari 75. Cerro Florida
✆ 56 32 317 2798
▤ 점심 12:30~15:30 저녁 20:00~23:00

🛏️ 자자! ACCOMMODATIONS

La Valija Hostel ^{CH}

친절한 리셉션과 좋은 위치, 넓은 공용 공간 등이 장점이다. 조식이 포함되어 있다.

🏠 Papudo 526, Cerro Concepcion   📞 56 32 3171395
🛏️ 더블 CH13,000~ 도미토리 CH9,000~
www.lavalijahostel.cl

Hostel Mariposa ^{CH}

겨울방학 시즌(12월~2월)에만 개방하는 칠레 학생용 호스텔로 마리포사 언덕 위에 있다. 터미널 및 시내 중심가, 콘셉시온 언덕과는 다소 거리가 있는 편이지만 시내버스 612번을 이용해 쉽게 이동할 수 있다. 네루다의 집인 '라 세바스티아나'에서 가깝다. 발파라이소가 내려다보이는 공용 테라스가 인상적. 싱글, 더블, 트리플룸을 갖추고 있으며 가격이 저렴하다. 화장실, 샤워실, 공용 공간 및 주방 시설 등이 여유 있는 편이다. 지금은 운행을 하지 않는 마리포사 아센소르에서 가깝다. 사전 예약 필수.

🏠 234 Salamanca, Cerro Mariposa   🛏️ 싱글 CH1만~ 더블 CH1만2,000~

Allegretto Bed & Breakfast ^{CH}

콘셉시온 언덕의 중심인 템플레만 거리에서 매우 가깝다. 100년이 넘은 집을 개조해 호스텔로 운영하고 있다. 리셉션이 친절하다.

🏠 Lautaro Rosas 540, Cerro Alegre
📞 32 296 8517
🛏️ 도미토리 6인실 CH1만
www.allegretto.cl

Hostel Voyage ^{CH}

엘 페랄 El Peral 아센소르에서 가까운 호스텔로 깔끔한 주방과 거실을 갖고 있다. 아침이 포함되어 있으며 와이파이 사용이 가능하다. 도미토리 역시 깔끔한 편이다.

🏠 Pasaje Leighton 229, Cerro Alegre
📞 56 032 3245214
🛏️ 더블 CH2,500~
　도미토리 14인실 CH7,500~

Hostel Casas viejas ^{CHCH}

템플레만 거리에 접해있는 호스텔로 1910년에 지어진 오래된 가정집을 개조해 싱글룸과 더블룸, 트윈룸 등을 만들었다. 화장실이 포함된 프라이빗 룸이 5개, 공동 욕실을 사용하는 방이 5개 있다. 천정이 높고 안뜰엔 햇빛이 잘 들어온다. 시설은 깨끗한 편이며 주방 사용이 가능하다. 조식이 포함되어 있으며 와이파이도 사용할 수 있다.

🏠 Templeman 572 Cerro
　Concepción.
📞 926 708 95
🛏️ 싱글 CH2만~ 더블 CH3만1,000~
casasviejas-hostel.com

Hostel Patapata ^{CH}

콘셉시온 언덕 위의 템플레만 거리 중앙에 위치해 있어 이동하기 편하다. 안뜰에 공용 공간이 있다. 더블룸과 4인~10인용 믹스 도미토리를 갖추고 있다. 서양 여행자들에게 인기 있는 호스텔로 주말, 공휴일 등에는 예약이 필수다. 저녁엔 다소 시끄러울 수 있다. 조식이 포함되어 있다.

🏠 Templeman 657, Cerro Alegre
📞 32 3173153
🛏️ 더블 CH2만8,000 도미토리 CH9,000~
✉️ info@patapatahostel.cl
patapatahostel.com

VIÑA DEL MAR

비냐 델 마르

발파라이소의 북동쪽, 태평양 연안에 자리 잡은 비냐 델 마르 Viña del Mar는 칠레의 대표적인 휴양도시로 여행객들의 발길을 끈다. 대형 카지노, 해변, 높은 리조트 등은 발파라이소와는 다른 분위기를 연출한다. 성수기(12월~2월)와 주말엔 칠레 현지인들이 많이 찾기 때문에 방을 구하기 힘들 정도. 칠레인들이 사랑하는 휴양도시에서 해변을 거닐며 휴식을 취하자.

비냐 델 마르 드나들기

비냐 델 마르는 발파라이소와 산티아고 등을 통해 쉽게 드나들 수 있다. 당일 여행코스로 발파라이소와 함께 둘러볼 수도 있지만 매우 빡빡한 일정이 될 수 있으므로 시간 배분을 잘하자.

비냐 델 마르 드나드는 방법 01 버스

산티아고 센트로의 알라메다 버스터미널이나 메트로 1호선 파하리토스 Pajaritos 터미널에서 풀만, 투르버스 등 다양한 버스가 매시간 운행된다. 산티아고에서 비냐 델 마르까지 1시간 40분 가량이 소요된다. 버스터미널은 비냐 델 마르의 번화가인 발파라이소 거리에 있으며 수크레 광장에서 5분 정도 걸린다. 발파라이소에서 가려면 아베니다 아르헨티나 또는 중앙 시장이 있는 융가이 Ungay거리, 해안도로인 Av. Errázuriz에서 초록색 비냐 버스를 타자. 요금은 CH450~5000이다. 비냐 델 마르의 입구인 꽃시계 Reloj de Flores에서 내린다고 기사에게 말하자. 꽃시계에서부터는 걸어서 센트로 지역을 하루 내에 살펴볼 수 있다.

비냐 델 마르 드나드는 방법 02 메트로

비냐 델 마르와 발파라이소 사이에는 메트로가 운행된다. 빠른 시간 내에 두 지역 간 이동이 가능하지만 메트로 카드(CH1,200)를 구입해야만 이용을 할 수 있다. 이용시간 06:00~23:30

버스터미널
Terminal de buses de Viña del mar
☎ Av. enida Valparaiso 1055
☎ (32) 275 2000

비냐 델 마르 버스

비냐 델 마르 메트로

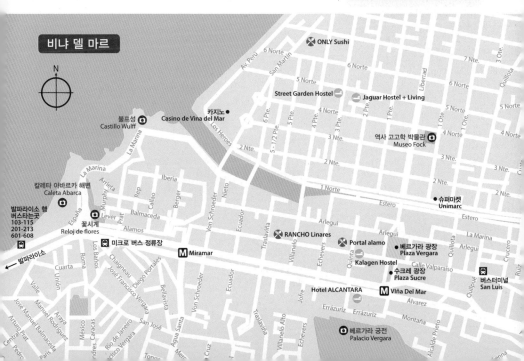
비냐 델 마르

☀ 보자!

비냐 델 마르는 걸어서 충분히 돌아볼 수 있다. 카스티요 언덕 부근의 해안지역과 비냐 델 마르의 수크레 광장과 베르가라 광장, 발파라이소 거리를 중심으로 시내를 구경하자.

추천 일정

● 꽃시계
● 칼레타 아바르카 해변
● 불프성
● 역사 고고학 박물관
● 베르가라 궁전

꽃시계

꽃시계 Reloj de flores

비냐 델 마르의 상징물로 발파라이소에서 비냐 델 마르로 넘어오면 교차로에 서 만나게 되는 꽃동산이다. 1962년에 만들어졌으며 내부 부품은 모두 스위스에서 가져온 것이라고 한다. 꽃시계 뒤로 보이는 카스티요 언덕은 이름난 부촌으로 상류층의 고급 별장들이 들어서 있다. 언덕 위에는 전망대가 있어 해안을 조망하기에 좋다.

🚶 꽃시계에서 길을 건너면 칼레타 아바르카 해변이 나온다.

칼레타 아바르카 해변 Caleta Abarca

비냐 델 마르에서 인기있는 해변으로 백사장의 규모는 크지 않지만 휴일에는 칠레인들의 휴식처로 붐빈다. 레스토랑, 호텔 등 다양한 편의시설이 인근에 있다. 비냐 델 마르에는 칼레타 아바르카 해변을 비롯해 북쪽의 베르가라 부두 인근에 아카풀코 Acapulco 해변과 엘 솔 El Sol 해변이 있다.

🚶 해안을 따라가면 아름다운 해안 산책로에 불프성이 자리해 있다.

해안 산책로

비냐 델 마르 거리

불프성 Castillo Wulff

1905년 독일의 사업가 구스타보 볼프에 의해 지어졌다. 건물이 지어질 당시 독일, 프랑스풍의 옛 저택에서 영감을 받아 건축을 시작했으나 1920년 대대적인 리모델링을 거쳐 타워와 다리 등을 만들었다. 구스타보 볼프의 죽음 이후 해양 박물관으로 사용되다가 1995년 칠레 국립 역사 기념물로 지정돼 현재는 내부에 다양한 전시가 열리고 있다.

🚶 해안을 따라 걷다가 다리를 건너 시영 카지노, 인근 해변을 돌아보고 시내의 고고학 박물관으로 걸어가자.

불프성
🏠 Av. marina 37
⏰ Open 화~일 10:00~13:30, 15:00~17:30

역사 고고학 박물관 Museo Fock

고고학자 프란시스코 포크의 이름을 딴 박물관으로 1937년에 지어졌다. 1층에는 마푸체, 라파 누이 원주민 등 칠레 초기 역사에 대한 설명과 함께 도자기, 금·은 세공품 등의 유물을 전시해놓았다. 규모는 작은 편이지만 설명과 전시 내용이 알찬 편이다. 영어 설명이 있어 보기에 편하다. 2층에는 칠레의 희귀 동·식물의 박제품 등을 전시하고 있다. 박물관 앞에는 이스터 섬에서 가져온 모아이 석상이 있다.

역사 고고학 박물관
⏰ Open 월 10:00~14:00, 15:00~18:00 화~토 10:00~18:00 일 10:00~14:00
💵 CH2,500

역사 고고학 박물관

비냐 델 마르 카지노

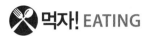

⌂ Quinta Vergara Park
○ Open 화~일 10:00~13:30,
15:00~17:30

🚶 고고학 박물관에서 아베니다 리베르타드 Av. Libertad거리를 따라 베르가라 광장으로 가자.

베르가라 궁전 Palacio Vergara

도시의 건립자인 호세 프란시스코 베르가라 가문의 별장으로 1941년 시가 매입해 시민들에게 개방하기 시작했다. 베르가라 궁전 미술관은 1906년 지어졌으며 현재는 칠레와 유럽의 미술품들을 전시하고 있다.

🍴 먹자! EATING

CH 3,500~1만5,000

Portal alamo ^{CH}

비냐 델 마르에서 가장 중심인 발파라이소 거리에 있는 곳으로 여러 개의 식당이 2층에 모여 있다. 점심 및 저녁시간에 가면 현지인들로 북적인다. 각종 고기를 구워 내놓는 빠리야다 Parrillada, 해산물이 많이 들어간 파일라 마리나 Paila Marina 등을 판다. 마음에 드는 곳을 골라 맛보자.
⌂ Av. Valparaiso 553 🍽 CH3,500~1만5,000

RANCHO Linares ^{CH}

빠리야다 Parrillada를 전문으로 하는 식당으로 현지인들에게 인기가 많다. 라자냐, 아사도 등 다양한 음식을 판다.
⌂ Av. da Valparaiso 339
🍽 빠리야다 CH1만5,000~

ONLY Sushi ^{CH}

합리적인 가격에 스시를 파는 가게로 각종 스시+롤 콤보와 야끼소바, 돈부리 등을 판매한다. 중국 요리도 있다. 레스토랑이 많은 산마르틴 거리에 있다.
⌂ San martin 560 🍽 CH5,000~

 자자! ACCOMMODATIONS

CH 1만~1만5,000 CHCH 4만5,000~

Hotel ALCANTARA CHCH

비냐 델 마르 시내에 위치한 호스텔로
깔끔한 더블룸을 갖추고 있다. 와이파이
사용이 가능하며 조식이 포함돼 있다.

- ⌂ Av. Alvarez 552
- ☏ 32 2126 707
- 🛏 더블 CH4만5,000

Kalagen Hostel CH

비냐 델 마르에서 인기있는 호스텔로
주말과 공휴일에는 예약이 필수다. 싱글,
더블룸, 도미토리 등 다양한 방을 갖추고
있다. 상점이 모여있는 발파라이소
거리에 위치해 시내 구경을 하기에 좋다.
조식이 포함돼 있다.

- ⌂ Av. Valparaiso 618
- ☏ 32 299 1669
- 🛏 도미토리 CH1만
  더블 CH2만5,000~3만5,000

street Garden Hostel CH

시설이 비교적 깔끔한 호스텔. 시내
주요지역과 해안을 오가기에도 편하다.
스테프들 역시 친절하다.

- ⌂ 3 poniente 379
- 🛏 더블 CH1만5,000
  4인~8인 도미토리 CH1만

Jaguar Hostel + Living CH

시내 중심에 위치한 호스텔. 더블룸이 특히
넓고 깔끔한 편이다. 거실과 부엌이 있어
집 같은 편안한 분위기를 느낄 수 있다.
조식이 포함되어 있다.

- ⌂ Calle Dos Poniente 333, Casa 12
- 🛏 더블 CH2만2,000
  4인~8인 도미토리 CH1만4,500

끝없이 펼쳐진 칠레 북부 아따까마 사막(2,438m)
한가운데 매우 오래된 작은 마을이 있다. 일찍이
이 땅에 뿌리를 내린 아따까메뇨 Atacameños들이
살아가는 곳이다.
건조하고 더운 사막기후에 알맞게 아도베 양식으로
지어진 흙집들은 이제 여행자들의 안식처가 되었다.
장거리 이동에 지쳤다면 산 페드로 데 아따까마에서
며칠 쉬어가자. 마을은 작지만 30~40분만 차를 타고
밖으로 나가면 광활한 우주와 행성을 연상케 하는
기이한 암석과 고지대에 위치한 아름다운 소금 호수,
6,000m급 린칸카부르 설산을 만날 수 있다.
따티오 간헐천의 노천온천, 몸이 둥둥 뜨는 세하
소금호수 Ceja lagoon에서 몸을 담그고 휴식을 취하자.
해질 무렵 달의 계곡을 걸을 땐 우주 속에 혼자가 된
기분을 만끽할 수 있을 것이다.

SAN PEDRO DE ATACAMA

산 페드로 데 아따까마

산 페드로 데 아따까마는 칠레 북부 사막지대로 페루, 볼리비아, 아르헨티나 국경에서 가깝다. 인접국에서 버스를 타거나 칠레 산티아고 등에서 버스 또는 항공편을 이용하자.

산 페드로 데 아따까마 드나드는 방법 항공

산 페드로 데 아따까마에는 공항이 없지만 두 시간 거리에 있는 깔라마 공항을 이용해 산 페드로 데 아따까마로 들어올 수 있다. 칠레 국적의 란 LAN 항공이나 칠레 저가항공인 SKY 항공 skyairline.cl 이 칠레 산티아고와 깔라마 구간을 하루 4~5차례 운항한다. 2시간이 소요되며 가격은 성수기와 비수기의 차이가 있지만 편도 USD90~200 정도다. 아따까마 시내의 주요 여행사에서는 공항 셔틀버스 서비스를 하고 있으므로 시간이 부족한 여행자라면 항공편을 적절히 이용하자. 산 페드로 데 아따까마에서 깔라마 공항으로 가는 방법은 먼저 아따까마 버스터미널에서 K TUR(CH4,000) 버스를 타고 깔라마 버스터미널로 가는 것. 1시간30분이 걸린다. 여기서 깔라마 공항까지 택시(약 5,000CH/10~15분 소요)를 타고 이동하자. 참고로 깔라마 버스터미널은 도난 사건이 빈번한 곳이므로 반드시 주위를 잘 살피자.

산 페드로 데 아따까마 드나드는 방법 버스

칠레 산티아고, 북부 국경도시인 아리카와 그외 안토파가스타, 이키케, 라 세레나, 아르헨티나 살타 등을 오가는 버스가 운행된다. 많은 여행자가 볼리비아 우유니 투어 후 지프 차량으로 칠레 국경을 넘어 산 페드로 데 아따까마로 들어온다. 산 페드로 데 아따까마에서 아르헨티나 살타로 가는 버스는 자주 운행된다. 아르헨티나 버스인 안데스 마르 Andes mar 는 토요일을 제외한 주6일 운행한다. 칠레 국적의 풀만 버스 Pullman Bus와 투르 버스 Tur bus 등은 산티아고 등 주요 지역을 매일 연결한다.

시내 드나들기

버스터미널에서 센트로의 카라콜레스 거리까지는 걸어서 10분 정도 걸리며 방향 표지판이 잘 되어있어 길을 잃을 염려는 없다.

버스 정보

Andes mar
산 페드로 데 아따까마-아르헨티나 살타
오전 9시 30분 출발 오후 8시 30분 도착
(약 12시간 소요 / 매주 토요일 제외)
🚌 세미까마 CH3만 까마 CH3만5,000

산 페드로 데 아따까마-라 세레나-산티아고
오후 8시 출발 오후 8시 도착(약 23시간 소요)
🚌 까마 CH4만2,000

Pullman bus
산 페드로 데 아따까마-살타 (매주 수요일 제외)
🚌 세미까마 CH3만

Pullman bus

Tur bus
산 페드로 데 아따까마-산티아고(매일 운행)
🚌 14:35~13:45(세미까마 CH4만2,500)
　18:45~17:15(세미까마 CH4만4,500)

 TIP
버스 표가 없다고?

산티아고나 아르헨티나 살타 등으로 나가는 직행 버스편을 구하기 어렵다면 인접 도시인 깔라마로 가서 버스를 갈아타면 된다. 깔라마-산 페드로 데 아따까마 구간은 프론테라 델 노르떼, 투르 버스 등이 운행한다. 프론테라 델 노르떼의 경우 오전 11시 30분, 오후 4시, 오후 7시 30분, 오후 8시에 산 페드로 데 아따까마-깔라마 구간을 운행하며 가격은 CH3,000이다. 1시간 30분에서 2시간 가량 소요된다. 깔라마의 버스터미널 부근은 치안이 좋지 않으므로 소매치기 등에 각별히 유의하도록 하자. 성수기인 1~2월에는 산 페드로 데 아따까마 도착 즉시 인근 버스회사에서 나가는 버스편을 예약해 두는 것이 좋다. 간혹 비 등으로 인해 도로 사정이 좋지 않아 고립되는 경우가 있으므로 날씨에 유의하자.

A paso de

Paso de Jama

Las Igueras
Los algarrobos
Los chañares
Los perales
Los granados
Los tamarugos

Camino del inca
Portal del inca
Tebenquiche
Las Parinas
Puritama
Puritama

Gustavo le paige

Av del inca

Pje. laskar

28 de agosto
Losgeisers
Pje. los olivos
Pje. los chañares
Tumiza
Tumiza

Ckilapana
Ckilapana

callejón sin nombre
Las escar
Volcan el tatio
Pje. jama

Paso de Jama

땀미스또르

Pachamama
La quebrada
Pje. jama
Andacollo
Pje. alana
Ckilapana
La sana
La sana

Ignacio Carrera Pinto

인류학 박물관
Museo Archeologico Padre le Paige

Andes mar 버스사무소

Barros Restaurant

G. mistral

Plaza de Armas

● ● ATM
투어리스트 인포센터

Vilama

Caracoles

Hostel MATTY

Toconao
Toconao
Toconao

Tocupilla
Pje. aulcalquincha

Pullman 버스사무소
Tur Bus

Licancabur

Tocopilla
Calalua

Las Delicias de Carmen

Hostel Vilacoyo

산 페드로 교회
Iglesia San Pedro

Tucupilla
Calama

Palpana

Restaurant Baltinache

Hostel Corvatsh

Hotel Chiloe

Domingo Atienza

Cafe Esquina

Caracoles

Pje. mutulera

Domingo Atienza

Callejón Real

Takha Takha hotel

Hostel Puritama

N

📷 보자! SAN PEDRO DE ATACAMA SIGHTS

산 페드로 데 아따까마는 20~30분을 둘러보면 지리를 익힐 수 있을 정도로 작은 마을이다. 대부분의 투어가 새벽 4시에 시작해 정오에 끝나거나 오후 4시에 시작해 오후 9시에 끝나기 때문에 이 시간대에 산 페드로 데 아따까마는 한산한 편이다. 마음에 드는 투어 여행사를 골라 투어를 예약하자. 자전거를 빌려 마을 주변을 돌아보거나 몇몇 여행사에서 운영하는 바이크 투어에 참가할 수도 있다. 하지만 비탈길과 자갈길이 많고 날씨가 매우 덥기 때문에 체력에 자신이 없다면 투어를 이용하는 편이 낫다(자전거 렌탈 1일 CH3만5,000). 센트로 내의 볼거리로는 인류학 박물관과 산 페드로 교회 등이 있다.

인류학 박물관

🏠 Gustavo le Paige 380

🕐 **Open** 월~금 9:00~18:00
　　토~일 10:00~18:00

🎫 **입장료** 일반 CH2,500 학생 CH1,000
　　(국제학생증 제시 시)

인류학 박물관 Museo Archeologico Padre le Paige

선교사이자 인류학자였던 구스타보 파이헤 Gustavo Paige가 산 페드로 데 아따까마에서 지내며 연구, 수집한 소장품들을 전시한 박물관. 1955년부터 1980년까지 25년간의 흔적이 고스란히 담겼다. 아까따메뇨들의 정착 이전부터 잉카족의 침입 이후, 볼리비아 티와나쿠 문명과의 교류 등에 대해 상세히 설명하고 있다. 원래는 아까따마 사막에서 발견된 미라, 미스 칠레 Ms Chile를 전시했으나 NGO, UNECSO, 아따까메뇨 지역 사회의 회의를 통해 2007년 5월부터 미라를 전시하지 않는다.

산 페드로 교회

🏠 Plaza de Armas

산 페드로 교회 Iglesia San Pedro

아르마스 광장 옆에 자리한 교회로 1544년 페드로 데 발디비아가 지은 것으로 알려져 있다. 현재의 건물은 18세기에 증축된 것으로 1978년에 이어 최근에도 보수공사가 이뤄졌다. 진흙을 굳혀 쌓는 아도베 양식으로 만들어졌으며 새하얀 외관이 인상적이다. 교회 내부 천장은 아따까마 전역에서 볼 수 있는 여러 교회와 같이 선인장을 잘라 이어붙인 모습이다.

푸카라 유적 Al pukara de quitor

잉카 이전 시대의 유적으로 아따까마 3km 지점에 있다. 돌로 쌓은 주거지 형태의 유적이 남아있어 마추픽추의 축소판이라고도 불린다. 도보로는 편도 1시간 정도 걸리며 자전거나 택시를 이용해 다녀오는 것이 좋다.

인류학 박물관

산페드로 교회

ⓨ 하자! ACTIVITIES

산 페드로 데 아따까마에는 다양한 볼거리를 제공하는 투어 여행사가 60여곳이 넘는다. 투어의 내용과 가격은 비슷비슷 하지만 경쟁이 치열한 만큼 약간의 네고가 가능한 곳도 있다. 믿을만한 투어를 제공하는 곳은 Layana(Tocopilla 429), Terra extreme(Toconao s/n), CORBATSCH(Tocopilla 406), Maxim(Caracoles 174) PAMELA TOUR(Tocopilla/우유니 투어) 등이다.

달의 계곡 Valle de la Luna

오후 4시에 출발해 오후 8시 반에 돌아오는 투어. 피에드라 코요테 전망대. 죽음의 계곡 Valle de la Muerte, 3개의 마리아 상 Las tres marias을 지나 달의 계곡에 오른다. 저녁 8시반 일몰을 감상 한 뒤 마을로 돌아온다. 모든 여행사가 동일 시간의 동일 투어를 제공하지만 가격이 CH7,000에서 CH1만 까지 상이하기 때문에 여러 곳의 에이전시를 통해 가격과 가이드의 영어 설명 여부, 참가 인원수와 국적 등을 확인하는 것이 좋다.

🔊 투어비 CH1만2,000 입장료 CH3,000(국제학생증 소지 시 CH2,500)

타띠오 간헐천 Geyser del Tatio

해발 4,500m로 세계에서 가장 높은 곳에 있는 간헐천. 새벽 4시 30분~5시에 출발해 정오에 돌아오는 투어가 있다. 1시간 반 비포장 도로를 달려 간헐천 지역을 돌아보고 간단한 아침 식사를 한다. 간헐천 옆의 노천온천에서 온천욕을 즐길 수 있기 때문에 수영복을 준비하는 것이 좋다. 탈의 시설이 있어 옷을 갈아입을 수 있으며 노천온천에서 30~40여 분간 자유시간을 가진 다음 마추카 마을 등을 보고 돌아온다.

🍴 투어비 CH만5,000~2만(아침식사 포함. 별도 입장료 CH5,000/학생증 소지 시 CH2,000)

알티플라니카스 호수&피에드라 로하스 Lagunas Altiplanicas&Piedreas Rojas

오전 7시에 시작해 오후 4시 30분에 돌아온다. 소금 호수인 아따까마 호수 Salar de Atacama 지역 내에서 플라멩고를 볼 수 있는 착샤 호수 Laguna Chaxa, 인디오 원주민들이 거주하는 토코나오 Toconao 마을, 소카이레 Socaire 마을을 지나 미스칸티&메니퀴스 호수 Lagunas Miscanti and Meniques 등을 보고 돌아온다. 피에드라 로하스 Piedreas Rojas 호수는 아구아스 깔리엔떼라고도 부른다. 고도가 4,000m 이상이므로 천천히 걷고 절대 뛰지 않도록 하자. 알타플라니카스 호수와 피에드라 로하스를 함께 갈 경우 투어 비는 CH5만 정도이며 비교적 거리가 먼 피에드라 로하스를 가지 않는 경우 투어 비는 CH3만이다.

📋 **투어비** CH5만~CH5만5,000 **입장료** CH5,500

소카이레 교회　　　소카이레 교회 내부　　　토코나오 교회

세하 소금 호수 Lagoona Cejas

세하 소금 호수와 석회 물질이 함유된 오호스
호수 Ojos del salar, 테빈키체 호수 Laguna
Tebinquiche 등을 가는 투어가 있다. 세하 호수는
2015년 1월 1일 부터 CH만5,000를 별도 입장료
로 받으며 하루 300명만 입장 가능하다.
여행사에서 당일 입장 전에 표를 구매해두는
경우가 많기 때문에 개인적으로 갈 경우 오전
일찍 가야 한다. 투어 여행사를 통해 갈 경우
세하 호수의 입장권을 미리 예매했는지
확인해야 하며 확답을 주지 못할 경우 예약
해서는 안된다. 실제 투어에 갔다가 세하에
입장하지 못하고 돌아오는 경우도 있다.

투어 이용 시 염분이 포함된 세하 호수에서
30~40분 가량 수영을 즐길 수 있고 오호스 델 살라에서도 수영이 가능하다. 테빈키체 호수 역시 보호구역으로 별도 입장료가 있다.
피스코 사워와 간단한 스낵이 포함돼 있으며 오는 길에 선셋을 감상한다. 가기 전에 인원 수와 차량, 세하 호수 입장 여부를 반드시 확인하자.

📋 투어 CH만5,000 입장료 CH만7,000

타라 호수 Salar de Tara

오전 8시에 출발해 오후 4시에 돌아오는
투어. 리칸카부르 전망대 Licancabur,
몬히스 데 라 파카나 Monjes de la Pacana,
소금 성당 Catedrales de Sal, 푸자 호수
Salar de Pujsa, 타라 호수 Salar de Tara 등
을 보고 돌아온다.

📋 CH4만5,000~5만(아침과 점심식사 포함)

아르콜레스 계곡 Valla del Arcolris

오전 8시에 출발해 오후 2시에 돌아온다.
페트로그리포스 데 마탄실라스 Petroglifos
de Matancillas, 아르콜레스 계곡 Valle del
Arcolris, 리오그란데 Rio grande 등을
감상한다.

📋 CH2만5,000(별도 입장료 CH2,000)

라구나 발티나체 Lagunas Baltinache!

7개의 크고 작은 소금 호수가 모여 있다고 해서 '라구나 시에떼'라고도 부른다. 세하 소금 호수의 대안으로 떠오르는 곳. 비용이 세하보다 저렴하고 소금 호수에서 수영을 즐길 수 있어 인기가 있다. 차량으로 1시간 20분 정도 이동해 7개의 작은 소금 호수를 보고 마지막 호수에서 수영을 즐긴다.

🛒 투어비 CH1만2,000 입장료 CH5,000(학생 CH3,000)

별 관측 투어 Space Star Tours

산 페드로 데 아타까마에서는 별을 관측하는 천체 관측 투어를 할 수 있다. 천문관측소에서 직접 운영하는 스페이스 투어사 SPACE가 특히 유명하며 인기 또한 많아 예약하기도 어렵다. 망원경을 10여개 보유하고 있으며 일반 가이드가 아닌 천문 연구원이 직접 설명을 해준다. 한 달에 열흘 정도는 보름달로 인해 너무 밝아 천체 관측이 불가능하다고 하니 스케줄을 미리 체크할 것. 예약자 취소가 있을 경우 1~2일 안에 투어에 참가할 수 있다.

별 관측 미니 투어

🛒 CH2만~2만5,000 🏠 Caracoles 166, San Pedro de Atacama 📞 +56 55 256 6278 spaceobs.com/en

운석 박물관 Museo del Meteorito

1983년부터 수집하기 시작한 운석들을 전시한 박물관. 물리와 천문학, 우주에 관심 있다면 꼭 들러보자. 현재 3,200개 이상의 운석과 떨어지는 유성우를 고해상도로 촬영한 영상과 사진 등을 전시하고 있으며 태양계와 운석에 대한 설명도 충실하다.

🏠 Tocopilla 101, San Pedro de Atacama museodelmeteorito.cl
📞 +56 9 8360 3086
🕐 Open 화~일 10:00~13:00, 16:00~19:00
월 휴무
🛒 입장료 CH3,500

운석 박물관

샌드보딩 Sand Boarding

죽음의 계곡 인근의 150m 사구에 올라가 샌드보딩을 즐기는 투어가 있다. Atacama inca tour(toconao 421-A) 등이 투어를 운영한다. 가이드 포함 투어 가격은 CH1만~2만이며 오전 9시에 출발해 정오에 돌아오거나 오후 4시에 출발해 오후 7시에 돌아온다.

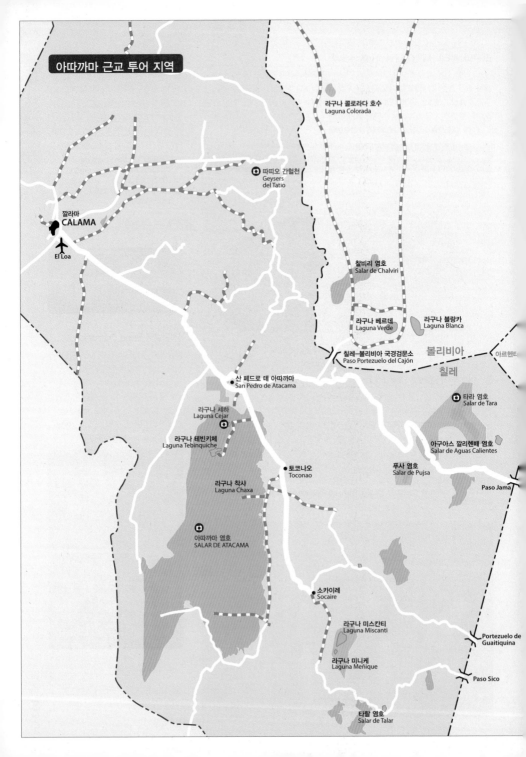

우유니 투어

칠레 산 페드로 데 아따까마에서 출발해 볼리비아 우유니 염호로 가는 투어가 있다. 볼리비아 비자는 칠레 산티아고나 깔라마 영사관에서 반드시 사전 발급해 두어야만 투어 신청이 가능하다. 산 페드로 데 아따까마에서 출발하는 2박 3일 투어는 투어 내용의 경우 볼리비아 우유니에서 출발하는 투어와 같지만 볼리비아처럼 요리사가 조리 도구를 실어 음식을 직접 해주지 않고 마을 숙소에서 해결한다는 단점이 있다. 가격 역시 칠레의 물가와 인건비가 비싼 탓에 볼리비아 우유니에서 예약하는 것보다 다소 비싸다. 2박 3일 투어는 첫날 라구나 블랑카, 베르데, 간헐천인 솔 데 마냐냐 등을 거쳐 오후 4시경 숙소에 도착한다. 둘째 날 라구나 콜로라다, 아르볼 데 피에드라, 라구나 온다, 라구나 카냐파 등을 거치며 셋째 날 물고기의 섬, 소금 박물관, 소금 호텔, 콜차니 마을 등을 보고 마지막에 우유니 마을에 도착해 투어가 끝난다. 4일 투어는 우유니 염호 투어 후 산 페드로 데 아따까마 마을로 돌아온다. 산 페드로 데 아따까마의 여러 여행사가 투어를 진행한다. 한국인과 일본인이 많이 이용하는 여행사는 파멜라 투어로 3일 투어 CH8만5,000(US135), 4일 투어 CH11만(US175)에 투어를 제공하며 타 여행사보다 가격이 저렴한 편이다.

우유니 투어

Pamela tour
🏠 calle Tocopilla 420
cel. 98997560-76882762
📞 55) 852128

깔라마 볼리비아 영사관

🏠 Pedro leon gallo 1985a
📞 341976
(볼리비아 비자 발급은 준비편을 참고)

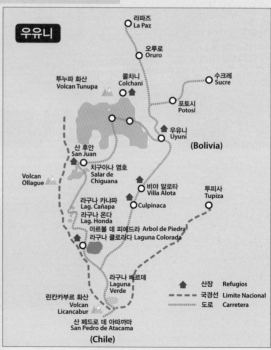

우유니

라파즈 La Paz
오루로 Oruro
수크레 Sucre
투누파 화산 Volcan Tunupa
콜차니 Colchani
포토시 Potosí
우유니 Uyuni
(Bolivia)
산 후안 San Juan
치구아나 염호 Salar de Chiguana
Volcan Ollague
비야 알로타 Villa Alota
투피사 Tupiza
라구나 카냐파 Lag. Canapa
Culpinaca
라구나 온다 Lag. Honda
아르볼 데 피에드라 Arbol de Piedra
라구나 콜로라다 Laguna Colorada
라구나 베르데 Laguna Verde
린칸카부르 화산 Volcan Licancabur
산 페드로 데 아따까마 San Pedro de Atacama
(Chile)

산장 Refugios
국경선 Limite Nacional
도로 Carretera

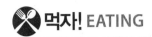

먹자! EATING

칠레 전역에서 관광객이 모이는 유명한 마을이니만큼 먹거리 물가는 매우 비싸다. 저렴한 가격에 한 끼를 즐길 수 있는 식당을 찾기란 쉽지 않다. 식료품점 역시 재료가 충분치 않으며 그마저도 비싼 값을 받는다. 하지만 레스토랑의 경우 맛있는 아따까마 퓨전 정식과 칠레 정식을 제공하는 곳도 있으니 한 번쯤 시도해보는 것도 좋다. 저녁엔 폴크로레와 밴드 공연을 하는 음식점을 찾아 활기 넘치는 아따까마의 밤을 즐겨보자.

Las Delicias de Carmen ᶜᴴ

산 페드로 데 아따까마에서 유명한 식당으로 칠레 정식을 합리적인 가격에 제공한다. 깔라마 거리와 카라콜레스 거리 두 곳에 있으며 깔라마 거리에 위치한 식당이 1호점이다. 12시30분부터 이용 가능한 오늘의 메뉴 Menu del dia로는 야채, 고기를 넣고 푹 끓인 스튜인 파타스카 Pataska와 비프 또는 닭고기와 옥수수, 호박 등을 통째로 넣어 끓인 카주엘라 Cazuela등이 인기다. 샐러드와 식전빵이 함께 제공되며 가격은 CH3,400~4,500다. 이 외에도 렌틸콩으로 만든 요리인 레굼브레 Legumbre와 크림수프 Crema, 생선 요리 Pascado 등이 있다.

🏠 Calama 370 🍽 CH3,000~10,000

Barros Restaurant ᶜᴴ

산 페드로 데 아따까마에서 가장 인기 있는 바. 낮에는 레스토랑으로 운영되며 저녁엔 10시부터 라이브 공연이 벌어진다. 금요일과 토요일 밤에는 미리 예약하지 않으면 기다려야 할 정도. 한산한 낮에 가서 샐러드, 피자, 카주엘라 등을 시키면 양이 푸짐하게 나온다.

🏠 Licancabur 246
📞 055 2569317
🍽 CH4,000~1만

Restaurant Baltinache ^{CH}^{CH}

아따까메뇨 퓨전 정식을 선보이는 레스토랑으로 아따까메뇨 셰프가 직접 요리한다. 계절과 요일에 따라 매일매일 내놓는 오늘의 메뉴가 달라진다. 생선과 조개, 홍합, 닭 등을 넣고 국물을 진하게 뺀 풀마이 Pulmai, 칠레 남부 마푸체 Mapuche 요리 등이 유명하다. 가급적 전화로 미리 예약을 하는 것이 좋다. 가격은 비싼 편이지만 다른 곳에서는 쉽게 맛볼 수 없는 아따까마 퓨전 정식을 먹을 수 있다는 것이 장점이다. 사막에서 자라는 허브식물 라까라까와 피스코, 라임, 설탕 등을 넣어 만든 라까라까 사워도 맛보자.

🏠 Domingo Atienza, Sitio2
📞 76582677 98710103

Restaurant ADOBE ^{CH}

분위기 있는 레스토링으로 낮에는 수프, 고기, 디저트와 커피가 포함된 오늘의 메뉴를 CH9,000~1만에 제공하며 밤에는 칵테일, 주류 등을 판매한다.

🏠 Calacoles 211
📞 055 2851132
🎫 CH3,000~1만

COCINERIA TCHIUCHI ^{CH}

저렴하게 닭고기를 먹기 좋은 식당. 2~4인분의 닭고기와 감자튀김을 판다. 정오에서 오후 4시, 오후 5시에서 11시까지 운영한다. 포장도 가능하다.

🏠 Calle toconao 424-B
📞 09 3173450
🎫 통닭 한 마리 CH5,500 중 CH2,700 소 CH1,700

Cafe Esquina ^{CH}

센트로 카라콜레스 거리에 위치한 이 카페는 아침메뉴와 피자, 엠빠나다, 샌드위치, 햄버거와 생과일주스, 커피, 차 등을 판다.

🏠 Calacoles 160
📞 9 82418273
🎫 CH3,000~6,000

자자! ACCOMMODATIONS

CH 9,000~1만5,000 CHCH 2만~4만

센트로에서 가까운 숙소들은 일찍 가거나 예약을 하지 않는 이상 방을 구하기가 어려운 편이다. 외곽 지역으로 가면 보다 나은 퀄리티에 다소 값이 저렴한 숙소를 금방 찾을 수 있다. 여러 곳을 둘러보고 마음에 드는 곳으로 숙소를 정하도록 하자.

Hotel Chiloe ^{CHCH}

센트로에서 가까우면서도 비교적 저렴하고 깨끗한 방을 제공하는 숙소. 산 페드로 데 아따까마에서 합리적인 가격에 조식이 포함된 숙소를 찾기가 어려운 것은 감안하면 최상의 선택이다. 건물은 두 채로 분리되어 있는데 앞쪽엔 공동 욕실을 사용하는 방이 있고 뒤에는 욕실이 딸린 방이 있다. 레스토랑을 함께 운영한다.

⌂ Domingo Atienza n'404 ☎ 00552851017
🛏 싱글 CH2만 더블 CH3만5,000(공동 욕실 기준) 조식뷔페 포함
✉ marialow02@gmail.com

Takha Takha hotel & camping ^{CHCH}

산 페드로 데 아따까마에서 고급 숙소에 속한다. 카라콜레스 거리의 끝에 있으며 숙소 보안에 엄격한 편이다. 총 25개의 방이 있지만 인기가 좋은 편이라 성수기에는 미리 인터넷으로 예약해야 한다. 안뜰엔 비교적 넓은 크기의 수영장이 있다. 캠핑 장비가 있다면 안뜰의 캠핑존에서 머물 수 있으며 안전하고 분위기가 좋다. 체크아웃은 11시, 체크인은 오후 2시다.

⌂ caracoles 101-A ☎ 5655 2851038
🛏 싱글 CH4만6,000 더블 CH5만4,000 캠핑 CH1만2,000
takhatakha.cl

Hostel Puritama ^{CH CH}

센트로 카라콜레스 거리 끝에 위치해 있으며 조용한 안뜰과 테라스를 갖고 있다. 29개의 방이 있으며 방의 크기와 위치, 화장실이 있는지 여부에 따라 가격차가 크다. 캠핑 장비가 있는 경우 안뜰에서 이용할 수 있다. 성수기에는 예약이 필수다.

🏠 Calacoles 133 📞 97156859
🛏 싱글 CH2만~ 더블 CH4만~ 캠핑 CH8,000
hostalpulitama.cl

Hostal Corvatsh ^{CH}

비교적 큰 호스텔로 호텔을 함께 운영한다. 안뜰에 있는 호텔과 바깥쪽의 호스텔은 가격차나 청결도 면에서 크게 차이가 난다. 코필리야 거리에 있는 코르바시 여행사와 함께 운영하며 달의 계곡과 타띠오 간헐천 등 여러 개의 투어를 예약할 경우 비교적 저렴한 가격에 투어를 이용할 수 있다.

🏠 Gustavo Le Paige 178
📞 055 2851101
🛏 싱글 CH1만5,000 더블 CH3만
　 도미토리 CH1만2000(호스텔 기준)

Hostel Vilacoyo ^{CH}

저렴한 가격으로 인기를 끄는 숙소. 안뜰에 쉴 수 있는 공간에 있고 주방사용이 가능하다.

🏠 Tocopilla387
🛏 도미토리 CH9,000~

Hostel MATTY ^{CH}

센트로 메인 거리인 토코나오 거리에 위치해 있다. 물가가 비싼 산 페드로 데 아따까마에서 비교적 저렴한 숙소로 배낭여행자가 이용하기에 적합하다. 4~5명이 이용할 수 있는 도미토리가 여러 개 있으며 와이파이를 사용할 수 있다. 체크아웃 이후에도 샤워가 가능하다. 성수기인 1~2월에는 방을 구하기 힘든 경우도 있다. 안뜰에는 휴식 공간이 있고 주방 사용이 가능하다.

🏠 Toconao 459C
📞 56 9 78735626
🛏 싱글 CH2만
　 더블 CH2만5,000
　 도미토리 CH9,000

자연이 주는 경이로움. 많은 이들이 또레스 델 파이네를 보기 위해 푸에르토 나탈레스를 방문한다. 마을은 작고 조용하다. 트레킹을 하러 왔다면 장비 대여 및 점검, 식료품 등을 여기서 준비하자. 나탈레스는 변화무쌍한 기후를 보이는 곳으로 일기예보를 확인하고 방수, 방풍 장비를 갖추자. 트레킹 전후에 마을에서 하루 이틀 쉬어가는 것도 좋다.

PUERTO NATALES

푸에르토 나탈레스

또레스 델 파이네의 베이스 캠프 역할을 하는 푸에르토 나탈레스. 푼타 아레나스에서 항공편을 이용하거나 인근 도시에서 버스를 이용하자. 성수기에는 트레킹을 하려는 사람들로 넘쳐나므로 숙박 및 교통, 트레킹 장비의 예약은 필수다.

푸에르토 나탈레스 드나들기

푸에르토 나탈레스 드나드는 방법 **01** 항공

✈️ **푸에르토 나탈레스 공항** Aeropuerto Teniente Julio Gallardo (PNT)

12월 말~3월 중순, 성수기에 한시적으로 푸에르토 나탈레스 공항이 열린다. 칠레 저가항공인 스카이 항공을 통해 푼타 아레나스를 거치지 않고 산티아고–푸에르토 나탈레스 구간을 왕복 이동할 수 있다. 가격은 편도 USD100~200선이다. 공항과 시내 간 거리는 9km이며 차로 10~15분 정도 소요된다.

스카이 항공 시간표
산티아고(SCL) 12:30 – 푸에르토 나탈레스(PNT) 15:45
푸에르토 나탈레스(PNT) 15:15 – 산티아고(SCL) 18:30
(화, 수, 일 12월 말부터 3월 중순까지 운영) skyairline.cl

푸에르토 나탈레스 드나드는 방법 **02** 버스

많은 여행자가 푼타 아레나스, 아르헨티나 엘 깔라파테 등에서 푸에르토 나탈레스로 들어온다. 시내의 버스터미널에는 다양한 버스 회사의 부스가 밀집해 있어 시간 및 가격대를 비교하기 좋다. 푼타 아레나스로 가는 버스는 Bus sur, Fernandez, Pacheco 등이 있으며 보통 하루 5~8회 운행한다(3시간 소요). 국경을 넘어 아르헨티나 엘 깔라파테로 가는 버스는 Turismo Zaahj(월수금 오전 8시, 화목토일 오전 7시), Cootra(매일 오전 8시 30분), Pacheco(월목일 오후 4시 30분)가 운행하며 5시간 정도 소요된다. 푸에르토 나탈레스–

버스터미널

우수아이아 구간은 Pacheco(매일 오전 7시 30분), Bussur(월수금토 오전 7시/CH3만6,000/14시간 소요)가 운행한다. (시간 변동이 있을 수 있으므로 사전에 확인할 것) 푼타 아레나스 공항에서 푸에르토 나탈레스로 가는 버스도 있다. (12:30, 13:00, 14:30 / CH5,000)

시내 교통

버스터미널은 오이긴스 대로 북쪽에 있다. 시내 중심가인 아르마스 광장까지 걸어서 가려면 15분~20분 정도 걸린다. 대부분 호스텔과 여행사 등이 아르마스 광장 주변에 모여 있으므로 둘러보기엔 어렵지 않다. 성수기에는 주요 관광지 및 타 도시로 이동하는 버스편을 예매하도록 하자.

아르마스 광장

보자! PUERTO NATALES SIGHTS

아르마스 광장을 중심으로 주요 상점과 여행사, 숙박시설이 모여 있다. 시내에는 이렇다 할 볼거리는 없다. 여행사와 호스텔, 인포메이션 센터를 통해 트레킹 정보를 수집하고 트레킹 준비물 등을 대여하자.

역사 박물관 Museo Histórico Municipalidad Natales

푸에르토 나탈레스의 역사와 Aónikenk, kawésqar 부족 등 파타고니아 원주민들의 생활과 문화를 잘 정리해놓았다. 파타고니아 지역의 동물, 선사시대 이전의 파타고니아 등에 대해서도 많은 정보를 얻을 수 있다.

역사 박물관

🏠 Bulnes 285

◎ **성수기** 월~금 08:00~19:00/
토 10:00~13:00

비수기 월~목 08:00~17:00/
금 08:00~13:00, 15:00~19:00

📞 56 61 2209534

또레스 델 파이네
Torres del Paine National Park

📷 또레스 델 파이네 드나들기

푸에르토 나탈레스 버스 터미널에서 매일 오전 7시 30분과 오후 2시 30분에 또레스 델 파이네 국립공원으로 가는 버스가 출발한다(2시간 소요). Via paine, Maria jose, JB, Pacheco 등 다양한 회사가 있으며 성수기와 비수기(4월 이후)의 가격 차가 크다. 보통 편도 CH5,000~6,000이며 돌아오는 편이 오픈인 왕복 티켓은 CH1만~1만 5,000이다. 푸에르토 나탈레스 버스터미널에서 가격 비교 후 티켓을 구매하자. 미리 푼타 아레나스 등에서 버스 티켓을 살 경우 더 비싸다. 비수기에는 할인을 받을 수 있으므로 반드시 푸에르토 나탈레스에서 구입하자 (편도 및 왕복 버스편의 시간표는 동일). 푸에르토 나탈레스로 돌아오는 버스는 성수기(10월~3월)에는 2차례 운행되는데 첫 번째 버스는 안내사무소 Administracion 오후 1시, 푸데토 선착장 Pudeto 오후 1시 30분, 아마르가 호수 Laguna Amarga 오후 2시 30분을 차례로 거쳐 나탈레스에 오후 5시경 도착한다. 두 번째 버스는 Administracion 오후 6시, Pudeto 19:00, Laguna Amarga 오후 7시 45분을 거쳐 나탈레스로 돌아온다(4월 이후에는 보통 저녁 버스를 운행하지 않으므로 버스 시간을 잘 확인할 것).

TIP

또레스 델 파이네 언제 가는 것이 좋을까

일반적으로 성수기는 12월에서 2월까지다. 이 기간엔 숙박이나 대여 장비, 버스 등의 가격이 오르고 트레킹을 하는 사람들이 많아 산장 예약에 어려움을 겪을 수 있다. 하지만 화창한 날씨로 또레스 봉우리 등을 선명하게 볼 수 있다는 장점이 있다. 3월이 지나면 산장들이 하나 둘씩 문을 닫고 푸데토 항을 오가는 페리나 나탈레스를 연결하는 버스 편이 줄어 다소 불편할 수 있다. 4월은 완전한 비수기로 한가한 느낌을 만끽할 수 있지만 구름 낀 흐린 날씨를 보이거나 비 또는 우박이 내릴 때가 많아 트레킹을 망칠 수 있다. 날씨가 급변하는 지역이므로 항상 일기예보를 확인한 뒤 움직이도록 하자.

푸데토 선착장

토레스 델 파이네 국립공원 유의사항

지정 구역이 아닌 곳에서 절대 불을 피우거나 가스불을 이용해 음식을 해먹어서는 안 된다. 담배를 피우는 것 역시 지정 구역에서만 가능하므로 꼭 유의하도록 하자. 또레스 델 파이네 국립공원은 지난 2011년 큰 화재를 겪은 바 있다. 당시 불법적으로 캠프파이어를 하던 외국 여행객에 의해 그레이 빙하에서 푸데토 Pudeto 선착장까지 4만 에이커에 달하는 땅이 불에 탔으며 여전히 그 흔적이 남아 있다. 국립공원에서 불을 피우다 적발될 경우 3년 이하의 징역 및 USD4,000의 과태료가 있으며, 불을 냈을 경우 5년 이하의 징역 및 USD1만6,000의 과태료가 있다.

또레스 델 파이네

- 입장료 외국인 CH2만1,000(10월~4월)
  CH1만1,000(5월~9월)

준비물

날씨가 급변하는 지역이므로 방풍, 방수 대비를 하도록 한다. 길이 험한 곳도 있고 눈과 비가 잦아 길이 미끄러울 수 있으므로 등산화를 준비하자. 무릎과 다리를 지지해 줄 등산스틱 역시 필수다. 국립공원 내 레푸지오 및 캠핑장은 보통 기본 공용공간(부엌 등)이 있으나 버너 및 코펠, 수저, 식품 등은 본인이 준비해야 한다. 캠핑 시 텐트와 매트리스, 침낭 준비는 기본이며 각 레푸지오에서 대여할 수 있지만 성수기에는 그마저도 어려우므로 가급적 가져가자. 장시간 배낭을 메고 걷는 일은 생각보다 굉장히 힘들기 때문에 배낭의 무게는 최소한으로 하고 코스를 따라 왕복 하는 경우 주변 산장과 캠프 사이트에 짐을 보관한 다음 움직이도록 하자.

또레스 델 파이네 국립공원 트레킹

트레킹 등록하는 곳 - 라구나 아마르가

까따마란 타기

라스 또레스 가는 버스

배를 타고 토레스 델 파이네 국립공원 들어가기
또레스 델 파이네 국립공원에서 두 번째로 하차하는 곳인 페호에 Pehoe 호수, 푸데토 Pudeto에서 까따마란이 운행된다. 10월엔 1차례, 11월 중순부터 3월 중순까지의 성수기에는 3차례, 4월 이후에는 1차례 운행되며 5월~9월에는 운행하지 않는다.

🍽 편도 CH1만5,000 왕복 CH2만4,000

까따마란 운행 시간표(변동 가능)

	푸테토	파이네 그란데
10월 1일~10월 31일	12:00	12:30
11월 1일~11월 15일	12:00	12:30
	18:00	18:30
11월 16일~3월 15일	09:30	10:00
	12:00	12:30
	18:00	18:30
4월	12:00	12:30

TIP

W트레킹 일정을 어떻게 짜는게 좋을까?

보통 많은 여행자들이 3박 4일 일정으로 W코스를 돈다. 하지만 여유롭게 모든 일정을 완주하길 원한다면 4박 5일 코스를 추천한다. 특히 2일째 W코스에서 난이도가 높은 프란세스 밸리 왕복(7시간 소요)을 원한다면 이탈리아노 캠핑장 또는 프란세스 산장에서 숙박을 하자. 동쪽에서 서쪽으로 도는 코스가 일반적이지만 서쪽에서 동쪽으로 도는 것도 좋다. 동→서로 돌 경우 숙소 이동, 시간 배분이 비교적 용이하다. 특히 마지막 날 그레이 빙하를 본 뒤 파이네 그란데에서 배를 타고 나오는 시간을 맞추기에 좋다는 장점이 있다. 서→동으로 돌 경우 바람과 햇빛을 등지고 걷는다는 장점이 있으나 마지막 날 또레스를 다녀온 뒤 숙박하지 않으면 차를 타고 나탈레스까지 이동하는 시간이 다소 애매할 수 있다.

라구나 아마르가

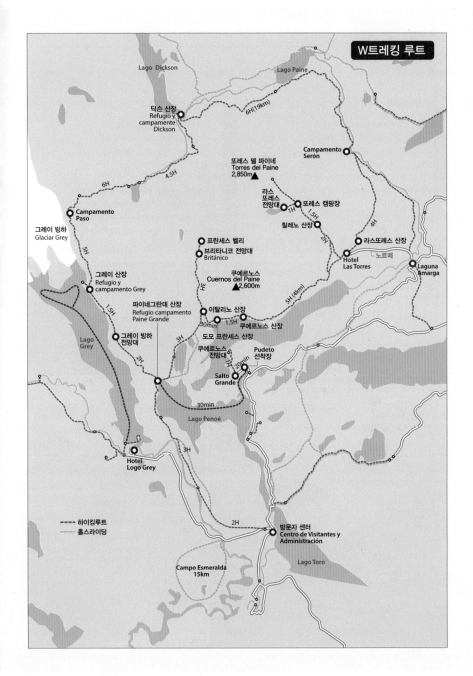

W트레킹 루트

Lago Dickson

Lago Paine

딕슨 산장
Refugio y
campamente
Dickson

6H(19km)

Campamento
Serón

4.5H

6H

또레스 델 파이네
Torres del Paine
2,850m▲

라스
또레스
전망대

또레스 캠핑장

1.5H

4H

Campamento
Paso

그레이 빙하
Glaciar Grey

5H

칠레노 산장

2H

라스또레스 산장

프란세스 벨리

브리타니코 전망대
Británico

노르떼

그레이 산장
Refugio y
campamento Grey

1.5H

3H

쿠에르노스
Cuernos del Paine
▲2,600m

5H (4km)

Hotel
Las Torres

Laguna
Amarga

파이네그란데 산장
Refugio campamento
Paine Grande

이탈리노 산장

30min

1.5H

쿠에르노스 산장

그레이 빙하
전망대

3H

2H

Lago
Grey

도모 프란세스 산장

쿠에르노스
전망대

Pudeto
선착장

20min

Salto
Grande

30min

Lago Penoé

Hotel
Logo Grey

3H

- - - - 하이킹루트
———— 홀스라이딩

2H

방문자 센터
Centro de Visitantes y
Administración

Campo Esmeralda
15km

Lago Toro

추천 일정(3박 4일, 서→동)

첫째 날

● 그레이 빙하

푸데토 Pudeto에서 배를 타고 파이네
그란데로 건너가서 짐을 풀고 그레이
빙하를 다녀온다. 그레이 빙하 전망대까지
보통 3시간이 걸린다. 레푸지오 그레이까지
가려면 전망대를 지나 2시간을 더 걸어가야
한다.(파이네 그란데 숙박)

둘째 날

● 프란세스 밸리

2시간 가량 걸어 이탈리아노 산장까지
가서 배낭을 내려놓고, 프란세스 밸리를
다녀온다(왕복 7시간 소요). 프란세스
밸리를 다녀올 경우 이탈리아노
캠핑장에서 캠핑을 하지 않는다면 인근의
도모 프란세스 산장을 이용하도록 하자
(비수기에는 운영하지 않음). 쿠에르노스로
갈 경우 이탈리아노 산장에서 1시간 가량이
소요된다.(프란세스 밸리를 생략할 경우
쿠에르노스 산장에 숙박한다.)

그레이 빙하

그레이 빙하 전망대

프란세스 밸리

라스 또레스 봉우리

셋째 날

또레스 산장

또레스 산장까지 4~5시간을 걸어야 하는
일정이다. 캠핑을 하거나 칠레노 산장
예약을 했다면 숏컷을 따라 바로 칠레노
산장까지 이동한다.
또레스 산장을 이용할 예정이라면 또레스
호텔을 지나 10분 정도 더 걸어가면 나오는
레푸지오 라스 또레 노르떼에서 숙박을
한다.(성수기 예약 필수)

넷째 날

라스 또레스 봉우리

라스 또레스 봉우리 까지는 왕복 7~8
시간이 소요된다. 시간을 안배해 하산한
다음 오후 7시 버스를 타고 나탈레스로
돌아온다.(비수기에는 저녁 버스를
운행하지 않는다.)

3박 4일은 굉장히 빡빡한 일정으로 하루 10~15km 이상을 걸어야 하는 여정이다. 4박 5일 천천히 서→
동으로 이동하고 싶다면 첫째 날 레푸지오 그레이, 둘째 날 파이네 그란데, 셋째 날 도모 프란세스 또는
쿠에르노스, 넷째 날 레푸지오 또레 노르떼에서 숙박하도록 한다.
동→서로 4박 5일간 트레킹을 한다면 첫 날 또레스를 다녀온 뒤 또레 노르떼, 둘째 날 쿠에르노스, 셋째
날 프란세스 밸리를 다녀온 후 프란세스 산장, 넷째 날 파이네 그란데 또는 레푸지오 그레이에서 숙박을
하고 다섯째 날 그레이 빙하 감상 후 배 시간에 맞춰 푸데토로 건너온 다음 나탈레스까지 돌아온다.

라스 또레스 산장

토레스 델 파이네 산장 예약 및 준비

토레스 델 파이네 국립공원에서 산장을 이용하고 싶다면 사전에 Fanteástico sur(www.fantásticosur.com), Vertice Patagonia(www.verticepatagonia.com) 웹사이트를 통해 일정에 맞춰 산장을 예약해야 한다. 각 사이트에서 예약할 수 있는 산장이 다르기 때문에 동선에 맞춰 각각의 예약을 진행하자. 아침점심저녁이 포함된 Full board 가격과 도미토리 침대만 이용하는 가격이 다르며 산장에 따라 개인적으로 침낭을 준비해야 하거나 사전에 침낭 대여 예약을 해야 하는 곳도 있다(산장을 이용하더라도 개인 침낭을 준비하도록 하자. 추운 경우가 많다). 캠핑을 할 경우 각 레푸지오의 캠프사이트를 이용할 수 있으며 비용은 보통 CH5,000~8,000 선이다(이탈리아노 캠핑장 등은 무료다). 각 산장에서는 공용 부엌을 이용할 수 있지만 음식과 버너와 코펠, 수저 등은 개인이 준비해야 한다. 불은 지정 공간에서만 사용할 수 있으며 아무데나 불을 피우거나 음식을 해먹을 경우 과태료가 부과되므로 주의하자.

Fantástico sur에서 예약 가능한 산장

라스 또레스 Las Torres

Las Torres, Torre Norte, Torre Central 등의 산장 예약이 가능하다. 또레스 델 파이네 트레킹의 시작점 또는 종점에 이용한다. 24시간 핫샤워가 가능하며 레스토랑과 기념품 가게, 카페, 사우나 등이 있다. 가격이 비싼 Hotel Las Torres에서 묵고 싶지 않다면 걸어서 10분 거리에 있는 Torre Norte나 Torre Central 산장을 예약 하자. 시간 및 비용을 절약하고 싶다면 Chileno까지 이동해 산장 또는 캠핑을 이용하는 것도 방법이다.

Torre Norte.

로스 쿠에르노스 Los Cuernos

라스 또레스와 파이네 그란데 중간 지점에 있다. 도미토리, 캐빈 등 다양한 종류의 방이 있다. 실내에는 신발을 신고 들어갈 수 없다. 성수기 예약은 필수다.

Cuernos 이글루

Cuernos 이글루

칠레노 Chileno

11월 중순부터 3월 중순까지만 운영되는 칠레노 산장은 라스 또레스로 가는 중간 지점에 있기 때문에 늘 많은 사람들로 붐빈다. 산장 이용을 원할 경우 성수기에는 반드시 예약해야 한다. 기본적인 시설이 있으며 요리를 할 경우 각자 코펠과 버너 등 식기와 가스를 준비해야 한다.

Chileno

도모 프란세스 Domo Francess

그동안 W코스의 가운데 지점에 산장이 없어 프란세스 밸리를 오가기가 불편하다는 트레커들의 의견을 반영해 새로 지어진 산장으로 도미토리와 캠핑 시설을 갖추고 있다. 도미토리의 경우 난방 시설이 없어 침낭을 제공한다. 24시간 핫샤워가 가능하다. 이용료는 타 산장에 비해 비싼 편이다.

Fantástico sur Treking & Lodging

⌂ 661 Esmeralda Puerto Natales
　　국립공원 내 사무소 Refugio Torre Central
☎ (56 61) 2 614 184
✉ ventas@fantasticosur.com
fantasticosur.com

Vertice Patagonia에서 예약 가능한 산장

파이네 그란데 Paine Grande

또레스 델 파이네 트레킹의 종점인 동시에 시작점으로 규모가 가장 큰 편이다. 1, 2층에 다양한 도미토리를 갖추고 있으며 각종 편의시설이 잘 갖춰져 있다. 산장을 이용할 경우 24시간 핫샤워가 가능하다. 산장 뒤편에 캠프사이트가 있다. 취사 시설은 있지만 조리 도구와 음식은 사전에 직접 준비해야 한다.

Paine Grande캠핑장

Paine Grande

레푸지오 그레이 Refugio Grey

그레이 빙하에 거의 다다랐을 때 만나게 되는 산장.
파이네 그란데에서 걸어서 3시간 30분~4시간이
소요된다. 산장 이용 시 24시간 핫샤워가 가능하다.
실내는 매우 따뜻하며 깨끗한 도미토리에 모포와 베게
등이 갖춰져 있다. 캠핑장 이용 시 정해진 시간에만
샤워가 가능하다.

Refugio Grey

라고 딕슨 Lago Dickson

또레스 델 파이네 국립공원을 크게 한 바퀴 도는 서킷
Circuit을 할 경우 거치게 되는 산장으로 기본적인 시설
이 갖춰져 있다.

Lago Dickson

vertice patagonia

⌂ Bulnes 100, Puerto Natales, Patagonia, Chile
☏ 56 612 412 742 & 56 612 415 693
◷ 월~금 09:00~13:00, 14:30~19:00
✉ ventas@verticepatagonia.cl

액티비티

Grey Glacier Ice waliking & Kayaking
Big Foot 여행사에서 그레이 빙하 위를 걷는 투어와 카야킹 투어를 운영한다. Indomitapatagonia.com에서 예약하거나
Refugio Grey에서 예약이 가능하다.

Horse Riding
Las torres 산장 등에서 홀스라이딩을 예약할 수 있다.

캠핑 정보

또레스 델 파이네 국립공원 내에는 유료 및 무료 캠핑장이 있다. 산장에 있는 캠프 베이스를 이용할 경우 대여료가 있으며 텐트, 침낭, 매트 등의 물품 대여도 가능하다(성수기에는 여유분이 없는 경우가 많기 때문에 개인 장비를 준비하도록 하자). 무료 캠핑장 예약 parquetorresdelpaine.cl/es

또레스 델 파이네 1일 투어

오전 7시 30분에 출발해 오후 7시에 돌아오는 1일 투어가 있다. 카스티요 마을을 지나 국립공원 지역에 들어가 투어를 한 다음 밀로돈 동굴을 들렀다 온다. 시간이 많지 않지만 또레스 델 파이네를 꼭 보고 싶은 여행자에게 좋다. 하지만 이동 시간에 비해 국립공원 지역을 둘러보는 시간이 짧다는 것이 단점이다. 푸에르토 나탈레스에 위치한 여행사 Comapa, Nandu 등을 통해 1일 투어를 예약할 수 있다(투어비는 CH3만 정도이며 여행사에 따라 다소 차이가 있다. 국립공원 입장료 CH1만8,000 불포함).

밀로돈 동굴

페리

푸에르토 나탈레스와 푸에르토 몬트 사이를 오가는 대형 페리가 있다. 꼬박 이틀이 걸리지만, 파타고니아 지역의 풍광을 감상하면서 갈 수 있어 서양 여행자들에게 특히 인기가 많다. 가격은 대략 USD300.

페리

NAVIMAG ferry

📞 52 286 999 00
navimag.com

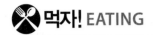
La mestita Grande CH

아르마스 광장에 접해있는
피자집으로 화덕에서 구운 얇은
크러스트 피자를
판다. 긴 원목 탁자에 다닥다닥 붙어
앉아 여러 사람들과 함께 피자를
먹어야
하지만 항상 인기가 많다.

⌂ Arturo Prat 196

Afrigonia CHCH

잠비아 출신 요리사와 그의 아내가
아프리카 요리와 칠레식 파타고니아
요리를 결합한 퓨전 음식을 선보인다.
양고기 립과 킹크랩 요리가 유명하다.

⌂ eberhard 323
✆ 56 61 412877

Patagonia dulce CH

푸에르토 나탈레스에서 가장 맛있는
초콜릿과 초콜라떼를 판다. 직접 구운
여러 종류의 초콜렛 케이크와 치즈
케이크, 다양한 초콜릿을 맛볼 수
있다. 와이파이 사용이 가능하다.

⌂ Barros Arana 233
✆ 56 61 241 5285

El Living CH

아르마스광장에 접해있는
레스토랑으로 샐러드와 샌드위치,
스프, 스파게티 및 베지테리언 음식과
커피 및 디저트를
판다.

⌂ arturo prat 156
✆ 56 61 411140

Cangrejo Rojo CH

테이블이 8개 밖에 없는 작은 식당이지
만 세비체 요리를 비롯 연어 스테이크,
게, 킹크랩, 문어 등 다양한 해산물 요리
로 명성이 높다.
센트로에서 조금 먼 편이지만 충분히
가볼 만한 가치가 있다. 식후엔 아이스
크림을 먹어보자. 인기 메뉴는 킹크랩
파이.

⌂ Av.Santiago Bueras 782
✆ 56 61 241 2436

Cafe Kaiken CH

나탈레스에서 가장 인기 있는 가게로
연어 세비체, 파스타, 샐러드 등이
신선하고 맛있다. 양고기나 미트 스튜도
있으며 전반적으로 평이 좋다. 브라우니
등 디저트 종류도 맛보자. 문 여는 시간
은 오후 1시~3시, 오후 7시~10시 30분
으로 비수기에는 문을 열지 않는 경우도
있다.

⌂ Baguedano 699
✆ 56 9 8295 2036

자자! ACCOMMODATIONS

CH 9,000~ 1만5,000 CH CH 1만6,000~

Hostel Patagoinia Adventure ^{CH}

아르마스 광장에 접해 있는 호스텔로 여행사를 함께 운영한다. 복층에 여러 개의 작은 도미토리가 있다. 실내가 따뜻한 편이다.
각종 트레킹 장비 대여도 가능하다.

🏠 Tomas Rogers 179 　📞 56 61 2411028 　🛏 도미토리 CH1만 싱글 CH2만 더블 CH2만5,000
Papatagonia.com

W Circuit Hostel ^{CH}

시내 중심가 아르마스 광장 부근에
위치한 호스텔로 2층 도미토리는
작지만 따뜻한 편이다. 도미토리와
더블룸을 갖추고 있다. 침낭 및 텐트,
코펠 등 각종 트레킹 장비 대여가
가능하다.

🏠 Blanco Encalada 284
📞 56 61 2414714
🛏 도미토리 CH1만(조식 포함)
　더블 CH1만8,000
wcircuithostel.com

Estrellita del Sur ^{CH}

버스터미널에서 비교적 가까운 편이다.
방이 다소 좁다는 단점이 있지만 저렴한
가격에 조식이 포함돼 있고 주방 사용이
편리하다는 장점이 있다.

🏠 Chorrillos 855
📞 61 2415548
🛏 도미토리 CH9,000(조식 포함)

Hostel Nancy ^{CH}

3~4인실의 도미토리를 운영하며
화장실이 각 방마다 있다. 주방 사용이
가능하다.

🏠 Ramirez 543
📞 61 410 022
🛏 도미토리 CH9,000(조식포함)

Yagan House ^{CH}

다양한 크기의 싱글, 더블, 트윈룸을
갖추고 있다. 부엌과 공용 공간이 넓은
것이 장점이다. 버스터미널과도 비교적
가깝다. 편안한 집 같은 분위기를
느끼고 싶다면 이 곳으로 가자.

🏠 ohiggins 584, Puerto Natales
🛏 싱글 CH1만5,000(조식 포함)
　더블 CH3만2,000

Hostel picada de carlitos ^{CH CH}

따뜻하고 깨끗한 개별 룸을 갖춘
호스텔로 시내 주요 볼거리들과 가깝다.

🏠 Manuel Bulnes, 280
🛏 트윈 CH4만6,000

The Singing Lamb Backpackers ^{CH}

서양 여행자들에게 인기가 높은
호스텔로 버스터미널에서 3블록
떨어져 있다. 깔끔하고 따뜻한 6인실.
8인실 믹스 도미토리를 갖추고 있다.
중심가에서도 가까운 편이다.

🏠 Arauco 779, Puerto Natales
🛏 도미토리 CH1만4,000(조식 포함)

ARGENTINA

16세기 중엽부터 236년 동안 스페인의 지배를 겪은 아르헨티나는 번영과 쇠락, 부흥과 몰락을 반복하며 격동의 역사를 써내려 왔다. 쿠데타가 일어난 1976년에는 독재에 반기를 들었던 수천 명이 행방불명되는 비운을 겪기도 했다. 이탈리아, 스페인계 이민자들이 다수로 구성돼 식문화를 비롯 유럽의 영향을 많이 받은 아르헨티나는 먹거리를 비롯 탱고, 클래식 등 즐길 거리가 많다. 아르헨티나에선 문화적 풍요와 광활한 대자연을 만끽해보자.

PERU

BOLIVIA

BRAZIL

PARAGUAY

Isla San Félix

Isla San Ambrosio

Puerto Iguazú
푸에르토 이과수 p.424

Maipú 마이푸 p.384

Tigre 티그레 p.374

Islas
Juan Fernández

URUGUAY
Colonia Del Sacramento
콜로니아 델 사크라멘토 p.376

Mendoza
멘도사 p.378

Buenos Aires
부에노스 아이레스 p.340

CHILE

ARGENTINA

PACIFIC OCEAN

El Chaltén 엘 찰튼 p.406
El Calafate 엘 깔라파테 p.396

Falkland Islands
(Malvinas)

Ushuaia 우수아이아 p.414

수도 부에노스 아이레스(Buenos Aires)
면적 약 2,780,400㎢
인구 약 4,510만 명(2019년 기준)
통화 페소(AR$)
환율 US$ 1 = 59.76페소(2020년 1월 기준)
언어 스페인어
경제 1인당 GDP 1만4,401$(2017년 기준)
시간대 GMT-3
(우리나라보다 12시간 느림/섬머타임 적용 시 GMT-2)

아르헨티나 기본 정보

주요 연락처

국제코드 +54, 국가 도메인 .ar

유용한 전화번호
응급전화 101

한국 대사관 (부에노스 아이레스 주재)

🏠 Av. del Libertador 2395, Ciudad Autónoma de Buenos Aires, (1425) Argentina

📞 (54-11) 4802-8865/8062
   긴급 (54-11) 4804-0050 핸드폰 15-5132-1112

📧 argentina@mofa.go.kr

주요 도시 지역 번호

부에노스 아이레스 11
멘도사 261
코르도바 351
우수아이아 2901
바릴로체 2944
엘 깔라파테 2902
엘 찰튼 2962

전화

전화카드는 길거리의 키오스크 등에서 구입할 수 있다. 선불식 국제전화카드를 사용해 한국으로 전화를 걸려면 카드에 쓰여진 번호로 전화를 걸어 코드를 입력한 다음 국제전화 식별 번호인 00+국가 번호 82+0을 뺀 지역 번호 또는 휴대폰 번호를 입력하면 된다. 유심 USIM 카드는 Claro나 Movistar 등 주요 통신사 매장에서 구입할 수 있다. 안내에 따라 전화 등을 통해 개통 과정을 거쳐야 하는 경우도 있다. 구입 후 원하는 금액만큼 돈을 내고 충전할 수 있다.

TIP

아르헨티나의 시에스타

아르헨티나의 몇몇 지방 도시들의 경우 '시에스타'가 있다. 멘도사, 파타고니아의 주요 도시의 상점 및 은행 등은 점심시간부터 이른 오후까지 문을 열지 않는 곳이 있으니 유의할 것.

기후와 옷차림

아르헨티나는 국토가 광활한 만큼 지역별로 열대·온대·한대의 다양한 기후 분포를 보이고 있다. 남반구에 위치한 아르헨티나는 절기가 우리나라와 정반대로 6월~8월이 겨울이며 12월~2월이 여름이다. 북부 및 동북부는 열대 기후로 고온 다습하며 우기는 10월~3월이다. 남부 파타고니아 지역은 바람이 많고 건조하다. 파타고니아 지역을 방문하기 가장 좋은 시기는 11월에서 2월 사이로 이 시기가 지나면 굉장히 춥고 눈이 내리거나 비가 오기 때문에 가지 않는 것이 좋다. 부에노스 아이레스와 주요 내륙 도시를 방문하기 좋은 시기는 봄인 9월~11월과 가을인 3월~5월이다. 바릴로체와 멘도사 지역은 겨울에 눈이 내리며, 바릴로체의 경우 6~8월이 스키 시즌이다. 각 시즌에 맞는 옷을 준비하도록 하고 봄과 가을엔 일교차가 크므로 바람막이나 얇은 외투 등을 준비하도록 하자.

부에노스 아이레스 온도 그래프

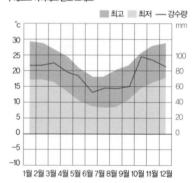

전기

220V / 50Hz

WA-16플러그 사용(호주, 중국 플러그와 규격 같음) 220V로 한국과 같은 곳도 많으나 3개짜리 콘센트를 사용하는 곳도 있으므로 멀티어뎁터를 가져가거나 현지에서 구입하는 것이 좋다.

공휴일
1월 1일 신년
3월 카니발 휴일
3월 24일 진실·정의 기념일
4월 2일 말비나스 주권일
4월 4일~5일 부활절
5월 1일 노동절
5월 25일 혁명 기념일
6월 20일 국기의 날
7월 9일 독립선언일
8월 17일 산 마르틴 장군 서거일
10월 12일 미대륙 발견일
12월 8일 성모 잉태일
12월 9일 관광 진흥의 날
12월 25일 성탄절

주요 축제 및 이벤트
2월 말 3월 초 탱고 페스티벌
3월 초 카니발
3월 첫 주 토요일 멘도사 포도 수확 축제 '벤디미아'
4월 국제 독립영화제
5월 25일 혁명 기념일 페스티벌

지리와 국내 교통
아르헨티나는 지리적으로 넓은 면적을 가진 나라로 북으로는 브라질과 파라과이, 볼리비아와 국경을 맞대고 있으며 서쪽으로는 칠레와 국경을 접하고 있어 다양한 국제 버스와 비행기기 드나든다. 수도인 부에노스 아이레스를 중심으로 칠레의 산티아고, 브라질의 상파울루, 파라과이 아순시온, 남부 파타고니아 지역까지 2~3일에 걸쳐 이동하는 장거리 버스가 운행된다. 가격에 따라 다양한 등급의 버스가 있으며 서비스, 경유지, 소요 시간 등 차이가 있기 때문에 각 버스 회사 홈페이지나 버스터미널 각 창구에서 가격, 서비스를 비교한 후 티켓을 예매하는 것이 좋다. 휴가철인 성탄절 전후와 성수기 기간엔 버스 예매가 쉽지 않다는 점도 고려해야 할 사항이다. 비행기 역시 주요 국제편과 엘 깔라파테, 우수아이아 등을 연결하는 국내선을 운행한다. 국내선 항공의 경우 장거리 버스 비용과 가격이 크게 차이나지 않는 경우도 많기 때문에 시간이 부족한 여행자라면 사전에 저렴한 항공권을 찾아 예매하는 것이 좋다.

우편
우체국은 꼬레오 Correo라고 한다. 중요 우편물은 등기 Certificado로 보낼 수 있다. 일반 우편물은 분실 위험이 있기 때문에 가급적 등기 발송을 하는 것이 좋다. 국제 우편물을 보낼 때에는 내용물을 확인하는 경우가 있기 때문에 완전히 포장하지 않은 상태로 가져가 확인을 받자. 현지에서 우편물을 받고자 하는 경우 수취시 큰 액수의 세금을 낼 수 있기 때문에 유의하자.

우체통

인터넷
아르헨티나는 무선인터넷 사용이 편리하다. 주요 체인점인 맥도날드, 스타벅스, 버거킹 등에선 해당 와이파이 웹사이트를 통해 로그인 할 경우 무료 와이파이 사용이 가능하다. 이외의 주요 레스토랑과 상점, 호스텔 등에서도 무선인터넷을 사용할 수 있다. 체류 기간이 길다면 Claro나 Movistar 등 주요 통신사 매장에서 U-sim칩을 구입해 이용하자. 선불식 충전으로 3G를 무제한 이용할 수 있는 프로그램 등이 있어 인터넷 사용이 편리하다. 단점은 3G 개통이 자동으로 되지 않는 경우도 있다는 것. 매장 직원 등 현지인의 도움을 받도록 하자.

환전 및 ATM 사용
은행·공항·환전소에서 신분증 또는 여권을 제시하고 환전이 가능하다. 하지만 아르헨티나 페소 가치가 낮이 널뛰어서 공식 환율로 환전시 손해가 크다. 각 지역에 암환전이 성행하고 있으며 정식 환율보다 좋기 때문에 많은 사람들이 암시장에 이용한다. 플로리다 거리 등에서 '깜비오'라 외치는 암환전상을 언제나 만날 수 있지만 경우에 따라 위험한 상황이 발생할 수 있으므로 유의하자. 대도시에는 시티은행 등 VISA, Master 카드로 출금이 가능한 은행 ATM이 여럿 있다. 아르헨티나 페소 출금만 가능하며 공식 환율로 계산된다는 점에 유의하자. 신용카드 사용도 마찬가지다.

ARGENTINA

아르헨티나 먹거리

아르헨티나 음식은 드넓은 영토만큼이나 다양함을 자랑한다. 소고기를 주재료로 하여 숯불에 구워내는 '아사도'는 아르헨티나인들의 주말 파티에 빠지지 않는 요리다. 뿐만 아니라 유럽 특히 이탈리아 이민자의 영향을 받아 이탈리아 요리와 디저트류가 대중화되어 있다. 아르헨티나에선 맛있는 소고기와 달콤한 디저트, 와인 등을 즐겨보자.

엠빠나다 Empanada
우리나라 만두와 비슷한 엠빠나다는 소고기, 닭고기, 치즈, 감자, 계란, 옥수수 등 여러 가지 재료를 갈아 반죽 속에 넣어 튀기거나 오븐에 구운 음식이다. 대부분의 식당에선 식전 메뉴로 엠빠나다를 갖추고 있으며 튀긴 것 또는 오븐에 구운 것 중에 선택할 수 있다. 우리나라 사람들의 입맛에는 만두와 비슷한 바삭바삭한 식감의 튀긴 엠빠나다가 잘 맞다.

초리판 Choripan
아르헨티나의 대표적인 길거리 음식으로 그릴에 구운 소시지를 바게트 빵에 끼워 먹는다. 먹기 전에 소시지 위에 지미추리 양념, 고추 양념 등으로 간을 한다.

메디아 루나 Media Luna
반달 모양의 크로와상으로 아르헨티나인들은 주로 아침에 커피와 함께 곁들여 먹는다. '메디아 루나'의 뜻은 '반달'로 프랑스식 크로와상보다는 크기가 작고 달다.

아사도 Asado

일종의 바비큐로, 팜파스를 누비던 가우초(아르헨티나 카우보이)들이 먹던 것에서 유래했다. 소의 갈비뼈 부분을 통째로 구운 것이다. 소고기뿐만 아니라 소시지나 돼지고기도 구워서 먹는다. 다른 양념은 하지 않고 굵은 소금 만 뿌려서 간을 맞춘다. 오레가노·파슬리·칠리 등으로 만든 지미추리 Chimichurri 소스와 함께 먹는다.

비페 데 초리소 Bife De Chorizo

아르헨티나 소고기 스테이크 가운데 에서도 가장 인기 있는 부위로 '등심 스테이크'라 할 수 있다. 미디엄이나 레어로 먹으면 아르헨티나 소고기 특유의 부드러운 맛을 즐길 수 있다. 간이 부족하다면 지미추리 소스를 부탁하자.

뿌체로 Puchero
고기와 옥수수와 당근, 마카다미아, 호박, 감자, 양배추 등을 크게 썰어 푹 끓여낸 요리로 일종의 스튜다.

파리쟈다 Parrillada
고기를 좋아하는 사람에게 적합한 음식으로 간, 창자 등을 섞어 불에 구운 요리이다. 특수 부위 뿐만 아니라 소고기 등심이나 립, 닭고기 등도 함께 구워낸다. 대중적인 음식으로 최소 2인분부터 주문 가능하다.

푸아세타 Fugazzetta 피자
이탈리아 이주민이 많은 아르헨티나는 이탈리아 못지않게 피자가 매우 맛있다. 어디에서나 저렴한 가격에 조각 피자를 맛볼 수 있다. 양파와 치즈 토핑이 얹어진 푸아세타 피자가 인기이며 구운 파프리카인 모론과 치즈로 토핑된 피자도 괜찮다.

센토야 Centolla
킹크랩으로, 아르헨티나 남부 우수아이아 인근 태평양 연안에서 잡힌다. 남부 해안가의 레스토랑 등에선 자연산 킹크랩을 골라 쪄 먹을 수 있다. 무게에 따라 가격이 다르다. 냉동 상태의 센토야로 요리한 음식은 자연산 킹크랩에 비해 가격이 저렴한 편이다.

둘세 데 레체

아르헨티나 마실거리 & 디저트

와인-말벡 Malbec

아르헨티나에서 마셔보아야 할 와인은 향이 진하고 강한 말벡 Malbec이다. 주로 멘도사 지역에서 재배되는 포도 품종이다. 1~2만 원대로도 충분히 맛있는 와인을 맛볼 수 있으며 마트에서 파는 와인팩 역시 가볍게 부담 없이 즐기기에 좋다. 유명 와이너리로는 카데나 자파타 CATENA ZAPATA, 트라피체 TRAPICHE 등이 있으며 북부 살타 지방의 카파야떼 계곡 일대도 유명하다. 멘도사의 마이푸, 루한 데 쿠요 지역의 다양한 와이너리를 방문해 아르헨티나 와인을 즐겨보자. (와인은 스페인어로 비노 Vino라고 한다. 일반적인 레드 와인은 비노 틴토 Vino tinto, 화이트 와인은 비노 블랑코 Vino blanco라 칭한다)

마떼차 Mate

마떼차는 남미를 원산으로 하는 마떼의 잎이나 삭은 가지를 건조시킨 찻잎을 뜨거운 물로 우려낸 차다. 비타민이나 미네랄의 함유량이 매우 높다. 레스토랑 등에서 마실 수도 있지만 직접 마트에서 마떼 가루와 마떼잔, 금속 빨대를 구입해 맛 볼 수도 있다. 녹차와 같은 방법으로 뜨거운 물에 우려서 마시는데 보통 5번 정도 다시 우려낼 수 있다. 먼저 마떼 잔에 마떼 잎을 넣은 다음 봄비자라는 금속 빨대를 꽂은 상태에서 뜨거운 물을 부어 마신다. 하나의 빨대로 여러 명이 돌아가며 마떼를 마시는데 이는 서로 간의 결속을 다진다는 의미도 있다. 끝까지 다 마신 다음에 잔을 건네야 하며 더 마실 생각이 없다면 고맙다라는 말로 의사 표시를 하면 된다.

둘세 데 레체 Dulce de Leche

우유에 설탕, 베이킹파우더, 바닐라를 넣고 서서히 졸여 만든 카라멜 잼의 일종으로 아르헨티나 전통 디저트다. 아르헨티나 사람들은 각종 케이크, 빵, 아이스크림, 쿠키에 넣거나 곁들여서 먹는다. 특히 둘세 데 레체 아이스크림이 인기다. 단, 디저트를 좋아하는 사람이라면 꼭 한번 맛보자.

알파호르 Alfajores

둘세 데 레체를 쿠키 사이에 끼워 만든 간식으로 마트나 키오스크, 커피전문점 등에서 쉽게 낱개로 구입할 수 있다. 초코파이와 비슷한 형태인 것도 많으며 맛은 굉장히 달다.

멘도사 와이너리

보데가 카데나 자파타의 와인

마떼차

알파호르

ARGENTINA

아르헨티나 인물과 역사

1770~1820

마누엘 벨그라노
Manuel Belgrano

독립 전쟁을 주도한
아르헨티나 장군.
로사리오에서 스페인군을
격퇴했다.

1778-1850

호세 산 마르틴
Jose de San Martin

아르헨티나 독립 영웅으로
아르헨티나, 칠레,
페루를 스페인으로부터
독립시켰다.

1890-1935

카를로스 가르델
Carlos Gardel

탱고의 발전에 큰 영향을
끼친 프랑스 태생의
아르헨티나 가수이자 탱고
작곡가.

1899-1986

호르헤 루이스 보르헤스
Jorge Francisco Isidoro
Luis Borges

소설가이자 시인, 평론가로
시와 논픽션, 이야기체의
수필 등을 발표했다.

- **기원전 1만 1,000여년 전** 아르헨티나 남부 파타고니아 지역에 야마나, 셀크남 등 원주민이 살기 시작함
- **1516년** 스페인 항해사 후안 데 소리스 Juan de Solis에 의해 발견된 후 1580년부터 스페인의 지배를 받기 시작함
- **1776년** 스페인 본국 까를로스 3세가 페루 부왕령의 일부였던 현재의 아르헨티나, 우루과이, 파라과이, 볼리비아, 그리고 칠레, 브라질의 일부에까지 미치는 광대한 지역을 리오데라쁠라따 부왕령으로 승격시킴. 부에노스 아이레스 시는 수도이자 중계항으로 변영
- **1810년** 5월 25일 부에노스 아이레스에서 스페인의 부왕체제가 붕괴함(5월 혁명)
- **1817년** 호세 산 마르틴 장군이 1817년 안데스를 넘어 칠레와 페루의 왕당파를 무찔러 독립의 기틀을 다짐
- **1816년** 투구만 주에서 의회를 열어 스페인에서 공식적으로 독립을 선언함
- **1829년** 연방주의자 후안 마누엘 로사스 Juan Manuel Rosas에 의한 20년 간의 독재 공포 정치가 시작됨
- **1853년** 로사스의 실각 후 공화국 헌법이 공포됨
- **1870년** 해외 투자와 이민이 활성화됨. 그러나 '사막의 정복'이라는 이름으로 남부 팜파스와 파타고니아의 토착 부족들을 탄압함
- **1880년** 폭발적인 경제 성장을 하기 시작함. 세계에서 부유한 10개 국가 중 하나로 자리 잡음

1919-1952   **1921-1992**   **1928-1967**   **1960-**

에바 페론
María Eva Duarte de Perón

아르헨티나의 대통령을 역임한 후안 페론의 두 번째 부인으로 애칭인 에비타 Evita로 불린다. 에바 페론 재단을 설립해 여성 운동과 빈민 구호활동에 헌신했다.

아스토르 피아졸라
Astor Pantaleón Piazzolla

탱고 작곡가이자 반도네온 연주자. 누에보 탱고라는 독창적인 아르헨티나 탱고 스타일을 개척했다. 1992년 발표한 《다섯 개의 탱고 센세이션》이 큰 인기를 끌었다.

에르네스토 체 게바라
Ernesto Rafael Guevara

아르헨티나 출신으로 쿠바 혁명을 이끌었다. 이후 쿠바 국립은행 총재, 재무장관직을 맡았으나 사임하고 볼리비아 혁명에 뛰어들었다.

마라도나
Diego Armando Maradona Franco

아르헨티나의 은퇴한 축구 선수이자, 축구 감독이다. 펠레와 함께 세계에서 가장 위대한 선수 중 한 명으로 손꼽힌다.

- **1914년** 제1차 세계대전, 1939년 제2차 세계대전 당시 연합국에 대한 물자 공급을 통해 경제가 호황을 이룸
- **1942년** 상류 계층과 노동자 계층의 마찰이 극에 달함. 후안 데 페론 Juan de Peron 대령을 포함한 군부의 일부가 1943년에 쿠데타를 일으킴
- **1946년** 후안 데 페론이 대통령에 취임하면서 외국 자본과 기업을 국유화함
- **1955년** 페론의 독재에 대한 반발이 커져 쿠데타가 발생하고 페론은 스페인으로 망명함
- **1973년** 페론이 다시 돌아와 대통령이 되었으나 이듬해 사망함
- **1976년** 군사 쿠데타가 일어나 셋째 부인이자 부통령인 이사벨 페론이 축출되고 군사 독재정권이 들어섬. 이들은 페론 지지자들과 좌익 세력을 탄압했으며 이 시기에 수천 명의 행방불명자가 발생함
- **1982년** 포클랜드(말비나스) 전쟁으로 말비나스 섬을 영국에게 빼앗김
- **1989년** 카를로스 사울 메넴 정부가 들어서면서 물가동결, 국가기업 민영화, 수입 자율화 등으로 안정적인 경제 성장을 하기 시작함
- **1990년** 미국 달러화 대 페소화의 환율을 1:1로 고정시키는 조치가 취해짐

ARGENTINA
아르헨티나 꼭 가봐야 할 곳

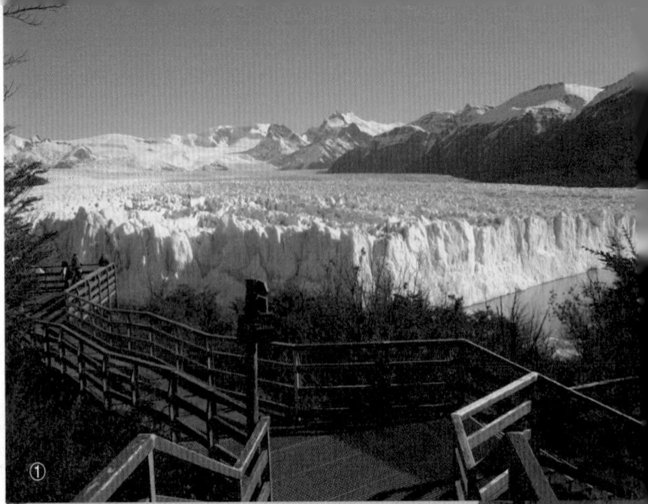

①

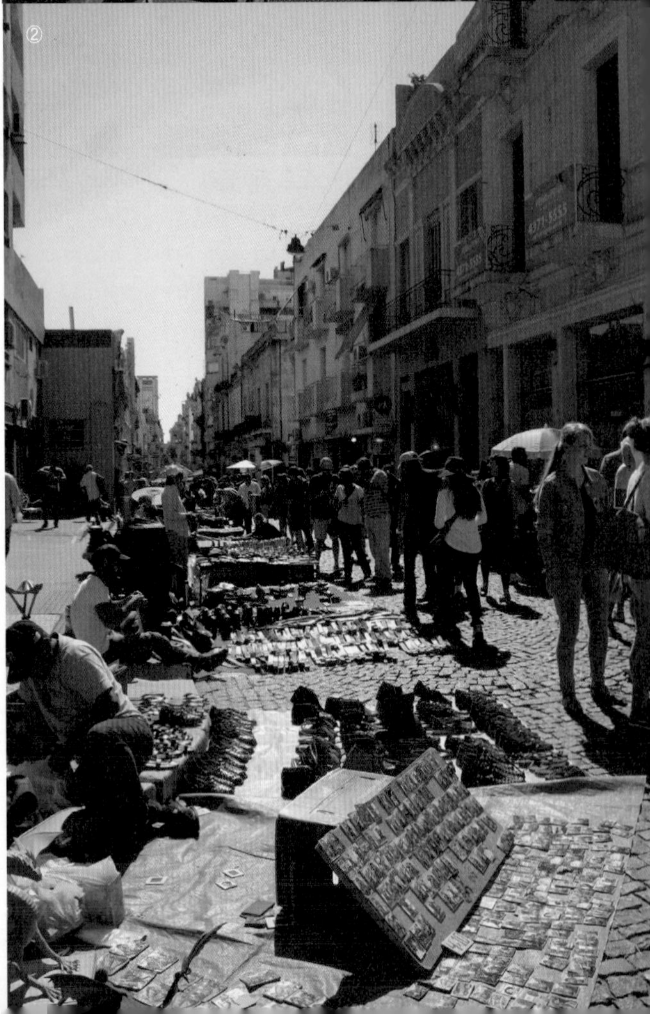

②

'좋은 공기'라는 뜻을 가진 부에노스 아이레스.
그 이름만큼이나 부에노스 아이레스 태생의
포르테뇨들이 만들어내는 특별한 분위기가 있다.
낡고 오래된 카페에 들어가 포르테뇨들과 함께 커피 한
잔하는 것만으로도 부에노스 아이레스를 있는 그대로
느낄 수 있다. 다양한 소규모 공연이 많은 센트로와
빨레르모 지구에선 매일 밤 무언가 할 일이 생긴다.
예술이 살아 숨 쉬는 부에노스 아이레스. 은근한
매력으로 여행자들의 발길을 붙잡는 이곳은 누구든
한 번 사랑에 빠지고 나면 헤어 나오기 힘들 것이다.

BUENOS AIRES

부에노스 아이레스

부에노스 아이레스
드나들기

부에노스 아이레스는 아르헨티나의 광대한 영토와 함께 마주한 인접국이 많아 항공과 국제 버스, 페리 등의 운행이 활발하다.

주요 도시 소요 시간 (비행기/버스)
푸에르토 이과수 2시간(비행기) / 18시간(버스) | **멘도사** 1시간(비행기) / 11시간(버스)
바릴로체 2시간 30분(비행기) / 24시간(버스) | **산티아고** 2시간(비행기) / 22시간(버스)
상파울루 3시간 30분(비행기) / 36시간(버스) | **엘 깔라파테** 3시간 30분(비행기) / 45시간(버스)

부에노스 아이레스 드나드는 방법 항공

부에노스 아이레스는 남미를 비롯해 북미, 유럽을 드나드는 항공편이 많아 남미 여행의 시작 또는 종착점으로 삼기에 좋다. 부에노스 아이레스에는 2개의 공항이 있으며 대부분 에세이사 국제공항을 통해 드나들지만 아에로파르케 호르헤 뉴베리 공항으로 들어오는 국제선도 많기 때문에 공항 코드를 잘 확인할 필요가 있다.

에세이사 공항

아에로 파르케 공항

띠엔다 레온 터미널

띠엔다레온 버스

띠엔다 레온 셔틀버스

🏠 Av. Eduardo Madero 1299
💲 AR100~150
tiendaleon.com

✈️ **에세이사EZEIZA · 미니스트로 피스타리니 공항** Aeropuerto Internacional Ministro Pistarini (EZE)

국제선을 이용할 경우 대부분 시내에서 22km 떨어진 미니스트로 피스타리니 국제공항에 도착한다. 인근 도시인 에세이사에 있어 보통 에세이사 EZEIZA 공항이라 부른다. 터미널은 A, B, C 세 개로 나뉘어 있다. 공항은 도심으로부터 약 1시간 거리에 있다.

에세이사 공항에서 시내 가기
① 띠엔다 레온 Tienda León 셔틀버스

띠엔다 레온 셔틀버스를 탈 경우 센트로의 마데로 터미널까지 간다. 약 50분이 걸리며 30분 간격으로 24시간 운행된다. 50페소가 추가되는 트랜스퍼 Transfer 서비스를 신청하면 레미스(자가용 택시)로 리무진 터미널에서 해당 숙소까지 데려다준다. 공항으로 갈 때 역시 센트로의 띠엔다 레온 마데로 터미널에서 버스를 탈 수 있다. 홈페이지에서 예매할 수 있다.

② 택시 Taxi ezeiza

공항 입국장에 있는 공식 택시 Taxi ezeiza 부스에서 행선지를 말하고 선불로 티켓을 끊어 탈 경우 시내까지 40분이 소요되며 가격은 보통 USD 25~30 선이다. 오후 늦게 공항에 도착할 경우 안전을 위해 공식 프리페이드(선불) 공항 택시를 이용하도록 하자.

③ 버스
센트로까지 가는 시내버스 8번을 타면 약 2시간~2시간 반이 소요된다. 터미널 B 앞의 승강장에서 타며 요금은 9페소다.

에세이사 국제공항 택시 부스

✈ 아에로 파르케 호르헤 뉴베리 공항 Aeroparque Internacional Jorge Newbery (AEP)

국내선이 주로 운항되는 아에로파르케 공항은 시내, 특히 팔레르모 지역에서 매우 가깝다. 남미 인접국 등에서는 국제선이더라도 아에로 파르케 공항으로 들어오는 경우도 많기 때문에 공항 코드를 잘 확인해 헷갈리는 일이 없도록 하자. 파타고니아지역 또는 칠레 등으로 비행을 계획하고 있다면 가까운 아에로파르케 공항에서 출발하는 항공편을 예약하는 것이 편하다.

아에로 파르케 공항에서 시내 가기
① Arbus
Arbus의 경우 편도 센트로, 레티로 버스터미널, 벨그라노, 팔레르모 지역을 매시간 30분 간격으로 운행한다. 센트로에서는 오벨리스크 인근 Carlos Pellegrini 메트로 역에 하차한다. 버스 안에서 와이파이 사용이 가능하다. 입국장에 매표소가 있으며 행선지를 확인한 뒤 해당 버스를 타면 된다.
arbus.com.ar

② 띠엔다 레온 Tienda León
아에로 파르케 공항 내에 매표소가 있으며 센트로의 레티로 역 인근의 띠엔다 레온 마데로 터미널까지 간다.

공항 코드 확인 필수!!

AEP인지 EZE인지 공항 코드를 잘 확인하자. 우수아이아, 엘 깔라파테를 드나들 때 공항 코드를 확인하지 않아 타 공항으로 잘 못 가는 경우가 있으므로 유의할 것.

Arbus

arbus.com.ar

띠엔다 레온

🚌 아에로 파르케-시내 주요지역 AR85
아에로 파르케-에세이사 공항 AR150

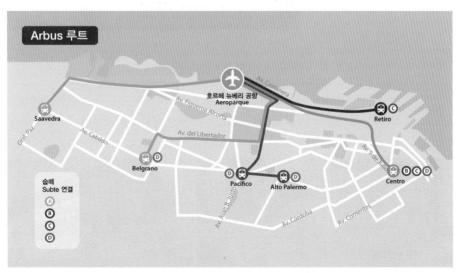

Arbus 루트

호르헤 뉴베리 공항
Aeroparque

Saavedra

Retiro

Av. Costanera

Av. Figueroa Alcorta

Av. Cabildo

Av. del Libertador

Gral. Paz

Belgrano

Pacífico

Alto Palermo

Centro

Av. 9 de Julio

Av. Juan B. Justo

Av. Córdoba

Av. Corrientes

숩떼
Subte 연결
Ⓐ
Ⓑ
Ⓒ
Ⓓ

아르헨티나의 수도인 부에노스 아이레스에서 가장 인기 있는 교통수단은 버스다. 레티로 버스터미널에서는 타 지역으로 가는 다양한 버스가 있다. 버스터미널 주변은 치안이 좋지 않기 때문에 안전에 특히 유의하도록 하자.

레티로 버스터미널

Av. Antártida Argentina 1202

버스 정보

아르헨티나 타 도시로 가는 버스 시 간표 확인 및 티켓 예매
www.omnilineas.com.ar

🚌 레티로 버스터미널 Terminal de Ómnibus de Retiro

레티로 버스 터미널에서는 아르헨티나 주요 도시와 남부 파타고니아 지역, 칠레 산티아고, 파라과이 아순시온, 브라질 상파울루 등을 연결하는 다양한 버스가 오간다. 각 사설 버스 회사의 인터넷 홈페이지를 통한 예매도 가능하다. 프로모션 좌석을 예약하는 경우 정가보다 저렴하게 구입할 수 있다. 버스터미널 창구에서도 현금 결제할 경우 또는 출발일로부터 5~7일 이상 남은 경우에는 할인 금액으로 표를 살 수 있기 때문에 여러 회사 창구에서 가격을 비교한 뒤 창구에 할인을 받을 수 있는지 꼭 묻도록 하자. 일반적으로 운행편이 많은 버스는 중북부 지역의 경우 안데스 마르 Andes Mar와 플레차 Flecha, 칠레 산티아고 지역은 카타 CATA 버스 등이 있다.

레티로 버스터미널

TIP

까마와 세미까마는 어떤 차이가 있을까

아르헨티나에서 까마 Cama는 보통 2층 버스의 1층 좌석을 말한다. 보통 12개 미만으로 좌석 간격이 널찍하고 뒤로 많이 젖히는 것이 장점이다(전체 좌석이 까마로만 이뤄진 버스도 있다). 식사 서비스의 경우 노선과 야간 버스 이동 시간에 따라 차이가 있지만 까마 이용 시 샴페인과 까나페, 디저트 등이 제공되는 버스가 있으며 비행기 좌석처럼 앞좌석 등받이에 모니터가 있어 각종 영화 및 TV 시청이 가능한 경우도 있다. 사전 예매 등으로 프로모션 좌석을 고를 경우 세미까마 Semi cama와 비슷한 가격으로 까마를 이용할 수 있기 때문에 장거리 버스 이동 계획이 있다면 버스 예매 사이트를 눈여겨보자.
omnilineas.com

까마

세미까마

장거리 버스

시내 교통

🚇 숩떼 Subte

부에노스 아이레스에서 며칠 머물 예정이라면 지하철인 Subte와 버스, 교외로 가는 기차 등을 저렴하게 이용할 수 있는 SUBE 카드를 구입하도록 하자 (sube. gob.ar). 카드는 SUBE 마크가 붙어있는 로또리아(복권 판매점)나 키오스크, 역 매표소 등에서 살 수 있다. 충전은 원하는 만큼 할 수 있으며 탑승 요금은 1회에 AR7.5로 매우 저렴하다. 충전 금액을 다 쓴 경우에도 AR10까지는 마이너스 요금으로 탈 수 있고 이후 충전 시 마이너스 요금을 제하고 충전이 되는 시스템이다. 지하철을 탈 경우 지하로 내려가는 통로부터 행선지 방향이 정해져 있는 경우가 많기 때문에 노선의 최종 행선지가 어딘지 확인하고 내려가도록 한다.

SUBE 카드

TIP

교통카드를 충전하는 방법

Sube 카드 카드를 충전하고 싶다면 SUBE Carge Aquí(SUBE 카드 충전 가능한 곳)라고 쓰인 마크를 찾자. 카드를 보여주며 "끼에로 칼가르 Quiero cargar" 즉 '충전하고 싶어요'라고 말하면 된다. 물론 충전하길 원하는 만큼 돈을 내면서 말이다. 보통 지하철 역사에 매표소에서 손쉽게 충전이 가능하다.

🕐 Open subte 월~토 05:00~22:30
　일 08:00~22:00

subte.com.ar

숩떼 지하철역

숩떼 지하철

🚌 콜렉티보 Colectivo

부에노스 아이레스에서는 시내버스를 보통 콜렉티보라 부른다. 시내버스를 타려면 충전식 SUBE 카드가 필요하다. 버스를 탈 때는 행선지를 미리 말해야 한다. 요금이 AR6.5(거리에 따라 AR6.25, 6.50, 6.75로 차등)로 저렴할 뿐만 아니라 버스와 버스 승차장 표지판 등에 행선지, 주요 도로가 적혀 있으므로 여행 시 적절히 활용하는 것이 좋다. 출퇴근 시간에는 길이 막혀 시간이 지체될 수 있고 사람이 많아 소매치기 위험이 있으므로 가급적 이 시간대를 피해 이용하도록 하고 늦은 밤에도 이용을 자제하자. 버스는 24시간 운행된다.

교통카드 충전소

152번 버스를 이용하자!

센트로를 벗어나 팔레르모, 산뗄모, 라보까 지역을 다니려면 도보로는 힘들
다. 그렇다고 매번 택시를 탈 수는 없는 노릇. 팔레르모 지역과 센트로, 라보
까 지역을 한 번에 연결하는 152번 시내버스를 타면 일정 짜기가 보다 수월
하다. 센트로의 산 마르틴 광장과 마이푸 도로의 교차점에서 152번 버스를
타면 산타페 도로를 따라 플라자 이탈리아(팔레르모 소호, 시립동물원 인근)
역까지 간다. 중간에 Av.callao 교차점에서 내려 엘 아네테오 서점에 들러보
자. 돌아올 때도 마찬가지로 152번 버스를 타면 산타페 도로를 따라 7월 9일
대로, 산 마르틴 광장, 레티로 역, 까사 로사다 뒤(푸에르토 마데로 지구 인
근), 산뗄모 순서로 지나며 라보까 지구까지 간다.

인포메이션 센터

플로리다 거리 초입과 중간 지점인
까뗴드랄 역 근처에 인포메이션 센터
가 있다. 부에노스 아이레스의 주요
이벤트, 축제 정보와 시내 교통, 자전
거 정보 등을 원한다면 아래 사이트
를 방문하자. Turismo Buenos Aires앱
을 내려받아 사용할 수도 있다.
turismo.buenosaires.gob.ar/en
turismo@buenosaires.gob.ar

🚗 택시 taxi

부에노스 아이레스의 시내 공식 택시는 노란색 지붕에 검은색으로 되어 있다.
미터로 운행되며 기본 요금은 저렴하지만 부에노스 아이레스 시내의 정체를 감
안해 출퇴근 시간엔 이용을 피하는 것이 좋다. 기본 요금 AR23.20이며 200m당
AR2.32씩 오른다.

🚌 투어 버스 Buenos Aires Bus

24개의 주요 명소에서 언제든지 다시
타고 내릴 수 있는 2층 투어버스로 각
명소에 대한 영어, 스페인어 설명도
들을 수 있다. buenosairesbus.com

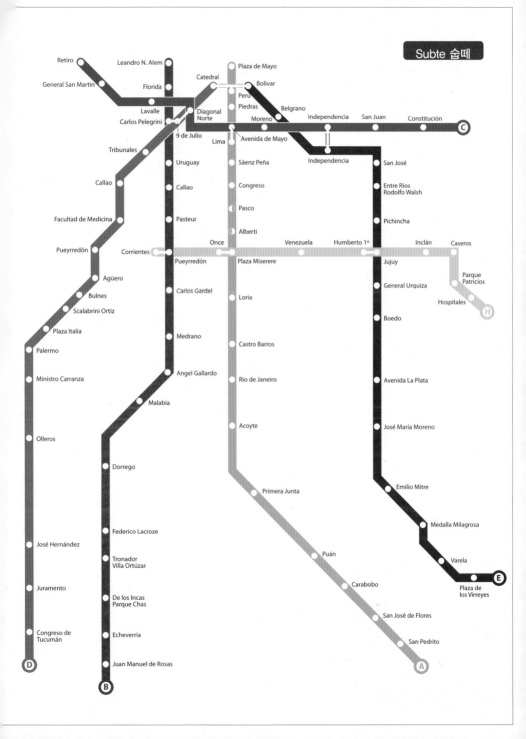

Subte 숩떼

보자! BUENOS AIRES SIGHTS

부에노스 아이레스는 센트로 지역과 산뗄모, 팔레르모, 레꼴레따, 푸에르토 마데로 지역 등에 볼거리가 흩어져있다. 걸어서 모든 지역을 돌아보는 것은 무리가 있기 때문에 시간과 동선을 고려하여 일정을 짜는 것이 좋다.

추천 일정

첫째 날
- 5월 광장
- 까사 로사다
- 대성당
- 까빌도
- 오벨리스크
- 콜론 극장
- 국회의사당

둘째 날
- 플로리다 거리
- 산 마르틴 광장
- 레콜레타 묘지
- 국립미술관
- 플로라리스 헤네라리카
- 라틴아메리카 미술관
- 일본 정원
- 팔레르모 공원
- 팔레르모 소호
- 엘 아테네오 서점

셋째 날
- 산뗄모
- 모던 아트 뮤지엄
- 까미니또
- 베니또 낀게라 마르띤 미술관
- 프호아 재단 미술관
- 보카 주니어스 경기장
- 푸에르토 마데로
- 여자의 다리
- 코스타네라 자연보호구역

Buenos Aires
첫째 날

부에노스 아이레스 여행의 시작은 센트로의 중심 5월 광장에서 시작하자. 주요 볼거리가 모여있어 이동이 편리하며 주변 지리를 익히기에도 좋다.

5월 광장

5월 광장 Plaza de Mayo

부에노스 아이레스 여행의 시작할 때 가장 먼저 들르게 되는 곳이다. 5월 광장은 1810년 5월 25일 스페인에 대한 독립을 선언한 5월 혁명의 이름을 딴 광장으로 아르헨티나의 주요 정치, 역사적인 사건들이 이곳을 중심으로 벌어졌다. 아르헨티나 독재정권 시절 사라진 가족들에 대해 진실을 밝혀줄 것을 요구하는 '흰 스카프를 두른 어머니들의 집회'가 여전히 5월 광장에서 매주 목요일에 열린다. 광장 중앙의 5월의 탑은 5월 혁명 1주년을 기념해 세워졌으며 정면으로 뒤로는 분홍색의 대통령 궁이 보인다.

● 호르헤 뉴베리 공항

부에노스 아이레스

N

팔레르모
PALERMO

팔레르모/레꼴레타 p.356

Pres. Arturo Illia

Av Santa Fe

Av Raul Scalabrini Ortiz

Av Coronel Diaz

레꼴레타
RECOLETA

레티로 ●
Estación Retiro

센트로 p.350

Av Córdoba

Av Corrientes

Riobamba

센트로
CENTRO

코스타네라 수르
자연보호 구역

Av Callao

Av Díaz Vélez

Au 9 de Julio

푸에르토
마데로
PUERTO
MADERO

Av Rivadavia

Av Belgrano

산텔모
SANTELMO

Av Independencia

Av Directorio

Au 25 de Mayo

라 보카
LA BOCA

에세이사 공항 (36km)
Ezeiza Airport

Au 9 de Julio

Av Chiclana

Av Sáenz

산뗄모 & 라 보카 p.363

Av. Perito Moreno

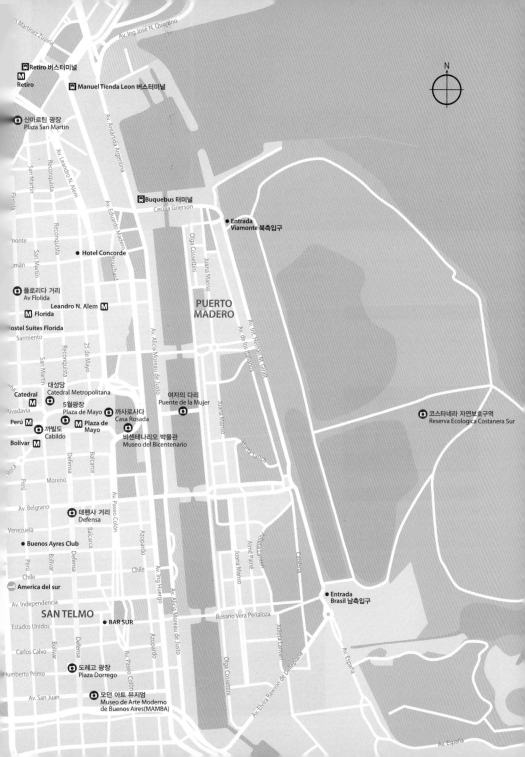

Retiro 버스터미널
Retiro

Manuel Tienda Leon 버스터미널

산마르틴 광장
Plaza San Martin

Martínez Zuviria
Av. Ing José N. Quartino

Av. Antártida Argentina

San Martín
Reconquista
Av. Leandro N. Alem
Av. Eduardo Madero

Buquebus 터미널
Cecilia Grierson

Entrada
Viamonte 북측입구

Hotel Concorde

Bouchard

Olga Cossettini

Juana Manso

PUERTO
MADERO

플로리다 거리
Av Flolida

Leandro N. Alem

Florida

Hostel Suites Florida

Sarmiento

San Martín

25 de Mayo

Reconquista

Av. Alicia Moreno de Justo

Av. Int. Hernán M. Grall

Av. de los Italianos

대성당
Catedral Metropolitana

여자의 다리
Puente de la Mujer

Catedral

5월광장
Plaza de Mayo

까사로사다
Casa Rosada

코스타네라 자연보호구역
Reserva Ecologica Costanera Sur

Rivadavia

Perú

까빌도
Cabildo

Plaza de
Mayo

비센테나리오 박물관
Museo del Bicentenario

Juana Manso

María Lynch

Bolívar

Roca

Perú

Moreno

Defensa

Balcarce

Av. Paseo Colón

Av. Belgrano

데펜사 거리
Defensa

Venezuela

Buenos Ayres Club

Balcarce

Azopardo

Av. Ing Huergo

Juana Manso

Aimé Painé

Calabria

Perú

Bolívar

Defensa

Chile

Chile

America del sur

Av. Independencia

SAN TELMO

BAR SUR

Estados Unidos

Av. Alicia Moreno de Justo

Av. Paseo Colón

Juana Manso

Olga Cossettini

Julieta Lanteri

Entrada
Brasil 남측입구

Rosario Vera Peñaloza

Julieta Lanteri

Carlos Calvo

Bolívar

Defensa

Humberto Primo

도레고 광장
Plaza Dorrego

Av. San Juan

모던 아트 뮤지엄
Museo de Arte Moderno
de Buenos Aires(MAMBA)

Av. Espaňa

Av. Elvira Rawson de Dellepiane

Av. Espaňa

N

까사 로사다

까사 로사다 입구

🚶 메트로 A선의 종착점인 Plaza de Mayo 또는 D선의 종착점인 Catedral 역에 하차한다. 5월 광장 주변으로 대통령궁, 대성당, 까빌도 등이 모여 있기 때문에 한 번에 돌아보기에 수월하다.

까사 로사다

🏠 Hipólito Yrigoyen 219
🕐 Open 토 12:30 홈페이지에서 사전 예약
visitas.casarosada.gob.ar
📖 무료

까사 로사다 뜰

까사 로사다 Casa Rosada

현 대통령 궁으로 사용되고 있는 곳으로 5월 광장에 접해있다. 1873년부터 건 립을 시작했으며 사르미엔토 대통령이 집권할 당시 현재의 분홍색으로 칠하 면서 카사 로사다(분홍의 집)라는 명칭이 붙었다. 원래는 요새로서 기능을 하 였으나 현재는 대통령 집무실로 쓰이고 있다. 광장을 향해 있는 2층 발코니에 선 에비타 페론이 그녀의 수많은 지지자들 앞에서 연설한 것으로 유명하다. 주말인 토, 일요일엔 중앙의 출입구를 통해 대통령 궁 내부 투어가 가능하다. 건물 내부엔 역대 대통령들의 유품을 모아놓은 대통령 박물관이 있다.
대통령궁 뒤에는 건물의 지하 공간을 복원해 개관한 비센테나리오 박물관 이 있다.

비센테나리오 박물관

🏠 Av. Paseo Colón 100
🕐 Open 수~일 10:00~18:00
📖 무료

비센테나리오 박물관 Museo del Bicentenario

아르헨티나 200년간의 근현대사를 돌아볼 수 있는 곳. 역사적 자료와 회화작 품, 의복, 마차 등 다양한 수집품이 전시돼 있다. 기존 청사의 기저 부분을 그 대로 드러내 박물관으로 활용하고 있다.

비센테나리오 박물관

대성당 Catedral Metropolitana

5월 광장에 접해있는 대성당, 까떼드랄 메트로폴리타나는 1827년에 건립됐다. 12인의 사도를 상징하는 12개의 대리석 기둥과 아치가 인상적이다. 아르헨티나의 영웅인 산 마르틴 장군의 유해가 이곳에 보관돼 있다.

까빌도 Cabildo

스페인 식민통치 기간 중 총독부로 쓰였던 건물로 독립 후에는 시의회로 사용됐다. 1810년 5월 25일, 이곳 2층에서 아르헨티나의 독립 선언이 이뤄졌다. 카빌도 내부에 당시의 광경을 그린 그림이 있다. 주말엔 카빌도 내부를 돌아볼 수 있다. 2층은 5월 혁명 박물관으로 전시 규모는 작지만 식민지 당시 사용했던 각종 가구와 장신구, 문서와 그림 등을 관람할 수 있다.

🚶 Av. Presidente Roque Sáenz Peña 거리를 따라 7월 9일 대로 Av. 9 de Julio 로 이동하자.

오벨리스코 Obelisco

1946년, 도시 400주년을 기념하기 위해 플라자 데 레푸블리카 광장 중앙에 세워졌다. 4주라는 짧은 기간에 공사를 마쳤으며 높이는 67m이고 바닥 부분의 넓이는 49㎡다. 아르헨티나 건축가 알베르토 프레비쉬가 디자인했다. 과거부터 현재에 이르기까지 정치적, 사회적 운동의 중심지로서 역할을 하고 있다.

대성당
🏠 San Martin 27 & Av Rivadivia
🕐 Open 07:30~18:30

대성당

까빌도
🏠 Bolivar 65
🕐 Open 토~일 09:00~18:00

오벨리스코
🏠 Av. 9 de Julio 1043

대성당 내부

까빌도

오벨리스코

🚶 7월 9일 대로를 건너 오른편의 Cerrito 거리를 따라가면 콜론 극장이 보인다.

⌂ Cerrito 628
🎫 가이드 투어 AR220
teatrocolon.org.ar

콜론 극장

콜론 극장 Teatro Colón

세계 3대 오페라 극장으로 손꼽히는 이곳에선 세계 정상급 오페라 및 오케스트라 공연이 열린다. 공연 티켓은 극장 양 옆의 입구(Libertad 또는 Cerrito)로 들어가면 중앙에 있는 매표소에서 구입할 수 있다. 당일 공연 티켓도 구입가능한 경우가 많으니 시간이 있다면 홈페이지의 공연 스케줄을 참고한 뒤극장에 들러보자. 객석은 6층까지 있으며 6층 객석 위에 스탠딩 공간이 있다. 서서 보는 경우 무료이거나 티켓 가격이 저렴한 편이지만 공연 모습이 거의보이지 않는다는 단점이 있다. 공연을 가까이에서 보고 싶다면 3~4층을, 부담 없는 가격에 분위기를 즐기려면 5~6층 객석 티켓을 구입하자. 공연을 볼시간적 여유가 없다면 콜론 극장에서 진행하는 가이드 투어에 참여하는 것도 방법이다. 영어, 스페인어 투어가 매시 30분마다 출발한다.

🚶 7월 9일 대로변을 따라 Av. de mayo 교차점까지 내려오면 국회의사당이 보인다.

⌂ Hipólito Yrigoyen 1849

국회의사당

국회의사당 Palacio del Congreso

5월 광장 앞으로 이어진 Av. de mayo거리를 따라 일직선으로 가다보면 석조건물인 국회의사당이 눈에 들어온다. 이 건물은 1863년에 이탈리아 건축가빅토르 메아노에 의해 지어졌다. 원형 기둥 위에 녹색 돔의 높이는 96m다. 의회가 열리지 않는 기간엔 내부 투어를 할 수 있다. 국회의사당 앞엔 의회 광장이 있으며 이 광장 중앙엔 아르헨티나 첫 의회 구성과 독립을 기념하는 국회 기념비가 있다.

자전거 투어

부에노스 아이레스에 머무는 시간이짧다면 자전거 투어를 이용해 주요지역을 돌아보는 것이 좋다. 다양한투어 회사가 있으며 마음에 드는 코스를 찾아 예약하자.

BA Bikes
보카 지역과 푸에르토 마데로 지역을도는 남쪽 투어와 센트로 주요 지역을 도는 자전거 투어를 운영한다. 월~토 오전 9시 30분과 오후 2시 30분에 출발한다.
⌂ San Jose 539 (Downtown),
　Lafinur 3057 (Palermo)
📞 54 11 6698 5923
babikes.com.ar

Buenos Aires
둘째 날

센트로에서 시작해 레콜레타, 팔레르모 지역을 돌아보는 일정이다. 모든 지역을 걸어서 이동하는 것은 힘들기 때문에 택시, 지하철 등 시내 교통을 적절히 활용하도록 하자.

플로리다 거리

플로리다 거리 Av. Flolida

부에노스 아이레스에서 가장 번화한 보행자 전용 도로로 레스토랑과 카페, 각종 편의시설이 밀집해 있다. 직장인들과 여행자, 암환전상, 거리 예술가들로 언제나 북적인다. 늘 '깜비오'를 외치는 암환전상들을 만나게 되는데 높은 환율로 달러나 유로를 바꿔준다고 현혹한 다음 돈을 바꿔치기하는 경우가 많으니 유의하자.

🚶 플로리다 거리가 시작되는 지점에 산 마르틴 광장이 있다.

산 마르틴 광장 Plaza San Martin

장거리 버스터미널이자 기차역인 레티로 역과 접해있는 산 마르틴 광장은 센트로를 돌아보는 출발점으로 삼기에 좋다. 청동으로 만든 산 마르틴 장군의 기마상이 붉은 대리석 위에 당당하게 서 있다. 광장의 북쪽으로는 리베르타도르 거리, 동쪽으로는 플로리다 거리로 연결된다.

🚶 7월 9일 도로로 나와 Carlos Pellegrini 길을 따라 오른쪽으로 가다가 Arroyo 도로가 나오면 길을 건너 알베아르 대로로 가자. 대사관저와 공원, 고급 부티끄 등이 늘어선 거리로 이 거리를 따라 걷다보면 레꼴레따 묘지가 나온다.

플로리다 거리
🏠 Av. Flolida

산 마르틴 광장
🏠 Florida y Av. Santa Fé

산 마르틴 광장

산 마르틴 동상

레콜레타 & 팔레르모 지역

아에로 파르케 호르헤
뉴베리 공항 방향

갈릴레오 갈릴레이 천문대
Planetario Galileo Galilei

팔레르모 공원
Bosques de Palermo

일본정원
Jardín Japonés

라틴 아메리카 미술관
Museo de Arte
Latino-Americano Buenos Aires(MALBA)

M Palermo

시립동물원
Zoológico de Buenos Aires

Hostel suites Palermo

M Plaza Italia

Las Cabras

Parque Las Heras

El Preferido

Scalabrini Ortiz **M**

Don Julio

Burger Joint

M Bulnes

Plaza Serrano
La Cabrera

Plaza Armenia

Agüero **M**

팔레르모 소호
PALERMO SOHO

Pueyrredor

Cafe vinilo

Chill house

⌂ Junín 1790
○ Open 7:00~17:30

레꼴레따 묘지

레꼴레따 묘지 Cementerio de la Recoleta

아르헨티나를 대표하는 명사들의 유해가 안치된 곳으로 1822년 정원을 개조해 만들었다. 이곳에 터를 얻으려면 수억 원의 돈이 드는 것으로 알려져 있다. 화려하게 치장된 개별 납골당을 따라 거닐다 보면 길을 잃기 쉬우므로 들어가기 전에 안내도를 통해 구조를 미리 파악해두자. 에비타 페론의 무덤 역시 찾기 조금 힘들어 입구에 있는 묘역 내 지도를 보고 따라가도록 하자. 그녀의 납골당 앞에는 언제나 장미 꽃 등이 놓여 있어 여전한 인기를 짐작해 볼 수 있다. 가끔 관광객을 가장한 소매치기 등이 주변을 서성일 때도 있으므로 유의하자.

🚶 레꼴레따 묘지 정문을 나와 왼쪽으로 조금만 걸으면 삘라르 성모 교회가 나온다.

⌂ Junín 1892

삘라르 성모 교회 Iglesia Nuestra Señora Del Pilar

1732년에 예수회 건축가 Andrea Bianchi에 의해 지어졌다. 규모는 작지만 엄숙함이 느껴진다. 바깥엔 성물을 파는 상점이 있다.

🚶 성모 교회를 나와 알베아르 공원과 프란시아 공원 사이로 내려오면 건너편에 진한 분홍빛의 국립미술관이 보인다. 그 뒤에 있는 웅장한 건물은 부에노스 아이레스 대학교 법학관이다.

⌂ Av. del Libertador 1473
○ Open 화~금 12:30~20:30
　　토~일 09:30~20:30
　　Close 월요일
🛇 입장료 무료

국립미술관 Museo Nacional de Bellas Artes

붉은색의 외관이 인상적인 국립미술관엔 아르헨티나 예술가들의 작품을 비롯 세잔, 피카소, 모네, 고흐, 칸딘스키 등 유명 화가들의 다양한 작품이 전시돼 있다.

🚶 국립미술관을 나와 뒤편의 부에노스 아이레스 대학 법학관을 둘러보고 오른편으로 Av. Pres Figueroa Alcorta y Austria길을 따라 걸어가면 공원에 플로라리스 헤네리까가 보인다.

삘라르 성모교회

국립미술관

플로라리스 헤네리까 Floralis Genérica

설치미술가인 에두아르도 까탈라노가 만든 대형 금속 꽃 조형물로 18톤 가량의 알루미늄과 스테인레스 등이 사용됐다. 낮에는 피고 밤에는 접히도록 만들었으나 비용 문제 등으로 현재는 거의 멈춰있는 경우가 많다.

🚶 이 길을 따라 15분~20분 정도 빨레르모 방향으로 가면 라틴 아메리카 미술관이 있다. 부에노스 아이레스 대학 법학관 앞에서 버스를 타거나 택시를 타면 가깝다.

라틴 아메리카 미술관
Museo de Arte Latino-Americano Buenos Aires(MALBA)

아르헨티나의 재벌인 에두아르도 코스탄티니가 2001년 설립한 곳으로 중남미 지역의 다양한 예술작품과 개인 수집품들이 전시돼 있다. 2층은 중남미 지역을 대표하는 미술품들이 전시돼 있으며 3층엔 주로 현대 설치미술과 행위예술 등의 상설 전시가 열린다.

일본 정원 Jardín Japonés

일본인 이민자들이 부에노스 아이레스 시에 기증한 정원이다. 잘 꾸며진 일본식 정원 중심에 있는 문화센터에서는 매주 차, 명상, 합기도, 서예 등의 다양한 강좌가 열린다. 1층엔 일본 레스토랑이 있다. 두 곳의 출입구가 있다.

플로라리스 헤네리까

🚶 Av. Pres Figueroa Alcorta y Austria / Plaza of the United Nations

라틴 아메리카 미술관

🚶 Av. Figueroa Alcorta 3415

🕐 Open 화~월 12:00~20:00
수 12:00~21:00

💵 일반 AR240, 학생 AR120 (수요일 일반/학생 AR120)
malba.org.ar (온라인 예매 가능)

일본 정원

🚶 Av. Casares & Berro

🕐 Open 10:00~18:00

💵 AR50
jardinjapones.org

일본정원 입구

플로라리스 헤네리까

라틴 아메리카 미술관

일본 정원

시립 동물원

⌂ Av. Las Heras & Sarmiento AR150
🕐 화~일 10:00~18:00

시립 동물원 Jardín Zoológico

350종의 다양한 동물이 모여 있는 동물원으로 잘 꾸며진 정원, 인공호수, 고풍적인 건물이 있다. 플라자 이탈리아 역에서 가깝다.

팔레르모 소호

⌂ Calle Serrano Esquina Honduras

팔레르모 소호 Palermo Soho

플라자 세라노를 중심으로 펼쳐진 팔레르모 소호엔 아기자기한 카페와 레스토랑, 펍, 부띠끄 등이 늘어서 있다. 팔레르모 비에호(구시가지)와 이어져 있다.

🚶 팔레르모 소호를 돌아보고 Plaza Italia 메트로 역으로가자. Santa fé 거리에서 센트로 방향으로 가는 153번 버스를 타고 Santa fé와 Av.Callao 교차점에 내리면 엘 아테네오 서점이 있다.(5~10분소요) 그대로 타고 있으면 산 마르틴 광장까지 간다.

엘 아테네오

⌂ Av. Santa Fé 1860

엘 아테네오 El Ateneo Grand Splendid

'더 그랜드 스플랜디드'라는 대형 오페라 극장을 개조해 만든 서점. 세계에서 가장 아름다운 서점 중 하나로 손꼽힌다. 무대였던 공간은 현재 카페로 리모델링 되어 책을 읽으며 차를 마실 수도 있다. 최초의 유성영화를 상영한 곳으로도 알려졌다.

엘 아테네오

추천 액티비티 : 워킹 투어 BA Free Tour

오벨리스크 인근의 콜론 극장 뒤 공원에서 매일 오전 10시 30분 센트로 지역과 레꼴레따 묘지를 돌아보는 프리워킹 투어가 출발한다. 오후 3시 국회의사당 앞에서 진행되는 센트로 프리워킹 투어도 있다. 현지 학생 또는 단체가 운영하는 도네이션/팁 기반 투어이므로 투어가 좋았다면 마지막에 꼭 성의 표시를 하도록 한다.
bafreetour.comr

프리워킹 투어

Buenos Aires
셋째 날

산뗄모와 라보까, 푸에르토 마데로 지역을 돌아보는 일정이다. 산뗄모는 가급적 일요일에 가는 것이 좋지만 꼭 주말이 아니더라도 구시가지 곳곳을 누비며 여유를 누려보자. 라보까 지역은 치안이 좋지 않으므로 이동 시엔 택시 등을 이용하고 해질녁 이후엔 걸어 다니지 않도록 하자.

산뗄모 지역

산뗄모 골동품

마떼컵

산뗄모 거리음악가

데펜사 거리 Defensa

매주 일요일 산뗄모 노천 시장이 열리는 길. 5월 광장에서 시작해 레사마 광장까지 걸어가 보자. 식민지 시절 첫 정착촌이었던 이곳은 1870년 전염병이 유행하기 전까지 부에노스 아이레스에서 가장 부유한 지역이었다. 여전히 고풍스러운 건물들이 남아있어 당시를 추측해볼 수 있다. 데펜사 거리와 도레고 광장엔 값비싼 골동품들로 가득한 노점들과 가게를 만날 수 있다.

(icon) 5월 광장 중앙에서 대통령궁을 바라보고 오른쪽으로 길을 건너면 큰 건물들 사이로 데펜사 거리가 나 있다. 매주 일요일에는 노천 시장이 들어서 데펜사 거리를 따라 걷는 재미가 있다.

도레고 광장

(icon) Humberto 1 & Defensas

도레고 광장 Plaza Dorrego

데펜사 거리 중간 지점에 있는 광장으로 이곳엔 일요일마다 다양한 골동품 상점이 늘어서고 한편에선 작은 탱고 공연이 열린다. 동으로 만든 다양한 식기류와 장신구, 오래된 그림, 가구 등이 볼거리다.

(icon) 도레고 광장을 지나 노천 시장이 끝나는 지점인 산 후안 도로 교차점에 이르면 벽돌로 쌓아 올린 오래된 건물이 눈에 들어온다. 그곳이 모던 아트 뮤지엄이다.

모던 아트 뮤지엄

(icon) Av. San Juan 350
(icon) Open 화~일 11:00~19:00
(icon) AR15(매주 화요일 무료)

모던 아트 뮤지엄

Museo de Arte Moderno de Buenos Aires(MAMBA)

데펜사 거리를 따라 걷다 보면 노천 시장이 끝나는 지점에 오래전 타바코 공장으로 쓰던 건물을 개조해 2010년에 문은 연 모던 아트 뮤지엄이 나온다. 3층까지 있으며 각 전시관에선 다양한 현대 작가들의 상설 전시가 열린다.

(icon) 다시 데펜사 거리를 따라 조금만 더 가면 레사마 광장이 나오고 광장 한 쪽에 국립역사박물관이 서 있다.

국립역사박물관

(icon) Defensa1600
(icon) Open 수~일 11:00~18:00
(icon) AR30

국립역사박물관 Museo Histórico Nacional

레사마 광장 Plaza Lezama 한편에 위치해 있는 작은 역사박물관으로 다양한 유물과 미술품 등을 통해 아르헨티나의 역사를 돌아볼 수 있다. 모든 설명은 스페인어로만 되어있다.

(icon) 레사마 광장 앞 Av. Paseo Colón도로에서 153번 버스를 타거나 택시를 타고 라보카 지역으로 가자. 걸어갈 수 있는 거리이지만 치안 상태가 좋지 않으므로 걷는 것은 추천하지 않는다.

모던 아트 뮤지엄

국립역사박물관

산뗄모 & 라보까

N

데펜사 거리
Defensa
(산뗄모 일요시장)

도레고 광장
Plaza Dorrego

모던 아트 뮤지엄
Museo de Arte Moderno (MAMBA)

Pulperia Quilapán

레사마 공원
Parque Lezama

153 버스 타는곳
(라보카 방향)

아르헨티나 국립 역사 박물관
Museo Histórico Nacional

보카 주니어스 경기장
Estadio Alberto J. Armando

Plaza Solís

베니또 낀게라 마르띤 미술관
Museo Quinquela Martin

까미니또
caminito

프호아 재단 박물관
Fundación Proa

라보까 지역

까미니또

⌂ Av. Pedro de Mendoza

까미니또 caminito

원색의 양철 지붕과 벽들로 유명한 작은 골목길. 라보까 지구에 살던 가난한 이민자들이 가까운 항구에서 쓰다 남은 페인트를 얻어와 집에 색을 칠하면서 이러한 알록달록한 거리가 만들어졌다. 까미니또가 유명해 진 것은 이 지역 출신의 유명 화가인 베니또 낀게라 마르띤 덕분이기도 하다. 그는 라보까 지구의 아름다움을 그림으로 많이 남겼으며 각종 자료와 그림이 전시된 미술관도 인근에 있다.

🚶 라보까 지역의 까미니또 입구에서 항구 방향으로 걸어와 길을 따라 왼쪽으로 가면 베니또 낀게라 마르띤 미술관이 있다.

베니또 낀게라 마르띤 미술관

⌂ Av. Don Pedro de Mendoza 1835
🕐 Open 화~일 10:00~18:00

베니또 낀게라 마르띤 미술관
Museo de Bellas Artes de la Boca Benito Quinquela Martín

까미니또 남쪽의 항구 인근에 위치한 이 작은 미술관은 화가였던 베니또 낀게라 마르띤의 작품과 유품, 라보까와 관련한 각종 자료 등이 전시된 곳이다. 그는 라보까 지역에서 활동한 아르헨티나의 유명 화가로 라보까 지역을 그린 그림을 많이 남겼을 뿐만 아니라 라보까 지구에 병원과 교육시설 등을 짓는 데에도 많은 노력을 기울였던 것으로 알려져 있다.

🚶 항구를 따라 까미니또 방향으로 가면 프호아 재단 박물관이 나온다.

베니또 낀게라 마르띤 미술관

프로아 재단 박물관 Fundación Proa

라보까 지역에서 만날 수 있는 모던 아트 뮤지엄으로 규모는 크지 않지만 현대 미술에 관심있는 사람이라면 충분히 방문할 가치가 있다. 루프 탑에서 바라보는 라보까 지구의 전망 역시 뛰어나다.

프로아 재단 박물관

♠ Av. Pedro de Mendoza 1929
◎ Open 화~일 11:00~19:00
　 Close 월요일
proa.org

보까 주니어스 경기장 La Bombonera

아르헨티나 부에노스 아이레스의 대표적인 축구팀인 보까 주니어스가 사용하는 경기장. 1940년경 지어졌으며 6만 명 규모의 관중을 수용할 수 있다. 경기장 입구의 박물관에선 보까 주니어스의 역사를 한눈에 볼 수 있다. 큰 경기가 있는 날이면 이 일대는 사람으로 넘쳐나는데 암표를 구하기도 힘들 뿐만 아니라 가격 역시 만만치 않은 편이다. 사기를 당하는 경우도 종종 발생하므로 유의하자. 가고자 하는 경기가 있다면 미리 호스텔이나 여행사 등을 통해 표를 예매하는 것이 좋다. 경기장 주변의 라보까 일대는 치안이 좋지 않은 지역이므로 혼자 돌아다니지 않도록 하고 이동 시에는 택시를 이용하자.

보까 주니어스 경기장

♠ Brandesen 805

푸에르토 마데로
⌂ Rosario vera Penaloza

푸에르토 마데로 Puerto Madero

19세기 수심이 낮아 제 기능을 하지 못하고 버려져 있던 운하를 개조해 부에노스 아이레스의 신흥 지구로 재개발한 곳. 현재는 높은 빌딩과 고급 레스토랑 등이 밀집해 있다.

🚶 푸에르토 마데로 지구는 대통령 궁 뒤에 있다. 충분히 걸어갈 수 있는 거리로 Av. Belgrano 쪽으로 진입하는 것이 편하다. 운하의 중간 지점에 여자의 다리가 있다.

여자의 다리
⌂ Av. Alicia Moreau de Justo

여자의 다리 Puente de la Mujer

부에노스 아이레스의 랜드마크로 떠오른 여자의 다리는 170m의 보행자 다리로 2001년에 만들어졌다. 디자인은 스페인 건축가인 산티아고 카라트라바 Santiago Calatrava가 맡았다. 야경이 특히 아름답다.

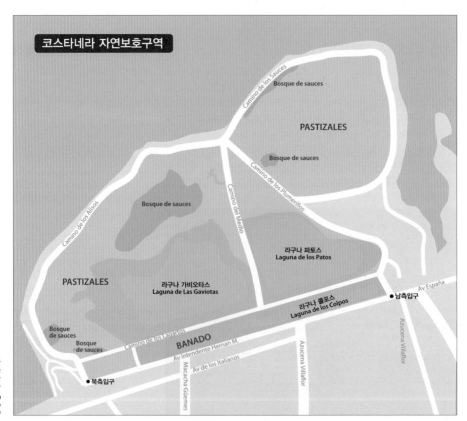

여자의 다리

🚶 여자의 다리를 건너 라 플라타 강변쪽으로 걸으면 Av. Int. Hernan M. Giralt에 접한 코스타네라 자연보호구역이 나온다.

코스타네라 자연보호구역 Reserva Ecologica Costanera Sur

리오 플라타 강에 접한 자연보호구역으로 호수, 습지를 따라 산책을 하거나 자전거를 타기 좋은 공원이다. 출입구는 두 곳이 있으며 남쪽 출구에서 자전 거 대여가 가능하다.

코스타네라 자연보호구역

🏠 Av. Rodriguez1550
🕐 Open 화~일 08:00~19:00

푸에르토 마데로 지역의 역사

현재의 푸에르토 마데로 지구는 고급 레스토 랑과 부띠끄, 현대적인 건물이 들어선 부에 노스 아이레스에서 가장 인기 있는 곳이지만 과거엔 가장 지저분한 슬럼 지역 가운데 하 나였다. 라플라타 강에 접한 마데로 항구는 수심이 너무 얕아 배가 들어오지 못했다. 승 객은 작은 배로 옮겨 탄 뒤에 부두로 들어올 수 있었고 화물도 마찬가지였다. 1882년 아르 헨티나 정부는 항구를 다시 건설하기로 결정 하고 10년간 대규모 공사를 진행했다. 하지만 설계 실수로 화물선이나 배 등을 제대로 수 용할 수 없는 쓸모없는 항구로 전락하고 말았

다. 흉물로 방치되었던 항구는 1920년대부터 1980년까지 진행된 프로젝트 이후 변화를 맞았으나 운하 사업보다는 도시 재개발 사업에 가까웠다. 주변엔 고층 빌딩이 들어서고 오래된 건물은 리모델링이 진행됐으며 연안은 공원으로 조성됐다. 현재의 모습을 갖추기까지 오랜 세월 골칫거리였던 푸에르토 마데로 지구. 하지만 이제는 부에노스 아이레스에서 가장 땅 값이 비싼 지역이 되었다.

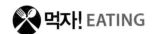

센트로 지역

El Cuartito AR

1934년에 문을 연 오래된 피자집. 치즈와
양파가 올라간 푸아세타 Fugazzeta 피자가
인기다. 조각으로도 판매하며 2가지 종류의
피자를 한 판으로 시킬 수도 있다. 가게
안쪽의 좌석은 웨이터가 주문을 받아 직접
가져다주는 시스템이고 테이크아웃 줄에
서서 주문하는 경우에는 서서 먹어야 한다.
포장도 가능하다.

- ☗ Talcahuano 937
- ☏ 4816-1758/4331
- ◷ Open 화~일 12:30~01:00
  Close 월요일

Campo dei Fiori AR

현지인들에게 사랑받는 오래된 이탈리안 레스토랑으로 주말에 가면 자리가 없어
기다려야 한다. 다양한 종류의 홈메이드 파스타가 있는데 면의 종류와 소스를 각각
따로 선택할 수 있다. 홀 중앙의 키친에서 요리사들이 요리하는 모습을 볼 수 있다.

- ☗ Venezuela 1411 ☏ 4381 1800/8402 ◷ Open 점심 12:00~

Parrilla al Carbón AR

마이푸 도로를 걷다보면 눈에 띄는 곳으로
간편히 빨리 먹을 수 있는 육류 콤보
점심 메뉴를 갖춘 식당이다. 저렴한 값에
고기와 감자튀김 초리판 등을 먹을 수
있는 곳 점심시간에 가면 항상 현지인들로
북적이는 모습을 볼 수 있다. 샌드위치에
소시지, 고기 등을 끼워 먹는 초리판 등이
인기다. 지미추리 양념 등을 부탁하면
가져다준다.

- ☗ lavalle 663

Cafe Tortoni AR

1858년 문을 연 카페로 오랜 기간 동안 명사들의
모임 장소로 사랑받았다. 초콜릿을 따뜻한 우유에
넣어먹는 수브마리노가 특히 맛있다. 지하에서는
매일 저녁 탱고 공연이 열리는데 카페 1층 안쪽의
데스크에서 예매가 가능하다. 좌석 지정을 할
수 있는데 가급적 공연이 잘 보이는 1~2열로
선택하자. 같은 건물 2층에는 탱고 박물관이,
3층에는 탱고 아카데미가 있으며 1회 개인 강습도
받을 수 있다.

- ☗ Av. de Mayo 825 ☏ 54 11 4342 4328
- ◷ Open 08:00~1:00

빨레르모 지역

Don Julio ^{AR AR}

부드럽고 연한 소고기 스테이크를 맛볼 수 있는 곳. 많이 알려진 곳이라
저녁시간보다는 한가한 점심시간에 들르는 것이 좋다. 주요 부위 선택이 가능하고
1인분이 너무 크게 느껴진다면 반만 주문하는 것도 가능하다.

⌂ Guatemala 4691 and Gurruchaga
◷ Open 12:00~01:00

Las Cabras ^{AR}

다양한 스테이크와 샐러드를 맛볼 수 있는 곳으로 메인 메뉴를 시키면 시저샐러드가
함께 나온다. 사람이 많이 몰리는 시간에는 다소 기다려야 할 수도 있다.

⌂ Fitz Roy 1795

La Cabrera ^{AR AR}

육즙이 가득한 스테이크로 유명한 곳.
저녁에 조금 늦게 가면 기다려야 한다.
비교적 사람이 적은 평일 점심시간에
들러보자. Bife de Chorizo(등심), 립아이
스테이크 등이 인기다.

⌂ Cabrera 5099
◷ Open 점심 12:30~16:30
　　　저녁 20:30~02:00

Burger Joint ^{AR}

현지인들에게 인기 있는 햄버거 가게로
종류는 많지 않지만 유니크한 분위기를
갖고 있는 곳이다. 두툼한 패티가
인상적이다. 클래식 버거, 자메이칸 버거
등이 인기다. 팔레르모 소호 세라노
광장 근처에 있다.

⌂ Borges 1766

El Prederido de Palermo ^{AR}

매우 오래된 식료품 가게를 개조해
식당으로 운영하는 곳. 큰 유리병에
가득 든 피클과 올리브 등을 구경하는
재미가 있다. 파스타와 야채스튜 등을
판다.

⌂ Borges & Guatemala

산뗄모 지역

PULPERIA QULAPÁN ^{AR}

오래된 카페 겸 레스토랑. 산텔모를 걷다 지쳤다면 이곳에 한번
들러보자. 모던 아트 뮤지엄에서 가깝다. 조용한 내부 정원에 앉아
차나 커피, 샌드위치 등을 즐길 수 있다. 일요일 저녁에는 안에 갖춰진
홀에서 탱고 수업이 있고 매주 목요일에는 폴크로레 수업이 있다.
가게 입구에 있는 게시판을 확인하자.

⌂ Defensa 1344
◷ Open 화~일 10:00~24:00 / Close 월요일

자자! ACCOMMODATIONS

센트로 지역

Milhouse Hipo Hostel ^{AR}

5월 광장과 국회의사당 사이, 오래된 빌딩에 위치해 있는 이 호스텔은 센트로 지역을 돌아보기에 특히 좋다. 호스텔에서 진행하는 탱고 레슨이나 바이크 투어 등이 인기다. 7월 9일 대로에서 가깝다.

⌂ Hipólito Yrigoyen 959

Hostel Estoril ^{AR}

센트로 중심가 메인 도로인 아베니다 데 마요에 있어 시내 각 지역을 오가기에 좋다. 오래된 빌딩이라 엘리베이터 등 시설은 구식이지만 사용에 무리는 없다. 시설은 기본적인 수준.

⌂ Av. de Mayo 1385
🛏 6인 도미토리 AR180 더블 AR500~

Hostel Suites Florida ^{AR}

플로리다 거리에 있는 대형 체인 호스텔. 비교적 깔끔한 편이다. 센트로를 돌아보기에 좋다.

⌂ Av. Florida 328

남미사랑 ^{AR}

부에노스 아이레스 센트로에 위치한 한인 민박으로, 위치를 이전해 새롭게 오픈했다. 조식을 한식으로 제공하며 각종 투어 예약을 대행한다. 센트로의 국회의사당에서 가깝다. 2박 이상 예약이 가능하다.

⌂ Bartolome Mitre 1691
🖥 nammisarang cafe.naver.com/
nammisarangVirrey Cevallos 180

GOYA hotel ^{AR AR}

센트로에 있는 이 호텔은 보행자 및 자전거 전용도로 길에 위치하 있어 다른 곳보다 소음이 적은 편이다. 방들 역시 깔끔한 편이다.

⌂ Suipacha 748
goyahotel.com

산뗄모 지역

America del sur ^{AR}

모던한 느낌의 대형 호스텔. 산뗄모 지역에 머물면서 일요시장 등을 돌아 볼 예정이라면 이 호텔을 추천한다.

⌂ Chacabuco 718

빨레르모 지역

Chill house ^{AR}

1900년대에 지어진 오래된 빌딩을 개조해 만든 호스텔. 스테프들이 친절하며 방 역시 깔끔한 편이다. 옥외 테라스가 있다. 팔레르모, 레콜레타 지역을 중심으로 돌아보고 싶다면 이 곳에 머무르자.

⌂ Agüero 781

Hostel suites Palermo ^{AR}

팔레르모에 있는 HS체인 호스텔. 지하철 플라자 이탈리아 역에서 가까운 편이다. 매일 다양한 이벤트로 넘쳐나는 팔레르모 소호 지역의 바와 펍에서 나이트 라이프를 즐길 예정이라면 이 곳에 머물기를 추천한다.

⌂ Charcas 4752

탱고가 흐르는 도시 부에노스 아이레스

강렬한 음악과 관능적인 춤으로 모두의 시선을 잡아끄는 탱고. 아르헨티나 특히 부에노스 아이레스를 제대로 느끼기 위한 방법으로 탱고보다 더 좋은 것은 없다. 탱고 음악엔 이민자들의 한과 슬픔, 열정이 고스란히 담겨 있다.

탱고의 시작

사람들을 매혹시키는 댄스 음악 탱고. 탱고는 19세기 이민자들이 모여 살던 라보까 지역의 선술집과 사창가에서 추던 춤에서 시작되었다. 탱고는 20세기 들어 여인으로서의 한 장르를 개척하기 시작했는데 이에 크게 기여한 사람이 카를루스 가르델 Carlos Gardel이다. 영화 〈여인의 향기〉의 사운드 트랙으로도 유명한 '뽀르 우나 까베사 Por Una Cabeza'가 바로 그의 작품이다. 우리나라 사람들에게 '리베라 탱고 Liberatango'라는 곡으로 알려진 탱고 음악의 거장 아스토르 피아졸라 Astor Piazzolla는 부에노스 아이레스에서 활동하다가 유럽으로 건너가 탱고 붐을 일으켰다. 피아졸라는 자신의 탱고를 '새로운 탱고 Nuevo tango'라 명명했다. 1992년에 발표한 '다섯 개의 탱고 센세이션 Five Tango Sensation'은 특히 세계적인 반향을 불러 일으켰다.

빠질 수 없는 악기 '반도네온 Bandonéon'

구슬픈 소리로 사람들의 마음을 사로잡는 악기인 반도네온은 1830년 독일의 아코디언을 응용해 만들어진 악기다. 유럽에서 남미로 건너온 이민자들은 값비싼 아코디언 대신 반도네온을 연주하기 시작했는데 이후 이들의 음악에서 반도네온은 빠질 수 없는 악기가 되었다. 아스트로 피아졸라는 뛰어난 탱고 작곡가인 동시에 반도네온 연주가이기도 했다.

영화의 배경이 된 곳 '바 수르' Bar Sur

왕자웨이(王家衛) 감독의 1997년작 〈해피 투
게더〉의 무대는 부에노스 아이레스였다. 특히
산뗄모에 위치한 탱고 바가 주목을 받았는데
여전히 이곳을 찾는 여행객의 발길이 끊이지
않는다. 영화로 유명세를 치른 까닭에 티켓
가격이 비싸고 특히 디너는 말도 안 되게 비
싼 가격에 맛까지 없다는 것이 정평이지만 플
로어에 앉아 탱고 무용수들을 가까이에서 볼
수 있다는 점과 반도네온 연주가의 수준이
높다는 점이 장점으로 꼽힌다. 호불호가 많이
갈리는 편이기 때문에 각종 평을 참고해 본인
의 스타일에 어느정도 부합한다고 생각된다
면 한번쯤 방문해보도록 하자. 주말 저녁 9시
에 시작하는 탱고를 감상하려면 예매가 필수.

Estados Unidos 299
bar-sur.com.ar
+54 11 4362-6086
월-일 21:00~01:30

탱고를 즐기는 방법 '클럽 vs 밀롱가'

부에노스 아이레스에서 탱고를 즐기는 방법은 다양하다. 여행객을 위한 다양한 테마와 레퍼토리로 무장한 극장
형 탱고 공연, 중소규모의 클럽 공연도 있고, 현지인들이 탱고를 추는 클럽 '밀롱가'에서 즐기는 방법 등이 있다.
본인의 취향에 맞는 방식을 택해 다양한 스타일의 탱고를 즐겨 보자. 시내 곳곳에는 대형 탱고 클럽, 극장이 있
는데 이 경우 호스텔이나 여행사 등을 통해 티켓을 미리 예매해야 하고 가격대 역시 높은 편이다. 중소규모의 공
연장에선 보통 특정 요일에 탱고 공연을 하는 경우가 많으며 쇼 이후에 밤 10시~11시부터 밀롱가가 열리는 곳
이 여럿 있다.

Confiteria Ideal

유서 깊은 밀롱가로 클래식한 분
위기에 넓은 홀이 인상적이다. 매
주 토요일 영어로 진행되는 탱고
수업을 들을 수 있다(AR70). 토요
일 오후 3시부터는 같은 곳에서
밀롱가가 열리며 저녁에 오케스트
라 공연이 열리기도 한다.

Suipacha 384

Porteño Tango

대형 공연장으로 다양한 레퍼토리
의 탱고 공연이 열린다. 규모가 크
고 잘 짜여진 뮤지컬 형식의 공연
이 보고 싶다면 포르테뇨 탱고쇼
를 관람하자. 공연장은 오벨리스
크와 콜론 극장에서 가깝다. 공연
장 앞에 매표소가 있어 표를 예매
할 수 있다. 디너 포함 티켓과 공연
만 보는 티켓으로 나누어져 있다.

Cerrito 570

La ventana

부에노스 아이레스에서 유명한 탱고 클럽 가운데
하나로 꽤 수준 높은 탱고 공연을 보여준다. 티켓 값
이 다소 비싼 것이 흠. 지정된 시간에 저녁 식사를
먼저 하고 식사가 끝난 후 탱고 공연을 감상한다(저
녁 7시부터 진행되는 탱고 레슨 포함).

Balcarce 425, Monserrat

La catedral club

부에노스 아이레스에서 가장 인기있는 밀롱가로 공
간이 넓지는 않지만 특유의 매력이 있는 곳이다. 매
일 저녁 9시경 탱고 레슨이 있다. 밀롱가는 밤 11시
30분부터 열린다.

Sarmiento 4006
lacatedralclub.com

Cafe vinilo

팔레르모에 있는 작은 레스토랑으로 내부 홀에서
매주 월요일 저녁에 탱고 오케스트라 공연이 열린
다. 공연 이후에는 밀롱가가 이어진다. 매일 저녁 라
이브 공연(유료)이 있으니 홈페이지에서 스케줄을
확인하자.

Goriti 3780
cafe vinilo.com.ar

🚌 티그레 드나들기

부에노스 아이레스 근교의 주말여행지로 유명한 티그레. 유람선을 타고 티그레 강을 따라 평화로운 풍경을 감상하다보면 티그레의 목가적인 풍경에 빠져들게 된다. 레티로 기차 역에서 종착역이 Tigre라고 적힌 Mitre 라인을 타면 50분 정도 걸린다. 기차는 10~20분마다 출발하며 자리는 자유석이다. Sube 카드를 이용할 수도 있고 기차역 바깥쪽의 티켓 창구에서 편도 또는 왕복표를 구입할 수 있다(AR3).

티그레 기차역

까따마란 선착장

Tourist office

티그레 역을 나와 직진하면 맥도널드가 보이고 그 뒤로는 투어리스트 인포메이션 센터가 있다. 강 유역의 지도와 배의 출발 시간, 티그레 명소에 대한 각종 정보를 얻을 수 있다. 인포메이션 센터가 있는 쪽의 선착상은 강 유역의 마을 주민들이 이용하는 콜렉티보(배)가 출발하는 곳이고 건너편이 여행자들이 이용하는 까따마란이 출발하는 곳이다. 관광객용 유람선이 부담스럽다면 현지인들이 타는 콜렉티보를 타고 티그레 강 유역을 돌아보자.

까따마란 catamarane 타기

티그레 선착장에서 출발하는 유람선으로 티그레 강
유역을 돈다. 1시간 코스는 리오 사르미엔토 지역을,
2시간 코스는 리오 루한, 리오 산 안토니오 지역을
돈다.

까따마란

- ⌂ Mitre 305
- ○ 월~금 11:00(40분) AR100
  월~목 12:00, 16:00(1시간 코스) AR120
  토~일 12:00(1시간 코스) 13:30(2시간 코스) AR180

tigrecatamaran.com.ar

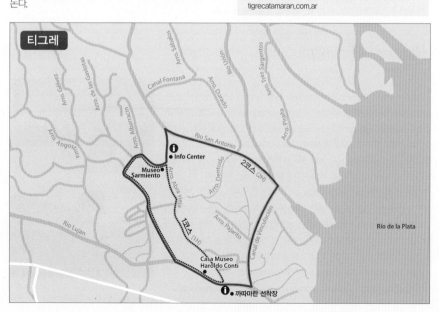

우루과이 콜로니아 델 사크라멘토
Uruguay Colonia Del Sacramento

부에노스 아이레스에서 페리로 1~2시간이면 갈 수 있는 우루과이 콜로니아 델 사크라멘토는 아르헨티나와는 비슷하면서도 다른 분위기로 여행자들의 발길을 끌고 있다. 아름다운 콜로니얼 타운을 산책하는 재미를 느껴보자. 마을은 작기 때문에 1~2시간이면 여유롭게 둘러볼 수 있다.

🚌 우루과이 드나들기

부에노스 아이레스와 우루과이의 콜로니아 델 사크라멘토 Colonia del Sacramento, 몬테비데오 Montevideo 등을 오가는 페리 회사가 3곳이 있다. 가격은 일반적으로 부케부스 Buquebus가 가장 비싸며 콜로니아 익스프레스 Colonia express, 씨캣 Seacat이 다소 저렴한 편이다. 페리 티켓은 각 회사의 웹사이트에서 구매가 가능하며 센트로의 코르도바 거리에 위치한 각 회사의 부스에서도 구입할 수 있다. 미리 구입하지 않고 당일 또는 2~3일 전에 예매할 경우 가격이 비싼 편이므로 가급적 인터넷에서 사전 구입하자. 투어 또는 연계 버스편, 호텔 및 식사가 포함된 패키지도 있다. 페리를 탈 때 주의할 점은 부케부스, 씨캣의 경우 페리 터미널이 센트로에 있지만 콜로니아 익스프레스는 다소 먼, 택시를 이용해야 하는 거리에 있다는 것(주소를 잘 확인하자). 각 회사는 1일 무료 투어 등을 포함한 티켓을 판매하는데 가볍게 1~2시간 가이드를 따라 다니며 설명을 듣는 것도 좋다.

콜로니아 선착장

콜로니아 익스프레스 페리

buquebus.com   coloniaexpress.com   seacatcolonia.com

콜로니아 성곽

차이또

콜로니아 등대

콜로니아 델 사크라멘토

아르헨티나 서부 안데스 산맥 기슭 785m에 위치한 작은 마을이 와이너리로 유명한 도시가 된 것은 안데스 산맥의 물줄기를 이용해 관개 수로를 만들면서부터다. 1561년 스페인이 세운 이 고지대 도시는 풍부한 연간 일조량과 함께 안정적인 수원 확보로 와인의 중심지가 되었다. 현재 아르헨티나 와인의 70% 이상이 이곳 멘도사에서 생산되며 대부분 내수용으로 소비되기 때문에 수출량은 많지 않은 편이다. 멘도사에선 마이푸 Maipú 마을, 루한 데 쿠요 Luján de Cuyo 등의 와이너리를 방문하고 만년설로 뒤덮인 6,960m 아콩카구아산 Aconcagua을 보자.

MENDOZA
멘도사

멘도사는 아르헨티나 서부의 대도시로 안데스 산맥 동쪽 기슭에 있다. 수도인 부에노스 아이레스, 칠레 산티아고 등 대도시로 가는 버스와 항공편이 활발히 운행된다.

주요 도시 소요 시간 (비행기/버스)
부에노스 아이레스 1시간(비행기) / 11시간(버스)
산티아고 1시간(비행기) / 8시간(버스) | 코르도바 9시간(버스)
아콩카구아 3시간 30분(버스)

멘도사 드나드는 방법 01 항공

멘도사 플루메리요 공항 Aeropuerto Plumerillo은 센트로에서 약 6㎞ 지점에 있다. 부에노스 아이레스, 코르도바, 칠레 산티아고 등에서 란 항공, 아르헨티나 항공 등이 정기편을 운항한다. 택시로 시내까지는 20분 정도 걸린다(AR70~80).

멘도사 드나드는 방법 02 버스

부에노스 아이레스, 칠레 산티아고에서 Cata Internacional, Chevallier, El Rapido, Andesmar 등 여러 회사가 야간 버스를 운행하고 있다. 부에노스 아이레스에서는 11~14시간 정도 소요된다. omnilineas.com을 통해 버스 편의 인터넷 예약이 가능하다. 까마, 세미까마 등급에 따라 가격 차이가 있지만 보통 AR870~1,000선이다.
산티아고에서는 8시간이 소요되며 주말이나 공휴일에는 국경이 혼잡해 대기 시간이 길어질 수 있기 때문에 가급적 평일 밤을 이용해 이동하는 것이 좋다.

버스터미널에서 시내로

멘도사 버스터미널 Terminal de Omnibus는 독립 광장 동쪽 1㎞ 지점에 있으며 도보로는 30분 정도 걸린다. 터미널 1층 중앙에 인포메이션 센터가 있어 지도나 각종 정보를 얻을 수 있다. 택시를 타고 센트로로 갈 경우 요금은 AR30~40 정도다.

멘도사 버스터미널

안데스마르 버스

시내 교통

멘도사에서 버스를 탈 경우 레드 버스 카드가 필요하다. 시내의 편의점인 키오스크에서 AR10에 구입 가능하며 버스는 편도 AR40이다. 개인적으로 와이너리인 마이푸 마을을 방문하려면 버스 카드가 필요하므로 미리 카드를 구입해 충전해두자 (30분 소요). 카드 구입이 여의치 않다면 버스 탑승 후 현지인에게 요금을 지불하고 카드를 찍는 방법도 있다.

보자! MENDOZA SIGHTS

인디펜덴시아 광장

🏠 Av. sarmiento와 Av. Mitre사이

산 마르틴 공원

🏠 Av. del Libertador

멘도사 시내는 인디펜덴시아 광장을 주변으로 하여 동서남북으로 2블록 거리에 4개의 광장(칠레, 산 마르틴, 이탈리아, 에스파냐)이 있다. 멘도사 센트로는 크지 않기 때문에 하루면 인디펜덴시아 광장을 중심으로 대부분의 지역을 돌아볼 수 있다.

인디펜덴시아 광장 Plaza Independencia

스페인으로부터의 독립을 기념하기 위해 만들어진 광장으로 인디펜덴시아 광장에서 이어지는 사르미엔토 보행자 전용 거리와 산 마르틴 거리에 레스토랑과 카페, 은행 등 여행자 편의 시설이 모여 있다. 사르미엔토 거리에선 거리 공연이 자주 열린다.

산 마르틴 공원 Parque General San Martin

멘도사 시내 서남쪽에 있는 큰 공원으로 야외 극장과 호수, 박물관 등이 있다. 공원에는 글로리아 언덕 Cerro de la Gloria이 있는데 이곳은 산 마르틴 장군이 칠레 원정대를 꾸려 출발했던 곳으로 알려져 있다. 언덕 정상부에는 기념 동상이 있다. 인디펜덴시아 광장에서 110번 버스를 타거나 서쪽 사르미엔토 거리를 따라 10블록 정도 가면 입구가 나온다. 늦은 시간에 혼자서 가지 않도록 하자.

인디펜덴시아 광장

멘도사 시청사 전망대

Municipalidad de Mendoza- Terraza Jardin Mirador

멘도사 시청사 8층에는 멘도사 시내를 내려다볼 수 있는 야외 전망대가 있다. 멘도사 시내의 각 건물에 대한 정보가 전망대 동서남북으로 표시돼 있다.

푼다시오날 박물관 Museo del Área Fundacional

스페인 식민지 당시 멘도사 청사로 쓰였던 건물로 1861년 대지진을 거치며 상당 부분 파괴됐으나 일부를 복원해 현재는 박물관으로 쓰이고 있다. 멘도사 지역의 역사를 알 수 있는 유물 및 출토품, 사진 자료 등을 전시하고 있다.

멘도사 시청사 전망대

- 9 de Julio 500 7 piso, Municipalidad de Mendoza
- Open 월~금 09:00~13:00, 18:00~20:00
  토 10:00~13:00

푼다시오날 박물관

- Alberdi & Videla castillo
- Open 화~토 09:00~19:00
  일 15:00~19:00
- AR20

플라자 에스파냐

아콩카구아 Aconcauga 투어

멘도사의 서쪽 안데스 산맥에는 남미 최고봉인 6,960m 높이의 아콩카구아산이 있다. 만년설로 뒤덮인 아콩카구아의 전망을 보러가는 투어 상품이 있다. 센트로의 여러 여행사에서는 아콩카구아, 비야빈센시오 Villa vicencio, 알타 몬타냐 Alta montana, 카뇬 델 아투엘 Canon del atuel 등을 가는 투어 상품을 판매한다.

멘도사 시청사 전망대

산 마르틴 공원

산 마르틴 공원 입구

마이푸 와인 마을
Maipú

아르헨티나 멘도사의 작은 마을 마이푸가 유명해 진건 포도밭 덕택이다. 풍부한 일조량 덕에 포도의 당도가 높고, 안데스 산맥을 넘어온 건조한 바람이 포도가 잘 자라는데 좋은 환경을 만들었다. 멘도사 시내를 조금만 벗어나면 와이너리가 펼쳐진다. 와인을 생산하고 저장하는 보데가 Bodega가 모여 있는 마을인 마이푸. 많은 이들이 찾기 때문에 각 보데가는 저마다의 저장고, 전시관 등을 개방해 관광객을 맞이하고 있다. 마이푸 마을에선 코퀸비토 지역과 마이푸 센트로 지역을 나누어 보데가를 둘러볼 수 있으며 시간이 된다면 루한 데 쿠요 마을까지 방문하자. 대부분의 보데가에서 와인 시음이 가능하며 가격도 매우 저렴한 편이다. 멘도사 지역에서 주로 생산되는 포도 품종은 말벡 Malbec과 카베르네 쇼비뇽 Cabernet Sauvignon이다. 말벡은 색과 향이 진하며 카베르네 쇼비뇽은 맛과 향이 부드러운 편이다. 그 외 Merlot, Syrah, Graciana, Carignan 등도 생산된다.

멘도사 시내에서 가는 방법

센트로 인디펜덴시아 광장의 동쪽 방향인 라 리오하 La Rioja 거리와 가리발디 Garibaldi 거리의 교차점에서 10번 버스(171, 172, 69)를 타면 30분 뒤에 마이푸 마을에 도착한다(편도 AR4 버스카드 필요). 자전거를 빌려 마을을 돌아볼 예정이라면 마이푸 코큄비토 지역의 우르퀴자Urquiza 거리의 미스터 후고 MR.HUGO 앞에서 내릴 것. 기사가 그냥 지나칠 수 있으므로 미리 말해두자.

멘도사 마이푸가는 10번 버스

마이푸 관광 안내소

1. 마이푸 센트로

🏠 Municipalidad de Maipú Pescara 190
📞 (0261) 497 2248 int233

2. 코큄비토 Coquimbito

🏠 Urquiza y Montecaseros Plazoleta Rutini Coquimbito

3. 마이푸 센트로의 '까사 데 히올'내에도 관광안내소가 있다.

🏠 Museo del Vino y la Vendimia Casa de Giol. Ozamis 914
📞 (0261) 497 6157

자전거 셀프 가이드 투어

마이푸 마을 코쿰비토 지역에서 자전거를 빌려 스스로 원하는 보데가에 방문할 수 있다. 자전거 도로가 거의 없고 차가 쌩쌩 달리는 1차선 도로가 많기 때문에 자전거가 익숙하지 않다면 숙소나 여행사에서 운영하는 반일 또는 전일 투어를 신청하는 것이 좋다. 대부분의 보데가는 보통 오전 10시에서 오후 6시 까지(방문자가 여러 명 있을 경우) 가이드 투어를 진행하며 와인 테이스팅 가격은 보통 1잔에 AR15, 2잔 AR30, 3잔 AR450이다(무료인 곳도 있다).

미스터 후고

MR. HUGO

마이푸 마을에서 자전거를 빌릴 수 있는 곳. 멘도사 시내에서 10번(171, 172)버스를 타고 오면 보통 기사가 이곳에 내려준다. 마이푸 마을 와이너리 지도와 와이너리 정보, 레스토랑, 숙박 등 각종 정보를 얻을 수 있다. 자전거가 다소 무겁고 낡았다는 단점이 있다. 자전거는 보통 오후 7시까지 반납해야 한다. 하루 이용 요금은 정해져 있으므로 가급적 아침에 방문해 여유롭게 마을을 돌아보고 자전거를 반납하자.

🏠 Urquiza 2228 🚲 자전거 1일 대여 AR70~ mrhugobikes.com

Wine & Bike tour

호스텔이나 여행사 등에서 신청할 수 있는 투어로 전용 차량을 통해 마이푸 마을까지 이동한 다음 일부 와이너리 사이엔 자전거를 타고 이동한다. 전일 투어의 경우 오전 10시에 시작해 오후 6시에 일정이 끝난다. 차량, 점심식사, 가이드, 자전거가 포함돼 있다. 반일 투어의 경우 오후 2시에 시작해 오후 6시에 끝난다. 가이드와 함께 전용 차량을 통해 2곳의 와이너리와 올리브 및 초콜릿 공장 등을 돌아본다. 가이드의 영어 설명 여부를 사전에 확인하자. 그렇지 않으면 스페인어 투어 그룹에 끼어 하나도 알아듣지 못하는 사태가 발생한다.

🏠 Urquiza & Montecaseros 🚲 투어비 반일 AR250~ 종일 AR600~ bikeandwines.com

Trout & Wine tour

멘도사 지역 와이너리 투어를 전문적으로 취급하는 여행사로 주로 프리미엄 와이너리 투어 상품을 판매한다. 루한 데 쿠요 Lujan de cayo, 바예 데 우코 Valle de Uco, 마이푸 Maipú 지역 와이너리 상품이 있으며 홀스 라이딩 등의 투어 상품도 판매한다. 인디펜덴시아 광장에서 사무실이 가까우므로 와인 애호가라면 직접 들러 각종 고급 정보를 얻은 다음, 와이너리를 방문하자.

🏠 Espejo 266 📞 54 261 4255613 troutandwine.com

미스터 후고

와인맨 바이크 투어

와인 투어 여행사

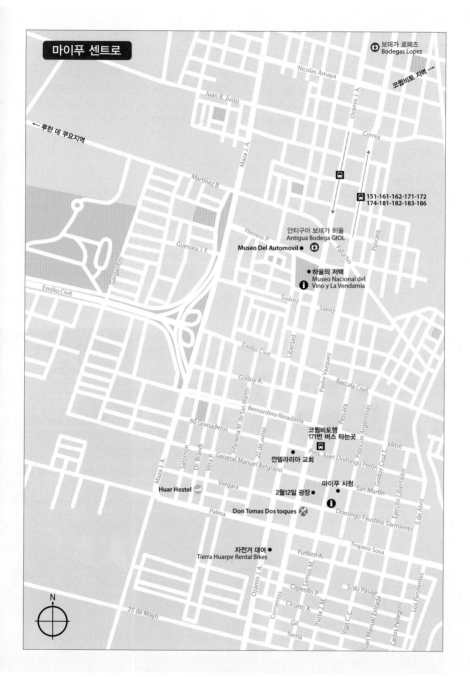

마이푸 센트로

← 루한 데 쿠요지역

Nicolas Amaya

Juan B. Justo

보데가 로페즈
Bodegas Lopez

코킴비토 지역 →

Ozamis J. A.

Correa

Maza J. A.

Martínez B

Pescara

Herrero P.

Guevara J. F.

Gangandum

안티구아 보데가 히올
Antigua Bodega GIOL

Museo Del Automovil ●

Falucho

151-161-162-171-172
174-181-182-183-186

Emilio Civit

● 하울의 저택
Museo Nacional del
Vino y La Vendamia

Suárez

Sáenz

Emilio Civit

Libertad

Godoy A.

Padre Vazquez

Barcala Cnel.

Bernardino Rivadavia

Pescara

Patricias Argentinas

60 Granaderos

Infanería M. de San Martín

20 de Junio

Solomon

Dr. Brandi

Vera P.

General Manuel Belgrano

코킴비토행
171번 버스 타는곳

Pres. Juan Domingo Perón

Mitre

Godoy Cruz T.

Maza J. A.

깐델라리아 교회

마이푸 시청

San Martín

Huar Hostel

Vergara

2월12일 광장 ●

●
Ejercito Libertador

Palma

Don Tomas Dos toques ✕

Domingo Faustino Sarmiento

5 de Abril

자전거 대여 ●
Tierra Huarpe Rental Bikes

Furlotti A.

Tropero Sosa

Ozamis J. A.

Lemos M.

Capetillo P.

Scifo Pasale

Los Penitentes

N

25 de Mayo

Corrientes

Cicutto A.

Inusta J. M.

Vigil C.C.

Carlos Pellegrini

Gil

Serna

Juan Manuel Estrada

마이푸 와이너리 LIST

마이푸는 센트로 지역과 코큄비토 지역으로 나뉜다. 이동 거리가 꽤 있기 때문에 마이푸 시내 지도를 얻어 어느 와이너리에 방문할 것인지 동선을 미리 생각하고 움직이자. 보통 하루에 자전거로 3~4곳 정도를 돌아볼 수 있다. 다양한 와이너리를 방문하고 싶다면 코큄비토 지역에 1~2일, 마이푸 센트로 지역, 루한 데 쿠요 지역에 1~2일을 할애하자. 와인 테이스팅을 여러 번 할 경우 자전거 운전에 특히 유의할 것.

마이푸 센트로 지역

보데가 로페즈 Bodegas Lopez

마이푸 마을에서 큰 규모에 속하는 보데가. 입구에서부터 진한 와인향이 풍긴다. 이 회사의 와이너리는 보데가에서 20분 정도 떨어진 곳에 있기 때문에 푸른 와인밭을 상상했다면 다소 실망할 수 있다. 오래된 와인저장고와 박물관, 와인 제조 공정 등을 돌아볼 수 있다. 방문객들을 위해 전시관을 만들어 놓았으며 가이드 투어가 매시간 진행된다. 비교적 설명이 알찬 편이라 보통 투어로 많이 찾는다. 개인적으로 방문할 경우 투어 비가 없다는 장점이 있으며 시음 역시 무료다. 영어 투어는 월~금 오전 11시 30분, 오후 3시 30분 두 차례, 토요일 오전 11시에만 진행되기 때문에 영어 가이드 투어를 원한다면 시간을 잘 맞춰가야 한다. 코큄비토 지역보다는 마이푸 센트로에서 가깝다.

🏠 Ozamis 375 General Gutierrez, Maipu　bodegaslopez.com.ar

보데가 로페즈

보데가 로페즈

보데가 로페즈 가이드 투어

안티구아 보데가 히울
Antigua Bodega GIOL

1896년에 만들어진 와이너리로 마이푸 지역의 대형 와이너리로서 명성을 날렸으나 현재는 운영하지 않고 당시 사용하던 낡은 저장고와 공장 내부만 공개해 가이드 투어를 진행한다. 과거 각종 파티에 쓰였던 초대형 와인저장고를 볼 수 있다. 이탈리아 이민자로 멘도사에 건너와 와이너리를 세웠던 돈 후안 히울 Don Juan Giol의 집이 보데가 옆에 있어 내부를 둘러볼 수 있다.

⌂ Ozamis Norte 1040 esq. D. Herrera Maipu
🕐 Open 월~토 10:00~18:00 일 10:00~16:00
📞 0261 497 429

보데가 하울

마이푸 코퀸비토

a Ciudad de Mendoza
ACCESO ESTE
Rodriguez Pena
Dorrego
Domiciano
Casa de Campo
Plazoleta Rutini
Restaurant
Montecaseros
Entre Olivos
Liquors - Olive Oil
Museo del Vino
La Rural
Wine museum
Bruno Moron
Urquiza
경찰서
Destilería
Tierra de lobos
주유소
Gomez
Santa Augusta
Olive Oil
Nueva Mayorga
Beer
Garden
brewery
Roca
Urquiza
Trapiche
Mitre
Tropero Sosa
La Melesca
Restaurant
Tempus Alba
Perito Moreno
Mevi
보데가
Bodega
Viña El Cerno
주유소
Familia Di Tomaso
Urquiza
Ruta 60
Vistandes
Laur
Olive Oil
Videla Aranda
Florio
Carinae

보데가 하울 전경

보데가 파밀리아 세친 Bodega Familia Cecchin

화학비료를 쓰지 않은 오가닉 와인을 생산하는 와이너리로 세친 가문이 운영한다. OIA, IFOAM 등의 오가닉 인증 마크를 획득했다. 매주 월요일엔 예약을 하지 않고도 와이너리 투어를 할 수 있다. 자체 블랜드 상품을 비롯해 카베르네 쇼비뇽, 말벡 등의 와인을 판매한다. 마이푸 센트로에서 가깝다. 마이푸 광장 인근의 인포메이션센터에서 지도를 얻은 뒤 위치를 확인하자.

⌂ Manuel A, Snz626 Maipu ☎ 54 561 5149 🕐 Open 월~금 09:30~17:30 bodegacecchin.com.ar

보데가 파밀리아 세친

마이푸 광장

마이푸 코퀸비토 지역

템푸스 알바 Tempus Alba

마이푸 코퀸비토 지역에서 인기 있는 와이너리로 볼거리가 충실한 편이다. 프리 가이드 투어는 월~금 오전 10시~오후 5시까지 운영되며 와인 테이스팅(2가지 와인을 테이스팅. 50분 소요), 템푸스 알바에서 생산되는 모든 라인의 와인을 시음하는 코스(1시간 40분) 등이 마련되어 있다. 인터넷 사이트 tempusalba.com에서 투어 예약이 가능하다.

Viñedos y Bodega Tempus Alba
⌂ Carril Perito Moreno 572, Coquimbito Maipu ☎ 54 261 4813 501 bodega@tempusalba.com

디 토마소 Di Tommaso

1869년에 만들어진 마이푸에서 오래된 와이너리 가운데 하나로 마이푸 남동쪽으로 17km 거리에 있다. 코퀸비토 지역에서 자전거를 빌렸다면 Urquiza 거리를 따라 15~20분을 달려야 한다. 규모는 작은 편이다. 현재 와인저장고와 제조 시설은 마을 외곽에 있으나 기존 와이너리에서 오전 10시부터 가이드 투어를 진행하며 마지막 투어는 오후 5시 30분이다. 말벡과 카베르네 쇼비뇽 등 와인도 판매한다. 일요일에는 열지 않는다.

⌂ Urquiza 8136 ☎ (0261) 5241829 www.familiaditommaso.com

템푸스 알바

디 토마소

보데가 라 루랄 Bodega la Rural

대형 와이너리 가운데 하나로 자전거로 가기 편하다. 와인 박물관에는 과거 사용하던 다양한 기구와 저장고, 마차 등을 전시하고 있다. 가이드 투어를 매 30분마다 진행하며 오후에만 영어 가이드 투어가 있다. 개인적으로 둘러보는 것도 가능하다.

⌂ Montecaseros 2625　◎ Open 월~금 09:00~13:00, 14:00~17:00　bodegalural.com.ar

보데가 라 루랄

보데가 라 루랄 전경

보데가 라 루랄 시음장

까사 델 비시탄데스 Casa del visitante

주카르디 가문 Familia Zuccardi이 운영하는 와이너리로 클래식 와인 투어와 와인 테이스팅 코스, 쿠킹 클래스 등의 프로그램이 있다. 레스토랑 카사 델 비시탄테 Casa del Visitante가 특히 유명하다. 각종 레스토랑 랭킹에서 항상 상위에 랭크돼 있다. 엠파나다와 바비큐 요리, 구운 야채와 샐러드 등이 포함된 아르헨티나 정식 코스 등이 있다.

⌂ Maipu, Mendoza 5500   📞 2614410000   casadelvisitante.com

트라피체 Trapiche

1883년 세워진 유서 깊은 와이너리. 아르헨티나 와인이 본격적인 대량 생산을 하게 된 시기와 맞물린다. 코큄비토 지역의 대형 와이너리 가운데 하나다.

⌂ Nueva Mayotga s/n Coquimbito   📞 520 7666   🕐 월~금 09:00~17:00, 토~일 및 공휴일 10:00~15:00   trapiche.com.ar

까사 델 비스탄데스   트라피체

이 외에도 코큄비토 지역엔 Domiciano, Carinae, Florio 등의 다양한 와이너리가 있다.

루한 데 쿠요 Luján de Cuyo 지역

카데나 자파타 Bodegas Catena Zapata

아르헨티나에서 최고의 와이너리로 인정받는 곳으로 1902년에 만들어져 지금까지 4대째 그 명성을 이어오고 있다. Angelica zapata, Nicoles catena zapata등의 라벨 투어를 월요일부터 금요일까지 오전 9시 30분부터 약 2시간 가량 하루 3~4회 가이드 투어를 진행한다. 전화 또는 이메일 예약이 필수다. 프라이빗 투어도 운영하며 10명 이상일 경우 그룹 투어도 진행한다.

⌂ J. Cobos s/n, Agrelo, Luján de Cuyo, Mendoza
📞 (54) (261) 413 1100
catenawines.com
사전 예약 turismo@catenazapata.com/0261 4131124

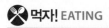 먹자! EATING

코퀸비토 지역

Casa de Campo ^{AR AR}

마이푸에서 가장 유명한 레스토랑으로 마이푸 시내에 두 곳이 있다. 로모 아사도 등 스테이크 요리와 소시지류, 타파스, 와인과 파스타 등의 세트 메뉴를 갖추고 있으며 가격은 다소 비싼 편이나 요리는 훌륭하다. 월요일에서 목요일까지는 정오부터 밤 10시까지, 일요일은 오후 6시까지 운영한다. 미스터 후고 자전거 대여점에서 가까운 Urquiza 1702번지에 있는 까사 델 캄포 레스토랑은 목요일에서 일요일까지 밤에만 운영하며 예약이 필수다.

⌂ Urqiza 1516, Coquimbito, Maipu 📞 (0261) 4811605
casadecampomza.com

La Botella ^{AR}

마이푸 와이너리를 돌아본 뒤 멘도사 와인을 저렴한 값에 조금 더 마시고 싶을 때 가면 좋은 곳. 멘도사 로컬 와인 1잔에 AR15. 4잔을 마실 경우 AR300이다. 엠파나다는 AR5. 저녁 늦게까지 문을 열며 사람이 많을 경우 주인이 본인의 집 안뜰에서 아사도 파티를 연다.

⌂ Urqiza, Maipu 📞 4812346
🕐 Open 11:00~19:00

마이푸 센트로

Don Tomas Dos toques ^{AR}

마이푸 광장에 접해있는 레스토랑으로 저녁시간에 가면 사람들이 북적인다. 샐러드와 피자, 파스타뿐만 아니라 해산물, 육류 등의 음식도 판다.

⌂ Sarmiento 151 📞 497 6889

El Nuevo Rastro ^{AR}

피자, 파스타, 햄버거를 비교적 저렴한 가격에 먹을 수 있다.

⌂ Sarmiento165 📞 481 0523

자자! ACCOMMODATIONS

Huar Hostel ^{AR}

멘도사 광장에서 가까운 호스텔로 더블, 트윈룸 등을 갖추고 있다.

⌂ Dr. Brandi47 Maipu
📞 497 5501
huarhostel.com.

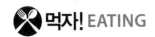
멘도사에선 스테이크와 함께 와인을 즐겨보자. 시내 곳곳엔 아사도 고기 뷔페가 있으므로 점심 또는 저녁 시간에 방문해 아르헨티나 소고기를 원 없이 먹어보자.

Onda Libre AR

석쇠에 구운 다양한 고기를 야채와 함께 뷔페로 먹을 수 있는 곳. 현지인과 관광객에게 두루 인기가 많다. 주말에는 특히 사람이 많기 때문에 문 여는 시간이 맞춰 가는 것이 좋다.

🏠 Las Heras 450
📞 54 261 429 1616
🕐 Open 월~금
　　점심 12:30~16:00 AR130
　　저녁 20:30~24:00 AR150

El Palenque AR

오래된 아르헨티나 펍 '풀페리아 Pulperia'를 연상시키는 엘 빨렝게는 와인과 함께 간단한 아르헨티나 음식을 즐기기에 좋은 곳이다. 피자, 감자 요리 등이 있다.

🏠 Aristides Villanueva 287
📞 54 261 429 1814

Don Claudio AR

아르헨티나식 소고기 샌드위치 로모 Lomo 또는 돈가스 샌드위치인 미라네자 Mianesa 를 맛보고 싶다면 이 곳으로 가자.

🏠 Tiburcio Benegas 744
📞 0261 423 8784

Francis Mallman 1884 AR AR

남미에서 유명한 셰프인 프란시스 말만 Francis Mallman이 운영하는 고급 레스토랑으로 멘도사에서 인기 있는 레스토랑 가운데 하나다. 도시 외곽에 있어 택시를 타야 한다. 통나무 장작 불로 구운 닭고기, 각종 스테이크 요리가 인기다. 예약 필수.

🏠 1188 Belgrano, Godoy Cruz
📞 54 261 424 2698

Anna Bistro AR AR

아름다운 정원을 갖고 있는 레스토랑으로 음식 맛과 분위기가 좋기로 유명하다. 생선, 육류를 포함한 다양한 아르헨티나, 프랑스식 코스 요리를 갖추고 있다. 가격은 비싼 편이지만 한 번쯤 분위기 내기에 좋다. 레몬파이나 엠파나다도 있다.

🏠 Juan B. Justo 161　📞 54 261 425 1818　🕐 Open 08:00~01:00

🛏 자자! ACCOMMODATIONS

멘도사는 대도시임에도 배낭여행자들이 만족할 만한 호스텔이 적다. 두 명이 여행한다면 중급 호텔을 이용하는 것도 나쁘지 않다. 지나치게 값이 저렴한 호스텔은 에어컨이 없는 등 시설이 좋지 않거나 베드버그가 있을 가능성이 있으므로 조심하도록 하자.

Lagares Hostel ^{AR}

친절한 리셉션과 깨끗한 방으로 인기를 끌고 있는 호스텔. 뷔페식 아침 식사가 제공되며 저녁에 열리는 BBQ 파티에 대한 평도 좋다. 각종 투어 예약을 대행한다. 어느 방이든 4박 이상 숙박을 할 경우 마이푸 와인 마을에서 이용할 수 있는 바이크를 대여해준다. 성수기에는 호스텔 예약 사이트 등을 통해 예약을 하고 가는 것이 좋다.

⌂ corrientes 213

Hostel Suites Mendoza ^{AR}

인디펜덴시아 광장에서 3블록 떨어진 곳으로 위치가 좋고 규모 역시 큰 편이다. 4~5인 여성 전용 도미토리와 혼성 도미토리, 트윈과 트리플룸 등 다양한 방을 갖추고 있다. 아침 식사가 포함돼 있으며 인터넷 사용이 가능하다.

⌂ Patricias Mendocinas Nro.1532

Hostel Empedrado ^{AR}

매일 저녁 7시에서 8시까지 무료 와인을 제공한다. 아침 식사에는 빵과 시리얼, 과일, 계란, 팬케이크, 크레페, 주스, 커피 등이 포함돼 있으며 만족도가 높은 편이다. 매주 화요일과 토요일엔 BBQ 파티가 있으며 그 외 매일 다양한 이벤트를 연다. 공용 주방과 짐 보관소가 있다. 바이크 투어, 트레킹 등 다양한 투어를 판매한다. 시내 중심에서는 다소 거리가 있는 편이다.

⌂ Patricias Mendocinas 1959

Hotel Crillon Mendoza ^{AR AR AR}

멘도사 시내에 있는 중급 호텔로 실외 수영장 등이 있다. 인터넷 사용이 무료다.

⌂ Peru 1065

아르헨티나 남부의 작은 마을인 엘 깔라파테.
많은 관광객들이 이곳을 찾는 이유는 아름다운 페리토
모레노 빙하를 보기 위해서다. 엘 깔라파테에 왔다면
멀지 않은 모레노, 웁살라, 빙하 등을 찾아 직접 빙하
위를 걷고 유람선을 타고 빙하 주변을 돌아보자.
물론 전망대에서만 보아도 웅장한 빙하의 모습을
제대로 감상할 수 있다.

EL CALAFATE

엘 깔라파테

엘 깔라파테
드나들기

엘 깔라파테는 천혜의 자연환경 덕분에 아르헨티나에서도 매우 인기 있는 관광지이다. 이 때문에 주요 도시를 연결하는 항공 및 버스편의 운행이 활발하다. 트레킹으로 이름난 엘 찰튼과 칠레 푸에르토 나탈레스를 연결하는 버스 편도 매일 운행된다.

주요 도시 소요 시간 (비행기/버스)
푸에르토 나탈레스 6시간(버스)
우수아이아 1시간 15분(비행기) / 18시간(버스)
부에노스 아이레스 3시간(비행기)
바릴로체 2시간 20분(비행기) / 28시간(버스)

엘 깔라파테 드나드는 방법 **01** 항공

부에노스 아이레스, 바릴로체, 우수아이아 등으로의 연결 편이 있다. 항공편의 가격은 버스 요금의 2~3배이며 비싼 아르헨티나 버스 값을 감안할 때 비행 편을 이용하는 것이 시간을 절약하는 방법이다.
엘 깔라파테–우수아이아 구간은 아르헨티나 항공과 란 항공 등이 운항하며 1시간 15분이 소요된다. 공항과 시내를 오갈 때는 각 호텔 및 호스텔 앞에 내려주는 사설 셔틀버스인 Ves Patagonia를 이용하자. 공항 내에 사무실이 있다. 시내까지는 약 20분 정도 걸리는데 택시를 이용할 경우 요금이 만만치 않다. 시내에서 공항으로 갈 때는 인터넷, 전화 또는 호스텔 직원을 통해 셔틀을 예약하면 비교적 저렴하게 이동할 수 있다.
vespatagonia.com.ar

셔틀버스

엘 깔라파테

엘 깔라파테 드나드는 방법 버스

엘 깔라파테 버스터미널은 시내 중심 Julio A. Roca 거리에 위치해있다. 버스터미널로 도착해 시내 중심가로 가야 한다면 하차 장소에서 대합실 방향으로 나가지 말고 반대편 공터 쪽으로 가자(지름길이 있다). 계단을 따라 내려가면 엘 깔라파테 중심인 리베르타도르 길이 나온다. 버스터미널 내에는 관광안내센터가 있다.

버스터미널

주요 버스 시간표
엘 깔라파테-칠레 푸에르토 나탈레스
Turismo Zaahj 08:00
Andes mar 05:30
COOTRA 08:00(6시간 소요)
AR500

엘 깔라파테-바릴로체
TAQSA 매일 16:00~19:40
(+1DAY) AR2,480

엘 깔라파테-우수아이아
TAQSA 03:00~21:30 AR1,550

엘 깔라파테-부에노스 아이레스
편도 AR2,230(매일 운행)

엘 깔라파테-엘 찰튼
Chaltén Travel 08:00, 13:00,
18:30
Caltur 07:30, 18:30(3시간 소요)
※ 시간표는 변동될 수 있음.

모레노 빙하 버스 이동편

CAL TUR, Chaltén Travel, TAQSA 버스를 타고 엘 깔라파테에서 모레노 빙하까지 다녀올 수 있다.

CAL TUR
08:15 깔라파테 출발-16:00 모레노 출발
13:00 깔라파테 출발-19:30 모레노 출발

CAL TUR 버스

Chaltén Travel
08:15 깔라파테 출발-13:00 모레노 출발
16:00 깔라파테 출발-19:30 모레노 출발

Chaltén Travel 버스

엘 깔라파테 버스터미널

페리토 모레노 빙하로 가는 방법

엘 깔라파테에서 약 80km 떨어진 페리토 모레노 빙하로 가려면 버스터미널에서 하루 2~3회 운행하는 버스를 타거나 투어를 신청해서 다녀오는 방법이 있다. 여행사나 호스텔을 통해 빅아이스 트레킹이나 미니 트레킹을 신청할 경우 왕복 교통편과 가이드가 포함돼 있다. 개별로 페리토 모레노 빙하만 보고 올 경우 터미널에서 출발하는 CAL TUR 또는 Chaltén travel, Taqsa 버스를 타자. 보통 회사마다 하루 2~3회만 운행하기 때문에 미리 버스 시각을 확인한 뒤 예매해두는 것이 좋다.

📷 보자! EL CALAFATE SIGHTS

엘 깔라파테에선 페리토 모레노 빙하를 보고 엘 찰튼으로 이동해 트레킹을 즐기자. 시내에는 특별한 볼거리는 없다. 대부분의 편의시설은 Av. Libertador에 몰려있다.

로스 글래시아레스 국립공원

🎫 1일: AR800 (다음날 추가 입장 시 AR400)

로스 글래시아레스 국립공원 Parque Nacional Los Glaciares

페리토 모레노 빙하로 잘 알려진 빙하 국립공원 지역. 글라시아르 Glaciar는 스페인어로 빙하를 뜻한다. 총 규모는 4,460㎢에 달하는데 이는 남극, 그린란드에 이어 세 번째로 큰 규모다. 1937년 국립공원으로 지정되었으며 1981년 유네스코 세계문화유산에 등록됐다. 모레노, 웁살라, 비에드마 빙하 등 47개의 빙하가 이 국립공원에 속해있다.

페리토 모레노 빙하 Perito Moreno Glacier

파란 비취색을 띠는 아름다운 빙하로 길이만 35㎞, 넓이는 5㎞ 높이는 60m에 이른다. 하루에 2m 가량씩 호수 쪽으로 밀려나고 있는 것으로 알려져 있다. 맑은 날 빙하를 바라보고 있노라면 이따금 표면의 일부 빙하가 녹으면서 굉음을 내며 강물로 쏟아져 내리는 것(붕락)을 볼 수 있다. 모레노 빙하를 보

기위한 산책로는 높은 전망대, 낮은 전망대, 서클 코스 등으로 나뉘어져 있다.
각 포인트에서 보이는 모레노 빙하의 모습이 다르므로 천천히 걸으며 모든
포인트에서 빙하를 감상하자(1~2시간 소요). 버스에서 내리는 지점에서부터
시작해 큰 산책로를 선택할 수 있다. 날씨가 급변하는 지역이므로 미리 일기
예보를 확인한 다음 맑은 날을 선택해 가는 것이 좋으며, 바람 불 때를 대비
해 따뜻한 겉옷을 준비하고 선글라스 역시 가져가도록 하자. 버스 하차 장소
바로 옆에 식당 및 편의시설이 있지만, 투어에 참여하거나 국립공원 지역에
오래 머무를 예정이라면 점심 도시락을 챙겨가자.

웁살라 빙하 Upsala Graciar

로스글레시아레스 국립공원에서 가장 큰 규모의 빙하로 표면적 595㎢, 길
이 60㎞에 달한다. 웁살라는 스웨덴의 도시 지명으로 웁살라 대학 조사단이
1908년에 이 빙하를 조사하면서 이 이름을 갖게 됐다. 웁살라 빙하는 개별로
는 방문할 수 없으며 여행사를 통해 크루즈선 투어 또는 트레킹 투어를 신청
해야 한다. 인근의 오네이호와 스페가치니 빙하 등을 함께 둘러보는 코스도
있다. 크루즈선은 웁살라 해협을 따라 빙하 500m 지점까지 접근하며 트레킹
을 할 경우 크리스티나만에 내려 2~3시간 빙하 위를 걷는다. 시내 주요 여행
사에서 신청이 가능하다.

웁살라 빙하

빙하 국립공원에서 즐기는 투어

빅아이스 트레킹

엘로 이 아벤투라 Hielo y Aventura 여행사에서 독점 개발한 트레킹으로 빙하 위를 4~5시간 걷는 트레킹이다. 아이젠을 신고 빙하 위에서 걷기란 쉽지 않은 일. 체력이 약하다면 미니 트레킹을 고려해보자. 빅아이스 트레킹은 오전 일찍 출발해 모레노 빙하 전망대를 1시간 가량 자유롭게 돌아본 뒤 다시 모여 유람선을 타고 빙하가 있는 지역으로 간다. 빙하 지역을 수차례 다녀온 전문 가이드들이 길을 내면서 빙하 탐험을 돕는다. 성수기에는 예약이 빨리 마감되기 때문에 미리 인터넷 예약을 하는 것이 좋다.

🧊 빅아이스 트레킹 성수기 AR16,000(11월~1월)/비수기 AR11,500(8~10월)
　홈페이지에서 예약 가능 www.hieloyaventura.com

모레노 빙하 보트 투어

전망대에서 왼쪽으로 내려가면 보트 선착장이 있다. 투어를 이용하는 사람들이 주로 타지만 개인적으로도 시간을 맞추어 보트에 탑승할 수 있다. 배는 30분 가량 모레노 빙하 주변을 도는데 전망대에서 바라보는 것과 그 느낌이 다르기 때문에 인기가 많다. 배를 타는 동안 밖으로 나가 사진을 찍을 수 있는데 매우 추우므로 따뜻한 옷을 꼭 가져가자.

🕐 배 출발 시간 10:00, 11:30, 13:00, 14:30, 14:00
🧊 사파리 AR1,000(크루즈만 포함, 왕복 버스 교통편 미포함)

미니 트레킹

배를 타고 전망대 반대쪽의 기슭에 내려 2시간 가량 빙하 위를 걷는 트레킹. 짧은 시간에 빙하 지역을 걸어서 돌아본다는 장점이 있다. 트레킹을 마치면 가이드가 빙하를 부수어 얼음 위스키를 만들어준다.

🧊 미니트레킹 성수기 AR9,000(11월~1월)/비수기 AR6,500(8~10월)

토레스 델 파이네 1일 투어

칠레 토레스 델 파이네 국립공원을 1일 투어로 돌아볼 수도 있다. 소요되는 이동 시간에 비해 국립공원 내를 돌아보는 시간이 짧다는 것이 흠. 엘 깔라파테에서 출발한 버스는 칠레 국경을 넘어 푸에르토 나탈레스로 향한다. 국립공원 지역에 들어서면 각 포인트마다 정차해 풍경을 둘러본다. 돌아오는 길엔 밀로돈 동굴 등을 들른다. 그외 웁살라 빙하 주변에서 카약을 탈 수 있으며 엘 찰튼에서 가까운 비에드마 아이스 트레킹 AR1,700도 예약 가능하다.

🧊 홀스라이딩 AR350

먹자! EATING

La Tablita ^{AR AR}

엘 깔라파테에서 유명한 식당으로 현지인들도 주말이나 특별한
날 예약 후 방문하는 곳이다. 스테이크, 숯불에 천천히 구운
양고기 아사도 요리, 빠리쟈다 등을 먹을 수 있다. 다양한 와인
리스트를 갖고 있다. 점심은 보통 오후 1시 이후, 저녁은 오후
8시 이후 시작한다.

☖ Losales 28
☎ 54 2902 491065
la-tablita.com.ar

La LECHUZA ^{AR}

엘 깔라파테에서 가장 인기 있는 피자 가게로
비슷한 가게가 엘 깔라파테에 여러 곳 있지만
피자가 유명한 집은 Livertador 1301번지에
위치한 집이다. 항상 많은 사람들로 붐빈다.
기본 마가리따 피자에서부터 양고기를 얹은
파타고니아식 피자 등 다양한 종류의 피자가
있다.

☖ Livertador 1301

Mi Lancho ^{AR}

파스타, 그릴, 스테이크 등을 전문으로
하는 레스토랑.

☖ Gobernador Moyano 1089
☎ 54 2902 49 0540
🕐 Open 19:00~23:30

Isabel (Cocina al Disco) ^{AR}

인기가 많아서 늘 붐비는 레스토랑
가운데 하나. 통나무로 지어진 엘
깔라파테 호스텔 1층에 자리해 있다.
저녁시간엔 예약을 하거나 일찍 가는
것이 좋다. Disco de pollo 등 크림 치킨
요리나 해산물 요리인 Disco de marisco
등을 시켜보자. 큰 냄비에 갓 만든
맛있는 요리를 가득 담아다 덜어준다.

☖ Gobernador Moyano y 25 de Mayo
　(Moyano 1226)
☎ 54 2902 48 9000

RICK'S ^{AR}

양고기 및 스테이크, 다양한 부위의 고기가
구워져 나오는 빠리쟈다 등을 먹을 수 있다.
엘 깔라파테의 타 레스토랑들과 마찬가지로
점심시간과 저녁식사 시간에만 문을 연다.

☖ Livertador 1091
☎ 03902402148

쟈쟈! ACCOMMODATIONS

AR 100~200 AR AR 250~450 AR AR AR 500~

Hostel Lago Argentino ^{AR}

따뜻한 도미토리와 깨끗하고 아늑한 공용 공간, 비교적 저렴한 도미토리 가격으로 많은 여행자들에게 인기 있는 호스텔. 버스터미널에서 가깝다.

⌂ Campaña del Desierto 1050
☎ 54 2902 49 1423
lagoargentinohostel.com.ar

Hostel Amel ^{AR}

깔라파테에서 가장 저렴한 호스텔 가운데 하나로 성수기에 가면 아르헨티나 및 칠레 여행자들로 방이 풀인 경우도 있다. 버스터미널에서 가까운 것도 장점이다. 방은 작고 시설은 열악한 편이다.

⌂ buenos aires 246
☎ 54 2902 48 9426

후지여관 ^{AR}

한국인과 일본인들에게 두루 인기 있는 민박. 시내 중심가에서는 걸어서 15~20분 거리로 다소 먼 편이지만 매일 아침 밥과 국, 김치가 제공되고 다양한 버스 편 및 투어를 예약할 수 있다는 점이 장점이다. 주방시설 사용이 가능하다.

⌂ Peron 2082

Hostel Calafate ^{AR}

통나무로 지어진 호스텔로 배낭 여행자들에게 인기가 많다. 시내 중심에서도 가깝다. 주방시설을 이용할 수 있다.

⌂ Gobernador moyano1226

Hostel Buenos Aires ^{AR AR}

깨끗하게 관리되는 더블, 트윈룸을 갖고 있는 곳. 실내는 전반적으로 따뜻한 편이다. 방의 크기는 작지만 기본적인 것들은 갖춰져 있다. 버스터미널에서 가깝다.

⌂ buenos aires 296

Hostel America del sur [AR]

깔라파테에서 비교적 큰 규모의
호스텔로 모던하고 아늑한 분위기로
인기를 끌고 있다. 전망도 좋은
편이지만 단점은 센트로에서 다소
거리가 멀다는 것. 센트로에서
가려면 10~15분 정도 언덕을 걸어
올라가야한다. 호스텔에서 각종 투어
예약을 대행하기 때문에 큰 불편함은
없다. 저녁에는 아사도 파티가 열린다.
☗ Puerto Deseado151
americahostel.com.ar

Hostel del Glaciar [AR]

비교적 큰 규모의 호스텔로
버스터미널과는 다소 거리가 있지만
중심가에서는 비교적 가까운 편이다.
유스호스텔 회원증이 있다면 할인 받을
수 있다.
☏ 54 2902 492492
glaciar.com

Linda Vista Apart Hotel [AR][AR][AR]

한국인이 운영하는 호텔로 깔끔하게 운영되고 있어 한국인 뿐만 아니라 외국인
관광객에게도 인기가 높다. 2~5인이 이용 가능한 객실이 있으며 성수기에는 예약이
필수다. 가격이 다소 비싼 편이지만 취사가 가능한 것이 장점. 빅아이스 트레킹 등
주요 투어 예약을 대행한다.
☗ Av. Agostini 71, El Calafate
☏ (02902) 493 598
lindavistahotel.com.ar

EL CHALTÉN

엘 찰튼

엘 깔라파테에서 북쪽으로 230㎞(3시간 소요) 지점에 있는 엘 찰튼은 설산으로 둘러싸인 작고 아담한 마을이다. 엘 찰튼이 아르헨티나에서 가장 유명한 트레킹 성지가 된 것은 피츠로이(3,405m) 봉우리 덕분이다. 하지만 트레킹을 위해 엘 찰튼을 찾는 사람들은 피츠로이 봉우리뿐만 아니라, 라구나 데 로스 뜨레스, 라구나 또레 등을 보기 위해 며칠씩 머물다 간다. 마을 뒤로는 피츠로이 봉우리기 우뚝 서 있고 그 옆으로 수십 개의 봉우리와 호수가 장관을 연출한다. 특히 일출 시간엔 아름답게 물드는 피츠로이를 볼 수 있어 많은 이들이 이른 시간에 산을 오른다. 조용하고 아늑한 마을에서 하루 이틀쯤 쉬어가자. 산과 자연을 사랑하는 사람이라면 엘 찰튼에 반하지 않을 수 없을 것이다.

🚌 엘 찰튼 드나들기

엘 찰튼으로 오는 가장 빠르고 간편한 방법은 엘 깔라파테의 버스터미널에서 사설 버스를 타는 것이다. 엘 찰튼과 엘 깔라파테를 오가는 버스편은 찰튼 트레블 Chalteén Travel, 칼 투르 CAL TUR 회사가 운영하며 각각 1일 3회 운행한다(3시간 소요). 버스터미널은 마을의 초입에 있으며 마을은 작기 때문에 걸어다니기에 충분하다.

찰튼 트레블 버스

엘 찰튼 버스터미널

환전

엘 찰튼 버스터미널 내부와 버스터미널 인근에 은행이 있지만 환전소는 따로 없다. 엘 깔라파테 등 여타 지역에서 충분히 환전해 오도록 한다. 많은 사람이 환전을 하지 못해 엘 찰튼을 예정보다 빨리 떠나는 경우가 있다. 물가가 비싸기 때문에 페소를 여유 있게 준비하는 것이 좋다.

인포메이션 센터 & 트레킹 정보

투어리스트 인포메이션 센터는 버스터미널 내부에 있으며 지도와 각종 트레킹 정보를 얻을 수 있다. 버스터미널 뒤로 보이는 피츠로이 강 Rio Fiz Roy 건너편 200m 지점에는 국립공원안내 사무소 Parque Nacional Los Glaciares Zona Norte가 있다. 엘 찰튼 주변 지역의 등산 및 트레킹에 대한 상세한 정보 및 지도를 얻으려면 국립공원 안내사무소로 가자(운영 시간 오전 9시~오후 7시). 공원 안내사무소 뒤쪽으로는 미라도르 콘도르(편도 30분 소요)가 있어 피츠로이 전망을 감상하기 좋다. 일출 시간에 맞춰 가면 피츠로이 봉우리가 물드는 모습을 볼 수 있다. 라구나 토로 Laguna Toro(편도 7시간 소요) 등을 갈 예정이라면 이곳에서의 등록이 필수이므로 유의하도록 하자.

Chaltén Travel 버스 시간표

엘 찰튼-엘 깔라파테
⊙ 07:30, 13:00, 18:00

엘 깔라파테-엘 찰튼
⊙ 08:00, 13:00, 18:30

CAL TUR 버스 시간표

엘 찰튼과 엘 깔라파테 모두 같은 시간에 버스를 운행한다.
⊙ 08:00, 13:00, 18:30
caltur.com.ar
(버스 시간은 변동될 수 있으므로 버스터미널에서 확인할 것)

 TIP

교통+숙박 프로모션을 이용하자

엘 찰튼 내 호스텔 숙박이 포함된 프로모션 패키지 (버스터미널에서 구매 가능)를 이용하면 숙박 기간에 따라 할인이 있으며 지정 호스텔에서 버스를 타고 내릴 수 있다는 장점이 있다. 버스에 올 때 버스 기사에게 숙박 예약 영수증 등을 보여주며 해당 호스텔에 내린다고 이야기하자. 엘 찰튼을 떠날 때는 보통 지정 숙소에서 버스 운행시각의 30분 전에 출발한다는 점에 유의할 것.

🔦 보자!

엘 찰튼에 왔다면 이른 새벽 피츠로이 전망대를 향해 트레킹을 떠나보자. 이곳의 일출은 아름답기로 유명하다. 해질녘엔 피츠로이 강을 건너 콘도르 전망대에 오르는 것을 추천한다. 산길을 따라 여유롭게 걸으며 자연을 만끽하자.

피츠로이 가는 길

라구나 로스 뜨레스 Laguna de Los Tres (Fiz Roy전망대)

3,405m의 피츠로이 봉우리를 가장 잘 볼 수 있는 곳으로 많은 여행자들이 찾는 곳이다. 트레킹은 보통 올라가는 데 4시간(12.5km)이 걸리므로 시간 안배를 잘해야 한다. 왕복 25km 구간을 오르내려야 하므로 쉽지 않은 산행. 특히 마지막 1시간 구간이 힘들다. 오렌지색과 분홍색으로 점차 물드는 피츠로이 일출을 보고 싶다면 새벽 3~4시에 출발해야 한다. 계절에 따라 눈, 비가 내리거나 빙판길이 있을 수 있으므로 트레킹화, 방풍 장비를 준비하자. 최종지점엔 바람이 많이 불기 때문에 춥다. 물과 간식거리도 준비하는 것이 좋다.

카프리 호수 Laguna Capri

피츠로이 봉우리를 전망할 수 있는 곳으로 피츠로이 트레킹로를 따라 1시간 45분여(7km) 오르면 만날 수 있다. 가는 길은 그리 어렵지 않다. 중간에 피츠로이 전망대인 미라도르 피츠로이와 라구나 카프리로 갈라지는 길이 나온다.

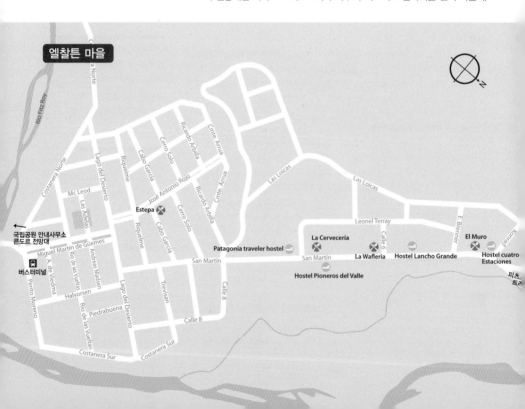

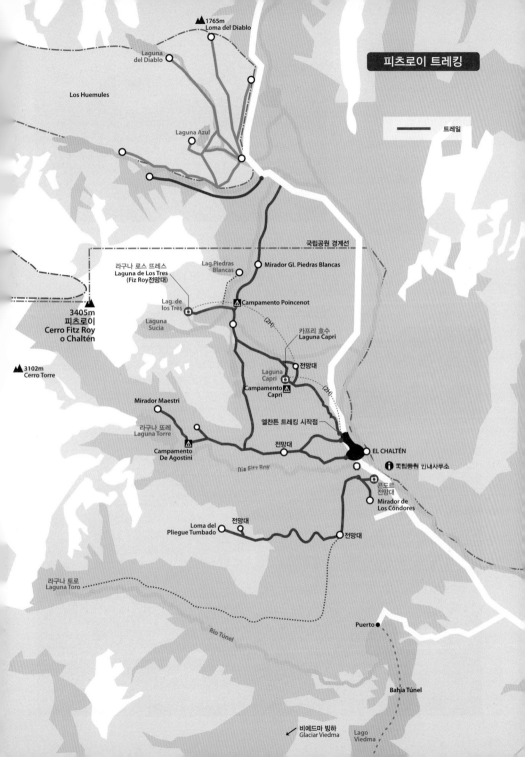

피츠로이 트레킹

▲1765m
Loma del Diablo

Laguna
del Diablo

Los Huemules

Laguna Azul

──── 트레일

국립공원 경계선

라구나 로스 뜨레스
Laguna de Los Tres
(Fiz Roy전망대)

Lag.Piedras
Blancas

Mirador Gl. Piedras Blancas

Lag. de
los Tres

Campamento Poincenot

(2H)

▲ 3405m
피츠로이
Cerro Fitz Roy
o Chaltén

Laguna
Sucia

카프리 호수
Laguna Capri

전망대

▲ 3102m
Cerro Torre

Laguna
Capri

(2H)

Campamento
Capri

Mirador Maestri

라구나 또레
Laguna Torre

엘찬튼 트레킹 시작점

Campamento
De Agostini

전망대

EL CHALTÉN

Rio Fitz Roy

국립공원 안내사무소

콘도르
전망대
Mirador de
Los Cóndores

라구나 토로
Laguna Toro

Loma del
Pliegue Tumbado

전망대

전망대

Rio Túnel

Puerto

Bahía Túnel

비에드마 빙하
Glaciar Viedma

Lago
Viedma

카프리 호수

피츠로이를 보는 최종지점인 라구나 데 로스 또레스(편도 4시간 소요/12.5km)까지 다녀올 예정이라면 왼쪽으로 올라가자. 오가는 길에 두 곳 다 들를 수 있다. 한 곳만 들를 예정이라면 라구나 카프리로 가자.

콘도르 전망대 Mirador de Los Condor

엘 찰튼 국립공원 안내사무소

독수리 언덕으로 불리는 이 곳은 피츠로이와 엘 찰튼의 마을 전망이 한 눈에 들어오는 전망대로 특히 일출과 일몰을 감상하기 좋다. 정상 부근에 앉아 쉬고 있으면 독수리들이 언덕 위로 나는 모습을 볼 수 있다. 국립공원 안내사무소를 나와 표지판을 따라 30분을 걸어 올라가자. 특히 피츠로이 트레킹을 할 시간이 없는 사람이라면 콘도르 언덕에서 보는 피츠로이 만으로도 충분히 만족할 수 있을 것이다. 인근의 트레킹 루트를 통해 라구나 토로 Laguna

엘 찰튼 마을 전경

미라도르 콘도르

콘도르 언덕

엘 찰튼 트레킹 시작점

Toro(편도 7시간 소요)를 갈 예정이라면 국립공원 안내사무소 사전 등록이 필수이므로 유의하도록 하자.

비에드마 빙하 Glaciar Viedma

페리토 모레노 빙하 못지않은 위용을 자랑하는 비에드마 빙하. 10월~4월에는 아이스 트레킹이 가능하고 라고 비에드마를 도는 배도 탈 수 있다. 산 마르틴 도로에 위치한 파타고니아 아벤투라 여행사에서 전문 트레킹 투어를 운영한다. 시간과 날씨, 날씨 등을 사전에 확인한 후 예약하도록 하자.

──────────────────────

Patagonia Aventura

⌂ Av. San Martin 56
patagonia-aventura.com

캠핑을 할 예정이라면

국립공원 내에는 총 4곳의 캠핑장이 있다. 피츠로이 등산로를 따라 2시간을 올라가면 가장 먼저 만나게 되는 곳이 깜파미엔토 카프리 Campamento Capri다. 카프리 호수 옆에 작은 야영장이 조성돼 있다. 캠퍼를 위한 시설은 따로 없다. 1시간을 더 걸어 라구나 데 로스 뜨레스 Laguna de Los Tres로 가는 길목에 깜파미엔토 포인세놋 Campamento Poincenot이 있다. 늦은 밤에는 기온이 많이 떨어지므로 침낭과 방한 장비를 꼭 준비 하도록 하자. 불은 피울 수 없으니 유의하도록 한다. 버너 사용 등은 제한적으로 가능하다. 각종 캠핑 장비와 방한용품, 등산화 등은 엘 찰튼 시내에서 미리 대여하도록 하자. 나머지 캠핑장 두 곳은 출발 지점이 다른 라구나 또레 Laguna Torre인근의 깜파미엔토 데 아고스티니 Campamento de Agostini와 라구나 토로 Laguna Toro인근의 깜파미엔토 토로 Campamento Toro다. 라구나 또레 Laguna Torre는 산 마르틴 도로에서 마을 서쪽으로 난 등산로 표지판을 찾아 올라가면 되며, 편도 7시간(15km) 라구나 토로 Laguna Toro의 경우 국립공원 안내사무소에서 등록 후 뒤편의 등산로를 따라 오른다. 라구나 또레 Torre와 토로 Toro를 헷갈리지 말자.

아르헨티나 & 칠레
ARGENTINA

아르헨티나 **411**

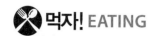
먹자! EATING

엘 찰튼은 잘 알려진 관광지인 만큼 먹거리가 많다. 스테이크와 와인, 초콜라떼와 와플을 즐기며 여독을 풀자.

El Muro ᴬᴿ ᴬᴿ

맛있는 스테이크를 먹을 수 있는 레스토랑.
비페 데 초리소 Bife de Chorizo를 시켜보자.
적은 양을 원한다면 절반만 Half 주문할 수도
있다. 샐러드를 주문하면 푸짐하게 나온다.
해물 리조또나 피자,
파스타 등도 맛있다. 산 마르틴 도로 끝쪽에
있으며 트레킹 진입지점
에서 가깝다. 점심과 저녁시간에 맞춰가자.
🏠 San Martin 912 📞 2962 493 248

La Wafleria ᴬᴿ

엘 찰튼에서 초콜라떼와 아이스크림으로
유명한 집이다. 와플레리아라는 가게
이름과는 달리 와플은 딱딱하고 맛이 없다.
하지만 초콜라떼 만으로도 충분히 행복한
기분을 느낄 수 있을 것이다.
큰 사이즈와 작은 사이즈가 있다. 자리에
앉아 있으면 주문을 받아가는 식이다.
🏠 San Martin 640
📞 54 2962 493093

A Cervecería ᴬᴿ

수제 맥주와 비프스튜, 피자, 파스타 등을
판다. 평일 낮이나 밤에 가면 이 집만 유독
붐비는 것을 볼 수 있다. 야외에 테이블이
있어 쉬어가기 좋다. 트레킹 후 맛있는
맥주를 마시며 여독을 풀자. 운영시간은 낮
12시 30분부터 자정까지다.
🏠 San Martin 320
📞 2962 493 109

Estepa ᴬᴿ ᴬᴿ

다양한 와인 리스트를 갖고 있는
비스트로로 각종 주류 및 양고기,
스테이크, 라비올리, 깔조네 등의 메뉴를
갖추고 있다.
🏠 Cerro solo
📞 54 2962 49 3069

자자! ACCOMMODATIONS

트레킹의 성지인 만큼 숙박 시설이 많고 시설 역시 좋은 편이다. 전반적인 물가는 비싸지만 호스텔을 이용한다면 그리 비싸지 않다. 엘 찰튼에서 하루 이틀쯤 쉬어 가자.

Patagonia traveler hostel ^{AR}

이전엔 Albergue patagonia hostel 이름을 썼으나 이름이 바뀌었다. 산 마르틴 도로 중앙에 위치해 있으며 시설이 넓고 깨끗하다. 넓은 공용 공간을 갖고 있으며 리셉션이 친절하다. 자전거 대여도 가능하다.

⌂ San Martin 376
✆ 54 2962 49 3019

Hostel Lo de Trini ^{AR}

피츠로이 트레킹 입구에서 가까운 곳으로 작고 아담한 호스텔이다. 공용 공간이 넓고 조용해 개인 시간을 보내기에 좋다.

⌂ San Martin 675
✆ 2962 493255
lodetrivi.com.ar

Hostel Pioneros del Valle ^{AR}

칼 투어 지정 호스텔로 20여개의 노미토리와 더블룸 등을 갖고 있다. 6~8인실 도미토리에는 화장실과 샤워실이 있으며 방 안에 라디에이터가 있어 따뜻하다. 칼투어 이동 버스편과 호스텔을 함께 예약할 경우 호스텔 픽업, 드랍이 가능하다. 피츠로이 등산로에서 가깝다.

⌂ San Martin 9405
✆ 02902 49 2217

Hostel Rancho Grande ^{AR}

엘 칠튼 트레블 버스 회사의 지정 호스텔로 엘 찰튼에서 큰 규모의 호스텔 가운데 하나다. 엘 찰튼 트레블에서 버스와 호스텔을 함께 예약할 경우 호스텔 픽업 및 드랍이 가능하다. 산 마르틴 도로에 위치해 있다.

⌂ San Martin 724
ranchograndehostel.com

Hostel cuatro Estaciones ^{AR}

피츠로이 트레킹 입구에서 가장 가까운 호스텔로 시설은 낡았지만 저렴한 가격이 장점인 호스텔이다. 주방시설 이용이 가능하다. 엘 찰튼의 비싼 물가를 감안할 때 저렴한 호스텔을 찾기 쉽지 않은 만큼 장기 배낭여행자들에게 환영을 받는 곳이다.

⌂ San Martin 마지막 지점

USHUAIA

우수아이아

세상의 끝 'Fin del Mundo'라는 말로 전 세계의 많은 여행자의 호기심을 자극하는
곳. 아르헨티나 최남단의 작은 마을 우수아이아는 조용하고 아름다운 곳이다.
오래전 야마나 부족이 일구었던 땅이기도 한 우수아이아. 문명과 대자연이 살아 숨
쉬는 우수아이아에서 휴식을 취해보자.

우수아이아 드나들기

우수아이아로 가는 가장 빠른 방법은 부에노스 아이레스나 엘 깔라파테에서 비행 편을 이용하는 것이다. 아르헨티나, 칠레 남부에서 버스편을 이용할 수 있지만 시간이 오래 걸린다는 단점이 있다.

우수아이아 드나드는 방법 01 항공

아르헨티나의 땅끝마을 우수아이아는 비행기를 이용해 드나들 수 있다. 비행기는 부에노스 아이레스, 엘 깔라파테, 바릴 로체 등을 연결한다. 부에노스 아이레스에서 아르헨티나 항공 또는 란 항공의 직행 비행편을 이용할 경우 3시간 20분이 걸리며 가격은 100~150달러 선이다. 우수아이아 공항에서 시내까지는 4㎞ 정도 소요되며 공항, 시내 간 버스편이 없으므 로 택시를 이용해야한다(AR50~60). 우수아이아 공항에서 비행기를 탈 경우 출국세(AR28)가 있으므로 유의할 것. 체크 인 후 오른편의 텍스 사무소에서 보딩 티켓을 보여준 뒤 금액을 지불하고 도장을 받는다.

우수아이아 드나드는 방법 02 버스

버스를 타고 리오가제고스, 엘 깔라파테, 칠레의 푼타 아레나스 등지로 갈 수 있다. 사설 버스 회사의 사무실은 센트로에 각각 따로 떨어져 있으며 성수기에는 표가 매진되는 경우가 많기 때문에 나가는 표를 예매하는 것이 좋다.

TAQSA 사무소

투어버스

인포메이션 센터

센트로의 Av. Maipú 도로의 중간 지점에 있다. 우수아이아 지도와 각종 정보를 얻을 수 있으며 여권에 우수아이아 기념 스탬프를 받을 수 있다.

Centro de Information Tourística

🏠 prefectura Naval Argentina 470

📞 54 2901 437666

기념도장 받는 곳

인포메이션 센터

버스 시간표

엘 깔라파테, 리오가제고스

◎ TAQSA 오전 5시 우수아이아 출 발 다음날(+1day) 오후 6시 리오 가제고스 도착, 오후 8시 30분 리오가제고스 출발 0시 30분 엘 깔라파테 도착

푸에르토 나탈레스, 푼타 아레나스

◎ 화목토일 오전 8시 출발 (12시간~14시간 소요)

보자!

날씨가 좋은 날 띠에라 델 푸에고 국립공원에서 트레킹과 캐노잉을 즐기고 비글 해협으로 나가 펭귄섬을 돌아보자. 작지만 알찬 박물관에선 우수아이아의 역사를 배울 수 있다.

띠에라 델 푸에고 국립공원 Tierra del Fuego National Park

띠에라 델 푸에고 국립공원

📋 국립공원 입장료 USD14

우수아이아에서 서쪽으로 12㎞ 지점에 있는 국립공원으로 다양한 트레킹로와 캠핑 시설 등이 갖춰져 있다. 보통 오전 10시에 미니 버스가 우수아이아 시내의 마이푸 도로 중간 시계탑 앞에서 출발한다. 돌아오는 편은 정류장 3곳(Lago Loca 오후 3시, 5시, 7시/ 중간 10분 뒤, 마지막 정거장 15분 뒤)에서 탈 수 있다. 파타고니아 투어 등 다양한 투어 에이전시에서도 버스편 또는 투어를 운행하는데 개별 이동편만 이용할 경우 돌아올 때 지정 장소에서 본인이 예약한 미니 버스 회사의 버스를 확인 후 탑승토록 한다.

띠에라 델 푸에고 국립공원 입구에 도착하면 입장료를 내고 지도를 받은 뒤 트레킹 안내를 받자. 보통 띠에라 델 푸에고 국립공원의 2번째 지점 Senda costera에서 내려 8㎞ 트레킹을 시작하며(4시간 소요) Lago Loca까지 걸어와 오후 3시 또는 5시 버스를 타고 귀가한다. 또는 라고 로까에 내려 Senda Guanaco(973m)를 다녀올 수도 있다(4㎞ 왕복 4시간 소요). 라고 로까, 알라쿠시 등에 캠핑장과 레스토랑, 산장 등이 있다.

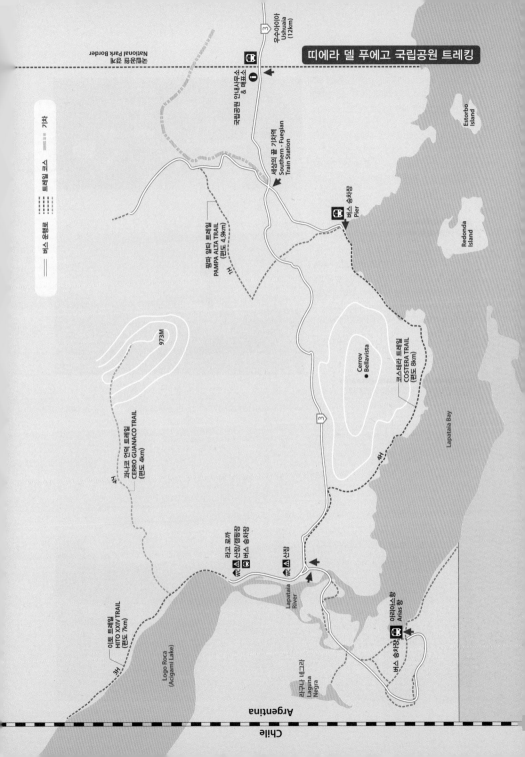

띠에라 델 푸에고 국립공원 트레킹

우수아이아
Ushuaia (12km)

국립공원 안내사무소 & 매표소
National Park Border
국립공원 경계

버스 운행로
트레일 코스
기차

세상의 끝 기차역
Southern - Fuegian
Train Station

평파 알타 트레일
PAMPA ALTA TRAIL
(편도 4.9km)

1H

버스 승차장
Pier

973M

과나꼬 언덕 트레일
CERRO GUANACO TRAIL
(편도 4km)

Cerrov
Bellavista

4H

꼬스테라 트레일
COSTERA TRAIL
(편도 8km)

Estorbo
Island

Redonda
Island

Lapataia Bay

이또 트레일
HITO XXIV TRAIL
(편도 7km)

4H

라고 로까

산장/캠핑장
버스 승차장

WC 산장

WC 산장
버스 승차장

Logo Roca
(Acigami Lake)

Lapataia
River

아리아스 항
Arias 항

버스 승차장

라구나 네그라
Laguna
Negra

Argentina

Chile

세상의 끝 기차 El Tren del fin del mundo

말 그대로 최남단에 만들어진 기차 트레일을 따라
운행되는 기차다. 우수아이아에서 8㎞ 떨어진
기차역까지 택시를 타고 이동한 뒤 오전 9시 30분,
오후 3시에 출발하는 증기 기관차에 탑승한다.
기차는 띠에라 델 푸에고 국립공원 초입까지
이동하며 1시간 50분이 소요된다. 다양한
에이전시에서 기차편과 띠에라 델 푸에고 국립공원
버스편을 겸한 투어를 진행하며 개인적으로도
이동할 수 있다.

비글해협 보트 투어

우수아이아의 상징인 등대를 보고 바다사자,
가마우지가 사는 섬 주변을 돌아보는 투어.
CANOERO 까따마란 회사에서 운행하는 배는 오
전 9시 30분과 오후 3시 하루 두 번 출발한다. 펭귄
섬까지 가는 투어는 가격이 더 비싸다. 4월 중순 이
후에는 운행을 하지 않는다. 시내 주요 여행사에서
예약이 가능하다.

비글 해협

지프사파리+카노이 또는 카약 투어

지프를 타고 우수아이아 주변 지역 호수, 산악 지역을 누빈 뒤 호수에서 카노이 또는 카약을 타는 투어. 카약만 타는 것도 가능하다.

마르티모 박물관 Museo Martimo

마르티모 박물관

⌂ Yaganes y Paz
⏱ Open 10:00~19:30
🎟 일반 AR150 국제학생증 소지 시 AR105
museomartimo.com

1920년 아르헨티나 전역의 범죄자들을 수용하기 위해 만들어진 감옥으로 5개동으로 나뉘어 있다. 1943년까지 감옥으로 사용되다가 해군 병원으로 개조됐으며 현재는 3800여개에 이르는 별실에서 다양한 전시가 이뤄지고 있다. 일부는 세계의 감옥에 대한 사진과 자료, 일부는 미술관으로 만들어져 있으며 중앙의 홀을 지나면 과거 감옥이었던 곳을 있는 그대로 남겨둔 다소 '으스스한' 1번 파빌리온이 나온다. 안으로 걸어 들어가 샤워실과 개수대 등 감옥 시설을 돌아보자. 박물관엔 가이드 투어가 있지만 스페인어로만 진행한다(11:30, 18:30). 원할 경우 영어 오디오 가이드를 이용할 수 있다.

세상의 끝 박물관 Museo Fin del Mundo

세상의 끝 박물관

⌂ Av. Maipú y Rivadavia
🎟 AR90

규모는 작지만 우수아이아의 역사와 원시부족 및 토착민의 삶, 자연사에 대해 알기 쉽게 정리해 놓았다. 입장료가 비싼 것에 비해 볼 것이 없다고 평하는 이도 있지만 역사와 부족 문화에 관심 있는 사람이라면 방문해보자.

야마나 박물관 Museo Yámana

야마나 박물관

⌂ Rivadavia 45
🎟 학생 AR40 일반 AR60

파타고니아 우수아이아 일대에 초기 정착한 야마나 부족의 삶을 비롯해 원시 문명, 자연사 등을 소개한 소박한 박물관. 다양한 자료와 영상물을 통해 과거 파타고니아가 어떠한 모습이었는지를 짐작해볼 수 있다. 현재 야마나 부족의 후손들이 운영하고 있다.

마르티모 박물관

세상의 끝 박물관

야마나 박물관

마르티알 빙하 Gracial Martial

우수아이아 마을 뒤, 북서쪽 7㎞ 지점엔 마르티알 빙하로 가는 트레킹 시작점이 있다. 걸어가거나 택시를 타고 입구로 간 다음 등산로를 따라 2시간 가량 걸어 올라가자. 가벼운 산책로는 아니므로 등산화나 트레킹화, 따뜻한 옷을 준비하도록 한다. 가는 길엔 아름다운 비글 해협과 우수아이아 마을의 전망이 한 눈에 들어온다.

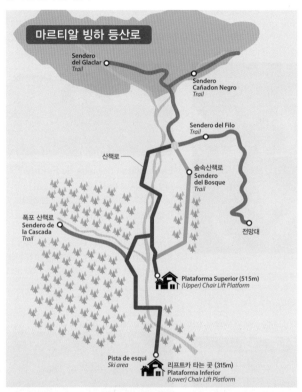

마르티알 빙하 등산로

Sendero del Glaciar Trail

Sendero Cañadon Negro Trail

Sendero del Filo Trail

산책로

숲속산책로 Sendero del Bosque Trail

폭포 산책로 Sendero de la Cascada Trail

전망대

Plataforma Superior (515m) (Upper) Chair Lift Platform

Pista de esqui Ski area

리프트카 타는 곳 (315m) Plataforma Inferior (Lower) Chair Lift Platform

마르티알 케이블카

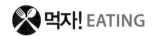

먹자! EATING

잘 알려진 먹거리는 킹크랩인 센토야 Centolla다. 우리나라보단 싸지만 여전히 만만치 않은 가격. 여러 명이 함께 즐기는 것이 좋다. 우수아이아에선 다양한 해산물을 맛보자.

El Almacen de Ramos General ᴬᴿ

100년 카페로 알려진 우수아이아 명물 카페. 메디아 루나라 불리는 크로와상 등 빵과 케이크가 맛있다. 초콜릿을 따뜻한 우유에 넣어먹는 수브마리노를 맛보자.

⌂ Maipú 749

마테차 세트

Laguna Negra ᴬᴿ

초콜릿과 초콜라떼로 유명한 가게. 언제나 커피와 초콜라떼 등을 즐기는 사람들로 가득하다. 초콜릿의 가격은 다소 비싸지만 적은 양도 판매하므로 마음에 드는 것을 골라 맛 보자.

⌂ San Martin513

Chiko ᴬᴿ ᴬᴿ

해산물과 대게 요리를 전문으로 하는 레스토랑. 현지인들이 추천하는 맛집이다. 킹크랩을 그대로 찐 센토야 나뚜랄 Centolla Natural 또는 해산물을 푹 끓인 빠이야 마리나 Paila Marina 등을 맛보자.

⌂ Antartida Argentina 182
☎ 2901 436024
⏰ Open 12:00~3:00 /19:30~23:30

Maria Lola Restó ᴬᴿ ᴬᴿ

다양한 해산물과 양고기 요리를 전문으로 하는 레스토랑. 가격은 싸지 않지만 바다 전망을 보며 분위기를 즐기기에 좋다.

⌂ Deloquí1048

La Cantina Fueguina de Freddy ᴬᴿ ᴬᴿ

킹크랩 Centolla 요리가 있는 가게. 바깥에서 보이는 수족관에서 킹크랩을 직접 골라 쪄서 먹을 수도 있다. 크기에 따라 가격이 올라간다. 이외에 크림 소스로 요리한 킹크랩 Centolla a la cantina, 따뜻한 국물로 요리한 Cazuela 등이 괜찮다. 양은 다소 적은 편이고 가격은 그에 반해 비싸다. 킹크랩 Centolla은 kg당 AR400. 가격이 다소 비싸게 느껴진다면 한 블록 아래의 Maipu 도로에 있는 킹크랩 가게들로 가보자.

⌂ San Martin
⏰ Close 일요일 점심, 월요일

🛏️ 자자! ACCOMMODATIONS

전반적인 물가가 저렴한 편은 아니지만 시내에서 가깝고 아늑한 호스텔이 여럿 있다. 언덕 위로 갈수록 전망이 좋으니 참고할 것.

Hostel YAKUSH ᴬᴿ

산 마르틴 도로에 위치해 있어 이동이 편리하다는 장점이 있다. 주방시설이 넓고 복층엔 공용공간이 있어 개인 시간을 보내기에 좋다. 다양한 크기의 도미토리를 갖추고 있으며 방도 따뜻한 편이다.

🏠 Piedrabuena 118
📞 43 5807
hostelyakush.com.ar

Hostel la Postal ᴬᴿ

공항에서 가까운 호스텔로 넓고 조용하다. 주방이 2개 있어 요리하기에 편하다. 시내 중심에서는 멀리 떨어져 있는 것이 단점. 도보로 20~30분이 걸린다. 시내 관광에 많은 시간을 투자하지 않고 투어 위주로 여행하는 경우 큰 문제는 없다.

🏠 Perón Sur 864
📞 02901 444 650
lapostalhostel.com.ar

Hostel Antaltica ᴬᴿ

우수아이아에서 인기 있는 호스텔 가운데 하나다. 규모는 크지 않지만 복층 구조의 주방시설과 아늑한 공용 공간 등이 매력이다. 6명이 이용하는 도미토리는 다소 작다.

🏠 Antártida Argentina 270
📞 43 5774
antarticahostel.com

Cruz del Sur ᴬᴿ

도미토리는 작지만 저렴한 가격에 센트로에 위치해 있다는 것이 장점이다.

🏠 Gobernador Deloqui 242

다빈이네 ᴬᴿ ᴬᴿ

우수아이아 유일의 한인 민박집. 중심가에서 다소 떨어진 언덕에 위치해 있지만 주변 전망이 좋다는 장점이 있다. 도미토리가 비교적 넓고 깨끗하며 실내가 따뜻하다. 주방을 쓸 수 있으며 도미토리에서 와이파이 사용이 가능하다. 각종 투어 예약을 할 수 있다.

🏠 Alem 800 y Le Martial 796
📞 02901 423 133

Hostel LUPINOS ᴬᴿ

우수아이아에 있는 큰 호스텔 가운데 하나로 4층 규모의 빌딩에 도미토리, 싱글, 트윈, 트리플 등을 갖추고 있다. 중심가인 산 마르틴 도로에서 한 블록 위에 위치해 있고 주요 박물관과 항구 등이 가까워 이동에 편리하다.

🏠 Deloqui 750
📞 54 02901 424152

아르헨티나 북부, 파라과이, 브라질과 접한 국경지대인 푸에르토 이과수는 아르헨티나쪽 이과수 폭포의 기점이 되는 작은 도시다. 이과수 강을 따라 2.7km 구간의 270여 개의 폭포들로 이루어진 폭포를 보기 위해 이 마을을 찾는다. 푸에르토 이과수는 브라질 쪽보다 물가가 저렴한 편이며 마을이 조용하고 평화로워 쉬어가기 좋다.

PUERTO IGUAZÚ
푸에르토 이과수

푸에르토 이과수
드나들기

많은 여행자들이 부에노스 아이레스에서 비행기 또는 야간 버스를 이용해 푸에르토 이과수로 들어온다. 비행기와 버스의 소요 시간이 크게 차이나는 것에 비해 항공권 가격과 버스 요금이 비슷한 경우도 많아 할인 항공권을 잘 찾는다면 시간적, 체력적 소모를 줄일 수 있다.

푸에르토 이과수 드나드는 방법 항공

푸에르토 이과수 공항에서는 택시 또는 셔틀버스를 타야 한다. Four Tourist Travel이라는 출구 인근에 있는 데스크에서 표를 구입할 수 있다. 센트로의 버스 터미널까지 가는데 호스텔이나 호텔을 말하면 그 앞에 내려준다. 30분 정도 소요된다.

푸에르토 이과수 드나드는 방법 버스

버스로 부에노스 아이레스에서 올 경우 16~18시간가량 소요된다. 브라질의 히우 지 자네이루에서 올 경우 약 22시간이 걸린다. 가격은 버스 등급과 직행 여부에 따라 차이가 나며 현금 결제 시 할인을 해 주는 곳도 있다. 푸에르토 이과수 버스 터미널은 센트로 중심에 있으며 마을이 크지 않기 때문에 대부분의 거리는 걸어서 이동 가능하다. 이과수 폭포를 오가려면 터미널에서 출발하는 버스를 타야 한다.

브라질 오가는 버스

부에노스를 오가는 싱어버스

TIP 입장료 및 주의사항

푸에르토 이과수 폭포의 입장료는 AR800으로 아르헨티나 페소만 받는다(신용카드, 달러, 유로 등을 사용할 수 없으니 유의하자). 공원 내의 동물에게 먹이를 주는 행위는 금지돼 있다. 구아띠 등의 동물에게 먹이를 주다가 종종 팔과 손 등에 상처를 입는 일이 발생하고 있으니 주의하도록 한다. 이과수 폭포로 가는 시내버스가 운행된다. 이과수폭포에서 돌아올 때는 입구의 버스 정차 지점에서 다시 같은 버스를 타면 된다.

구아띠

아르헨티나 이과수 폭포 Cataratas del Iguazú 드나들기

푸에르토 이과수 센트로에서 아르헨티나 이과수 폭포를 가려면 터미널에서 매 20분마다 출발하는 리오 우루과이 RIO URUGUAY 버스를 타자 (왕복 AR100/30분 소요). 브라질 이과수 폭포를 방문하기 원할 경우 RIO URUGUAY 또는 Cruze del Norte 등의 회사에서 운영하는 버스를 타면 된다. 보통 매시간 마다 출발하는데 왕복 AR40이다. 버스터미널은 두 곳으로 나뉘어 있는데 앞쪽은 시외로 가는 장거리 버스가 출발하는 곳이고 육교 너머에 있는 뒤편에서는 파라과이 시우다드 델 에스떼, 아르헨티나 및 브라질 이과수 폭포로 가는 시내버스가 운행된다. 이과수 폭포에서 돌아올 때는 입구의 버스 정차 지점에서 다시 같은 버스를 타면 된다.

📷 보자! PUERTO IGUAZÚ SIGHTS

이과수 국립공원 Parque Nacional Iguazú

이과수 폭포는 이과수 강을 경계로 하여 아르헨티나. 브라질 두 나라에 걸쳐 있으나 아르헨티나 쪽의 면적이 80:20으로 더 넓다. 수려한 자연경관과 다양한 생태환경의 보전 중요성을 인정받아 1984년 유네스코 지정 세계유산에 등록되었다. 아르헨티나쪽 이과수 폭포의 가장 큰 장점은 다양한 산책로가 만들어져 있다는 점. 높은 산책로와 낮은 산책로가 나뉘어져 있는데 64~82m에 이르는 폭포의 전망을 즐기기에는 낮은 산책로가 좋으며 높은 산책로는 폭포 위에서 아래를 내려다볼 수 있다는 장점이 있다.

'이과수'는 무슨 뜻일까

이과수는 이 지역 원주민인 과라니 Guaraní 족의 언어로 '큰 물' 혹은 '위대한 물'이라는 뜻이다. 원주민들은 오래 전부터 이 폭포의 존재를 알고 있었지만. 서구에 알려지기 시작한 것은 1541년 이후다.

푸에르토 이과수 시내

악마의 목구멍 Garganta del Diablo

길이 700m, 폭 150m의 U자형 폭포로 아르헨티나 이과수 폭포의 하이라이트다. 어마어마한 양의 물이 쏟아져 내리는 폭포 가까이에 다가가면 폭포 속으로 빨려 들어가는 듯한 느낌이 든다. 한 때 큰 홍수 피해로 트레일이 망가져 폐쇄되기도 했으나 오랜 기간 정비를 거쳐 다시 문을 열었다. 악마의 목구멍, 가르간따 델 디아블로 Garganta del Diablo를 보려면 공원 내에 있는 까따라따 역 Estación Cataratas에서 기차를 타야 한다. 오전 9~10시엔 많은 사람들이 몰려 다음 기차를 기다리는 시간이 길어질 수 있으므로 일찍 가서 먼저 악마의 목구멍을 보거나, 높은 산책로와 낮은 산책로 등을 돌아본 뒤 마지막에 악마의 목구멍을 보도록 하자. 약 30분 간격으로 운행되는 기차는 오후 4시 30분 이후에는 운행을 하지 않기 때문에 너무 늦지 않도록 주의

악마의 목구멍 가는 길

악마의 목구멍

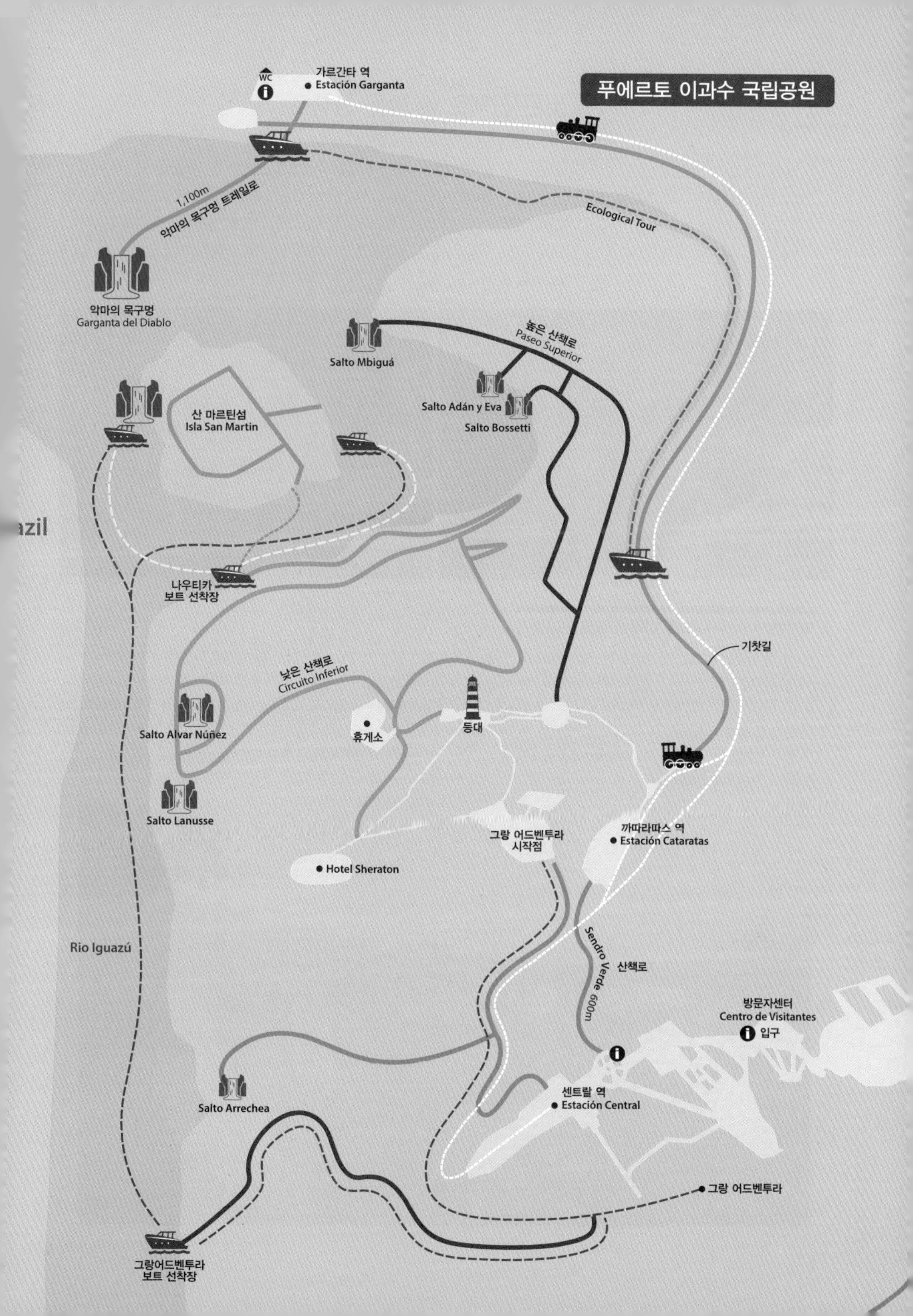

푸에르토 이과수 국립공원

가르간타 역
● Estación Garganta

1,100m
악마의 목구멍 트레일로

악마의 목구멍
Garganta del Diablo

Ecological Tour

Salto Mbiguá

높은 산책로
Paseo Superior

Salto Adán y Eva

Salto Bossetti

산 마르틴섬
Isla San Martin

Brazil

나우티카
보트 선착장

기찻길

낮은 산책로
Circuito Inferior

Salto Alvar Núñez

휴게소

등대

까따라따스 역
● Estación Cataratas

Salto Lanusse

그랑 어드벤투라
시작점

● Hotel Sheraton

Rio Iguazú

Sendro Verde 600m

산책로

방문자센터
Centro de Visitantes
ⓘ 입구

Salto Arrechea

센트랄 역
● Estación Central

그랑 어드벤투라

그랑어드벤투라
보트 선착장

낮은 산책로 vs 높은 산책로

시간적인 여유가 없어 두 가지 중에 하나만 봐야 한다면 폭포 경관을 보기에 좋은 낮은 산책로를 추천한다. 낮은 산책로에 있는 선착장에서는 폭포 주변을 도는 나우띠까 어드벤투르 Nautical Adventure 보트를 탈 수 있다. 공원 전체를 여유 있게 돌아보려면 4~5시간이 소요되므로 일정을 여유있게 준비하도록 하자. 가급적 점심 도시락을 준비해가는 것이 좋지만 주요 지점에 스낵과 음료 등을 파는 매점이 있어서 끼니를 해결할 수 있다.

낮은 산책로

낮은 산책로 안내판

아르헨티나에서 브라질 이과수 폭포 드나들기

브라질의 이과수 폭포를 갔다가 다시 아르헨티나로 돌아오는 경우(72시간 이내) 브라질 입국 스탬프를 받지 않아도 된다. 하지만 이후 푸에르토 이과수로 돌아오지 않고 브라질 여행을 계속하길 원한다면 브라질 출입국 사무소에 내려 출입국신고서를 작성하고 스탬프를 받아야 한다. 브라질에 남을 예정일 경우 버스 기사에게 Custom(아두아나)에 내려달라고 꼭 이야기 하자. 간혹 출입국 사무소를 지나쳐 스탬프를 받지 못하는 경우도 있는데 이 경우 개인적으로 다시 출입국 사무소로 가서 입국 스탬프를 받아야 한다. 그렇지 않을 경우 출국 시 벌금을 내야 하므로 유의하자. 출입국 수속 후 브라질 포스 두 이과수 센트로로 갈 경우 이전에 타고 온 같은 회사의 버스를 기다렸다가 탑승하자(추가 요금을 내지 않아도 된다). 브라질 센트로로 가는 버스는 보통 30분~1시간 간격으로 다닌다.

이과수

이과수 전망대

악마의 목구멍 트레일

배를 타러 내려가는 곳

🧍하자! ACTIVITIES

나우띠카 어드벤투르

나우띠카 어드벤처 Nautical Adventure

낮은 산책로에서 연결된 선착장에서 출발하는 스피드 보트로 악마의 목구멍 인근까지 갔다가 돌아온다. 12분 가량 보트를 타고
이과수 폭포 주변을 도는데 폭포에 매우 가까이 다가가기 때문에 옷이 다 젖을 것을 각오해야 한다(여분의 옷을 챙기자). 공원
곳곳에 있는 Jungle 안내사무소에서 예약하거나 낮은 산책로에 있는 선착장 매표소에서 표를 구입할 수 있다. 타는 시간은 지정돼 있다.
📋 AR550(투어 요금은 변동 가능)

그레이트 어드벤처 Great Adventure

가이드와 함께 지프 차량을 타고 5.5㎞ 구간의
트레일을 따라 정글 탐험을 한 뒤 스피드
보트를 타고 이과수 폭포 주변을 돈다.
1시간 20분 가량 소요된다. 방문자센터 등에서
출발한다.
📋 AR520

정글 투어

에코 투어 Ecological Tour

이과수 폭포의 상류에서 천천히 즐기는 보트
투어로 자연 관찰이 주목적이다. 30분 가량
소요되며 악미의 목구멍 역에서 출발한다.
📋 AR120

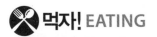
먹자! EATING

Estación Sabores

버스터미널에 있는 kg 뷔페로 원하는 음식을 떠서 무게를 재고 계산한다. 파스타, 치킨, 비프, 밥, 샐러드 등 비교적 다양한 종류가 있고 맛도 괜찮은 편이다. 포장도 가능하다.

🏠 Av. Cordoba esq Misiones. Local 17. | Terminal de Omnibus.

AQVA

스테이크와 샐러드, 피자 및 파스타가 있다.

🏠 Av. cordoba y Carlos Thays
📞 54 3757 422064

De La Fonte

유니크한 코스 요리 및 스테이크 요리를 내놓는 가게로 인기가 높다. 이 일대의 타 레스토랑과 비교할 때 가격 대비 높은 만족도를 보이는 곳. 저녁 7시 30분 이후에 문을 연다.

🏠 1 de Mayo y Corrientes

La Rueda 1975

이름난 레스토랑으로 스테이크가 특히 유명하다. 관광지라 가격 높은 편이지만 저녁 식사로 생선류나 스테이크를 즐기기에 좋다.

🏠 Av. Cordoba 28

Cremoiatti

터미널에 있는 아이스크림 가게로 맛있는 초콜라떼 아이스크림과 패션후르츠, 레몬 등 과일류 아이스크림을 판다. 더위에 지쳤을 때 잠깐 쉬며 상큼한 아이스크림을 맛보자. 와이파이 이용이 가능하다.

🏠 Av. Cordoba esq Misiones. Local 17. | Terminal de Omnibus.

자자! ACCOMMODATIONS

AR 100~300

Mango Chill

깔끔하게 관리되는 호스텔로 풀장과 바가 갖춰져 있으며 버스터미널에서도 가깝다. 카약 투어 등을 예약할 수 있다. 16명이 함께 이용하는 대형 도미토리가 있다.

🏠 Av. Cordoba 264

Marcopolo Hostel

버스터미널 바로 맞은편에 있는 호스텔로 위치가 가장 큰 장점인 호스텔. 항상 많은 이들이 드나들기 때문에 리셉션에 친절을 기대하긴 힘들다. 와이파이는 공용 공간에서만 쓸 수 있다.

🏠 Av. Cordoba 158

Bambu Mini

야외에 바가 있는 깔끔하고 조용한 호스텔. 주방 이용이 가능하다. 에어컨이 갖춰진 4인 믹스 도미토리와 여성 전용 도미토리가 있다. 12인이 이용 가능한 대형 도미토리는 다소 습하고 어둡기 때문에 권하지 않는다.

🏠 Av. San Martin 4

Hostel inn iguazu

푸에르토 이과수 시내에서는 조금 떨어져 있지만 저렴한 가격에 콘도형 수영장 등을 이용할 수 있다는 것이 장점인 호스텔. 넓은 수영장과 바, 인터넷, 취사시설이 갖춰져 있다.

🏠 Ruta 12 Km 5 Puerto Iguazu 📞 54 3757 421823

BRAZIL

인구 2억 명의 브라질은 남아메리카 대륙의 절반 정도를 차지하는 대국이다. 1531년부터 1822년까지 290여 년간 포르투갈의 지배를 받았고, 1889년에 이르러서야 노예제도가 폐지된 아픈 역사를 갖고 있다. 아마존 유역의 원주민, 아프리카에서 이주한 흑인과 유럽 이민자, 백인 등 다 민족이 혼재돼 다양한 문화와 전통을 이어가고 있다. 아름다운 대자연과 다양한 볼거리, 먹거리로 가득한 브라질로 여행을 떠나보자.

VENEZUELA
GUYANA
COLOMBIA
SURINAME
French Guiana
ECUADOR

PERU

BRAZIL

BOLIVIA

○ Brasília 브라질리아

PARAGUAY

○ Bonito 보니또 p.488

Rio de Janeiro
히우 지 자네이루 p.448
○ Paraty 빠라지 p.480

○ Foz do Iguaçu
포스 두 이과수 p.472

Isla San Félix
Isla San Ambrosio

CHILE

FIC OCEAN

Islas
Juan Fernández

ARGENTINA

URUGUAY

수도 브라질리아(Brasília)
면적 약 8,515,767㎢
인구 2억1,240만 명(2019년 기준)
통화 헤알 Real(R$)
환율 US$1 = 4.10헤알(2020년 1월 기준)
언어 포르투갈어
경제 1인당 GDP 9,820$(2017년 기준)
시간대 GMT-3
(우리나라보다 12시간 느림, 10월 중순~2월 중순의 서머타임 기간에는 11시간 느리다.)
인종 백인 46.2%, 물라토 45%, 흑인 7.9%, 동양인 0.8% (2012년 기준)
종교 천주교 73.8%, 개신교 15.4%, 기타 토속종교(Umbanda) 등

브라질 기본 정보

주요 연락처

국제코드 +55, **국가 도메인** .br

유용한 전화번호
응급전화 192
경찰 190

한국 대사관 (브라질리아 주재)

🏠 EMBAIXADA DA REPÚBLICA DA COREIA
SEN - Av. das Nações, Lote 14 Asa Norte, 70800-915, Brasilia-DF, Brasil
📞 +55-61-3321-2500
📧 emb-br@mofa.go.kr
공관 업무시간 09:00~12:30, 14:00~17:30

(상파울루 주재 총영사관)

🏠 Av. Paulista 37 (Alameda Santos, 74), 9o andar Cj. 91 - Cerqueira César,
CEP: 01311-902 São Paulo - SP, Brasil
📞 +55-11-3141-1278
📧 cscoreia@mofa.go.kr

주요 도시 지역 번호

브라질리아 61
히우 지 자네이루 21
상파울루 11
살바도르 71
마나우스 92
포스 두 이과수 45

전화

공중전화에서 사용하는 전화카드는 가판대나 키오스크 등에서 구입할 수 있다. 선불 국제전화카드를 이용할 경우 지정 전화번호로 전화를 걸어 영어를 선택하고 카드 고유 식별 번호를 입력하고 다음과 같이 전화번호를 누르면 된다.

📞 (직통) 00 + 82(한국 국가번호) + 0을 뺀 지역번호(휴대전화는 0을 뺀 통신사번호) + 전화번호
ex) 서울 02 567 9876 → 0082 2 567 9876
휴대전화 010 234 5678 → 0082 10 234 5678

기후와 옷차림

남반구인 브라질은 우리나라와 날씨가 정반대이다. 여름은 12~3월이며 겨울은 6~9월이다. 아마존의 경우 연중 30도가 넘으며 11~5월은 우기이다. 열대, 아열대, 온대 기후가 폭넓게 분포한다. 수도인 브라질리아는 19℃~28℃의 아열대성 기후(해발 약 1,170m)이며, 상파울루는 여름 21℃, 겨울 14℃(해발 약 700m), 히우 지 자네이루는 연평균 22.7℃이다.

브라질리아 온도 그래프

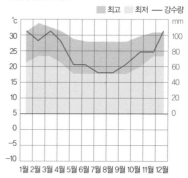

전기

110~220V

A, B, C, I 형 콘센트를 사용한다. 지역에 따라 사용하는 전압과 콘센트의 모양이 다르니 주의해야 한다.

공휴일

1월 1일 신정
2월 중순 카니발 축제
4월 3일 성 금요일
4월 21일 독립운동가 찌라덴찌스 추모일
5월 1일 근로자의 날
6월 4일 성체의 날
9월 7일 독립기념일
10월 12일 성모마리아의 날
11월 2일 망자의 날
11월 15일 공화국 선포일
12월 25일 성탄절

주요 축제 및 이벤트

2월 리우 카니발
6월 페스타 주니나

지리와 국내 교통

브라질은 남아메리카 대륙 중앙에 있다. 국토의 총면적은 약 851만 ㎢로 남아메리카 대륙의 47.3%를 차지하며, 러시아와 캐나다, 중국, 미국에 이어 세계에서 다섯 번째로 큰 나라다. 에콰도르, 칠레를 제외한 남미 모든 국가와 국경을 접하고 있는데 남쪽으로는 우루과이, 아르헨티나, 파라과이가 서쪽으로는 페루, 볼리비아, 북쪽엔 콜롬비아, 베네수엘라, 가이아나, 수리남 등이 접해있다.

브라질은 남미에서 가장 큰 면적을 가진 나라이니만큼 국내외 항공 운항이 활발하다. Gol, Tam, Azul 등 비교적 저렴한 항공이 큰 도시를 연결하며 장거리 국제 버스의 운행도 활발하다. 각 지역에 따라 운행되는 주요 버스 회사가 다르므로 버스 노선을 잘 확인해야 한다. 브라질은 남미 지역 국가 중 버스 요금이 가장 비싸며 회사 및 등급에 따라 서비스, 소요 시간 등 차이가 있다. 상파울루, 히우 지 자네이루, 브라질리아, 마나우스, 포스 두 이과수를 연결하는 버스 값이 비싸다면 저렴한 항공권을 검색해 보는 것도 좋은 방법이다.

우편

브라질에선 우체국을 Correios라 부른다. 브라질은 우편 요금이 타 남미 국가에 비해 비싸다. 무게에 따라 가격이 달라지는데 등기 국제우편으로는 EMS가 있으며 한국으로 발송 시 1~2주 가량 소요된다. 브라질에서 국제 소포를 받고자 할 경우에는 보통 다량의 세금을 물리기 때문에 주의하도록 한다.

correios.com.br

인터넷

브라질은 무선 인터넷이 잘되어 있는 편이다. 무료로 이용할 수 있는 곳은 각종 패스트푸드 체인점, 레스토랑, 카페 등이다. 대부분 호텔과 호스텔에서도 와이파이 사용이 가능하다. Vivo, Claro, Oi, Tim 등 브라질 통신사의 유심 USIM 카드를 사서 3G를 이용하는 방법도 있다.

환전 및 ATM 사용

헤알 환전은 주요 환전소 및 은행 등에서 가능하다. 시티은행 등 Visa 또는 Master 제휴 은행의 ATM에서 출금해 사용할 수 있다. 유의할 점은 브라질은 카드 복제 사고가 잦다. 신용카드 사용을 최대한 자제하고 ATM을 이용한 출금 역시 은행 내에 위치한 ATM에서 낮에 이용하도록 하자. 상점 및 레스토랑, 쇼핑몰, 호텔뿐만 아니라 사설 ATM 기계를 통한 카드 복제 사고가 일어나는 경우가 있기 때문에 브라질에서 만큼은 카드 사용을 하지 않는 것이 좋다.

BRAZIL
브라질 먹거리

브라질은 다양한 민족이 모여 사는 만큼 각 지역에 따라 특색있는 요리들이 많다.
대중적인 요리로는 페이조아다와 슈하스코를 들 수 있는데 고기에 소금 간이 되어있어 우리나라 사람들의 입맛에도 잘 맞다. 더위를 한 방에 날려버릴 아사이 수꾸(주스)와 까이삐리냐도 함께 즐겨보자.

페이조아다 Feijoada

페이조는 콩, 아다는 섞어서 찌다라는 뜻의 포르투갈어로, 검은 콩과 각종 고기를 넣고 푹 끓인 브라질의 대표적인 음식이다. 아프리카 흑인들이 브라질에서 노예 생활을 할 당시 주인이 먹다 남은 것을 음식재료로 사용하면서 유래되었다. 과거에는 돼지 코, 발, 귀 등의 부위를 콩과 섞어 끓여 먹었지만 현재 일반 가정에서는 돼지고기, 갈빗살, 소시지, 베이컨 등을 사용한다. 브라질에서는 토요일 점심에 먹는 요리로 유명하다.

빠스텔 Pastél

반달 또는 큰 직사각형 모양으로 닭고기나 소고기, 치즈 등으로 속을 채워서 먹는 튀김 만두다. 브라질 사람들은 아침에 빠스텔 또는 각종 빵과 스낵류, 특히 치즈가 들어간 빵인 빠옹 지 께이주 Pão de Queijo, 닭고기, 옥수수 등으로 만든 크로켓인 꼬싱야 Coxinha 등을 즐겨 먹는다. 아침 식사 대용으로 주스와 함께 먹는 경우도 많다.

슈하스코 Churrasco

카우보이나 가우초들이 즐겨먹던 브라질식 전통 바비큐 요리. 긴 쇠꼬챙이에 소고기 또는 닭고기, 야채, 파인애플, 소시지 등을 꿰어 숯불에 돌려가며 구운 요리다. 소금을 뿌리면서 각종 부위별로 다양하게 구워낸다. 브라질 각 지역의 슈하스까리아에서는 웨이터들이 큰 꼬치에 부위별로 구워진 고기를 들고 테이블을 돌면서 적당량을 썰어준다.

타카카 Tacacá

노란색의 걸쭉한 수프로 마니옥 가루를 풀어 끓인 것에 말린 새우, 고추 등이 들어간다. 브라질의 중요한 식재료 중 하나인 마니옥 Manioc은 고구마과의 작물로, 찌거나 튀겨서 먹는다. 마니옥을 갈아서 만든 가루인 파리나는 대부분 요리에 활용된다.

아사이 Açaí

아마존강과 그 지류, 열대우림에서 자라는 아사이 야자수 열매로 진한 자주색을 띤다. 항산화 성분이 있어 암 예방과 당뇨에 좋다고 알려졌으며 안토시아닌 성분이 함유되어 피부 건강, 신장, 간에도 좋다. 브라질 원주민들은 '생명의 열매'라고 부른다. 주스, 무스, 아이스크림의 베이스로도 많이 쓰이며 특히 브라질에서는 갈아서 생과일주스로 먹거나 시리얼, 아이스크림, 요거트와 곁들여 먹는다. 주스 가게에서 '수꾸 아사이'를 주문해보자.

브라질 마실거리

커피 Coffee

커피 생산량 세계 1위를 자랑하는 브라질. 커피 콩 대부분은 브라질 중심부의 고원지대에서 5~9월에 재배된다. 미나스 제라이스, 상파울루, 에스피리투 산토 등이 대표 재배지이며 주 품종은 아라비카, 로부스타다. 대표적인 커피로는 아라비카 품종 중 3~4년 산에서 수확하는 버본 산토스 Bourbon Santos, 브라질 최대의 스페셜티 커피 Specialty Coffee로 알려진 몬테알레그레 Montralegre 등이 있다. 브라질 사람들은 환대의 의미로 카페징요 Cafezinho를 대접하는데, 이는 냄비에 물과 설탕을 넣고 끓인 다음 커피 가루를 넣고 다시 끓여 만든 것이다.

까이삐리냐 Caipiriñha

브라질의 국민 칵테일로 유명한 까이삐리냐. 브라질에선 꼭 한 번쯤 맛봐야 하는 칵테일로 사탕수수를 증류한 까샤사 Cachaça에 라임과 설탕을 넣어 만든 것이다. 달콤하고 시원해 여성들에게도 인기가 많다. 이 칵테일을 응용하여 사탕수수 대신 보드카를 넣은 것이 까이삐로스카 Caipirosca, 럼을 넣은 것은 까이삐리시마 Caipirissima라고 한다.

BRAZIL
브라질 인물과 역사

1655-1695	1746-1792	1798-1834	1882-1954

줌비
Zumbi

아프리카 흑인 노예의 후손으로 태어나 노예 해방 전쟁에 일생을 바쳤다. 오늘날 브라질 흑인들의 추앙을 넘어 국민적 영웅으로 대접받고 있다.

찌라덴찌스
Tiradentes

브라질의 독립운동가. 포르투갈로부터 독립을 이루기 위해 헌신했으나 공화국 수립 계획이 발각돼 공개적으로 교수형을 당했다.

페드로 1세
Pedro I

포르투갈 국왕 주앙 6세의 아들로 브라질 제국의 창설자이자 초대 황제.

제툴리우 바르가스
Getúlio Dornelles Vargas

1930년~1945년, 1951년~1954년 두 차례 대통령을 지냈다. 1937년에 친정부 쿠데타를 일으키고, 포르투갈을 모방해 '이스타두노부' 즉 '새로운 체제'라는 이름으로 전체주의적인 독재 권력을 휘둘렀다.

● **기원전 8000년** 베링해를 건너온 투파-과라니 인디오 원주민들이 브라질 각 지역에 살며 원시 농경 생활을 함

● **1500년** 포르투갈 해군 사령관 페드루 알바레스 카브랄에게 발견되면서 브라질이 처음 서구에 알려지기 시작

● **1532년** 마르팀 아폰수 데 소사가 1532년 상비센테를 세우며 본격적인 식민지 시대가 시작됨

● **1580년** 네덜란드 샤인도 회사의 공격을 받아 북동부의 일부가 네덜란드 공화국에게 점령됨 네덜란드는 1661년 철수

● **1763년** 히우 지 자네이루가 식민지의 수도가 됨. 미나스 제라이스에서 금광이 발견돼 골드러시가 일어나 30만 명의 포르투갈인들이 브라질로 이주

● **1807년** 포르투갈 왕가는 리스본에서 히우 지 자네이루로 천도. 포르투갈의 섭정궁 돔 주앙은 나폴레옹의 침략을 두려워하여 브라질로 피신

● **1815년** 포르투갈·브라질·알가르베스로 이루어진 통일 왕국을 새로 설립하면서 수도를 히우 지 자네이루에 두고 브라질을 포르투갈과 동등한 왕국의 범주로 승격

오스카 니메이예르
Oscar Niemeyer

브라질 정부의 도시현대화 프로젝트에 주도적 역할을 한 건축가로 프리츠커상을 수상한 바 있다. 대통령관저(1959), 의사당(1960), 최고재판소, 대성당, 오페라 하우스 등이 그의 작품이다.

펠레
Pelé

20년의 현역 축구선수 생활 동안 1,280골을 기록하며 1970년 월드컵을 우승으로 이끈 전설의 축구선수.

룰라 다 실바
Luiz Inácio Lula da Silva

2003년부터 8년간 대통령으로 재임한 브라질의 노동운동가이자 전 정치인. 빈민들에 대한 식량 무상 제공, 저소득층 생계비 지원, 빈곤한 노동빈곤층의 임금 향상 등 다양한 복지정책을 시행했다.

파울로 코엘료
Paulo Coelho

브라질 사상 최고의 베스트셀러로 기록된 〈연금술사〉의 작가. 인간의 내면을 탐구하고 삶의 본질적 측면을 다루는 소설을 써서 전 세계적으로 사랑을 받았다.

- **1822년** 태자 돔 페드루는 9월 7일 브라질의 독립을 선언
- **1888년** 《황금법》이 공포되면서 서반구에서 마지막까지 유지되었던 노예제도가 폐지됨
- **1889년** 군부 지도자가 혁명을 일으켜 페드루 2세는 왕위에서 물러나면서 11월 15일 연방공화국이 선포됨
- **1889년** 카페 콩 레이치 Café com leite(밀크커피)라고 불렸던 커피 재배가 주된 산업인 상파울루 주와 목축업을 기반으로한 미나스제라이스 주가 서로 대통령을 선출하는 관행이 생김
- **1935년** 10년간 제툴리우 바르가스 대통령의 독재정권을 겪음. 1945년부터 63년까지 정권 교체가 빈번히 일어남
- **1960년** 수도를 브라질리아로 옮김
- **2002년** 브릭스 BRICs로 불리는 경제대국 러시아, 인도, 중국과 함께 상호 무역 협력 조약을 맺음

BRAZIL
브라질, 삼바의 나라

삼바의 시작

앞뒤로 걸으며 상하, 전후, 좌우로 격렬히 몸을 흔드는 춤, 브라질의 상징이 된 '삼바'는 어떻게 생겨났을까. 삼바는 브라질의 아프리카 흑인들이 추던 개성 있고 리드미컬한 4분의 2박자의 전통춤에 마시쉐 등의 장르가 결합하면서 만들어졌다. '삼바'라는 말은 아프리카 앙골라에서 토속신에게 바치는 의식용 음악과 춤인 '쳄바 Semba'에서 유래한 것으로 알려졌는데 명칭의 유래에는 몇 가지 설이 있다. 백인들이 흑인들을 낮추어 부를 때 칭하던 '삼보 Sambo'가 변형된 것이라 보는 시각도 있다.

리우 카니발 Rio Carnival

카니발은 원래 금욕 기간인 사순절을 앞두고 즐기는 축제를 말하는데 브라질의 히우 지 자네이루에서 열리는 '리우 카니발'이 가장 성대하다. 개최 시기는 브라질 정부에서 정하는데, 매년 2월 말부터 3월 초 사이의 4일 동안이다. 이때는 토요일 밤부터 수요일 새벽까지 축제가 이어진다. 원래는 거리 축제였으나 삼바 학교가 생겨나면서 큰 경연이 열리는 축제로 변모했다. 사람들은 삼바 학교에 등록하여 1년 동안 퍼레이드를 준비한다. 각 삼바 스쿨을 상징하는 깃발을 든 여성 무용수 포르타-반제이라와 그녀를 호위하는 남성 무용수 메스트라-살라는 삼바가 아닌 부드럽고 우아한 춤을 추며 관객의 시선을 사로잡는다.

삼보드로무 Sambodromo

삼바 공연장 '삼보드로무'는 700m 길이의 행진로를 위쪽에서 내려다볼 수 있는 9만여 관람석을 갖추고 있다. 퍼레이드에 참가하는 각 삼바 스쿨들은 이 행진로를 대략 60~80분 동안 지나가며 준비한 프로그램을 펼쳐 보인다. 삼보드로무는 구역마다 입장료가 다른데, 스페셜 삼바 그룹의 퍼레이드가 펼쳐지는 축제 마지막 이틀의 입장권 패키지는 암표가 성행하는 것으로 유명하다. 카니발이 끝나고 삼바 경연 대회 심사 결과가 발표된다. 최종 우승한 삼바 스쿨에게는 상금이 수여되고 우승한 삼바 스쿨과 상위 입상한 삼바 스쿨들은 삼보드로무 Sambodromo에서 다시 한 번 행진한다.

히우에선 라이브 '삼바' 음악을 즐기자

히우에 왔다면 라이브 바에서 삼바를 즐겨보자. 주말의 '라파'지구는 다양한 밴드 공연으로 북적인다. 마음에 드는 바를 찾아 가자.
미리 홈페이지를 통해 공연 스케줄 등을 확인해두는 것도 좋다. 공연은 가급적 여럿이 가도록 하고, 이동 시 택시를 이용하자. 치안이
좋은 편이 아니므로 도난 등 사고에 유의해야 한다.

Rio Scenarium

라파 지역에서 가장 인기 있는 라이브
바. 현지인과 관광객에게 두루 인기가
많다. 3층 규모의 클럽엔 삼바 등 각각
다른 장르의 라이브 밴드가 음악을 연
주한다. 브라질 라이브 음악을 맘껏 즐
기고 싶다면 방문해보자.

🏠 Rua do Lavradio 20
🕐 화~토 19:30~02:30

Carioca da Gema

매일 오후 9시부터 11시까지 뮤지션들의 라
이브 공연이 열린다. 홈페이지에서 미리 공
연 스케줄을 확인하자. 아르코스 다 라파에
서 가깝다.

🏠 Av. Mem de Sa, 79
📞 55 21 2221 0043
🕐 21:00~ (공연은 21:00~23:00)
barcariocadagema.com.br

Circo Voador

아르코스 다 라파 바로 뒤에 있는 원형
모양의 공연장. 삼바와 보사노바 등 다
양한 브라질 라이브 공연이 열린다. 금
요일과 토요일엔 항상 공연이 있고 그
외 요일은 홈페이지의 공연 스케줄을
확인하자.

🏠 Rua Arcos – Lapa
📞 55 21 2533 0354
circovoador.com.br

Rio Scenarium

Carioca da Gema

Circo Voador

BRAZIL
브라질 꼭 가봐야 할 곳

④

히우 지 자네이루는 브라질리아로 수도를 옮기기 전까지 200여 년간 브라질의 수도 역할을 해왔던 곳으로 포르투갈 식민지 유산이 고스란히 남아있는 브라질의 대표적인 도시다. 아름다운 해변과 카니발, 삼바 댄스 등 특유의 매력으로 넘친다. 맛있는 먹거리, 볼거리로 넘쳐나는 이 도시를 즐기다 보면 떠나기가 아쉬워질 것이다.

RIO DE JANEIRO
히우 지 자네이루

히우는 브라질에서 가장 유명한 관광 도시인 만큼 유럽과 북중미, 남미를 연결하는 다양한 교통편이 있다. 대부분의 여행객은 비행기를 통해 갈레엉 국제공항으로 들어온다.

주요 도시 소요 시간 (비행기/버스)
상파울루 1시간(비행기) / 6시간(버스)
포스 두 이과수 2시간(비행기) / 22시간(버스)
빠라지 4시간30분(버스)
부에노스 아이레스 2시간30분(비행기) / 36시간(버스)

히우 지 자네이루 드나드는 방법 항공

히우 지 자네이루에는 갈레엉, 산토 듀몬트 두 개의 공항이 있다. 국제공항인 갈레엉 공항으로는 다양한 국제 항공사들이 취항한다. 상파울루와 히우를 잇는 국내선 역시 인기 노선으로 GOL, Avianca, Azul등 다양한 브라질 저가항공사들이 운항을 하고 있다.

갈레엉 국제공항

산토 듀몬트 공항

프리미엄 버스

✈ 갈레엉 안토니우 카를루스 조빙 국제공항 Aeroporto Internacional do Rio de Janeiro/Galeão – Antonio Carlos Jobim(GIG)

도심에서 북쪽으로 20km 떨어진 갈레엉 공항(GIG)은 히우 출신의 유명 보사노바 음악가인 안토니우 카를루스 조빙의 이름을 따 만들어졌다. 대부분의 국제선 비행기는 갈레엉 공항으로 들어오는데 브라질 국내선의 경우도 갈레엉 공항을 통하는 경우도 많다. 갈레엉 공항은 1, 2터미널로 나뉘어 있으며 보통 1터미널은 중남미 지역 항공사, 2터미널은 미국, 중동 등의 국제 항공사들이 쓰고 있다. 공항 이동 시 이용하려는 항공과 터미널을 잘 확인하자.

갈레엉 공항에서 시내 가기

① 프리미엄 버스 Premium bus

시내로 갈 때는 공항 바깥의 프리미엄 버스 Premium bus 정류장에서 30~40분 간격으로 운행하는 2018번을 탄다. 2018번은 갈레엉 공항에서 산토 듀몬트 공항(SDU)을 거쳐 코파카바나, 이파네마로 간다. BR14.65(1시간 소요) 시내에서 공항으로 갈 때는 코파카바나 또는 이파네마 해안도로의 버스정류장에서 2018번을 탄다. realautoonibus.com.br

히우 공인 택시

② 택시

입국장에서 미리 티켓을 끊어 타는 프리페이드 택시를 이용하는 것이 가장 안전하다. 바깥에 정차해 있는 노란색의 택시는 미터제로 운행되며 보통 코파카바나 지역까지 BR60~70정도가 나온다. 약 20~30분 소요. 공항과 시내를 오가는 사설 회사의 셔틀버스(갈레엉 국제공항 BR25, 산토 듀몬트 BR18)도 있지만 미리 인터넷 또는 전화로 예약해야 이용 가능하다. 시내에서 공항으로 갈 때는 각 호스텔에서 예약을 대행해준다. shuttlerio.com.br

✈ 산토 듀몬트 공항 Aeroporto Santos Dumont(SDU)

도심의 동쪽 구아나바라만에 위치한 공항으로 브라질 국내선이 주로 운항된다. 취항 항공사는 GOL, Avianca, Azul, TAM 항공사 등이 있다. 상파울루, 브라질리아, 마나우스, 쿠이아바, 캄포 그란데, 보니뚜, 포스 두 이과수 등 브라질의 각 지역을 잇는 다양한 항공편이 있다. 히우 지 자네이루의 센트로와 가깝다.

산토 듀몬트 공항에서 시내가기

① 프리미엄 버스 Premium bus

입국장 밖의 프리미엄 버스 Premium bus 정류장에서 30~40분 간격으로 운행하는 2018번을 탄다. 이 버스는 센트로를 거쳐 코파카바나, 이파네마 지역으로 간다. BR14.65(30~40분 소요)

② 택시

택시를 타면 코파카바나 지역까지 약 15분 정도 걸리며 미터 택시를 탈 경우 미터 요금은 보통 BR30~40정도이다.

히우 지 자네이루 드나드는 방법 버스

브라질은 넓은 대륙을 가진 나라로 브라질 전 지역으로의 장거리 버스 운행이 활발하다. 정규 시각을 준수하고 버스 역시 깨끗한 편이다. 하지만 버스 요금이 타 남미 국가에 비해 비싸고, 장거리 버스의 경우 때에 따라 저가항공과 비슷한 수준의 요금을 내야하는 경우도 있다. 대도시의 버스터미널 부근은 치안이 좋지 않기 때문에 이동 시에는 항상 유의하도록 하자.

🚌 호도비아리아 버스터미널 Terminal Rodoviario do Rio de Janeiro

히우의 버스터미널 호도비아리아 Rodoviario Novo Rio는 치안이 좋지 않은 센트로 북서쪽 '산 크리스토 Santo Cristo' 지역에 있다. 늦은 밤 도착했을 경우 반드시 동행과 함께 택시를 이용하고 낮에도 택시를 이용하는 편이 낫다. 주말 낮에는 센트로 전체가 텅텅 비기 때문에 가급적 거리를 걸어 다니지 말고 안전에 특히 유의할 것. 시내버스를 타고 터미널로 가려면 이파네마 R, VISCONDE DE PIRAJA 거리, 코파카바나의 AV. NOSSA SENHORA DE COPACABANA 거리의 BRS 2번 버스 정류장에서 474번 버스를 타면 된다. 버스터미널 건너편 50m 지점에 내리기 때문에 버스기사, 승객들에게 물어 하차 지점을 잘 확인하자. (30분 소요)

Avenida Francisco Bicalho 01, Santo Cristo

novorio.com.br

버스 정류장

브라질 전역 버스 시간표 확인

buscaonibus.com.br

버스터미널

시내 교통

메트로 Metrô Rio

히우에는 2개의 메트로 노선이 있어 센트로와 코파카바나, 이파네마 지역을 돌아보기에 편하다. 선불식 Pre-paid 카드를 매표소에서 구입해 사용할 수도 있으며 1회권 카드를 사는 경우 요금은 BR3.70이다. 보통 자정까지 운행하지만 늦은 저녁에는 이용자가 적고 치안 상태가 좋지 않기 때문에 이용하지 않는 것이 좋다.

메트로 이용시간

○ 월~금 05:00~24:00
일요일, 공휴일 07:00~23:00
metrorio.com.br

메트로 1회권

버스 Bus

과거 히우 지 자네이루의 공용 버스는 강도 등으로 악명이 높았으나 지금은 치안이 많이 개선되었다. 하지만 가급적 낮에만 이용하는 것이 좋다. 히우에는 다양한 종류의 시내버스가 있다. 일반 시내버스와 고급형인 프레스카우Frescao라 불리는 고급형 버스, 메트로역과 그 외 지역을 연결하는 메트로버스 등이 있다. 가격은 BR2.7~3.5 정도 이다. 히우 대부분의 지역이 일방통행로이기 때문에 내리는 지점과 타는 지점이 다른 경우가 많다. 버스정류장은 보통 BRS 1, 2, 3번으로 나뉘어 있고 각 정류장에 서는 버스 번호가 다르므로 정류장에 적힌 번호를 확인하도록 하자. 센트로에서 코파카바나, 이파네마 해변을 오갈 때에는 123, 124 버스를, 이파네마, 코파카바나, 센트로를 거쳐 코르코바두를 갈 경우 570, 584번을 타면 된다.

시내 교통버스

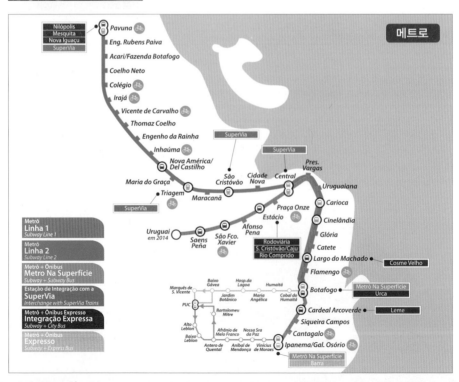

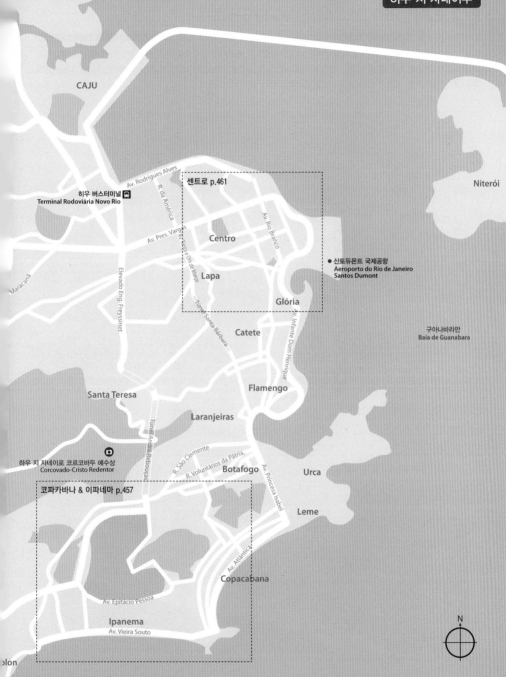

CAJU

Niterói

센트로 p.461

히우 버스터미널
Terminal Rodoviária Novo Rio

Av. Rodrigues Alves

R. da América

Av. Pres. Vargas

Av. Ruar e lm de março

Centro

Av. Rio Branco

Lapa

산토두몬트 국제공항
Aeroporto do Rio de Janeiro
Santos Dumont

Glória

구아나바라만
Baía de Guanabara

Maracanã

Elevado Eng. Freyssinet

Túnel Santa Bárbara

Catete

Av. Infante Dom Henrique

Santa Teresa

Flamengo

Laranjeiras

Túnel André Rebouças

R. São Clemente

R. Voluntários da Pátria

하우 지 자네이로 코르코바두 예수상
Corcovado-Cristo Redentor

Botafogo

Av. Princesa Isabel

Urca

코파카바나 & 이파네마 p.457

Leme

Av. Atlântica

Copacabana

Av. Epitácio Pessoa

Ipanema
Av. Vieira Souto

olon

N

보자! RIO DE JANEIRO SIGHTS

히우 지 자네이루는 센트로 지역과 라파, 산타테레사, 보타포고, 코파카바나, 이파네마 지역에 볼거리가 흩어져있다. 주말의 센트로는 텅텅 비고 치안 역시 좋지 않기 때문에 센트로를 돌아볼 예정이라면 반드시 평일 낮에 가도록 하자. 월요일에는 박물관, 미술관 등 주요 공공시설이 대부분 휴관을 한다는 점도 유의하자.

추천 일정

첫째 날
- 코르코바두
- 빵 지 아수까르
- 코파카바나 해변
- 이파네마 해변

둘째 날
- 메트로폴리따나 성당
- 아르코스 다 라파
- 세라론의 계단
- 시립극장
- 국립미술관
- 국립도서관
- 깐델라리아 교회
- 11월 15일 광장
- 아르꾸 지 떼지스
- 빠수 임페리알
- 찌라덴찌스 기념관

셋째 날
- 니테로이 현대미술관
- 모던 아트 뮤지엄
- 마라까냥 경기장
- 파벨라 투어

> **TIP**
> **추천 일정 팁**
> ------------------
> 시간이 얼마 없는 여행자라면 하루는 해변에, 하루는 센트로 지역을 도는데 할애하자. 축구를 좋아한다면 마라까냥 경기장을, 미술에 관심이 많다면 관련 미술관들을 돌아보자.

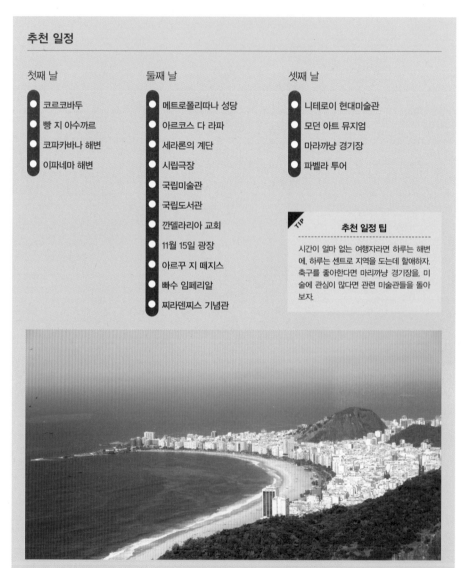

Rio de Janeiro
첫째 날

첫째 날은 히우의 랜드마크인 코르코바두에서부터 시작하자. 사시사철 몰려드는 인파를 조금이라도 피하고 싶다면 코르코바두와 빵 지 아수까르는 개장 시간에 맞춰 가는 것이 좋다. 성수기에는 가급적 인터넷 예약을 하고 가자. 유명 관광지라는 점을 잊고 무작정 방문했다가 장시간 기다려야 하는 불상사가 생기므로 시간대와 동선을 고려해 일정에 차질이 없도록 한다.

코르코바두 Corcovado-Cristo Redentor

세계 7대 불가사의로도 알려진 히우의 대표적인 랜드마크인 예수상. 예수상은 1931년 포르투갈로부터의 독립 100주년을 기념해 710m 높이의 코르코바두 언덕에 38m 높이로 건립됐다. 양 팔의 길이는 28m, 무게는 1만1,145톤이다. 1926년부터 1931년까지 6년여에 걸쳐 공사가 이뤄졌으며 신체 부분을 따로 조각하여 결합하는 방식으로 제작됐다. 언덕에 오르면 센트로와 코파카바나 해변, 빵 지 아수까르 등의 전망이 한 눈에 들어온다. 구름에 시야가 가리는 날이 많으니 가급적 날씨가 맑은 날 오전을 선택해 방문하도록 하자.

코스메 벨로Cosme Velho 지역에 있는 코르코바두 트램 정류장까지 대중교통을 이용해 가려면 이파네마의 비스콘데 데 피아자Rua visconde de piraja, 코파카바나의 노사 세노라 데 코파카바나Nossa senhora de copacabana 거리에서 570, 584번을 탄다(40분 소요). 센트로에서는 라구나 마차도 Laguna machado 역 앞에서 570, 584번 버스를 타면 된다. 코파카바나 및 이파네마 지역에서 트램 정류장까지 택시를 탈 경우 택시 1대당 25~35헤알 정도를 예상하면 된다. (30분 소요)

코르코바두로 올라 가는 드램은 BR51이며 30분마다 1대씩 출발한다. 티켓에 탑승 시간이 지정되어 나오는데, 성수기에는 오래 기다려야 할 수도 있다. 가

코르코바두

⌂ Cosme Velho 513
⊙ 트램 탑승 08:00~19:00(매 30분)
🚋 트램 왕복 성수기 BR62(토요일 및 공휴일 포함) 비수기 BR51
corcovado.com.br

TIP
히우에서 버스타기

코바파카나와 이파네마 지역은 해안 도로를 제외하고는 모두 일방통행로로 되어 있기 때문에 버스 승차와 하차를 하는 지점이 다르다. 또한, 버스 종류와 번호에 따라 버스정류장이 BRS 1,2,3번으로 나뉘어 있다. 타고자 하는 버스가 해당 정류장에 하차하는지 확인한 뒤 기다리도록 하자. 버스에 탑승했을 땐 앞에서 검표원에게 돈을 내고 안전바를 돌려 들어가고 내릴 땐 뒷문으로 내린다.

예수상 셔틀버스

예수상 트램

급적 인터넷을 통해 표를 예매하자. 인터넷으로 예약한 경우 예약 내역을 프린트한 뒤 여권과 함께 매표소에 제시하면 된다. 그 외 코파카바나와 센트로의 지정 키오스크(키오스크 리오투어 코파카바나: Avenida Atlântica , Hilário de Gouveia 거리 반대편, 센트로 칸델라리아 – Candelaria 6)에서도 표를 살 수 있으며 프로모션으로 왕복 차량과 입장료를 묶어서 비교적 저렴한 가격에 팔기도 한다. 트램 정류장 인근에 대기하고 있는 지정 콜렉티보를 이용해서도 코르코바두 언덕까지 올라갈 수 있다. (언덕을 오르는 길엔 빈민촌이 형성돼 있어 치안이 좋지 않으니 절대 걸어서 오르지 않도록 한다)

🚶 코르코바두에서 내려와 570, 584번 버스를 타고 센트로 또는 코파카바나 지역으로 가자.

빵 지 아수까르 Pão de Açúcar

빵 지 아수까르

🏠 Av. Pasteur 520, Urca

⊙ **Open** 08:00~19:50 (티켓은 오후 7시 50분까지 구입 가능)

🎫 왕복 일반 BR76 학생 BR38(학생증 소지 시)

bondinho.com.br

슈가로프 Sugar loaf 마운틴으로 알려진 바위산. 일명 '빵 산'이라고 불리는 이 산은 396m로 마치 설탕을 쌓은 것과 같은 모양이라 하여 '빵 지 아수까르'라는 이름이 붙여졌다. 우르까 언덕(212m)과 빵 지 아수까르(396m) 정상부가 두 개의 케이블로 연결돼 있다. 여기서 바라보는 히우의 모습이 아름답기로 유명해 낮과 밤을 가리지 않고 많은 관광객이 몰린다. 인파를 피하려면 문 여는 시각에 맞춰 가거나 미리 인터넷으로 표를 예매한 뒤 느지막이 방문하자. 대기 시간이 짧다는 장점이 있다. (기다리는 줄이 다르니 매표 라인을 잘 확인하자.) 케이블카 티켓은 케이블카를 타고 내릴 때 (총 4회) 필요하므로 잘 보관하도록 한다.

빵 지 아수까르는 우르카 Urca 지역에 있다. 코파카바나에서 도보로 가기엔 다소 먼 거리이므로 대중교통을 이용해 가려면 코파카바나 BRS 2번 정거장에서 511번 버스를 타자(BR3). 올 때는 512번 버스를 타면 코파카바나로 되돌아올 수 있다. 일행이 여러 명이라면 택시를 이용하자. 코파카바나에서는 그리 멀지 않은 편으로 택시 1대당 15~20헤알 정도이다.

🚶 센트로에서 코파카바나, 이파네마 해변을 오갈 때에는 123,124버스를 타면 된다. 이 지역은 일방통행로가 많고 버스 번호에 따라 타는 정류장 번호가 다르므로 잘 확인하도록 한다.

빵 지 아수까르 케이블카

빵 지 아수까르에서 내려다본 히우의 모습

코파카바나 & 이파네마

N

붕지 이수까로
Pão de Açucar

(511, 512)

Av. Atlântica

R. Gustavo Sampaio

Av. Princesa Isabel

Joaquina Bar e
Restaurante

R. Duvivier

Churrascaria Palace

R. Rodolfo Dantas

Av. Lauro Sodré

Av. Atlântica

BRS 2 버스정류장
127, 128 버스타면
511 붕 지 이수까로 방면

코파카바나 해변
Praia Copacabana

R. Siqueira Campos

Av. N S de Copacabana

R. Barata Ribeiro

R. Tonelero

R. Gen. Só

R. Gen. Políd

R. Arnaldo Quintela

R. Álvaro Ramos

Cardeal Arcoverde
M

Siqueira
Campos
M

R. Figueiredo de Magalhães

육군박물관
Copacabana Fort

R. Mena Barreto

R. Gen. Polidoro

R. Santa Clara

Av. Atlântica

코파카바나 요새

R. Voluntários da Pátria

R. Humaitá

Che Lagarto Suites Copacabana Anita

R. Leopoldo Miguez

R. Barata Ribeiro

Av. N.S. de Copacabana

R. Domingos Ferreira

경찰서 2018 버스
타는 곳

Parque Garota de Ipanema

Pedra do Arpoador

R. Pompeu Loureiro

Rua Pompeu Loureiro

R. Raul Pompéia

R. Francisco Otaviano

R. Ipanema

R. Jardim Botânico

Av. Epitácio Pessoa

Av. Epitácio Pessoa

Av. Epitácio Pessoa

R. Joaquim Nabuco

Av. Rainha Elisabeth

BRS 1, 3
버스정류장

Hostel Light house

Koni Store
M

R. Teixeira de Melo

오소리우 역
General Osório

Viaduto Saint Hilaire

R. Farme de Amoedo

R. Vinícius de Moraes

The Mango Tree

코르코바두언덕
R. Bogres de Medeiros

R. Joana Angélica

R. Prudente de Morais

Av. Vieira Souto

R. Maria Quitéria

Ipanema
Beach House

R. Garcia d'Ávila

Zaza Bistro Tropical

2018 버스 타는 곳
360, 382 센트로,
까리오까역 방향

이파네마 해변
Praia Ipanema

R. Nascimento Silva

R. Redentor

R. Barão de Jaguaripe

R. Barão da Torre

R. Visc. de Pirajá

Av. Henrique Dumont

R. Paul Redfern

Che Lagarto
Hostel Ipanema

Av. Afrânio de Melo Franco

R. Almirante Guilhem

R. Gilberto Cardoso

R. Mario Ribeiro

Av. Borges de Medeiros

R. Jardim Botânico

R. José Linhares

CT
Boucherie

Av. Bartolomeu Mitre

Av. Delfim Moreira

R. Gen. Urquiza

코파카바나 해변

코파카바나 해변 Praia Copacabana

아름다운 해안선과 5km에 이르는 긴 백사장이 매력인 히우의 대표적인 해변. 해변을 따라 조성된 코파카바나 산책로는 1970년에 재정비 됐다. 검은색과 흰색이 교차하는 기하학적인 파도 문양이 이색적이다. 해변과 산책로 뒤에는 고급 호텔과 레스토랑, 주거용 오피스텔이 줄지어 서 있다. 코파카바나 해변을 더욱 매력적으로 만들어 주는 것은 주말에 일광욕과 비치발리볼을 즐기는 히우 현지인들의 자유로운 모습. 해변을 즐기는 것도 좋지만 카메라, 핸드폰을 노리는 좀도둑이 많기 때문에 소지품 보관에 특히 유의해야 한다. 귀중품은 숙소에 두고 약간의 비상금만 갖고 나올 것.

🚶 코파카바나 해변보다 덜 붐비는 해변을 원한다면 코피카바나 요새 Forte de Copacabana 너머에 있는 이파네마 해변으로 가자. 해안도로가 끝나는 지점까지 가서 꺾어지는 길을 따라 조금만 가면 이파네마 해변이 나온다.

이파네마 해변 Praia Ipanema

코파카바나보다 한적한 해변으로 일몰 시간대에 가면 바닷가 서쪽 끝의 봉우리와 함께 어우러진 아름다운 풍경을 볼 수 있다. 겨울에는 3~5m의 파도가 일어 서핑을 즐기는 이들이 많다. 해안 산책로를 따라 조깅을 하거나 자전거를 타는 등 여유 있게 해변을 즐기자. 해안가 뒤로는 고급주택가가 형성되어 있다. 서쪽으로는 부유층이 사는 레블롱 Leblon 지역이 이어지고 유명한 모래사장 포스토 노베 Posto Nove가 있다.

이파네마 해변

코파카바나 해변

📍 메트로 Siqueira Campos역에서
　도보 10분

이파네마 해변

📍 메트로 General Osorio역에서
　도보 3분

히우 바이크 Rio bike를 타자

코파카바나와 이파네마 해안에는 자전거 전용도로가 조
성돼 있다. 사실 대여업체에서 자전거를 빌리거나 자전거
투어를 신청하는 것도 방법이지만 시에서 만든 히우 바
이크를 타는 것도 방법. 먼저 BIKE RIO 앱을 내려 받거나
웹사이트 bikerio.tembici.com.br를 통해 회원가입을 해야
한다. 한 달 이용권은 10헤알이며 하루 이용권은 5헤알이
다. 결제는 신용카드로만 가능하다. 결제를 완료하면 앱
을 통해 자전거 정류장을 지정하고, 해당하는 자전거의
번호를 고를 수 있다. 지정이 끝나면 해당 정류장의 자전
거에서 초록불이 뜨면서 거치대에서 자전거가 분리되며
이용 후 다시 거치대에 반납하면 된다.

bikerio.tembici.com.br

Rio de Janeiro

둘째 날

히우 센트로를 둘러보는 일정이다. 까리오까 역 앞에서 출발하는 프리워킹 투어를 이용하면 보다 효율적으로 돌아볼 수 있
다. 주말엔 센트로가 텅텅 비며 대부분의 곳들이 문을 닫는다는 점에 유의해 요일을 잘 고려해 움직이도록 하자.

메트로폴리따나 성당 Catedral Metropolitana de São Sebastião

1964년 건립을 시작해 1976년 문을 연 이 대성당은 원뿔형의 매우 독특한 모
양으로 유명하다. 지름 104m, 높이 68m, 수용 인원은 2만5,000명으로 엄숙
함과 현대적인 느낌이 조화를 이룬다. 성당의 이름은 브라질 성인인 성 세
바스티안의 이름을 따서 지었다. 천장부터 바닥까지 4면을 가득 채운 스테
인그라스가 인상적이며 이 사이로 자연광이 들어와 종교적 경건함을 느끼
게 한다.

메트로폴리따나 성당
⌂ Av. República do chile 245
⊙ Open 매일 07:00~18:00

🚶 센트로 까리오까 역을 나와 Av. república do Chile 길을 따라 라파 Lapa 방향
으로 한 블록만 올라오자. 방향이 헷갈린다면 까리오까 역 뒤로 보이는 거대한 사
각형의 Petrobras 타워를 찾아 그 뒤로 오면 된다.

메트로폴리따나 성당

메트로폴리따나 성당 내부

아르코스 다 라파 Arcos Da Lapa

라파와 산타테레사를 잇는 곳에 세워진 아치로 까리오까 아쿠덕트 Carioca Aqueduct라고도 한다. 18세기 중반에 지어졌다. 이 아치 위로 트램이 다녔으나 2011년 브레이크 오작동으로 5명이 목숨을 잃는 사고가 발생해 현재는 운행하지 않는다. 히우 시는 대대적인 정비를 거쳐 재운행을 하겠다고 발표한 바 있다. 아치 뒤로는 삼바를 연주하는 바가 밀집해 있어 주말 저녁엔 사람들로 붐빈다. 주변 지역의 치안은 좋지 않은 편이니 야간 이동 시에는 반드시 택시를 이용하고 인적이 드문 길은 걷지 않도록 한다.

🚶 메트로폴리타나 성당을 나와 Av. República Doparaguai길을 따라 내려오면 하얀색의 아치인 '아르코스 다 라파'가 눈에 들어온다. 세라론의 계단은 아치를 바라보고 섰을 때 왼쪽 건너편의 골목 뒤에 있다.

세라론의 계단 Escadaria Selarón

칠레 예술가인 세라론 Selarón이 다양한 색깔의 타일을 이용해 꾸민 계단으로 특유의 알록달록한 색감이 브라질과 잘 어울리는 곳이다. 총 215개의 계단에 2,000여개의 타일을 붙였는데 자신에게 피난처가 되어주었던 브라질에 감사의 표시로 작업을 시작했다고 한다. 1990년부터 진행해 2000년대 초반 히우의 명물로 떠오르면서 세계 각국으로부터 다양한 타일을 기증받았다. 산타 테레사와 라파의 중간 지역에 있다.

아르코스 다 라파

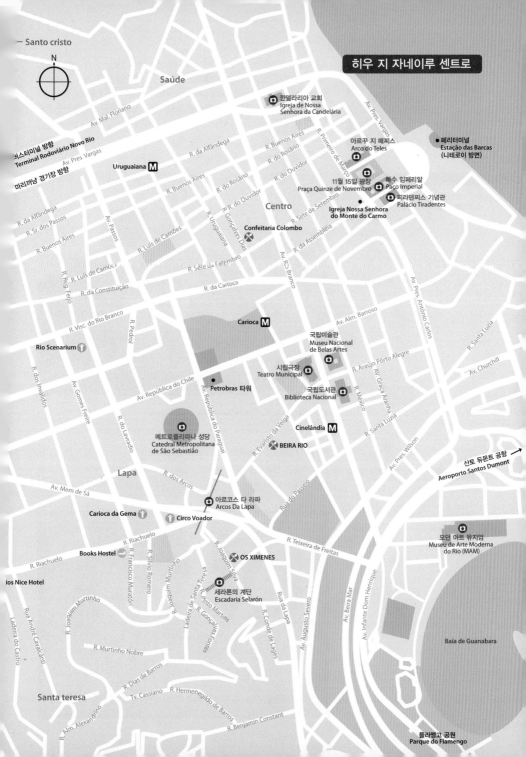

— Santo cristo

N

히우 지 자네이루 센트로

Saúde

깐델라리아 교회
Igreja de Nossa
Senhora da Candelária

Av. Mal. Floriano

아르꾸 지 떼레쓰
Arco do Teles

● 페리터미널
Estação das Barcas
(니테로이 방면)

버스터미널 방향
Terminal Rodoviário Novo Rio
마리까낭 경기장 방향

Av. Pres. Vargas

R. da Alfândega

R. Buenos Aires
R. do Rosário

R. Primeiro de Março

Uruguaiana M

R. Buenos Aires

R. do Rosário

R. do Ouvidor

11월 15일 광장
Praça Quinze de Novembro

빠수 임페리알
Paço Imperial

R. da Alfândega

R. Sr. dos Passos

R. Buenos Aires

R. R. do Ouvidor

R. Gonçalves Dias

Centro

R. Sete de Setembro

Igreja Nossa Senhora
do Monte do Carmo

찌라덴찌스 기념관
Palácio Tiradentes

R. Luís de Camões

R. Luís de Camõc

R. Reg. Feijó

R. da Constituição

R. Uruguaiana

Confeitaria Colombo

R. Sete de Setembro

R. da Assembléia

Av. Passos

R. Visc. do Rio Branco

R. da Carioca

R. Pedro I

Carioca M

Av. Alm. Barroso

R. Santa Luzia

R. Santa Luzia

Av. Churchill

Rio Scenarium ☂

R. dos Inválidos

Av. Gomes Freire

Av. República do Chile

Petrobras 타워

국립미술관
Museu Nacional
de Belas Artes

R. Araújo Pôrto Alegre

R. Graça Aranha

Av. Rio Branco

Av. República do Paraguai

시립극장
Teatro Municipal

R. do Lavradio

메트로뽈리따나 성당
Catedral Metropolitana
de São Sebastião

R. Evaristo da Veiga

국립도서관
Biblioteca Nacional

R. México

R. Santa Luzia

Cinelândia M

Av. Pres. Wilson

Lapa

R. dos Arcos

BEIRA RIO

산토 두몬트 공항
Aeroporto Santos Dumont

Av. Mem de Sá

Carioca da Gema ☂

Circo Voador

아르코스 다 라파
Arcos Da Lapa

Rua do Passeio

R. Riachuelo

R. Teixeira de Freitas

모던 아트 뮤지엄
Museu de Arte Moderna
do Rio (MAM)

Books Hostel

R. Francisco Muratóri

R. Silvio Romero

R. Joaquim Murtinho

OS XIMENES

R. Joaquim Silva

R. Augusto Severo

R. Beira Mar

R. Conde de Lages

R. da Lapa

Av. Beira Mar

ios Nice Hotel

R. Riachuelo

세라론의 계단
Escadaria Selarón

R. Joaquim Murtinho

Ladeira de Santa Teresa

R. Anto Martins

R. Gonçalves Fontes

Baía de Guanabara

R. André Cavalcanti

R. Murtinho Nobre

Av. Infante Dom Henrique

Ladeira do Castro

Santa teresa

R. Dias de Barros

Tv. Cassiano

R. Hermenegildo de Barros

R. Benjamin Constant

플라멩고 공원
Parque do Flamengo

R. Alm. Alexandrino

페이조아다

시립극장

🏠 Praça Florianno
🕐 Open 화~토 11:00 개관

👣 세라론의 계단까지 보았다면 계단 아래에 있는 페이조아다 전문점 OS XIMENES에서 브라질 전통음식 페이조아다를 맛보자. 또는 아르코 다 라파에서 센트로로 이어지는 길목인 Rua Evaristo da veiga 거리에 있는 키로(kg) 뷔페 전문점에서 점심 식사를 하자. 이 길을 조금만 걷다보면 시립극장과 국립미술관, 국립도서관 등이 보인다.

시립극장 Teatro Municipal

파리 오페라 하우스를 본 따 1909년에 개관한 시립극장. 현재까지 다양한 클래식, 오페라 공연이 열린다.

시립극장

👣 시립극장 왼쪽의 길 건너편에 국립미술관이 있다.

국립미술관 Museu Nacional de Belas Artes

17세기부터 20세기에 이르기까지 다양한 순수 미술 작품을 전시한 곳. 포르투갈 식민지 당시 그려진 회화작품, 유럽 고전, 현대 미술을 만나볼 수 있다.

국립미술관

🏠 Av. Rio Branco 199
🕐 Open 화~금 10:00~18:00
　　토~일 12:00~17:00
　　Close 월요일
🎫 입장료 일반 BR8 (일요일 무료)
mnba.gov.br

국립 미술관

👣 국립미술관 건너편에 국립도서관이 있고 그 앞으로 히우 시청사가 서 있다.

국립도서관 Biblioteca Nacional

세계에서 가장 큰 도서관 가운데 하나로 알려져 있다. 안내데스크에서 신분 확인 후 개별 투어가 가능하다. 가방은 보관함에 맡기고 들어가야 한다.

👣 국립도서관을 나와 Av. Rio Branco의 북쪽(센트로 방향)으로 따라 걷자. Rua sete de setemrto에서 꺾여 다음 골목으로 들어가면 히우의 오래된 사교 카페인 컨페타리아 콜롬보 Confeitaria Colombo가 나온다. 케이크와 빵 등 다양한 디저트를 즐기며 함께 잠시 쉬어가자.
곤쌀베스 지아스 거리나 아베니다 리오 브랑코 거리를 따라 북쪽으로 걷다가 대로변에서 우회전하면 깐델라리아 교회가 보인다.

깐델라리아 교회 Igreja de Nossa Senhora da Candelária

1877년에 만들어진 이 교회는 특유의 웅장함을 자랑한다. 내부는 포르투갈의 전통 방식인 나무로 장식하지 않고 모두 대리석으로 만들어져있다. 상부의 돔은 리스본에서 가져온 석회암으로 만들어졌다고 한다.

👣 해안가에서 멀지않은 R. Primeiro de Março 대로변을 따라 걷다보면 11월 15일 광장을 만난다.

국립도서관

🏠 Av. Rio Branco, 219

🕐 Open 월~금 09:00~20:00
　　토~일 12:00~17:00

🎟 입장료 일반 BR8 (일요일 무료)

깐델라리아 교회

🏠 Praca Pio X

🕐 Open 월~금 07:30~16:00
　　토 08:00~12:00 일 09:00~13:00

깐델라리아 교회　　　　　　　　　　　　　　　깐델라리아 교회 내부

11월 15일 광장 Praça Quinze de Novembro

11월 15일 광장

☗ Praça Quinze de Novembro, 21

히우가 브라질의 수도였던 200년 동안 브라질의 정치, 사회적 중심지 역할을 한 곳. 왕정 기간엔 왕의 대관식이 치러졌다. 브라질 공화국 선언일인 1889년 11월 15일에서 그 이름을 따왔다.

아르꾸 지 떼찌스 Arco do Teles

아르꾸 지 떼찌스

☗ Praca XV de Novembro

11월 15일 광장 옆 아치가 있는 작은 골목으로 들어가면 1910년경 지어진 낡고 오래된 식민지풍 건물들이 눈에 띈다. 이곳엔 페이조아다 등을 파는 다양한 야외 레스토랑들과 펍이 있다. 늦은 점심이나 저녁시간엔 식사를 하거나 맥주를 즐기는 현지인들과 관광객들로 붐빈다.

🚶 11월 15일 광장에 접해있는 하얀색의 긴 건물이 빠수 임페리알이다. 작은 문을 통해 내부로 들어가 보자. 브라질 역사에 대해 설명해놓은 전시관이 있다.

아르꾸 지 떼찌스 야외 레스토랑들과 펍

빠수 임페리알 Paço Imperial

1743년부터 포르투갈 총독 사령부로 사용되다가 독립 이후 1822년 브라질이 독립국가가 된 이후 돔 페드로 1, 2세의 거처로 활용됐다. 이곳은 1889년까지 150년 동안 브라질 정치, 역사의 중심지 역할을 했다. 특히 1888년엔 페드로 2세의 딸인 이사벨 공주가 아버지를 대신해 섭정을 했을 때 이곳에서 브라질 노예제를 폐지하는 Lei Áurea(황금법)에 서명했다. 왕정 이후에는 중앙우체국으로 쓰이다 1980년도에 이르러 복원됐다. 현재 문화센터로 쓰이고 있으며 내부엔 전시관과 공연장, 서점 등이 있다.

빠수 임페리알

🏠 Praca 15 de Novembro 48
🕐 Open 화~일 12:00~18:00
pacoimperial.com.br

 빠수 임페리알 건물 뒤로 나오면 만나게 되는 곳이 찌라덴찌스 기념관이다.

찌라덴찌스 기념관 Palácio Tiradentes

브라질 독립을 위해 목숨을 바친 영웅 찌라덴찌스를 기념하기 위해 1926년에 만들어진 기념관. 히우 지 자네이루가 브라질의 수도였을 당시 대통령궁으로 사용됐으며 현재는 히우 의회(ALERJ - Assembléia Legislativa do Estado do Rio de Janeiro)로 쓰이고 있다. 의회가 열릴 때에는 참관이 가능하다. 기념관 앞에는 거대한 찌라덴찌스 동상이 서 있는데 그의 실제 모습은 작고 못생겼지만 사람들의 경외감을 자아내기 위해 예수와 흡사한 모습으로 동상이 만들어졌다고 한다. 내부엔 브라질의 역사와 정치를 다룬 전시물들이 있다.

TIP 히우 프리워킹 투어 free walking tour

매일 오전 10시 까리오까 Carioca 메트로 역 광장 시계탑 앞에서 프리워킹 투어가 출발한다. 11월 15일 광장, 빠쑤 임페리얼, 시립극장, 라파 등 센트로의 주요 지역을 돌아보는데 2~3시간 가량 소요된다. 팁을 기반으로 하는 투어이기 때문에 투어 마지막에 꼭 성의 표시를 하도록 한다. 메트로 1, 2호선 C번 출구(Convento de Santo Antônio)로 나와 시계탑 앞에서 레드 셔츠를 입은 가이드를 찾으면 된다.
📞 55 21 97101 3352
📧 contact@freewalkertours.com
freewalkertours.com

찌라덴찌스 기념관

🏠 Rua Dom Manuel
🕐 Open 월~토 10:00~17:00
　　 일 12:00~17:00 가이드 투어만 가능

본인의 기호를 고려해 둘째 날 둘러보지 못한 명소, 미술관이나 마라까낭 경기장 투어, 파벨라 투어 등을 선택적으로 하자.

니테로이 현대 미술관

Museu de Arte Contemporânea de Niterói (MAC)

니테로이를 유명하게 만든 미술관. 원반형의 독특한 외관은 브라질 히우 출신의 대표적인 건축가인 오스카 니마이어 Oscar Niemeyer가 설계해 1996년에 완공됐다. UFO를 연상케 하는 이 미술관은 해안 절벽 위에 있어 전망이 빼어나다. 미술관 내에는 브라질의 주요 현대 미술 작품이 전시돼 있다.

니테로이 현대 미술관

 Mirante da Boa Viagem

⏰ **Open** 화~일 10:00~18:00
Close 월요일

💲 일반 BR10 학생 BR5
macniteroi.com.br

TIP 니테로이로 건너가기

11월 15일 광장과 찌라덴찌스 기념관 건물 뒤로 가면 페리 터미널이 나온다. 구아나바라만 동쪽 연안에 있는 히우의 위성도시 니테로이로 건너가 보자. 페리는 20분이 채 걸리지 않으며 가격도 저렴하기 때문에 부담이 없다. 특히 니테로이를 오가며 바라보는 히우의 전경이 인상적이다. 니테로이와 히우 사이에는 총연장 1만3,290m의 히우-니테로이 다리가 만들어져 있어 버스 등을 통해서도 오갈 수 있지만 페리가 빠르고 편하다. (BR4.90) 니테로이 현대 미술관으로 가려면 페리터미널 출구를 나가 오른쪽으로 가자. 버스정류장이 나온다. 여기서 47B 버스를 타자. (돌아올 때에도 하차 지점에서 같은 버스를 타면 된다)

페리 매표소

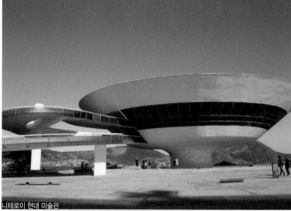

니테로이 현대 미술관

니테로이 현대 미술관에서 본 도시 전경

🅱 니테로이 현대 미술관까지 보았다면 플라멩고 공원 내에 있는 모던 아트 뮤지엄으로 가자. 지하철 역 Cinelândia역에서 가깝다.

모던 아트 뮤지엄

모던 아트 뮤지엄 Museu de Arte Moderna do Rio (MAM)

플라멩고 공원 북쪽에 있는 이 미술관은 Alfonso Eduardo Reidy가 디자인했다. 1978년 화재로 소장품의 90%가 불에 탔지만 다시 1만1,000개의 작품을 전시하고 있다. 브라질 예술가인 Bruno Giorgi, Di Cavalcanti Maria Martins, 사진과 디자인 전시도 많다. 해마다 필름 페스티벌이 이곳에서 열린다.

마라까냥 경기장 Maracanã Estadio Jornalista Mario Filho

세계 최대의 축구 경기장으로 알려진 이 곳은 1950년 FIFA 월드컵을 위해 지어졌다. 당시 브라질은 우루과이에게 역전패를 당해 우승을 놓쳤는데 그 경기는 '마라까냥의 비극'이란 이름으로 전해지고 있다. 8만석 규모의 관람석이 있다. 2014년 월드컵 결승전이 열렸던 곳으로도 유명하다. 지하철 2호선 Maracanã 역과 연결되어 있으며 경기가 없는 날에는 선수들의 워밍업 룸 등 경기장 투어가 가능하다.

모던 아트 뮤지엄

🏠 Av. Infante Dom Henrique 85

🕐 Open 화~금 12:00~18:00 토~일 및 공휴일 12:00~19:00
　　 Close 월요일

🎟 BR12
mamrio.org.b

마라까냥 경기장

🏠 Avenida Presidente Castelo Branco

🕐 경기장 투어 월~일 09:00~17:00
　　 1시간 소요

🎟 월~목 베이직 투어 BR36, 프리미엄 투어 BR56, VIP투어 BR72
　　 금~일 베이직 투어 BR40, 프리미엄 투어 BR60 VIP투어 BR76

　　 셀프 투어 베이직 투어 BR30, 프리미엄 투어 BR50, VIP투어 BR66

　　 오디오 가이드(옵션) BR10

📍 메트로 2호선(초록색)을 타고 마라까냥 역에서 하차.
maracana.com

마라까냥 경기장

파벨라 투어

면적이 좁은 히우의 산기슭엔 빈민가인 파벨라가 형성돼 있다. 다닥다닥 쌓인 집들이 마치 '흐드러지게 핀 꽃'과 같다고 하여 '파벨라'라는 이름이 붙었다. 파벨라는 각종 마약 조직 등이 점령해 관광객이 함부로 드나들기 위험한 곳으로 알려져 있는데 히우의 여행사들은 '다크투어리즘'이라는 이름으로 파벨라 투어를 운영한다. 지프 차량을 타고 호싱냐 Rocinha 파벨라를 방문하는데 가이드를 따라 파벨라 내에 지어진 학교와 마을회관 등을 돌아보고 파벨라에 대한 설명을 듣는다.

favelatour.org

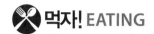

먹자! EATING

Confeitaria Colombo BR

1894년에 문을 연 이 카페는 과거 다양한 명사들의 사교 장소로 유명세를 떨쳤던 곳이다. 화려한 유럽풍의 내부 장식은 과거의 영화를 그대로 느끼게 끔 해준다. 커피와 디저트류를 맛보자. 2층에도 좌석이 있다.

🏠 Rua Goncalves Dias, 32 Centro　　◎ Open 월~금 09:00~19:30, 토 09:00~17:00

OS XIMENES BR

세라론 계단 앞 모퉁이에 있는 페이조아다 전문점. 다양한 로컬 음식들로 현지인들에게 인기 있는 식당이다. 주말에 가면 다소 정신이 없고 좋은 서비스 역시 기대하기 힘들지만 브라질의 전통음식인 페이조아다는 꼭 한번 맛보자. 우리나라 사람들 입에도 잘 맞는 편이지만 다소 짠 것이 흠.

🏠 Rua Joaquim Silva 82, Lapa
🍽 페이조아다 1인분 BR39 2인분 BR71

Joaquina Bar e Restaurante BR

페이조아다 요리가 특히 인기가 많다. 이외에 등심인 삐까냐 Picanha, 훈제연어 등 다양한 요리가 있다. 일요일엔 페이조아다를 즐겨보자. 현지인들에게 인기가 많다. 코파카바나 해변의 끝 Leme 쪽에 있다.

🏠 Avenida Atlântica, 974, Loja A - Leme
◎ Open 11:30~02:00

Zaza Bistro Tropical BR

다양한 브라질 퓨전음식을 요리하는 곳으로 이파네마 해변에서 가깝다. 가격은 다소 비싼 편이지만 해산물, 생선 요리 등을 즐기기에 좋다.

🏠 Rua Joana Angelica, 40
◎ Open 월~화 19:30~00:30, 수~금 12:00~00:30, 토~일 13:00 to 01:30
zazabistro.com.br

CT Boucherie ^{BR BR}

맛있는 브라질식 스테이크를 먹고 싶다면 이 곳으로 가자. 히우에서 인기있는 스테이크 하우스로 다양한 종류이 스테이크를 맛볼 수 있다. 주말엔 기다려야 하는 경우도 있다. 가격은 다소 비싼 편이지만 티본 스테이크나 삐까냐 Picanha 등은 제 값을 한다.

⌂ Rua Dias Ferreira 636
◎ Open 월~금 12:00~16:00, 토 12:00~24:00

Koni Store ^{BR}

브라질에서 인기를 끄는 패스트푸드 일본 음식점으로 야끼소바와 참치 등이 올라간 마끼 등을 판다. 비교적 저렴한 세트 메뉴가 인기가 많다. 이파네마, 코파카바나, 보타포고 등 여러 곳에 분점이 있다.

⌂ Rua Farme De Amoedo, 75 Ipanema

Churrascaria Palace ^{BR}

코파카바나 해변에서 가까운 슈하스께리아. 웨이터들이 테이블을 돌며 직접 소고기, 닭고기 등을 부위별로 가져다 썰어준다. 샐러드바가 갖춰져 있다. 가격은 다소 비싼 편이지만 한 번쯤 브라질식 정통 슈하스꾸를 경험하기에 좋다.

⌂ Rua Rodolfo Dantas, 16
◎ Open 월~일 12:00~24:00

BEIRA RIO ^{BR}

샐러드, 육류 등 다양한 종류의 음식이 갖춰진 키로그람 뷔페. 센트로 시립극장에서 라파 방향으로 Evaristo de Veiga거리를 걷다보면 여러 곳의 키로그람 뷔페를 만날 수 있다. 마음에 드는 곳을 선택해 들어가자.

⌂ Rua Evaristo de Veiga 55

 **자자!** ACCOMMODATIONS

해수욕을 즐기며 쉴 예정이라면 이파네마나 코파카바나 지역을 추천한다. 치안도 센트로 지역에 비해 좋은 편이다. 단 주말과 축제 기간엔 숙박비가 많이 오르기 때문에 유의할 것. 주요 관광명소가 밀집한 센트로 지역에서 묵을 예정이라면 주말은 가급적 피하자. 대부분이 문을 닫으며 치안 역시 좋지 않은 편이다.

이파네마 지역

The Mango Tree ᴮᴿ

이파네마 해변에서 한 블록 떨어진 곳에 위치한 호스텔. 중심가에 있고 지하철 역과도 가까워 히우 센트로를 오가기에 좋다.

⌂ Prudente de Moraes, 594, Ipanema

Hostel Light house ᴮᴿ

이파네마 호스텔 골목의 가장 끝 왼편에 있다. 따로 간판이 없으며 집 문에 20번이라 표시되어 있다. 1층은 공용 공간, 주방이며 2층에 더블룸과 8인용 도미토리가 있다. 에어컨은 밤에만 가동된다. 주말 및 성수기 가격은 10~20% 올라간다.

⌂ Rua Barao da Torre 175

Che Lagarto Hostel Ipanema ᴮᴿ

이파네마 해변 끝 쪽에 위치해있으며 메인 도로에서 가까운 편이다. 건물은 2동으로 나뉘어 있는데 시설은 무난한 편이다. 단점은 8~10인용 도미토리 내에 화장실 및 샤워실이 하나라는 점. 주방 사용이 가능하고 호스텔 1층에 있는 바에선 지정 시간에 웰컴 드링크를 준다.

⌂ Rua Paul Redfern 48, Ipanema

Ocean Hostel Ipanema ᴮᴿ

이파네마 호스텔 골목에 있다. 왼편에 15번이라고 표시돼 있는 집을 찾으면 된다. 깔끔한 10인 도미토리, 더블룸 등을 갖추고 있다.

⌂ Rua Barao da Torre 175
☎ 21 3796 0478

이파네마 지역

Ipanema Beach House ᴮᴿ

야외 풀이 있어 휴식을 취하기에 좋은 곳. 6~9인 도미토리엔 3층짜리 베드가 있다. 이파네마 해변에서도 가깝다. 타 호스텔에 비해 다소 비싼 것이 흠.

⌂ Rua Barao da Torre, 485, Ipanema

코파카바나 지역

Che Lagarto Suites Copacabana Anita ᴮᴿᴮᴿ

코파카바나 지역에서 비교적 저렴한 더블, 트윈룸을 갖춘 곳. 체 라가르토 체인점으로 호스텔 체인보다 시설이 좋다.

⌂ Rua Anita Garibaldi #87, Copacabana

센트로 지역

Rios Nice Hotel ᴮᴿᴮᴿ

히우 센트로에 있는 중저가 호텔. 아르코스 다 라파에서 가까워 히우의 나이트 라이프를 즐기기에 좋다. 객실은 작고 평범하지만 저렴한 가격에 더블 또는 트윈룸을 사용할 수 있다는 것이 장점이다. 조식이 포함되어 있으며 무료 아이파이 사용이 가능하다.

⌂ Rua do Riachuelo, 201-Centro

Books Hostel ᴮᴿ

센트로에서 가장 인기 있는 '파티' 호스텔로 늘 많은 외국인 여행자들로 붐빈다. 샨디 대레시, 리피 지역의 흥겨운 주말 분위기를 밤새 즐기고 싶다면 이 곳을 추천한다. 호스텔에선 다양한 국적의 외국인 친구들을 사귀기에 좋다. 조용하고 깨끗한 곳을 원하는 사람에겐 추천하지 않는다.

⌂ Rua Francisco Muratori, 10, Santa Teresa

아르헨티나와 브라질 국경을 맞댄 이과수강을
따라 형성된 거대한 이과수 폭포를 보기 위해서
들르는 곳. 아르헨티나 쪽에서 보는 것과는
다르게 탁 트인 시야와 편안한 산책로가 장점이다.

FOZ DO IGUAÇU

포스 두 이과수

포스 두 이과수 드나들기

새내에서 3km 떨어진 장거리 버스터미널에는 상파울루, 히우 지 자네이루, 캄포 그란데, 파라과이 시우다드 델 에스떼 등을 오가는 다양한 버스가 있다. 브라질 장거리 버스 요금은 매우 비싸 사전에 AZUL, GOL, TAM 등 저가항공권을 구매하면 버스와 비슷한 가격에 상파울루나 히우 지 자네이루 등 주요도시로 이동할 수 있으니 한 번 비교해보자. 히우 지 자네이루와 포스 두 이과수 운영 버스 회사는 Expresso Kaiowa, Pluma, Expresso Nordeste이며 가격은 BR274~310이다.

버스 타는 곳

이과수 국립공원 버스

시내 이동하기

포스 두 이과수 공항에 내렸다면 120번 버스를 타고 센트로 시내버스 터미널 TTU로 가자. 아르헨티나 푸에르토 이과수에서 올 경우 브라질 쪽 이과수 폭포로 바로 가는 버스와 포스 두 이과수 센트로로 가는 리오우루과이, 크루즈 델 노르떼 등의 버스가 있다. 보통 1시간 간격으로 출발한다.

이과수 폭포 드나들기

포스 두 이과수 시내버스 터미널 TTU에서 120번 버스(20분 간격)를 타면 30~40분 뒤 포스 두 이과수 공항을 거쳐 브라질 이과수 폭포 입구에 도착한다. 포스 두 이과수 시내버스 터미널 TTU는 입구에서 버스 요금을 미리 내고 들어가야 한다. 버스는 왼편의 까따라따 Catarata 1200이라고 쓰인 정류장 앞에서 타면 된다. 'Catarata'는 현지어로 폭포를 뜻한다. 버스터미널 출구에서 진입하면 경비원의 제재를 받으니 반드시 앞쪽 입구로 들어가자. 돌아올 때는 내렸던 정류장에서 같은 버스를 타면 된다. 브라질 이과수 폭포를 보고 아르헨티나 푸에르토 이과수 공항으로 이동할 때 택시 요금은 BR150 정도다.

브라질 이과수 폭포 들어가기

브라질 이과수 국립공원의 입장료는 BR57.3(신용카드, 아르헨티나 페소 등으로 결제 가능)이다. 라커가 있고 이용료는 BR300이다. 매표소에서 표를 구매하고 오른편 투어버스 정류장에서 버스에 오르면 된다. 2층으로 된 버스는 정류장 3곳에 차례대로 정차한다. 레프팅은 첫 번째, 정류장 마꾸꾸 사파리는 두 번째, 이과수 폭포 산책로는 마지막 세 번째 정류장에서 하차하자. 매표소 맞은편엔 투어리스트 인포메이션센터가 있고 각종 투어를 미리 예약할 수 있다.

포스 두 이과수에서 아르헨티나 넘어가기

포스 두 이과수에서 아르헨티나를 드나들 때 출입국 사무소에서 꼭 입국, 출국 스탬프를 받아야 한다.(아르헨티나 쪽에서 포스 두 이과수 폭포를 다녀올 경우 72시간 내에 돌아올 시 브라질 스탬프가 필요 없음) 푸에르토 이과수 폭포까지 직행 버스는 없고, 시내버스 터미널 옆(터미널로 들어가지 않는다) 정류장에서 Servicio Urbano International Puerto Iguazu-Foz do Iguazu라 적힌 일반 시내버스를 탄다. 먼저 브라질 출입국 사무소에서 출국 수속을 하고(내려달라고 말하지 않으면 지나칠 수 있으므로 유의) 다시 버스를 타고 아르헨티나 입국 사무소로 가서 입국 수속을 한다. 버스는 아르헨티나 센트로의 버스터미널로 가며 이과수 폭포를 보러간다고 말하면 국경을 넘은 뒤 나오는 버스정류장에 내려준다. 반대편에서 다시 리오우루과이 버스를 타고 푸에르토 이과수 폭포로 간다(30분 간격). 아르헨티나쪽 이과수에서는 입장료를 아르헨티나 페소로만 받으니 유의할 것(신용카드 사용 불가). 왕복 차비, 입장료, 점심 값 등 여분의 돈을 미리 포스 두 이과수에서 환전해 가자.

환전 및 ATM 사용

포스 두 이과수 시내버스 터미널 옆의 대형 슈퍼마켓인 마푸토 Maffuto 건물 안 오른편에는 사설 환전소가 있어 달러, 헤알, 아르헨티나 페소 등을 환전할 수 있다. ATM을 이용할 경우, 대형 은행 내에 위치한 ATM만 사용하도록 하자. 브라질에서는 ATM을 통한 카드 복제 사고가 자주 일어난다. 이외에 레스토랑, 쇼핑몰 등에서 결제를 할 때도 주의하도록 한다. 카드가 복제되어 돈이 빠져나갔다면 즉시 카드사로 연락해 해당 카드를 정지시키고 추후 절차를 통해 금액을 환불 받도록 한다.

마푸토

R. Máximino Tosi

R. Máximino Tosi

시외버스 터미널 방향
(3km)

Muffato

R. Martins Pena

R. das Missões

R. das Missões

R. Javaé

Av. Beira-Rio

Av. Beira-Rio

R. Javaé

푸에르토 이과수행
버스 타는 곳

Posada Sonho Meu Foz

R. Men de Sá

R. Men de Sá

포스 두 이과수(시내버스) 터미널
Terminal de Transporte Urbano (TTU)

Tv. Luis Gama

과라니 동물원
Zoológico Bosque Guarani

R. Tarobá

N

포스 두 이과수

Av. República Argentina

Gaúcho

Av. República Argentina

Av. República Argentina

R. das Missões

R. Naipi

Iguassu
guest house

Villiage Foz Hotel

del Rey Hotel

R. Juscelino Kubitscheck

R. Brasil

R. Alm. Barroso

R. Santos Dumont

R. Castelo Branco

R. Patru Heiro Venante Otremba

R. Eng. Rebouças

R. Eng. Rebouças

R. Eng. Rebouças

Bufalo Branco

R. Tarobá

Che Lagarto Hostel Foz do Iguaçu

R. Mal. Deodoro

R. Xavier da Silva

R. Xavier da Silva

R. Xavier da Silva

R. das Missões

R. Brasil

R. Alm. Barroso

R. Ma. Floriano

R. Naip

R. Rui Barbosa

R. Rui Barbosa

R. Rui Barbosa

R. Santos Dumont

o Paraná

R. Tarobá

R. Bartolomeu de Gusmão

Av. Juscelino Kubitscheck

Av. Brasil

R. Bartolomeu de Gusmão

R. Alm. Barroso

R. Bartolomeu de Gusmão

La Maf

R. Watslaf Nier

R. Jorge Sanwais

R. Jorge Sanwais

R. Jorge Sanwais

R. Santos Dumont

R. Castelo Branco

R. Quintino Bocaiúva

R. Quintino Bocaiuva

이과수 국립공원/공항 방향 20Km
아르헨티나 국경

R. Edmundo de Barros

R. Edmundo de Barros

Hostel Bambu

이과수 국립공원

헬기 타는 곳

보트 선착장

시내버스 타는곳

매표소

이과수 공원 셔틀버스 정류장
Estação Centro de Visitantes

마꾸꾸 사파리 정류장
Parada Macuco Safari

폭포 전망대 정류장
Estação Espaço Porto Canoas

📷 보자! FOZ DO IGUAÇU SIGHTS

매표소에서 표를 구매한 뒤 오른편의 투어 버스 정류장에서 국립공원을 도는 버스에 오르면 된다. 이과수 국립공원을 오가는 2층으로 된 버스는 정류장 3곳에 차례대로 정차한다. 레프팅을 할 예정이라면 첫 번째 정류장에, 마꾸꾸 사파리를 할 예정이라면 2번째에 내리고, 이과수 폭포 산책로만 둘러 볼 경우 마지막 3번째 정류장에서 하차하면 된다. 티켓 창구 맞은편엔 투어리스트 인포메이션센터가 있으며 여기서 각종 투어를 예약할 수도 있다.

이과수 국립공원

⊘ **Open** 09:00~17:00

🧾 일반 BR72 학생 BR57
cataratasdoiguacu.com.br

이과수 국립공원 Cataratas do Iguaçu

브라질의 이과수 국립공원 산책로는 아르헨티나 쪽에 비해 길이는 짧은 편이지만 탁 트인 시야를 자랑한다. 아르헨티나 이과수 폭포 산책로에서 시야가 가려 다소 갑갑한 느낌이 들었다면 브라질에서는 산책로를 따라 걸으면서 아름다운 이과수 폭포를 계속 감상할 수 있다. 15~20분 여 걸으면 악마의 목구멍 쪽으로 난 길이 나오는데 이 길을 따라 내려가자. 철제 다리가 가까워 오면 카메라, 옷 등 방수 대비를 하는 것이 좋다. (다리 진입로 앞에서 우비를 팔기도 한다.) 폭포에서 쏟아져 내리는 어마어마한 양의 물줄기에 가까이 다가서면 금방 옷이 젖는다. 다음은 철제 다리를 나와 전망대 위로 걸어 올라간

탁 트인 이과수 폭포 산책로

포수두 이과수 엘리베이터   매표소

다음 엘리베이터를 타고 마지막 포인트로 간다. 상층에는 간단한 음료수와 빵 등을 파는 매점이 있다. 2시간여 이과수 폭포를 돌아보았다면 도로를 따라 버스정류장으로 걸어가 다시 2층 버스에 탑승한다.

마꾸꾸 사파리 Macuco Safari

전기로 운행되는 투어 차량을 타고 이과수 정글로 들어가 다양한 새와 동물을 관찰한 뒤 스피드 보트로 옮겨 타고 폭포 주변을 돈다. 이과수 국립공원 매표소 맞은편 투어오피스에서 예약할 수 있다. 가격은 아르헨티나의 투어요금보다 비싼 편이다.

마꾸꾸 사파리
BR179
macucosafari.com.br

스피드 보트

마꾸꾸 사파리

마꾸꾸 사파리 투어차량

하자! ACTIVITIES

이타이뿌 댐
Usina Hidreletrica de Itaipu

파라나강에 세워진 댐으로 최대 방류 시 이과수 폭포 수량의 40배를 넘는다. 시내버스 터미널에서 101, 102번 Con Junto C라고 쓰인 버스를 타고 30~40분을 가면 도착한다. 매 30분~1시간 간격으로 운영되는 투어에 참가하자. 이타이뿌에 관한 영상물을 본 다음 2층 버스를 타고 이타이뿌댐 투어를 한다.

- ⊙ Lighting of the Dam 금, 토 20:00 BR16
- 🎫 파노라믹 투어 BR27 (08:00~16:30, 30분 간격으로 출발)
- ipaitu.gov.br

Parque Das Aves

포스 두 이과수 국립공원에서 300m 떨어져 있는 이 조류 공원은 1994년 16헥타르 규모의 조류 공원으로 조성됐다. 브라질의 국조인 뚜카누 Tucano를 비롯한 1,000여 종의 새와 플라밍고, 파충류, 나비 등을 볼 수 있어 인기다. 조류 공원으로 가려면 120번 버스를 타고 공원 직전의 버스 정류장에서 내리면 된다.

- 🏠 Av. Das Cataratas, km 17.1- Foz do Iguaçu
- ⊙ Open 08:30~17:00
- 🎫 BR30

Zoológico Bosque Guarani

시내버스 터미널 출구 쪽에서 길을 건너면 동물원이 나온다. 무료이며 규모는 그리 큰 편이 아니지만 브라질에 서식하는 동물들과 새, 식물을 볼 수 있다. 사람이 많이 드나드는 곳이 아니므로 늦은 시간에 혼자 가지 않도록 한다.

- 🏠 Rua Tarobá, 875 ⊙ Open 09:30~19:30

먹자! EATING

BR 20~60 BRBR 60~100

Gaúcho BR

슈하스께리아 Churrascaria는 브라질식 고기 뷔페로 BR28.50에 직접 각종 부위의 슈하스꼬를 무제한으로 먹을 수 있다. 샐러드바가 갖춰져 있다. 브라질 슈하스께리아 답게 직원들이 쉼없이 고기를 가져다준다. 시내버스터미널에서 가깝다.

- 🏠 Rua Tarobá 632
- ☎ 45 3029 1303

Muffato BR

대형 슈퍼마켓으로 입구 안쪽에는 kg당 무게를 재어 계산하는 뷔페가 있다. 환전소도 갖추고 있다.

- 🏠 Av. enida Juscelino Kubitschek 1565

La Mafia BR~BRBR

이 지역에서 가장 인기있는 이탈리안 레스토랑으로 다양한 종류의 파스타, 피자, 라자냐 등을 판다.

- 🏠 Rua Watslaf Nieradka 195

Bufalo Branco BRBR

값비싼 슈하스께리아로 가격은 BR700이지만 그만큼 샐러드 바의 종류도 다양하고 깔끔하다.

- 🏠 Rua Rebouças 530
- ☎ 45 3523 9744

Rafain BRBR

삼바쇼를 하는 곳으로 시내에서는 꽤 멀지만 화려한 쇼와 슈하스꼬를 함께 즐길 수 있어 인기가 많다. 아르헨티나, 파라과이 등 중남미 9개 나라의 전통공연과 브라질 삼바, 카포에이라 등을 선보인다. 예약 필수.

- 🏠 Av. das cataratas 1749
- rafainchurrascaria.com.br

자자! ACCOMMODATIONS

BR 38~75 BR BR 100~200

Iguassu guest house BR

깨끗하게 관리되는 4인, 8인 도미토리와 더블, 트리플 룸 등을 갖춘 호스텔로 시내버스 터미널에서 가깝다. 주방 사용이 가능하며 조식 역시 빵과 케익, 주스, 햄, 시리얼, 과일 등이 나온다. 작은 야외 수영장과 바가 있다.

🏠 Rua Naipi, 1019

del Rey Hotel BR BR

번화가인 트로바 거리에 있다. 위치가 장점인 호텔. 시설은 깨끗한 편이며 야외 풀장을 갖추고 있다. 조식 포함.

🏠 Rua Tarobá, 1020
📞 55 45 2105 7500

Villiage Foz Hotel BR BR

기본적인 시설을 갖춘 깔끔한 호텔. 모든 방에 에어콘이 구비돼 있으며 와이파이 사용이 가능하다. 조식 포함.

🏠 Rua Tarobá, 985
📞 55 45 3523 9711

Che Lagarto Hostel Foz do Iguaçu BR

새로 리뉴얼한 매우 깔끔한 호스텔로 호텔같은 분위기를 느낄 수 있다. 각종 편의시설이 잘 갖춰져 있다.

🏠 Av. enida Juscelino Kubitschek, 874 Centro

Hostel Bambu BR

포스 두 이과수에서 인기 있는 호스텔 가운데 터미널과는 다소 거리가 있다. 다양한 국적의 친구들을 사귀기에 좋다. 스테프들 역시 친절하다.

🏠 rua Edmundo de Barros n 621

Posada Sonho Meu Foz BR BR

깨끗하게 관리되는 방과 넓은 풀장을 가진 곳. 동행자가 있다면 이보다 더 좋은 선택은 없을 것이다. 비수기에는 공지된 가격보다 저렴하게 묵을 수 있다. TTU 버스터미널 출구에서 가깝다.

🏠 Rua Men de Sá 267

PARATY

빠라지

히우 지 자네이루에서 남쪽으로 4시간 30분 거리에 있는 빠라지. 해안가에 위치한
작은 마을 빠라지는 아름다운 콜로니얼 타운으로 많은 여행자들의 발길을 끌고
있다. 유네스코 세계문화유산으로 지정된 빠라지 역사 지구 이곳저곳을 돌아보며
산책하는 것이 하루 일과. 작은 배를 빌려 해안에서 가까운 작은 섬들을 돌아보거나
스노클링을 즐길 수 있다. 여름철 보름달이 뜰 때면 강가와 가까운 도로변으로 물이
들어차 수면에 건물이 비치는 장관을 연출한다.

🚌 빠라지 드나들기

상파울루나 히우 지 자네이루 버스터미널에서 빠라지로 가는 Costa Verde 버스가 매시간 운행된다. 편도 BR70(4시간 30분 소요). 상파울루나 히우 지 자네이루 버스터미널은 치안이 좋지 않은 곳에 있기 때문에 이동 시 가급적 택시를 이용하도록 하고 해가 진 이후에는 주변을 걸어 다니지 않도록 한다. 빠라지 버스터미널에서 내리면 Centro Historico 방향으로 걷자. 대부분의 호스텔은 역사 지구 인근에 위치해 있다. 빠라지 버스터미널에서는 트리니다드 등 인근 해안가 마을로 가는 시외 Municipal 버스가 운행된다.

빠라지 버스터미널

투어리스트 센터

역사지구 중심에 투어리스트 센터가 있어 빠라지와 관련한 각종 정보와 지도 등을 얻을 수 있다.
Dr Samuel Costa & Rua do Comércio
paraty.com.br

📷 보자!

빠라지 강

추천 일정

- 산타리타 교회
- 로자리오 교회
- 까사 데 쿨투라
- 헤메디오스 교회
- 폰탈 해변

상파울루와 히우 지 자네이루 중간 지점에 위치한 작은 도시 빠라지는 일랴그란데 만에 접해있다. 18세기 미나스제라이스 주의 금을 해안으로 운반하기 위한 기점 항구도시로 쓰였으나 현재는 포르투갈 양식의 집들과 교회가 남아있는 식민지풍의 작고 아름다운 마을이다.

산타리타 교회

- 🏠 Rua Santa Rita
- 🕐 Open 수~일 09:00~12:00, 14:00~17:00

산타리타 교회 Igreja Santa Rita dos Pardos Libertos

빠라지의 랜드마크. 시내에서 가장 오래된 이 교회는 물라토(아프리카계 브라질인)의 독립을 기념하기 위해 지어졌다. 역사 지구 끄트머리의 산타리타 호수에 접해있다. 내부에는 종교 박물관 Museu de Arte Sacra de Paraty이 있다.

로자리오 교회

- 🏠 Dr Samuel Costa & Rua do Comércio
- 🕐 Open 화~토 09:00~12:00, 14:00~17:00

로자리오 교회

로자리오 교회

Igreja Nossa Senhora do Rosaio e Sa Benedito dos Homens Pretos

역사 지구 중심에 위치한 작고 소박한 교회로 1725년 아프리카 노예들을 위해 세워졌으며 1857년에 복구작업을 거쳤다. 내부엔 포르투갈 풍의 나무 조각품과 장식들이 남아있다.

까사 데 쿨투라 Casa da Cultura

빠라지 지역의 역사와 생활상에 대해 잘 알 수 있게끔 꾸민 전시관. 로컬 주민들의 오디오 및 비디오 인터뷰, 각종 사진 및 영상 자료 등을 통해 이 지역의 문화를 배울 수 있다.

까사 데 쿨투라

- 🏠 Dona Geralda 177
- 🕐 Open 수~월 10:00~18:30
- 🎫 일반 BR8 학생 BR4
casadaculturaparaty.org.br

까사 데 쿨투라

빠라지

Geko Hostel & Pousada Paraty

폰탈 해변
Praia do Pontal

Igreja de Nossa
Senhora das Dores

R. da Capela

R. Dr. Pereira

R. Josefina Gibrail Costa

R. Doná Geralda

R. Dr. Samuel Costa

까사 다 꿀뚜라
Casa da Cultura

R. Dr. Pereira

R. Cel. José Luiz

R. Doná Geralda

Tv. Aurora

Praça Monsenhor Hélio Pires

R. da Cadeia

R. Mal. Santos Dias

R. Santa Rita

산따히따 교회
Igreja Santa Rita
dos Pardos Libertos

Tv. Aurora

헤메디오스 교회
Igreja de nossa senhora dos Remédios

R. do Comércio

로자리오 교회
Igreja Nossa Senhora do Rosário e Sa
Benedito dos Homens Pretos

R. da Cadeia

R. Cel. José Luiz

Casa do Fogo

R. do Comércio

R. da Lapa

R. Aurora

R. Aurora

Paraty 33

Thai Brasil

Domingos Gonçalves de Abreu

R. Abel Oliveira

R. Pres. Pedreira

Av. Roberto Silveira

Paraty Tour

R. Dr. Derli Elena

R. Mal. Deodoro

Doce Paraty Hotel

R. João Luís do Rosário

R. Profa. Rosária Gibrail

Vibe Hostel

R. Antônio de Oliveira Vida

Che Lagarto Hostel

R. Pres. Pedreira

AMARELINHO

Av. Roberto Silveira

R. José Viéira Ramos

R. Jango Pádua

Backpackers House Paraty

R. Manoel Tôrres

R. Benina Tolêdo do Prado

R. João Claudino

Boutique do açaí

R. Aldmar Gomes Duarte Coelho

R. João de Oliveira

R. Ribeiro Gama

R. José Viéira Famos

R. Jango Pádua

빠라지 버스터미널

R. Pedro II

R. Manoel Walfrido

Av. Roberto Silveira

R. Moacir Gama

R. Pedro II

R. das Acácias

R. Carlos Freire

R. do Rocio

R. Carlos Freire

R. Amauri dos Santos Pádua

R. do Beija Flor

R. 11

R. Jesuíno de Castro Rubéns

R. Beija Flór

R. 12

R. Alfredo Sertã

헤메디오스 교회 Igreja de nossa senhora dos Remeios

18세기 말에 지어진 이 교회는 신진 부유층에 의해 건설되었다. 교회 앞의 마트리스 광장과 조화를 이룬다.

헤메디오스 교회

마트리스 광장 연결

폰탈 해변 Praia do Pontal

헤메디오스 교회를 지나 페레케아스 강을 지나는 작은 다리를 건너면 빠라지 마을 해변가인 폰탈 해변이 나온다. 파도가 거의 없고 수온 역시 높다. 카약이나 서핑 보드 등을 빌릴 수 있다. 2km를 더 가면 다른 해변가인 Praia do Jabaquara가 있다.

 하자! ACTIVITIES

보트 투어

대부분의 호스텔이 3~4명 이상의 인원이 모이면 보트 투어를 연결해준다. 3~4곳의 지점에 내려 스노클링을 즐기고 돌아온다. 빠라지 주변엔 50여개의 섬과 해변이 있어 역사 지구 뿐만 아니라 수영과 스노클링, 카약킹 등 다양한 해양 액티비티를 즐기기에 좋다. 빠라지에서 1시간 거리에 Vermelha, Lula 해변이, 27km 지점엔 Praia de Parati Mirim이 있는데 터미널에서 Municipal 버스로 각각 40분 가량 걸린다. 남쪽으로 25km 떨어진 트리니다드 Trinidad는 특히 아름다운 해변으로 인기가 많다.

Paraty Tour

역사 지구로 늘어가는 중심가 거리에 있는 투어 에이전시. 빠라지 인근의 다양한 섬을 둘러보는 보트 투어 및 지프 사파리 투어 등을 예약할 수 있다. 브라질 현지 관광객이 많아 투어는 대부분 포르투갈어로 진행된다는 점에 유의할 것.

⌂ Roberto Silveira 11
paratytours.com.br

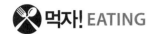

먹자! EATING

AMARELINHO BR

키로그램(kg) 뷔페. 역사 지구 한 블록 밖 메인 로드에 있다. 원하는 만큼 덜어서 무게를 잰다. 브라질식 요리와 파스타, 치킨, 고기류, 생선, 샐러드 등을 다양하게 갖추고 있으며 홀에서 먹을 수도 있고 포장도 가능하다. 가격 역시 역사 지구 내의 레스토랑과 비교할 때 저렴한 편.

⌂ Av. Roberto Silveira 46

KOMA Kilo BR

메인로드에 위치한 키로그램(kg) 뷔페. 다양한 음식을 원하는 대로 골라 먹을 수 있다는 것이 장점이다.

⌂ Av. Roberto Silveira

Thai Brasil BR

독일인 셰프가 운영하는 브라질+태국 퓨전 음식점. 새우 시즈닝, 볶음밥 요리 등은 우리 입맛에도 잘 맞다.

⌂ Rua Do Comercio 308A , Centro Historico

Voila Bistrot BR BR

분위기 있는 프랜치 코스요리 점으로 해마다 주요 추천 레스토랑 리스트에서 빠지지 않는 곳이다. 단점은 빠라지 타운 밖에 있어 개인 차량이나 택시 등을 이용해야 한다는 것. 미리 정확한 위치를 확인 후 움직이자.

⌂ Estrada Paraty-Cunha 4km

Boutique do açaí BR

브라질에서만 맛볼 수 있는 아사이 열매로 만든 생과일 주스를 파는 카페. 버스터미널에서 가깝다. 옆집인 Viva la pizza에도 아사이 열매가 듬뿍 들어간 주스와 아이스크림, 샤베트 Açaí na tigela 등을 판다. 더운 날씨에 지쳤다면 꼭 한번 맛보자. 의외의 맛에 놀랄 것이다.

⌂ Av. Roberto Silveira 78

Paraty 33 BR BR

보사노바 등 라이브 음악을 즐길 수 있다. 음식 가격은 비싼 편.

⌂ Rua Maria Jácome de Mello, 357

쟈쟈! ACCOMMODATIONS

Che lagarto Hostel ^{BR}

빠라지에서 가장 크고 인기 있는 호스텔. 타 호스텔과 비교할 때 깔끔하고 쾌적한 편이다. 도미토리 등 실내에 에어콘, 화장실이 갖춰져 있다. 역사 지구에서 가깝지만 해변과는 다소 거리가 있다. 마당엔 바와 쉴 수 있는 공간, 작은 풀장 등이 있다. 매일 신청을 받아 보트 투어를 진행한다.

⌂ Rua Benina Toledo do Prado, 22

Paraty Beach Hostel ^{BR}

해변 바로 앞에 위치한 호스텔. 역사 지구에서 걸어서 5~10분 거리에 있다. 좋은 시설을 기대하긴 어렵다. 아침식사를 해변에 앉아서 할 수 있다는 점은 큰 장점. 4~16인용 도미토리를 갖추고 있는데 가급적 4인용 도미토리를 쓰는 것이 낫다. 방은 전반적으로 어두컴컴하고 좁은 편. 보트 투어를 진행한다. 주변에 2~3곳의 호스텔이 있으니 비교해보고 선택하자.

⌂ Praia do pontal numero 1a, Av. Orlando Carpinelli numero 1a, Paraty

Vibe Hostel ^{BR}

역사 지구보다는 버스터미널에서 가까운 편이다. 주인 및 직원들이 친절하다. 신청자가 여러 명 있을 경우 보트 투어를 진행한다.

⌂ Rua Jose Do Patrocinio, 235

Backpackers House Paraty^{BR}

작고 편안한 분위기의 호스텔로 역사 지구에서는 거리가 있지만 그리 멀지 않은 편이다. 버스터미널에서 가깝다. 친절한 주인이 보트 투어 등을 연결해준다.

⌂ Rua Aldemar Duarte Coelho 20

Doce Paraty Hotel ^{BR BR}

역사 지구와 50m 정도 떨어져 있으며 빠라지 메인 도로에서도 가깝다. 방은 깔끔하고 채광 역시 좋은 편이다. TV와 에어컨 등이 갖춰져 있으며 야외 수영장이 있다. 와이파이 사용이 가능하다.

⌂ Rua Mal. Deodoro, 489

BONITO

보니또

세상에서 가장 아름답고 깨끗한 강으로 이름난 보니또. 강물 속이 훤히 들여다보이고 각종 열대어들이 유유히 헤엄치는 모습을 볼 수 있는 곳. 판타날 습지 탐험의 기점이 되는 곳. 떠오르는 관광지이자 브라질 사람들이 꼭 한번 가보고 싶어 하는 곳이 바로 보니또이다. 아름다운 대자연 속으로 들어가 다양한 액티비티를 즐겨보자.

보니또 드나들기

보니또 버스터미널

보니또 공항은 시내에서 14.5km 떨어져 있다. 상파울루 캄피나스 공항에서 **Azul** 항공이 정기적으로 드나들며 이외에 TRIP, Azul, GOL 항공 등이 캄포그란데 공항으로 도착한다. 인근 대도시인 캄포그란데에서 보니또 까지 4~6시간(직행 및 완행/BR55)이 소요된다.

포스 두 이과수에서 야간 버스를 타고 올 경우 도라도스에서 내려 버스를 갈아타면 된다. 도라도스에서는 6시간이 소요된다. 보니또에서 포스두 이과수로 갈 경우 매일 오후 2시 30분에 출발하는 버스를 타고 도라도스까지 간 다음 이과수까지 가는 야간 버스로 갈아타자(오후 11시 출발). 캄포그란데로 가는 버스는 08:30(4시간 소요), 12:00, 18:00(6시간소요)에 출발한다. 볼리비아 국경을 넘을 예정이라면 국경 도시 코룸바로 가는 미니밴(4시간) 또는 버스(정오 출발)를 타자.

 보자!

보니또에선 아름다운 동굴과 강, 폭포 등에서 다양한 액티비티를 즐길 수 있다. 하지만 보니또는 모든 투어 지역이 자연보호구역으로 지정돼 투어 시간대와 인원 등이 제한돼 있고, 가격도 만만치 않아 모든 액티비티를 즐기기란 쉽지 않다. 투어 가격은 어느 곳에서 예약을 해도 동일하기 때문에 여러 곳의 여행사를 돌며 가격을 비교할 필요는 없다. 투어 가격에 왕복 차량비가 포함되어 있지 않은 점은 유의할 것. 인원이 적을수록 왕복 차량비가 많이 든다. 개인적으로 투어하고 싶은 경우 오토바이 택시를 타는 방법도 있지만 대부분의 투어 지역이 마을에서 멀리 떨어져 있기 때문에 가격은 싸지 않다. 투어 에이전시나 호스텔 등을 통해 원하는 종류의 액티비티를 골라 하루에 1~2곳을 묶어 방문하자. 보니또에서 남쪽으로 50km 떨어진 Jardim 지역에 있는 리오 다 플라타, 라고아 미스테리오사, 부라코 다스 아라라스는 같은 날 돌아볼 수 있다.

 주의사항

보니또의 모든 투어 지역에선 선크림과 모기 기피크림, 스프레이 등을 사용할 수 없다.

보니또 시내

리오 다 플라타 Rio da Prata

리오 다 플라타

BR145+이동비(BR40~80)
riodaprata.com.br

데크 내려가는 길

'크리스탈'이라 불릴 정도로 맑고 깨끗한 물이 흐르는 강. 보니또에서 43km, 약 1시간 거리인 Jardim 마을에 위치해 있다. 스노클링 투어는 한 번에 9명까지만 가능하며 하루 투어를 할 수 있는 인원이 150명으로 제한돼 있다. 가이드로 부터 설명을 듣고 장비를 갖춘 뒤 트럭을 타고 갤러리 포레스트 시작점까지 이동한다. 숲길을 15분간 걸으면 강이 나오는데 이 지점에서부터 스노클링을 시작한다. 자연보호를 위해 강바닥에 발이 닿지 않도록 한다. 오로지 두 팔을 이용해 조용히 헤엄을 치면서 이동한다. 스노클링을 해본 적이 없다면 반드시 가이드에게 말하고 사전 교육을 받도록 한다. (시작점에서 구명조끼를 무료로 대여해주므로 스노클링에 익숙하지 않다면 반드시 빌리자.) 스노클링은 강을 따라 가다 쉬다를 반복하며 2시간 정도 하는데 힘들 경우 마지막 구간 전에 보트를 타고 돌아올 수 있다. (수중 촬영이 가능한 카메라를 원한다면 안내소에서 고프로를 대여하자.)

리오 다 플라타

리오 다 플라타 투어

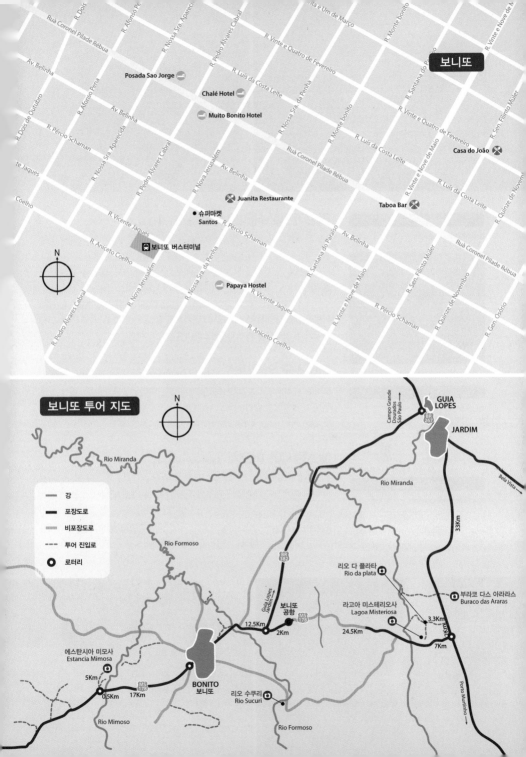

보니또

Posada Sao Jorge

Chalé Hotel

Muito Bonito Hotel

Casa do João

Juanita Restaurante

슈퍼마켓
Santos

Taboa Bar

보니또 버스터미널

Papaya Hostel

보니또 투어 지도

GUIA LOPES

JARDIM

Campo Grande
Dourados
São Paulo

Bela Vista

Rio Miranda

Rio Miranda

강

포장도로

비포장도로

투어 진입로

로터리

Rio Formoso

33Km

리오 다 플라타
Rio da plata

부라코 다스 아라라스
Buraco das Araras

라고아 미스테리오사
Lagoa Misteriosa

3.3Km

Guia Lopes
Jardim

보니또
공항

12.5Km

2Km

24.5Km

7Km

에스탄시아 미모사
Estancia Mimosa

5Km

BONITO
보니또

리오 수쿠리
Rio Sucuri

0.5Km

17Km

Porto Murtinho

Rio Mimoso

Rio Formoso

라고아 미스테리오사

라고아 미스테리오사

라고아 미스테리오사

lagoamisteriosa.com.br

아비스모 안우마스

BR600
abismoanhumas.com.br

에스탄시아 미모사

estanciamimosa.com.br

라고아 미스테리오사 Lagoa Misteriosa

'Mysterious Lagoon' 말 그대로 미스테리한 호수라는 이름이 붙은 대형 싱크홀. 카르스트 지형의 75m 높이의 싱크홀로 다이빙과 스노클링이 가능하다. 브라질에서 가장 깊이 잠겨있는 동굴(220m)로도 알려져 있다. 숲 속 트레일을 따라 가벼운 트레킹을 한 뒤 계단을 따라 내려가 미스테리오사 호수에 입수한다. 다이빙의 경우 어드밴스드 자격증이 있더라도 투어에서는 수심 25m 이상을 들어가지 않기 때문에 실망할 수도 있다. 한번에 10명까지만 들어갈 수 있으며 가이드를 반드시 동반해야 한다.

아비스모 안우마스 Abismo Anhumas

보니또 지역에서 가장 비싼. 하지만 인기있는 액티비티 중 하나다. 줄에 매달려 72m 높이의 캄캄한 동굴로 내려간다. 가격은 매우 비싸다. 하루에 방문할 수 있는 인원이 40~50명으로 제한돼 있다.

에스탄시아 미모사 Estancia Mimosa

보니또에서 북쪽으로 22.5㎞ 떨어진 Rio Mimoso 지역에 위치해있다. 트레일을 따라 총 8개의 크고 작은 폭포와 동굴 등을 돌아보면서 수영을 즐긴다. 그룹은 1회당 최대 12명으로 제한돼 있으며 항상 로컬 가이드를 동반해야 한다. 투어가 끝나면 현지식 점심을 먹을 수 있다. 슬리퍼는 신을 수 없으며 마땅한 신발이 없는 경우 네오프렌슈즈 대여가 가능하다.

아비스모 안우마스

에스탄시아 미모사

부라코 다스 아라라스 Buraco das Araras

100m 깊이의 거대 싱크홀. 주변에서 앵무새 등 색색깔의 다양한 새를 관찰할 수 있다. 보니또에서 2시간 거리에 있다. 리오 다 플라타와 가까우므로 연계해서 가는 것이 좋다.

리오 수쿠리 Rio Sucuri

수쿠리 강을 따라 보트를 타고 돌아올 때는 스노클링을 한다. 리오 다 플라타 강 보다 규모는 넓지만 물고기는 적은 편이다.

그루타 두 라고 아술 Gruta do Lago Azul

말 그대로 파란 동굴로 알려진 곳. 아름다운 빛깔을 보려면 해가 드는 오전 일찍 가는 것이 좋다. Gruta de Sao Miguel도 함께 둘러볼 수 있는 투어가 있다.

🏃 이외에도 다양한 테마파크가 있다. Balneário do sol, Balneário Municipal, Ilha do padre 등에서는 캐노잉과 스노클링 등 다양한 야외활동이 가능하다.

리오 수쿠리

📱 BR90~120
sucuri.com.br

에이전시 ABN

보니또 인근의 각종 액티비티와 판타날 투어, 사파리 등을 진행한다.
🏠 Rua cel. Pilad Rebuá 1585
📞 55 67 3255 2509
agenciaabn.com.br

부라코 다스 아라라스

앵무새

리오 수쿠리

그루타 두 라고 아술

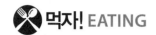
Juanita Restaurante BR

다양한 종류의 피쉬앤 칩스, 그릴 요리를 맛보고 싶은 사람에게 추천할 만하다.
비교적 저렴한 가격에 점심 뷔페를 운영한다.

⚐ Rua Nossa Senhora Da Penha, 854, Centro

Taboa bar BR

펍과 레스토랑을 함께 운영하며 옆엔 기념품 숍도 있다. 모히또와 비슷하게 럼과
라임, 설탕 등을 섞은 칵테일인 카이피리냐 Caipirinhas와 사탕수수로 만든 카샤사
Cachaça 칵테일도 맛보자.

⚐ Rua Cel. Pilad Rebuá 1837
taboa.com.br

Casa do Joao BR

보니또에서 가장 유명한 식당 가운데
하나. 만띠오까 등 브라질 전통 음식과
생선, 새우 등 다양한 해산물 요리를
맛볼 수 있다.

⚐ Rua Coronel Nelson Felicio dos
    Santos 664-A

Cantinho do Peixe BR

생선류 등 다양한 종류의 브라질 음식을
먹을 수 있다.

⚐ Rua Cel. Pilad Rebua 1437
    cantinhodopeixe.com

Pastelaria Pastel Bonito BR

브라질 사람들이 즐겨먹는 파스텔을
파는 패스트푸드 전문점. 각종 해산물
또는 고기로 속이 꽉 차있다. 간편하게
먹을 수 있다는 것이 장점. 간식으로도
좋다.

⚐ Rua Cel Pilad Rebua, 1975

Papaya Hostel BR

영국, 브라질 커플이 운영하는 호스텔로 에어컨, 화장실이 있는 깔끔한 8인 도미토리와 더블룸 등을 갖추고 있다. 각종 투어 예약을 대행해준다. 버스터미널에서 가깝다. 주방시설을 쓸 수 있다.

🏠 Rua Vicente Jacques 1868

Posada Sao Jorge BR

보니또 메인 도로 중간에 있는 호스텔로 위치가 좋아 센트로를 돌아보는 것이 편하다. 버스터미널에서는 두 블록 떨어져 있다. 각종 투어 예약을 대행해준다.

🏠 Rua cel. Pilad Rebuá1605
📞 67 3255 4046
pousadasaojorge.com.br

Posada Remanso BR BR

메인 로드에 있는 호텔. 1층이지만 마당으로 볕이 잘 드는 편이다. 풀장을 갖고 있다.

🏠 Rua cel. Pilad Rebuá1515

Muito Bonito Hotel BR BR

보니또에서 외국 여행자들에게 가장 인기 있는 호텔. 방이 무척 깔끔하며 아침 식사 역시 괜찮은 편이다. 햇빛이 잘 드는 2층 방은 가격 대비 만족도가 높다. 판타날 습지 등 각종 투어 예약도 가능하다.

🏠 Rua cel. Pilad Rebuá 1448
📞 67 3255 1645

Chalé Hotel BR BR

시내 중심가에서 가까운 곳에 위치한 호텔. 방안에 에어컨, TV, 소형 냉장고 등이 갖춰져 있다.

🏠 Rua Nova Jerusalém 808

MÉXICO

나라 전체가 거대한 박물관이라고 해도 좋을 만큼 화려하게 꽃피웠던 마야, 아즈텍, 테오티우아칸, 톨텍 문명의 보고 멕시코. 아름다운 자연환경과 보석같은 문화유산만큼이 빛나는 곳이다. 스페인 침략기를 거치며 경제, 문화 전반에 큰 변화를 맞기도 했지만 멕시코엔 여전히 그들의 고유한 전통과 문화가 남아있다. 멕시코에선 오래된 문명과 정복 이후의 카톨릭 유산, 카리브해와 유카탄의 에메랄드 빛 해변을 충분히 즐기자. 멕시코의 진정한 멋과 맛을 알게 되는 순간엔 이 나라를 떠나기가 싫어질 것이다.

UNITED STATES OF AMERICA

GULF OF MEXICO

MEXICO

ISLA MUJERES
이슬라 무헤레스 p.640

CANCUN
칸쿤 p.630

GULF OF AMERICA

CÚBA

Cayman Islands

NORTH PACIFIC OCEAN

COSTA
RICA

Galapagos
Islands

국명 멕시코 합중국 Estados Unidos Mexicanos
수도 멕시코시티 Ciudad De México
면적 1,972,550km²
인구 약 1억3,232만 명(2019년 기준)
인종 원주민 45%, 메스티소 37%, 백인 15%, 흑인·일본 및 중국계 3%
메스티소 60%, 원주민 30%, 백인 9%
종교 가톨릭 80%, 기독교 15%, 기타 15%
통화 멕시코 페소 Mexico Peso
환율 US$1=19.02페소(2020년 1월 기준)
언어 스페인어
시간대 우리나라보다 15시간 느림

멕시코 기본 정보

기후
고도에 따라 다양한 분포를 보인다. 해안 지대는 열대성 기후로 고온 다습하다. 고산 지대의 경우 낮과 밤의 일교차가 심하다. 우기엔 낮과 밤 한 때 스콜이 내리기도 한다.

언어
공용어는 스페인어이며 각 지역에서는 여전히 원주민 어가 쓰인다. 남부 원주민들 사이에서는 초칠어, 첼탈어 등 마야어가 사용된다.

화폐
멕시코 페소를 사용하며 달러 표시와 비슷한 $를 사용한다.

환율
1,000원 = 18페소
US $ 1 = 19.80페소

시차
한국보다 15시간 느리다. 칸쿤이 있는 낀따나루주의 경우 썸머 타임을 실시한다.

축제
독립기념일 축제는 연중 가장 성대한 축제다. 전야부터 가족과 친구들이 광장에 모여 자축하며 멕시코 전역이 시끌벅적하다. 그 외에 멕시코의 축제들은 대부분 가톨릭 의례, 성인의 축일과 맞물린다. 부활절은 멕시코의 가장 긴 휴가기간이다.

특산물
세계적인 명성을 얻고 있는 테킬라와 은세공품 등이 있다.

여행 최적기
10~5월과 2월은 날씨가 아주 덥지 않고 비가 자주 내리지 않아 여행하기에 좋은 시기이다.

팁 문화
멕시코에서는 식대의 10~15% 정도를 팁으로 주며 식탁 위에 두는 것이 일반적이다.

치안 상태
멕시코 시티 구시가지, 센트로의 치안은 나쁘지 않은 편이다. 하지만 늦은 밤 인적이 드문 길로 혼자 다니면 위험하다. 지하철 역시 소매치기 사고가 빈번하니 붐비는 지하철 안에서는 가방을 앞으로 메고 언제나 주위를 살피자. 핸드폰과 카메라는 가급적 사람이 많은 곳에서 꺼내지 않는 것이 좋다.

주 멕시코 한국 대사관 Embajada de Corea en México
🏠 Lope Diaz de Armendariz 110, Lomas de Chapultepec V Secc
📞 (+52 1)55 5202 9866
　　비상연락
　　(+52 1)55-1391-4778
📧 mex.mofat.go.kr

주 멕시코 한국 대사관

아플 경우, 약국에 딸려 있는 클리닉으로
Ahorro 등의 대형 체인 약국에는 바로 옆에 의사가 상주하는 클리닉이 딸려 있다. 진료비는 무료이다. 한국에서 가져 온 약을 먹어도 낫지 않는 경우, 열이 나고 설사가 심한 경우, 감기 등으로 심하게 아플 경우 항생제 처방전을 받아 약국에서 항생제를 바로 구입할 수 있다. 멕시코에서는 약국에서 처방전 없이 항생제를 구입할 수 없으니 유의할 것

응급

⌂ Hospital Ángeles México
Escandón I Secc, 11800

☎ +52 55 5516 9900

🌐 hospitalesangeles.com

기후와 옷차림

멕시코 날씨는 건기와 우기로 나뉜다. 보통 건기는
9~2월까지이며 3~8월은 우기다. 여행하기 가장 좋은 시기는
11~2월로, 평균 기온은 25도 정도다. 멕시코시티의 경우 해발
2,000m 고도에 위치해있기 때문에 고산병을 겪을 수 있다.
천천히 움직이고 충분한 휴식을 취하자. 칸쿤이 있는
낀따나루주는 덥고 습하다.

멕시코 공휴일

1월 1일 Año Nuevo 신정

2월 2일 Dia de la Constitucion 제헌절

3월 16일 Natalicio de Benito Juarez 베니토 후아레즈 대통령 탄생일

4월 Semana Santa 부활절 주간

5월 1일 Dia del Trabajo 노동절

9월 16일 Dia de la Independencia 독립기념일

11월 16일 Revolucion Mexicana 혁명기념일

12월 25일 Dia de Navida 성탄절

멕시코 기념일

1월 6일 Dia de los reyes magos 동방박사의 날

2월 2일 Dia de la Candelaria 깐델라리아 성모축일

5월 5일 Cinco de Mayo 프랑스와의 전쟁에서 승리한 날

5월 10일 Dia de la Madre 어머니 날

6월 셋째 주 일요일 Dia de la Padre 아버지의 날

12월 12일 Dia de la Virgen de Guadalupe 과달루페 성모
마리아의 날

인터넷

멕시코 공공시설(광장) 등과 주요 패스트푸드 체인점 등에서
와이파이 사용이 가능하다. 유심의 경우 제1통신사인 텔셀Tolcel
지점에서 구입 할 수 있다.

우편

우체국은 코레오스Correos라고 한다. 한국으로 국제우편, 등기
소포를 보낼 수 있으며 보통 일주일에서 3주 정도 소요된다.
가격은 무게와 걸리는 시간, 운송수단(항공, 배편)에 따라
다르다.

멕시코 유심

Telcel이 대표적이다. telcel은 4G 인터넷의 경우 기간, 사용량에
따라 가격이 다르며 2일에서 50일까지 다양한 요금제가 있다.
9일 동안 200MB를 사용하는 데이터 요금제는 50페소, 1달
1,500MB 사용하는 요금제의 경우 200페소이며 이외 다양한
요금제와 패키지가 있다.

시내 구입처

멕시코시티 라틴아메리카 타워 1층에 있는 Centro de Atencion a
clientes Telcel에서 구입하자. 여권 지참.
Eje Central Lázaro Cárdenas 2, Centro
+52 55 4576 7533
월~금 09:00~18:00

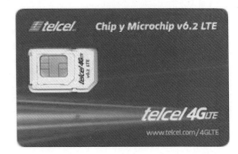

전압

멕시코의 전압은 110V가 기본이지만 간혹 220V를 쓰는
경우도 있다.

환전 및 ATM

환전은 시내의 사설 환전소인 '까사 델 깜비오'에서 하거나 시중
은행의 ATM을 이용하면 된다. 바나멕스Banamex 은행의 경우
시티은행 카드가 있을 경우 수수료가 무료다.

MÉXICO
멕시코 먹거리

먹을거리가 무궁무진한 멕시코. 고대 문명과 스페인 문화가 결합돼 다채로운 요리들이 탄생했다. 몰레와 타말 등 멕시코에서만 만날 수 있는 전통요리에서부터 타코와 퀘사디아 등 대중적인 음식까지 다양하게 맛보자.

타코 Taco

밀가루나 옥수수가루로 만든 동그랗고 얇은 토르티야에 다져서 요리한 소고기·돼지고기·닭고기·소시지·토마토·양배추·양파·치즈 등을 올려 놓은 뒤 이를 반으로 접어서 과카몰레·살사 소스 등과 함께 먹는다. 타코 중에서도 케밥처럼 고기를 통으로 불에 구워 얇게 잘라 올려먹는 알 파스토르al pastor가 특히 맛있다.

타코에 빠질 수 없는 것, 살사

타코, 토르티야 요리엔 빠질 수 없는 것이 3가지 있다. 우선 소스를 뜻하는 살사salsa가 3종류가 있어야 한다. 녹색의 매운 고추 하바네로를 갈아 만든 소스인 살사 베르데, 토마토와 양파, 고수를 넣은 살사 메히까나가 대표적이다. 절인 할라피뇨, 양파 다진 것과 고수인 실란트로는 항상 가게에 준비돼 있어더 달라고 요청할 수 있다.

몰레 Mole

고추와 초콜릿, 땅콩, 호두, 마늘, 카카오, 호박씨, 토마토 등의 재료를 빻아 끓여 만드는 것으로, 멕시코의 대표적인 전통요리이다. 명칭은 나우아틀어로 '소스'라는 뜻인 몰리molli에서 유래했다. 멕시코 중부에 있는 푸에블라주의 몰레 포블라뇨Mole Poblano와 남부 와하까의 몰레 와하께뇨Mole Oaxaqueño가 유명하다. 몰레 포블라노에는 고추와 초콜릿이 기본으로 들어가고, 물라토 고추 외 약 20가지의 양념과 향신료가 들어간다. 몰레 와하께뇨는 수확하는 고추와 허브 종류에 따라 7가지 색깔의 몰레 요리가 있는데 초콜릿, 양파, 마늘 등이 들어간 검은 색깔의 몰레 네그로Mole Negro와 신선한 허브가 들어간 초록색 몰레라는 뜻의 몰레 베르데Mole Verde, 빨간 색깔의 몰레 로호Rojo, 노란 색깔의 몰레 아마리요Amarillo 등이 있다.

과카몰레 Guacamole

과카몰레는 멕시코 요리의 소스로, 콘칩과 비슷한 토토포Totopo라는 튀긴 토르티야 조각으로 퍼서 먹는다. '과카'는 멕시코에서 아보카도를 뜻하는 '아과카테Aguacate'에서 온 것이며, '몰레'는 멕시코 원주민 어로 '소스'를 뜻한다. 잘 익은 아보카도에 소금과 레몬 또는 라임 주스, 토마토와 칠리를 첨가하여 멕시코의 전통 절구인 몰카헤테Molcajete에 넣고 찧는다. 이후 양파와 마늘을 넣어 섞어주는데, 지역 특색에 따라 바질이나 고수, 카이엔 칠리 등의 허브를 넣기도 한다.

노팔 아사도 Nopales asado

구운 선인장 요리로 특히 석쇠에 구운 고기들 또는 고기와 채소볶음 요리인 파히타Pajita에 함께 볶아 먹으면 맛있다.

엔칠라다 Enchilada

토르티야 사이에 고기·해산물·야채·치즈 등을 넣고, 동그랗게 막대 모양으로 말아 소스를 뿌린 다음 오븐에 굽는 멕시코 요리. 토르티야는 밀가루나 옥수수가루로 만든다. 소고기(또는 닭고기)·양파·마늘·고추·토마토 소스·칠리 파우더·살사 소스가 들어간다.

께시요 Quesillo

와하까 치즈Queso Oaxaca를 뜻하는 께시요는 야구공 모양으로 둘둘 말아놓은 치즈로 실처럼 얇은 가닥으로 이뤄져 있어 찢어서 먹기에도 좋다. 치즈는 주먹보다 작은 크기에서부터 들기 어려울 정도로 큰 것도 있다. 께시요는 1885년 중앙평원의 레예스 에틀라Reyes Etla 지역에서 처음 만들어지기 시작했다. 열네 살 소녀가 친구들과 노느라 우유 요리에 소홀했는데 결국 이것이 굳어 치즈가 만들어졌다고 한다. 이를 해결하려고 뜨거운 물을 부었는데 치즈는 더욱 탄성을 얻었고 맛과 냄새가 더욱 좋아졌다. 결국 가족들이 나눠먹던 치즈는 대중화의 길을 걷게 됐다.

퀘사디야 Quesadillas

밀가루로 만든 토르티야 사이에 치즈·고기·해산물·야채 등을 넣고 오븐에 굽는 멕시코 요리이다. 토르티야는 옥수수가루나 밀가루를 반죽하여 얇게 구운 것을 말한다.

포졸레 Pozole

포졸레는 멕시코 전통 옥수수 수프로 돼지고기 또는 닭고기, 옥수수, 양배추, 고추, 양파, 마늘 등을 넣어 걸쭉하고 얼큰하게 끓여 먹는 것으로 그 역사는 아즈텍 시기까지 올라간다. 우리나라 사람들 입맛에도 잘 맞기 때문에 한끼 뜨끈하게 해결하기에도 좋다. 포졸레와 함께 곁들여 먹는 것으로는 다진 양파, 얇게 썬 양상추, 무, 아보카도, 라임 등이 있으며, 멕시코의 모든 식당에서 함께 제공한다.

타말 Tamale

멕시코의 전통요리로 만두와 비슷하다. 옥수수 반죽 사이에 여러 가지 재료를 넣고 바나나 잎이나 옥수수 껍질에 싸서 익히는 요리이다. 닭고기·돼지고기·소고기·고추·치즈·야채 등을 양념하여 사용한다.

파히타 Fajita

소고기나 닭고기 등을 구워서 볶은 야채와 함께 토르티야에 싸서 먹는 멕시코 요리이다. 처음에는 소고기의 안창살을 이용하여 스테이크로 구운 다음 길게 썰어 주재료로 사용했지만 요즘에는 닭고기·새우·생선·야채 등 다양한 재료를 쓴다.

치미창가 Chimichanga

소고기·닭고기·치즈·콩 등을 토르티야에 싸서 기름에 튀긴 멕시코 요리이다. 지역적 특성에 따라 새우·오징어·조개 등 해산물을 사용하기도 한다.

MÉXICO
멕시코 마실거리

애주가에겐 특히나 천국으로 느껴질 멕시코. 멕시코 하면 데킬라를 떠올리지만 데킬라 외에도 특유의 향과 맛을 가진 전통음료, 술이 많다. 멕시코 각 지역의 특색있는 전통주와 함께 시장 등에서 전통음료를 즐겨보자.

데킬라 Tequila

데킬라는 블루 아가베의 잎은 모두 잘라내고 피냐라고 불리는 몸통만 찐 다음 즙을 내서 발효한 뒤 증류한 독특한 술이다. 40도 정도의 무색 투명한 술인데 마실 때는 손등에 소금을 올려놓고 그것을 핥으면서 쭉 들이켜 마신다. 원래 데킬라는 토속주 메스깔에서 파생된 것으로 1950~60년대 세계적으로 유행한 '데킬라'라는 재즈에 의해 데킬라로 불리게 됐다. 데킬라는 아녜호(최상급)로 구입하자. 에라두라, 돈 훌리오 등의 브랜드가 인기 있다. 숙성 정도에 따라 년수가 짧은 것은 블랑코, 그 다음이 레포사도, 가장 숙성된 것을 아녜호라고 한다. 숙성 기간이 짧을수록 물과 같은 증류수, 숙성 기간이 길수록 갈색을 띤다.

메스깔 Mescal

와하까의 전통술이자 특산품이기도 한 메스깔. 용설란 수액을 증류해 만든 것으로 데킬라가 대량 생산된 증류수라면 메스깔은 전통 방식에 따라 수작업으로 소량 생산한다는 점이 다르다. 전통 방식은 말이 끄는 맷돌로 용설란(아가베)을 으깨 2주 정도 발효 과정을 거쳐 증류한다. 와하까의 산티아고 마타틀란 마을에 가면 소규모 메스깔 양조장 투어도 할 수 있다.

풀케 Pulque

멕시코 특산의 다육식물인 용설란의 수액을 채취해 발효시키면, 자연히 하얗고 걸쭉한 풀케라는 탁주가 된다. 이것을 그냥 마시면 막걸리와 비슷한 맛이 난다. 풀케를 증류하면 데킬라가 된다.

오르차타 Horchata

땅콩, 참깨, 쌀, 보리, 멜론 씨앗 등으로 만든 달달한 스페인 전통음료로 멕시코에서도 많이 마신다. 멕시코식 오르차타는 바닐라, 계피, 쌀 등을 주 원료로 하며 꿀과 향신료도 들어간다. 보통 식사 전에 곁들이는 유백색의 대중적인 전통음료로 우리나라에 들어와 있는 쌀음료를 생각하면 된다. 약간 걸쭉하며 당도가 높은 편이다.

아구아 데 하메이카 Agua de Jamaica

멕시코를 비롯한 중앙아메리카에서 즐겨마시는 드링
크로 차게 마시는 히비스커스 차라 볼 수 있다. 자주빛
을 띠며 약간 맹맹한 것이 특징. 보통 물에다 허브 등
을 첨가한 것으로 대중적인 식당에서는 어디서나 만
날 수 있는데 현지인들은 보통 오르차타 또는 아구아
데 하메이카를 마신다.

카페 데 오야 Café de olla

전통적인 멕시코 커피 음료로 냄비에 커피 가루를 끓
인 뒤 흙 점토를 사용한 도기에 담아 뜨거운 상태로
마신다. 주로 추운 지역에서 즐겨 마셨던 것으로 계피
등을 첨가해 진한 맛이 난다. 일반 커피보다는 많이 달
고 진한 것이 특징.

코로나 Corona

멕시코의 맥주 회사인 모델로Modelo가 만든 라거
맥주로 1925년 탄생했다. 코로나는 스페인어로
'왕관Crown'을 뜻한다. 코로나 엑스트라는 특히
멕시코 시장 내에서 판매량 1위 맥주 브랜드로,
현재 전 세계 180여 개국에 수출되고 있다. 코로나
엑스트라Corona Extra 외에도 멕시코 사람들이
즐겨 마시는 맥주로는 모델로 에스페샬Modelo
Especial, 빅토리아Victoria, 파시피코Pacífico 및
네그라 모델로Negra Modelo(흑맥주) 등이 있으며
이 맥주들도 모두 모델로 사가 생산하고 있다.

데하테 Tejate

와하까의 전통음료. 토착민인 믹스텍, 사포텍인들이 즐
겨 마셨던 것으로 알려져 있다. 데하테라는 명칭 또한
나우아틀리어의 밀가루, 물에서 왔다. 미숫가루와 비슷
한 느낌이 나는데 무알콜 옥수수 및 카카오 음료라 보
면 된다. 주로 와하까 지역 전통시장 등에서 만날 수
있으며 큰 도자기 안에 담아 작은 그릇으로 조금씩 떠
서 마신다. 옥수수, 발효 카카오 열매 등을 빻아서 넣
는다.

MÉXICO
멕시코의 과일과 야채

풍부한 열대과일을 즐길 수 있는 멕시코에서 꼭 맛봐야 할 과일, 야채를 소개한다.

오렌지 Naranja

구아바 Guayaba

파파야 Papaya

망고 Mango

만다린 Mandaline

칠리 Chile

아보카도 Aguacate

고수 Silantro

아바네로 고추 Habanero

선인장 Nopal

라임 Lime

마카다미아 Macadamia

MÉXICO

쇼핑 / 민예품

멕시코에서는 원주민들이 만든 의상과 도자기, 민예품들이 특히 화려하고 예뻐서 소장가치가 충분히 있다. 민예품 시장에서 저렴하게 구입하자.

전통 의상 (우이필)

무녜카 인형

코요테펙 검은 도자기

수공예 도자기

민예품 (알레브리헤스)

멕시코 전통 모자 (솜브레로)

MÉXICO
멕시코 역사

●멕시코 역사

멕시코는 테오티우아칸, 아즈텍, 톨텍, 마야 문명 등 역사에 남을 고대 문명을 일구어냈지만 스페인의 침략으로 16세기부터 300년간 식민지를 겪은 아픔이 남아있다. 멕시코 역사가 스페인 침략 이전의 역사와 스페인 침략 이후의 역사로 크게 구분되는 이유이기도 하다. 기원 전후 고대문명과 인디오들이 일궈낸 역사, 스페인의 영향을 받은 식민지 당시의 멕시코 역사, 문화를 고루 이해하는 것이 진정한 멕시코를 만나는 일이기도 하다.

●멕시코의 시작 BC 2000 ~ BC 900년

기원 전후 멕시코 중앙고원의 테오티우아칸에 태양과 달의 거대한 피라미드가 구축되었고, 이를 중심으로 도시가 건설되었다. 옥수수 농사를 기반으로 한 촌락이 각지에 발달했다. 테오티우아칸 문명은 7세기경 멸망하고 톨텍 문명이 12세기에 중앙고원에서 융성한다. 남쪽에서는 멕시코만 기슭부터 와하까 계곡 일대 몬테알반의 사포텍문명, 유카탄반도에 마야문명이 꽃피고 있었고, 900년경에는 도시국가가 건설된 멕시코 중앙고원의 톨텍, 마야에 뒤이은 치첸이사, 욱스말 등의 후기 고대 문명이 융성했다.

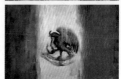

●아즈텍 제국의 등장 1325 ~1521년

멕시코 중앙고원, 분지 일대에서는 톨텍 문명에 이어 아즈텍 제국이 성장하는데 이들은 북멕시코에서 이동해 온 수렵 민족이었다. 그들은 아즈텍이라는 이름 대신 멕시카라는 명칭을 사용했다. 이때 받은 신의 계시는 독사를 물고 날아간 독수리가 선인장 위에 앉으면 그곳에 도시를 세우고 정착하라는 것이었다. 독수리가 내려앉은 곳에 세워진 테노치티틀란은

텍스코코와 타쿠바와 더불어 강대해졌고 3자간에 군사동맹을 체결하였다(선인장 위에 내려앉은 독수리의 모습은 멕시코의 상징이자 현재 국가 중앙에 그려져 있는 모습이기도 하다) 3자는 서로 협력하여 멕시코 중앙고원을 중심으로 한 여러 도시를 정복하고 그들로부터 조공을 받아 부를 나누었고 아즈텍 제국으로 급속히 발전했다. 국가를 이룬 후에는 종교체계, 천문, 역법, 문학 등을 톨텍 문명으로부터 받아들였다.

●1521년, 함락된 테노치티틀란, 아즈텍의 멸망

몬테수마 2세가 군림하던 시기에 에스파냐가 본격적으로 아즈텍을 노리기 시작한다. 아즈텍인들은 언젠가는 턱수염을 가진 백인 신 케찰코아틀(깃털달린 뱀이라는 뜻)이 돌아와 제국을 통치할 것이라고 두려워하던 차에, 턱수염을 가진 백인 에르난 코르테스가 나타났다. 코르테스는 이런 두려움을 알고 있었고 멕시코 횡단 원정에 이것을 이용했다.

몬테수마 2세가 코르테스에게 포로로 잡혀 죽임을 당한 이후 아즈텍 군대는 현 멕시코시티의 중심이자
아즈텍 제국의 수도였던 테노치티틀란 시를 빠져나가려던 코르테스 군대를 거의 전멸시켰다. 코르테스는
잠시 퇴각했다가 다시 돌아와 재정복했다. 아즈텍의 마지막 황제 과테목은 포위 공격에 맞서 4개월간 수도를
방어했으나 도시의 대부분이 파괴되고 인디오들은 거의 전멸했다. 과테목을 남겨두고 떠날 경우 후환을 우려한
코르테스는 그를 온두라스로 데리고 가던 중 스페인을 겨냥한 음모가 있다는 소식을 듣고 과테목을 교수형에
처하도록 지시했다. 1949년 멕시코 익스카테오판에서 그의 것으로 보이는 유골이 발굴되었다. 그가 전사한 뒤
아즈텍은 스페인의 직할 식민지가 됐고 스페인은 아즈텍의 왕족 출신인 틀라코친을 통치자로 삼았다.

●300년간의 식민지 16세기

기원전부터 멕시코에 살던 원주민들은 16세기 스페인에 정복된 뒤
가톨릭을 강요받고 노동력과 재산을 착취당했으며, 유럽에서 들어온
천연두 같은 질병으로 죽어 갔다. 17세기에는 대농장인 아시엔다가
발전하였는데, 식민지로 이주해 온 스페인 귀족들은 원주민의
노동력을 이용해 은광 및 사탕수수, 용설란 농장 등을 대규모로
경영하며 부를 쌓았다. 이러한 식민 경제가 300년간 이어지면서,
멕시코에는 스페인 정착민과 원주민의 혼혈인 메스티소가 널리
퍼졌다.

●독립운동의 시작 1810년

계몽주의 사상을 전파했던 이달고 신부는 1810년 9월 16일 돌로레스 지방에서 최초로 독립을 선포하는 종을
침으로써 멕시코 독립 운동을 개시하였다. 이달고 신부는 원주민과 메스티소를 대변해 원주민의 세금 면제, 노예
제도 폐지 등을 요구하며 독립 투쟁을 하다 이듬해 1월 부왕군에 의해 처형되었다. 그를 이은 또 다른 사제 호세
마리아 모렐로스José María Morelos에 의해 독립운동은 계속되어 1821년에 독립을 달성했다.

●거대한 영토를 잃다 1823년

1823년에 공화국이 세워졌지만 자유파와 보수파로 나뉘어 50년 동안 서른 번 이상 대통령이 바뀌었고, 이
와중에 1848년 미국과의 전쟁이 일어나 텍사스에서 캘리포니아에 이르는 거대한 영토를 잃고 말았다.

●민족 대통령, 후아레스의 등장 1854년

미국과의 전쟁에서 패한 뒤 1854년에는 원주민 변호사인 후아레스가 이끄는 자유주의자들이 등장해 개혁
전쟁을 일으켰다. 이 전쟁으로 종교의 정치 개입을 금지하고, 교회의 재산을 몰수하는 개혁(레포르마)을 이루었다.
후아레스를 이은 포르피리오 디아스 장군은 30년간 독재하며 경제를 발전시켰으나, 그 과정에서 식민 경제의
바탕을 이루었던 아시엔다가 더욱 부강해졌고, 이를 계기로 1910년에 멕시코 혁명이 시작되었다. 혁명 이후
1917년에 국가와 농민, 노동자의 권리가 보장된 혁신적인 신 헌법이 시행되면서 오늘날 근대 국가의 바탕이 되었다.

●현대 멕시코 1934년 이후

신 헌법 시행 이후 1934년 카르데나스 대통령은 농업 개혁안을 마련하여 노동자의 권리를 위한 정치를
시행하였고, 뒤를 이은 정치 지도자들은 1960년대까지 안정된 성장을 이끌었다. 그러나 1970년대 주요 산유국
중 하나였던 멕시코는 1982년 유가 하락과 외채 부담으로 심각한 경제 위기를 맞게 되었다. 이에 정부는 북미
자유 무역 협정(NAFTA), 공기업 민영화 등을 통해 경제 개혁을 하려 했지만, 가난한 치아파스 지역에서 무장
봉기가 일어나면서 상황은 더욱 악화되었다. 2000년 선거에서는 경제 안정과 변화에 대한 새로운 열망이
표출되었고, 71년 만에 처음으로 자유파에서 보수파로 집권당이 교체되었다.

100년의 식민지 기간을 거치며 멕시코엔 독립의 영웅인 이달고 신부와 국민의 대통령 베니토 후아레스를 비롯해 걸출한 인물들이 많이 탄생했다. 이들의 작품에는 모두 민족 독립을 향한 노력과 역사와 아픔, 원주민이었던 인디오들의 애환이 녹아있다. 특히 프리다 칼로와 디에고 리베라, 오로스코, 루피노 타마요 등의 예술가들의 흔적을 따라가다보면 멕시코 여행이 한층 풍요로워져 있을 것이다.

몬테수마 2세 Moctezuma II 1466-1520

나우아틀리어로 몬테수마 쇼코요친Motēuczōma Xōcoyōtzin이라는 이름을 가진 그는 아즈텍을 통치한 제9대 왕이다. 몬테수마 1세의 증손자 이자 6대 왕 악사야카틀Axayacatl의 아들이다. 당시 제국의 영토는 최대로 커져 오늘날 온두라스와 니카라과까지 뻗어 있었다. 그러나 종교의식에 쓰이는 제물과 조공을 종속 부족들에게 점점 더 많이 요구했기 때문에 그들의 분노를 사 제국의 세력은 약해졌다.

에르난 코르테스 Hernán Cortés 1484~1547

에스파냐의 정복자. 하급 귀족 출신으로 1511년 총독인 디에고 벨라스케스 휘하에 근무하면서 쿠바를 점령하였고 독자적으로 군사를 이끌고 유카탄반도를 원정, 아즈텍 제국을 정복했다. 이후 그는 제국의 총독으로 부임해 착취를 일삼다가 1526년 월권혐의로 파면되었고, 본국으로 송환됐다.

과테목 Cuauhtémoc 1502~1525

아즈텍 제국의 제11대 황제이자 마지막 황제. 과테목이라는 이름은 '독수리 같은 후손'이라는 뜻의 나우아틀리어로 1520년 몬테수마의 후계자 쿠이틀라우악이 천연두로 죽은 뒤 몬테수마 2세의 친척이자 사위였던 과테목이 황제가 되었다.

후아나 이네스 데 라 끄루스
Sor Juana Inés de la Cruz, 1651-1695

멕시코 문학에서 17세기 바로크 시의 절정을 여실히 보여준 시인 후아나 이네스 데 라 크루스 수녀는 스페인 식민지 시절, 당대 최고의 지식인으로서 다양한 문학작품을 썼다. 후아나 수녀의 작품은 스페인 바로크 시의 전통을 따르는 아름다운 기교와 화려함을 갖추고 있으며 존재와 인생에 대한 철학적 성찰의 무게가 덧붙어 있어 아메리카의 불사조Fénix de América라 칭송 받기도 했다. 국가 이데올로기 측면에서도 스페인과 맞서는 멕시코의 상징적인 인물로 평가돼, 현 멕시코 200페소 지폐에도 후아나 수녀의 초상이 들어가게 됐다.

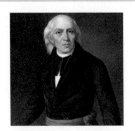

미겔 이달고 이 코스티야
Miguel Hidalgo y Costilla 1753~1811

멕시코 독립의 아버지로 평가된다. 독립의 선봉 크리오요Criollo로 태어났다. 크리오요는 스페인 본국인들이 식민지 태생 자녀들을 지칭하는 말로 생김새는 본국인과 똑같지만 식민지에서 태어났다는 이유로 인해 정치·경제·사회적으로 차등 대우를 받았다. 이달고 신부는 1810년 최초로 독립을 선포하고 멕시코 독립 운동에 나섰다. 멕시코 어디에서나 이달고 신부의 동상을 찾아볼 수 있으며 독립기념일이 독립이 완성된 날이 아니라 최초로 독립 운동의 종을 친 9월 16일을 기념하는 데서 알 수 있듯이 이달고 신부가 멕시코 독립에서 차지하는 중요성은 절대적이다.

베니토 후아레스 Benito Pablo Juárez 1806~1872

멕시코의 와하까 출신 법률가로, 1857년 멕시코 원주민 최초의 대통령으로 낭선돼 1872년까지 멕시코 대통령직을 지냈다. 1847년부터 1852년까지 고향인 와하까 주의 주지사직을 맡기도 했다. 1855년 알바레스 혁명 정부의 사법장관에 취임, 성직자와 군인의 재판상의 특권을 폐지하는 등의 내용이 담긴 후아레스법을 제정했다. 후아레스 대통령은 취임 이후 경제를 정상화하기 위해 교회와 귀족이 쥐고 있는 토지, 사유재산을 몰수하고 모든 종류의 공공 부채들에 대한 지불을 2년간 유예시켰다. 이외 시민의 종교적 자유를 보장하고 종교재판소를 없앴으며 1억 달러 이상의 은화와 멕시코의 가장 비옥한 땅을 소유한 교황의 가톨릭 교회 재산을 몰수했다. 경제부흥과 민주주의의 기틀을 다진 베니토 후아레스 대통령은 현재까지 멕시코 국민들에게 추앙받고 있다.

루피노 타마요 Rufino Tamayo 1899~1991

멕시코의 화가로 와하까에서 태어나 고향과 멕시코시티에서 활동했다. 디에고 리베라, 시케이로스, 오로스코 등과 함께 멕시코의 4대 거장으로 불린다. 1923년엔 국립인류학박물관의 국장직을 맡기도 했다. 〈오늘날의 멕시코〉, 〈테우안테펙의 여인들〉 등의 작품이 알려져 있다. 멕시코시티에 루피노 타마요 현대미술관과 와하까의 루피노 타마요의 개인 박물관이 있다.

프리다 칼로 Frida Kahlo1907~1954

멕시코 시티 코요아칸 출신의 화가로 멕시코의 색채가 짙은 초현실주의 작품을 많이 그렸다. 사고로 인한 신체적 고통과 남편 디에고 리베라 때문에 겪게 된 정신적 고통을 극복하고 삶에 대한 강한 의지를 작품으로 승화시켰다. 거울을 통해 자신의 내면 심리 상태를 관찰하고 표현했기 때문에 특히 자화상, 프리다와 유산 등 자신에 관한 작품이 많다. 1970년대 페미니스트들의 우상으로 떠올랐다.

빨갛고 파란 원색의 아름다움과 풍부한 감정을 드러내는 멕시코 미술에 관심이 있는 사람이라면 멕시코가 배출한 최고의 화가인 '프리다 칼로'와 '디에고 리베라'가 자연스럽게 떠오를 것이다. 멕시코시티를 기반으로 성장하고 활동한 이 세기의 아티스트 부부의 작품을 느낄 수 있는 곳은 어딜까. 화려하면서도 독특한 그들의 삶을 따라 멕시코시티의 역사 지구와 코요아칸 곳곳을 누비다보면 어느새 멕시코 미술에 흠뻑 빠지고 만다. 상상 이상으로 즐겁고 풍성한 미술 여행, 함께 떠나보자.

프리다 칼로와 디에고 리베라는 누구?

프리다 칼로와 디에고 리베라는 1900년대 초반부터 1950년대 후반까지 활동한 사실주의 화가로 입체적이고 감각적인 화풍에 멕시코 특유의 정신을 잘 구현한 가장 존경받는 예술가 부부다. 이들은 멕시코 남부 코요아칸 지역에 거주하면서 작품 활동을 했기 때문에 이 일대에 생가와 박물관과 미술관이 남아있다.

그들을 따라서
프리다 칼로의 집 (까사 아술)
Museo Frida Kahlo

파란 외벽이 눈에 띄는 '파란 집'으로 프리다 칼로가 태어나고 자란 곳. 디에고 리베라와 결혼한 1929년부터 1954년까지 함께 살았던 집이기도 하다. 프리다 칼로의 작품과 그녀가 작업했던 스튜디오, 침실 공간들을 둘러볼 수 있어 연중 세계인들의 발길이 끊이지 않는 곳. (p.552)

아나우아깔리 박물관 Museo Anahuacalli

디에고 리베라가 수집한 5만여 점의 고대 유물들을 전시하고 있는 박물관. 화산석으로 지은 피라미드 모양의 건물 외관이 독특한데 내부 역시 별도의 내장재를 쓰지 않고 오로지 돌로만 지었다. (p.553)

교육부 건물 Secretaría de Educación Pública

유럽에서 돌아온 디에고 리베라는 1922년부터 1929년까지 멕시코의 국립예비학교와 교육부 건물에 벽화를 그렸는데 주요 주제는 인디오들의 농업과 삶, 공산주의였다. 어둠, 비통함, 슬픔 등 사회 비판적이고 예리한 그의 감각이 잘 나타나는 작품들을 감상할 수 있다. (p.531)

디에고 리베라와 프리다 칼로 스튜디오
Museo Casa Estudio Diego Rivera y Frida Kahlo

멕시코시티 산 앙헬에 있는 부부의 스튜디오. 선인장으로 만든 담장과 부부가 각자의 스튜디오로 사용했던 빨강, 파랑 두 채의 건물이 있다. 영화 〈프리다〉에도 등장한다. (p.554)

디에고 리베라 벽화박물관 Museo Mural Diego Rivera

디에고 리베라가 1947년에 그린 '알라메다 공원의 어느 일요일의 오후'라는 대형 벽화가 있는 곳. 메인 홀 전체를 차지한 작품은 높이 4,175m 폭 15.67m으로 알라메다 공원을 배경으로, 식민제국의 착취와 멕시코 혁명을 표현해냈다.

그들의 러브스토리

프리다 칼로는 국립예비학교 입학이 허가된 최초의 여학생 35인 가운데 하나였다. 국립예비학교는 현재 교육부 건물이 있는 곳인데 멕시코에서 가장 수준 높은 교육기관으로 엘리트를 양성하는 곳이었다. 프리다 칼로와 디에고 리베라가 만난 것은 그녀가 18살 예비학교를 다닐 무렵으로 교육부 건물에서 프레스코화 작업을 하던 디에고 리베라를 보고 반하게 되었다고 한다. 하지만 프리다 칼로는 멕시코의 독립기념일이었던 1925년 9월 17일 전차에 올랐다가 버스가 이 전차와 충돌하는 교통사고를 겪으며 옆구리에 철골이 관통하는 중상을 겪는다. 이로 인해 세 군데의 척추 골절, 쇄골 및 갈비뼈 골절 등 심각한 부상으로 오랜 기간 보정기를 입고 병상에 누워 생활했다. 그녀가 어느 정도 몸을 회복한 이후엔 교육부 건물 외벽에 벽화 작업을 하던 디에고 리베라를 찾아가 자신의 그림을 평가해줄 것을 부탁하면서 이들의 인연은 시작된다. 이 부부는 디에고 리베라의 불륜과 이혼 및 재혼을 반복하는 등 순탄치 못한 결혼생활을 했지만 서로 의지하면서 작품 활동을 이어갈 수 있게 해준 부부 이상의 동료이기도 했다. 2003년에 개봉한 영화 〈프리다〉를 보면 그들의 삶을 조금이나마 이해할 수 있게 된다.

영화 FRIDA

프리다 칼로의 일생을 다룬 영화로 2003년 개봉했다. 감독은 줄리 테이머, 주연은 셀마 헤이엑과 알프레드 몰리나가 맡았다. 인생의 두 가지 대형사고를 '차 사고'와 '디에고 리베라를 만난 것'이라 꼽았던 만큼 이와 관련된 고난과 시련을 헤쳐나가는 프리다 칼로의 삶이 잘 녹아있는 작품.

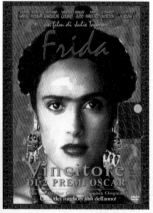

MÉXICO

멕시코 꼭 가봐야 할 곳

⑤

⑥

⑦   ⑧

태양의 도시, 멕시코시티

멕시코 중부 고원 해발 2,240m에 자리 잡은 멕시코시티.
정식 명칭은 '시우다드 데 메히꼬'이지만 현지인들은
멕시코 연방 지구를 줄여 '메히꼬 데에페 Mexico DF
'라 부른다. 세계에서 3번째로 수도권 인구가 많은
그야말로 메트로폴리탄 도시다. 이 인구 800만의 거대
도시엔 없는 게 없다. 찬란히 꽃 핀 고대문명 아즈텍과
마야 문명이 곳곳에 숨 쉬고 있고 멕시코시티 남부
코요아칸과 콘데사, 로마 지역엔 현대적이고 모던한
감각의 멕시코가 살아있다. 프리다 칼로와 디에고
리베라의 강렬한 예술 벽화 '무랄'은 시내 곳곳에서 만날
수 있으며 마음 넓고 따뜻하기로는 둘째가라면 서러워
할 친절한 멕시코 사람들이 반갑게 여행객을 맞는다.
시 내에 즐비한 '타케리아' 노점에서 타코와 케사디아를
즐기다 보면 몸무게는 금방 늘고 마는데 그 맛을 못
잊어서 다시 멕시코를 찾는 이들도 많다.

MÉXICO CITY
멕시코시티

멕시코시티 드나들기

미국을 거치지 않고도 멕시코까지 바로 가는 항공편이 있다. 우리나라에서 멕시코의 수도, 멕시코시티까지 가려면 인천–멕시코시티 아에로멕시코 직항편을 타는 방법과 미국 또는 유럽을 경유해 가는 방법이 있다. 직항편을 이용하는 경우, 경유 항공편보다 최소 6~7시간은 아낄 수 있을 뿐만 아니라 다소 까다로운 미국 출입국심사대를 거치지 않아도 된다는 것이 큰 장점이다.

멕시코시티 드나드는 방법 항공

✈ 베니토 후아레스 국제공항 Aeropuerto Internacional Benito Juárez (MEX)

멕시코시티까지 가는 가장 빠른 방법은 인천에서 출발하는 아에로멕시코Aeromexico 직항편을 타는 것이다. 주4회 (월/수/금/일) 운항하며 13시간25분이 소요된다. 베니토 후아레스 국제공항은 1, 2터미널로 나뉜다. 터미널 1(T1)에서는 주로 유럽, 북미, 남미, 아시아 지역으로 가는 국제선 항공편이 운항되며 터미널 2(T2)에서는 멕시코 국적의 저비용 항공사가 멕시코 전역 국내선 및 국제선 항공편을 운항한다. 볼라리스Volalis, 비바아에로부스VivaAerobús, 인터젯 Interjet 등이 있다. 하지만 국내선이라도 T1에서 출발하는 경우, 국제선이라도 T2에서 출발하는 경우가 있으므로 미리 항공편 이티켓에서 터미널 번호를 확인해두도록 한다. 공항 내부에는 환전소, ATM, 레스토랑 등의 편의시설이 있다. T1과 T2는 터미널 밖 버스 승차장에서 무료 셔틀버스로 이동 가능하다

공항에서 시내가기

🚌 메트로 버스 Metro Bus

메트로 버스

○ 04:30~00:00
🎫 메트로버스 카드 10페소
　 공항–시내간 편도 30페소
　 멕시코 시티 시내 간 이동 6페소

멕시코시티 센트로로 이동하는 경우 지하철보다 편리한 것이 메트로 버스다. 꽤 먼 지하철 역까지 걸어가야 하는 수고를 덜어줄 뿐만 아니라 20~30분 안에 도심 주요지역(TAPO터미널–San Lazaro, Bellas Artes, Idalgo)을 연결하기 때문에 공항을 오갈 때 이용하기에 좋다. 메트로 버스는 오전4시30분부터 자정까지 운행된다. 발매기는 T1의 경우 6-7번 출구 쪽 실내에 있으며 카드 가격 10페소, 최소 충전금액은 기본 메트로 버스 이용요금인 6페소이다. 공항–센트로간의 메트로 버스 요금은 편도 30페소이기 때문에 왕복 탑승할 예정이라면 최소 60페소를 충전하자. T1에서는 6-7번 출구로 나가면 승차장이 있으며 T2의 경우 3번출구의 택시승강장 쪽에서 탑승한다. 소깔로로 이동하고 싶다면 레푸블리카 데 아르헨티나Republica de Argentina 또는 레푸블리카 데 칠레Republica de Chile에 내려서 5~10 분 정도 걸어가면 된다. 마찬가지로 시내에서 공항을 갈 때 벨리사리오 도밍게즈Belisario Dominguez 길의 Republica de Argentina 또는 Republica de Chile 정류장에서 공항으로 가는 E1 버스를 타면 된다. 요금은 마찬가지로 편도 30페소이다.

멕시코시티 공항

공항 메트로버스

공항 메트로버스 타는 곳

멕시코시티 메트로 버스

Línea **4** Metrobús **Plano de ruta**

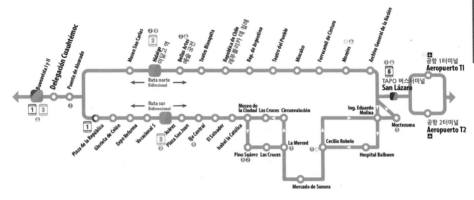

메트로 Metrô

공항과 연결된 메트로 5호선(노란색) Terminal area에서 메트로를 타고 시내까지 이동할 수 있다. 가격은 5페소로 저렴하지만 5호선은 센트로 주요 지역으로 가지 않기 때문에 보통 1호선과 2호선으로 두번 갈아타야 하는 번거로움이 있다. 센트로까지 약 40~50분 소요된다. 여러 번 메트로를 탈 예정이라면 충전식 카드를 역에서 구매하자.

TIP
지하철 요금
충전식 카드 20페소
지하철 1회권 5페소

택시 Taxi

공항에선 선불제 택시를 타도록 되어 있다. 공항에서 센트로 주요 지역까지의 요금은 225페소이다. Sitio, Yellow cap 회사의 택시가 안전하고 믿을 만하다. T1터미널은 입국장 택시 부스에서 요금을 지불하고 8번 출구로 가서 택시에 승차하면 된다. T2 역시 마찬가지로 티켓 부스에서 요금을 지불하고 택시 승강장으로 나가서 승차하면 된다. 일행이 4명 이상인 경우 최대 7명까지 탈 수 있는 미니밴도 있다. (Sitio, Yellow cap의 경우) 요금은 250~280페소로 탑승 인원수에 비해 저렴한 편이다.

택시 승강장

멕시코시티에는 크게 동,서,남,북 4개의 버스터미널이 있다. 일반적으로 멕시코 북부로 향하는 경우 북부 터미널에서, 남동부(치아파스, 칸쿤)로 향하는 경우 동부 터미널인 타포 버스터미널을 이용한다. 각 터미널마다 운행하는 버스 편이 다르기 때문에 가려는 목적지를 잘 확인한 다음에 버스터미널로 이동하자.

🚌 타포 TAPO 버스터미널 Terminal de Autobuses de Pasajeros de Oriente

타포 버스터미널

🏠 Calz. Ignacio Zaragoza 200, 10 de Mayo
메트로 1, 8호선 San Lazaro 역 도보 5분
ado.com.mx

동부 버스터미널이지만 줄여서 타포TAPO 버스터미널이라 부른다. 멕시코의 가장 큰 버스 회사인 아데오ADO를 비롯해 AU, SUR등 전국 각지로 가는 다양한 버스가 운행된다. 와하까, 치아파스, 유카탄, 캄페체, 낀따나루 주 등 동남부로 가는 경우 타포 버스터미널에서 출발해야 한다. 여행객들이 가장 많이 이용하는 1~2등급 버스인 아데오 버스의 경우 온라인 예매가 카드 문제로 잘 되지 않는 경우, 타포 버스터미널 창구로 가서 예매해두자. 성수기인 크리스마스, 부활절 연휴 기간엔 버스표 구하기가 쉽지 않다.

🚌 북부 버스터미널 Terminal Central de Norte

북부 버스터미널

🏠 Magdalena de las Salinas
centraldelnorte.com

멕시코 북부 지역으로 가는 버스 편이 운행된다. 여행자들이 많이 이용하는 것은 테오티우아칸 유적으로 가는 버스(30분~1시간 간격으로 운행)와 과나후아토로 가는 버스 편이다. 과나후아토로 가는 버스의 경우 ETN, Primera Plus사의 버스를 많이 이용한다. 메트로 5호선(노란색) Autobuses del Norte 역에서 가깝다.

🚌 남부 버스터미널 Terminal Taxqueña/Terminal Central del Sur

남부 버스터미널로 탁스케냐 터미널이라고도 한다. 지하철 2호선(파란색)의 종착역
이자 가장 남쪽인 탁스케냐 메트로 역에서 가깝다. 아카풀코와 쿠에르나바카, 칸쿤,
치아파스, 푸에블라, 와하까, 베라크루즈 등지로 가는 버스가 발착한다.

남부 버스터미널

🏠 Av Miguel Ángel de Quevedo 1105

🚌 서부 버스터미널 Terminal Centro Poniente

게레로, 할리스코, 미초아칸, 와하까, 께레타로 등지로 가는 버스가 발착하는 곳. 메
트로 1호선 Observatorio에서 가깝다.

서부 버스터미널

🏠 Av Río de Tacubaya 87
centralponiente.com.mx

시내 교통

🚈 메트로 Metro

메트로

🕓 05:30-01:00
🎫 요금 5페소

교통체증이 심한 멕시코시티에서 가장 저렴하고 빠르게 이동할 수 있는 교통수단. 차풀테펙 공원이나 코요아칸 등지로 이동할 때 수월하다. 단점이라면 항상 이용자가 많다는 것. '지옥철'을 각오하고 탑승하자. 도난 및 물품 분실의 우려도 있지만 각별히 주의하도록 한다. 지하철 뒷 쪽에는 여성과 아이들만 탑승 가능한 객차도 있다.

지하철 여성 전용 객차 안내판

멕시코시티 지하철 내부

🚌 시내버스 Bus

복잡한 멕시코시티 내에서 행선지를 확인하고 시내버스를 타기란 쉬운 일이 아니다. 버스 앞쪽엔 버스를 타고 내리는 주요 승하차 지역이 적혀 있으니 확인하고 탑승하자. 버스를 탈 때는 하차 지점을 말하고 돈을 내야 한다. 미크로버스 micro bus의 경우 거리에 따라 5km 이내 4페소, 5-12km 이내 4.50, 12km이상 5.50페소로 요금이 다르다. 유용한 버스 노선은 레포르마 대로의 이달고Hidalgo 역 (지하철 1호선) 앞에서 차풀테펙으로 가는 버스다. 승차 요금은 5.5페소. 차풀테펙 공원과 센트로의 이달고 역을 왕복할 때 이용해보자.

🚕 택시 Taxi

멕시코시티의 시내 택시 기본요금은 약 9페소로 매우 저렴한 편이다. 미터제를 시행하며 앞 좌석 상단에서 미터 요금을 확인하면 된다. 센트로에서 동 터미널인 TAPO까지 40페소 정도이며 이외에 시내 주요 지역을 가더라도 50~60페소, 최대 100페소 이상은 들지 않으니 바가지 요금을 내는 일이 없도록 하자. 시내에서 공항으로 갈 경우 150~200페소, 콜택시의 경우 200~300페소 정도가 나온다. 교통체증이 심한 출퇴근 시간엔 택시를 이용하지 않는 편이 낫다.

멕시코시티 메트로

🚌 메트로 버스 Metro Bus

TIP

메트로 버스

메트로 버스 카드 발매기와 충전기는 메트로 버스 승하차장 일부에만 있으므로 가급적 공항, TAPO터미널~San Lazaro 정류장에서 구입하도록 한다

멕시코시티는 최근 몇 년간 교통 정책을 개선해 메트로 버스가 다니는 버스 전용차로 개설을 늘리고 있다. 메트로 버스는 1~4호선이 있으며 지정 승하차장에서 메트로 버스 카드가 있을 경우 탑승할 수 있다. 유용한 노선은 4호선(주황색)의 공항~센트로간 연결 노선이며 센트로에서 TAPO 버스터미널(Republica de Chile 승차장에서 메트로 버스 4호선을 타고 San Lazaro에 정차)을 갈 때도 매우 편리하다.

메트로 버스 역

메트로 버스 기계

투리버스 Turi Bus

시내 주요 19곳의 명소를 순환하는 투리 버스를 타고 주요 관광지를 돌아볼 수도 있다. 오전 9시부터 저녁 9시까지 무제한으로 내렸다가 다시 탑승할 수 있다. 소깔로의 대성당옆에서 탈 수 있다.

일반 월~금 140페소 토~일 및 공휴일 165페소
(버스 내 영어 오디오가이드, 와이파이 포함)

투리 버스

자전거 BICI

차풀테펙 공원이 있는 파세오 데 레포르마 거리, 센트로 곳곳에선 에코 비씨, 공공 자전거를 발견할 수 있다. 연간 회원은 400페소로 저렴하지만 멕시코 내 은행에서 발급한 신용카드 및 체크카드가 있어야만 가입 가능하고 1,500페소의 디파짓을 걸어두어야 한다. 1일 90페소, 3일 180페소, 일주일 300페소 카드도 여권과 신용카드 등을 제시하고 등록해야만 사용할 수 있고 마찬가지로 디파짓을 내야 한다. Plaseo de la Reforma와 Havri 교차점에 상설 등록 부스가 있다. 에코 비씨 외에도 멕시코시티 시에서 운영하는 무료 자전거 부스가 있다. 소깔로, 레포르마 대로 인근에 여러 곳이 있으며 여권을 맡기면 보통 3시간 무료 이용이 가능하다.

자전거BICI

보자! MEXICO CITY SIGHTS

멕시코시티는 둘러 볼 명소가 많아 적게는 3일 많게는 일주일 이상 투자해야 한다. 하루는 센트로 역사 지구 내의 소깔로 주변을 둘러보고 하루는 차풀테펙과 코요아칸 지구, 하루는 테오티우아칸 등 교외 지역을 돌아보자.

추천 일정

첫째 날-센트로

- 소깔로
- 까떼드랄 메트로폴리타나
- 국립궁전
- 템플로 마요르
- 교육부 건물
- 안티구오 콜레히오 데 산 일데폰소
- 국립미술관
- 우체국 건물
- 예술 궁전
- 까사 데 로스 아줄레호스
- 라틴 아메리카나 타워
- 알라메다 공원
- 디에고 리베라 벽화박물관
- 기억과 관용의 박물관
- 아르떼 파퓰라르 미술관
- 혁명 기념탑
- 후아레스 시장
- 바스콘셀로스 도서관

둘째 날- 차풀테펙&폴랑코

- 차풀테펙 메트로 역
- 차풀테펙 성
- 국립 인류학 박물관
- 루피노 타마요 미술관
- 루이스 바라간의 집
- 소우마야 미술관
- 우멕스 미술관

셋째 날-코요아칸

- 프리다 칼로의 집 (까사 아술)
- 코요아칸 시장
- 아나우아깔리 박물관
- 디에고 리베라와 프리다 칼로 스튜디오
- 멕시코 국립자치대학

넷째 날-교외 여행

- 3문화 광장
- 테오티우아칸
- 과달루페 성당

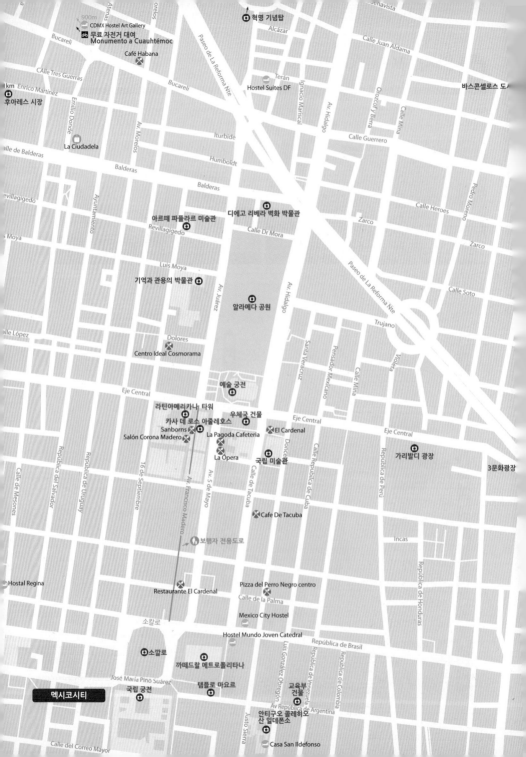

Mexico City

첫째 날 – 센트로 역사 지구

멕시코시티 여행의 시작은 센트로 역사 지구의 중심 소깔로에서 시작하자. 이 소깔로 주변에 주요 볼거리가 모두 모여 있다. 소깔로 주변의 주요 명소들을 돌아본 뒤 보행자 전용도로인 마데로 거리를 따라 라틴아메리카나 타워 방향으로 걷자. 알라메다 공원 주변에도 예술궁전 등의 볼거리가 많다.

소깔로 Zócalo, Plaza de la Constitucion

공식 명칭은 '헌법 광장'이지만 '소깔로'라는 이름으로 더 많이 불린다. 멕시코의 정치, 경제 및 종교의 중심지이자, 아즈텍 문화와 식민지 시대의 문화가 혼합된 공간이기노 하다. 스페인의 멕시코 정복 후 1812년 카디스 헌법을 기리기 위해 만들어졌다. 스페인 정복자들은 멕시코의 정치적, 종교적 중심지였던 테노치티틀란에 광장을 건설하고자 했다.

광장의 주변엔 메트로폴리타나 대성당과 국립 궁전, 시청 및 정부 청사 건물, 광장의 북동쪽 코너엔 템플로 마요르가 자리해 있다. 과거엔 정원과 각종 기념물, 서커스, 시장, 분수 등이 자리했으나 5세기를 거치는 동안 설치 및 제거됐고 현재의 모습은 1958년의 것이다.

이곳에서는 멕시코의 역사적인 사건이 많이 일어났는데 독립 시위와 독립 기념일 행사, 독립 100주년 기념행사 등 주요한 기념행사가 열렸다. 현재에도 주요 행사와 시위, 축하 퍼레이드는 소깔로를 중심으로 열리고 있다.

소깔로
🏛 Plaza de la Constitucion
🚶 메트로 2호선 Zócalo 하차

까떼드랄 메트로폴리타나 Catedral Metropolitana

까떼드랄 메트로폴리타나

- Plaza de la Constitución, Centro
- 화~일 09:00~17:00 월 휴무
- 01 55 5510 0440
- 무료
  arquidiocesismexico.org.mx

헌법광장, 소깔로에 위치한 멕시코를 대표하는 대성당으로 1573년부터 1813년까지 지어졌다. 18세기에 건립된 북미에서 가장 큰 성당 가운데 하나이다. 테노치티틀란을 정복한 코르테스는 이곳에 스페인의 정복을 기념하기 위해 대성당 건설을 시작했다. 외벽의 돌들은 모두 아즈텍 전쟁의 신 Huitzilopochtli의 사원에서 가져온 것으로 알려져 있다.

스페인 건축가 글라우디오 데 알치니에가Claudio de Arciniega가 스페인 고딕 성당의 양식을 따라 건립했으며 대성당 내부는 르네상스 시대, 바로크, 네오 클래식 건축 양식이 혼합돼 있다. 16개의 예배당이 있으며 화려한 제단과 테피스트리, 회화, 가구, 조각 등을 감상할 수 있다. 두 개의 종탑에는 25종류의 종이 있으며 가장 큰 종은 산타 마리아 드 과달루페라 불린다. 무게는 약 1만 3,000kg이다. 다른 6,900kg의 종은 거친 소리 때문에 쉰 목소리 La Ronca라 불린다.

스페인 종교 재판에서 비난받은 이들이 처형되기 전 다음 세상에서 용서를 구하기 위해 이 제단에 데려왔다는 데에서 이름이 붙은 용서의 제단은 중앙 본당의 전면에 있으며 바로크 양식으로 지어진 왕의 제단도 '황금 굴la cueva dorada'이라는 별칭에 맞게 매우 화려하게 제작됐다. 완성에만 19년이 걸렸다고 한다.

지하에는 대주교의 유골을 담은 묘가 있다. 성당은 1967년 화재로 상당 부분이 파괴됐는데 계속된 복원 작업 와중에 대성당 아래 숨겨져 있던 여러 중요 문서와 그림 등을 찾았다. 대성당은 튼튼한 기초 위에 세워졌지만 이곳은 원래 고지대 호수가 자리했던 곳으로 점토질의 토양 때문에 조금씩 기울어지고 있는 것으로 알려져 있다.

국립궁전 Palacio Nacional

소깔로 광장 동쪽에 있는 국립궁전 역시 꼭 들어가 보아야 할 곳이다. 국립궁전은 대통령 집무실과 행정부처, 1800년대 말 의회 장소로 쓰였던 홀이 있는 곳으로 궁전 2층을 향하는 계단에는 디에고 리베라가 그린 거대 벽화 '멕시코의 역사'가 있다. 이 작품은 1921년부터 1935년까지 그린 것으로 멕시코 원주민의 부흥과 스페인 침략, 멕시코 독립에 관한 주요 사건들을 담고 있다. 중앙에는 1910년부터 1917년까지 농민 혁명을 이끈 영웅인 에밀리오 자파타가 자리한다. 남측 계단에도 미국에서 돌아온 디에고 리베라가 그린 '멕시코의 현재와 미래'를 나타낸 벽화가 있다.(입장은 궁전 동편에서 하며 여권을 제시해야 함)

국립궁전

⌂ Plaza de la Constitucion
🕐 화~일 09:00~17:00 월 휴무
📞 01 55 3688 1255
💲 무료
Centrohacienda.gob.mx

국립궁전 내부

국립궁전 외부

템플로 마요르 Templo mayor

템플로 마요르

⌂ Seminario 8, Centro Histórico
☎ 01 55 4040 5600
⏰ 화~일 09:00~17:00 월 휴무
🎫 입장료 57페소
영어 오디오 가이드 80페소
templomayor.inah.gob.mx

중앙 광장인 소깔로 인근엔 '템플로 마요르'가 자리한다. 1913년 까떼드랄 뒤편 공사를 하던 중 지하 계단이 발견되면서 아즈텍 제국의 중앙 신전이었던 템플로 마요르의 존재가 세상에 드러났다. 제대로 발굴 작업이 시작된 것은 1979년이다. 상수도 공사 도중 8톤의 거대 석판이 출토되었는데 이것은 아즈텍 신화에 등장하는 달의 신 코욜사우키 조각이었다. 마요르 신전에선 제사 물품을 올리던 차크몰 석상, 뱀머리 상 등이 출토됐고 주요 유물은 모두 신전 옆의 마요르 박물관에 보관돼 있다.

박물관엔 볼거리들이 많기 때문에 꼭 유적 내로 입장해서 둘러보도록 하자. 영어 오디오 가이드(80페소)도 있다. 템플로 마요르 일대의 건물들은 조금씩 기울어진 것을 볼 수 있는데 과거 호수였던 곳을 메워 도시를 건설했기 때문에 지반 침하를 겪으면서 건물이 내려앉기 시작한 것으로 이 때문에 발굴 작업이 매우 더디게 이뤄지고 있는 실정이다. 실제 이 일대 묻힌 아즈텍 유적의 규모와 양은 상당할 것으로 추정하고 있다.

템플로 마요르 박물관–차크몰 상

템플로 마요르 전경

교육부 건물 Secretaría de Educación Pública

도심 역사 지구의 공공건물 곳곳엔 디에고 리베라의 벽화가 남아있다. 꼭 방문해야 할 곳은 템플로 마요르 인근에 있는 교육부 건물이다. 소지품 및 신분증 검사를 끝내면 건물 안뜰로 들어갈 수 있는데 안뜰을 접한 1층과 2층 외벽에 디에고 리베라의 벽화가 있다.

유럽에서 돌아온 디에고 리베라는 1922년부터 1929년까지 멕시코의 국립 예비학교와 교육부 건물에 벽화를 그렸는데 주요 주제는 인디오들의 농업과 삶, 공산주의였다. 하지만 이 역시 어둠, 비통함, 슬픔 등 사회 비판적이고 예리한 그의 감각이 잘 나타난다. 이 같은 주제의식은 '5월 1일', '땅을 점거하려는 가난한 농민들' 등 대부분의 작품에 드러난다. 그는 마르크스주의 이념의 영향으로 서사적 리얼리즘 회화를 지향했으며 군부독재와 자본주의 역시 각종 역사적 인물을 내세워 우회적으로 비판해 대중들의 많은 지지를 받았다. 입장은 산토 도밍고 성당 앞의 광장 바로 맞은편인 Republica de Brasil 31에서 힐 수 있나. 지도상에 나오는 주소 Calle Republica de Argentina 28에도 문이 있지만 일반인은 드나들 수 없다.

교육부 건물

⌂ Republica de Brasil 31
◷ 월~금 09:00~17:00
▤ 입장료 무료
  sep.gob.mx

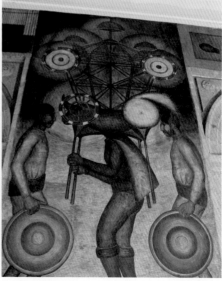

국립 미술관 Museo Nacional De Arte

1982년 1124점의 미술품으로 개관했다. 현재 16~20세기 멕시코의 대표적인 회화 작품을 비롯해 조각, 공예품, 사진 등 4,000여점 이상을 소장하고 있다. 미술관 정면엔 카를로스 4세의 기마상이 서있으며 1층 중앙으로 입장한다. 1~3층에 연대기 순으로 회화 작품이 전시돼 있다.

국립미술관

- Calle de tacuba 8
- +52 55 8647 5430
- 화~일 10:00~18:00 월 휴무
- 입장료 일반 60페소
  학생증 제시 시 무료
  (사진 촬영 5페소 비니오 촬영 30페소)
  unal.com.mx

안티구오 콜레히오 데 산 일데폰소
Antiguo Colegio de San Ildefonso

예수회가 1583년 설립한 학교로 17세기에는 펠리페3세의 예배당으로 사용되다가 1867년부터 1987년까지 국립 예비학교 건물로 쓰였다. 기존의 예배당 공간은 도서관으로 이용됐다. 이곳에선 멕시코 3대 벽화 운동가, 호세 클레멘떼 오로스코의 벽화를 1~3층에서 볼 수 있는데 모두 1922~1940년에 그려진 것이다. 주로 노동자와 파업, 인디오의 어려운 삶, 혁명, 부와 가난, 가진 자에 대한 신랄한 풍자를 담고 있다. 이외에도 디에고 리베라, 다비드 알바로 시케이로스, 제인 샬럿 등 주요 벽화운동가들의 벽화도 남아 있다.

안티구오 콜레히오 데 산 일데폰소

- Justo Sierra 16, Centro Histórico
- 화 10:00~20:00
  수~일 10:00~18:00 월 휴무
- 입장료 일반 50페소
  학생 25페소 (화요일 무료)
  sanildefonso.org.mx

우체국 건물 Palacio Postal

꼬레오 마요르Correo Mayor라 불리는 우체국 건물은 100년이 넘는 역사를 자랑한다. 내부가 매우 화려하기 때문에 예술 궁전을 들르는 길에 가보면 좋을 명소다. 1901년 별도의 정부 기관인 우체국으로 지어졌으며 이전에는 커뮤니케이션, 교통 사무국 자리였다고 한다. 건축은 이탈리아 건축가 아다모 보아리가 맡아 아르누보, 르네상스, 로코코 양식을 혼합해 만들었는데 지진을 견디기 위해 강철 프레임을 사용한 것이 인상적이다. 내부 대리석 바닥과 선반은 이탈리아 피렌체에서 제조된 청동 및 철장 프레임과 자연스럽게 연결된다. 정문에는 20세기 초 유행했던 아르누보의 전형적인 철제 캐노피가 있으며 각 층마다 조금씩 다른 건축 스타일을 보는 것도 흥미롭다.

멕시코시티에 우체국 서비스를 제공하는 다섯 번째 건물이었기 때문에 '다섯 번째 우체국'을 뜻하는 '낀따 카사 데 꼬레오스 Quinta Casa de Correos' 라 불리기도 했다. 이 건물은 아름다움과 역사적 가치를 인정받아 1987년 예술 기념물로 지정됐다. 현재까지도 여전히 우체국의 기능을 하고 있으며 원한다면 창구에서 우표와 엽서를 사서 직접 부칠 수도 있다. 이 건물 4층에는 2013년 개관한 해군 역사 박물관Museo Naval del Distrito Federal이 있는데 멕시코 해양 역사와 각 시대별 사진, 지도 등을 볼 수 있다.

우체국 건물

⌂ C. Tacuba 1, Cuauhtémoc
☎ +52 55 5340 3300
◷ 월–금 08:00~16:00
   토 10:00~16:00
   일 10:00~14:00

해군 역사박물관 (우체국 4층)
월–금 10:00~17:00
토–일 10:00~14:00
gob.mx

우체국 건물

디에고 리베라 벽화 박물관 Museo Mural Diego Rivera

알라메다 공원에 있는 디에고 리베라 벽화 박물관엔 디에고 리베라가 1947년에 그린 '알라메다 공원의 어느 일요일의 오후'라는 대형 벽화가 있다. 메인 홀 전체를 차지한 작품은 높이 4,175m 폭 15.67m으로 알라메다 공원을 배경으로 식민제국의 착취와 멕시코 혁명 등 다양한 사건 및 인물들을 그리고 있는데 중앙에는 해골 여인 까뜨리나와 그 왼쪽에는 어린 자신의 모습과 프리다 칼로를, 까뜨리나 오른쪽에는 화가인 호세 과달루페 포사다를 그렸다. 좌측 상단엔 스페인 정복자 에르난 코르테스, 우측 상단엔 멕시코 원주민 대통령인 베니또 후아레스 등을 그렸으며 이 안에 멕시코 민중의 어려운 삶과 혁명, 식민지의 암울한 분위기, 독재정권 등 다양한 이야기가 들어있다. 1층의 대형 벽화 외에 2층 관람이 가능하다. 별도의 입장료, 사진 촬영 비용이 추가되며 일요일엔 무료 입장을 할 수 있다.

디에고 리베라 벽화 박물관

⌂ Calle Balderas y Colon
☎ +52 55 1555 1900
◷ 화~일 10:00~18:00 월 휴무
💲 입장료 21페소, 사진 촬영 5페소
   일요일 무료

bellasartes.gob.mx

알라메다 공원의 어느 일요일 오후의 꿈

디에고 리베라 벽화 박물관

예술 궁전 Palacio de Bellas Artes

예술 궁전

🏠 Av. Juárez, Centro Histórico
📞 01 55 5512 2593
🕐 화~일 10:00~17:00 월 휴무
🎫 입장료 일반 60페소
　　　일요일 무료

폴크로레 공연 수 20:30
　　　　　　 일 09:30, 20:30
(예술궁전 1층 티켓 창구에서 예매 가능
1층1,300페소 1층 2층 800페소 3층
300페소)

palacio.bellasartes.gob.mx

알라메다 공원을 접하고 있는 예술 궁전은 멕시코를 대표하는 예술과 문화의 중심지로 멕시코 독립 100주년을 기념해 1934년 개관했다. 궁전 외관은 대리석으로 되어 있으며 황금색의 돔이 상단에 지어져 있다. 예술 궁전 1층에는 오페라와 발레 공연이 열리는 공연장이 있고, 3층에는 국립 건축학 박물관이 자리하고 있다. 2~3층 복도에 전시된 멕시코 대표 화가 디에고 리베라와 루피노 타마요의 벽화들이 유명하다.

꼭 보아야 할 작품은 2층에 있는 디에고 리베라의 '인간, 우주의 지배자'이다. 노동자를 주제로 문명사회를 풍자한 이 작품은 원래 1934년 록펠러센터에 걸리기 위해 그려졌지만 '반자본주의'를 드러냈다는 언론의 비평과 더불어 그림 속의 '레닌'을 지워달라는 록펠러의 요구를 받아들이지 않아 결국 철거되기에 이른다. 그림은 종교와 과학, 독재의 몰락을 표현했는데 레닌을 비롯해 마르크스와 트로츠키가 등장하고 시민을 억압하는 경찰과 카드놀이를 즐기는 부유층 여성들이 그려져 있다. 벽화는 철거 당시 되살릴 수 없을 정도로 부서졌고, 이후 다시 그려졌다.

예술궁전 내부

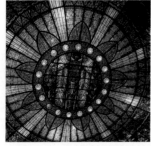

디에고 리베라ー 인간, 우주의 지배자

까사 데 로스 아줄레호스 Casa de los Azulejos

타일 하우스라는 뜻의 '까사 데 로스 아줄레호스'는 코발트 블루의 타일로 장식된 외관이 빛나는 저택으로 예술 궁전 건너편 센트로의 싱코 데 마요5 de Mayo와 마데로Madero 거리 사이에 있다. 크리올 귀족이었던 바예 데 오리사바 Count del Valle de Orizaba 가문에 의해 1793년에 지어졌다. 푸에블라에 살던 오리사바 백작 부인은 남편이 죽자 수도로 돌아가기로 결정하고 이 집을 꾸미기 시작했다고 한다. 외관의 3면은 파란색과 흰색의 푸에블라 장식 타일, 아줄레주로 덮여있다. 원래는 현재의 크기보다 훨씬 컸으나 19세기 말 마데로 거리를 만들면서 일부 공간을 허물었다고 한다. 1871년 오리사바 백작 부인이 이 집을 판 이래 약국, 레스토랑 체인 사업으로 백만장자가 된 산본스Sanborns 형제가 1917년경 인수하기 전까지 여러 차례 주인이 바뀌었다. 이 형제들은 이 자리에 Sanborns American Pharmacy라는 이름의 약국을 열어 운영했다. 상층은 1881년부터 상류층을 위한 사교클럽 Jockey Club으로 운영됐고 멕시코 혁명 기간 동안에는 군인들이 이곳에서 머물기도 했다. 1931년에 국가기념물로 지정됐다. 현재는 거대 레스토랑 프랜차이즈인 산본스Sanborns가 들어서 있어 식사를 즐기며 내부를 감상할 수 있어 좋다.

까사 데 로스 아줄레호스

- Av Francisco I. Madero 4
- +52 55 5512 1331
- 월~일 07:00~01:00

까사 데 로스 아줄레호스

까사 데 로스 아줄레호스

알라메다 공원 Alameda Central

알라메다 공원은 멕시코시티 센트로의 가장 중심이 되는 곳에 자리 잡은 시립 공원으로 시민들이 휴식을 즐기는 공간이다. 예술 궁전과 디에고 리베라 벽화 박물관, 라틴 아메리카나 타워가 인접해 있어 함께 돌아보기에도 좋은 곳. 원래 이곳은 아즈텍 인들의 시장이 열리던 지역으로 1529년 도시 서쪽 개발 사업의 일환으로 녹지 공간으로 재탄생했다. 원래는 현재의 예술 궁전이 자리한 곳인 공원의 서쪽 구역은 원래 멕시코의 종교 재판 중에 지어진 엘 쿠에 마데로 El Quemadero 또는 불타는 장소 Burning Place라고 알려진 곳으로, 마녀들에 의해 유죄가 입증된 이들이 불 태워졌던 공간이다. 1760년대에 이르러 종교 재판은 끝났으며 1770년에 총독 마르케스 데 크로이스Marques de Croix가 공원 확장 공사를 시작했고, 1791년에 공원은 더욱 커졌다. 멕시코 독립이 이뤄진 1821년엔 이곳에서 대규모 축하 행사가 열렸다. 5개의 클래식한 모양의 분수는 그리스로마 신화에서 영감을 받은 것으로 이외에 19세기엔 많은 동상이 공원에 들어섰다. 공원 한켠엔 멕시코에서 가장 사랑받는 대통령 중 한 명인 베니토 후아레스Benito Juarez의 동상이 있는 큰 흰색 반원형 기념물이 있다.

라틴 아메리카나 타워 Mirador Torre Latino

멕시코시티의 야경을 한눈에 내려다볼 수 있는 곳으로 높이 188m(번개 막대 포함 204m), 총면적 2만 7,700㎡, 28층, 지하3층 규모로 이뤄져 있다. 1956년 완공돼 1972년까지 멕시코에서 가장 높은 타워였다.

미국 뉴욕의 엠파이어 스테이트 빌딩에서 영감을 얻어 유리와 알루미늄을 사용해 프레임을 구성했다. 3,200톤의 구조용 강철 및 보강재가 사용됐으며 지진 위험이 있는 지역에 건설된 최초의 초고층 건물로도 이름을 날렸다. 실제로 1957년 7월28일 대지진 당시 전혀 건물이 피해를 입지 않아 세계적인 명성을 얻었다. 도시의 지진 발생 빈도를 감안해 리히터 규모 8.7의 대지진에도 견딜 수 있도록 단단한 철골 구조물과 깊은 말뚝으로 지어졌다고 한다. 이후의 1985년 멕시코 대지진, 2012년 게레로 와하까 대지진, 2017년 9월 멕시코시티 지진에도 끄떡없어 세계에서 가장 안전한 마천루 중 하나로 인정받기도 했다.

건물 1층의 텔셀 telcel통신사 옆, 별도 입구를 통해 엘리베이터를 타면 전망대까지 연결된다. 건물 44층에는 테라스, 41층엔 레스토랑과 바, 38층엔 상설 전시실, 27층엔 카페테리아와 기념품 가게, 36층엔 비센테나리오 박물관이 있다.

라틴아메리카나 타워

기억과 관용의 박물관 Museo Memoria y Tolerancia

알라메다 공원 건너편 외무부, 사법재판소 건물 사이에 세워진 기억과 관용
의 박물관은 2010년 10월 18일에 문을 열었다. 대량 학살 및 기타 범죄로
인한 고통과 아픔의 역사를 돌아보고, 다양성과 관용, 비폭력, 인권의 가치를
확산시키는 것이 그 취지다. 내부는 홀로 코스트 홀, 아르메니아, 르완다, 보스
니아, 유고슬라비아, 과테말라, 캄보디아, 다르푸르 섹션으로 나뉘어져 있으며
각종 역사적 자료와 시청각 자료로 홀로코스트 역사에 대해 상세히 알 수 있
다. 전시관 내부엔 모든 설명이 스페인어로만 되어 있기 때문에 입장 후 1층
에서 신분증을 맡기고 영어 오디오 가이드를 빌리자. 오디오 가이드를 따라
관람할 경우 약 2시간 정도 소요된다. 주변에 외무부, 사법 재판소 건물이 들
어서 있으며 박물관 마당에는 대량 학살로 사망한 이들을 기리는 조형물이
있는데 이는 얀 헨드릭스의 작품이다.

기억과 관용의 박물관

🏠 Av. Juarez 8, Cuauhtémoc, Centro
📞 01 55 5130 5555
🕐 화—금 09:00~18:00
  토—일 10:00~19:00
  월 휴무 (영어 오디오 가이드 대여 가능)
💾 입장료 일반 95페소
  학생 및 교사 80페소
  myt.org.mx

마데로 거리 Avenida Madero

보행자 거리인 마데로 거리는 원래 샌프란시스코 거리라는 이름으로 불렸다.
16세기에 만들어져 19세기엔 보행자 도로가 됐다. 원래 교회와 수도원 등이
이 자리에 있었다고 한다. 식민지 시대를 거치며 금은 세공인들이 모여들면서
금은방 거리로도 불리기 시작했다. 지금도 귀금속을 기래하는 보석상섬인 '호
헤리아'가 이 거리와 주변 골목 곳곳에 있다. 현재는 주요 상점과 쇼핑몰, 환
전소, 금은방, 은행 등이 거리에 들어서 있으며 보행자 도로를 따라 직진하면
알라메다 공원에서부터 소깔로까지 연결된다.

마데로 거리

🏠 Avenida Francisco y Madero 4

아르떼 파퓰라르 미술관 Museo de Arte Popular

아르떼 파퓰라르 미술관

- Revillagigedo 11, Centro
- +52 55 5510 2201
- 화-일 10:00~18:00 월 휴무
- 입장료 일반 40페소
- map.cdmx.gob.mx

멕시코 공예품 및 민속 전통 예술을 홍보하고 보존하기 위해 2006년 개관한 미술관으로 내부엔 섬유, 도자기, 유리, 피냐타, 알레브리헤스, 가구 등의 컬렉션이 있다. 컬렉션은 개인 기부자들을 통해 수집됐는데, 특히 알폰소 로모Alfonso Romo는 1,400여점의 작품을 기증한 것으로 알려져 있다. 1970년대 이탈리아에서 멕시코로 이주해 전통 의상과 기타 직물 수집에 헌신해온 수집가 칼로타 마페리Carlota Mapeli는 400여 장을 전통 의복과 직물을 기부했다. 미술관 컬렉션은 4개층 가운데 3개층, 총 5개의 주제(멕시코 미술의 뿌리, 공예품의 뿌리, 일상의 물건, 종교 예술품, 환상과 마법)로 이뤄져 있으며 도기류, 바구니 세공, 나무 조각, 귀금속 가공, 유리 세공, 직물, 종이 등이 있으며 도서관과 정기 간행물 보관소 및 연구 센터도 있다. 주말에는 6~12세 어린이들을 위한 다양한 공예품 워크숍이 열린다. 이 미술관 1층에 있는 기념품 숍은 비영리 단체가 운영하는 공예품 숍으로 미초아칸 등 멕시코 각 주에서 만들어진 멕시코 최고 수준의 직조물, 가구, 장난감 등의 수공예품을 판매한다.

이 미술관은 매년 열리는 '노체 데 알레브리헤스 Noche de Alebrijes' 퍼레이드의 주최자로도 유명하다. 알레브리헤alebrije는 환상적인 생물로 보통 실재하거나 만들어진 다양한 생물의 모습을 들고 행진하는 행사로 6월부터 만들기 시작해 10월말에 퍼레이드를 벌인다. 이 행사는 원래 멕시코 중부와 와하카 주에서 시작된 행사로 현대 멕시코 예술가와 장인들의 작품을 홍보하기 위해 멕시코시티에서 매년 열리고 있다. 매년 퍼레이드가 끝난 후 시상과 함께 상금이 부여된다.

아르떼 파퓰라르 미술관

후아레스 시장 Mercado Juarez

1912년에 처음 문을 연 곳으로 멕시코시티 센트로에서 가장 가까운 시장이자 채소, 과일, 육가공품, 해산물 등을 저렴하게 구입할 수 있는 전통 상설시장이 다. 혁명 기념탑에서 걸어가거나 택시를 탈 경우 가까운 거리이기 때문에 과일 등을 구입하거나 배가 출출할 때 들르면 좋다. 현지인들이 주로 이용하는 먹거리 코너엔 멕시코 가정식을 매우 저렴하게 코스로 팔기 때문에 현지 문화를 체험해보고 싶다면 자리에 앉아 그날의 대표 메뉴를 주문해보자. 뭘 주문해야 할지 모르겠다면 보통 타코, 퀘사디아, 생선 요리인 페스카도 플란차 등을 시키자. 오늘의 메뉴에는 보통 야채 수프와 파스타, 닭고기 요리가 포함돼 있고 메인 메뉴는 생선, 돼지고기 등으로도 변경가능하다. 100% 오렌지 주스와 맛있는 전통 음료 '오르차타' 등도 매우 싸고 맛있으니 꼭 한 번 맛보자.

후아레스 시장
⌂ Av Chapultepec 98
◎ Open 월~토 08:00~19:30 일 휴무
메트로 1호선 과테목 Cuauhtemoc 역에서 도보 1분

시우다델라 민예품 시장 La Ciudadela

멕시코시티에서 민예품, 수공예품을 살 생각이리면 반드시 들려야 할 곳. 비쌀 경우 가격 네고도 가능하고 다른 곳보다 저렴한 값에 질 좋은 민예품을 살 수 있는 시장이다. 여행이 막바지에 다다랐다면 방문해서 기념품을 구입하자.

시우다델라 민예품 시장
⌂ Calle de Balderas, Centro
☎ +52 55 5510 1828
◎ 월~토 10:00~19:00
일 10:00~18:00
laciudadela.com.mx

바스콘셀로스 도서관 Biblioteca Vasconcelos

바스콘셀로스 도서관

⌂ Eje 1 Norte Mosqueta S/N,
　Cuauhtémoc, Buenavista
◷ 08:30~19:30
☏ 01 55 9157 2800
　메트로버스1, 4호선 부에나비스타 역
　하차
　bibliotecavasconcelos.gob.mx

바스콘셀로스 도서관 내부

아름다운 도서관으로 이름난 바스콘셀로스 도서관은 구도심에서 약간 외곽에 있지만 인근엔 부에나비스타 기차역이 있어 찾아가기엔 크게 어렵지 않다. 2006년 멕시코 건축가 알베르토 칼라하Alberto Kalach가 이끄는 팀에 의해 탄생한 공공도서관으로 철학자이자 교육자였던 호세 바스콘셀로스 José Vasconcelos 전 대통령의 이름을 따 만들어졌다. 알베르토 칼라하의 프로젝트 팀은 2003년 국제 건축공모전에서 500여 명이 넘는 건축 공모 지원자들을 제치고 선발된 뒤 이 건물을 짓는 작업에 착수했다. 선반을 확장해 57만 5,000권의 책을 소장 할 수 있는 독특하면서도 현대적인 디자인으로 특히 유명하다. 이 도서관은 지어질 당시 비센테 폭스Vicente Fox 대통령 정부의 공공 인프라 지출 중 가장 큰 논쟁거리이기도 했는데 당시 멕시코 언론은 천문학적 예산을 쏟아 부은 도서관이라 하여 '메가 비블리오테카 megabiblioteca'라고 부르기도 했다. 부에나비스타 기차역 바로 옆에 있다. 멕시코 연휴 기간인 12월 24일부터 1월 1일까지는 문을 열지 않는다.

바스콘셀로스 도서관 외관

혁명 기념탑 Monumento a la Revolución

혁명 기념탑

⌂ Plaza de la República S/N, Tabacalera,
　Cuauhtémoc
◷ 혁명기념관 화~금 10:00~18:00
　　　　　토~일 09:00~17:00
　　　　　월요일 휴무
　전망대　월~목 12:00~20:00
　　　　　금~토 12:00~22:00
　　　　　일 10:00~20:00
🎟 입장료 90페소 (12세 이하의 아동, 학생
　ID 제시할 시 70페소)

플라자 데 라 레푸블리카. 독립 광장에 있는 혁명 기념탑. 멕시코의 각종 운동과 시위, 행사가 이곳에서 열린다. 아래층에는 혁명 기념관 Museo Nacional De La Revolucion이 있어 멕시코 독립과 혁명의 역사를 공부할 수 있다. 입구는 혁명 기념탑 뒤쪽에 있다. 그 외 미술관도 있으니 관심 있다면 방문해보자. 아래층 중앙부에 연결된 에스컬레이터는 전망대 '미라도르'로 통한다. 360도로 기념탑 정상의 파노라믹 뷰를 감상할 수 있다. 요일에 따라 시간 변동이 있으므로 갈 계획이 있는 경우 오픈 시간을 잘 확인할 것. 저녁 8시부터 자정까지는 혁명 기념탑 야경을 감상할 수 있다.

혁명 기념탑

3문화 광장 Plaza de las tres culturas

멕시코 시티 북부의 아즈텍 유적인 '틀라텔로코'엔 멕시코의 탄생 비화가 담겨 있다. '플라자 데 라스 뜨레스 쿨뚜라'라고 해서 우리말로 '3문화 광장'이라 불리는 이곳은 아즈텍 유적과 16세기에 지어진 산티아고 성당, 현재의 외무부 건물이 차례로 이곳에 세워졌기 때문에 지어진 이름인데, 과거 멕시코의 마지막 황제인 과테목이 이끄는 군대가 스페인과 최후의 항전을 치른 곳으로 알려져 있다. 이 광장의 산티아고 성당 앞엔 '1521년 8월 13일 과테목이 용감하게 싸웠지만 틀라텔로코는 코르테스에게 함락됐다. 하지만 이는 승리도 실패도 아니었다. 그것은 오늘날 멕시코인 메스티소 국가의 고통스런 탄생이었다'라고 쓰여있는 큰 비문이 있다. 멕시코의 탄생을 마냥 슬퍼할 수도, 기뻐할 수도 없는 가슴 아픈 역사의 현장에서 많은 이들은 숙연해진다. 산티아고 성당의 검은 벽돌은 모두 아즈텍 신전을 부수어 만든 것으로 이곳에서 나온 금은 스페인으로 보내고 나머지는 모두 성당을 짓는데 사용된 것으로 알려져 있다. 3문화 광장은 1968년 올림픽에 반대하는 청년들의 반정부시위에서 400여 명의 희생들이 희생된 아픈 현대사의 현장이기도 하다.

3문화 광장

🏠 Lázaro Cárdenas, Tlatelolco
📞 +52 55 5583 0295
🕐 월~목, 일 08:30~18:00
　　금요일 휴무
메트로 3호선 Tlatelolco 하차 도보 5분
tlatelolco.inah.gob.mx

3문화 광장

산티아고 아포스톨 성당

Iglesia parroquial de Santiago apóstol

3문화 광장 한켠에 세워진 산티아고 성당은 이곳에 있던 아즈텍 유적을 허물고 1953년 그 돌로 쌓은 성당이다. 산티아고 콤포스텔라의 대성당과 같은 모양으로 지어졌다.

멕시코 역사의 현장

멕시코시티는 아즈텍(1200~1521년) 문명이 위상을 구가하던 시대에 '테노치티틀란'이라는 이름으로 불렸다. 텍스코코 호수 위에 세워진 도시였다. 1519년 스페인 장군 에르난 코르테스에 의한 침략 이후 고원의 호수를 메워 현재의 분지 형태가 됐다. 이후 300년간 멕시코는 식민지를 겪었고 아즈텍의 많은 유적들은 이 때 묻히거나 파괴됐다. 하지만 19세기부터 시작된 대규모 발굴 작업을 통해 중앙 광장인 소깔로 인근의 템플로 마요르, 틀라텔로코 유적이 있는 3문화 광장 등 잠들어있던 유적이 다시 세상으로 나오고 있다. 화려한 문명을 꽃피웠던 고대의 유적만 둘러보기에도 시간이 많이 걸리는 멕시코시티는 천천히 보려면 최소 4~5일에서 일주일 정도가 필요하다.

3문화광장~산티아고성당

과달루페 성모 성당 Basílica de Guadalupe

세계 3대 성모 발현지로 매해 순례객들이 끊임없이 찾아오는 과달루페 성모 성당은 멕시코시티 북쪽 테페약 언덕 아래에 있다. 라틴아메리카에서 가장 중요한 로마 가톨릭교회 성지로 1531년에서 1709년까지 지어졌다. 구 바실리카는 1531년 후안 디에고(1474~1548)의 눈앞에 성모 마리아가 나타났던 사건을 기리는 곳이다. 구 바실리카 옆 1974년 새로 만들어진 현대적인 모양의 바실리카에선 1만 명의 신도들이 함께 미사를 볼 수 있다. 매년 약 2,000만명의 순례객이 이 곳을 방문하며 12월 12일 성모축일에만 900만 명의 순례객들이 몰린다고 한다.

과달루페 성당

⌂ Plaza de las Américas 1, Villa de Guadalupe, Villa Gustavo A. Madero

☎ +52 55 5118 0500

◷ Open 월-금 06:00~21:00
　　　토-일 06:00~21:00
메트로 6호선 La Villa-Basílica 하차
도보 5분

virgendeguadalupe.mx

과달루페 성모의 발현 Story

후안 디에고는 가난한 원주민으로 태어나 가톨릭으로 개종한 이후 성모마리아를 만났고, 그가 본 성모 마리아는 토착어인 나우아틀리어로 테페약 언덕 위에 교회를 세우도록 명했다. 디에고는 이를 그 지역 주교에게 알렸는데, 이를 믿고 싶지 않았던 주교는 신에게 디에고의 이야기가 진실임을 입증해 보이는 증표를 내려 달라고 기도했다.

사흘 후, 디에고의 숙부가 죽어가게 되었고 디에고는 종부성사를 거행해 줄 사제를 찾으러 나섰다. 이때 성모 마리아가 그에게 다시 나타나, 그의 숙부가 이미 다 나았다고 말했다. 마리아는 디에고에게 언덕에서 꽃을 모으라고 명했고, 때는 겨울이었음에도 디에고는 장미를 비롯한 꽃들을 찾아 주교에게로 가져갔다. 그가 꽃을 건네려고 외투를 펼치자 장미꽃들이 떨어지면서 그곳에 성모 마리아의 성화가 뚜렷하게 나타났다. 이번에는 주교도 디에고의 말을 믿지 않을 수 없었다.

디에고의 외투는 성물로 지정되었고, 이 외투를 소장하기 위해 성당이 지어졌다. 디에고는 2002년에 성인의 반열에 올랐다. 가톨릭 교회가 성모 마리아의 환상을 보았다는 이 이야기를 이용해 지역 원주민들을 가톨릭으로 개종시켰다는 주장도 있지만 현재 성모 마리아 바실리카는 멕시코 국민들에게 국가적 정체성을 나타내는 성스러운 상징이 됐다.

과달루페 성모

과달루페 성모 성당

카필라 델 세리토 Capilla del Cerrito

과달루페 성모 성당 뒤의 테페악 언덕 위에 있는 성당으로 이곳이 후안 디에고가 성모마리아를 만난 곳이다. 첫 예배당은 크리스토발 데 아귀레 Cristobal de Aguirre, 테레사 페레 기나Teresa Pelegina가 1666년에 세운 곳이다. 내부엔 페르난도 레알의 벽화가 남아 있다. 테페악 판테온이라 불리는 '엘 세리토 채플'엔 멕시코의 전직 대통령들과 주요 명사들의 유해가 잠들어있다.

카필라 델 세리토

⌂ Cerro del tepeyac, Villa de
Guadalupe, Villa Gustavo A. Madero

둘째 날-차풀테펙

드넓은 녹지, 멕시코시티의 허파라 할 수 있는 차풀테펙 공원은 멕시코시티에서 꼭 가야할 곳 중 하나다. 이곳엔 멕시코에서 가장 중요한 역사적 유물이 보관돼 있는 국립 인류학 박물관을 비롯해 차풀테펙성, 루피노 타마요 미술관 등 흥미있는 볼거리가 많아 모두 돌아보려면 반나절에서 하루가 꼬박 걸린다. 중간중간 여유 있게 차풀테펙 공원을 거닐며 휴식을 취하자. 월요일엔 모든 명소가 문을 열지 않으니 주의할 것

차풀테펙 공원

★ Bosque de Chapultepec I Secc
🚶 차풀테펙 메트로 역 도보 5분

차풀테펙 공원 Bosque de Chapultepec

'메뚜기'를 뜻하는 나우아틀리어의 차풀리Chapulli에서 비롯돼 '메뚜기의 언덕'이라는 뜻을 담고 있는 차풀테펙 공원은 그 면적만 678헥타르에 달하는 매우 큰 공원이다. 크게 1, 2, 3섹터로 나뉘어져 있으며 차풀테펙 성과 박물관 대부분의 명소는 1섹터에 모여 있다. 아즈텍인들이 만든 도시 테노치티틀란이 있던 때부터 주요 수원지로 탁스코코 호수와 중심부를 연결한 숲이자 호수 지역이었다. 16세기엔 병영과 요새, 총독의 여름 별장 등이 숲에 들어섰고, 멕시코 독립전쟁 기간엔 다시 막사와 육군사관학교 생도들의 병영으로 쓰였다.

20세기에는 대통령의 관저 등으로 사용되면서 숲 개발이 이뤄졌고 1921년에 독립 100주년을 기념하기 위해 사자의 문Puerta de los Leones과 혁명 기념비가 세워졌다. 2002년엔 숲 재건을 위해 시민 리서치 위원회가 만들어져 식물원 등을 비롯 각종 도로가 개보수 됐다.

공원 내엔 여러 개의 호수와 정원, 식물원, 동물원과 국립인류학 박물관, 차풀테펙 공원, 차풀테펙성, 루피노 타마요 미술관, 현대 미술관, 오디토리움 등이 자리해있다. 지도에 따라 움직여야 넓은 공간에서 헤매지 않고 효율적으로 움직일 수 있다. 돌아 나올 때에는 차풀테펙 메트로 역을 이용하거나 파세오 데 레포르마 쪽으로 나오면 구시가지로 돌아가기가 편리하다.

자연사 박물관

우멕스 미술관
소우야마 미술관
LAMPUGA POLANCO

Paseo de la Reforma

오디토리움

Cafebreria El Pendulo

Pujol

폴랑코

루이스 바라간의 집

Calz. Chivatito

차풀테펙 동물원

차풀테펙공원

국립 인류학 박물관

Calle Gral. Juan Cano

달팽이 박물관

차풀테펙 성

루피노 타마요 미술관

현대 미술관

차풀테펙 메트로 역
자전거렌탈Poray
차풀테펙 공원 입구

El Tizoncito Tamaulipas

El Péndulo
Lampuga Condesa
Hoppy House Ojo de Agua

Parque España

소나로사

Rokai

독립기념비

멕시코 공원

Pizza del Perro Negro-roma

Matisse

고향집 민속촌
La Casa de Toño

콘데사

LAMPUGA ROMA

©CDMX Hostel Art Gallery

차풀테펙 성

🏛 Bosque de Chapultepec I, Bosque de
  Chapultepec I Sec
📞 01 55 4040 5215
🕐 화-일 09:00~17:00 월 휴무
💵 입장료 일반 75페소
  inah.gob.mx

차풀테펙 성 Castillo de Chapultepec

차풀테펙 성 '카스티요 데 차풀테펙'은 차풀테펙 공원의 중심부에 있는 성으로 스페인 총독 베르나르도 데 갈베스가 1785년에 호화로운 바로크 풍 성을 짓도록 명했다. 그러나 프로젝트를 맡았던 기술자가 사망하고, 다른 복잡한 이유들이 겹쳐 결국 이 건물은 1806년 멕시코시티 측에 팔리게 되었다.

멕시코 독립전쟁(1810~1821)이 일어나는 바람에 성은 한동안 방치되어 텅 빈 채 서 있었으나, 1833년 개조되어 사관학교로 문을 열었다. 1846년에서 1848년에 걸친 멕시코–미국 전쟁 동안 여섯 명의 젊은 생도들이 미국 해병대에 맞서 이곳을 방어하고 장렬하게 전사했는데, 이 사건으로 인해 1847년 이 학교는 국가적인 명성을 얻게 되었다. 그들의 영웅적인 행동을 기념하는 대리석 기념비가 성 근처에 서 있다.

1862년, 나폴레옹 3세 통치하에서 프랑스가 멕시코를 침공했고, 2년 후 합스부르크의 막시밀리안이 아내인 황후 카를로타와 더불어 막시밀리안 멕시코 황제로 등극한다. 이 부부는 성을 유럽의 느낌이 물씬 풍기는 신고전주의 풍으로 지었다. 막시밀리안 황제는 거주지와 도심을 잇는 대로 건설을 명령하고, 황후의 산책을 기념해 '파세오 데 라 레포르마'로 이름을 짓기도 했다. 1867년 제국이 몰락하자 차풀테펙성은 군사 부지가 되었고, 1884년부터 1935년까지는 멕시코 대통령 관저로도 사용됐다. 현재까지도 국가 귀빈을 초대한 주요 행사가 이곳에서 열린다. 안뜰과 정원이 아름답고 테라스에서 성 뒤로 내려다보이는 풍경이 아름다워 한 번쯤 방문해 볼만한 곳이다.

1939년 국립 역사박물관으로 문을 열었으며 19개의 방에는 9만여 점이 넘는 소장품(스페인 중세 갑옷, 도검, 대포, 마차)이 있다. 스페인 이후의 멕시코 역사를 그린 디에고 리베라의 벽화 작품도 볼만하다.

메트로 차풀테펙 역에 내려서 차풀테펙 공원 내 표지판을 따라 15~20분 정도 언덕을 오르면 차풀테펙성 정문에 도착한다. 입구에서 티켓을 산 다음 성 내로 들어가면 바로 왼편에 보이는 것이 역사 박물관이고 그 옆이 차풀테펙성이다.

루피노 타마요 현대 미술관 Museo Tamayo Arte Contemporáneo

멕시코 미술의 거장인 루피노 타마요의 미술관으로 그가 1991년 세상을 떠나기 전부터 현대 미술 컬렉션을 만들기 위해 차풀테펙 공원 내에 미술관 건립을 구상해왔다. 박물관의 소장품은 주로 올가 Olga와 루피노 타마요가 모은 현대 컬렉션과 1990년대 이후의 작품으로 구성돼 있다. 파블로 피카소, 호안 미로, 프란시스 베이컨, 살바도르 달리, 토마스 가르시아, 앤디 워홀 등의 작품을 소장하고 있다. 건물이 땅에서 솟아오르는 듯한 모양의 외관 디자인은 1972년에 시작돼 1979년에 끝났으며 순수예술 부문에서 국가 예술상을 받기도 했다. 아브라함 자브루도브스키Abraham Zabludovsky와 테오도르 곤잘레스 데 레온Teodoro González de León이 박물관 설계 및 건축을 담당했다. 내부엔 전시실, 워크숍 및 교육 활동이 열리는 교육실, 강당, 문서 센터, 식당 및 상점이 있다.

루피노 타마요 현대 미술관

⌂ Paseo de la Reforma 51, Bosque de Chapultepec
☏ 01 55 4122 8200
○ 화~일 10:00~18:00 월요일 휴무
🎫 입장료 일반 70페소
학생 및 교사 ID 제시 시 무료.
(일요일 무료)
museotamayo.org

루피노 타마요 미술관 외부

차풀테펙 공원, 자전거 대여

넓디 넓은 차풀테펙 공원에서 자전거를 빌리고 싶지만, 멕시코시티 시민들이 주로 이용하는 eco bici의 이용은 어렵다. 자전거 전용도로가 있는 파세오 데 레포르마 대로의 지정 대여점으로 직접 가서 신청서를 쓰고, 신용카드로 디파짓을 걸어야 한다. 하루 이용하는 것에 비해 비용도 40-50불 정도로 다소 비싼 편. 소깔로와 파세오 데 레포르마 도로의 과테목 기념비Monumento a Cuauhtémoc 앞엔 무료 자전거 대여소(변동 가능)가 있어 외국인여행자도 여권을 맡기면 하루 동안 무료로 이용할 수 있다. 차선책으로는 사설 자전거 대여소에서 렌탈을 하거나 자전거 시티 투어를 이용하는 것. 멕시코시티 역시 곳곳에 자전거 도로가 정비되면서 공용 자전거 이용객이 늘기 시작했고, 관광을 위한 시티 바이크 운영도 점점 늘어나는 추세다.

센트로 예술궁전 앞 알라메다 공원 인근에 poray 자전거 대여소가 있다. 파세오 데 레포르마 거리를 따라 자전거를 타고 차풀테펙 공원까지 갔다가 돌아오는 방법이 있다. 자전거 대여 외에도 시간 별로 구시가지 가이드 자전거 투어나 갤러리 자전거 투어 프로그램 등이 있어 온라인에서 신청할 수 있다. 상세한 정보는 웹사이트 poray.bike를 참고하자.

Poray 알라메다 공원 지점

⌂ Paseo de la reforma 24
Local 1,Hotel Fontan, Centro
☏ +52 55 5035 1810
○ 월~토 09:00~19:00
일 08:00~16:00
🎫 자전거 렌탈 140페소(2시간)
어반 갤러리 자전거 투어 525페소
(3시간)
구시가지 자전거 투어 625페소
(4시간)
poray.bike

국립 인류학 박물관 Museo Nacional de Antropología

차풀테펙 공원에 있는 '국립 인류학 박물관'은 이곳을 보기 위해 멕시코시티를 방문하는 사람이 있을 정도로 뛰어난 라틴아메리카 최고의 인류학 박물관이다. 60만 점에 달하는 유물이 총 23개의 전시실에 시대별, 문명별로 보관돼 있는데 규모가 매우 크고 넓기 때문에 종일 보아도 다 못 볼 정도다. 박물관 입구에 들어서면 빨렝게의 '생명의 나무'를 모티브로 한 대형 분수가 관람객을 맞는다. 대리석으로 조각된 이 기둥엔 재규어와 태양의 신 등이 그려져 있다. 인류 문명사에 관심이 많고 모든 전시실을 찬찬히 둘러보고 싶다면 적어도 이틀을 투자해야 한다.

시간이 부족하다면 가장 핵심적인 테오티우아칸, 아즈텍, 마야 문명 전시실을 중심으로 둘러보자. 아즈텍 문명실엔 무게 25톤, 지름 3.75미터의 아즈텍의 달력인 '태양의 돌'을 비롯 다양한 석조물과 토우 등이 전시돼 있다. 전시실 1층엔 스페인 정복 이전의 고대 문명 유물이, 2층엔 원주민들의 생활상을 재현한 민속품들이 있다. 차풀테펙 공원엔 이외에도 루피노 타마요 박물관, 현대 미술관, 국립 역사 박물관, 차풀테펙성 등 볼거리가 많고 휴식을 즐기기에도 좋아 여유롭게 이 지역을 둘러보길 권한다.

국립 인류학 박물관-올멕 대형 두상

국립 인류학 박물관 내부

태양의 돌

태양신에게 바친 태양의 돌은 둥근 모양의 돌 위에 수많은 문양과 이미지를 새긴 것으로, 제법 크고 무거운 유물이다. 태양의 돌은 아즈텍 사람들의 우주관을 엿볼 수 있는 달력이다.

태양의 돌 중심에는 대지의 괴물과 태양신이 새겨져 있고, 그 주변을 태초의 태양계와 현세를 상징하는 이미지들이 둘러싸고 있으며 다시 그 주변을 200여 개의 다른 이미지들이 에워싸고 있다. 가장 바깥쪽에는 두 마리의 뱀과 52년을 주기로 하는 아즈텍력을 상징하는 조각들이 새겨져 있다.

조각은 무척 복잡하지만 매우 규칙적인 틀을 갖고 있는 일종의 달력인 셈이다. 태양의 돌은 여러 지역에서 발견되어 저마다 조금씩 크기가 다르지만 대체로 지름은 1.5-2m 정도이며, 두께는 30-40cm정도이다.

국립 인류학 박물관-태양의 돌

소우마야 미술관 Museo Soumaya

아름다운 건축미를 뽐내는 소우마야 미술관은 통신사 재벌이었던 카를로스 슬림이 1999년 사망한 아내 '소우마야 도미트'의 이름을 따 지은 미술관으로 첫 시작은 1994년 멕시코시티 남부 산 앙헬 지역에 '플라사 로레토' 미술관을 만든 것이었다. 2011년 소우마야 미술관이 건립되면서 대부분의 소장품들은 이전됐다.

미술관의 본 건물인 '플라사 카르소'는 건축가인 사위 페르난도 로메로에 의해 설계됐다. 높이 46m의 6층 건물에 1만6,000개의 알루미늄 타일로 덮인 기하학적 디자인이 돋보인다. 소장품은 총 6만6,000여 점으로 주로 15~20세기 유럽 회화 작품과 조각품이 전시돼 있다. 카를로스 슬림은 오귀스트 로댕을 특히 좋아해 로댕의 작품을 많이 구입했는데 약 380여 점이 있는 것으로 알려져 있다.

이외에도 레오나르도 다빈치, 살바도르 달리, 호안 미로, 클로드 모네, 틴토레토 등 유럽 거장의 작품을 전시하고 있다. '모두를 위한 예술'이라는 기치아래 입장료는 모두 무료이다.

소우마야 미술관

⌂ Boulervard Miguel de Cervantes Saavedra 303, Granada, Miguel Hidalgo
☎ 01 55 1103 9800
🕐 화-일 10:30~18:30 월 휴무
🎫 입장료 무료
soumaya.com.mx

루이스 바라간의 집 Casa Luis Barragan

루이스 바라간의 집

⌂ General Francisco Ramírez 12-14,
   Colonia Ampliación Daniel Garza

☎ (52) 55 5515-4908
   (52) 55 5272-4945

⊘ 영어 가이드 투어 월~금 12:30, 15:30
   (토 11:00)

▤ 입장료 일반 400페소
   학생 및 교사 200페소
   (국제학생증, 국제교사증 제시)
   12세 이하 아동 입장 불가
   가이드 투어로만 입장 가능. 사전 온라인
   티켓 예매 필수
   boletos.casaluisbarragan.org

   메트로 7호선 Constituyentes 역에서
   도보 10분 이내
   casaluisbarragan@gmail.com

20세기 멕시코의 대표적인 건축가인 루이스 바라간(1902~1988)이 지은 집이다. 회반죽의 콘크리트로 지어진 이 집은 바깥에서 보기엔 매우 수수하고 소박하다. 하지만 내부로 들어가면 기하학적인 공간감과 조명, 강렬한 채색 등 그만의 독특한 매력을 드러낸다. 바라간의 집은 총면적 약 1,161㎡의 콘크리트 2층 건물이며, 작은 정원이 딸려 있다. 모든 공간이 정원을 바라보고 있는 것이 특징이다. 그의 내성적이고 사색적인 성격이 잘 드러난다.

1층에는 침실과 손님방, '오후의 방 afternoon room'이라고 불리는 공간이 있다. 2층에는 옥상 테라스가 있다. 난간이 없는 좁은 계단을 통해 2층으로 올라갈 수 있는 구조이며, 각 층의 높이는 규칙적으로 배치되어 있지 않아서 방마다 서로 다른 높이의 공간을 가지고 있다.

바라간은 '모더니즘' 운동의 일환으로 근대 건축과 전통을 결합해 새로운 양식의 건축물을 탄생시킨 것으로 인정을 받았고 많은 후대 건축가들이 모방하고 싶어하는 건축가가 되었다. 2004년엔 유네스코 세계문화유산에 등재됐다.

루이스 바라간의 집은 인터넷을 통한 사전 예약을 해야 방문 가능하다. 영어와 스페인어 가이드 투어로만 내부를 둘러볼 수 있다. 보통 한 달 전 마감되기 때문에 방문 계획이 세워졌다면 인터넷에서 가능한 날짜와 시간대를 검색해 예약을 서두르자. 루이스 바라간의 건축물은 이외에도 카푸치나스 예배당, 오르테하 가든, 까사 히랄디, 까사 프리에토 로페즈가 있지만 모두 이메일, 전화 등으로 사전 예약해야 방문 가능하다.

우멕스 미술관 Museo Jumex

우멕스 현대미술재단Jumex Contemporary Art Foundation이 2013년 개
관한 곳으로 라틴아메리카에서 가장 중요한 현대 미술 컬렉션을 선보이는 곳이
다. 미술애호가라면 꼭 한번 들러보아야 할 곳 중 하나. 제프 쿤스, 가브리엘 오
로스코, 칼 안드레, 존 발데사리, 앤디 워홀 등의 작품을 소장하고 있으며 상설
전시 외에도 다양한 현대미술 특별 전시가 열리기 때문에 다양한 작품과 전시
를 감상하기에 좋다. 건물은 영국 건축가 데이비드 치퍼필드가 설계한 것으로
총 5층으로 이뤄져 있다. 미술관 정원에 있는 작품은 다미안 오르테가Damián
Ortega, 리크리트 티라바니자Rirkrit Tirivanija, 우르스 피셔Urs Fischer의 작
품이다.

우멕스 미술관

🏠 Blvd. Miguel de Cervantes
Saavedra 303, Granada,
Amp Granada

📞 01 55 5395 2618

🕐 화~목 10:00~19:00
금~토 09:00~21:00
일 09:00~19:00 월요일 휴관

💲 일반 50페소 (일요일 무료)
15세 이하 아동, 학생, 교사 무료
(국제학생증, 국제교사증 제시)
fundacionjumex.org

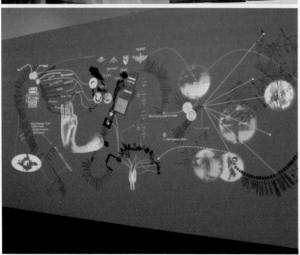

Mexico city

셋째 날–코요아칸

예술과 문화의 향기를 느낄 수 있는 멕시코시티 남부 코요아칸. 프리다 칼로와 디에고 리베라의 스튜디오와 미술관 등이 있어 미술애호가의 발길을 끈다. 하지만 모두 코요아칸 메트로 역과 꽤 떨어져 있어 도보 이동만 하기에는 시간이 많이 걸리므로 메트로와 택시, 버스 등을 적절히 활용하자. 개인적으로 돌아볼 엄두가 나지 않는다면 센트로의 까떼드랄(대성당) 왼편에서 출발하는 투어 버스(코요아칸 행)를 타는 것도 방법이다.

프리다 칼로의 집 • 까사 아술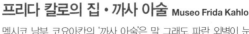

프리다 칼로의 집 • 까사 아술

⌂ Londres 247, Del Carmen, Coyoacán
☎ 01 55 5554 5999
⊙ 화 10:00~17:45
　 수 11:00~17:45
　 목~일 10:00~17:45
　 월 휴무
▤ 입장료 일반 230페소
　 학생 및 교사 45페소(국제학생증,
　 국제교사증 제시) 아동 20페소
　 (온라인 사전 티켓 구매 가능)
　 museofridakahlo.org.mx

멕시코 남부 코요아칸의 '까사 아술'은 말 그래도 파란 외벽이 눈에 띄는 곳으로 프리다 칼로가 태어나고 자란 곳이다. 디에고 리베라와 결혼한 1929년부터 1954년까지 함께 살았던 집이기도 하다. 1958년 디에고 리베라가 국가에 이 집을 기증하면서 박물관으로 개관하게 됐다.

내부로 들어서면 중앙에 넓은 정원이 있고 건물 1층엔 프리다 칼로의 작품을 전시한 전시관이, 2층엔 프리다 칼로가 생전 작업하던 작업 공간과 그녀의 침실 등이 복원되어 있다. 한 해 2만5,000여 명이 찾는 인기 명소로 일찍 방문하지 않으면 1~2시간을 기다려야 하기 때문에 이곳을 둘러볼 예정이라면 미리 티켓을 온라인으로 구입하거나 문 여는 시각에 맞춰가야 한다. 온라인 티켓 구입 시 날짜와 시간별로 마감되거나 불가능한 날이 있으므로 사전에 티켓을 온라인에서 구입하도록 한다.

사진, 비디오 촬영의 경우 창구에서 티켓을 구입해야 하며 가방은 가지고 들어갈 수 없기 때문에 보관함에 맡겨야 한다.

아나우아깔리 박물관 Museo Anahuacalli

'아나우아깔리'는 아즈텍족의 언어인 나우아틀어로 '물로 둘러싸인 집'이다. 1930년에 디에고 리베라가 농장을 만들기 위해 구입했지만 이후 그는 생각을 바꿔 자신이 직접 수집한 5만여 점의 고대 유물들을 전시하기 위한 박물관을 짓기로 한다. 화산석으로 지은 피라미드 모양의 건물 외관이 독특한데 내부 역시 별도의 내장재를 쓰지 않고 오로지 돌로만 지었다. 지하 및 1~3층의 공간에 마야. 아즈텍 등의 다양한 유물을 전시하고 있으며 옥상에선 전망을 감상할 수 있다.

디에고 리베라가 사망한 1957년까지 완성되지 못했던 이 건물은 1964년에 이르러 그의 친구이자 건축가였던 후안 오고르만이 공사를 끝냈다. 2층의 넓은 홀에 전면 유리창을 달아 빛이 내부로 들어오게 만들었는데 이 공간에서 록펠러센터에 걸릴 예정이었던 그림 '인간. 우주의 지배자'를 설계한 것으로 알려져 있다. 특히 상단부에 걸려있는 '전쟁의 악몽. 평화의 꿈'이라는 작품의 스케치 본에 눈길이 간다. 1952년 그려진 이 작품은 디에고 리베라가 파리에서 열릴 멕시코 미술 전시회에 출품하기 위해 그렸지만 공산주의에 반대하는 여론 때문에 전시회에 걸리지 못했다. 이후 작품이 중국을 거쳐 되돌아올 때 사라졌고 현재 스케치 본만 남아 아나우아깔리에 걸려있다.

아나우아깔리 박물관

🏠 Museo 150, San Pablo Tepetlapa, Coyoacán

📞 01 55 5617 3797

🕐 화~일 11:00~17:30(월요일 휴관)

🎫 입장료 일반 90페소(6세 이하 아동 무료)
학생 및 교사 30페소(국제학생증, 국제교사증 제시) 온라인 사전 티켓 구매 가능 (사진 촬영 시 30페소)

museoanahuacalli.org.mx

아나우아깔리 외관

아나우아깔리 내부

아나우아깔리 내 벽화 밑그림

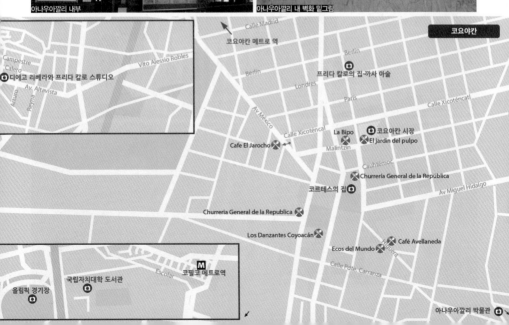
코요아칸

코요아칸 메트로 역

디에고 리베라와 프리다 칼로 스튜디오

프리다 칼로의 집-까사 아술

Cafe El Jarocho

La Bipo 코요아칸 시장
El jardin del pulpo

Churrería General de la República

코르테스의 집

Churreria General de la Republica

Los Danzantes Coyoacán

Café Avellaneda
Ecos del Mundo

국립자치대학 도서관

코필코 메트로역

올림픽 경기장

디에고 리베라와 프리다 칼로 스튜디오

Museo Casa Estudio Diego Rivera y Frida Kahlo'

디에고 리베라와 프리다 칼로 스튜디오

⌂ Av. Altavista esq. Diego Rivera Col.
San Ángel Inn

☎ 01 55 8647 5470

🎫 입장료 일반 35페소(일요일 무료/13세
이하 아동 무료)
사진 촬영 시 30페소 별도

🕐 화–일 10:00~17:30 월 휴
estudiodiegorivera.inba.gob.mx

코요아칸에서 4km 떨어진 '산 앙헬'의 알타비스타 거리에 있는 '무제오 에스 투디오 디에고 리베라'는 1931년 디에고 리베라와 그의 친구이자 건축가인 후안 오고르만이 설계해 1932년에 완성한 집이다. 두 채의 건물에 옥상부에 연결 다리로 이어져있는데 파란색 건물은 프리다 칼로를, 빨간색 건물은 디에고 리베라를 위한 것이다. 미국에서 돌아온 이 부부는 1934년부터 1940년까지 이곳에 거주했다.

이 건물은 영화 〈프리다〉에서도 등장하는데 디에고 리베라가 프리다 칼로의 동생과 불륜을 저지르는 장소로 나온다. 이곳에선 디에고 리베라와 프리다 칼로의 작업실을 둘러볼 수 있다. 콘크리트 외벽에 파이프 라인을 밖으로 설치하고 선인장으로 담을 쌓는 등 건축학적으로도 흥미로운 요소가 많아 둘러보는 재미가 있다. 코요아칸시장 앞 Malintzin과 Ignacio Allende 거리 교차점에서 산 앙헬 행 버스를 타고 Alta vista 거리에서 하차 하거나 또는 센트로 Revolucion에서 메트로버스 1호선(빨간색)을 타고 La Bombilla 하차 후 도보 15~20분이 걸린다.

코요아칸 시장 Mercado de Coyoacán

코요아칸 상설 시장인 '메르까도 데 코요아칸'. 타 시장과 마찬가지로 이곳에
도 오늘의 메뉴인 'menu del dia' 또는 'Menu de hoy'가 있다. 멕시코에서
는 흔히 Comida corrida라고 말한다. 수프와 콘소메 중 택1, 밥 또는 스파게
티 중 택1, 메인 메뉴(보통 닭고기 pollo, 소고기 carne, 생선 pescado 중 택1)
포함, 60페소에 먹을 수 있어 현지인들에게도 인기다.

코요아칸 시장

⌂ Allende, s/n, Coyoácan
☎ 01 55 4072 1596
⏱ 7:00~18:00

돌로레스 올메도 미술관 Museo Dolores Olmedo

멕시코 남부 교외 소치밀코 인근의 돌로레스 올메도 미술관은 프리다 칼로
부부와 깊은 인연을 맺어 온 돌로레스 올메도 여사의 소장 미술품을 전시한
곳이다. 고대 유물 6,000여점을 비롯해 프리다 칼로와 디에고 리베라의 작품
등이 150여점 가량 전시돼 있다.

돌로레스 올메도 미술관

⌂ Av México 5843, La Noria, 16030
  Ciudad de México
☎ +52 55 5555 0891
🎫 입장료 100페소(외국인)
  학생 및 교사 25페소(국제학생증,
  국제교사증 소지시)
⏱ 화–일 10:00~18:00 (월요일 휴관)
  museodoloresolmedo.org.mx

돌로레스 올메도 미술관 안뜰

돌로레스 올메도 미술관

국립자치대학교 UNAM

국립자치대학교

⌂ Circuito Interior , Ciudad Universitia, Coyoyacan

☎ +52 55 5622 1625

멕시코 남부 코요아칸 지구엔 대학 도시인 '시우다드 우니베르시타리아'가 있다. 라틴 아메리카 최대의 대학인 국립자치대학교가 자리한 곳으로 현지인들 사이에서는 약자인 UNAM을 따서 '우남'이라 불린다. 1551년 설립된 역사가 깊은 곳이다. 재학생 수는 10만 명이 넘으며 사립학교에 비해 저렴한 학비와 좋은 교육 시스템으로 인기가 높다. 1968년 대대적으로 일어난 학생운동의 중심지로 여전히 멕시코 정치, 사회 운동을 이끄는 대학 가운데 하나다. 대학은 거대한 미술관과도 같은데 대부분의 건물 외관엔 디에고 리베라를 비롯해 다비드 알파로 시케이로스, 호세 클레멘테 오로스코 등 멕시코 벽화 운동을 주도한 주요 예술가들의 벽화가 그려져 있다.

멕시코 벽화 미술에 관심이 있는 사람들은 일부러 이를 보기 위해 국립자치대학을 방문하는데 대학의 본관, 중앙도서관, 이과대학, 올림픽 경기장을 중심으로 돌아보면 된다. 이 대학도시는 그 예술성에 높은 평가를 받아 2007년 유네스코 세계 문화유산에 등재되기도 했다.

국립자치대학교 벽화

멕시코 벽화 운동

'무랄리스모'라 일컫는 멕시코 벽화 운동은 1920년대 일어난 민족주의 운동으로 멕시코 혁명 이후 전통과 자부심을 되찾고 애국심을 고취시키기 위한 움직임이었다.

당시 멕시코의 문맹률이 높아 국민들은 말과 글을 잘 몰랐는데 그에 비해 그림은 매우 효과적인 교육 방법이자 의사 전달 도구였다. 당시 교육부 장관이었던 바스콘셀로스는 국립 궁전을 비롯하여 모든 학교와 공공건물에 벽화를 그려 국민들의 민족의식을 고취하도록 했고 디에고 리베라를 비롯한 벽화 운동 그룹은 아즈텍과 마야 문명 등 고대문명에서부터 식민지 시대의 아픔, 멕시코의 혁명과 역사를 벽화로 그려내 누구나 멕시코의 역사를 한 눈에 깨칠 수 있게 했다.

라틴아메리카 미술은 이전까지 큰 주목을 받지 못하다가 미국과 유럽에 이 벽화 운동이 알려지면서 세계의 이목이 집중되기도 했다.

국립자치대학교 외벽벽화

먹자! EATING

먹을거리가 많은 멕시코에서는 입이 즐겁다. 노점상에서부터 파인다이닝에 이르기까지 선택의 폭도 넓다. 멕시코시티에선 레스토랑에 10%의 팁을 놓는 것이 일반적이니 주의할 것. 카드로 계산 할 경우 원하는 만큼의 팁을 알려주면 알아서 계산해준다.

센트로

소깔로가 있는 구시가지는 현지인과 관광객이 두루 많은 상업 지역이니 만큼 작은 노점상에서부터 파인다이닝에 이르기까지 다양한 선택지가 있다. 시장, 고급레스토랑 할 것 없이 메뉴만 잘 선택한다면 맛도 고루 좋기 때문에 취향에 맞게 선택하자. 한번 멕시코 음식에 맛을 들이고 나면 멕시코를 떠나기가 아쉬울 정도다.

Restaurante El Cardenal

1969년 영업을 시작한 멕시코시티에서 명성 있는 멕시칸 전통요리 식당 중 하나로 누군가를 초대해 식사를 대접하거나 가족끼리 오붓하게 식사를 즐기기에 좋은 장소다. 늦은 저녁이나 주말 피크 시간대에 가면 현지인들이 줄을 서서 기다릴 정도. 약간 가격대가 있는 만큼 가족단위 손님이 많다. 전통요리인 몰레, 와하까 스타일의 고추요리인 칠레 레예노, 작은 절구에 아보카도 등 각종 먹을거리가 한가득 담겨 나오는 몰카헤테 데 플라타 등의 음식이 추천할 만하다. 갈색의 몰레 소스가 가득한 엔칠라다 등의 전통요리로 유명한 집이지만 한국인 입맛엔 몰레 소스가 잘 맞지 않기 때문에 아보카도와 치즈가 들어간 타코, 토르티야 등으로 스타터를 주문한 후 닭고기나 돼지고기 요리 등을 메인 요리로 먹는 것이 낫다.

오전 8시에 문을 여는 만큼 아침 메뉴도 있다. 스페니쉬 오믈렛, 타코보다 다소 두꺼운 '고르디따', 미초아칸 지역 스타일의 엔칠라다 등을 먹어보자.

센트로 지역에만 팔마 거리와, 국립미술관 옆에 2곳의 지점이 있다.

🏠 Calle de la Palma 23, Centro Historico　📞 +52 55 5521 3080 restauranteelcardenal.com
🕐 Open 월–일 08:00~18:30

Cafe De Tacuba

1912년에 문을 열어 100년이 넘은 식당. 밖에서 보면 별 특징을 찾을 수 없지만, 안으로 들어가면 화려한 인테리어에 먼저 놀라게 되는 레스토랑. 스테인드글라스와 식민지풍의 화려한 천장, 아치, 타일 장식, 각종 소품과 회화 작품들을 둘러볼 수 있다. 1~2층엔 아름답게 꾸며진 여러 개의 살롱이 있다. 타말, 엔칠라다 등의 전통요리에서부터 소고기, 닭, 생선 요리가 메인 요리. 가격대는 다소 높은 편이니 감안하고 방문하자.

🏠 Calle de Tacuba 28, Centro　📞 +52 55 5521 2048
🕐 월–토 08:00~22:30　cafedetacuba.com.mx

Cafe De Tacuba

Cafe De Tacuba

Sanborns

파란색 타일, 아줄레호로 장식된 화려하고 고풍스런 느낌의
저택. 이 공간에 대형 멕시칸 패밀리 레스토랑 체인인 '산본스'가
들어서 있다. 18세기에 지어진 저택인 만큼 내부의 인테리어가
특히 돋보이는 곳으로 오로스코의 벽화 등 아름다운 내부에
감탄을 하고 만다. 음식 맛도 괜찮고 종류도 다양해 한번쯤
들러보기 좋은 곳이다. 아침 일찍부터 저녁 늦게까지 영업하는
것도 장점. 아침 메뉴 데사유노, 점심 메뉴 꼬미다 등이 있고
세트 메뉴도 있다. 점심 메뉴로 추천할만한 것은 파히타 데
뽀요(불판에 채소와 함께 구워 나오는 닭고기 요리)와 토르타
데 코치니타 피빌(얇게 찢은 소고기와 야채가 또르띠야 위에
올려진 요리), 치즈 퀘사디아 등이며 엔칠라다 몰레, 엔칠라다
스위자(스위스식 치즈가 올라간 엔칠라다) 등의 전통요리도
시도해볼만 하다. 라틴아메리카나 타워에서 보행자 전용도로인
마데로 거리로 진입하면 바로 보인다.

⌂ Avenida Francisco y Madero 4, Centro   📞 +52 55 5512 1331
🕐 월-일 07:00~01:00   sanborns.com.mx

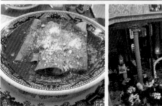 

Salón Corona Madero

멕시코에 와서 타코를 너무너무 먹고 싶지만, 노점상에서는
먹기가 조금 꺼려지고 그렇다고 비싼 값을 치르고 먹기는
망설여진다면 이곳으로 가자. 1928년 처음 문을 열어 대중적인
레스토랑이자 바로 현지인들이 편하게 들르는 곳이다. 센트로에만
4~5곳의 지점이 있지만 마데로 보행자 거리의 코로나가
가장 만만하다. 추천할만한 것은 역시 타코, 퀘사디아 요리.
앞에서 케밥같이 썰어주는 고기가 올라간 파스토르Pastor를
두세 개 주문한다음 고수와 양파를 얹고 레몬을 뿌린 뒤,
테이블에 있는 소스를 끼얹자. 멕시코 식당에서는 다양한
고추로 만들어진 살사salsa 소스가 꼭 함께 나온다. 진한
갈색의 치포틀레, 연두색의 소스를 끼얹어 돌돌 말아 먹으면 그
맛이 기가 막히다. 다른 메뉴를 시도한다면 소고기와 치즈가
가득 나오는 토르띠야 데 비스텍 콘 케소, 칵테일 새우인
콕텔 데 까마론 등을 먹어보자. 맥주와 함께 먹으면 한끼
거뜬하고 가격도 보통 3,000~4000원 정도로 비싸지 않다.

⌂ 1 Local 2, Av Francisco I. Madero, Centro Histórico
www.saloncorona.com.mx

Café La Pagoda

따뜻한 닭고기 수프인 포졸레를 먹을 수 있는 곳. 포졸레는 잘게
찢은 닭고기에 옥수수를 한가득 담아 끓여 낸 멕시코 음식으로
한국인들의 입맛에도 잘 맞다. 24시간 영업하는 멕시코
대중 음식점으로 체인점이 여러 곳에 있다. 멕시코 사람들이
일상적으로 먹는 메뉴가 가득하고 오늘의 메뉴도 60~70페소
정도로 가격도 저렴한 편. 보통 오늘의 메뉴엔 콘소메(수프),
닭고기나 돼지고기, 디저트가 포함돼 있다. 점심시간엔 이 일대
직장인들로 늘 붐비니 오후1~3시 정도는 피하는 것이 좋다.

⌂ Av. 5 de Mayo 10, Centro Histórico   📞 +52 55 5510 1122
pagoda.mx

La Opera

1876년 현재의 라틴아메리나카나 자리에서 상류층을 위한 고급 베이커리로 영업을 시작한 오래된 카페로 프랑스에서 온 자매가 운영하다가 1895년에 현재의 자리로 옮겼다. 오랜 세월동안 정치인, 배우, 소설가 등 주요 명사들의 사교의 장으로 이용됐던 만큼 인테리어에서 고풍스러운 분위기가 느껴진다. 달팽이, 문어 요리 등이 있지만 가격은 비싼 편. 늦은 저녁 분위기를 즐기며 칵테일 한 잔 하기엔 괜찮은 곳이다. 파고다 카페 바로 옆에 있다.

🏠 Av. 5 de Mayo 10, Centro Histórico　📞 +52 55 5512 8959
⏱ 월-토 13:00~00:00　　　　　barlaopera.com
　　일 13:00~18:00

콘데사 Condesa

멕시코시티의 힙하고 핫한 것은 모두 콘데사에 있다. 여기가 유럽인가 싶을 정도. 암스테르담 거리와 멕시코 공원 주변을 산책하면서 멕시코 유행을 이끄는 숍과 카페, 레스토랑을 즐겨보자. 값은 다른 지역에 비해 확실히 비싸지만 그 만한 값을 하는 곳들이므로 한번쯤 멕시코 속의 또다른 멕시코를 느껴보는 것도 나쁘지 않다.

Ojo de Agua

'오호 데 아구아'. '물의 눈'이라는 이름을 가진 이 곳은 콘데사 지역에서 브런치를 즐기는 카페로 가장 핫한 곳이다. 각종 유기농 재료로 만든 샐러드와 주스 등이 인기다. 계란 위에 치즈와 피망, 양파 등이 올라간 '후에보스 콘데사'를 비롯한 다양한 아침, 브런치 메뉴와 오렌지, 키위 등의 유기농 주스, 샐러드, 샌드위치, 과일과 요거트 등이 있다. 항상 현지인, 외국인 할 것없이 인기가 많아 자리에 앉기가 힘든데 그럴 때는 앞쪽에 있는 칠판에 이름을 쓰고 기다리자. 가격은 다소 높은 편이지만 후회하지는 않을 맛이다. 플랑코 지역에도 지점이 있다.

🏠 Calle Citlaltépetl 23C, Cuauhtémoc, Hipódromo
📞 01 55 5555 5555　　⏱ 월-금 8:00-22:00, 토-일 8:00~21:00
grupoojodeagua.com.mx

El Tizoncito Tamaulipas

1966년 콘데사에 처음 문을 연 작은 타코 가게로 당시보다는 규모가 훨씬 커졌지만 변함없는 맛으로 사랑받는 곳 멕시코 시티 사람들을 이르는 별칭인 '칠랑고'스타일의 '파스토르al Pastor' 타코가 특히 맛있는 곳. 파스토르는 꼬챙이에 걸어 훈연한 돼지고기를 채 썰어, 또르띠야 위에 올려먹는 타코로, 멕시코시티 곳곳에서 볼 수 있지만 이 집의 명물이기도 하다. 가격도 저렴한 편. 고수와 양파, 파인애플을 얹고 테이블에 있는 레몬을 뿌린 뒤 준비된 4가지의 고추 소스를 조금씩 끼얹어 먹으면 이보다 훌륭한 맛이 없다. 파스토르 3~4개를 주문해 맥주와 함께 맛보자. 이외에도 손으로 찢은 닭고기 살과 옥수수 알이 가득 들어간 멕시코식 닭고기 수프 '포솔레'나 또르띠야 수프 등도 맛있다.

🏠 Av. Tamaulipas 122　　📞 01 55 5584 3210, matisse.com.mx
⏱ 7:30~24:00

Pizza del Perro Negro Roma

콘데사 지역에서 가장 유명한 피자집. Perro Negro는 영어로 하면 '블랙 도그'이기 때문에 이 일대 외국인들 사이에서는 '블랙 도그 피자'로 통한다. 아이콘 역시 까만 프렌치 불독. 피자를 올려주는 나무 접시 아래엔 프렌치 불독이 그려져 있다. 간혹 타투 프로모션이 열리고 선택받은 사람에겐 프렌치 불독Rock and Roll이 그려진 문신을 해주는데 타투를 받은 사람에게는 평생 이곳에서 피자를 먹을 수 있는 자격이 주어진다고 한다.

록 스피릿으로 가득 찬 이곳에선 록밴드 공연이나 레슬링 등이 비정기적 이벤트로 열린다. 모든 피자는 수작업으로 구워내며 매일 아침 24개의 재료와 소스를 직접 만드는 것이 특징. 치즈와 고추가 가득 올라간 멕시칸 스타일의 피자 께소 칠레 레예뇨Queso chile relleno도 독특하고, 매운 고추와 토마토 등이 토핑된 나초 토르피칼Nacho tropical 피자 등도 맛있다. 무난한 것은 치즈, 하와이안 피자. 감자가 듬뿍 올라간 카스카라스 데 파파Cáscaras de Papa도 맛있다.

가격은 보통 70~100페소 정도로 비싸지 않은 편. 여러가지 맛을 즐길 수 있는 하프 앤 하프 주문도 가능하며 햄버거 등의 타 메뉴도 있다. 늦은 오후에 가면 사람들이 앞에서 기다리는 모습을 볼 수 있는데 예약은 받지 않으며 보통 피자 주문 후 30~45분 정도가 걸리니 가급적 피크 시간을 피하고, 여유있게 기다리자.

🏠 Parque España 3, Roma Nte　　📞 01 55 5351 7401
🕐 월~목 12:00~00:00, 금~일 01:00　　pizzadelperronegro.com

Hoppy House

콘데사 지역에서 수제 맥주를 즐기기에 좋은 곳. 멕시코에서 보기 힘들었던 로컬 수제 맥주와 해외에서 인정받는 수제 맥주 100여 종을 두루 갖췄다. 메뉴에는 각 지역과 스타일에 대한 설명도 있어 흥미롭고 뻥 뚫린 공간에 앉아 맥주를 마시며 콘데사 지구 특유의 분위기를 즐기는 것도 좋다. 아메리칸 스타일의 에일, 브라운 에일, 더블 IPA, 필스너, 포터, 스타우트 등을 즐기는 수제 맥주 마니아이거나 멕시코 로컬 크래프트 맥주가 궁금한 사람이라면 꼭 가볼 것. 직원들이 맥주에 대해 잘 알고 있는 것도 큰 장점이다. 궁금한 것이 있으면 직접 물어보자. 곁들여 먹는 안주 중에는 염장한 햄인 '살치차'와 구아카몰리 등이 인기가 많다.

🏠 Citlaltépetl 47, Hipódromo Condesa　　📞 +52 55 7314 4379
🕐 월 17:00~23:00, 화~토 16:00~02:00, 일 휴무　hoppyhouse.mx

LAMPUGA

2005년에 영업을 시작한 분위기 있는 멕시코 퓨전 고급 비스트로 다이닝으로 해산물을 이용한 요리가 많다. 잘 차려입은 멕시코 사람들이 데이트나 가족 식사를 즐기는 장소이기도 하다. 각 요리 플레이팅에 많은 신경을 쓰기 때문에 보는 재미도 있다. 세비체를 비롯해 생선 타코, 가스파초, 문어, 참치, 스파이시 새우 등 100여 종의 요리 메뉴가 있고 가격은 300~700페소 정도로 비싸지만 그만큼 독특한 퓨전 다이닝을 즐길 수 있고 맛도 있다. 해산물 메뉴와 함께 메스깔리나 칵테일, 와인 등을 즐기자. 미리 홈페이지를 통해 예약이 가능하며 폴랑코, 로마 지역에도 지점이 있다.

🏠 Calle Ometusco 1, Cuauhtemoc, Hipódromo Condesa
📞 01 55 5286 1525　　🕐 월~토 13:30~23:00, 일 13:30~18:00
lampuga.com.mx

코요아칸

남부의 코요아칸 일대는 외국인들의 거주 비율도 높고, 멕시코 국립자치대학이 있는 만큼 대학생들도 많다. 넓은 지역이지만 조용하고 도로가 잘 가꾸어져 있어 커피를 마시며 산책하기에도 좋다. 센테나리오 공원 주변에 먹을 곳들이 모여 있다.

Churrería General de la República

1990년에 문을 연 츄레리아(츄러스 가게)로 멕시코에서 난 재료만으로 츄러스를 만든다. 코요아칸에서 가장 맛있는 츄러스를 먹을 수 있는 곳. '카페 엘 하로초' 옆에 있다. 설탕만 바른 츄러스는 4개에 25페소. 단 것을 좋아하면 츄러스 안에 초콜릿을 넣어 달라고 하자. 안에 누텔라나 초콜릿을 넣을 경우 개당 17페소이다. 코요아칸에만 두 곳의 지점이 있고 센트로에도 한 곳이 있다.

🏠 Ignacio Allende 38, Del Carmen 📞 01 55 5408 7115
🕐 9:00~23:00 일 휴무

Ecos del mundo

코요아칸에서 인기있는 채식 전문 브런치 레스토랑 가운데 하나. '지구의 환경' 이라는 이름에서도 알 수 있듯 유기농 주스와 빵, 샐러드가 주 메뉴다. 코요아칸에 거주하고 있는 외국인들이 많이 찾는 가게로 가격대도 꽤 높은 편. 150~200페소 정도. 점심 무렵이면 북적이는 곳.

🏠 Higuera 25, La Concepción 📞 01 55 5658 7192
🕐 9:00~22:00

Café Avellaneda

골목길, 유심히 보지 않으면 지나칠 수 있는 카페로 매우 작지만 아늑하다. 바에는 3~4명이 겨우 앉을 수 있다. 조용히 바에 앉아 바리스타가 정성스레 내려주는 향기로운 에스프레소와 브라우니를 즐길 수 있는 곳. 크림 브륄레 스펀지 케이크, 카푸치노도 맛있다. 헌지인, 관광객 할 것 없이 어떻게든 알고 찾아와 이 좁은 공간에서 조용히 커피를 마시고 간다. 건너편에 있는 채식 전문 브런치 식당 에코스 델 문도도 유명하니 채식주의자인 경우 들러보자.

🏠 Higuera 40-A, Coyoacán 📞 +52 55 6553 3441
🕐 월-일 08:00~22:00

Los Danzantes Coyoacán

멕시코 와하까 등에 지점이 있는 꽤 가격대 있는 파인 다이닝. 멕시코 퓨전 음식의 화려함과 고급스러움을 느껴보고 싶다면 좋은 선택이 될 것이다.

🏠 Plaza Jardín Centenario Nº 12, Coyoacán 📞 +52 55 5554 1213
🕐 월-목 12:30~23:00, 금-토 09:00~12:00, 일 09:00~23:00
losdanzantes.com

Café el Jarocho

코요아칸에서 가장 오래된 카페 중 하나. 치아파스주 등에서 공수한 멕시코 산지 원두로 직접 로스팅을 하고, 커피 가격도 저렴해 현지인들에게 특히 사랑받는 카페다. 테이블이 없고 테이크 아웃만 가능하지만 카페 옆엔 벤치가 많이 있어 다들 커피를 마시며 쉬어간다. 아메리카노는 매우 진하고 쓴 편. 바로 옆의 츄레리아에서 추로스를 함께 사서 커피를 즐기자. 가격도 매우 저렴하다.

- Cuauhtémoc 134, Coyoacán, Del Carmen, Coyoacán
- 01 55 5554 5418   ⏲ 6:00~01:00
- cafeeljarocho.com.mx

El jardin del pulpo

메르까도 코요아칸 시장 모서리에 있는 해물 레스토랑. 세비체와 칵테일 새우 등 신선한 해물을 먹고 싶다면 이곳으로 가자. 가격은 100~250페소 정도로 다소 비싼 편.

- Mercado de Coyoacán, Malintzin 89, Coyoacan, Del Carmen
- 01 55 5339 5170   ⏲ 10:00~18:00
- eljardindelpulpo.com

La Bipo

이 동네에서 가장 붐비는 캐주얼 레스토랑. 늦은 점심, 저녁 시간에 가면 자리가 없을 정도. 스테이크, 부리또 등의 메뉴와 메스깔, 맥주, 칵테일 등 다양한 주류를 함께 즐길 수 있다.

- Calle Malintzin No. 155, Coyoacán, Del Carmen
- 01 55 5484 8230   ⏲ 수-토 12:00~02:00, 일-화 12:00~24:00

폴랑코

멕시코시티 북부, 부유한 이들이 많이 사는 곳인 만큼 화려한 파인 다이닝 레스토랑이 많은 곳이다. 인기 레스토랑의 예약은 필수다. 차풀테펙 지역에서 멀지 않기 때문에 함께 돌아보면 좋다.

Pujol

푸욜은 몇 해 전부터 멕시코를 대표하는 가장 유명한 파인 다이닝이라고 해도 무방하다. 폴랑코 지역에 있다. 유명한 만큼 예약이 어렵기 때문에 한 두달 전에 예약하거나 미리 전화로 예약 문의를 해야 겨우 가볼 수 있는 곳이다.

- Calle Tennyson 133, Polanco IV Sección
- +52 55 5545 4111   ⏲ 월-토 13:30~22:45, 일 휴무
- pujol.com.mx

소나로사―레포르마

소나로사는 한인타운이 있는 곳으로 유명하다. 레포르마와 플로렌시아 도로가 만나는 곳엔 3~4곳의 한인 레스토랑이 있어 차풀테펙 공원을 돌아보고 도보로 이동하기에도 편하다. 세비야 역 인근에도 한인 레스토랑이 3~4곳이 있고 그 외 암부르고, 론드레스 거리에 한인 식료품점과 음식점들이 주로 모여 있다. 식료품점엔 라면과 각종 가공품, 반찬 등이 있지만 가격은 한국보다 1.5~2배가량 비싼 편이다.

La Casa de Toño - Zona Rosa

멕시코 시티에만 31곳의 지점이 있는 멕시코 요리 전문 체인 레스토랑. 퀘사디아, 엔칠라다, 포솔레, 엔프리홀리다, 토르타TM 등 가장 대중적인 멕시코 음식을 먹을 수 있어 현지인들이 많이 찾는 곳이다. 낱개로 주문하면 10~20페소 정도이며 꽤 큰 접시에 담겨. 더 많은 양이 나오는 Orden을 주문하면 40~60페소 정도로 가격도 매우 저렴한 편이다. 24시간 영업하는 것도 큰 장점. 특히 소나로사에 있는 이곳이 인기가 많다. 가볍게 퀘사디아 등을 먹으러 가기에도 좋은 곳.

⌂ Londres 144, Cuauhtémoc　　📞 +52 55 5386 1125
　　　　　　　　　　　　　　　lacasadetono.com.mx

고향집 Go Hyang Zib

각종 찌개와 불고기, 육개장 등 점심 및 저녁 식사 메뉴를 비롯해 파전, 삼겹살, 탕 류 등 안주용의 다양한 메뉴가 있다. 음식은 전반적으로 맛있는 편이며 반찬도 깔끔하다. 한국인뿐만 아니라 멕시코 사람들에게도 많이 알려져 있다.

⌂ Florencia 43, Juárez　　📞 +52 55 5208 0215
🕐 화~토 12:10~21:30 월 휴무

Rio Sena

자전거bicicleta를 타고 가다가 서서 먹는다고 해서 비씨 타코bici taco라고도 흔히 부르는 노점상 타코점은 멕시코 시티에서 흔히 찾아볼 수 있다. 파세오 데 레포르마와 리오 세나 길 교차점에 위치한 이 타코 노점상은 레포르마 일대의 직장인들이 즐겨 찾는 곳으로 항상 사람들로 북적인다. 와하까 치즈가 양껏 들어간 치즈 퀘사디아quesadilla와 파스토르al Pastor가 특히 맛있고 그외에 잘게 썬 돼지고기 출레타chuleta, 양념한 돼지고기인 까르네 아도바다 데 세르도carne adobada de cerdo, 잘게 썬 스테이크인 비스텍bistec, 소시지 롱가니자longaniza 등도 맛있으니 주문해서 먹어보자. 가격은 보통 개당 14~20페소 정도이며 와하까 치즈를 추가할 경우 추가요금은 2페소이다.

⌂ Calle Río Sena 98　　📞 +52 55 5386 1125, lacasadetono.com.mx

좋은 친구들

한인 식료품점. 라면과 과자류, 채소류, 각종 조미료와 소스 등 가공품과 다양한 반찬 등을 판다. 암부르고 거리 인근에 언니네 반찬, OK마트 등 한인 식료품점이 3~4곳이 있으니 필요한 것이 있다면 여러 곳을 둘러보자.

⌂ Calle Hamburgo 214　　📞 +52 55 5525 6144

🛏️ 자자! ACCOMMODATIONS

멕시코시티를 돌아보기에 가장 좋은 곳은 센트로, 구시가지 지역이다. 소깔로를 드나드는 일이 많기 때문에 구시가지 중심에서 가까운 것이 가장 편하다. 하지만 조금 더 조용하고 힙한 멕시코인들의 일상이 궁금하다면 콘데사, 로마 지역과 차풀테펙, 폴랑코에 머무는 것도 괜찮다. 센트로 지역에 주요 명소가 모여 있고 버스, 지하철 등 대중교통도 잘 되어있다. 택시비도 저렴하기 때문에 10~20분 거리에 이용하면 시간을 절약할 수 있다.

Casa San Ildefonso

소깔로, 템플로 마요르 인근에 있는 호스텔. 넓은 파티오가 있는 오래된 주택을 개조해 만든 호스텔. 싱글, 더블, 도미토리 등을 갖추고 있다. 내부는 아늑하고 분위기도 좋은 편. 센트로를 돌아보기에 편한 위치에 있다. 조식 포함. 더블룸의 경우 공동화장실을 사용할 경우 더 저렴하다.

🏠 San Ildefonso 38, Cuauhtémoc, Centro
📞 01 55 2616 1657
🛏️ 싱글룸 500페소
   더블룸 630페소
   (공동 욕실) 750페소
   (전용 욕실) 트리플룸 1100페소
   5인 혼성 또는 여성 도미토리 300페소
   casasanildefonso.com

Hostal Regina

서양 여행자들에게 인기 있는 호스텔. 소깔로에서 5블럭(650m) 떨어져 있다. 소음이 심하고 도미토리는 그리 청결하지 않다는 의견도 있지만 주방사용이 편하고, 옥상의 테라스에서 다양한 배낭여행자들을 만나 어울리기엔 좋은 곳. 파티와 액티비티, 분위기를 우선시 한다면 이곳으로 가자.

🏠 5 De Febrero 53 Colonia Centro, 5 de Febrero No. 53 & Regina, Col. Centro Historico
🛏️ 트윈 500페소, 트리플 660페소, 14~18인 도미토리 180페소

Suites DF Hostel

혁명 기념탑이 있는 '플라자 레볼루시온' 인근에 있는 호스텔. 소깔로에선 걸어서 15분 정도 걸린다. 친절하고 시설도 나쁘지 않은 편. 혁명 기념탑 주변 치안은 그리 좋다고 할 수 없지만 메트로 2호선 이달고 지하철 역과 가깝고 시내 이동도 편리해 추천할 만하다. 파티오 공간이 있고 주방 사용이 가능하다. 핫케이크 등을 직접 만들어주는데 조식도 맛있는 편이다. 리셉션에서 각종 투어 예약 등을 대행해 준다. 여성, 혼성 도미토리로 나뉘어져 있다.

🏠 Jesus Teran 38, Colonia Tabacalera
🛏️ 더블 및 트윈 550~650페소, 트리플 810페소
   6인 여성 전용 및 혼성 도미토리 220페소

Mexico City Hostel

소깔로 까떼드랄 인근에 위치한 호스텔로 깨끗하고 저렴하다. 내부가 다소 울려 소음이 방까지 전해진다는 단점이 있지만 합리적인 가격과 위치, 청결을 고려한다면 나쁘지 않은 선택이다. 8인실 여성 도미토리가 있고 그 외 싱글, 트윈, 4~12인 혼성 도미토리가 있다.

🏠 Brasil No. 8, Col. Centro
🛏️ 더블 480~600페소, 4인~12인 혼성 도미토리 240~180페소
   (조식 포함)

Hostel Mundo Joven Catedral

오랜 기간 배낭여행자들에게 사랑받아 온 호스텔로 소깔로 광장과 매우 가깝다. 까떼드랄 바로 뒤에 위치해 있어 센트로를 돌아보기에 좋다. 호스텔 건물 6층에 바가 있어 늦게까지 소음이 있지만 2~3층에 머무를 경우 견딜 만 한 수준이다. 여성 도미토리와 혼성 도미토리 등이 있다. 화장실은 실내에 있지만 보통 2개실이 함께 사용한다. 조식(커피와 스크램블, 토스트 등)은 포함이며 오전 8시부터 1층에서 제공된다. 방 내부에서도 와이파이 사용이 잘 된다는 장점이 있다.

⌂ Republica de Guatemala No 4, Colonia Centro
⑤ 더블 540페소, 6인 도미토리 200페소 (조식 포함)

CDMX Art gallery Hostel

차풀테펙 공원과 소나로사에서 가까운 호스텔. 넓은 파세오 데 레포르마 도로가 바로 앞에 있다. 관공서와 은행, 다국적 기업 등이 모여 있는 지역으로 구시가지보다 안전하고 조용한 것이 장점. 호스텔의 계단이 좁고 엘리베이터가 없어 무거운 캐리어를 끌고 올라가는 것이 힘든 것이 단점이다. 도미토리가 여러 개인 것에 비해 화장실 개수가 적은 것이 흠이지만 위치 면에서는 나쁘지 않다.

나초네

차풀테펙 역에서 가까운 한인민박. 새롭게 이전했다. 센트로까지는 메트로로 30~40분 정도 소요된다. 매일 아침 조식을 제공한다. 멕시코시티에 대한 알짜 여행 정보를 얻을 수 있다. 5인용 믹스 도미토리, 더블, 킹룸 등을 갖추고 있다.

⌂ Agustín Melgar 39, Condesa
카카오톡 ID lhm857, cafe.naver.com/nachohouse
⑤ 믹스 도미토리 18불 여성전용 도미토리 20불 더블룸 50불

신들의 도시 테오티우아칸
Teotihuacan

멕시코시티 북동쪽에는 아메리카 대륙에서 가장 큰 고대 유적지가 있다. 바로 '신의 도시'로 불리던 고대 도시 테오티우아칸이다. 기원전 2세기경부터 도시의 틀을 갖추며 발전하던 테오티우아칸은 7세기 때 갑자기 세상 사람들의 기억에서 사라져 버렸다. 테오티우아칸이 멸망하기 전까지 이곳에 살았던 사람은 15만 명이나 되었다고 하는데 이렇게 거대한 도시를 이룰 수 있었던 것은 이곳에 무기를 만드는 데 사용되었던 흑요석을 캐낼 광산이 있었기 때문이다. 지배자의 무덤을 찾던 아즈텍 사람들이 테오티우아칸을 발견한 것은 14세기로 그들은 이곳을 '신의 도시'라는 의미의 '테오티우아칸'이라고 부르기 시작했다. 19세기 중반인 1864년부터 발굴 작업이 시작됐고, 이제 겨우 10분의 1 정도만 발굴을 마친 상태인데, 그 면적만 해도 여의도의 4배에 달한다고 한다.

지도 라벨:
- 1번 출입구 Puerta1
- 2번 출입구 Puerta2
- 3번 출입구 Puerta3
- 4개의 신천
- 케찰파팔로틀 궁전
- 죽은 자의 길
- 달의 광장
- 달의 신천
- 케찰코아틀 신천
- 태양의 광장
- 테오티우아칸 박물관
- 태양의 신천
- 5번 출입구 Puerta5
- 4번 출입구 Puerta4

테오티우아칸 가는 방법

멕시코시티 북부 버스터미널Terminal Central de Autobuses del Norte에서 테오티우아칸행 버스를 타면 1시간 정도 걸린다. 다른 방법은 멕시코시티에서 출발하는 투어를 이용하는 것. 보통 500~700 페소로 테오티우아칸과 과달루페 성당, 3문화 광장을 돌아보는 투어가 매일 출발한다. 입장료 및 점심식사 포함 여부, 인원 수에 따라 비용이 조금씩 차이가 있다. 멕시코시티 내 소깔로 주변, 마데로 거리에 있는 여행사에 문의해보자.

테오티우아칸

- Ecatepec Pirámides Km. 22 600, 55800 San Juan Teotihuacan de Arista, Méx
- 월~일 09:00~17:00
- +52 594 956 0276
- 입장료 75페소
  teotihuacan.inah.gob.mx

보자

테오티우아칸은 죽은 자의 거리를 따라 세워져 있는 태양의 피라미드와 달의 피라미드를 중심으로 케찰파팔로틀 궁전 등 여러 신전과 궁전, 광장과 주거지와 경작지로 이루어져 있다. 매우 넓기 때문에 모두 돌아보는데 적어도 1시간 반~2시간 이상은 투자해야 한다. 유적지 내에는 상점이 없기 때문에 반드시 물을 준비하고 뙤약볕 아래를 걸어야 하니 모자와 선그라스 등도 준비하자.

테오티우아칸의 중심, 죽은 자의 거리

테오티우아칸의 주요 유적들은 유적지를 남북으로 가로지르는 죽은 자의 거리를 따라 조성되어 있다. 죽은 자의 거리는 폭이 40m이고 전체 길이가 5km에 이르는데, 현재 2.5km 정도만 발굴이 이뤄졌다. 중앙의 이 길을 '죽은 자의 거리'라고 부르기 시작한 것은 아즈텍인들로 이들은 길 양쪽에 세워진 건물들을 무덤이라고 잘못 생각해 '믹사오틀리'라고 불렀다고 한다. 이는 아즈텍 언어로 '죽은 자의 거리'란 뜻이다. 이 시대 사람들은 피라미드와 신전으로 하늘의 세계를 재현했는데 '깃털 달린 뱀'을 뜻하는 케찰코아틀 신전은 태양을 상징하며, 태양의 피라미드는 목성과 토성, 달의 피라미드는 천왕성, 4km의 큰 길인 '죽은자의 길'은 은하수를 상징한다. 이는 당시 고대 문명인들이 뛰어난 천문 관측 능력을 갖고 있었음을 보여준다. 이 길에는 테오티우아칸을 상징하는 태양의 피라미드와 달의 피라미드를 비롯하여 제사장과 지배 계급이 살았던 시우다 델라 지역과 각기 다른 용도로 사용되었던 수많은 신전이 있다. 또 죽은 자의 거리 남쪽 끝에는 물을 끌어들였던 관개 수로와 신에게 의식을 올렸던 케찰코아틀 신전, 대광장이 있다.

태양의 피라미드

테오티우아칸 유적지를 상징하는 건축물은 죽은 자의 거리 동쪽에 세워져 있는 태양의 피라미드로 밑면이 각각 222m, 225m이고, 높이가 63m로 매우 웅장한 건축물이다. 태양의 피라미드가 처음 지어졌을 때는 오늘날보다 더 높은 74m였는데 태양의 피라미드 꼭대기에 약 10m 높이의 신전이 있었기 때문이다. 250만톤의 돌이 사용됐다는 태양의 피라미드에 올라서면 피라미드 군 전체를 조망할 수 있다. 밤낮의 길이가 같아지는 춘분과 추분 때 태양이 이 피라미드 꼭대기 정중앙에 위치한다. 일반적으로 날씨는 매우 덥고, 피라미드를 오르는 시작점이 이미 해발 2,200m의 고원인 탓에 숨이 많이 차기 때문에 천천히 올라야 한다. 무리를 하다가는 고산증 증세를 겪을 수도 있다.

달의 피라미드

죽은 자의 거리 북쪽 끝에는 달의 피라미드가 있다. 바닥 면의 한쪽 길이가 140m와 150m이고, 높이는 46m다. 달의 피라미드는 태양의 피라미드와 겉모습과 건축 양식이 비슷하지만 규모는 더 작다. 태양의 피라미드와 달의 피라미드는 모두 신을 모셨던 신전이었을 것으로 추측하고 있다. 달의 피라미드에는 사람의 심장을 신에게 바쳤던 흔적도 남아 있다. 이외에 작은 피라미드 11곳이 남아 있다. 피라미드 정상에 서면 주변이 산으로 둘러싸인 드넓은 중앙 고원에 있는 거대한 유적지가 한눈에 들어온다. 달의 피라미드 앞으로 이어진 죽은 자의 거리를 중심으로 좌우에 세워진 신전과 궁전은 물론이고 태양의 피라미드와 멀리 남쪽에 있는 케찰코아틀 신전과 대광장까지 훤히 내려다 보이기 때문에 꼭 올라가서 풍경을 감상하자.

케찰파팔로틀 궁전

달의 피라미드 앞 광장을 지나면 기둥과 지붕이 있는 케찰파팔로틀 궁전과 재규어 신전이 나온다. 케찰파팔로틀 궁전은 사각 기둥이 받치고 있는 통로와 여러 개의 작은 방과 안뜰로 이루어져 있고, 신화에 등장하는 신비로운 새 케찰파팔로틀을 비롯해 물을 상징하는 조각과 그림으로 장식돼 있다. 원래는 채색 벽화와 조각으로 화려하게 치장돼 있었지만 아직 일부만 복원된 상태다. 규모와 장식으로 보아 지위가 높은 성직자와 제사장이 이곳을 사용했을 것으로 추정하고 있다. 케찰파팔로틀 궁전 바로 옆에는 재규어 벽화가 그려진 재규어 신전과 머리에 장식을 단 고양이 등으로 장식된 신화 동물들의 신전이 있다. 이 신전들은 부자와 권력자들이 사용했던 곳으로 알려져 있다.

케찰코아틀 신전

죽은 자의 거리 남쪽 끝에서는 케찰코아틀 신전과 관개 수로 유적, 대광장, 주거지와 농지 등을 볼 수 있다. 케찰코아틀 신전은 아메리카의 여러 고대 문명 사람들이 성스러운 동물로 받들었던 깃털 달린 뱀을 위한 의식을 치르던 곳으로 깃털 달린 뱀 머리 조각상이 신전 벽에 장식돼 있다.

멕시코 중부 고원지대에 있는 과나후아토는 1548년
은광이 발견되면서 발전한 도시다. 알록달록한 색감을
뽐내는 낭만적인 소도시로 전 세계 여행객을 불러
모으고 있다. 스페인 점령 당시엔 전 세계 은 생산의
70%를 담당하기도 했는데 덕분에 부유한 지주들의
저택과 화려한 바로크 양식의 성당이 많이 지어졌고
교육과 문화예술도 더불어 발전했다. 19세기 초에는
멕시코 독립운동의 주무대로 많은 독립운동가들이
희생당한 장소이기도 하다. 구불구불한 미로를 따라
도시를 탐험해보자. 녹음이 우거진 광장, 좁은 골목,
웅장하고 화려한 바로크양식과 신고전주의양식의
건축물이 곳곳에서 얼굴을 내민다.

GUANAJUATO

과나후아토

과나후아토 드나들기

과나후아토까지는 보통 멕시코시티에서 버스를 타는 방법이 일반적이다. 북부 터미널에서 매일 여러차례 버스가 드나든다. 북부의 몬테레이나 레온, 산 미겔 아옌데에서도 다양한 회사의 버스를 이용할 수 있다.

과나후아토 드나드는 방법 버스

TIP
버스 시간 확인

primeraplus.com.mx
ETN.com.mx
reservamos.mx

멕시코시티 북부 터미널에서 버스를 타면 약 5시간 걸린다. 프리메라 플러스 Primera Plus 버스와 ETN 버스 회사가 과나후아토와 멕시코시티를 하루 10회 연결한다. 프리메라 플러스는 4시간20분, ETN은 5시간10분 정도 소요된다.

과나후아토 버스터미널 내부

대기 중인 버스

시내버스

구시가지 외곽에 있는 버스터미널 앞에 시내버스 정류장이 있다. 어느 버스인지 헷갈린다면 센트로 행인지 물어보고 탈 것. 10여분 정도 가면 상상했던 구시가의 모습이 펼쳐지나 싶다가 어느새 깜깜한 터널로 진입한다. 어둠에 익숙해질 때 즈음 버스기사는 '이달고 시장'이라고 외치는데 이때 내려야 한다. 현지인들을 따라 깜깜한 터널을 걸으면 빛이 새어나오는 계단이 보이고 그 위로 올라가면 구시가지가 '짠'하고 나타난다. 택시를 탈 경우 10분정도 걸린다.

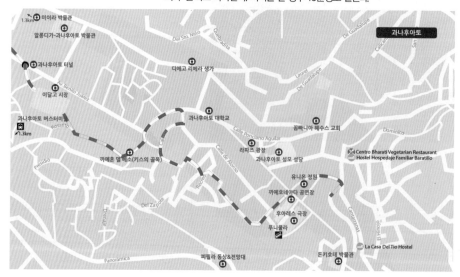

보자! GUANAJUATO SIGHTS

'과나후아토'라는 이름은 원주민어로 '개구리의 언덕'에서 유래했는데 도시를 둘러싼 산맥의 형태가 개구리와 닮았다고 해서 지어졌다. 센트로의 역사 지구는 유네스코 세계문화유산으로 지정돼 있어 차량 통행이 통제된다. 대부분은 걸어서 다닐 수 있지만, 해가 진 이후에는 어둡고 인적도 드물기 때문에 혼자 다니지 않도록 하자.

과나후아토 터널 Túnel de Guanajuato

유네스코 세계문화유산으로 지정된 이 도시는 구시가지 내로 차량 진입을 허용하지 않는다. 모든 대중교통과 차량은 구시가지 아래로 나 있는 지하 터널로 드나드는데 이 지하 터널은 식민지 당시 과나후아토 강의 범람으로 인한 홍수 피해를 막기 위한 수로였다. 20세기 중반, 댐이 들어서면서 수로는 필요 없어졌고 세계문화유산으로 지정된 이후 구시가지를 보호하고 교통체증을 해소하기 위해 터널로 개조됐다. 여행자들은 보통 구시가지 초입의 이달고 시장이나 구시가지 끝 쪽의 우니온 정원에 내린다.

과나후아토 터널

⌂ Contra Presa 3, Zona Centro

추천 일정

가장 먼저 출발 지점으로 삼기에 좋은 곳은 이달고 시장이다. 버스로 구시가지에 진입할 때 터널을 잠깐 지나 가장 먼저 내려주는 곳이기도 하다. 이달고 시장에서부터 걸어올라가면서 주요 명소를 돌아보자.

- 과나후아토 터널
- 이달고 시장
- 알롱디가
- 디에고리베라 생가
- 과나후아토 대학
- 라파즈 광장
- 과나후아토 성모 성당
- 꼼빠니아 헤수스 성당
- 우니온 정원
- 후아레스 극장
  - –까예 호네야다 즐기기
- 까예혼 델 베소 (키스의 골목)
- 삐삘라 동상 · 전망대
- 돈키호테 박물관
- 미이라 박물관

이달고 시장 Mercado Hidalgo

이달고 시장

🏠 Contra Presa 3
🕐 월-일 08:00~21:00

과나후아토 역사 지구 초입에 있는 이달고 시장은 1910년 기차역으로 지어진 건물이지만 포르피리오 디아즈 대통령 취임 이후 마켓으로 바뀌었다. 2층 철제 구조는 에펠탑을 설계한 구스타보 에펠이 만든 것으로 구조를 찬찬히 뜯어보면 그의 작품이라는 것을 느낄 수 있다. 이곳에서 멕시코의 독립을 축하했는데, 독립운동에 앞장섰던 미겔 이달고 신부의 이름을 따 이달고 시장으로 이름 지었다. 정문에 시계탑이 있고 내부는 여전히 활기가 느껴지는 상설시장이다. 간이 식당, 노점이 많아 점심이나 저녁 시간에 가서 생선이나 타코, 세비체 등 한끼 먹기에도 좋다.

알롱디가 과나후아토 박물관

Museo Regional de Guanajuato Alhóndiga de Granaditas

🏠 Mendizábal 6, Centro
📞 +52 473 732 1112
🕐 화–일 10:00~18:00
　 일 10:00~15:00 월 휴무
　 오전 10:00~오후 3:00
🎫 일반 65페소, 일요일 무료
sic.conaculta.gob.mx

멕시코 독립의 상징이라 할 수 있는 알롱디가는 멕시코 혁명 기간 광부였던 삐삘라가 불을 지른 것으로 유명한 건물이다. 당시 스페인은 혁명에 앞장섰던 이달고 신부를 비롯 아옌데, 알다마, 히메레스 등을 붙잡아 처형하고 그들의 목을 이 알롱디가의 각 코너에 매달아두었다. '알롱디가'라는 뜻은 스페인어로 곡식 창고를 뜻하며 건물은 1797년에 지어진 후 식민 시절 군고위층이 상주하던 성으로도 쓰였다. 이 건물은 1864년 감옥으로 바뀌었다가 1967년에 이르러 과나후아토 박물관으로 개관했다. 이곳엔 스페인 점령 전후 역사에 관한 자료와 고대 문명 유물이 전시돼 있고 멕시코를 대표하는 화가 호세 차베스 모라도José Chávez Morado의 벽화 또한 전시돼 있다. 1층에 있는 멕시코 혁명 영웅의 추모관 Recinto de los héroes은 1967년에 지어졌으며 이곳엔 이달고, 모렐로스, 히메레스, 아옌데, 알다마 등 독립투사들의 무덤과 영원히 꺼지지 않는 불꽃이 있다.

디에고 리베라 생가 Museo Casa Diego Rivera

구시가지엔 멕시코의 대표 화가인 디에고 리베라의 생가가 있다. 디에고 리베라는 1886년 12월 8일 과나후아토에서 태어나 6살 때까지 이곳에 살았다. 1975년 박물관으로 개관한 생가에는 그의 유년 시절 드로잉, 삽화, 회화 등 초기 작품과 프리다 칼로의 작품 등 총 175점이 전시돼 있다. 내부엔 강당과 도서관, 서점 및 상점도 있다.

디에고 리베라 생가

⌂ Rivera Positos 47, Zona Centro
📞 +52 473 732 1197
🕐 화−토 10:00~19:00
   일 10:00~15:00 월 휴무
💲 입장료 35페소

과나후아토 대학 Universidad de Guanajuato

과나후아토 구시가지에 들어서면 처음으로 드는 생각이 학생들이 많다는 것이다. 과나후아토 구시가지 곳곳에는 대학 건물이 자리하고 있어 도시 자체가 하나의 대학이라 할 만하다. 3만3,000여 명이 재학 중인 과나후아토 대학은 라틴아메리카에서 가장 오래된 대학 가운데 하나로 1732년에 설립됐으며 14개의 부속 대학으로 이뤄져 있다. 법대 건물은 네오클래식 양식의 113개 계단으로 1900년대 중반에 지어졌다. 법대 건물은 멕시코의 화폐 1000페소에도 등장한다. 건물 안으로 들어가 대학 곳곳을 구경하는 재미도 있다.

과나후아토 대학

⌂ Lascurain de Retana 5, Centro
📞 +52 473 732 1057
   ugto.mx

라파즈 광장 Plaza de La Paz

라파즈 광장

🏠 Calle Ponciano Aguilar 15, Zona Centro
conaculta.gob.mx

과나후아토 성모 성당 앞에 자리한 라파즈 광장은 마요르 광장으로도 알려져 있다. 경사 지대에 삼각형으로 만들어진 이 광장은 1865년에 지어졌으며 광장 한 가운데에는 1903년경 세운 포르피리오 디아즈 대통령 동상이 있다. 과거 광장 북쪽의 콜로니얼 빌딩엔 산타페 광산, 과나후아토 도시를 총괄하는 관청이 있었다. 광장 주변으로는 입법부, 시립 궁전, 오테로 궁전, 페레스 갈베스 하우스 등이 자리하고 있다.

꼼빠니아 헤수스 교회 Templo de la Compañía de Jesús

꼼빠니아 헤수스 교회

🏠 Calle Ponciano Aguilar, Calzada de Guadalupe

1765년에 예수회에 의해 세워진 꼼빠니아 헤수스 교회는 예수회 교회 중 가장 규모가 큰 건축물로 신부인 호세 데 라 크 루즈José de la Cruz가 디자인했다. 3개의 문과 파사드는 멕시코의 츄리게레스카churriguresca 양식으로 지어졌다. 돔의 최대 높이는 29.5m다. 내부엔 회화와 조각 등이 전시된 박물관이 있다. 예수회는 2년 밖에 이 건물을 쓰지 못했는데 그 이유는 1767년 카를로스 3세의 명령에 따라 추방됐기 때문이다. 이후 1767년부터 1794년까지 이 교회는 버려졌다가 1794년에 이르러 산 펠리페 네리 예배당이 됐다.

과나후아토 성모 성당

Basílica Colegiata de Nuestra Señora de Guanajuato

1671년에서 1696년 사이에 바로크, 신고전주의 풍으로 지어진 과나후아토 성모 성당으로 7세기에 만든 성모상이 있다. 익명의 예술가가 스페인 안달루시아에서 조각한 것으로 알려진 성모상은 북미 지역에서 가장 오래된 조각품으로도 손꼽힌다. 714년 그라나다의 가톨릭 신자들은 무어인들을 피해 지하 동굴로 피신하면서 이 성모상을 숨겼다고 한다. 16세기 중반에 발견돼 황제 찰스 1세에게 전달된 성모상은 과나후아토에서 온 다량의 금, 은에 대한 감사의 표시로 1557년 그의 아들 필리프 2세가 과나후아토 시에 기증했다. 매년 8월 8일 성모상의 도착을 기념하는 축하 행사가 열린다. 내부엔 본당과 돔, 2개의 종탑과 나무로 만든 성모 조각상, 1,098개의 튜브가 달린 오르간이 있다.

과나후아토 성모 성당

🏠 Calle Ponciano Aguilar 15, Zona Centro
📞 +52 473 732 0314

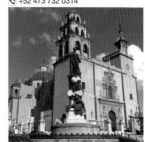

우니온 정원 Jardín de la Unión

과나후아토 역사 지구의 중심이자 사람들의 미팅 장소로도 인기 있는 우니온 정원은 언제나 많은 사람들로 붐빈다. 아름다운 나무들이 정원을 감싸고 그 중앙에 키오스크가 자리해 있다. 이곳은 원래 프란시스코 사원이 있던 자리로, 이를 허물고 지었던 산 디에고 플라자를 지었다가 1861년 벤치와 키오스크가 설치되고 조경이 정비되면서 우니온 정원으로 바뀌었다. 후아레스 극장과 그 뒤로 삐삘라 동상이 보인다.

우니온 정원

🏠 Sin nombre No. 516 11

세르반티노 국제 페스티벌

과나후아토에선 매년 10월 '세르반티노 국제 페스티벌'이 열린다. 세계 곳곳에서 수많은 공연 팀이 모여 연극, 무용 등 다양한 퍼포먼스를 펼친다. 1953년 과나후아토 대학생들이 스페인 작가 세르반테스의 희곡 '돈 키호테'를 야외에서 공연했고 이후 예술 축제가 현재의 국제 페스티벌로 거듭나 1972년부터 현재까지 이어지고 있다. 올해는 세르반테스 400주기를 맞아 더욱 그 의미가 깊다. 야외 공연을 하는 마리아치의 연주를 비롯해 세계 각국 공연 팀이 펼치는 공연을 감상하는 것도 과나후아토에서 만나는 큰 재미다. 돈키호테 박물관도 이곳에 있다. 1605년 발표된 세르반테스의 돈키호테 진본 일부를 비롯해 돈키호테에 얽힌 다양한 회화작품, 조각, 공예품이 총망라되어 있다.

후아레스 극장 Teatro Juarez

19세기 후반부터 도시의 문화를 이끌어 온 명성 있는 극장으로 과거 수녀원이었던 자리를 허물고 1872년부터 1903년까지 지어졌다. 건축은 호세 노리에가José Noriega가 맡았다가 이후 멕시코 건축가 안토니오 리바스 메르카도Antonio Rivas Mercado에 의해 완성됐다. 멕시코 혁명이 일어나기 이전까지 과나후아토의 예술 활동을 주도했으며 많은 오케스트라, 오페라 공연이 열렸다. 멕시코 최초의 원주민 대통령이자 국민들로부터 존경받는 정치인인 베니토 후아레스Baito Juárez의 이름을 따 후아레스 극장으로 명명됐다. 극장 내부를 돌아보는 투어가 있으며 개별 방문도 가능하다.

후아레스 극장 내부

후아레스 극장 입구

까예호네아다

과나후아토에는 거리를 산책하며 노래를 부르고 기타를 연주하는 악사들이 있다. 바로 '까예호네아다'라 불리는 과나후아토 대학생 공연 그룹인 '에스뚜디안띠나 과나후아토'다. 중세 복장을 한 젊은 악사들이 거리를 거닐며 사랑의 노래를 부른다고 해서 영어로 '워킹 세레나데'라고도 부르는데 매일 밤 8시 우니온 정원을 출발해 연인의 비극이 담긴 키스 골목 '까예혼 델 베소' 등 과나후아토 구시가지의 좁은 골목 이곳저곳을 돌며 사랑의 세레나데를 부르고 과나후아토에 얽힌 다양한 이야기 를 들려준다. 특히 키스 골목을 마주한 집에 살았던 멕시코판 로미오와 줄리엣의 사랑 이야기엔 절로 빠져들게 된다. 보통 스페인어로만 진행하지만 악사들을 따라다니면서 숨겨진 명소도 구경하고 수준급 연주와 노래를 감상하는 것도 즐겁다. 이 거리의 악사들을 따라 다니려면 공연 초반부에 120페소를 지불해야 한다.

까예혼 델 베소 (키스의 골목) Callejón Del Beso

로미오와 줄리엣 못지않은 가슴 아픈 사랑 이야기가 서려있는 키스 골목. 이 골목에 살았던 도냐 카르멘Doña Carmen은 신분이 높지 않았던 돈 루이스Don Luis라는 청년과 사랑에 빠졌다. 이 사실을 안 그녀의 아버지는 그녀를 스페인의 늙은 귀족에게 시집 보내려했지만 실패하자 수녀원에 보내버린다. 그녀의 친구는 돈 루이스에게 편지를 보냈고 이후 과나후아토의 집으로 돌아온 그녀를 만나러 가지만 실패한다. 그는 좁은 골목, 그녀의 집 맞은편의 집을 어렵게 구입해 테라스를 건너 사랑을 나눴지만 곧 그녀의 아버지에게 발각되고 그는 아버지의 칼에 죽임을 당하고 만다. 지금은 이 키스 골목의 3번째 계단에서 연인과 키스를 하지 않으면 불행이 닥친다는 속설이 전해져 계단에서 키스하려는 많은 연인들로 붐빈다.

까예혼 델 베소 (키스의 골목)
⌂ Patrocinio 66, Centro

삐삘라 동상·전망대 Monumento al Pipila Guanajuato

과나후아토 구시가지를 감싼 언덕엔 마을을 굽어보는 '삐삘라 동상'이 서 있다. 삐삘라는 스페인 식민지 당시 광산에서 일하는 광부로, 그는 식민정부의 차별과 억압에 대항해 혁명을 일으켰다. 그는 뾰족하고 긴 돌을 등에 짊어지고 스페인 정부의 통치를 상징하는 알론디가 건물의 문으로 돌진해 문을 부순 뒤 불을 질렀고 이 혁명은 곧 1810년 전국적인 독립운동으로 번졌다. 동상 상부에 있는 전망대는 입장료를 내고 올라갈 수 있다. 전망대까지는 버스나 택시 등으로도 갈 수 있지만 구시가지 골목골목을 탐험하면서 오르는 재미도 있다. 과나후아토의 랜드마크인 '바실리카 누에스트라 세뇨라'와 '꼼빠니아 헤수스 교회', '과나후아토 대학' 등이 내려다보인다. 야경이 아름다운 곳이지만 혼자 올라가지 않도록 주의하자.

삐삘라 동상·전망대
⌂ Ladera de San Miguel 55, Zona Centro
◷ 월-일 09:00~21:30
guanajuato.mx

돈키호테 박물관 Museo Iconográfico del Quijote

돈키호테 박물관

🏠 Manuel Doblado 1, Zona Centro
📞 +52 473 732 6721
🕐 화~일 09:30~18:45
　월 휴무
🎟 일반 30페소
　학생 10페소
　화요일 무료 입장
　guanajuato.gob.mx

돈키호테 박물관은 1987년 에우랄리오 페레르 로드리게스Eulalio Ferrer Rodríguez에 의해 설립됐다. 2층 규모의 18개로 이뤄진 전시관엔 돈키호테를 주제로 한 예술가들의 회화 및 조각 작품들이 전시되고 있다. 2층엔 미겔 데 세르반테스의 돈키호테 라 만차Don Quixote de la Mancha의 초기본도 전시돼 있다. 이 박물관에는 부속 연구센터인 세르반테스 연구센터가 있는데 멕시코에서 세르반테스 연구가 가장 활발한 곳으로, 18세기 구 버전의 돈키호테 진본과 번역본 2,000여권을 소장하고 있다.

돈키호테 박물관 내부

돈키호테 박물관 내부

미이라 박물관 Museo de las Momias de Guanajuato

미이라 박물관

🏠 Explanada del Panteón Municipal s/n, Centro
📞 +52 473 732 0639
🕐 수~토 11:00~18:00
　일 10:00~18:00
🎟 일반 45페소
　12세 이하 아동, 학생 및 교사 25페소
　카메라 촬영 20페소
　momiasdeguanajuato.gob.mx

1865년 과나후아토의 산타 파울라 판데온 지하 무덤, 카타콤베에서 발굴된 미이라를 전시한 박물관으로 현재 100여구가 넘는 미이라가 이곳에 전시되고 있다. 원래는 판테온 지하의 카타콤베를 개방해 주민들에게 미이라를 공개했지만 이후 많은 사람들의 호기심을 충족시키기 위해 미이라 박물관을 만들게 됐다. 미이라 박물관으로는 최초이자 가장 큰 규모이며 2007년 내부 리모델링을 거쳐 일반에 공개되고 있다. 가장 먼저 시청각실에 들어서면 미이라의 역사에 대한 비디오를 시청하게 된다. 세계에서 가장 작은 미이라를 비롯해 태아의 미라를 볼 수 있으며 그 외 비극적인 죽음을 맞이 한 채 그대로 남은 미이라 등이 남아있다. 다량의 미이라를 관람하는 것 자체가 다소 충격적이기 때문에 심장이 약한 사람에게 방문은 권하지 않는다.

미이라 박물관 입구

미이라 박물관 내부

🍴 먹자! EATING

Los Campos

전통 도자기 그릇에 담겨 나오는 과카몰레 아즈테카를 비롯해 쿼사디아, 타코, 소고기 요리 등 모든 메뉴의 만족도가 높은 곳. 가격대는 100~200페소 정도다.

- 🏠 Plaza Baratillo, 4a Calle de La Alameda
- 🕐 화-일 14:00~22:00, 월 휴무
  loscampos.mx

Santo Café

캄파네로 거리에 있는 다리 위 테라스가 유명한 레스토랑. 항상 사람들로 붐벼 테라스에 앉아서 먹긴 힘들지만 산토스 카페의 닭고기 파스타가 맛있기 때문에 가볼만 하다. 돈키호테 박물관에서 가깝다.

- 🏠 Campanero 4 Puente, Del Campanero
- 📞 +52 1 473 122 2320
- 🕐 월-토 10:00~23:00, 일 12:30~19:30

🛏 자자! ACCOMMODATIONS

Hostal Casa de Dante

저렴한 가격과 친절한 직원들, 맛있는 아침식사로 인기있는 곳. 단점이라면 호스텔로 가는 길이 굉장히 가파른 계단이라는 것. 그만큼 언덕에서 내려다보는 경치는 아름답다. 무거운 짐이 있다면 추천하지 않는다.

- 🏠 Callejón de Zaragoza 25, Paseo de la Presa
- 📞 +52 473 731 0909, casa-de-dante.business.site

Hostel Hospedaje Familiar Baratillo

작은 분수가 있는 바라티요 공원 앞에 위치한 호스텔. 1층엔 레스토랑이 있고 2~3층 공간이 호스텔로 사용되고 있다. 8인 실 도미토리는 조금 좁지만 넓고 깨끗하며 2층 마당에서 바라보는 전망도 좋아 조용히 쉬기에도 알맞다.

- 🏠 Cabecita 1, Centro Historico, Alameda
- 📞 +52 473 732 4149

'멕시코의 맛과 멋'을 가장 풍부하게 느낄 수 있는 여행지는 어딜까. 맛있는 음식과 전통술 메스깔, 화려한 겔라게차 축제로 이름 난 '와하까'다. 와하까는 멕시코 중남부, 해발고도 1,550m 고원에 자리한 도시로 기원전 4세기부터 사포테카, 미즈테카 부족이 살던 지역이다. 와하까에서는 몬테알반, 미뜰라, 이에르베 엘 아구아를 둘러보고 마켓데이가 일정과 맞는다면 근교 원주민들의 시장인 띠양기스도 꼭 한번 가보자. 진짜 와하까는 그곳에 있다.

OAXACA
와하까

와하까
드나들기

와하까는 멕시코의 대표적인 관광도시인 만큼 항공편과 버스편 등이 발달해 있다. 시간이 부족한 경우라면 멕시코시티, 몬테레이 등에서 항공편을 이용하자. 중부 고원지대를 굽이굽이 돌아가는 버스는 다소 멀미가 날 수 있다.

와하까 드나드는 방법 항공

와하까 시내 외곽에 공항이 있다. 멕시코시티, 몬테레이 등 멕시코 여러 지역을 잇는 아에로멕시코AeroMéxico 항공을 비롯 인터젯Inter jet, 볼라리스Volaris 등의 저가 항공이 취항한다. 와하까 센트로에서 공항까지는 택시로 150~200페소이며 15~20여분 정도 걸린다.

와하까 드나드는 방법 버스

와하까에는 1등석 버스인 ADO 아데오의 버스터미널과 2등석 버스터미널이 있다. 아데오 버스터미널은 구시가지에서 도보로 10~15분 거리에 있어 걸어서 이동 가능하다. 짐이 많은 경우라면 택시비가 저렴하니 택시로 구시가지까지 이동할 것을 추천한다.

ADO 버스터미널

⌂ 5 de Mayo 900, RUTA
INDEPENDENCIA, Barrio de Jalatlaco
☏ +52 951 502 0560
ado.com.mx

🚌 ADO 버스터미널 Terminal ADO Oaxaca

주로 장거리 1등석 버스가 드나드는 아데오 버스터미널에서 탈 수 있는 버스는 ADO, ADO GL, Cuenca, OCC ,UNO 등이다. 중간 기착지가 없어 다른 버스보다 시간이 적게 걸리는 것이 장점이다. 크리스마스, 부활절 등 연휴기간에는 반드시 사전예매 하자. 아데오 홈페이지에서 예매가 가능하지만 현지 발급 신용, 체크카드가 아니면 발권이 잘 되지 않기 때문에 가급적 터미널에 가서 예매하는 것이 좋다.

멕시코시티의 TAPO 터미널에서 출발하는 ADO를 탈 경우 보통 6시간30분~7시간이 걸린다. 2등석 버스인 AU 회사의 버스는 100페소 정도 더 저렴하지만 7시간 이상이 소요된다. TAPO 터미널 외에도 멕시코시티 남부 터미널(탁스케냐 역)과 북터미널에서도 와하까로 가는 버스편 있다. 버스 요금은 남아있는 일자와 시간대에 따라 변동이 심하며 프로모션이 있는 경우 반값에도 살 수 있는 경우가 있다. 학생증이 있는 경우 방학 기간 할인 적용을 받을 수 있다. 출발 터미널과 시간대, 가격은 미리 ADO 버스 회사의 웹사이트에서 확인하자.

ADO 버스터미널 전경 / ADO 버스터미널 내부

🚌 2등석 버스터미널 Terminal de Autobuses de Segunda Clase/Autobuses Fletes y Pasajes

치아파스 각 도시와 멕시코시티 등으로 가는 2등석 버스가 발착하는 버스터미널로 구시가지에서 여덟 블럭 떨어진 아바스토 시장 인근에 있다. 가격은 ADO에 비해 훨씬 저렴하지만 대부분 완행 버스로 시간은 1~2시간 정도 더 걸린다. 멕시코시티-와하까 및 와하까 근교, 치아파스 각 지역을 오가는 버스가 있다. AU, SUR 사의 버스를 타려면 인근 Periférico 도로의 Periférico 1014번지로 가야한다.

2등석 버스터미널

🏠 Prolongación de Valerio Trujano, Colonia Mercado de Abastos, Central de Abasto
📞 +52 800 397 7292

2등석 버스터미널

시내 교통

🚗 택시 Taxi

바둑판 모양의 와하까 구시가지는 모두 걸어서 돌아볼 수 있기 때문에 택시를 탈 경우가 거의 없지만, 터미널로 이동하거나 교외 여행을 계획한다면 타게 된다. 미터기에 자동으로 표시되며 아데오 버스터미널-구시가지 등 가까운 거리는 30~50페소면 가능하다. 흥정하기보다는 미터기 요금으로 가자고 하는 편이 낫다.

교외 택시

📷 보자! OAXACA SIGHTS

현재 와하까 시내는 전형적인 스페인 식민지풍 도시의 모습을 하고 있다. 빨강, 파랑 등 원색의 단층 건물과 바둑판 모양으로 구획된 시가지가 그 특징이다. 중앙 광장인 소깔로를 중심으로 센트로에 모든 볼거리가 모여 있기 때문에 하루 정도 센트로를 돌아보고 나머지 1~2일은 몬테알반, 미뜰라 등 교외 유적지와 원주민 마을을 돌아보자.

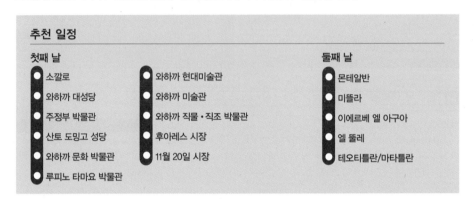

추천 일정

첫째 날
- 소깔로
- 와하까 대성당
- 주정부 박물관
- 산토 도밍고 성당
- 와하까 문화 박물관
- 루피노 타마요 박물관

- 와하까 현대미술관
- 와하까 미술관
- 와하까 직물 · 직조 박물관
- 후아레스 시장
- 11월 20일 시장

둘째 날
- 몬테알반
- 미뜰라
- 이에르베 엘 아구아
- 엘 뚤레
- 테오티틀란/마타틀란

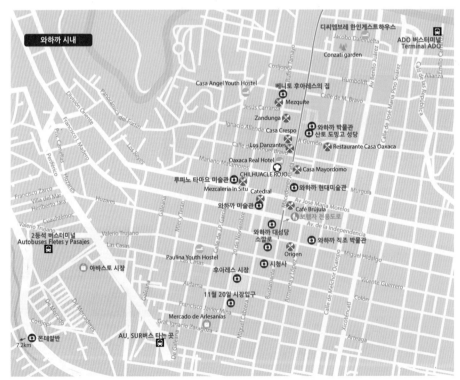

와하까 시내

OAXACA

첫째 날

와하까 센트로를 중심으로 미술관과 박물관, 산토 도밍고 성당 등을 돌아보자.

소깔로 Zócalo

와하까 구시가지의 중심 광장으로 플라자 데 라 컨스시투시온(헌법 광장)이
라고도 하지만 소깔로라는 이름으로 더 많이 불린다. 1529년 스페인 정복
이후 만들어진 이곳 중앙엔 스페인식 키오스크가 만들어져 있다. 남쪽엔 주
정부 궁전은 현재 박물관으로 개관했다. 다양한 행사와 축제가 이곳을 중심
으로 열린다. 비슷비슷하게 생긴 바둑판 모양의 구시가지에서 이곳을 중심으
로 동선을 짜면 길을 잃지 않고 쉽게 여행할 수 있다.

소깔로

⚐ Portal del Palacio, Centro
oaxaca.gob.mx

와하까 대성당 Catedral de Oaxaca

소깔로 뒷편에 자리한 성모 성당은 1702년에 짓기 시작해 1733년에 봉헌
됐다. 16세기와 18세기에 대지진으로 파괴되기도 했다. 내부는 신고전주의 풍
을 띠고 있으며 제단에는 이탈리아에서 만들어진 가정의 성모상 Nuestra
Señora de al Asunción이 있다.

와하까 대성당

⚐ Portal del Palacio, Centro
oaxaca.gob.mx

와하까 대성당 전경

와하까 대성당 내부

와하까 대성당 야경

주정부 박물관 Museo del Palacio

주정부 박물관

⌂ Plaza de la Constitución, Centro
Histórico Oaxaca de Juárez, Centro
📞 +52 951 501 8100
oaxaca.gob.mx

소깔로 남쪽 편엔 주정부 건물이 있다. 내부는 박물관으로 개관한 상태다. 1~2층에 특별, 상설 전시가 열리는 공간이 있으며 정문이 아닌 시장 방향 우측 출입구를 통해 들어갈 수 있다. 원래 이곳은 포르탈 데 라 알롱디가Portal de la Alhóndiga였으며 1728년 고딕양식의 궁전으로 다시 지어졌다. 내부에는 스페인 이전, 식민지 시대와 독립 이후의 오아시스 역사를 보여주는 벽화가 있는데 이는 1980년대의 화가 아르투로 가르시아 부스 토스 Arturo Garcia Bustos의 작품이다.

주정부 박물관 내부

주정부 박물관 전경

주정부 박물관 벽화

루피노 타마요 박물관

Museo de Arte Prehispanico de México Rufino Tamayo

루피노 타마요 박물관

⌂ Morelos 503
📞 01 951 516 7617
🕐 월,수~토 10:00~14:00,16:00~19:00
일 10:00~15:00
화 휴무
🎟 일반 40페소 학생 및 교사 20페소
sic.gob.mx

와하까 출신의 멕시코의 대표적인 화가이자 수집가인 루피노 타마요의 소장품 1,150여 점을 전시한 박물관으로 1974년 1월 29일에 문을 열었다. 루피노 타마요는 화가로 활동하면서 멕시코 일대 스페인 정복 이전의 유물에서 많은 영감을 받은 것으로 알려져 있다. 그의 요청에 따라 주 정부는 18세기에 지어진 이 건물을 그에게 기증하고 멕시코 박물관 디렉터인 페르난도 감보아의 도움을 받아 고대 문물 컬렉션을 완성했다. 5개의 방으로 컬렉션이 이뤄져 있으며 각 방은 타마요가 선택한 파란색, 주황색 등으로 칠해져 있다. 이곳에서는 전시뿐만 아니라 컨퍼런스, 콘서트 등도 열린다.

루피노 타마요 박물관 전경

루피노 타마요 박물관 내부

산토 도밍고 성당 Templo de Santo Domingo

산토 도밍고 데 구즈 만 Santo Domingo de Guzmán 수도원이 있었던 산토 도밍고 성당은 와하까를 대표하는 명소로 소깔로에서 북쪽으로 4블록 떨어져 있다. 1608년 완공된 이 성당은 정면부는 르네상스 스타일로 지어졌으며 상부엔 높이 35m의 종탑이 있고 내부의 제단은 황금으로 화려하게 꾸며져 있다. 1860년대에는 수도원 건물이 병영으로 쓰이기도 했다. 성당 건물 왼편의 수도원 공간은 현재 와하까 문화 박물관으로 개관한 상태로 내부엔 다양한 고대 유물과 도기, 갑옷, 조각, 회화 등이 전시돼 있다. 그 규모가 방대하고 볼거리가 많으니 꼭 한번 둘러보자. 내부에선 수도원 당시부터 가꾸기 시작한 식물원이 내려다보인다. 식물원은 따로 후문을 통해 투어로 입장 가능하다.

산토 도밍고 성당

☗ Calle de Macedonio Alcalá
🕐 월~일 08:00~19:00
🎫 입장료 무료

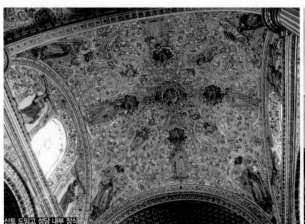
산토 도밍고 성당 내부 장식

산토 도밍고 성당 전경

와하까 문화 박물관 Museo de las Culturas de Oaxaca

산토 도밍고 성당과 연결되어있는 수도원 공간을 복원해 박물관으로 만든 곳으로 산토 도밍고 성당 정문 옆의 왼편이 입구다. 라틴아메리카에서 가장 훌륭한 복원 작업으로 기록된 이곳엔 몬테알반의 무덤에서 고고학자 알폰소 카소가 발견한 Tesoro Mixteco 믹스텍 보물 등 중요 유물들이 전시돼 있다. 주요 소장품은 메소아메리카 일대에서 발견된 사포텍, 믹스텍 문명의 고대 유물들이다. 박물관은 10개의 홀과 강당을 갖추고 있다.

와하까 박물관 전경

와하까 박물관 내부

베니토 후아레스의 집 Museo de Sitio Casa Juárez

멕시코 최초의 원주민 대통령으로 민중의 많은 사랑을 받았던 베니토 후아레스 대통령의 생가로 후아레스 대통령이 와하까로 이주한 1818년부터 1828년까지 이곳에서 살았다. 주택은 18세기 전형적인 콜로니얼풍 가옥으로 내부엔 대통령 당선과 관련된 문서와 당시 대통령이 사용하던 가구가 전시돼 있다.

베니토 후아레스 대통령

베니토 후아레스의 생가

와하까 현대 미술관

Museo de Arte Contemporáneo de Oaxaca (MACO)

현대 미술관은 스페인 정복자 에르난 코르테스의 저택으로 쓰였기 때문에 '카사 데 코르테스'라고도 한다. 3개의 안뜰을 둘러싼 방과 함께 기본 구조는 그대로 보존돼 있다. 건축 스타일은 스페인 안달루시아 스타일에 와하까 전통 양식이 결합된 형태다. 루피노 타마요Rufino Tamayo, 톨레도Toledo, 니에토Nieto, 아퀴노스Aquinos 등의 작품이 전시돼 있고, 특별 전시가 2층에서 정기적으로 열린다.

와하까 현대 미술관

⌂ Calle Macedonio Alcalá 202
☏ 01 951 514 1055
◔ 10:30~20:00 화 휴무
　 museomaco.org

와하까 현대 미술관 전시 모습

와하까 미술관 Museo de los Pintores Oaxaqueños (MUPO)

와하까 지역의 예술가들을 알리기 위해 만들어진 와하까 미술관에선 와하까에서 눈에 띄는 작품 활동을 이뤄낸 예술가들을 위한 전시가 정기저으로 열리고 있다. 펠리페 모랄레스 Felipe Morale, 로들포 니에토 Rodolfo Nieto, 알레한드로 산티아 Alejandro Santiago, 시스코 톨레도Francisco Toledo의 전시가 이곳에서 열렸다.

와하까 미술관

⌂ Av. de la Independencia & Calle de Manuel García Vigil
☏ +52 951 514 3433
◔ 화~일 10:00~18:00 월 휴무
▤ 입장료 20페소
　 museodelospintores.blogspot.mx

와하까 직물 직조 박물관 Museo Textil de Oaxaca

와하까 직물 직조 박물관

🏠 Hidalgo 917
📞 501 11 04, 501 17 17
🕐 월-토 10:00~20:00 일 10:00~18:00
💵 무료
   가이드 투어 수요일 오후 5시 (스페인어, 영어 최소 5명 이상 시). 10페소

와하까 일대에서 만들어진 다양한 직물 디자인과 창의적인 기법 등을 소개하기 위해 만든 직물, 직조 박물관. 와하까만의 특색 있는 디자인과 질감, 기법과 지역 사회의 수공예 직조공예인, 예술가들의 우수한 작품 등이 소개되고 있다.

와하까 직물 직조 박물관 정문

11월 20일 시장 Mercado 20 de Noviembre

11월 20일 시장

🏠 Miguel Cabrera
🕐 월-일 08:00~20:00

멕시코 혁명 기념일인 1910년 11월 20일에서 이름을 따 온 이 시장은 일명 '석쇠구이 시장'으로 알려져 있다. 스페인어로는 '메르까도 베인떼 데 노비엠브레'라고 읽는다. 숯불에 구운 고기 냄새를 따라 내부로 들어가면 연기가 자욱하다. 여러 가게들이 다양한 부위의 고기를 팔기 위해 호객 행위를 하고 있다. 얇은 소고기나 돼지고기·소세지·양파·고추 등을 구입해 고기를 굽는 사람에게 전해 주면 석쇠 위에서 구워 자리로 가져다준다. 선인장 요리 '노팔' 등을 함께 곁들여 먹으면 더욱 맛있다.

11월20일 시장 전경

후아레스 시장 Mercado Benito Juárez

11월 20일 시장 건너편의 대형 마켓. 각종 과일과 채소, 민예품, 생활용품, 레스토랑 등 다양한 볼거리들이 있다. 먹거리 가운데 꼭 맛볼 것은 '께시요'라고 불리는 와하까산 치즈다. 둘둘 말린 동그란 공 모양의 치즈로 구운 투르티야에 얹어 먹거ㅏ 국물 요리, 튀김 요리에도 많이 사용된다. 카카오로 만든 초콜릿도 유명한데 전통 요리인 '몰레'나 음료인 '데하떼' 등에도 카카오 가루가 많이 들어간다. 그냥 쭉 찢어서 먹어도 맛있으니 시장에서 사서 먹어보자. 금방 상하거나 딱딱해지기 때문에 적은 양(작은 공)을 사서 머무는 기간 동안 열심히 먹자.

후아레스 시장
⌂ Miguel Cabrera
◷ 월-일 06:00~21:00

와하까에서 즐기는 메스깔 투어

와하까에서 1시간30분 정도 떨어져 있는 산티아고 마타틀란 마을엔 메스깔을 만드는 양조장들이 여럿 모여 있다.
이 중에서도 유명한 곳은 엘 레이 사포테코 El rey zapoteco. 용설란 수확 과정과 이기비를 삥 ㄴ내 넣어 ㄹ는 과정 등 메스깔 제조 과정 전반에 대한 설명을 들을 수 있다.

와하까 시내에도 볼거리가 많지만 외곽으로 나가면 '몬테알반' 유적을 비롯해 초자연적 풍광을 한 '이 에르베 엘 아구아', 고대 유적인 '미뜰라'와 '야굴'등 볼거리가 많다. 하루는 교외지역을 돌아보는데 할애하자.

몬테알반 Monte Albán

와하까에서 꼭 방문해야 할 유적지는 몬테알반이다. 1987년 유네스코 세계문화유산으로 지정된 몬테알반은 4세기 사포테카인들이 건설한 고대도시로 야트막한 언덕에 펼쳐져 있다. 메소아메리카의 초기 사포테카인들의 거주지이자 신전터 유적이라는 점에서 그 의미가 크다. 전성기에는 1만7,000여 명의 인구가 거주해 메소아메리카에서 가장 큰 도시로 번성했을 것으로 추정하고 있다. 멕시코시티, 중부에서 번성한 테오티우아칸과의 문명 교류 흔적도 발견되었다고 한다. 사포테카족이 멸망한 이후 버려졌던 땅은 10세기 후반 미즈테카인들이 사용한 것으로 알려져 있다. 언덕에선 드넓은 와하까의 고원지대가 한 눈에 내려다 보여 휴식을 취하기에도 좋다.

몬테알반

⌂ Carretera Dr Ignacio Bernal s/n, San
Pedro Ixtlahuaca, Oaxaca
☎ 01 951 516 1215
⏰ 월-일 8:00~17:00
🎫 일반 75페소
inah.gob.mx

가는 방법

여행사의 투어차량을 이용해도 되지만 개인적으로 가려면 와하까 시내의 Mina609번지의 호텔 리베라 델 앙헬 Hotel Rivera del Angel앞에서 출발하는 버스를 타면 된다.
버스는 오전 8시30분부터 운행하며 출발 편은 오후 3시30분까지, 돌아오는 편의 버스는 유적지에서 정오부터 오후 5시까지 30분 간격으로 있다. 몬테알반까지는 버스로 30분정도 걸린다.

중앙 광장 Gran Plaza

귀족들과 왕족의 주요 거처였을 것으로 추정되는 공간이다. 광장 중앙에는 신전으로 쓰이던 건물과 천문대가 있다. 천문대는 다른 건물들과 달리 45도 각도로 지어져 있다. 신전 주변에서 발견된 석주에는 '사람들이 춤을 추는 모습Danzantes'이 새겨져 있는데 스페인어로는 이를 '춤추는 사람'이라고 하지만 실제로는 춤을 추는 모습이 아니라 희생된 전쟁 포로들이 고문을 받는 모습이라는 설이 더욱 설득력이 있다. 이 석조물의 일부는 현재 박물관 내에 보관돼 있다.

남쪽 제단 Plataforma Sur

중앙 광장의 남쪽 편으로는 높이 40m에 이르는 계단이 있다. 계단 위로 올라가면 두 개의 피라미드 군이 있고 뒤로는 몬테알반의 절경이 한눈에 내려다보인다.

북쪽 제단 Plataforma Norte

광장을 따라 북쪽 계단을 올라가면 작은 광장을 중심으로 피라미드들이 세워져있다. 광장 한가운데에서는 신성한 제사의식이 치러졌던 것으로 알려져 있다. 북동쪽 건물에는 비석이 세워져 있는데 이 비석에는 몬테알반의 통치자에 대한 묘사가 담겨있다.

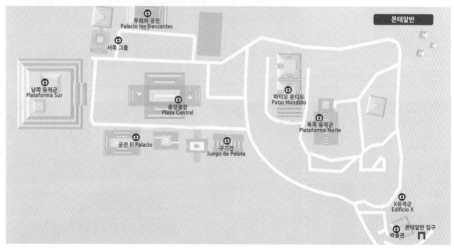

'하얀 산' 몬테알반

몬테알반은 '하얀 산'이라는 뜻이다. 기원엔 여러 설이 있으나 그 중 하나는 주변에 나무 끝에 하얀 솜뭉치가 달린 코팔나무가 많다고 해서 그렇게 붙었다는 것. 와하까라고 지명 역시 이 나무를 '와헤'라고 불렸던 것에서 비롯되었다고 전해진다. 몬테알반 유적군은 중앙광장을 중심으로 남쪽 제단 북쪽 제단. 동쪽 및 서쪽의 볼 경기장, 13개의 계단식 피라미드 신전 천문 관측소 등으로 구성돼 있다. 사회적 계층에 따라 정착 주거지와 신전 등이 나뉘어진 모습을 확인할 수 있다. 몬테알반 유적의 입구엔 고고학 박물관이 만들어져 있어 주요 유물 관람과 함께 이 일대의 고대 문명에 관한 정보를 얻을 수 있다. 이 일대에서 발굴된 유물의 상당 부분은 멕시코시티 인류학 박물관에 보관돼 있다.

미뜰라 Mitla

미뜰라

⌂ San Pablo Villa de Mitla
◷ 08:00~17:00
🎟 일반 75페소

멕시코 와하까주에서 가장 중요한 고고학 유적지 가운데 하나인 미뜰라는 13세기 사포테카Zapotec인들이 뜰라꼴룰라 계곡에 세운 종교 중심지로 몬테알반 못지않은 아름다움을 자랑한다. 와하까 시내에서 40km, 약 1시간 거리에 있다. 이 골짜기는 수세기 동안 왕과 귀족이 지배하는 사포텍인들의 정착촌으로 스페인인들이 도착한 1520년대엔 50만 명이 넘게 이 일대에 거주하고 있었던 것으로 알려져 있다. 사포테카인들은 정교한 건축 기술, 달력 등을 이용한 천문 능력, 옥수수와 콩, 고추 재배 등 농업 기술을 갖고 있었다고 한다. 스페인 침략 이후 유적 일대가 파괴됐고 북쪽엔 산 페드로 교회가 세워졌다. 미뜰라는 북쪽 유적군과 남쪽 유적군이 나뉘어져 있는데 티켓 구입은 남쪽에서 하면 된다.

남쪽 미뜰라 유적은 특히 원주 건축군, 계단식의 기하학적인 벽돌 모자이크가 아름답다. 스페인어로 그레카grecas라고 불리는 기하학 무늬는 수천 개의 잘게 잘린 돌로 만들어졌으며 이 그레카는 에워싸인 돌들의 무게에 의해 제자리에 고정돼 있다. 복잡한 무늬는 반복이 없이 저마다의 독특한 스타일로 만들어져 있다. 북쪽과 동쪽 터 내부엔 사포텍 통치자와 제사장의 무덤이 있다. 미뜰라는 바람과 비에 의한 부식으로 붉은 칠이 벗겨지는 등의 문제가 있어 벽을 재건하고 유적지를 복원하는 작업이 계속되고 있다.

북쪽 사이트의 요오페yohopàe라는 이름의 사원은 '생명력의 집'으로 번역되며 성직자가 향을 피우고 제물을 바친 뒤 종교 의식을 수행하던 곳이다. 주요 방 뒤에는 사제들의 거처가 있다. 고대 유적에 관심이 있다면 와하까 주요 여행사에서 진행하는 투어를 이용해 꼭 들러보자. 인근에 있는 야굴 유적도 볼만하다. 미뜰라에서 멀지않은 뜰라꼴룰라 마을에서 원주민 장터인 띠앙기스가 일요일에 열리니 일정이 맞다면 연계해서 들러볼 것을 추천한다.

엘 뚤레 El tule

테오티틀란

와하까 공항
a International Airport (OAX)

야굴

뜰라꼴룰라

미뜰라

이에르베 엘 아구아
Hierve el Agua

자칠라

오꼬뜰란

10km

와하까 투어 코스

와하까 시내의 대부분의 여행사들은 해당 상품을 판매한다. 대부분의 투어 요금은 200~250페소 선이다. (점심식사와 입장료 불포함)

1. 몬테알반 오전10시~오후2시 가이드 및 왕복 차량 포함
2. 엘 뚤레-테오티틀란-미뜰라 오전10시~오후3시
3. 오꼬뜰란-코요테펙-힐리에차 오전10시~오후3시 (오꼬뜰란 장날인 매주 금에만 진행)
4. 엘 뚤레-테오티틀란-메스깔 타운(산티아고/마타틀란)─미뜰라-이에르베 엘 아구아
5. 몬테알반-아라졸라-코요테펙-쿨라판 오전10시~오후6시

이에르베 엘 아구아 hierve el agua

이에르베 엘 아구아

⛰ Camino A hierve el agua
🕐 월~일 09:00~18:00
🎫 입장료 35페소

'끓는 물'이라는 뜻의 '이에르베 엘 아구아'는 언덕 위 용천수가 흘러 만들어진 작은 미네랄 온천이다. 특히 절벽에 탄산칼슘과 미네랄이 함유된 용천수가 흐르다가 하얗게 굳어진 모습이 아름답고 기이해 많은 이들이 방문한다. 미지근한 노천 온천에 몸을 담그고 언덕 아래로 펼쳐진 전경을 보며 쉬어가기 좋으니 수영복을 꼭 준비해 가고 흐르는 물, 온천이 가능한 곳에 들어갈 때는 꼭 신발을 벗자. 인파를 피해 조용히 쉬어가려면 오전 일찍 갈 것을 추천한다. 옆으로 난 산책길을 따라 가면 건너편에서 이에르베 엘 아구아를 전망할 수 있으니 반대편 산기슭으로도 올라가보자.

이에르베 엘 아구아는 와하까 시내에서 68km 떨어져 있어 차로 편도 1시간 30분이 걸리고 마지막 10~20분은 비포장 도로를 가야하기 때문에 다소 멀미가 날 수도 있다는 점에 유의할 것. 미뜰라, 야굴 유적이 가깝기 때문에 연계해서 투어 등으로 둘러볼 것을 추천한다. 입장료는 주차비와 개별 입장료를 따로 징수한다.

엘 뚤레 Árbol del Tule

엘 뚤레

⛰ 2 de Abril, 8va Etapa IVO Fracc el
   Retiro, Santa María del Tul
🎫 입장료 10페소

와하까 동쪽 11km 지점의 작은 마을, 산타 마리아 델 뚤레에 있는 '엘 뚤레' 나무는 세계에서 두 번째로 큰 삼나무다. 수령 2,000년의 엘 뚤레 나무는 성인 30명이 손을 잡고 나무를 둘러싸야 할 정도의 두께를 자랑한다. 가보기 전에는 '별거 있겠어'하는 사람도 많지만 막상 가서 보면 그 위용에 놀라고 만다. 와하까 시내에서 택시를 탈 경우 20~30분 정도 걸리는데, 보통 와하까 시내의 여러 여행사에서 운영하는 투어 프로그램에 엘 뚤레 나무도 포함돼 있으니 몬테알반, 미뜰라 등 다른 교외 명소와 함께 투어를 이용해 둘러보는 것을 추천한다.

야굴 Yagul

와하까와 미뜰라의 중간 지점의 아트막한 언덕 위에 있는 고전기 말기 혹은 후고전기 사포테카 족의 유적. 기원전 500~100년경에 처음으로 만들어졌으며 '아크로폴리스'라 불리우는 도시국가로 신전, 주거지 등이 남아 있다. 스페인 정복 이전엔 6,000여 명의 인구가 이 일대에 살고 있었다고 한다. 신전터엔 6개의 궁전, 볼 경기장 유적, 무덤이 있다. 현재의 아크로폴리스 유적은 사포텍인들이 1250~1521년 사이에 남긴 것으로 미뜰라와 같은 시기에 지어졌으며 카바리토 블랑코Caballito Blanco 벽화는 적어도 기원전 3000년의 것으로 추정하고 있다. 발굴은 1950년대에 이뤄졌다.

야굴

☀ Carretera Km 5, Internacional
   Cristóbal Colón 35, San Isidro,
   Tlacolula de Matamoros
○ 08:00~17:00
📖 65페소
   www.inah.gob.mx

뜰라꼴룰라 일요일 장 Tianguis de Tlacolula

일요일 장이 서는 뜰라꼴룰라 마을은 그 규모가 크고 볼거리도 많아 추천하고 싶은 곳이다. 인근 마을에서는 꽃과 향신료, 야채, 수공예품들을 팔거나 사기 위해 인디오 여성들이 모여드는데 마을마다 조금씩 다른 인디오 여성들의 독특한 의상과 헤어스타일을 볼 수 있다. 이들은 사진이 찍히면 영혼이 달아난다고 믿기 때문에 사진 찍는 것을 굉장히 꺼린다. 가급적 사진은 찍지 않는 것이 좋다. 장터에선 과일도 싸게 살 수 있고 치즈와 초콜릿, 타코과 포졸레, 전통주인 메스깔과 풀포 등 맛있는 것들이 많다. 시장 안쪽엔 상설 석쇠구이 마켓도 열리니 들러보자. 시장을 둘러보다 보면 중앙 광장과 성당이 나오는데 일요일엔 많은 이들이 미사를 마치고 나오기 때문에 이 앞으로도 장이 들어선다.

교외 마을 장 띠앙기스
Tianguis

와하까 일대에만 원주민 16개 부족이 살고 있고, 각 부족은 독자적인 문화를 계승하고 있다. 와하까를 방문하는 날이 '장날'이라면 더욱 즐겁다. 재래시장이니 만큼 사람들을 구경하는 재미도 있고 맛있는 먹거리도 많아 시간가는 줄 모른다.

와하까 근교마을 마켓 데이
월 약스뜰란, 미야후아뜰란
화 아트쯤파, 아나 데 바예
수 이뜰라, 지마뜰란
목 지칠라, 에후뜰라
금 오꼬뜰란
토 와하까 센트랄 데 아바스토
일 뜰라꼴룰라, 노치뜰란

하자! ACTIVITIES

멕시코에서 음식이 맛있기로 유명한 곳이니 만큼, 전통 멕시코 요리를 배우려는 이들도 많다. 와하까 시내에는 쿠킹 스쿨이 여럿 있으니 일정과 프로그램을 살펴보고 이메일, 홈페이지 등을 통해 미리 예약 문의를 하자.

El Sabor Zapoteco

레이나 멘도자 씨의 '엘 사보르 사포테코' 요리 교실은 사포테카인들의 전통요리와 문화를 중점적으로 가르친다. 목요일과 금요일 오전 9시부터 오후 3시까지 6시간 동안 진행되며 강습료는 75불이다. 테오티틀란 델 바예Teotitlán del Valle로 가는 교통비 및 픽업비, 로컬 마켓 투어, 코스 요리가 포함돼 있으며 달콤한 빵과 홈메이드 핫초콜릿도 간식으로 제공된다.

📞 cookingclasseselsaborzapoteco.blogspot.kr

Seasons of My Heart

수자나 트릴링 씨가 이끄는 요리 교실로 매주 수요일 와하까 근교의 에틀라etla 마켓으로 가서 로컬 마켓 투어를 한 뒤 간단한 점심을 먹고 와하까 전통요리에 대해 배운다. 5가지 코스 요리가 포함돼 있다. 수요일 오전 9시부터 오후 6시까지 진행된다. 교통비와 강습료는 85불이다.

📞 seasonsofmyheart.com

Alma de Mi Tierra

노라의 할머니가 전수한 와하까 전통 요리의 레시피를 배울 수 있는 곳. 매번 달라지기는 하지만 일반적으로 멕시칸 살사, 에피타이저, 수프와 메인 디시 만들기로 진행된다. 수업은 9시30분에 시작해 오후 3시에 끝나는데 영어와 스페인어로 수업이 이뤄지고, 노라 씨의 집에서 클래스가 열린다. 프린트 된 레시피를 나눠주며 로컬 마켓 투어, 메스깔 테이스팅과 4가지 코스 요리도 포함된다. 강습료는 75달러다.

📞 almademitierra.net

Casa Crespo

오스카의 요리 클래스는 와하까의 8개 지역에서 나는 재료에 대한 이해와 각 재료를 이용하는 테크닉을 가르친다. 집에서도 만들어먹을 수 있도록 쉬운 요리법을 알려주는 것이 특징. 일요일은 오전 11시, 나머지 날은 오전 10시에 시작해 4시간 가량 진행된다. 까사 크레스포의 강습료는 65달러이며 마켓 투어와 메스깔, 커피, 식사가 포함이다. 클래스가 끝나면 이메일로 레시피가 적힌 파일을 보내준다.

🏠 Jacobo Dalevuelta 200 📞 (+52) 951 688 1799
✉ oscar@casacrespo.com
🌐 casacrespo.com
🕐 화~토 오전 클래스 10:00, 일 11:00시작 (65불)
   화~토 오후 클래스 18:00~20:00 (40불) 월 휴무

Chilhuacle Rojo

호세 루이스 디아즈 셰프가 이끄는 요리 교실. 셰프와 함께 시장에서 재료 투어를 하고 식당에서 함께 재료를 다듬는 것부터 시작한다. 또르티야, 살사 소스 등을 비롯해 메인 요리를 함께 만든 다음 시식까지 하는 것으로 요리교실 수업이 3~4시간 이뤄진다.

🏠 Calle de Manuel García Vigil 304　　📞 951 192 57 31, jld@chilhuaclerojo.com.mx

Casa de los Sabores

La Olla 레스토랑의 오너인 필라르 카브레라Pilar Cabrera가 진행하는 요리 클래스로 가족을 통해 전수된 비밀 레시피를 갖고 와하까 전통요리를 만드는 것이 특징이다. 오전 9시30분에 시작해 오후 1시30분에 끝난다. 메스깔 테이스팅, 에피타이저, 구아카몰리, 라이스 수프, 몰레, 디저트 등으로 이뤄진 코스 요리. 시장 투어가 포함이며 강습료는 75달러다.

📞 casadelossabores.com 홈페이지에서 예약 가능

🛍️ 사자! SHOPPING

민예품 시장 Mercado de Artesanías

11월20일 시장에서 멀지 않은 곳에 위치한 상설 민예품 시장. 전통의상과 각종 장식품, 소품, 장난감 등 와하까 인근에서 만들어지는 민예품들을 구입하기에 좋다. 외국인에겐 바가지를 씌우는 경우도 있으니 가격 네고는 필수다.

🏠 Gral. Ignacio Zaragoza　　🕐 월~일 12:00~19:00

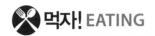

먹자! EATING

식도락 여행지인 와하까. 몰레를 비롯한 와하까 전통 음식은 멕시코 전역에서 인정받고 있다. 고급스런 와하까 퓨전 다이닝에 서부터 시장의 석쇠구이까지 다양하게 맛보자.

Zandunga

멕시코 퓨전 레스토랑. 와하까 전통요리를 결합한 감각 있고 새로운 요리를 내놓는다. 고기를 으깨어 바삭한 또르티야 위에 올려내는 가르나차Garnacha와 함께 가볍게 맥주를 즐기기에도 좋다. 와하까 전통 술인 메스깔, 데낄라, 보드카는 종류별로 다양한 리스트를 갖추고 있다. 가격도 합리적이라 기분좋게 식사하고 나올 수 있는 곳.

⌂ Calle de Manuel García Vigil 512-E ☏ 01 951 516 2265
⏰ 14:00~23:00 일 휴무

El Quinque

와하까 시내 북쪽의 작은 레스토랑. 햄버거, 스테이크, 생선 메뉴 등은 특히 미국인들에게 인기가 많다. 가격대는 100~200페소 정도로 소박한 레스토랑 분위기에 비해서는 다소 높은 편. 저녁 8시에 문을 닫는다. 멕시코에 왔지만 햄버거가 당긴다면 한번 가보자.

⌂ Calle Macedonio Alcalá 901 ☏ 01 951 502 6702
⏰ 13:00~20:00 일 휴무

Restaurante Casa Oaxaca

와하까에서도 고급 레스토랑에 속하는 곳. 그만큼 맛이 있고 분위기 있어 와하까에 왔다면 한번쯤 경험해보기에 좋다. 다양한 멕시코 퓨전 에피타이저부터 하나씩 즐겨보자. 과카몰레와 메뚜기, 치즈Guacamole con chapulines y quesillo를 섞은 것도 독특하고 맛있고 그 외에 마구에이, 와하까 치즈 등 각종 특산물로 맛을 낸 에피타이저가 준비돼 있다. 필요한 살사는 옆에서 직접 만들어주기 때문에 보는 재미도 있다. 메인 메뉴는 몰레 네그로 등 와하까 전통요리, 립아이 스테이크, 문어나 새우, 생선 등의 해산물 요리도 있다. 예산은 250페소에서 400페소 정도로 다른 레스토랑보다는 비싸지만 만족스런 식사를 즐길 수 있다. 산토도밍고 성당 바로 우측에 있어 2층 테라스에선 측면이 잘 보인다. 홈페이지에서 예약도 가능하다.

⌂ A Gurrión 104 A ☏ +52 951 516 8889
⏰ 13:00~23:00 casaoaxacaelrestaurante.com

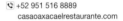

Restaurante Catedral

1976년에 문을 연 와하까 시내에서 가장 유명한 레스토랑이자 명성 있는 곳으로 음식은 깔끔하고 완벽하기로 현지인들에게도 소문이 나 있다. 전통을 따르면서도 현대적이고 창의적인 요리의 결합을 중요시하는 곳. 와하까식 전통요리인 몰레, 타말을 비롯해 구운 와하까 치즈를 곁들인 쇠비름 등이 에피타이저로 준비돼 있고 소고기, 닭고기, 생선 등의 메인 요리가 있다. 안뜰은 고풍스럽게 디자인된 콜로니얼풍 주택 내에 잘 꾸며져 있고, 직원들도 친절하다.

🏠 Manuel Garcia Vigil 105
📞 01 951 516 3285
🕐 8:00~23:00 화 휴무
restaurantecatedral.com.mx

CAFE BRUJULA

'카페 브루후라'는 보행자 전용도로인 알카라 거리에 있는 커피 전문점이다. 내부의 파티오가 아늑하고 분위기 있어 현지인들 사이에서도 인기있는 곳. 한낮에 커피를 마시며 휴식을 취하기에 좋다. 커피 맛도 좋은 편이고 자체 로스팅한 빈을 구입할 수도 있다. 산토 도밍고 성당 맞은편에도 지점이 있지만 분위기는 알칼라 거리에 있는 곳이 좋으니 여기로 가자. 주문 후 파티오에 앉아있으면 음료를 가져다준다. 와이파이 사용도 가능하다.

🏠 Calle Macedonio Alcalá 104
🕐 08:00~22:00
📞 cafebrujula.com

Origen

미국과 프랑스에서 셰프 경력을 쌓아 온 로돌포 카스테야노스가 와하까의 식재료를 공부하고 익혀 코스 요리를 선보이는 곳 멕시코 주재 프랑스 대사관의 요리사로도 일한 그는 2009년 와하까로 돌아와 요리를 다시 연구하기 시작했다. 가장 영감을 주는 이로는 그의 어머니인 이벨라 레예스를 꼽았는데 어머니의 레시피, 조리법을 물려 받아 연습했다고 한다. 메뚜기를 갈아 넣은 과카몰레 치풀리네스, 세비체, 몰레, 스테이크, 생선 요리 등이 있으며 1인 200페소 내외다.

🏠 Miguel Hidalgo 820, Centro
📞 +52 951 501 1764
🕐 월~토 13:00~23:00 일 13:30~22:00
origenoaxaca.com

Mezquite

아침식사부터 다양한 칵테일, 와하까 소규모 양조장에서 만든 수제 메스깔과 함께 타코 등의 간단한 요리를 즐길 수 있는 곳. 와하까에 거주하는 외국인들도 많이 찾는 곳으로 2층의 테라스에선 산토 도밍고 성당이 내려다보여 운치 있다. 칵테일은 키위 등 각종 과일을 첨가한 메스키타 진토닉이나 메스키타 세뇨르모노 등을 추천.

📍 Calle de Manuel García Vigil 601-A 📞 +52 951 514 2099
🕐 월-목 08:00~00:00, 금-토 08:00~00:30, 일 08:00~21:00

Mezcalería In Situ

메스깔만 전문으로 취급하는 바. 전통 방식으로 만들어낸 다양한 수제 메스깔을 마셔볼 수 있는 좋은 기회다. 메스깔과 관련 해 책을 쓰기도 한 울리세스 토렌테라가 운영한다. 벽면에 진열된 병에는 아가베의 종류와 생산지가 적혀있다.

📍 Av. José María Morelos 511, RUTA INDEPENDENCIA, Centro
📞 +52 951 514 1811 🕐 월-토 13:00~23:00, 일 휴무
insitumezcaleria.com

자자! ACCOMMODATIONS

와하까에서 선택할 수 있는 숙소의 범위는 굉장히 넓다. 최고급 부티크 호텔에서부터 중저가 호텔, 호스텔, 한인 게스트 하우스, b&b 등이 다양하게 있다. 가급적 소깔로에서 멀지 않은 곳으로 선택하는 것이 여러 곳을 돌아보기 편리하다.

Oaxaca Real Hotel

소깔로에서 멀지 않은 마누엘 가르시아 비힐 골목에 있다. 깨끗하게 관리되는 더블룸, 트리플룸 등이 있고 자체 식당도 괜찮은 편이다. 1층엔 작은 수영장(풀)이 있다. 객실은 1층보다는 2~4층으로 요청하는 것이 좋다. 엘리베이터가 있으며 짐 보관이 가능하다. 더블룸 또는 트윈룸 가격은 시즌, 방 크기에 따라 다르지만 1박에 보통 45~60달러이다.

📍 Calle de Manuel García Vigil 306 📞 +52 951 506 0708
oaxacareal.com

Oaxaca Real Hotel 내부

Paulina Youth Hostel

저렴한 숙박비가 가장 매력인 호스텔. 도미토리와 싱글, 더블, 트리플 룸 등을 갖추고 있다. 위치도 좋고 시설도 깔끔하며 내부는 조용하지만 어떠한 액티비티도 기대하기 어렵다는 것은 단점이다. 북적북적한 호스텔 분위기는 아니니 참고할 것.

🏠 Trujano 321, colonia centro
🛏 도미토리(조식 포함) 120페소부터
📞 +52 951 516 2005
paulinahostel.com

Paulina Youth Hostel 전경

Hostal de la Noria

소깔로에서 두 블럭 떨어진 곳에 위치한 콜로니얼풍 하우스로 조용한 정원을 갖고 있는 것이 특징이다. 인기가 많은 곳으로 예약은 필수다. 트윈, 더블룸 가격은 1박 5~60달러.

🏠 Miguel Hidalgo 918
hostaldelanoria.com
📞 +52 951 501 5400

Hostal de la Noria 내부

디씨엠브레 한인 게스트하우스

한국인 배낭여행자들의 따뜻한 안식처가 되고 있는 한인 게스트하우스. 소깔로에서 도보로 10분 거리, 아데오 버스터미널에서 도보로 5~10분 거리에 있다. 주방사용이 가능하고 함께 음식을 만들어 먹을 때도 많아 여행 중 지친 체력을 보충하거나 동행을 만들기에도 좋은 곳. 주인장이 각종 정보를 제공하고 투어 예약 등도 도와준다. 1층엔 휴게실이 있고 2층엔 6인 도미토리와 더블룸1개, 화장실, 부엌, 휴식 공간 등이 있다. 위치를 찾기 어렵다면 콘사티 Jardín Conzati(하르딘 콘사티)공원을 물어, 앞에 있는 파란 대문(태극기 마크)의 주택을 찾자. 예약제로 운영되고 있다.

🏠 Jacobo dalevuelta 209, Oaxaca centro
🛏 도미토리 1박 180페소(조식 포함). 더블룸 450페소
📞 cafe.naver.com/diciembre

디씨엠브레 내부

디씨엠브레 내부

디씨엠브레 정문

Casa Angel Youth Hostel

깔끔하게 새로 지어진 유스호스텔로 매우 인기가 좋은 곳 중 하나다. 3, 4, 12인 도미토리와 디럭스 도미토리, 더블룸이 있다.(여성 전용 포함) 산토 도밍고 성당에서 3블럭 거리에 있다. 매주 루프탑 테라스에서 BBQ파티가 열리는 점도 매력. 아침엔 따뜻한 아침식사가 제공된다.

🏠 Tinoco y Palacios 610, Centro
🛏 12인 도미토리 190페소~
   디럭스 더블룸 600페소~

산 크리스토발 데 라스 까사스는 멕시코 치아파스 주, 고도 2,200m에 위치한 고산 도시다. 주변 산악지대를 포함해 이 일대의 원주민의 거주 비율이 높아 전통 의복, 직조물, 수공예가 발달했다. 일찍이 선선한 날씨와 좋은 공기 때문에 유럽, 미국에서 외국인들이 많이 이주했는데 이들이 만든 베이커리, 피자 등이 특히 인기다. 조용하면서도 아늑한 마을을 만나고 싶다면 산 크리스토발 데 라스 까사스에 가보자.

SAN CRISTÓBAL DE LAS CASAS

산 크리스토발 데 라스 까사스

산 크리스토발 데 라스 까사스까지 가는 가장 빠른 방법은 멕시코 시티에서 항공편을 이용하는 것이다. 그 외 와하까, 빨렝게 등에서 야간 버스가 운행되기 때문에 다음 여행지로 이동하기에 편리하다. 다만 높은 산악지대를 통과해야하기 때문에 길이 좋지 않다는 점은 미리 알아두자.

산 크리스토발 데 라스 까사스 드나드는 방법 01 항공

 뚝슬라 구티에레즈 국제공항 Aeropuerto Internacional Ángel Albino Corzo (TGZ)

뚝슬라 구티에레즈 국제공항 셔틀버스

📍 산크리스토발-공항 셔틀
호텔-뚝슬라 구띠에레스 공항
(1시간 20분 소요)
📞 967 63 1 73 51
mexicatours.com
비바아에로부스 www.vivaaerobus.com
볼라리스 www.volaris.com
인터젯 www.interjet.com

산 크리스토발 데 라스 까사스에서 77km, 1시간~1시간20분 거리에 있는 공항. 뚝슬라 구티에레즈 지역에 있으며 뚝슬라 구티에레즈 국제공항, 엔젤 알비노 공항이라고도 한다. 시간이 부족한 경우 항공편을 통해 멕시코시티, 과달라하라, 몬테레이 등으로 이동 가능하다. 멕시코시티까지 1시간 40분이 걸리며 인터젯, 비바아에로부스 등이 직항편을 운항한다. 칸쿤까지는 비바아에로부스(직항), 아에로멕시코, 볼라리스 항공사가 직항편을 운항하며 소요시간은 1시간40분이다. 뚝슬라 구티에레즈 공항과 산크리스토발 시내 간 미니 버스 서비스를 운영하는 여행사도 있다.

산 크리스토발 데 라스 까사스 드나드는 방법 02 버스

 ADO 버스 터미널 Terminal ADOTerminal ADO

ADO 버스 터미널

🏠 Avenida Insurgentes 66, Santa Lucia, Sta Lucia
🚌 산크리스토발 데 라스 카사스-와하까
9~11시간 소요 (680~804페소)
산 크리스토발 데 라스 카사스-빨렝게
4시간30분 소요 (306페소)

산크리스토발 데 라스 카사스로 가는 길은 험하다. 보통 와하까 또는 빨렝게, 메리다 등에서 오는 경우가 많은데 험준한 산악지대를 통과해야 하기 때문이다. 멀미가 날 수 있으니 멀미에 약한 사람은 미리 약을 복용하자. 와하까~산 크리스토발 데 라스 카사스 구간엔 ADO, OCC(좀 더 저렴하지만 시설은 비슷함) 야간 버스 등이 있다. 보통 중간에 1~2회 휴게소에서 휴식한다. 사파티스타가 활동하는 치아파스주에서는 간혹 경찰, 군인들이 버스에 탑승해 검문을 하는 경우도 있다.

산 크리스토발 데 라스 까사스 드나드는 방법 택시

산 크리스토발 시내는 작기 때문에 버스터미널에서 센트로까지 택시 요금은 30~40페소 정도 나온다. 교외가 아니라면 주변 어디를 가도 40~50페소를 넘지 않는다. 교외로 갈 때는 호세 카스티요 시장 옆에 있는 콜렉티보 승차장, 합승택시 승차장을 이용하자.

 보자! SAN CRISTÓBAL DE LAS CASAS SIGHTS

산 크리스토발 데 라스 카사스는 작고 조용한 마을이기 때문에 대부분의 볼거리는 걸어서 볼 수 있다. 하지만 수미데로 계곡이나 교외 인디오 마을을 돌아보고 싶다면 시내의 투어사를 이용하거나 콜렉티보, 합승 택시를 타자.

추천 일정

첫째 날

- 산토 도밍고 교회
- 산토 도밍고 시장
- 치아파스 박물관
- 산 크리스토발 직물 직조 박물관
- 호세 카스티요 시장
- 나 볼롬
- 산 크리스토발 언덕
- 과달루페 성당

둘째 날

- 수미데로 캐니언
- 차물라
- 시나깐딴
- 오벤틱

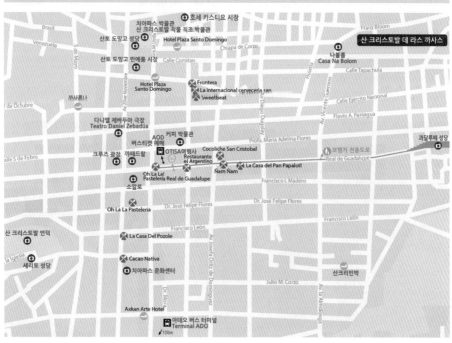

산토 도밍고 성당 Iglesia Ex-Convento de Santo Domingo de Guzmán

분홍색 외관의 산토 도밍고 교회는 바로크 양식으로 17세기 화려하게 지어졌다. 교회와 연결된 회랑은 현재 치아파스 박물관과 산 크리스토발 직조 직물 박물관으로 리모델링 돼 개관한 상태다.

산토 도밍고 성당 내부

산토 도밍고 성당 외부

산토 도밍고 시장 Mercado De La Caridad Y Santo Domingo

산토 도밍고 교회 앞 마당엔 치아파스 수공예품, 전통의상 등을 파는 상점들이 모여 있다. 카페트 등의 직조물과 전통의상 등은 여행자 기준으로 가격을 높게 부르기 때문에 약간의 흥정은 필요하다. 이 주변엔 과일과 주스, 옥수수와 생필품 등을 파는 곳도 많다.

산토 도밍고 시장

나 볼룸 Casa Na Bolom

나 볼룸은 1950년 덴마크의 고고학자인 프란스 볼룸Frans Blom과 그의 아내인 스위스 다큐멘터리 사진가 게르트루데 두비Gertrude Duby가 만든 NGO로 치아파스 일대 마야 원주민들의 전통문화를 지키고 연구 및 복원하기 위해 만들어졌다.

나볼룸은 원래 산크리스토발 수도원이 있던 자리로 이들은 이 자리를 사들여 '재규어의 집'이라는 뜻의 '까사 데 나볼룸'이라 이름 지었다. 이들은 1950년대부터 한평생 이곳에서 마야 문명 연구와 환경보호 등을 진행했으며 현재 나 볼룸에는 그의 연구 저서와 다큐멘터리, 사진 등이 전시돼 있다. 스페인의 침략을 피해 숨어 살던 로칸돈 원주민들을 촬영한 다큐멘터리가 특히 인상적이다. 이들이 살던 공간은 박물관, 연구 센터 및 호텔로 현재 운영되고 있다. 호텔 예약은 웹사이트에서도 가능하다.

나 볼룸

⌂ Av. Vicente Guerrero 33, Del Cerrillo, Barrio del Cerrillo
📞 +52 967 678 1418
🕐 월-일 09:00~19:00
🎫 일반 45페소
　 가이드 투어 50페소
　 학생/교사 25페소
　 nabolom.org

나 볼룸 외부

나 볼룸 내부

나 볼룸 전시관 내부

산 크리스토발 언덕 El Cerrito

산 크리스토발 데 라스 까사스엔 전망을 볼 수 있는 언덕이 두 곳이 있는데 산 크리스토발 언덕과 과달루페 언덕이다. 언덕으로 오르는 계단이 있다. 언덕 정상에는 10세기 말 긴깁뛴 시러로 예배냥Iglesia del Cerrito이 있다. 산 크리스토발리토 예배당San Cristobal Capilla 이라고도 한다. 이곳엔 도시의 수호 성인인 세로 드 산 크리스토발 마티르 Serro de San Cristobal Mártir가 모셔져 있다.

산 크리스토발 언덕

⌂ A La Iglesia, LB, Barrio de la Merced

치아파스 박물관
Museo de los Altos de Chiapas Ex Convento de Santo Domingo

치아파스 및 멕시코의 역사, 유물을 정리해 놓은 곳. 1층은 유물을 전시한 박물관이고 2층은 마야 직물, 직조 박물관이다. 박물관 입장 시 배낭과 카메라 등은 들고 들어갈 수 없다. 1층 데스크에 보관함이 있으니 맡기고 들어가자.

치아파스 박물관 내부

치아파스 박물관 외부

산 크리스토발 직물 직조 박물관
Centro de Textiles del Mundo Maya

멕시코의 치아파스주를 비롯해 마야인들의 땅이었던 유카탄, 타바스코, 과테말라 및 온두라스 일대의 각 마을 직조, 직물 공예를 한 눈에 보기 쉽도록 모아놓은 곳. 오로빌 Sna Jolobil 이라고도 하는데 이는 초칠어로 '베 짜는 이들의 집'이라는 뜻이다. 치아파스 고산지대에 주로 거주하는 인디오들의 다양한 직물 공예를 공부하고 전수하기 위한 커뮤니티로도 운영되고 있다. 박물관 2층으로 올라가면 다양한 비디오 전시 자료와 산 크리스토발 데 라스 까사스 외 치아파스 각 지역의 다양한 직조 공예, 의복을 볼 수 있다. 차물라, 시나깐딴을 비롯해 막달레나, 산 안드레스 등 치아파스 고산 지역의 직조 공예를 비교하는 재미도 있다. 1층에 있는 수공예기념품 점에서는 다양한 직조 공예품과 옷 등을 구입할 수 있다. 값은 시장에 비해 매우 비싼 편이지만 퀄리티는 매우 뛰어나다.

마야인들의 직조 공예

멕시코 타바스코, 캄페체, 유카탄, 낀따나루, 치아파스주를 비롯해 중앙 아메리카와 과테말라, 벨리즈, 온두라스와 엘 살바도르 일부까지를 마야인들의 땅이라 이른다. 보통 BC 1000~ AD250 기간 중 AD250~900까지를 마야의 전성기라 보고 있으며, 이 기간 동안 마야의 직조공예가 많은 발전을 한 것으로 알려져 있다. 마야인들의 의복인 우이필 Uipil 역시 이때부터 입기 시작했다.

호세 카스티요 시장 Mercado Municipal José Castillo Tielemans

현지인들이 생필품과 먹거리를 사고 파는 대형 상설시장으로 이 주변으로 큰 재래시장이 형성돼 있다. 과일과 채소, 고기 등이 매우 저렴하기 때문에 장을 봐야한다면 이곳으로 가자. 주변에 파는 노점의 타코도 싸고 맛있고 걸어다니면서 구경하는 재미도 있다. 시장 뒷길에 교외로 나가는 콜렉티보, 합승 택시 정류장이 모여 있다.

호세 카스티요 시장

⌂ Bermudas, Barrio del Cerrillo
◷ Open 월-일 07:00~17:00
🖥 sancristobal.gob.mx

과달루페 성당 Iglesia De Guadalupe

843년 과달루페 언덕 정상에 세워진 예배당으로 79개의 계단을 오르면 탁 트인 산크리스토발 전망을 볼 수 있다. 제단에는 과달루페 성모의 조각상이 있다.

과달루페 성당

⌂ Cumbre Guadalupe SN,
   De Guadalupe
☎ +52 967 674 5660
◷ 월-일 09:00~13:30
   sancristobal.gob.mx

수미데로 캐니언 Cañón del Sumidero

치아파스 주에서 북쪽 치아파 데 코르소 Chiapa de Corzo에 위치한 깊은 계곡으로 그리야바강의 침식으로 생성된 협곡으로 국립공원으로 지정돼 보호를 받고 있다. 산 크리스토발 데 라스 까사스 시내에서는 차량으로 50분 정도 걸린다. 수미데로 협곡의 길이는 13km이며 높이가 1,000m에 달하는 수직 벽으로 이루어진 곳이 있다. 20~30명이 탑승 가능한 보트를 타고 수미데로 계곡을 돌아볼 수 있는데 보트는 치코 센 댐Chicoasén Dam까지 갔다가 돌아온다. 투어는 1시간 30분~2시간 가량이 걸리며 보트 기사가 스페인어와 영어로 간략하게 수미데로 각 포인트와 이 지역에 사는 동물, 열대우림, 식물에 대해 설명을 해준다. 산 크리스토발 데 라스 까사스의 여행사들은 모두 수미데로 계곡 투어 상품을 판매하고 있으며 보통 왕복 교통비와 보트 투어비, 점심 등을 포함해 300페소다. 인원이 많다면 네고도 가능하며 프라이빗 투어 신청도 가능하다.

시나깐딴 Zinacantán

마야 초칠족tzotzil이 사는 마을로 산 크리스토발에서 북서쪽 10 km지점에 있다. 고도 2,558m의 고산 마을로 시나깐딴Zinacantán이라는 마을 이름은 나우아틀어로 '박쥐의 땅'을 의미한다. 초칠족은 초칠어로 의사소통하며 마을 구성의 99%가 인디오 원주민으로 여성들은 모두 화려한 꽃무늬가 그려진 전통의복인 우이필을 입고 생활한다. 마을 중심엔 산 로렌조 교회가 있으며 16세기 시나깐딴에 정착한 도미니크 수도사들이 목조 채플을 세워 전도를 시작한 것으로 알려져 있다. 산 로렌조 교회와 광장 주변으로 일요일마다 시장이 형성된다. 장이 없는 날 가면 매우 조용하고 볼거리는 거의 없는 작은 마을이다. 여행자들을 상대로 한 기념품점과 주변 가정에서 여인들이 베 짜는 모습 등을 볼 수 있다. 산 크리스토발에서 차량으로 30분 정도 걸린다. 투어도 있지만 콜렉티보로도 갈 수 있으며 콜렉티보 승차장은 호세 카스티요 시장 인근(Calle Honduras 8A)에 있다.

차물라 마을 San Juan Chamula

산 크리스토발에서 북서쪽 10 km지점에 있는 인디오 마을로 차물라만의 독특한 풍습이 잘 이어져 내려오는 곳이다. '차물라'라는 마을 이름은 나우아틀리어의 차몰리chamolli, 차몰린chamolin에서 온 것으로 보이며 이는 '야자가 많이 열리는 곳' 또는 '물이 있는 곳Chamol-ac'등에서 기원한 것이라 한다.

인구는 현재 5만8,000여 명이며 대다수가 초칠족tzotzil 원주민들로 초칠어를 사용한다. 일요일이 장날로 광장에서는 닭을 제물로 바치는 신성한 의식과 각종 행사가 열린다. 마을 중심엔 산 후안 차물라 교회Iglesia de San Juan Chamula가 있으며 입장료를 내면 안으로 들어가 볼 수 있는데 사진 촬영은 금지.

내부엔 솔잎이 깔려 있으며 향이 뿌옇게 덮여있다. 이곳에서는 원주민들의 토속신앙과 가톨릭이 결합해 만들어낸 독특한 풍경을 볼 수 있는데 그 중 하나가 콜라를 제단에 바치는 것이다. 이에 대한 여러 속설이 있는데 그 중 하나는 마야인들이 매우 달고 톡 쏘는 콜라를 좋아했기 때문에 신들에게 이를 바치기 시작했다는 것이다. 처음 보는 사람이라면 그 모습이 다소 기이하게 느껴질 수도 있다. 차물라 사람들은 사진 찍는 것을 굉장히 싫어하기 때문에 절대 카메라를 들이밀어서는 안된다. 인디오들은 사진을 찍히면 영혼이 빼앗긴다고 생각하기 때문. 투어로 가는 경우도 있고, 호세 카스티요 시장 뒤 지정 콜렉티보 승차창(Calle Honduras 15)으로 가 개인으로도 현지인들과 함께 콜렉티보를 타고 갈 수 있으며 같은 지점에서 돌아오는 콜렉티보를 다면 된다. (20페소 약 30분 소요)

차물라 마을
⌂ San Pedro, Chamula

오벤틱 사파티스타 마을 Oventic, territorio zapatista

사파티스타 민족 해방군의 자치 지역으로 마을 내에 학교와 도서관, 운동장과 병원, 상점 등이 있다. 콜렉티보 승차장은 호세 카스티요 시장에서 내리막길로 내려가면 마을이 끝나는 지짐 과 Honduras 8A에 있다. 합승 택시 등으로도 갈 수 있다. 25페소. 산 크리스토발 시내에서 60km 떨어져있다.

오벤틱
⌘ Oventic, San Andres Larrainzar 인근

사파티스타

사파티스타 민족 해방군 Ejército Zapatista de Liberación Nacional(EZLN)이 사는, 자치적으로 운영하는 마을. 사파티스타는 1994년 멕시코 치아파스주의 마야계 원주민들에 대한 토지 분배와 처우 개선을 요구하며 봉기한 반정부 투쟁 단체로 멕시코 정부와 기업인·농장주 등이 우원유·천연가스·목재 등 남부의 풍부한 자원을 착취하면서 부정부패를 일삼자, 이에 반발해 투쟁하기 시작했다 'EZLN'으로도 통한다. 이들의 지도자는 프랑스 파리대학교에서 공부한 인텔리이자 동화책을 집필하는 등 멕시코의 체 게바라로 평가받는 인물로, 이름은 마르코스Marcos이다. 그는 민족해방군의 부사령관을 맡아 1994년부터 밀림을 거점으로 반정부 투쟁을 지휘하고 있다. 이들은 원주민 권리 보호를 주요 내용으로 하는 '산 안드레스 협정'의 의회 비준과 치아파스주에 있는 정부군의 전면 철수, 수감 중인 반군 포로 및 동조자 전원 석방을 요구하고 있다.

산 크리스토발-과테말라, 육로 국경을 넘어서 여행하기

산 크리스토발 데 라스 까사스의 여행사들은 과테말라 케찰테낭고, 안티구아, 빠나하첼까지 가는 콜렉티보 여행자 셔틀을 운행한다. 믿을만한 여행사로는 띠에라마야 Tierra maya와 오티사otisa가 있다. 국경 지역인 꼬미딴을 지나 과테말라 라 메시야 국경 검문소 및 입출국 사무소를 통과해 과테말라 차량으로 갈아타게 된다. 멕시코 출국 시, 입국 때 받았던 출입국 카드를 내야 하는데 이것이 없으면 벌금을 물게 되니 주의할 것. 과테말라 출입국 사무소에서 입국 도장을 받을 때 수수료 명목으로 돈을 요구하는 경우가 있다. 요령껏 잘 빠져나가는 수밖에 없다. 간혹 이 일로 실랑이가 발생하니 주의할 것.
산 크리스토발-빠나하첼 350페소, 안티구아 450페소

오티사 OTISA Travel & Tours

오티사
🏠 Real de Guadalupe 3, Zona Centro
🕐 월-일 08:00~21:00
📱 +52 967 678 1933
www.otisatravel.com

산 크리스토발에서 가장 규모가 큰 여행사로 소깔로옆 과달루페 거리, ADO티켓 부스 바로 앞에 여행사 사무실이 있다. 산 크리스토발의 각종 투어, 트래킹 프로그램과 빨렝게, 과테말라로 가는 여행자 셔틀을 운행한다. 규모가 큰 만큼 이용하는 여행자도 많고 안전하다.

띠에라 마야 Agencia de Viajes Tierra Maya Tours

띠에라 마야
🏠 Real de Guadalupe 3, Zona Centro
📱 +52 967 678 7263
tierramayatours.com.mx

과달루페 길에 있는 여행사. 오랜 기간 과테말라-산 크리스토발 구간의 여행자 셔틀을 운영해왔기 때문에 믿을 만하다. 다른 투어 요금도 오티사에 비해서는 조금 더 저렴한 편. 인원이 많을 경우 네고도 가능하다.

🍴먹자! EATING

Oh La La! Pastelería Real de Guadalupe

프랑스인이 차린 빵집으로 과달루페 길과 소깔로 남쪽에
2곳에 있다. 크루아상 등 괜찮은 빵과 디저트, 케이크, 커피를
즐길 수 있다.

🏠 Av Real de Guadalupe 2   📞 +52 967 674 7647
🕐 월-일 09:00~21:00

Carajillo Café

치아파스산 원두로 직접 로스팅해 판매도 하고 카페에서 마실
수 있다. 과달루페 길에 두 곳 있는데 한 곳은 로스터리, 한
곳은 카페다.

🏠 Real de Guadalupe 53   📞 +52 967 678 4019
🕐 월 수-일 09:00 18:00 화 휴무   carajillo.mx

La internacional cerveceria

맛있는 멕시코 로컬 수제 맥주를 만날 수 있는 곳 맥주를 잘
아는 직원들이 원하는 치아파스, 멕시코시티 등지의 양조장에서
생산한 크래프트 맥주를 찾아주고 추천도 해준다. 옆 커피
가게인 프론테라frontera와 함께 쓰는 안뜰에서 햇살 아래
맥주를 마시다보면 시간이 금방 지난다.

🏠 belisario dominguez # 35 a   🕐 화-일 12:00~22:00 월 휴무
   thebeercompany.com.mx

Sweetbeat

조용한 마당에 앉아 멍하니 있기 좋은 곳. 센스 있는 주인장이
내려주는 커피도 맛있고, 곳곳에 걸어둔 치아파스 미술 작품을
보는 재미도 있다. 우유를 약간만 넣은 '가페 꼬르따도'에
바카! 를 곁들여 맛보자.

🏠 29220, Belisario Domínguez 31
   sweetbeat.net

Frontera

안뜰에서 편히 휴식을 즐기기 좋은 카페, 아시안 음식도 판다.

⌂ Belisario Domínguez 35, Barrio del Cerrillo
📞 +52 967 631 6285　　🕐 화-일 08:30~21:00, 월 휴무
fronteracafe.com

La Casa Del Pozole

멕시코식 닭고기 수프인 '포졸레'를 먹을 수 있는 곳.
현지인들이 와서 먹는 작은 식당으로 가격도 저렴하고 맛도
있다. 함께 나오는 나초도 깜짝놀랄 맛.

⌂ And. Turistico, Zona Centro,

Restaurante el Argentino

아르헨티나식 석쇠에 구운 괜찮은 스테이크 요리를 즐길 수
있는 곳. 레알 데 과달루페 길에 있다. 추천할만한 것은 꽃등심
스테이크인 '비페 데 초리소'. 가격은 다소 비싼 편이지만 한
번쯤 기분 내서 스테이크 먹기에 좋다.

⌂ Real de Guadalupe 13D　📞 +52 967 631 7150
🕐 월-일 13:00~23:00

Cocoliche San Cristobal

이곳이 재미있는 것은 매일 저녁 열리는 라이브 공연 때문.
다양한 장르의 공연이 매일 바뀌어 가며 열린다. 밤 9시가 되면
자리가 없을 정도로 내부가 꽉 찬다. 음식도 괜찮다. 멕시코
퓨전, 동남아시아풍의 음식이 있는데 커리 종류는 다소 달기
때문에 멕시코 요리를 주문하는 것을 추천.

⌂ Av Cristóbal Colón 3-a, Guadalupe
📞 +52 967 631 4621　🕐 월-일 13:00~00:00

La Casa del Pan Papalotl

과달루페 길에 있는 채식 전문 레스토랑. 오래된 콜로니얼풍
내부도 인상적이다. 계단을 따라 2층에 올라가면 치아파스
오가닉 제품을 판매하는 매장이 있다.

⌂ Real de Guadalupe 55, Barrio de Guadalupe
📞 +52 967 678 7215　🕐 월-토 08:00~22:00, 일 09:00~17:00
casadelpan.com

🛏️자자! ACCOMMODATIONS

Axkan Arte Hotel

악스칸 아르떼 호텔은 구시가지에서도 멀지 않고 깨끗하다. 단점이라면 다소 춥고 습기가 있다는 것. 가급적 2층 이상의 방을 부탁하자.

🏠 Álvaro Obregón 📞 +52 967 116 0293, axkanhotel.com

Hotel Plaza Santo Domingo

산토 도밍고 성당 앞에 있어 산 크리스토발 주변을 돌아보기 편하다. 1~2층에 다양한 더블룸, 트리플룸을 갖추고 있다. 욕실에 뜨거운 물도 잘 나오는 편. 레스토랑도 있다.

🏠 Gral. M. Utrilla 35, Barrio del Cerrillo 🕐 일-일 13.00~00.00
📞 01 967 678 1927 🛏️ 더블 770페소
hotelsantodomingoplaza.com.mx

Iguana Hostel

산토 도밍고 성당 인근에 있는 호스텔. 주방 사용이 가능하다.

🏠 Chiapa de Corzo 16, Barrio del Cerrillo 📞 01 967 631 7731
🛏️ 도미토리140페소, 더블 307페소(조식 포함) iguanahostel.com

까사 호베네스 Casa Jovenes

한인 민박. 산토 도밍고 성당과 소깔로가 가깝다. 2층 규모의 주택에 도미토리 4인실과 싱글, 더블, 트리플룸을 갖추고 있다. 조식이 매일 제공되며 일주일에 2회 한식을 제공한다. 5박 이상 10% 할인, 10박 이상 20% 할인이 있으며 장기 숙박도 가능하다.

🏠 5 de Mayo 25, Barrio de la Merced 📞 +52 967 121 3215
🛏️ 도미토리 200페소, 더블룸 460페소 blog.naver.com/umelim
트리플룸 600페소, 싱글룸400페소

화려한 문명을 일궜던 마야의 대표적인 유적, 빨렝게를
보기 위해 세계의 수많은 여행자들이 빨렝게를
방문한다. 고대문명과 마야인들에 대해 더 알고 싶은
여행자라면 꼭 들러야 할 곳이다.

PALENQUE

빨렝게

빨렝게는 치아파스주의 산 크리스토발 데 라스 카사스 또는 유카탄 주의 메리다 등에서 버스를 타고 들어오는 경우가 많다. 작은 도시이기 때문에 공항은 없으며 ADO 야간 버스를 적절히 활용하자. 빨렝게의 구시가지는 매우 작고 버스터미널에서 구시가지 센트럴 공원까지는 도보로 10~15분 정도 걸린다.

빨렝게 드나드는 방법 버스

🚌 ADO 버스터미널 Central de Autobuses ADO

ADO 버스터미널

🏠 Palenque Pakalná LB Tulija
ado.com.mx

빨렝게 ADO버스터미널에서는 산 크리스토 발 데 라스 까사스, 메리다, 칸쿤, 등으로 가는 주간, 야간 버스가 운행된다. 시표와 가격은 웹사이트에서 확인 가능하다.

ADO 버스

ADO 버스터미널 전경

빨렝게 유적 드나드는 방법 콜렉티보

🚌 콜렉티보 Colectivo

콜렉티보

🏠 Av. Benito Juárez 148, Centro
📞 +52 916 345 2271

작은 미니밴, 봉고차를 콜렉티보라고 한다. 빨렝게 시내 4번가 또는 버스터미널 가는 방향의 베니토 후아레스Benito Juárez 대로변에서 빨렝게 RUINA(유적)라고 적혀있는 콜렉티보를 타자. 유적 주차장까지 간다. 돌아올 때는 시내로 가는 콜렉티보를 다시 타면 된다. (20페소. 약 20분 소요.)
미솔하, 아구아술 행 콜렉티보는 베니토 후아레스 대로 148번지의 콜렉티보 터미널에서 타면 된다. 사람이 어느 정도 모이면 출발한다.

콜렉티보

여행사 투어

빨렝게 유적 내 가이드 설명, 왕복 교통편이 포함된 투어가 있고, 빨렝게 유적 +
미솔하+ 아구아술 폭포를 연계한 당일 투어가 있다. 빨렝게 센트로에만 10여곳의
여행사가 있으며 가격은 빨렝게 입장료 제외 150~200페소 정도로 비슷하다. 추
천할만한 곳은 루타 마야스 Rutas Mayas del Sureste 여행사로 오랜 기간 빨렝게
에서 투어를 운영해 온 현지 여행사다. 빨렝게 외에도 약스칠란, 보남팍 유적, 몬테
베요 호수 등으로 가는 투어도 있다.

여행사 투어
⌂ Av. 27, Juárez, Centro, 29960 Palenque, Chiapas, Mexico
☏ +52 916 345 0511
⊙ 월~토 08:00~16:00 17:00~21:30 일 휴무
rutamayadelsureste.com.mx

📷 보자! PALENQUE SIGHTS

빨렝게 유적 Zona Arqueológica Palenque

멕시코 치아파스주 정글 지대의 빨렝게 유적은 마야의 고대 유적 가운데
기장 보존 상태가 뛰어날 뿐만 아니라 예술적, 건축학적 가치가 높은 유적
으로 평가되고 있다. 비문의 신전 비석에 새겨진 글귀에 왕의 재위 기간이
5세기 초엽으로 기록된 것으로 보아 적어도 1,600년 전의 것으로 보고 있
다. 5~8세기 성장하던 도시는 타 부족에 의한 약탈로 쇠퇴의 길을 걷기
시작한 것으로 알려져 있다. 1560년대에 스페인 탐험가들이 발견하기까지
잊혔던 도시는 이후 발굴 조사를 통해 세상에 알려지게 됐고, 제대로 조사
가 이뤄지기 시작한 것은 1937년 이후다. 현재 약 50개의 건축물이 일반에
공개되고 있다.
정문을 통과해 올라가면 해골의 신전, 붉은 여왕의 신전, 비문의 신전 순으
로 3개의 피라미드가 있고 비문의 신전 반대편에 왕의 궁전이 있다.

빨렝게 유적
⌂ Carretera a Palenque- Zona Archaeologica Km. 8
☏ +52 916 345 2721
⊙ 월~일 08:00~16:30
🎫 입장료 70페소+국립공원 입장료 32페소 = 총102페소
inah.gob.mx

빨렝게 유적은 입구가 두 곳!
왕의 궁전 뒤의 태양의 신전과 북
쪽 유적군, 펠로타 경기장을 본 후
박물관museo 표지판을 따라 내려
가자. (유적지 내 유일한 화장실 뒤
편) 호수와 폭포, 곳곳에 있는 유적
을 즐기며 계단을 10분쯤 내려가다
보면 정문이 아닌 박물관 쪽으로 연
결된 출입구가 나온다. 길을 건너 오
른쪽으로 200m만 가면 박물관이
다.

빨렝게 유적

비문의 신전 Templo de las Inscripciones

비문의 신전

비문의 신전

높이 20m 피라미드 모양의 비문의 신전은 617개의 신성문자를 새긴 비문과 파칼 왕의 묘가 발견된 가장 중요한 건축물로 파칼 왕 때 건립을 시작해 그의 아들인 찬 발룸 재위기간(684∼702년)에 완성됐다.

1949년 멕시코 고고학자 루이리엘은 수풀로 우거진 피라미드 주변에서 우연히 617개의 신성문자가 새겨진 비문을 발견했는데 이는 해석 결과 180년에 달하는 빨렝게의 역사를 연대별로 기술해 놓은 것이었다.

1952년엔 신전 지하로 통하는 계단과 파칼 왕의 묘가 발견됐다. 매우 두꺼운 석판 아래 관이 있고 그 안에는 얼굴엔 옥 가면, 몸엔 장신구를 착용한 파칼 왕이 매장돼 있었다. 너비 4m, 길이 9m, 높이 7m의 석관은 2중의 뚜껑으로 덮여 있었었는데 이렇게 완전히 보존될 수 있었던 것은 널방을 닫은 마지막 천장 돌을 지키도록 순장된 여섯 젊은이의 유체가 있는 작은 석실과, 상부의 신전 마루 밑으로 통하는 지하 복도 계단과의 사이를 3.5m의 단단한 석벽으로 차단하고 복도 계단을 돌과 흙으로 완전히 메웠기 때문이다. 이 석묘는 현재 빨렝게 박물관 정 중앙의 별도 전시실에 있다. 비문의 신전은 과거엔 개방했으나 지금은 올라가볼 수 없다.

붉은 여왕의 신전 Templo de la Roja

여성의 모습이 조각된 조개 껍질과 옥. 장신구등이 대량 발견되어 이런 이름이 붙여졌다. 이 여성이 누구인지는 아직 밝혀지지 않았다.

붉은 여왕의 신전

해골의 신전 Templo de la Calavera

피라미드 위에 지어진 신전의 기둥 아래 해골 모양의 부조가 있다. 3개의 방은 신전으로 사용된 것으로 추정된다.

해골의 신전

왕의 궁전 El Palacio

파칼 왕이 살았던 것으로 추정되는 궁전 중앙엔 천문대가 서 있다. 이 탑
의 위치는 태양의 궤도와 정확히 일치하는데 매년 특정일이 되면 왕의 사
제들은 탑의 기묘한 구멍을 통해 비치는 햇빛을 관찰하기 위해 모여들었다
고 한다. 파칼의 왕궁 곳곳에서 발견되는 이 독특한 'T자 모양'의 구멍은 바
람, 즉 '이크'를 상징하는 상형문자 모형으로 왕과 왕비의 혈통을 상징한다.
지하 공간에선 왕가의 상징인 T자형 구멍이 뒤집힌 상태로 장식되어있는
데 이는 망자가 머무는 지하세계로 여겨졌으며 왕과 왕비, 고위 사제들만
이 출입할 수 있었다고 한다.

왕의 궁전

왕의 궁전

왕의 궁전

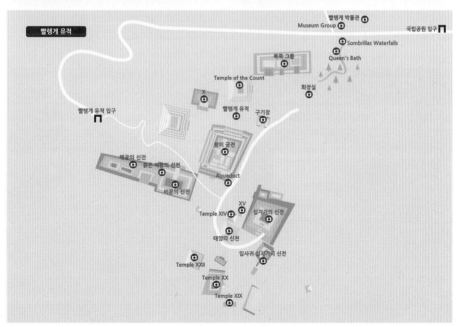

태양의 신전 **Templo del Sol**

찬발룸 2세의 탄생과 즉위를 기념하기 위한 신전이다. 마야인들의 자연관
을 볼 수 있는 태양의 신전은 상단의 아치로 들어오는 햇빛을 통해 파종과
수확 시기를 가늠할 수 있었다고 전해진다. 지붕위에 얹힌 조각 석판은 마
야 신전의 대표적인 특징 중의 하나이다.

태양의 신전 측면

태양의 신전

십자가의 신전 **Templo de la Cruz**

마야 아치의 천장을 가진 2개의 방위에 벌집 모양의 지붕이 있다. 마야 우
주관의 중심인 세이바Ceiba나무를 나타내는 십자가 문양이 건물 안에 있
다고 해서 이렇게 불리게 됐다. 십자는 마야의 신화에서 이승과 저승의 만
남을 상징한다. 신전 내부의 패널은 인류학 박물관에 보관돼 있다.

십자가의 신전 측면

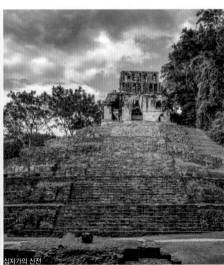
십자가의 신전

십자가 잎사귀의 신전 Templo de la Cruz Foliada

십자가의 신전 옆으로 거의 부서질 듯 한 모양의 이 신전은 원래 태양의 신전과 유사한 모습이었을 것으로 추정하고 있다. 내부에는 옥수수 잎과 그 열매를 나타내는, 인간의 머리로 장식된 십자가 그림이 있다. 십자가 위에는 태양신의 얼굴과 비의 신의 얼굴을 붙인 케찰을 볼 수 있다. 옥수수는 마야인들의 주식으로, 대지의 생성과 풍요, 생명력을 상징하는 것으로 알려져 있다.

십자가 잎사귀의 신전

십자가 잎사귀의 신전 내부

빨렝게 박물관 Museo de Sitio de Palenque

파칼 왕의 무덤이 보관돼 있는 곳으로 빨렝게 유적을 보기 전이나 유적을 다녀온 뒤 꼭 들러보아야 할 곳이다. 마야 역사와 문화, 빨렝게에서 출토된 주요 유물들이 일목요연하게 정리돼 있다.

빨렝게 박물관

⌂ Carretera Zona Arqueológica
　Palenque Km. 6.5
☏ +52 961 120 2834
◷ 화-일 09:00~17:00 월 휴무
　inah.gob.mx

빨렝게 박물관 외부

파칼왕의 석관

마야문자

미솔 하 폭포 Cascada de Misol-Ha

미솔 하 폭포

⌂ Camino a Cascada de Misol-Ha, Chiapas
○ 월~일 06:45~19:45
🎫 입장료 30페소
빨렝게 유적+미솔 하+아구아술 폭포 투어 450~600페소(차량 및 입장료 포함)

미솔 하 폭포, '카스카다 데 미솔-하Cascada de Misol-Ha'는 산 크리스토발 데 라스 까사스에서 북동쪽 빨렝게로 가는 길 20km 지점에 있다. 수직으로 떨어지는 35m 높이의 폭포가 장관을 이루는 곳. 주차장에 도착해 3분 정도 걸어가면 폭포에서 떨어지는 물이 내는 엄청난 소리를 들을 수 있다. 물은 미네랄 함량이 높아 맑은 청색을 띠고 있으며 폭포 뒤에는 약 20m 길이의 동굴이 있다. 수영도 가능하며 주변에 간이 화장실과 레스토랑 등이 있다. 보통 빨렝게에서 미솔 하 폭포와 함께 묶어서 당일 투어를 하거나 빨렝게-산크리스토발 데 라스 까사스 구간을 이동할 때 들른다.

미솔 하 폭포

아구아술 폭포 Cascadas de Agua Azul

아구아술 폭포

⌂ Cascada de Agua Azul, Agua Azul
🎫 입장료 40페소

아구아술 폭포

아구아술 폭포

우리말로 '파란색의 폭포'를 뜻하는 아구아술은 그만큼 터키석의 아름다운 파란 빛깔을 자랑하는 폭포로 규모도 크고 넓을 뿐만 아니라 곳곳에서 수영도 가능해 시간 여유가 있다면 꼭 추천하고 싶은 곳이다. 빨렝게 시내에서 남서쪽 산 크리스토발 데 라스 까사스로 가는 199번 국도 63km 지점 툼발라Tumbalá 마을에 있으며 차량으로 1시간 20분 정도 소요된다. 이 지역은 치아파스 인민해방군, 사타피스타가 활동하는 지역으로 간혹 분쟁이 생길 경우 아구아술을 개방하지 않을 때도 있어 투어사를 통해 정확한 정보를 얻을 필요가 있다.

건기인 겨울철~4월에 가야 보석같이 빛나는 폭포 군락을 볼 수 있으며 우기인 6~8월 여름철과 큰 비가 내린 직후는 흙탕물이 돼 제 색깔을 볼 수 없다. 미네랄 함량이 높고 석회암으로 이뤄져 있어 파란 에메랄드 빛깔을 띠며 산책로를 따라 상류로 올라가면서 다양한 모양의 폭포를 즐길 수 있다. 왕복 1시간 정도 소요된다. 산책로 가장 위쪽에도 수영을 할 수 있는 계곡이 있으며 저지대에서도 수영을 할 수 있다. 급류가 흐르는 지역에는 위험하기 때문에 들어가지 않도록 하자. 아구아술 폭포 주변으로는 다양한 레스토랑과 노점, 기념품점, 간이 샤워실 등이 있다.

먹자! EATING

Restaurante Maya Cañada

빨렝게 센트로에서 추천할만한 멕시코 요리 전문 식당. 구운 야채와 파히타, 쿼사디아, 타코, 생선 요리 모두 꽤 괜찮고 가격도 비싸지 않다. ADO 버스터미널에서 가깝다.

🏠 29960, Primera Avenida Nte. Pte. 10, La Cañada   📞 +52 916 345 0216
🕐 월−일 07:00~00:00

자자! ACCOMMODATIONS

Hotel Tulijá Express

새로 지어진 깨끗하고 모던한 느낌의 호텔. 조식도 괜찮고 넓은 야외 수영장이 있어 쉬기에도 좋다. 아데오 버스터미널까지 걸어서 5분 정도 걸리며 바로 옆엔 마트가 있어 편리하다.

🏠 5a. Avenida Norte Poniente 36
📞 +52 916 345 0104
🛏 더블 및 트윈 5-60불
   tulijahotelpalenque.com

Maya tulipanes

현대식으로 지어진 깨끗한 호텔로 3개의 동으로 나뉘어 있다. 객실은 매우 깨끗하고 쾌적하다. 수영장 및 레스토랑 등의 부대시설이 있다. 숙박료도 2인 50불 정도로 저렴한 편. 아데오 버스터미널에서 가깝고 호텔 옆엔 대형마트인 체드라위가 있다.

🏠 Cañada 6, La Cañada
📞 +52 916 345 0201
   mayatulipanes.com.mx

Hotel Cañada Internacional

버스터미널과 매우 가까운 위치, 저렴하면서도 기본적인 것은 다 있다. 더블룸은 35~40불 정도.

🏠 Juárez 1, La Cañada, 29960 Palenque
📞 +52 916 345 2094
   hotelcanadainternacional.com

중앙아메리카에서 대서양 방향으로 툭 튀어나온 땅이 있다. 허니문 여행지로 각광을 받고 있는 칸쿤이 속한 유카탄 반도다. 우리나라 사람들에겐 카리브해의 에메랄드 빛 바다가 펼쳐진 지상낙원으로만 알려져 있으나 이곳은 4세기부터 16세기까지 마야 문명이 화려하게 꽃 핀 땅이기도 하다. 마야 유적과 더불어 아름다운 석회암 싱크홀인 '세노테' 등 볼거리가 가득해 리조트만 즐기기엔 너무 아쉬운 여행지다. 마야인들이 남긴 유카탄의 보물들을 찾아 여행을 떠나보자.

CANCÚN

칸쿤

칸쿤
드나들기

유카탄 반도의 면적은 19만7600km²로, 유카탄 낀따나루주의 동쪽에 대표적인 휴양 도시인 칸쿤이 있다. 마야 유적지와 세노테 등 볼거리는 유카탄 반도 곳곳에 퍼져있는데 각 지역을 잇는 고속버스와 미니 버스, 각종 투어 프로그램이 잘 발달해 있어 이동하는 데 큰 어려움은 없다.

> **주요 도시 소요시간**
> (국내선 항공)
> **멕시코시티** 2시간 30분
> (버스)
> **산 크리스토발 데 라스 까사스** 7시간
> 14시간 | **메리다** 3시간 40분 | **플라야**
> **델 카르멘** 1시간 | **툴룸** 1시간

칸쿤 드나드는 방법 **01** 항공

인기 있는 휴양지이니 만큼 중남미 지역을 비롯해 미국과 유럽을 넘나드는 항공편의 운행이 활발하다.

✈ 칸쿤 국제공항 Aeropuerto Internacional de Cancún(CUN)

칸쿤 국제공항

🏠 Carretera Cancún-Chetumal Km 22,
　77565 Cancún
📞 +52 55 5284 0400
　asur.com.mx

낀따나루 썸머타임에 유의!
낀따나루주는 자체 썸머타임 시간대를 운영하고 있다. 여타 지역과 다르기 때문에 항공, 버스 등을 탈 때 간혹 시간을 잘못 봐서 놓치는 경우도 생긴다. 헷갈린다면 가장 좋은 방법은 공항이나 호텔 데스크, 현지인들에게 시간을 물어보는 것.

칸쿤엔 국제공항이 있으며 1, 2, 3터미널로 나뉘어 있다. 멕시코 국내 운항을 주로 하는 저가항공인 비바아에로부스VivaAerobus와 마그니Magni 항공사가 1터미널에서, 미주를 드나드는 유나이티드 항공, 아메리칸 항공 등은 주로 3터미널에서 발착한다. E티켓에 적혀있는 터미널과 해당 항공사를 잘 확인한 후 공항으로 이동하도록 하자. 4터미널은 오픈 예정에 있다.

칸쿤 국제공항

① ADO BUS

공항과 칸쿤 시내, 플라야 델 카르멘 등을 직통으로 연결한다. 공항 출국장을 나가 주차장쪽으로 가면 ADO를 타는 부스가 있다. 오전 8시20분부터 밤 11시50분까지 30분간격으로 운행하며 72페소다. 칸쿤의 ADO 터미널에서 공항으로 가는 경우 1~3터미널을 차례대로 정차한다.

ADO 버스 승차장

② 택시

칸쿤 공항의 택시는 비싸기로 악명이 높다. 호텔존이나 센트로까지 이동하는데 보통 US50~60달러를 요구한다. 칸쿤 시내에서 공항으로 갈 경우 보통 택시 1대 당 250~300페소면 충분하지만 기사에 따라 요금을 더 많이 부르기도 한다. 호텔 존에서 출발해 공항으로 갈 경우 더 비싸다.(300~400) 요금 때문에 실랑이하기 싫다면 미리 인터넷으로 셔틀 밴 등을 예약하거나 픽업 서비스를 호텔에 요청해 두자. 거리로 나가 지나가는 택시를 타는 것이 가장 저렴하긴 하다.

③ 셔틀 밴

4~5명이 함께 이용한다면 칸쿤의 비싼 물가를 감안할 때 사설 셔틀 밴을 이용하 는 것도 나쁘지 않은 선택이다. 보통 공항에서 호텔존까지 여러명이 이용하는 셔 틀밴을 탈 경우 10~15달러 정도이다. 트렌스퍼 USA나 슈퍼셔틀 등의 사설업체 웹사이트를 통해 예약이 가능하다.

셔틀 밴
www.transfers-usa.com
www.supershuttle.com

칸쿤 시내 드나드는 방법 01 R1, R2 버스

호텔존과 칸쿤 센트로를 연결하는 대중교통으로 가격도 저렴하고 24시간 다니기 때문에 차를 렌트하지 않았다면 이용할 일이 생긴다. 호텔존에 있는 라 이슬라 쇼 핑몰이나 정글 투어, 센트로에 나갈 때 타자. 보통 기사들이 과속을 하고, 주요 정 차장이 아니면 그냥 지나치기 때문에 탑승할 때 미리 목적지를 말해두는 것이 좋 다.

셔틀 밴
요금 10.50페소

칸쿤 시내 드나드는 방법 02 택시

칸쿤 시내와 호텔존에는 주요 지점마다 많은 택시들이 서있다. 하지만 이들은 여 행객들에게 바가지 요금을 물리는 일이 많기 때문에 지나다니는 택시를 잡아타 는 것이 낫다. 보통 시내에서는 50~60페소 내에서 이동 가능하다. 칸쿤 시내에서 공항까지는 250~300페소가 넘지 않으니 관광지라고 해서 과도한 바가지 요금을 내는 일이 없도록 하자.

보자! CANCUN SIGHTS

추천 일정

첫째 날

- 칸쿤 마야 박물관
- 플라야 델피나스
- 라스 팔라파스 광장
- 이슬라 무헤레스

칸쿤 마야 박물관

📍 Blvd. Kukulcan km 16.5, Zona Hotelera
📞 +52 998 885 3843
🕐 화—일 09:00~17:30 월 휴무
💵 일반 70페소
inah.gob.mx

칸쿤은 크게 센트로와 호텔존으로 나뉘어 있으며 고급리조트와 호텔, 해변 등이 자리한 호텔존과 현지인들이 많이 거주하는 센트로를 오갈 일은 많지 않다. 짧은 일정이라면 칸쿤에선 하루 이틀은 올인클루시브 호텔에서 편안히 쉬거나 액티비티를 즐기고 다른 하루는 주변에 있는 아름다운 섬 이슬라무헤레스, 코스멜이나 마야 유적 치첸이사 등을 찾아가보자. 시간이 된다면 1~2시간 거리의 플라야 델 카르멘과 바야돌리드의 세노테, 툴룸 유적과 해변도 방문하자. 카리브해 여행이 보다 풍성해진다.

칸쿤 마야 박물관 Museo Maya de Cancún

멕시코 고고학 역사 연구에서 가장 중요한 3개의 박물관(국립 인류학 박물관, 템플로마요르 박물관) 가운데 하나. 생각보다 넓은 박물관 내에는 마야 유적군에서 출토된 보석, 도기, 조각 등의 유물이 전시돼 있다. 박물관의 모던한 디자인은 건축가 알베르토 가르시아가 맡아 설계한 것이다. 전시관은 1~2층에 총 3개가 있으며 긴따나루주, 빨렝게, 치첸이사 등지에서 발굴된 마야 유물도 있다. 소장품도 많고 전시물, 영어와 스페인어로 되어있는 시청각 자료도 일목요연해 고대 유적에 관심 있는 사람이라면 만족할만한 수준의 박물관. 멕시코 남부와 과테말라, 온두라스 등지에서 발현한 마야 문명에 대해 공부하기에 좋다. 칸쿤에서 시간 여유가 있다면 꼭 들러보자. 칸쿤 호텔존 중간 지점인 쿠쿨칸 블러바드 16.5km 지점에 있으며 R1번 등의 버스를 탈 경우 '뮤세오 데 마야'라고 하면 기사들이 앞에 내려준다.

칸쿤 마야 박물관 입구

플라야 델피나스 Playa Delfines

호텔존의 가장 안쪽에 있는 해변으로 공용 해변이라 해수욕을 즐기기 좋은 곳. 상상하던 에메랄드 물빛의 아름다운 바다. 칸쿤 센트로에서 버스를 타고 갈 경우 40~50분 정도 걸린다. 버스정류장에 내리면 카리브해가 내려다보이는 전망대가 있다. 샤워시설과 화장실도 갖춰져 있다.

플라야 델피나스

🏠 Kilometer 19.5, Blvd. Kukulcan, Zona Hotelera
📞 +52 481 380 7951

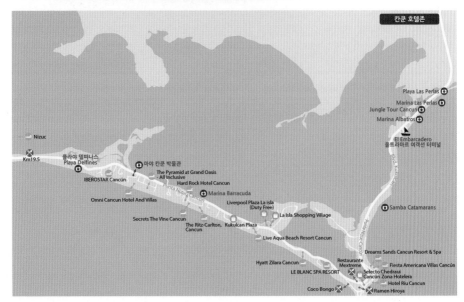

칸쿤 호텔존

Playa Las Perlas
Marina Las Perlas
Jungle Tour Cancun
Marina Albatros

엘 엠바르카데로
El Embarcadero
울트라마르 여객선 터미널

Nizuc

Km19.5
플라야 델피나스
Playa Delfines

마야 칸쿤 박물관

The Pyramid at Grand Oasis
- All Inclusive
Hard Rock Hotel Cancun

IBEROSTAR Cancún

Marina Barracuda

Samba Catamarans

Omni Cancun Hotel And Villas

Liverpool Plaza La isla
(Duty Free)

La Isla Shopping Village

Secrets The Vine Cancun

The Ritz-Carlton, Kukulcan Plaza
Cancun

Live Aqua Beach Resort Cancun

Dreams Sands Cancun Resort & Spa

Hyatt Zilara Cancun

Restaurante
Mextreme

Fiesta Americana Villas Cancún

Selecto Chedraui
Cancun Zona Hotelera

LE BLANC SPA RESORT

Hotel Riu Cancun

Coco Bongo

Ramen Hiroya

라스 팔라파스 광장 Parque de las Palapas, Cancún, México

라스 팔라파스 광장

🏠 Tulipanes LB, 22, 77500 Cancún

첫 번째 도시 공원으로 만들어진 곳. 매일 밤이 되면 현지인들이 삼삼오오 나와 저녁식사도 하고 휴식을 즐기는 소박한 공원이다. 크페레, 타코 상점 등이 줄지어 있어 저녁 한끼 가볍게 즐기기에도 좋다. 무대에선 주말마다 각종 공연과 행사가 열리기 때문에 칸쿤 현지인들의 주말 풍경을 보고 싶다면 들러보자.

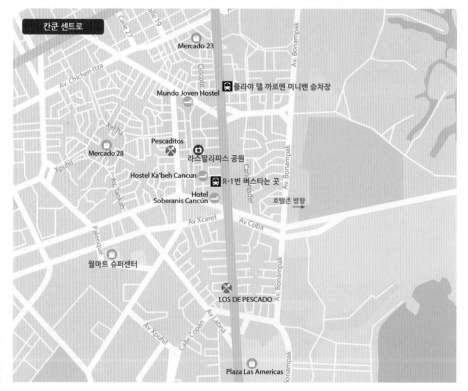

칸쿤 센트로

Mercado 23

Mundo Joven Hostel

플라야 델 까르멘 미니밴 승차장

Pescaditos

Mercado 28

라스팔라파스 공원

Hostel Ka'beh Cancun

R-1번 버스타는 곳

Hotel Soberanis Cancún

호텔존 방향

월마트 슈퍼센터

LOS DE PESCADO

Plaza Las Americas

Av Chichen Itza, Xel-ha, Xpuhil, Av Tankah, Palenque, Av Xcaret, Av Coba, Av Labna, Av Xpuhil, Calle Copán, Bonampak, Av Bonampak, Carlos Nader, Chicote, Calle 27, Calle 19

하자! ACTIVITIES

정글 투어 Jungle Tour Cancun

칸쿤 호수 주변을 제트스키를 타고
돌아보는 투어. 호텔존에 투어를 시작하는
곳이 있어 호텔존에 머물 때 편하게 하기
좋은 투어.

- 🏠 Km. 3.5, Boulevard Kukulcan, Zona
  Hotelera / Cancun Bay Resort
- 📞 +52 998 280 0872
- 🕐 월-일 09:00~17:00
  jungletourcancun.com

먹자! EATING

칸쿤은 호텔존과 센트로의 거리가 먼 만큼 굳이 레스토랑을 위해 움직일 필요는 없다. 다만 현지인들이 많은 센트로 쪽
은 가격이 훨씬 저렴하고, 호텔존은 다소 비싸다는 것을 감안할 것.

센트로

Los De Pescado

13년 이상 영업해 온 센트로의 타코 맛집. 특히 새우 타코
taco de Camarón taco와 생선 타코taco de pescado, 바삭한 토
르티아 위에 올려주는 세비체Tostada de Ceviche가 맛있다.
가격도 저렴하고 맛있기 때문에 현지인들에게도 인기가
많다. 준비돼 있는 살사 데 메히카나, 하바네로 소스, 레몬,
라하스(절인 고추)와 곁들여 먹으면 더욱 맛있다. 멕시코시티와
플라야 델 카르멘에도 지점이 있다.

- 🏠 Avenida Tulum Mz. 7 Lt. 32, Supermanzana 20
- 📞 +52 998 884 1146 losdepescado.com

Pescaditos

센트로의 라스 팔라파스 광장에서 가까운 해산물
레스토랑으로 새우튀김과 새우칵테일 등의 요리가 맛있다.
저녁 9시 이후부턴 라이브 카페로도 운영된다.

- 🏠 Av Yaxilan # 69 Sm 25 Cancun, Av Yaxchilán, 25
- 📞 +52 998 348 8563 restaurantsnapshot.com

센트로 LOS DE PESCADO

Pescaditos

호텔존

Restaurante Mextreme

멕시코 음식 전문점으로 구아카몰리, 샐러드, 타코, 퀘사디아와 나초, 해산물 요리, 그릴요리 등 외국인들이 좋아하는 멕시코 요리는 다 있다. 가격은 조금 비싼 편이지만 맛은 평균 이상. 텍스멕스 요리보다는 멕시코에만 있는 전통요리인 엔칠라다, 몰레 등도 맛보자. 추천할 만한 것은 큰 돌 절구에 구운 야채와 구운 선인장인 노팔nopal, 각종 고기가 담겨나오는 그란 몰카헤테Gran Molcajete다.

🏠 Plaza Zócalo, Boulevard Kukulkan Km. 9.5, Zona Hotelera
📞 +52 998 883 0404 mextrememexico.com
🕐 월-일 07:30~00:00

Ramen Hiroya

호텔존에서 멕시코 음식에 질렸을 때 가기 좋은 곳.

🏠 Zona hotelera km 8.5, Local 3, Zona Hotelera
📞 +52 998 883 2848   🕐 수-일, 월 12:00~22:00 화 휴무

쟈쟈! ACCOMMODATIONS

센트로는 호스텔 등의 숙소비가 저렴하다는 장점이 있지만 큰 볼거리가 없고 해변이 멀다는 점을 감안할 것.

Hostel Mundo Joven Cancún

칸쿤 센트로에서 저렴하게 머물면서 다양한 세계 배낭여행자들과 교류하고 싶다면 문도 호벤 호스텔을 추천한다. 아데오 버스터미널과 매우 가까워 타 지역 또는 공항으로의 이동이 편리하다. 옥상 테라스가 매력적이며 자쿠지도 있다.

🏠 Uxmal 25 🛏 4인 도미토리 243페소 10인 도미토리 200페소

Hostel Ka'beh Cancun

칸쿤 센트로에 위치한 호스텔로 아데오 버스터미널에서 가깝다. 유명 가이드북에 소개된 이래 세계 각국에서 다양한 배낭여행자들이 모여 북적북적한 분위기를 만든다. 주방에서 조리가 가능하며 매일 저녁 다양한 이벤트가 열린다.

🏠 Alcatraces 45 SM. 22 Mza. 10 L. 26, Retorno 5
🛏 4인 도미토리 440페소 12인 도미토리 440페소

Hotel ibis Cancun Centro

칸쿤 센트로에서 공항 방향으로 3km정도 떨어진 곳에
위치한 칸쿤 이비스 호텔은 칸쿤 항과의 거리가 가깝고
라스 아메리카스 쇼핑몰이 바로 건너편에 있어 쇼핑하기
편리하다는 것이 장점이다. 비즈니스형 체인 호텔이니만큼
객실과 화장실의 크기가 작은 것이 흠이지만 객실은 깔끔하고,
조식도 포함되어 있어 머무는데 불편함은 크게 없다. 호텔
1층에는 ADO버스 예약사무실이 있고, 칸쿤 공항으로 바로 가는
ADO버스가 정차하기 때문에 출국 시 교통편도 편리하다.

⌂ Av Tulum SM 11 M2 L3, Nichupté, 11
☎ +52 998 272 8500   accorhotels.com

Le Blanc Spa Resort

한국 신혼여행객들에게 인기가 높은 호텔존의 성인 전용
올인클루시브 스파 리조트. 성인만 입장 가능하기 때문에
커플이 조용히 휴식을 즐기기에 좋은 리조트로 한국어
컨시어지(담당 직원)가 있어 이용에 큰 불편함이 없다. 호텔
내에는 일식, 프랑스~퓨전식, 이탈리아식, 태국식, 중식뷔페
등의 레스토랑과 미니바, 스파, 한증막, 피트니스 등이 잘
갖춰져 있으며 요가 및 필라테스 강좌도 수강 할 수 있다.
호텔존의 센트로와 라 이슬라 쇼핑몰이 멀지 않아 저녁시간에
잠깐 시내구경을 나가기에도 좋다.

⌂ Boulevard Kukulcan Km 10 Hotel Zone
☎ +1 888-702-0913   leblancsparesort.com
🏷 로얄 디럭스룸 기준 US 900~1100불

🛍 사자! SHOPPING

마켓 23 Mercado 23

과일과 신선한 야채, 고기 등을 구입할 수 있는 상설 시장

🏠 Ciricote 15, 23, 77500 Cancun   🕐 월-일 07:00~19:00

마켓28 Mercado 28

센트로의 거대한 기념품 상점. 칸쿤이니 만큼 가격은
싸지 않지만 이것저것 구경하기엔 나쁘지 않다. 호텔존이
기념품점보다는 훨씬 싸니 수공예품 등 각종 기념품을
사야한다면 방문해보자.

⌂ Xel-ha m 2 13 sm 28   ☎ +52 998 892 4303
🕐 월-일 09:00~20:00

여인의 섬이라 알려진 이슬라 무헤레스는 유카탄 반도 해안에서 약 13km 떨어진 카리브해 의 섬으로 스노클링, 스쿠버다이빙 등 수중 액티비티와 해안가 드라이브, 해수욕 등을 즐기기에 좋아 칸쿤에서 당일치기 또는 1박2일로 많은 여행객들이 드나든다. 아름다운 섬의 해안도로를 따라 골프카를 타고 푼타 수르로 가서 일몰을 즐기거나 조용한 북쪽 해변에서 해수욕을 즐기는 것도 좋다. 특히 섬 동쪽의 플라야 델 솔 연안의 등대 주변이 스노클링 스폿으로 인기 있으니 스노클링을 좋아한다면 꼭 가보자.

ISLA MUJERES

이슬라 무헤레스

칸쿤 센트로의 푸에르토 후아레스Puerto Juarez, 호텔존의 엘 엠바르카데로 日 Embarcadero 등 총 4곳의 선착장에서 이슬라 무헤레스로 가는 배를 탈 수 있다. 울트라 마르 Ultra Mar 회사의 배는 보통 매시 30분~1시간마다 있다. 이른 시간부터 자정까지 가장 많은 배가 운행되는 곳은 후아레스 항구다. R-1 시내버스 또는 택시를 타고 가장 가까운 선착장으로 가서 배를 타자. 호텔존에 묵는다면 엠바르카데로 선착장으로 가면 된다.

시간표

이슬라 무헤레스 – 푸에르토 후아레스
🕐 소요시간 20분 🚢 05:30~21:00 매 30분 마다
22:00, 23:00, 00:00 200페소

푸에르토 후아레스 – 이슬라 무헤레스
🕐 소요시간 20분 🚢 05:00~20:30 매 30분 마다
21:30, 22:30, 23:30 200페소

이슬라 무헤레스 – 엘 엠 바르카데로
🕐 09:45~21:15 소요시간 22분 🚢 왕복 19 US

엘 엠 바르카데로 – 이슬라 무헤레스
🕐 09:15~20:45 소요시간 22분 🚢 왕복 19 US

이슬라 무헤레스–플라야 토르투가스
🕐 09:00~20:30 소요시간 22분 🚢 왕복 19 US

플라야 토르투가스–이슬라 무헤레스
🕐 09:00~21:15 소요시간 22분 🚢 왕복 19 US

이슬라 무헤레스 – 플라야 카라콜
🕐 09:45, 11:00, 12:15, 13:30. 16:00, 17:15
소요시간 25분
🚢 왕복 19US

플라야 카라콜 – 이슬라 무헤레스
🕐 09:00, 10:15, 11:30, 12:45,14:00, 16:45
소요시간 25분
🚢 왕복 19US

① 푸에르토 후아레스 Puerto Juarez

울트라마르 페리 회사의 터미널인 푸에르토 후아레스는 센트로에서 버스로 10여분 거리에 있다. R-1 버스를 타거나 택시를 타고 터미널로 가자.

② 엘 엠바르카데로 El Embarcadero

호텔존 쿠쿨칸 블러바드 4km 지점에 있다. 울트라 마르 페리는 플라야 토르투가 선착장, 엘 엠바르카데로 선착장을 거쳐 이슬라 무헤레스로 간다.

③ 플라야 토르투가스 Playa Tortugas

플라야 토르투가스 선착장은 호텔존 쿠쿨칸 블러바드 6.5km 지점에 있다. 이슬라 무헤레스로 가는 배는 1시간마다 있다.

④ 플라야 카라콜 Playa Caracol

플라야 카라콜 선착장은 호텔존 쿠쿨칸 블러바드 9.5km 지점에 있다. 하루 왕복 6회 밖에 운행하지 않기 때문에 시간 확인을 하고 선착장으로 가자.

'골프카'를 타고 드라이브

이슬라 무헤레스 항구 앞으로 펼쳐진 센트로 지역에서 북쪽 해변인 플라야 델 노르떼까지는 걸어서 다닐 수 있지만, 남쪽의 푼타 수르 전망대까지는 멀기 때문에 골프카나 택시를 이용해야 한다. 택시요금은 편도 50~100페소 정도. 골프 카트는 무헤레스 시내의 대여점이나 호텔 등에서 보통 2시간, 반나절, 하루 기준으로 대여가 가능하며 대여 시 운전면허증을 보여줘야 한다. 탑승인원을 초과할 경우 경찰이 벌금을 물릴 수 있으므로 조심할 것. 골프카를 타고 시내와 거북이농장, 푼타수르를 돌아보더라도 3시간이 넘지 않기 때문에 오래 빌릴 필요는 없다.

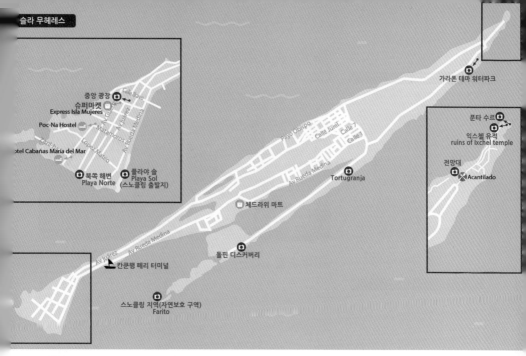

중앙 광장
Express Isla Mujeres
슈퍼마켓
Poc-Na Hostel
Hotel Cabañas María del Mar
북쪽 해변
Playa Norte
플라야 솔
Playa Sol
(스노클링 출발지)
가라폰 테마 워터파크
푼타 수르
익스첼 유적
ruins of Ixchel temple
전망대
Acantilado
Tortugranja
체드라위 마트
칸쿤행 페리 터미널
돌핀 디스커버리
스노클링 지역(자연보호 구역)
Farito

📷 보자! ISLA MUJERES SIGHTS

푼타 수르 Punta sur

일몰을 감상하기 좋은 이슬라 무헤레스의 명소. 남쪽 끝에 있어 '푼타
수르'라 불린다. 이곳 주차장 옆의 Acantilado 카페에 앉아 내려다보이는
풍광을 감상하면서 커피를 마시는 것도 좋다. 안으로 걸어 들어가면
마야유적군 익스첼 신전templo Ixchel 터가 있다. 익스첼 여신은 비의
신으로 알려져 있다. 기후가 건기와 우기로 뚜렷하게 구분되는 유카탄
반도와 멕시코에서는 비가 풍년을 결정하는 중요한 요인이었기 때문에
누구나 비의 신을 숭배하지 않을 수 없었고 이 때문에 제사장들은 이스첼
여신에게 비를 내려 줄 것을 기원하는 의식을 이곳에서 치렀다고 한다.
절벽 끝까지 가면 데크를 따라 아래로 내려가 볼 수 있다. 카페 겸 식당은
오후 4시30분까지 영업한다.

푼타 수르
🏠 77400 La, Isla Mujeres

플라야 델 노르떼 Playa Norte

플라야 델 노르떼

⌂ Rueda Medina 130, SM 001, Centro

이슬라 무헤레스의 북쪽 해변이다. 한가롭고 해수욕을 즐기기에도 좋아 이 인근으로 호텔과 호스텔, 가게들이 모여 있다. 해변에선 선베드를 빌릴 수도 있다. 야외 카페나 바에서 맥주 마시기에도 좋다.

플라야 솔 playa sol

플라야 솔

⌂ Av Rueda Medina 78, Centro

여객선 터미널 옆에 있는 넓은 해변으로 잔잔한 바다에서 해수욕을 즐기기에도 좋다. 스노클링을 하기 좋은 포인트가 플라야 솔 앞 바다의 하얀 등대 '파리토' 주변이라 수시로 작은 보트들이 드나든다. 스노클링을 하고 싶다면 이곳에 가서 보트맨들과 흥정하는 것도 방법. 쇼핑 거리에 있는 업체들보다 저렴하게 보트를 빌릴 수 있다.

토르투그란자 Tortugranja

토르투그란자

⌂ 77400 Isla Mujeres
🕐 월-일 09:00~17:00
💵 입장료 30페소
croctravel.com

'토르투그란자'는 작은 새끼 거북이를 키우는 곳이자 수족관. 작은 동물원으로 꾸며 놓은 곳. 아이들이 특히 좋아한다. 푼타 수르로 가는 길에 잠깐 들렀다 가자.

토르투 그란자

⛌ 자자! ACCOMMODATIONS

Poc-Na Hostel

이슬라 무헤레스 북쪽 해변인 '플라야 델 노르떼'에 있는 호스텔. 10년이 넘도록 유지되고 있는 인기 호스텔이니 만큼 외국인 여행자들로 붐비고 다양한 이벤트가 항상 열린다. 혼자 왔더라도 친구를 사귀기에도 좋고, 조용히 플라야 델 노르떼에서 시간을 보내기에도 좋다.

⌂ Av. Matamoros 15 Mz 26 Lte. 3, Centro　　　　📞 +52 998 877 0090, pocna.com

⛾ 하자! ACTIVITIES

스노클링 & 스쿠버다이빙

이슬라 무헤레스도 다이빙 성지 코스멜섬 못지않게 좋은 사이트들이 인근에 많다. 스쿠버다이빙을 할 수 있는 수중 박물관 '무사musa'를 비롯 스쿠버다이빙을 즐기는 사이트가 10여 곳이 있다. 스노클링을 하기에 가장 좋은 곳은 플라야 솔 앞 바다에 있는 하얀 등대 '파리토falito' 주변으로 오히려 먼 곳보다 수중 환경이 예쁘고 산호와 물고기도 많이 끽짝 놀랄 정도다. 이 지역은 환경보호를 위해 엄격히 관리되고 있으니 스노클링 시 산호를 밟시 않도록 주의할 것. 스노클링과 스쿠버 다이빙 업체는 쇼핑 거리인 이달고 거리에 여럿 있다. 단독 스노클링을 하기 위해 저렴하게 보트를 빌리려면 플라야 솔에 가서 직접 보트맨들과 흥정하는 방법도 있다.

⌂ Av Rueda Medina 78, Centro

치첸이사
Chichen itza

메리다에서 동쪽으로 약 110km, 칸쿤에서는 220km 떨어져 있는 치첸이사는 메소아메리카 일대 고고학 유산 가운데 가장 높이 평가받는 곳으로 7~13세기에 지어진 마야, 톨텍 문명의 대도시 유적을 볼 수 있는 곳이다. 이곳의 쿠쿨칸의 피라미드가 세계 7대 불가사의로 알려 지면서 더욱 유명해졌다.

치첸이사의 역사

치첸이사는 450년경 지금의 과테말라 지역에서 이주해 온 마야 족의 한 부족인 잇사 족이 처음 건설한 것으로 알려져 있다. 잇사 족은 7세기 말 사라졌다가 약 300년이 지난 10세기 말, 다시 이곳으로 돌아왔다고 한다. 부족장은 '케찰 새의 깃털 달린 뱀'으로, 부족들 사이에서는 신으로 숭배됐다. 잇사족이 돌아온 후 멕시코 북부 아나우악 고원 지역에서 톨텍 문명을 이루고 살던 톨텍 족이 치첸이사로 와 두 부족의 문화는 한데 섞이게 됐다.

톨텍족은 10세기부터 유카탄 반도에서 강력한 세력을 이루게 되었고, 풍부한 경제력과 군사력을 가진 이들은 1000년경부터 치첸이사에 본격적으로 도시를 건설하기 시작했다. 13 세기엔 잇사족이 아즈텍-톨텍 연합군에 패해 그 위세가 줄어든 것으로 알려졌다. 화려하게 꽃 피웠던 이들의 문명은 13세기 중반 알 수 없는 이유로 폐허로 변했는데 이후 300년동안 세상 사람들에게 잊혀졌다가 1533년 멕시코를 점령한 스페인 정복 자들에 의해 다시 모습을 드러냈다. 치첸이사 유적지는 크게 남쪽에 위치한 구 치첸이사와 북쪽의 신 치첸이사로 나눌 수 있다.

치첸이사 가는 방법

칸쿤에서 220km 지점, 약 2시간30분이 소요되는 거리로 꽤 멀다고 할 수 있다. 보통 렌트 차량이나 투어를 이용해 방문하는데 마야 유적에 관심있다면 방문해보자. 칸쿤 센트로, 호텔존 등에서는 반나절 투어 프로그램 상품도 판매하는데 영어로 진행되며 700~800페소에 유적 입장료, 세노테, 점심식사가 포함된다. 한인 가이드 투어를 진행하는 업체도 있으니 필요에 맞게 선택해 예약하자.

치첸이사
📞 +52 985 851 0137
🕐 월-일 08:00~16:30
🎫 치첸이사 입장료 480페소
   + 유카탄 주 세금과 172페소
   =242페소(1인당)
   inah.gob.mx

매표소

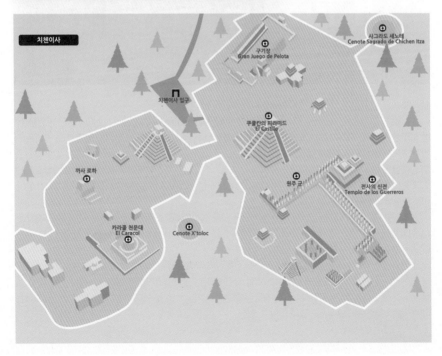

치첸이사

구기장
Gran Juego de Pelota

사그라도 세노테
Cenote Sagrado de Chichen Itza

치첸이사 입구

쿠쿨칸의 피라미드
El Castillo

까사 로하

원주 군

전사의 신전
Templo de los Guerreros

카라콜 천문대
El Caracol

Cenote X'toloc

보자

치첸이사는 멕시코 유카탄주에 있는 7～13세기 후반의 대도시 유적으로 유네스코 세계문화 유산이자 세계
7대 불가사의로도 잘 알려져 있다. 치첸이사는 마야어로 '우물가의 집'이라는 뜻인데 이 일대에 거주하던
마야인 잇사족에 의해 700년경부터 도시화가 진행되었으며, 최전성기인 900～1000년경에는 유카탄 지역
의 광대한 지대를 통괄하는 국제도시로 번영했다. 마야인들은 이진법과 숫자 0을 사용하고, 문자 체계를
갖추었을 뿐만 아니라 건축과 천문학 기술도 뛰어났다. 유적은 쿠클칸 피라미드와 구기장, 천문대, 전사의
신전 등으로 이루어져 있다.

엘 카스티요(쿠쿨칸의 피라미드) El Castillo
치첸이사를 대표하는 건축물인 엘 카스티요는 한 변의 길이가 60m, 높이가 24m인 9층의 계단식 건물로 '
성'이라는 뜻의 '엘 카스티요'는 스페인 정복자들이 붙인 이름이다. 피라미드는 정상을 향해 45도 각도로 지
어져 있으며 정상에는 '쿠쿨칸 신전'이 있다.
이 건축물은 그 자체가 마야력을 나타내고 있다. 엘 카스티요에는 동서남북으로 4면에 각각 91개의 돌계단
이 있는데 돌계단의 숫자를 모두 합하면 364이고 여기에 정상의 쿠쿨칸 신전 제단까지 합하면 365가 된다.
이는 오늘날의 1년인 365일과 같다.
여기에 9층으로 이루어진 동서남북의 큰 돌계단을 모두 합하면 36개인데 이것을 둘로 나누 면 18개가 된
다. 마야력에서는 1년이 18개월인 것과도 일치한다. 이를 통해 마야인들의 수학과 천문학 지식이 얼마나 뛰
어났는지 알 수 있다.
낮과 밤의 길이가 같아지는 춘분과 추분의 해질 무렵엔 피라미드의 가장자리에 그림자가 드리워지면서 뱀
이 기어가는 듯한 모습이 연출되는데 이는 깃털 달린 뱀의 신인 케찰코아틀을 상징한다. 마야인은 이를 '쿠
쿨칸'이라 불렀다. 이 시기에 맞춰 마야인들은 씨앗을 뿌리거나 수확을 했다고 전해진다. 엘 카스티요에는
마야인들의 우주관이 모두 담겨있다고 할 수 있다.

전사의 신전 Templo de los Guerreros

엘 카스티요 동쪽에는 서쪽을 제외한 삼면이 울창한 숲으로 덮여 있는
곳에 전사의 신전이 있다. 전사의 신전은 원래 쿠쿨칸 신에게 바친 신
전이었는데 세월이 지나면서 전쟁의 승리를 기념하는 신전으로 사용
되었다. 남쪽과 동쪽으로 수많은 기둥이 에워싸고 있어서 '천 개 의 기
둥을 가진 신전'으로 불리기도 한다. 전사의 신전은 4층 피라미드 위에
세워져 있는데, 멕시코 중앙 고원에 있는 테오티우아칸 피라미드와 비
슷한 양식으로 지어졌다.신전 입구에 있는 60개의 정사각형 기둥에는
톨텍 전사 복장을 한 전사 조각이 새겨져 있다.

전사의 신전

차크몰 상

정사각형 기둥을 지나면 의식을 치르던 장소와 연결된 계단이 나온다.
계단 중간에 세워진 2개 의 정사각형 기둥과 신전의 크고 작은 공간에
는 수많은 조각들이 새겨져 있다. 인간의 심장을 먹는 재규어를 비롯해
비의 신으로 알려진 샤크의 가면, 독수리, 날개 달린 뱀 등 다양하다 전
사의 신전에서 가장 눈에 띄는 조각은 차크몰상으로 차크몰 상은 인가
의 심상을 제물로 올려놓았 던 곳이다.

차크몰 상

차크몰 상

구기장 Gran Juego de Pelota

엘 카스티요 서쪽엔 길이 168m, 폭 68m의 펠로타 경기장이 있다. 이중 실제로 경기를 할 수 있는 경기장은 길이 145m, 폭 37m로 나머지 부분은 높이가 8.5m나 되는 벽으로 둘러 쳐 있다. 오늘날의 경기장과는 달리 관람석이 없고, 구기장 벽에는 2개의 장식물이 달려 있다. 돌로 만든 장식물 중앙에는 지름이 30cm 쯤 되는 구멍이 하나 뚫려 있는데 이 구멍은 고무로 만든 공을 통과시키도록 만들어 놓은 일종의 골문이다.

치첸이사의 전사들은 손을 사용하지 않고 발과 팔꿈치, 허리, 어깨를 이용해서 이 구멍에 공을 집어넣는 경기를 했는데 손을 사용하지 않고 발과 몸을 이용하여 약 8m 높이에 있는 작은 구멍으로 공을 통과시켜야 했다. 펠로타 경기는 풍년을 기원하는 종교 의식으로 경기가 끝나면 승리한 팀 선수의 심장을 신전에 바쳤다고 전해진다.

구기장

사그라도 세노테 Cenote Sagrado

치첸이사엔 '성스러운 우물' 세노테가 있는데 마야의 인신공양 이후 많은 이들이 이 우물에 버려진 것으로 알려져 있다. 1885년 대규모 발굴 조사가 이뤄지면서 다량의 옥과 장신구, 사람의 두개골과 뼈가 발견되기도 했다. 사그라도 세노테는 지름만 60m, 깊이가 80m에 달 한다. 마야인들은 이 거대한 우물을 비의 신 차크가 머무는 곳이라고 믿었고 한편으로는 저승 왕국인 시발바로 가는 통로라고 생각했기 때문에 마야인들은 가뭄이 들면 이곳에서 비를 내려 줄 것을 기원하는 기우제를 올렸다.

사그라도 세노테

카라콜 천문대 El Caracol, Chichen Itza

906년에 건립된 '카라콜'이라고 불리는 천문관측소는 내부에 나선형 계단이 있는 높이 12.5m의 원형 건물로써 상부 기단 위에는 마야 문자가 새겨져 있는 비석이 있다. 마야인들은 이곳에 뚫린 창을 통해 하늘을 관찰했고 그 결과는 농사에 중요한 영향을 끼쳤다.

신전 터 La Iglesia

'비(雨)의 신'의 도상이 석조 모자이크로 장식되어 있는데, 여기서 840~889년이란 날짜가 새겨진 비문이 발견되었다.

카라콜 천문대

이낄 세노테 **Ike Kil Cenote**

치첸이사 입구에서 5~10분 거리에 있는 이낄 세노테는 유카탄 주에 있는 600여 개의 세노테 가운데 가장 많은 인파가 몰리는 곳이기도 하다. 마야인들이 세노테를 신성한 곳이라 여겼는데 비의 신 차크Chaac에 비를 기원하는 의식을 치르며 인신공양을 하기도 했다. 실제로 치첸이사, 이낄 세노테 내에서는 다량의 뼈와 보석 등의 장신구가 발견되기도 했다.

이낄 세노테 입구와 기념품 가게를 지나면 뻥 뚫린 우물이 아래로 내려다보이는데 계단을 따라 60m 아래의 지하로 내려가면 수심 26m의 세노테가 나온다. 내려가기 전에 먼저 라커에 짐보관을 하고 수영을 잘 못한다면 반드시 구명조끼를 대여하자. 치첸이사와 연계해 많은 그룹 투어객들이 찾는 곳으로 항상 북적인다. 한적한 느낌의 세노테를 즐기고 싶다면 오전 9시 개장시각에 갈 것. 별도 입장료가 있으며 타월 등은 대여해야 한다.

이낄 세노테

⌂ Calle 8 3°W, Pisté, Yuc., 멕시코
◉ 월-일 09:00~17:00

이낄 세노테

이곳도 가보자

욱스말 **Zona Arqueológica de Uxmal**

마야 유적 가운데에서도 인상적인 곳은 욱스말이다. 건축물 자체도 독특할 뿐만 아니라 타 유적군에 비해 인적이 드문 편이기 때문에 조용하게 유적을 감상할 수 있다는 장점이 있다. 보통 유카탄 반도 서쪽의 대도시 메리다에서 버스를 타고 이동하며 1시간 소요된다. 욱스말은 7세기 번영을 누렸던 곳으로 마야어로 '3번 확장되었다'는 뜻이다. 높이 39m의 마법사의 피라미드가 압권인데, 마법사가 하루 만에 이 피라미드를 만들었다고 해서 이런 이름이 붙었다. 내부 곳곳엔 비의 신을 상징하는 차크 조각이 있는데 이는 이 일대가 제사를 지내던 신전이었음을 암시한다. 석회암 지대로 물이 부족했던 탓에 마야인은 항상 비를 염원했다. 이외에 볼(펠로타) 경기장과 수녀원, 궁전터도 돌아볼 수 있는데 특히 총독의 궁전은 기하학적인 무늬와 정교한 조각들로 마야 건축의 백미로 꼽힌다. 욱스말 유적에서는 빛과 소리의 쇼가 매일 밤 열리고 있어 화려하게 빛나는 유적의 감상할 수 있다. 🎫 입장료 413페소

욱스말

욱스말

유카탄 반도의 킨타나루주, 칸쿤에서 70km 남쪽에 있는 플라야 델 카르멘은 배낭여행자들의 성지로, 카리브해에 면해 있는 130km에 이르는 리비에라 마야Riviera Maya의 중간 지점이기도 하다. 세계적인 스쿠버다이빙 성지, 코스멜섬으로 가기 위한 기착지이며 각종 클럽과 리조트가 많아 칸쿤보다 오히려 플라야 델 카르멘을 사랑하는 여행자들이 많을 정도. 시내를 벗어나면 대지는 낮고 열대 밀림으로 덮여 있으며, 싱크홀 형태의 자연 우물이자 천연 수영장인 세노테ㅣcenote가 곳곳에 형성돼 있어 근교 여행을 떠나기에도 좋다.

PLAYA DEL CARMEN

플라야 델 까르멘

플라야 델 까르멘
드나들기

플라야 델 카르멘으로 가려면 칸쿤 공항 또는 시내의 ADO 버스터미널에서 버스를 타거나 시내에서 콜렉티보를 타는 방법이 있다. 버스로 툴룸, 메리다 등을 연계해 여행이 가능하다.

플라야 델 카르멘 드나드는 방법 `01` 항공

✈ **칸쿤 국제공항** Aeropuerto Internacional de Cancún

칸쿤 국제공항

⌂ Carretera Cancún-Chetumal Km 22,
77565 Cancún
☎ +52 55 5284 0400
asur.com.mx

칸쿤 국제공항엔 4개의 터미널이 있다. 1터미널에서는 비바아에로부스 VivaAerobus와 마그니Magni 등 저비용 항공사와 국내선 위주의 항공사가 주로 운항하고 2터미널은 국내선과 몇몇 중남미 지역으로의 국제선. 3 -4터미널은 북미의 캐나다와 미국, 유럽 등지의 외국계 항공사들이 이용한다.

ADO 버스터미널

⌂ Calle Quinta Avenida, Centro
☎ +52 984 873 0109
⊙ 첫차 08:30~막차 00:30
🎫 ADO 칸쿤 공항~플라야 델 카르멘
178페소 (12달러/ 카드 결제 가능)
ado.com.mx

칸쿤 공항에서 플라야 델 카르멘 가기
공항 출국장 밖에는 ADO 버스 승차장이 있다. 여행사 및 택시 회사 직원들이 영업을 하더라도 호응하지 말고 주차장 쪽으로 걸어 나가면 된다. 주차장에 있는 ADO 버스 티켓을 파는 부스에서 티켓팅을 하면 승차장 번호를 알려주는데 보통 부스 앞에 있다. 시간표 확인은 ADO 웹사이트나 앱에서 가능하다.

① ADO BUS
플라야 델 카르멘에는 ADO 버스터미널이 두 곳 있다. ADO 여행자 버스터미널은 사람들로 늘 북적이는 푼타도레스 공원 앞 보행자 거리 쪽이고, 다른 한 곳은 시내에서 조금 더 먼 12번가에 있다. 보통 두 곳 다 정차하기 때문에 어느 곳에서 타도 상관없지만, 푼타도레스 공원 쪽 마지막 정류장이 대부분의 명소나 호텔 등이 가까워 이용하기가 더 편리하다. 칸쿤 센트로와 칸쿤 국제공항-플라야 델 카르멘 간은 15~30분 단위로 버스가 드나든다.

② 콜렉티보

칸쿤 센트로의 메가마트 옆, 육교 근처에 플라야 델 카르멘으로 가는 콜렉티보 승차장이 있다. 콜렉티보는 15~20인승 봉고로 1시간 정도의 거리는 콜렉티보로 이동하는 것이 편리하다. 칸쿤 센트로 메가마트 옆, 육교 부근이 출발지이자 종착지이기 때문에 플라야 델 카르멘까지 앉아서 가려면 이곳에서 타자.

콜렉티보의 장점은 가격이 더 저렴하고 ADO 버스보다 10분 정도 더 빠르다는 것. 뿐만 아니라 XPLOR나 세노테, 아쿠말 해변 등은 플라야 델 카르멘 도착 10km 전에 있는데 이곳으로 바로 가길 원할 경우 미리 얘기하면 세워주기 때문에 편리하다. 당일치기로 칸쿤 또는 플라야 델 카르멘에서 세노테, 테마파크 등을 오갈 때 이용하면 좋다. 주의할 점은 캐리어 등을 넣을 공간이 없다는 것.

콜렉티보마다 사람을 가득 태워 출발하거나 중간 중간 현지인들이 많이 탑승하기 때문에 짐이 있는 여행자라면 ADO버스를 타야 한다. 플라야 델 카르멘에서 다시 칸쿤으로 갈 때에는 시내에 내려준 지점에서 다시 타면 된다. 이 콜렉티보 승차장에서는 툴룸, 스칼렛 등으로 가는 콜렉티보도 탈 수 있다.

플라야 델 카르멘 콜렉티보 승차장

⌂ 77710, Calle 2 Nte LB, Centro, 77710 Playa del Carmen

칸쿤 콜렉티보 승차장

⌂ Av Tulum, SM 2, Benito Juárez, 77500 Cancún

콜렉티보

 # 보자! PLAYA DEL CARMEN SIGHTS

플라야 델 카르멘 시내는 작아서 금방 돌아볼 수 있을 정도다. 스쿠버다이빙을 즐기거나 근교의 세노테, 아쿠말 해변, 툴룸 등을 찾아 시간을 보내자. 하루 정도는 인근의 테마파크에 투자하는 것도 방법이다.

추천 일정

첫째 날
- 5번가
- 푼타도레스 공원–볼라도레스 공연
- 마미타스 해변
- 8 노르테 해변
- 카르멘의 성모 마리아 성당
- 코스멜섬
- 프리다 칼로 박물관

둘째 날
- 크리스탈리노 세노테
- 도스오호스 세노테
- 아쿠말 해변
- 툴룸

Playa del Carmen

첫째 날

플라야 델 카르멘 시내는 작아서 금방 돌아볼 수 있을 정도다. 스쿠버다이빙을 즐기거나 근교의 세노테, 아쿠말 해변, 툴룸 등을 찾아 시간을 보내자. 하루 정도는 인근의 테마파크에 투자하는 것도 방법이다.

5번가 Calle Quinta Avenida

5번가
🏠 Calle Quinta Avenida 101

'낀따 아베니다'라고도 불리는 5번가는 플라야 델 카르멘에서 쇼핑 상점, 레스토랑 등이 밀집한 보행자 전용도로다. 아데오 버스터미널, 택시 승차장, 울트라마르 선착장, 푼타도레스 공원, 투어사 및 스쿠버다이빙 업체들이 모두 5번가 쪽에 있어 플라야 델 카르멘을 여행할 때 매일 같이 들르게 된다.

푼타도레스 공원 Parque Fundadores

푼타도레스 공원
🏠 Av. Benito Juárez, Centro, 77710 Playa del Carmen

이 공원에서는 매일 밤 멕시코 전통 볼라도레스 공연이 열린다. 아찔한 높이의 기둥에 올라가 줄을 타고 거꾸로 빙빙 돌면서 내려오는 모습은 가까이서 보기만 해도 아찔하다.

마미타스 해변 Playa Mamitas

플라야 델 카르멘에서 가장 핫한 해변으로 햇빛이 쨍쨍한 여름날이면 해변을 꽉 채운 남녀들로 자리가 없을 정도. 진정한 플라야 델 카르멘을 느끼고 싶다면 마미타스 해변으로 가자.

마미타스 해변
🏠 77720 Playa del Carmen
📞 +52 984 803 2867
mamitasbeachclub.com

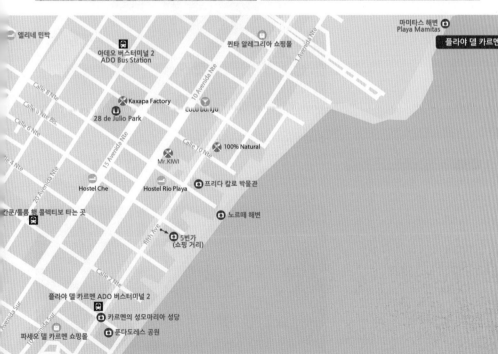

엘리네 민박

아데오 버스터미널 2
ADO Bus Station

퀸타 알레그리아 쇼핑몰

마미타스 해변
Playa Mamitas

플라야 델 카르멘

Calle 8 Nte

Calle 6 Nte Bis.

Calle 6 Nte

Kaxapa Factory

28 de Julio Park

cucu buriyu

10 Avenida Nte

1 Avenida Nte

lle 4 Nte

15 Avenida Nte

20 Avenida Nte

100% Natural

Calle 10 Nte

Mr.KIWI

Hostel Che

Hostel Rio Playa

프리다 칼로 박물관

칸쿤/툴룸 행 콜렉티보 타는 곳

노르떼 해변

Fifth Ave

5번가
(쇼핑 거리)

Calle 2 Nte

Avenida Sur

20 Avenida Sur

플라야 델 카르멘 ADO 버스터미널 2

카르멘의 성모마리아 성당

파세오 델 카르멘 쇼핑몰

푼다도레스 공원

울트라마르 페리터미널

8 노르떼 해변

5번가와 가까운 플라야 델 카르멘의 중앙 해변. 야외 마사지를 즐기는 이들과 선베드에 누워 일광욕을 즐기는 사람들을 볼 수 있다. 물빛은 생각보다 맑지 않지만 해수욕을 하기엔 가장 가깝고 편리한 해변.

프리다 칼로 박물관 Museo Frida Kahlo Playa Del Carmen

프리다 칼로 박물관

☗ Calle Quinta Avenida 455
◷ 월-일 09:00~23:00
☏ 전화예약 984 803 2920
　　　　984 980 0595
　fridakahlomuseo.com

멕시코의 대표적인 화가인 프리다 칼로에 관한 전시가 열리는 박물관. 멕시코 시티 프리다 칼로의 생가인 '까사 아술'에 비하면 그 규모는 작지만 평소 그녀의 일대기에 관심있었다면 한번 방문해보자.

카르멘의 성모 마리아 성당 Capilla de Nta Señora del Carnen

푼타도레스 공원 옆에 자리한 작은 성당으로 내부에서 밖으로 열려있는 창을 따라 보이는 카리브해의 전망이 특히 인상적이다. 푼타도레스 공원을 지날 때 들러보자.

아쿠말 해변 Playa Akumal

여름철이면 산란기를 맞은 거북이들의 모습을 볼 수 있는 한적한 해변. 거북이를 볼 수 있는 구역은 현지인 가이드를 동반하지 않으면 자유 수영이 불가하다. 플라야 델 카르멘에서 툴룸행 콜렉티보를 타고 아쿠말 해변에 내려 15분 정도 걸어 들어가야 한다. 렌트 차량이 있다면 지정 주차장에 주차하면 된다. 아쿠말 해변으로는 고급 리조트가 늘어나고 있어 이 지역에서 해변을 즐기는 것도 좋다.

아쿠말 해변

⌂ Paseo Akumal, Quintana Roo
🕐 08:00~18:00

코스멜섬 Cozumel

멕시코에서 가장 큰 섬이기도 한 코스멜섬은 길이 53km, 폭 14km에 이른다. 지명은 마야어 ah-Cuzamil-Petin(제비의 섬)에서 유래된 것이라 한다. 기원전 4세기까지 마야인들이 살았는데 이 섬에는 풍요를 기원하는 신전 익스첼 Ixchel이 있었기 때문에 마야인들의 순례가 끊이지 않았다. 16세기 스페인의 침략 이후 제단은 파괴됐다. 코스멜섬 주변엔 세계적인 스쿠버 다이빙 스폿이 많아 연중 다이버들의 방문이 끊이지 않는다. 스노클링, 다이빙, 카약킹 등 다양한 해양 스포츠를 즐기기에 좋다. 플라야 델 카르멘의 선착장에서는 코스멜섬으로 가는 페리를 탈 수 있다. 약 35분 정도 걸린다. 울트라 마르Ultra mar사의 페리가 빠르고 편리하다.

 플라야 델 까르멘-코스멜

🕐 06:45, 08:00~23:00 (매 시 정각)

 코스멜-플라야 델 까르멘

🕐 05:45, 07:00~22:00 (매 시 정각)
소요시간 35분
💵 왕복 300페소

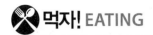 먹자! EATING

Oh lala

분위기 있는 식사를 즐기기에 좋은 곳. 등심, 양고기 요리와 새우, 커리 요리 등이 인기다. 테이블이 9개로 적기 때문에 예약을 하고 가는 것이 좋다.

⌂ Calle 14 Nte Bis 147
⊙ 월~일 18:00~22:30

☏ +52 1 984 127 4844
ohlalabygeorge.com

100% Natural

천연 재료로 만든 건강한 주스와 샐러드, 브런치 등을 즐길 수 있는 곳. 타코와 엔칠라다. 세비체까지 다양한 메뉴가 있다. 쇼핑가인 낀따 애비뉴에 있다.

⌂ Calle Quinta Avenida 209 Mz 28
⊙ 월~일 07:00~23:00

☏ +52 984 873 2242
100natural.com

Kaxapa Factory

베네수엘라 음식을 전문으로 하는 레스토랑. 아레파, 카사파 등의 음식과 함께 천연 주스를 맛보자. 함께 나오는 핫소스가 특히 인기다.

⌂ Calle 10 Nte. SN Local 7
⊙ 월~일 11:00~22:00

☏ +52 1 984 803 5023
kaxapa-factory.com

MR.KIWI

5번가에서 멀지않은 작은 멕시코식 수제버거집. 저렴한 가격에 두툼한 소고기, 돼지고기 패티와 야채가 들어간 버거를 맛볼 수 있다. 즉석에서 바로 만들어주기 때문에 따뜻하게 먹을 수 있다는 것도 장점. 테이블에 준비된 각종 매운소스와 할라피뇨(라하스)등과 함께 먹으면 더욱 맛있다. 버거 뿐만 아니라 직접 갈아주는 생과일 주스도 괜찮은데 과일 1~4종류를 선택하면 섞어서 갈아준다.

⌂ 77720, 10 Avenida Nte. LB
☏ +52 998 408 6205

🛏️ 자자! ACCOMMODATIONS

리오 플라야 호스텔 Hostel Rio playa

한국인들에게 특히 사랑받는 호스텔로 싱글, 더블룸과 도미토리를 갖추고 있으며 조식을 제공한다. 센트로 중앙에 위치하고 있어 해변, 쇼핑 시 이동이 편하다. 2층엔 야외 풀과 바가 있고 주방 사용이 가능하다. 스노클링 장비, 오리발 등을 빌릴 수 있다.

🏠 Calle 8 Norte Mz. 5 Lt. 8　　　📞 +52 984 803 0145　　　💵 14인 도미토리 250페소 4~6인, 도미토리 300페소, 트윈 920페소

Hostel Che Playa

플라야 델 카르멘에서 파티 호스텔로 잘 알려진 곳. 다양한 이벤트가 많이 열려 외국인 친구들을 사귀기에 좋다. 플라야 델 카르멘 시내 중심가에서 멀지 않다는 것도 큰 장점. 단 파티를 좋아하지 않는다면 루프탑에서 매일같이 울리는 음악 때문에 밤에 시끄러워 잠을 잘 수 없을지도 모르니 피하는 것이 낫다.

🏠 Calle 6, entre Avenida 15 & Avenida 20
💵 10인 도미토리 200페소, 기본 트윈룸 800페소

엘리네 민박

한인 민박으로 플라야 델 카르멘 센트로의 ADO 터미널에서 1.6km 떨어져 있다. 월마트와 쇼핑 거리인 5번가가 가깝다. 플라야 델 카르멘과 근교 지역 가이드 투어 등을 함께 운영한다. 조식 포함.

🏠 40 Avenida Nte. 202, Gonzalo Guerrero
💵 2인실 트윈룸 (2인 44불, 1인 22불)
　　카카오톡 ID turazul

 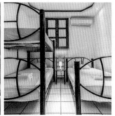  

🧍 하자! ACTIVITIES

Coco Bongo

칸쿤과 플라야 델 카르멘에 각각 한 곳있는 대형 쇼 공연장. 여러 팀이 돌아가면서 인기 메들리와 함께 화려한 군무를 선보인다. 입장료는 다소 비싸지만 한번쯤 흥겨운 분위기를 경험해 보기에는 좋은 곳.

🏠 Calle 12 Nte 10, Gonzalo Guerrero　　📞 +52 984 803 5939
🕙 월–일 10:00~16:00　　　　　　　　　cocobongo.com
💵 입장료 60불~

카리브 해 물놀이 천국, 워터파크로

칸쿤, 플라야 델 카르멘 인근엔 카리브해를 즐길 수 있는 자연 워터파크, 테마파크들이 여럿 있다. 단순히 풀에서 물놀이만 즐기는 것이 아니라 짚라인, 스노클링, 동굴 수영 등 다양한 액티비티를 체험해볼 수 있다는 것이 특징. 각 테마파크는 저마다의 장단점이 있으니 각자의 취향에 맞는 곳으로 선택해 하루 테마파크 여행을 즐겨보자.

엑스플로어 Xplor Park

45m 높이의 짚라인, 5k 사륜구동 지프차, 뗏목 보팅, 동굴 수영 등 다양한 액티비티를 즐길 수 있는 테마파크. 휴식보다는 신나는 야외활동. 액티비티를 즐기는 사람에게 추천하고 싶은 곳이다. 플라야 델 카르멘에서는 승합차인 콜렉티보로 20분, 칸쿤에서는 1시간~1시간20분 정도 걸린다. 입장료에 식사가 포함돼 있어 무제한으로 먹고 지칠 때까지 놀 수 있다. 홈페이지에서 예매 가능하며 왕복 픽업 교통편도 함께 신청할 수 있다.

🏠 Km 282, Puerto Juarez, Solidaridad
🕐 월~토 09:00~17:00

📞 52 998 881 9700 xplor.travel
📋 입장료 110불(2,100페소)

스칼렛 Xcaret

멕시코 플라야 델 카르멘의 대표적인 워터파크 가운데 하나로 카리브해와 연결된 풀장에서 즐기는 바다 수영, 맹그로브 숲을 따라 동굴로 들어가는 동굴 수영, 저녁 전통 공연까지 즐길 수 있는 곳. 추가 요금을 내면 돌고래, 상어와 수영하는 것도 가능하다. 저녁 7시부터는 멕시코 에스펙타큘러 Xcaret Mexico Espectacular 퍼포먼스를 볼 수 있다. 멕시코 전통 공연의 퀄리티가 높기 때문에 공연을 좋아하는 여행자라면 스칼렛을 가는 것을 추천한다. 타 테마파크인 셀하와 가장 큰 차이라면 무제한 식음료가 제공되지 않는다는 것. 스칼렛 플러스 티켓을 구입할 경우 130불에 1회 뷔페, 음료가 포함이다. 1일권과 2일권, 베이직, 플러스 요금제 등으로 나뉘어 있다. 플라야 델 카르멘에서 콜렉티보로 갈 경우 20분, 칸쿤에서 갈 경우 1시간~1시간20분 정도 소요된다.

🏠 Carretera Chetúmal-Puerto Juárez Kilómetro 282
🕐 월~일 08:30~22:00

📞 +52 800 292 2738 xcaret.com.mx
📋 베이직 요금 99불~

셀하 Xel-Há

셀하는 마야어로 '물이 만나는 곳'이라는 뜻인데 말 그대로 바다와 강을 이은 자연 테마파크라 할 수 있다. 강 하구의 맹그로브숲과 인근 바다 일대의 국립공원을 통째로 연결해 스노클링과 튜빙을 즐길 수 있게 만들어 놓았다. 짚라인. 클리프 다이빙도 가능하다. 무제한 식사가 포함(올인클루시브)이기 때문에 쉬면서 먹고 즐기기에 좋은 곳.

🏠 Carretera Chetumal Puerto Juárez Km 240, locales 1 & 2, módulo B　　📞 +52 800 009 3542　es.xelha.com
💵 1인 85~94페소

Playa del Carmen

둘째 날 – 툴룸 · 코바

플라야 델 카르멘에서 해안을 따라 남쪽으로 1시간 가량 가면 툴룸이 나온다. 최신식 인테리어를 자랑하는 친환경 리조트 단지와 부띠끄 리조트 들이 대부분 이 사이에 있어 점점 더 뜨고 있는 여행지이다. 툴룸 시내는 매우 작고 유적지와 해안은 걸어다닐 수 있지만 자전거를 빌려서 돌아보는 것도 좋다. 시간이 있다면 인근의 코바 유적과 그랑 세노테까지 가보자.

툴룸 유적지 Zona Arqueológica de Tulum

툴룸 유적지
Carretera federal 307 Cancún - Chetumal Km 230, 77780 Tulum
📞 +52 984 802 5405
⏲ 월~일 08:00~17:00
🎫 입장료 70페소
turismo.tulum.gob.mx

TIP

플라야 델 카르멘–툴룸 콜렉티보

🚌 45페소

🚏 콜렉티보 정류장 Calle 2 Nte, Downtown, 77710 Playa del Carmen

유카탄에서 비교적 쉽게 방문할 수 있는 마야 유적지로는 카리브 해안가의 툴룸이 있다. 멕시코 해안가에 위치한 유일한 고고학 유적으로 원래 자마 Zama라고 불렸던 마야 요새 였는데, AD100년경 번성했다. 성은 카리브해 가 한눈에 내려다보이는 곳에 세워졌다.

툴룸 공용 해변 Playa Publico (Playa Pescadores)

툴룸 유적에서 아래로 1.3km 산타페 또는 퍼블릭 비치playa Publico라 써 있는 표지판을 따라 약 20분 정도 걸어 내려가면 드넓은 공용 해변이 나온다. 산타페, 페스카도레스 해변이라고 한다. 툴룸 유적 내에도 작은 비치가 있지만 공용 해변은 넓고 파라솔 등 부대 시설도 있기 때문에 편리하다. 아래로는 포크나, 팔마스 해변이 계속해서 이어진다. 이 공용 해변에서 출발하는 보트 투어, 스노클링 투어도 있다. 툴룸 시내에선 걸어다니기엔 조금 먼 거리이기 때문에 자전거를 빌려서 타고 다니자.

코바 유적 Zona Arqueológica de Cobá

툴룸에서 북서쪽으로 44km 지점의 코바는 유카탄 반도의 고대 마야 도시 유적 중 하나로 AD 600~900에 번성한 곳이다. 절정기에 약 5만 명이 살았을 것으로 추측되며, 도시 면적은 80km²에 달한다. 영토, 거주지, 신전의 규모와 무역 경로, 농지와 수로의 통제 등으로 보아 방대한 지역을 지배하는 통치자가 있었고 과테말라의 대도시 띠깔, 남부 캄페체 지역과 긴밀히 교류한 것으로 보인다. 치첸이사의 등장 이후 유카칸 반도의 정치적 지형에 큰 변화가 생겼고 코바 역시 주요 도시를 점령당하면서 쇠퇴기에 들어섰다. 스페인 군이 1550년경에 정복한 시점에 코바는 버려졌다. 주요 건축물의 대부분은 AD500~900 년에 제작됐으며, 7세기엔 상형문자를 새겨지기도 했다. 유적군 내에는 총 15곳의 건축물이 있는데 매우 넓기 때문에 입구에서 자전거를 대여하거나 현지인들이 끄는 마차를 타고 돌아보는 것이 좋다.

노호치 물 피라미드 Nohoch Mul Pyramid

유적 내에서 가장 높은 피리미드로 42m이나. 가파른 계단을 따라 정상부까지 올라갈 수 있는데 고소공포증이 있다면 올라가지 말자. 돌계단은 매우 가파를 뿐만 아니라 미끄럽고 안전 바가 없어 위험할 수 있다. 정상에 오르면 마깡삭Macanxoc 석호와 남서쪽으로는 코바 라군이 보인다.

코바 유적

⌂ Carretera Federal Tulum no. 307 Km. 47
☎ +52 984 206 7166
○ 월-일 08:00~17:00
입장료 55페소
inah.gob.mx

MEXICO 멕시코 풀라야 델 카르멘

유카탄의 보물 세노테

유적을 돌아보는 것에 다소 지쳤다면 아름다운 싱크홀 '세노테'를 찾아 휴식을 취하자. 유카반 반도의 북부 저지대 메리다, 플라야 델 까르멘 주변은 석회암 지대가 내려앉아 자연 수영장이 만들어진 싱크홀이 1,000여 개 있다. 마야인들이 '물이 있는 곳'을 뜻하는 '세노트ts'onot'이라고 불렀던 데에서 그 이름이 유래됐다. 유카탄 곳곳에 있는 크고 작은 세노테 가운데 테마파크로 개발된 곳도 있고 자연 상태 그대로 남아있는 곳도 있다. 사설로 운영되는 곳은 입장료를 받는다.

가는 방법

플라야 델 까르멘 남쪽 15분 거리의 고속도로 307번 인근에도 아름다운 세노테들이 모여 있다. '두 개의 눈'이라는 뜻의 세노테 도스 오호스, 그리고 에덴 세노테와 인근의 크리스탈리노 세노테, 아술 세노테다. 네 곳 모두 걸어서 이동 가능한 거리에 있어 여유가 있다면 하루 두 곳도 방문 가능하다. 특히 이곳들은 스노클링뿐만 아니라 자격증이 있다면 스쿠버다이빙이 가능하다. 꼭 투어를 이용하지 않더라도 개인적으로도 갈 수 있다. 플라야 델 카르멘 시내의 콜렉티보 승차장에서 툴룸행을 타고 개별 세노테 입구에서 내리는 것. 미리 기사에게 말하면 툴룸으로 가는 길에 내려준다. 크리스탈리노 세노테까지는 25분, 도스오호스 세노테까지는 40분 정도 걸리며 툴룸의 그랑 세노테까지는 50분이 걸린다. (119P 지도참조)

그랑 세노테 Gran cenote

그랑 세노테

◎ 월~일 08:00~17:00
grancenote.com

툴룸에서 코바 유적으로 가는 길에 위치한 세노테로 스노클링과 스쿠버다이빙이 가능하다. 구명조끼 및 스노클링 도구, 짐 보관 라커 등이 대여가 가능하고 샤워시설 등의 편의시설이 잘 갖춰져 있다.

에덴 세노테 Cenote Eden

크리스탈리노 옆에 있는 세노테로 마찬가지로 스쿠버다이빙을 하는 이들에게는 천국과도 같은 곳. 수중 동굴을 통해 크리스탈리노 세노테와 이어져 있다.

도스 오호스 세노테 Parque Dos Ojos

도스 오호스는 세노테 중에서도 규모가 크고 수심이 깊어 스쿠버 다이빙이 가능한 대표적인 세노테다. 최대수심 118m, 길이는 61km에 이르는 도스 오호스의 수중 동굴은 6,500년 전 자연적으로 만들어졌다. 스쿠버 다이빙 투어를 할 경우 깜깜한 수중동굴을 랜턴을 켜고 안내자와 함께 안전선을 따라 이동하면서 감상하게 되는데 최대 수심 10m까지 들어갈 수 있다. 거대 종유석이 자라는 지하 수중 동굴을 누비는 체험은 고가의 비용을 감수하고서라도 한 번 해볼 만한 가치가 있다. 정글 곳곳에 숨어 있는 세노테를 찾아가 유유히 수영을 즐기다보면 이곳이 바로 지상 천국이라는 생각이 절로 든다. 미리 시내 또는 도스 오호스 매표소에 있는 스쿠버다이빙 센터에서 신청을 하면 세노테 앞까지 지프로 이동할 수 있다. (스쿠버다이빙 자격증 소지자에 한해 투어 신청 가능)

도스 오호스는 플라야 델 카르멘에서 툴룸으로 가는 방향에 있고, 40분 성도(47km)가 걸린다. 플라야 델 카르멘의 콜렉티보 승차장에서 툴룸행 콜렉티보를 타고 기사에게 '도스 오호스'에 간다고 미리 말하자. 40분 뒤에 도로에 세워준다. 입구에서 세노테 까지는 2.7km로 비포장길을 걸어가는데만 30분 정도가 걸린다. 입구에선 자전거 대여도 가능하다. 수심이 깊기 때문에 세노테 입구에선 구명조끼 대여도 할 수 있고, 짐 보관소에 개별 짐을 맡기고 들어가는 것도 가능하다.

도스 오호스 세노테

🏠 Carretera Federal Cancún-Tulum. Km 124, Jacinto Pat, 77780 Tulum
🕐 월–일 09:00~17:00
📞 +52 984 160 0906
parquedosojos.com

크리스탈리노 세노테 Cenote Cristalino

크리스탈리노 세노테

⌂ Km 269, Carr. Cancún - Tulum, Playa del Carmen
📞 +52 1 984 804 3941

플라야 델 카르멘에서 24km 떨어진 곳에 있는 크리스탈리노 세노테는 넓고 아름다운 정원을 연상케 한다. 수심이 꽤 깊어 수영을 하지 못하는 사람은 반드시 구명조끼가 필요하며 세노테 바로 옆에서 대여도 가능하다. 특히 크리스탈리노 세노테와 에덴 세노테는 수중으로 이어져 있어 스쿠버다이빙하는 이들에게 인기가 많다. 수중으로만 이어져 있고 출입구는 따로 있기 때문에 두 곳을 모두 가려면 도로변으로 나와 각각의 입구로 다시 들어가야 한다. 스쿠버다이빙을 할 경우 보통 크리스탈리노 세노테로 들어가 수중 동굴을 통과한 다음 에덴 세노테쪽으로 나온다. 미리 플라야 델 카르멘의 다이빙 업체를 통해 세노테 다이빙 투어 예약을 해야하며 자격증 소지자만 가능하다.

크리스탈리노 세노테와 에덴세노데는 대로변에서 모두 250~300m 정도 걸어 들어가야 한다. 플라야 델 카르멘에서 툴룸 행 콜렉티보를 타고 크리스탈리노 세노테 앞에 내린다고 말하자.

아술 세노테 Cenote Azul

아술 세노테

⌂ México 307 123, Chacalal
🕐 월–일 08:30~17:30
🎫 입장료 100페소

크리스탈리노, 에덴 세노테 바로 옆에 있는 아술 세노테는 넓은 면적과 깊은 수심을 자랑한다. 구명조끼 대여가 가능하다. 툴룸에서 아술 세노테까지 콜렉티보는 40페소, 아술 세노테에서 플라야 델 카르멘까지는 30페소다.

칸툰치 세노테 Kantun Chi

마야어로 '노란 돌 입'이라는 뜻의 칸툰치는 세노테 5개 지역을 묶어
에코 파크로 개발한 곳이다. 지하에 있는 세노테와 천연 수영장 느낌
의 오픈 세노테 등 총 5개의 세노테가 모여 있다. 칸툰치 내의 사스 카
린 하Sas ka leen Ha는 이 에코 파크에서 가장 큰 세노테로 내부엔 작
은 신전도 있는데 마야인들이 종교의식을 치르던 곳으로 추정된다. 우
칠 하 Uchil Ha엔 다양한 물고기들이 있어 스노클링을 즐기기에도 좋
고 그 외 마야어로 깨끗한 물을 뜻하는 '자칠 하 Zacil Ha' 등이 있다.
그루타벤투라Grutaventura라고 해서 지하로 난 수중 동굴을 돌아보는
투어도 있다. 에코 파크인 만큼 입장료가 29달러로 비싸지만 다양한 세
노테들을 한 곳에서 즐기기엔 좋다. (구명조끼 포함) 5개 세노테 투어와
점심, 수중 동굴 투어가 포함된 투어 상품도 있으며 홈페이지에서 예약
이 가능하다.

사물라, 이시케켄 세노테

바야돌리드 서쪽 7km 지점에 있는 세노테 '사물라'와 '이시케켄'은 특
유의 신비로움 때문에 시간이 좀 걸리더라도 꼭 한번 가봐야 할 곳이
다. 특히 사물라는 지상의 햇빛이 지하로 작게 뚫린 구멍으로 새어들
어와 세노테를 비추는데 그 모습이 매우 아름답다. 여행객이 적은 지
역이라 신비로운 분위기를 느끼면서 조용히 세노테를 즐길 수 있는 것
도 큰 장점이다. 평균 수심은 20m 가량 되며 수영을 못한다면 꼭 구명
조끼를 착용하자.

이곳도 가보자

핑크 라군 Pink Lagoon Las Coloradas

유카탄 반도 북쪽에 있는 핑크 라군은 핑크빛 염호와 플라밍고(홍학)를
볼 수 있어 최근 인기 여행지로 떠오른 곳이지만 렌트 차량이나 투어
를 통하지 않고는 가기가 어렵다. 플라야 델 카르멘에서 차량으로 편도
3시간~3시간30분이 걸리기 때문에 다녀오려면 하루를 꼬박 써야한
다. 차량이 없다면 시내에서 핑크 라군 투어(130달러)를 신청하면 된다.

핑크 라군
⌂ Yucatan Sur, Molino, Casas Coloradas

CUBA

대단한 변화가 시작될 것만 같았던 2016년 3월, 오바마 대통령의 쿠바 방문은 여전히 쿠바인들에게 신기루 같은 희망으로 남아 있다. 그다지 변하지도 않았고, 여전히 불편한 여행지지만, 각종 미디어를 통해 한국인들에게는 점점 가까워지고 있는 듯하다. 엠바고가 어떻든 오바마가 어떻든 간에 100년 전부터 이미 아름다운 휴양지였던 흥의 나라 쿠바. 가난은 가난일 뿐 하루의 행복과 웃음에 장애가 될 수는 없음을 가르쳐주는 땅. 전혀 '이지'하지 않은 나라지만, 최대한 '이지'하게 가보자.

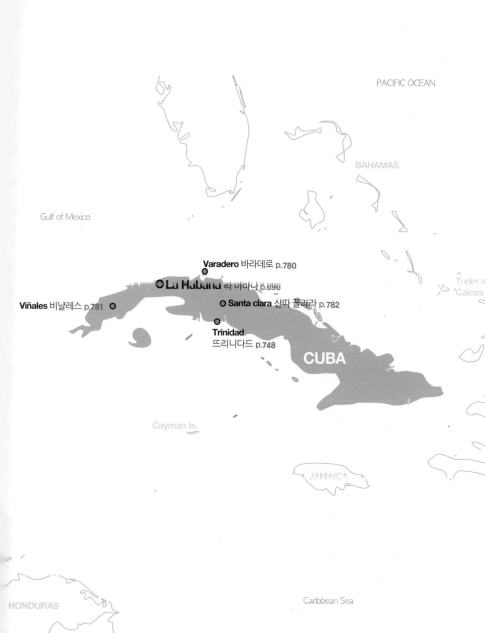

PACIFIC OCEAN

BAHAMAS

Gulf of Mexico

Turks and
Caicos Is.

CUBA

Cayman Is.

HAITI

JAMAICA

HONDURAS

NICARAGUA

Caribbean Sea

수도 라 아바나 Ciudad de la Habana
면적 109,884㎢ (남한 면적과 비슷함)
인구 약 1,150만 명(2019년 기준)
언어 스페인어
통화 모네다 나시오날(MN, CUP), 쎄우쎄(CUC)
환율 US$1 = 1CUC(25MN, 2020년 1월 기준)
경제 1인당 GDP $7,657
시간대 GMT-5, 우리나라보다 14시간 느림
(섬머타임 적용 시 13시간 느림)
인종 백인 64%, 물라또 26%, 흑인 10%

쿠바 기본 정보

주요 연락처

국제코드 +53, **국가도메인** .cu

유용한 전화번호

경찰 106

화재 신고 105

응급차 104

코트라 무역관

⌂ Edif. Sta. Clara Ofic. 412, Miramar Trade Center, Ave.
3ra e/ 76 y 78, Habana, Cuba

☎ (53-7) 204-1020, 1117, 1165 / fax (53-7) 204-1209

쿠바에는 대사관이 없지만 긴급한 사고 발생 시 코트라
무역관으로 연락을 취하면 도움을 받을 수 있다.

주요 도시 지역 번호

라 아바나 7

삐나르 델 리오 48

싼따 끌라라 42

싼띠아고 데 꾸바 22

시엔푸에고스 43

뜨리니다드 41

전기

110~220V

일반 가정에서는 110V만을 사용하지만, 관광객을 위해 220V
를 사용할 수 있는 곳도 있다. 전압은 220V라도 콘센트는 여
전히 110V인 경우가 대부분이니 220V/110V 변환 혹은 멀티 플
러그는 꼭 챙겨 다니는 것이 좋다.

기후와 옷차림

쿠바는 건기와 우기가 뚜렷한 사바나 기후대에 속한다.
우기는 5월에서 10월, 건기는 11월에서 4월로 구분된다. 여름
시즌인 6월부터 9월까지의 낮 최고기온은 37도에 이를
정도로 더운 편이다. 겨울 시즌인 12월부터 2월 낮 평균기온은
25도, 밤 평균기온 15도, 최저기온은 10도 정도로 따뜻한
겨울을 보낼 수 있지만, 가끔은 쌀쌀해지므로 바람막이
정도는 가지고 있는 것이 좋다. 섬이라는 지리적 특성상
습도가 높은 관계로 땀이 쉽게 증발되지 않아 불쾌감을
느끼기 쉬우므로 통풍이 잘되는 옷이나 여벌의 옷을 충분히
준비해 자주 갈아입는 것이 좋다. 특히 여름 볕이 강렬하기
때문에 필요 시 선크림을 충분히 바를 필요가 있다. 9월부터
10월 사이에는 허리케인이 자주 발생하므로 여행 계획을 세울
때 미리 참고하는 것이 좋겠다.

쿠바 온도 그래프

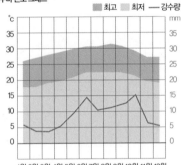

공휴일

관공서는 주로 토, 일 휴무. 정부가 관리하는 문화재는 월요일을
주로 휴무로 하고, 기타 여행사, 까데까 등 관광 관련 사무실은
라 아바나에서는 대부분 무휴, 지방은 일요일 정도는 쉬고 있다.
지방에 따라서 독자적인 휴무 체계를 따르고 있으므로 미리
확인하는 것이 좋다.

1월 1일 자유의 날 (혁명기념일)

5월 1일 노동절

7월 26일 투쟁기념일

10월 10일 독립전쟁기념일

주요 축제 및 이벤트

2월 문화의 주(까마구에이)
4월 카니발(시엔푸에고스)
5월 문화의 주(산따 끌라라)
6월 산 후앙 축제(산따 끌라라)
7월 카니발(삐나르 델 리오, 라 아바나, 산띠아고 데 꾸바)
8월 물축제(바라꼬아), 카니발(올긴)
9월 베니무어 국제음악 축제(시엔푸에고스, 홀수해)
10월 쿠바문화축제(그란마), 아바나 극장 페스티벌(라 아바나)
11월 국제 비디오아트 페스티벌(까마구에이),
뜨로바 축제(그란마), 재즈 컨테스트(라 아바나),
Anfora 마술 축제(라스 뚜나스)
12월 FIART(라 아바나), Jazz plaza(라 아바나)

전화

쿠바에서 전화나 인터넷에 관련된 모든 것은 에떽사
ETECSA라는 공기업에서 관리하고 있다. 휴대전화, 집 전화,
공중전화 모두 에떽사에서 처리한다. 외국인도 여권을 지참하고
카드를 구매하면 현지 전화번호를 만들 수 있지만, GSM 방식의
휴대전화를 챙겨야 하는 등 절차가 간단하지만은 않다. 한국
통신사에 따라 쿠바 내 국제 로밍은 불가할 수도 있으므로 국제
로밍 가능 여부는 통신사에 미리 확인하여야 한다. 국제 로밍이
된다 하더라도 음성 통화는 쉽지 않은데, 신호는 오지만 받으면
소리가 나지 않거나 신호도 오지 않은 채로 부재중이 뜨는
경우가 많다. 문자는 시간 차가 발생한다.

쿠바 국내전화 하는 법(일반전화)
지역번호+전화번호
쿠바 국내전화 하는 법(핸드폰)
핸드폰 번호만 입력

국제전화 하는 법(일반전화)
119+국가번호+지역번호+전화번호
예) 119 82 2 777 7777
지역번호의 '0'은 입력하지 않는다.

국제전화 하는 법(핸드폰)
119+국가번호+핸드폰번호
예)119 82 10 777 77777
핸드폰번호 앞자리의 '0'은 입력하지 않는다.

우편

Correo de Cuba를 곳곳에서 찾을 수 있다. 한국으로의
국제우편도 가능하며, 엽서의 경우 저렴한 가격으로 한국까지
발송할 수 있다. DHL도 쿠바에서 서비스하고 있다.

인터넷

쿠바에서는 인터넷의 사용이 크게 제한되어 있는 데다
이용료도 비싸서 가정에서 인터넷을 이용하는 경우는 흔치
않다. 2016년부터는 지역의 큰 광장에 인터넷 수신이
가능하게 해두어 좀 더 많은 쿠바인이 인터넷을 이용하고
있다. 일반적으로는 에떽사에서 판매하는 WIFI 카드 (따르헤따
데 인떼르넷 Tarjeta de internet)를 구매하여 사용할 수 있다.
인터넷 카드의 비밀번호란을 벗겨내고, 인터넷 접속 시 화면에
팝업되는 로그인 장에 카드에 적힌 로그인 번호와 비밀번호를
입력하면 인터넷 접속이 가능하다. 인터넷 카드가 부족할
때에는 비밀번호가 인쇄된 종이를 판매하는 때도 있는데,
1시간짜리 카드라도 한꺼번에 모두 사용해야 하는 것은
아니니 아껴서 알뜰하게 사용하도록 하자. 일부 고급
호텔에는 호텔 자체 인터넷 시스템이 설치되어 있지만
에떽사의 인터넷 이용 요금보다 비싸다.

에떽사에서 판매하는 인터넷 카드

CUBA
쿠바 먹거리

1990년대 중반 소련의 붕괴로 인한 지원 중단과 미국의 경제 봉쇄로 인한 경제 위기를 겪으며, 쿠바 사람들은 근근히 그 시기를 버텨냈다. 그런 시기를 지나온 사람들에게 풍요로운 맛을 기대하거나 빈곤한 취향을 탓한다면 왠지 인도적이지 못한 듯하다. 다행히 경제 상황이 비교적 나아지고, 점점 증가하는 관광객들을 위해 음식의 수준은 날로 개선되어가고 있으니 고맙게 생각하자.

관광객으로서 쿠바 길거리에서 쉽게 접할 수 있는 음식은 샌드위치, 피자, 스파게티, 핫도그, 햄버거 등이라 하겠다. 샌드위치(Pan con Jamon이나 Pan con Queso 등으로 부른다.)는 빵 사이에 얇은 돼지고기 햄이나 치즈를 야채 없이 넣어 길에서 팔고 있고, 피자나 스파게티도 우리가 알고 있는 것보다 맛이 단순하다. 이런 음식들은 쿠바인들이 한 끼를 때우기 위한 식사로 가격이 저렴하고, 가끔씩 그중에서도 맛있게 하는 집들이 있어 자꾸 혹시나 하는 도전정신이 생기기도 한다.

싸고 단순한 쿠바 샌드위치

샌드위치는 5MN, 피자는 6~10MN, 스파게티 20MN, 핫도그 10MN, 햄버거 10~30MN 정도로 생각하면 되겠다. 하지만 가게에 따라 좀 더 다양한 재료를 사용해 가격을 더 받는 경우도 있으니 참고하기 바란다. 같은 식당에서도 자리에 앉아서 먹는지 테이크아웃해 가는지에 따라 창구와 가격이 다른 경우가 있다. 작은 차이가 아니라 2~3배 차이가 나기도 하므로 억울한 기분을 느끼지 않으려면 잘 살피자.

쿠바 핫도그 판매점

길거리에서 마실 거리도 많이 팔고 있다. 1MN에 마시는 쿠바식 커피는 에스프레소 잔 한 잔에 1MN이며, 설탕과 함께 끓여 단맛이 많이 나는 편이다. 바띠도 Batido는 과일과 설탕, 얼음, 연유를 함께 넣고 갈아서 판매하는 밀크셰이크로 5~10MN 정도에 판매되고 있다. 외에도 과일을 갈아서 팔거나 과일 맛 음료를 길에서 팔고 있으므로 종종 이용해보도록 하자.

유난히 아이스크림을 사랑하는 쿠바 사람들은 유명한 꼬뻴리아 외에도 길거리에서 저렴하게 아이스크림을 먹고 있다. 3~5MN이면 사 먹을 수 있으므로 예상외로 부드럽고 빨리 녹는 쿠바의 아이스크림도 즐겨 보자.

식당에서는 다양한 쿠바 음식과 서양식을 판매하고 있다. 꼬미다 끄리올로 Comida Criollo라고 하는 쿠바식 식단은 보통 고기 한 종류를 굽거나 삶아서 조리하고, 아주 간단한 샐러드와 밥이 함께 나온다. 쿠바 사람들은 꽁그리 Congri라고 하는 콩밥을 주로 먹고, 식당에서 아로 호스블랑꼬 Arroz Blanco를 주문하면 흰쌀 밥이 나오니 취향대로 주문토록 하자.

쿠바 식당이나 먹거리의 위생에 대해서는 개인이 판단할 필요가 있겠다. 한국 기준으로는 절대 깨끗하다고 말할 수 없는 이곳의 저렴한 식당이나 노점들은 적응하는데 시간이 조금 필요할 듯하다.

쿠바 술

아바나 클럽 / 부까네로 / 모히또 / 꾸바 리브레

끄리스딸

대표적인 쿠바의 맥주는 부까네로와 끄리스딸이다. 시큼하고 진한 맛의 부까네로와 부드러운 음료수 같은 끄리스딸이 관광객들에게 주로 소비되고 있으며, 그 외에 지역에서 생산되는 저렴한 맥주들은 여행자들은 맛보기 어렵다.

사탕수수를 발효하여 만드는 쿠바의 럼은 해적의 술로 유명하다. 품질 좋은 사탕수수가 재배되는 곳이라서 럼 애호가들에게 인기가 높은 쿠바의 럼은 3년산, 7년산, 15년산 외에도 다양한 에디션들로 애주가들의 입맛을 돋우고 있다.

강한 스트레이트 럼이 부담스러운 사람이라도 쿠바에서는 걱정할 필요가 없다. 모히또, 다이끼리, 꾸바 리브레, 삐냐 꼴라다 등 럼으로 만드는 달콤한 칵테일들을 저렴한 가격에 즐길 수 있는 곳이 바로 쿠바이다. 다소 맛이 거칠고 가게마다 럼이나 민트잎 함량이 제멋대로이긴 하지만, 칵테일 잘하는 집을 찾아다니는 것도 쿠바 여행의 재미 중 하나일 것이다.

알아두면 유용한 정보

인사법
쿠바 사람과 친구가 되고 싶다면 인사법부터 익히자. 쿠바에서는 주로 볼을 대고 '쪽' 하는 소리를 내며 인사를 한다. 여성 사이, 남녀 간에 주로 이렇게 인사를 하고, 남성 사이에서도 친한 경우 같은 방법으로 인사를 하지만, 악수나 포옹이 일반적이다.

페스티벌
흥의 나라 쿠바라지만, 길거리에서 자연스럽게 페스티벌이 있다며 접근하는 사람들이 너무 많다. 대부분은 호객행위로 손님을 술집으로 데려가면서 수수료를 받거나 공짜 술을 얻어먹으려는 속셈이다. 순박한 사람들이지만, 어느 나라에도 못된 사람들은 있기 마련이니 축제가 있다는 말에는 절대 혹해서 따라가지 않도록 하자.

안전
인근의 정세가 불안한 나라들에 비하면 상대적으로 안전한 쿠바이긴 하지만, 잡범들은 어느 나라에나 있고 여행객을 노리는 소매치기, 사기꾼들도 많다. 여성 관광객을 노리는 성범죄도 적지 않게 일어나고 있으며 한국인 피해 사례들도 점점 더 늘어나고 있으니, 안전한 나라라고 생각해 긴장의 끈을 놓아서는 안 된다.

거절하는 법
길거리에는 호객행위를 하거나 구걸을 하는 사람들이 적지 않다. 정중하게 거절하고 싶다면, "노 그라시아스(괜찮습니다.)" 나 "노 네세시또.(필요 없습니다.)" 를 말하거나 매몰차게 거절하고 싶다면 그냥 무시하고 걷는 것이 가장 좋다.

'치노'에 대응하기
짓궂고 호기심이 많은 쿠바인들은 아시아인들에게 무조건 '치노/치나'라며 말을 건다. Chino/China는 중국인이라는 뜻. 괜히 마음이 상하는 이런 의미 없는 장난에는 그냥 차분히 지나치는 게 상책이다. 치노와 같은 의미로 '재키 찬', '제트리', '니하오' 등을 사용하는데, 그냥 예절교육이 부족하다 생각하고 지나치자.

CUBA
쿠바 인물과 역사

| 1853-1895 | 1901-1973 | 1926 - 2016 | 1928-1967 |

호세 마르띠
Jose Martí

1853년에 쿠바에서 출생한 그는 시인이자, 저널리스트 그리고, 스페인으로부터의 독립전쟁을 앞장서서 이끈 투사였다. 혁명과 저항을 국가적 이념으로 삼고 있는 쿠바에서 가장 중요하게 평가받는 인물이다. 1895년 독립전쟁 중 전장에서 사망하기까지 스페인의 위협과 투옥 중에도 독립 의지를 꺾이지 않았고, 그가 남긴 문학작품들 또한 라틴아메리카 문학사에서 중요한 위치를 차지하고 있다. 여행 중 자주 듣게 될 '관따나메라 Guantanamera' 또한 그의 글 중 한 부분을 가사로 사용해 곡을 만든 것으로 알려져 있다.

풀헨시오 바띠스따
Fulgencio Batista

어쩌면 지금의 쿠바를 만든 가장 중요한 인물은 피델이나 체 게바라가 아니라 바띠스따일 수도 있다. 마차도 독재정권 시절인 1933년 '상사들의 반란'을 통해 막후의 권력자가 된 그는 1940년 대통령에 당선되어 4년 동안 집권하였다. 그가 처음 쿠데타를 일으킨 1933년부터 1959년까지 무려 26년을 대통령 혹은 막후의 최고 권력자로 지냈던 그는 쿠바의 국부를 해외로 유출하고, 미국 기업들과 결탁하여 쿠바를 향락의 나라로 만드는데 일조했다는 평가를 받고 있다.

피델 까스뜨로
Fidel Castro

1926년 쿠바 올긴주에서 출생하여 1945년 아바나 대학교를 졸업하고 변호사가 되었다. 1953년 바띠스따의 쿠데타에 반대하며 몬카다 병영을 기습하였으나 체포되고 이후 멕시코로 망명했다. 1956년 12월 2일 동료 82명과 함께 그란마 호를 타고 쿠바에 상륙하여 1959년 쿠바에 공산정권을 수립했다. 형제 모두가 90세가 되어 사망한다는 기이한 우연과 함께 2016년에 사망한 피델 까스뜨로. 그에 대한 역사의 평가는 혁명가이며 독재자이기도 했던 그의 삶처럼 크게 갈릴 듯하다.

체 게바라
Che Guevara

부에노스 아이레스 대학에서 의학을 공부했다. 1955년 멕시코에서 피델 까스뜨로를 만나 쿠바 혁명을 함께 이끌었다. 쿠바 혁명의 성공 이후 쿠바 내에서의 모든 지위와 신분을 포기하고, 동남아시아, 아프리카, 중남미 인근 국가로 공산혁명을 위한 움직임을 멈추지 않았다. 1966년에 볼리비아에서 정부군에 체포되어 1967년 10월 총살당하게 된다. 중남미인들에 대한 끝없는 애정과 죽는 날까지 멈추지 않았던 평등에 대한 헌신으로 현재는 중남미를 넘어 전 세계적인 저항의 아이콘으로 추앙받고 있다.

● **원주민 (15C 이전)** 라틴 아메리카 대부분에서 그러하듯이 유럽인들이 이주하기 이전 원주민 역사의 흔적은 쉽게 찾을 수가 없다. 일부 남아있는 인디오 문명의 매력을 생각하면 지워진 쿠바 원주민의 역사가 아쉬울 뿐이다.

제국주의 식민지(15C 후반~19C 후반) 유럽인 이주 이후의 쿠바의 역사는 평등과 불평등, 자유와 구속 사이의 끊임없는 저항의 역사라 할 수 있을 것이다.

● **1492년** 콜럼버스는 바하마 제도에 도착하고 그로부터 몇 개월 뒤 쿠바에 도착한다. 원주민들이 '꾸바나깐 Cubanacan'이라고 부르던 이곳을 부르기 쉽도록 '꾸바 Cuba'라 부르며, 새 이름과 함께 그들은 저항하는 원주민들에 대한 살육으로 이 땅의 새 역사를 거칠게 써 내려가기 시작한다. 이후 아메리카 대륙에서 금과 은이 발견되면서 쿠바는 자원을 유럽으로 보내기 위한 중간 기착지의 역할을 하게 된다.

● **1598년** 사탕수수를 재배하기 시작하나, 그동안의 과도한 원주민 탄압으로 더 이상 노예들이 충분하지 못한 상황이었다. 이에 스페인은 서부 아프리카의 아프리칸들을 쿠바로 강제 이주시켜 노역에 동원한다. 강제 이주된 아프리칸들은 이후 19세기 초반까지 지속적으로 불평등과 속박에 저항하지만 큰 결실을 맺지는 못 한다.

● **1868년** 시간이 지나며, 뻬닌술라르 Peninsular라 불리는 스페인 본토 출신들과 끄리올료 Criollo라 불리는 쿠바 태생 백인들 간의 차별이 심화되어 1차 독립운동이 시작되었지만 뚜렷한 성과 없이 마무리되었다. 이후 쿠바의 기난한 끄리올료 호세 마르티는 앞장서 2차 독립운동을 시작하지만, 1895년 전투 중 사망하면서 쿠바 저항 정신의 영원한 상징으로 남게 된다.

● **1898년** 마찬가지로 제국주의로부터의 독립국가였던 미국의 지원으로 마침내 쿠바는 독립을 쟁취하게 된다. 이는 미국이 독립한지 100여 년 뒤였다.

쿠바와 미국(19C 후반~20C 중반) 현재로 이어지는 쿠바와 미국 간의 역사적인 밀당은 쿠바 독립에 대한 미국의 개입으로부터 시작한다.

● **1899년** 미국은 쿠바에 대한 4년간의 군정을 시작한다. 이후로 미국은 대기업들을 앞세워 쿠바 전체 토지의 60%를 매입하고, 농산물을 헐값에 사들이는 등 경제적으로 쿠바를 침탈하기 시작한다. 미국-쿠바 간에 체결 되어 쿠바 헌법에 삽입하게 한 플랫 수정안 '미국은 자국민의 생명과 재산을 보호하기 위해 쿠바의 내정에 개입할 수 있다.'으로 미국은 쿠바 침탈에 날개를 달게 된다. 이 시기에 관타나모 기지는 미국의 준영토가 된다.

● **1933년** 당시 중사 계급이었던 바띠스따는 쿠데타를 일으켜 마차도 정권을 무너뜨렸고, 이후 막후에서 막강한 권력을 행사하며 쿠바를 장악했다. 1940년에는 대통령에 서출되어, 1952년에도 다시 쿠데타를 일으켜 정권을 새싱악했으며, 일련의 기간 동안 바띠스따는 미국의 전폭적인 지원을 받고 있었다.

● **1956년** 피델 까스뜨로는 그란마호를 타고 체 게바라와 자신을 포함한 82명의 군인과 함께 정부군을 피해 쿠바에 몰래 도착한다. 3년 동안의 무장 투쟁 끝에 1959년 1월 1일 아바나를 점령하고 혁명정부를 수립한다. 쿠바 혁명정부는 쿠바 내의 모든 미국 자산을 동결시키고, 이에 미국은 쿠바에 대한 엠바고 Embargo를 시작한다.

● **1961년** 미국은 쿠바계 반공 게릴라를 조직하여 쿠바에 침투시키는 '피그만 침공 사건'을 일으켰으나 실패로 돌아가게 된다. 이후 쿠바는 소련과의 관계를 더욱 공고히 하며 미국을 압박한다.

변화하는 쿠바

● **1991년** 든든한 지원자였던 소련의 붕괴로 쿠바의 경제는 위기에 빠지게 된다. 외교적으로 고립되고, 여전한 미국의 엠바고로 점점 상황이 악화되자 쿠바 정부는 관광사업을 활성화시켜 상황을 타개하려 한다.

● **2014년** 미국의 대통령 오바마는 쿠바와의 관계정상화를 선언한다. 이후 현재까지 쿠바는 개방의 큰 파도 앞에 놓여 변화의 시기를 보내고 있다.

CUBA
쿠바 출발 전 꼭 알아야 할 것!

쿠바 비자

여행자 카드로도 불리는 쿠바의 관광비자는 쿠바에 대사관이 없는 한국인들이 신경을 써서 챙겨야 할 준비물 중 하나이다. 최근에는 쿠바 비자 발급을 대행해주는 국내 여행사들이 있어 상황이 조금 나아졌다. 다른 나라를 거쳐 가는 일정이라 한국에서 비자를 미처 준비하지 못했다면 쿠바로 들어가는 비행편이 있는 국가에서 어떻게 구매할 수 있는지 숙지해 두도록 하자. 멕시코의 멕시코시티나 칸쿤에서는 어렵지 않게 구할 수 있고, 일부 유럽 국가에서도 항공사 데스크에서 판매하니 꼭 확인하도록 하자.

구매지와 항공사에 따라서 가격도 다양해져서 비자의 가격을 얼마라고 이야기하는 것도 쉽지 않은데 보통 2만 5,000원에서 10만 원 정도의 가격으로 구매할 수 있다. 여행자 카드는 아래의 사진과 같이 두 장의 카드가 하나로 붙어 있고, 두 장 모두에 성, 이름, 생일, 여권번호, 국적을 기재하고 쿠바에 도착한 후 제출하면 된다. 2016년까지만 해도 이민국 데스크에서 한 장을 잘라 가져갔지만, 전산화가 진행되고 있는지 최근에는 잘라가지 않는 경우가 많다. 다른 나라처럼 여권에 붙이는 형태가 아니니 잃어버리지 않도록 주의하여야 한다. 숙소에서도 항상 비자를 확인하고, 비자 연장 시나 출국 시에도 비자를 확인하고 있으니 소중히 여기도록 하자. 이 비자는 기본 30일 체류가 가능하고, 이후 2회까지 연장한다면, 총 90일 체류가 가능한 비자이다.

비자 = 여행자 카드

입국 시 필요한 문서

이미그레이션 데스크에서 필요한 서류는 아래와 같다.

1. 여권
2. 비자
3. 쿠바 내에서 효력이 있는 보험증서 영문본 혹은 스페인어본
4. 쿠바 출국 티켓

여권과 비자는 필수 문서이다. 보험증서와 쿠바 출국 티켓은 원칙적으로 지참하고 제시할 수 있어야 하나 매번 검사를 하지는 않는다. 부득이한 경우라면 어쩔 수 없이 여권과 비자만으로 입국해서 이미그레이션 창구 직원을 설득 해봐야 하겠지만 결과는 장담할 수 없다. 부득이하지 않다면 모두 준비해서 입국하자. 특히 쿠바에서 30일 이상 체류하여 비자를 연장해야 하는 경우라면 모든 서류를 준비해서 입국해야만 한다.

경유지별 입국 방법

쿠바는 멕시코나 캐나다를 거쳐 오는 한국인 여행자가 가장 많고, 최근에는 미국을 거쳐 오는 경우도 점점 늘어나고 있다. 모든 경우의 수를 다 나열할 수는 없겠지만, 여행 일정에 따라 간략한 특징을 살펴보도록 하자.

1. 중미를 거쳐 남미 여행을 계획하는 경우

중남미 일주를 계획하는 여행자의 대부분은 긴 여행의 시작을 멕시코에서 시작하며 이후에 쿠바를 거쳐 다시 멕시코로 이동하거나 남미 대륙으로 이동한다. 2016년부터 인천 – 멕시코시티 직항이 개설되어 일정을 설계하는 데에 좋은 옵션이 되고 있다. 멕시코시티에서 바로 라 아바나로 이동도 가능하며, 넓은 만큼 볼거리도 많은 멕시코를 충분히 둘러보고 칸쿤을 거친 후 쿠바로 이동하는 여행자들도 많다. 칸쿤 – 라 아바나 간은 비행편도 비교적 저렴하여 큰 부담이 없다. 멕시코시티나 칸쿤 모두에서 여행자 카드를 구매하기 수월하며, 가격도 저렴한 편이다.

2. 캐나다에서 쿠바로 입국하는 경우

어학연수, 워킹 홀리데이 중에 쿠바를 여행하려는 사람들도 들도 적지 않은데, 캐나다의 경우 이미 오래 전부디 쿠바 여행 상품을 운영하는 여행사가 많아서 적당한 여행사 패키지가 있다면 이를 이용하는 게 ㅂㅂㅃ니. ㅂㅇㅅ에 분의아닌 비사를 어렵지 않게 구할 수 있으며, 일부는 항공권 가격에 포함해 기내에서 배부하고 있다. 한국에서 토론토 등을 거쳐 라 아바나로 입국하는 경로는 가격이나 일정 면에서 장점이 많은 경로이기도 하다. 단, 최근에는 캐나다도 미국처럼 ETA라는 전자비자 시스템을 운영하고 있으니 경유라고 안심하지 말고, 사전에 꼭 ETA를 발급받도록 하자.

3. 미국에서 쿠바로 입국하는 경우

쿠바 이민국에서 여권에 도장을 찍으면 미국 입국이 안 된다는 둥, 미국에서는 못 간다는 둥 소문도 많은 경로. 정리하자면, 도장을 찍어도 문제없고, 미국에서 쿠바로 입국도 가능하다. 단, 아직은 쿠바 방문이 전격적으로 허용된 것은 아니므로 미국 측에서 작성을 요청하는 서류를 작성하여야만 한다. 불안정한 두 나라 간의 외교 관계로 상황이 어떻게 바뀌게 될지 모르기 때문에 명확한 방법을 제시할 수는 없지만, 헌지 기준(2017년 12월)으로는 큰 문제 없다. 미국의 주요 도시(마이애미, 뉴욕, 샬럿, 애틀랜타 등)에서 쿠바로 가는 비행편을 구할 수 있으나 때에 따라 도착지가 라 아바나가 아닌 산따 끌라라 혹은 올긴인 경우가 있으니 꼼꼼히 살펴야 히겠다.

4. 남미에서 쿠바로 입국하는 경우

남미 여행을 마치고 쿠바나 멕시코에서 한국으로 돌아가는 일정이면 페루, 콜롬비아, 파나마 등에서 쿠바 직항편을 구할 수 있다. 비자만 준비 되어 있다면 크게 문제가 될 일은 없다.

5. 유럽에서 쿠바로 입국하는 경우

밀라노, 로마, 프랑크푸르트, 파리 등 유럽 도시에서 쿠바 직항편을 구할 수 있으므로 세계 일주를 계획하고 있다면 고려해 볼 만하다. 여유 있게 비행편을 알아보다 보면 유럽에서 쿠바로 오는 비행편이 의외로 저렴한 경우도 많으니 불가능할 거라 속단하지 말고 꼭 확인해 보자.

독특하게도 쿠바는 두 개의 통화체계를 사용하고 있다. 주로 외국 관광객이 사용하게 되는 뻬소 꼰베르띠블레 Peso convertible와 기본 화폐단위인 뻬소 Peso이다. 엠바고로 사용할 수 없게 된 달러를 대체하고자 뻬소 꼰베르띠블레를 만들게 되었고, 이후에는 주로 관광객들을 상대로 하는 업소에서 사용되고 있다. 당연스럽게도 두 개의 통화체계는 여행자들에게는 두 배의 골치이다. 둘 다 뻬소라고 하는 경우도 있는 데다가 불행히도 쿠바의 상인들은 여행자들에게 그리 정직한 편이 아니다. 때로는 의도가 없었다 하더라도 계산을 잘못해서 돈을 더 낼 경우에 이를 바로잡아주는 일은 거의 없다. 교통비 한화 700원 정도를 아끼려고 두 시간을 걷기도 하는 사람들이 많은 나라에서 관광객에게는 잔돈이지만, 그들에게는 잔돈이 아닌 액수에 은근한 욕심이 나는 마음을 너무 탓 할 필요는 없지 않을까 한다. 하지만 내 돈은 내 돈이니까 결국에 여행자 본인이 돈 계산에 대해서는 좀 정신을 치려야 할 필요가 있다. 여행하는 내내 쿠바인들에게 당하고 있다는 찜찜한 기분을 느낄 필요는 없으니까. 무엇보다도 화폐의 생김새를 확실히 알자. 대부분의 경우에 돈을 지불하는 과정은 정신 차리기 전에 지나간다.

1 CUC = 25MN = 100 Centavos

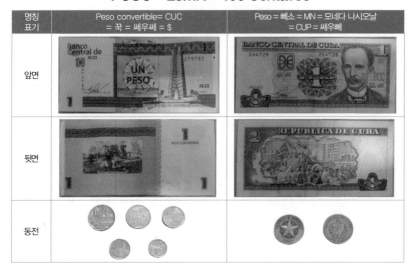

명칭 표기	Peso convertible= CUC = 꾹 = 쎄우쎄 = $		Peso = 뻬소 = MN = 모네다 나시오날 = CUP = 쎄우뻬	
앞면				
뒷면				
동전				

1. 일반적으로 CUC 지폐가 색이 더 많고, 화려하다.
2. CUC와 MN 모두 1단위의 동전과 지폐가 있다. (MN는 3MN 동전도 있다.)
3. 각 통화의 동전은 50, 25, 10, 5 쎈따보 Centavo 동전이 있다.
4. 애매하면 화폐단위가 뭔지 꼭 확인하자.

　　쎄우쎄인가요, 모네다 나시오날인가요? = CUC o Moneda Nacional?(쎄우쎄 오 모네다 나시오날?)

　쿠바 내에서 두 개의 통화를 사용할 때 가장 문제가 되는 점은 두 통화를 모두 뻬소라고 부르는 경우가 있기 때문이다. 하지만 뻬소라 함은 CUP, 모네다 나시오날을 이야기한다. CUC는 '꾹' 또는 '쎄우쎄'라고 이야기하는 것이 일반적이다. 이 책에서는 CUP의 경우는 'MN', CUC의 경우에는 'CUC' 로 표기하도록 하겠다.

CUC와 MN의 사용

최근 들어 CUC와 MN의 경계는 모호해졌다. 내국인들이 주로 이용하는 상점에서도 CUC로 구매할 수 있고 상점 내에 CUC/MN간의 환율표를 붙여 혼란을 피하려는 곳도 많다. 쿠바인 입장에서도 MN로 지불해야 하는 곳보다 CUC로 더 지불해야 하는 곳들이 오히려 더 많은 형편이다. 현재 상황으로는 여행자들이 굳이 CUC를 MN로 바꿔서 다녀야 할 이유는 없는 듯하다. 단 지방 도시에서 저렴한 길거리 음식이나 아이스크림, 음료 등을 사 먹을 때 좀 더 유용하게 사용되는 일이 있을 뿐이다. 따라서 라 아바나라면 굳이 CUC를 MN로 환전할 필요는 없겠다.

다만, 피곤하더라도 적혀 있는 가격표가 MN인지 CUC인지 확인하고, 거스름돈을 받을 때 환율에 맞게 거슬러 받고 있는지는 신경 써야 하는데, 사실 환율이나 가격 감각에 익숙해지기 전에는 어쩔 수 없이 조금은 거스름에서 손해를 보게 된다. 일반적으로 MN로 판매하는 가게에서는 1CUC를 23MN나 24MN로 환전하여 거슬러준다. 공식 환율은 1CUC=25MN이지만, 공식 환전소에서 환전 시에 1MN를 수수료로 부과하기 때문에 생활 환율은 1CUC=23~24MN로 책정되고 있다.

환전

입국 전 환전 준비

국내에서는 쿠바 화폐로 환전이 불가하므로, 쿠바 입국 전에 쿠바 내에서 환전이 가능한 외환을 준비해야 한다. 쿠바 내에서 환전이 가능한 화폐는 미국 달러 USD, 캐나다 달러 CAD, 유로 EU, 영국 파운드 GBP, 스위스 프랑 CHF, 멕시코 페소 MXN, 일본 엔 JPY 등인데, 미국 달러 외에는 변동 환율이 적용되기 때문에 어떤 통화가 유리하다고 단정 지어 말할 수 없다. 꼼꼼히 따져보고자 한다면 쿠바 중앙은행 웹 사이트(www.bc.gob.cu)에서 비교해 보는 방법이 있다. 미국 달러의 경우 쿠바 내에서 환전 시 10%의 페널티를 별도로 물어야 하므로 피하는 것이 좋다.

쿠바 내 환전

관광객이 많이 찾는 곳이나 시내에서 어렵지 않게 환전소인 까데까 CADECA를 찾을 수 있다. 까데까마다 열고 닫는 시간이 다르므로 자주 찾게 되는 까데까는 문 여는 시간을 숙지하고 있는 것이 좋다. (주요 장소의 까데까 위치는 각 지도에 표시해 두었으므로 참고하도록 하자.) 까데까에 도착하면 보통 줄이 늘어서 있고, 현관에서 경비원이 실내가 붐비지 않도록 입실 인원을 통제하므로 기다렸다가 입장하면 된다. 외환은 CUC로만 환전이 가능하고, 필요 시 CUC로 환전 후 다시 MN로 환전이 가능하다. 외환, CUC간 환전 시에는 여권을 소지하여야 한다. 당연한 이야기지만, 그때그때 적당한 금액만 환전하는 것이 좋다. 일부 은행에서도 환전 업무를 하고 있으며, 사적으로 환전하는 것은 불법이다.

1. 오비스뽀 거리 두 곳의 까데까는 늘 붐비는 편이다. 기다리기 힘들 때에는 산 프란씨스꼬 광장 근처 Los oficios 거리의 까데까로 가면 나은 경우가 많다. 현지인들이 자주 오지 않는 곳이라 상대적으로 한산하다.
2. 까데까나 에떽사는 오전과 점심시간에 가장 붐빈다. 오후 2~4시에 가면 더 빠른 경우가 많다.
3. 일부 호텔 로비에서도 환전이 가능하나 환율은 까데까보다 박하다. 그래도 시간이 촉박한 상황이라면 대기 시간이 짧은 호텔을 이용해 보자(호텔에 따라 투숙객에게만 환전 서비스를 해주는 예도 있다. 그럴 때는 지체하지 말고 다른 호텔을 찾아보자).

쿠바 내의 숙소는 크게 호텔과 까사 빠르띠꿀라로 나누어진다. 까사 빠르띠꿀라는 다른 나라의 게스트하우스와 같은 개념이다. 다만, 쿠바에서는 까사 빠르띠꿀라를 정부에서 좀 더 철저히 관리하고 장려하고 있다는 것이 차이라면 차이일 것이다. 큰 돈벌이가 없는 쿠바 일반인들에게 까사 빠르띠꿀라는 좋은 수입원이 되고 있고, 쿠바의 부족한 관광시설 문제도 해결하고 있어 쿠바로서는 일거양득이라 할 수도 있겠다. 쿠바에서는 까사 빠르띠꿀라의 마크를 별도로 만들어 임대가 가능한 집은 건물 밖에 붙여두고 관광객들이 쉽게 알아볼 수 있도록 하고 있다.

호텔

최근 시내의 경우 고급 호텔은 1박에 300CUC을 넘고 있으며, 중급 호텔의 가격도 150CUC 이상으로 비싼 편이다. 저렴한 호텔도 있지만, 이러한 곳들은 시설물이 한국 관광객의 기대에 크게 못 미치는 수준이다. 2016년 이후로 새로 가세한 미국 관광객들의 수요에, 기존의 관광객 증가 추세 덕에 쿠바 내의 호텔은 특수를 톡톡히 누리고 있다. 하지만 관광객으로서는 비싼 가격을 주고도, 기대에 미치지 못하는 시설을 이용해야 하는 상황이라서 호텔은 그리 추천할 만한 숙소가 아닌 것이 사실이다. 그런데도 신혼여행이나 기념할 만한 여행이어서 호텔 숙박을 선호한다면, 부티크 호텔들을 노려볼 필요가 있다. 10~20개 사이의 객실을 운용하고 있는 부티크 호텔들은 적당한 가격에 나쁘지 않은 서비스와 운치를 제공하고 있어 오히려 만족도가 높다.

휴양지의 올 인클루시브 또한 2016년 이전보다 가격이 많이 올라 있어 한때 유명했던 저렴한 가격은 이제 지난 일인 듯 보인다. 하지만, 코발트 빛 해변에서의 올 인클루시브 호텔의 경험은 놓치기 아까우므로 웬만하면 고려해볼 것을 추천한다.

라 아바나의 부티크 호텔들

PALACIO DEL MARQUES DE SAN FELIPE Y SANTIAGO DE BEJUCAL
ARMADORES DE SANTANDER
BOUTIQUE SUENO CUBANO
HABANA 612
MARQUES DE PRADO AMENO

호텔 예약하기

쿠바의 호텔을 예약할 때는 분명히 문제가 생길 것이고 그것을 받아들이겠다는 마음가짐을 갖춰야 한다. 무슨 문제든 하나는 발생하기 마련이니 마음을 편안히 갖고 예약이 제대로 되지 않았을 경우의 대안까지 미리 생각해두는 것이 현명하다. 안타깝지만, 쿠바는 아직 손글씨로 움직이는 나라다. 호텔에 직접 컨택하기도 힘들어 여행사를 통하는 것이 오히려 더 나은 방법이며, 나중에 하소연이라도 하려면 가능한 여행사를 통할 것을 권한다. 쿠바 내에서 휴양지의 리조트 호텔을 예약하려면 큰 호텔의 로비로 가보자. 큰 호텔의 로비에는 대부분 여행사 데스크가 있으며, 그곳에서 호텔이나 투어 예약이 가능하다.

호텔 나시오날　　　호텔 빠르께 쎈뜨랄　　　호텔 아바나 리브레　호텔 카프리

까사 빠르띠꿀라

ARRENDADOR DIVISA

관광객이 있는 곳이라면 어디서나 어렵지 않게 까사 빠르띠꿀라 마크를 찾을 수가 있고, 비수기 지방 도시의 경우에는 각 까사의 주인들이 버스 터미널까지 나와 관광객 쟁탈전을 벌이는 진풍경을 볼 수도 있다. 까사 역시 2016년 이후 가격이 많이 오른편으로 저렴한 경우 밖에 15CUC까지도 찾아볼 수 있지만, 보통 25~30CUC, 조금이라도 좋은 위치의 방은 40~50CUC도 많다. 그나마도 집이 멋있거나, 서비스가 좋기로 유명한 집들은 거의 1년 내내 예약이 되어 있는 상황이라서 좋은 위치의 까사를 구하는 일이 그리 만만치 않다. 한국에서 쿠바로 이동을 하다 보면 경유지에서 체류를 하지 않는 한 대부분 늦은 시간에 쿠바에 도착하게 된다. 대부분의 쿠바 여행자들이 숙소 예약을 꼭 하고 가야 하느냐고 묻는 경우가 많은데, 언제나 대답은 도착하는 날의 숙박은 해결하고 출발하라는 것이다. 스페인어를 사용하는 낯선 나라의 시내에서 멀리 떨어진 공항에 밤 늦게 도착했을 때 느끼는 막막함은 상상 이상이다. 다른 관광 도시들처럼 저녁에도 불빛이 번쩍이고 공항 인터넷을 이용해 우버 택시를 불러서 원하는 곳으로 가는 그림은 있는 것이 좋다. 유명한 호야까나 까사만 찾아가지는 마음으로 꽉 들어찬 호야까나를 찾아가서 결국에는 막막한 마음으로 늦은 밤 무거운 짐과 함께 어두운 골목으로 들어서는 여행자를 한두 번 본 것이 아니므로 일단 첫 번째 숙소는 좀 비싸다 싶어도 예약을 하는 편이 좋다. 각 까사의 사정에 따라 간단한 조식을 줄 수도 있고, 별도의 금액 추가와 함께 조식, 석식을 판매하는 경우도 있다. 빨래를 요청할 경우 보통 1회 한 바구니에 5CUC 정도를 받는다. 친절한 가족을 만나 그들과 식구처럼 지내는 경험은 쿠바 여행이 가지는 하나의 큰 장점이다.

까사 침실

까사 거실

까사 빠르띠꿀라 예약 가능 사이트

CUBA
쿠바 교통수단

도시 내의 교통수단은 각 도시편에서 다루기로 하고 이곳에서는 도시 간을 이동할 때 이용가능한 교통수단을 다루기로 하겠다. 쿠바는 주요 도시간의 교통수단은 정비가 되어 있으나 주요 도시와 마을 간, 각 마을 간의 교통수단은 여행자들에게 쉽지 않은 도전과제이다. 그나마 주요 도시와 마을 간은 시간표에 따라 움직이는 차량이라도 있지만, 각 마을로 이동해야 하는 경우는 운에 맡기거나 돈을 좀 더 주고 개인 차량을 택시처럼 고용해야하는 등 까다로운 상황이 빈번하게 일어나게 된다. 그러므로 여행을 떠나기 전 교통수단은 미리 확인할 수 있다면 충분히 확인할 필요가 있다.

비아술 버스(주요 도시 간 이동 시)

도시 간을 이동하는 비교적 고급스러운 고속버스로, 주로 관광객들이 이용한다. 여행사 전세버스와 함께 관광객들이 가장 많이 이용하는 교통수단이며, 전국의 주요 도시를 연결한다. 지역에 따라 일반 고속버스터미널과 비아술 버스터미널이 다를 수가 있으니 지도에서 미리 확인해야 한다. 라 아바나에서는 가장 가까운 라스 떼라사스에서 가장 먼 싼띠아고 데 꾸바까지 운영되고 있다. 시즌에 따라 시간표가 변동되니 비아술 버스터미널에서 미리 시간표를 확인할 필요가 있고, 성수기에는 예약 하지 않으면 표가 매진되기도 하니 귀찮더라도 사전에 터미널을 방문하여 예매하자. 전화 예약은 불가하고, 탑승 시각 전에 터미널에서 미리 체크인을 해야 한다. 48인승의 경우에는 내부에 화장실, 에어컨이 있고, 약 2시간마다 휴게소에 들른다. 쿠 바 여행의 막연함 때문인지 많은 여행자가 쿠바 세부 일정은 쿠바에 입국하고 나서 결정하는 경향이 있지만, 세부 일정이 계 획이 되어 있다면 비아술 홈페이지(www.viazul.com)에서 예약해보자. 물론 예약이 잘 되었다고 끝까지 안심하지는 말자.

비아술 터미널

비아술 터미널 탑승게이트와 비아술 버스

> **TIP**
> ## 바이술 터미널 가는 법
>
> 아바나 비에하와 베다도에서 27번 버스를 타면 갈 수 있 다. 일반 택시는 10-15CUC, 꼴렉띠보 택시는 한번에 가 는 노선이 없으나 흥정하면 3-5 CUC 정도에 갈 수 있다.

옴니버스 나시오날(주요 도시 간)

현지인들이 이용하는 도시간 고속버스로 가격이 저렴하나 외국인들은 이용할 수 없도록 되어 있다.

꼴렉띠보 택시(주요 도시 간)

각 도시의 터미널 인근에는 같은 지역으로 이동하는 관광객들을 모아 비아술 버스보다는 비싼 가격으로 해당 도시까지 태워주는 꼴렉띠보 택시들이 있다. 라 아바나 시내를 이동하는 오래된 택시와 같은 수준의 차량으로 비아술 버스보다 좀 더 빠르게 원하는 목적지까지 이동할 수 있다는 장점이 있지만, 주요 관광도시로만 이동하고 인원이 맞지 않으면 가지 못 하거나 더 많은 돈을 내야 하는 등 까다로운 점은 있다.

까미옹(주요도시 마을 간 or 각 마을 간)

도시와 마을간 혹은 마을과 마을간을 다니는 트럭 버스로 버스터미널에서 'Porteador privdo'라는 표시가 있으면, 까미옹일 가능성이 있으므로 각오해두는 것이 좋다. 거리에 따라 가격이 다르지만, 일반적으로 비아술 버스보다는 한참 저렴하다. 까미옹은 개조된 트럭이라서 손잡이나 좌석이 제대로 구비되어 있지 않아 꽤 불편하다.

까미옹

여행사 전세버스

여행사 전세버스

여행사 전세버스(주요 도시, 리조트 간)

여행사의 여행상품을 신청할 경우 전세버스로 이동하는 경우가 있다. 주로 당일 투어나 리조트행일 경우 이용하게 되며, 쿠바내에서 운용되는 버스 중에서는 가장 나은 시설이 구비되어 있다. 48인승의 경우 화장실이 있고, 대부분 영어가 가능한 안내원이 함께 탑승하며, 때에 따라 각 도시의 원하는 목적지에서 내려주기도 한다. 비아술 버스가 다니지 않는 리조트에서 라 아바나나 주요 도시행 버스를 여행사에서 운영하기도 한다. 휴게소나 여행지에서는 똑같이 생긴 여러 대의 전세버스들이 정차하게 되므로 자신이 탑승한 버스의 번호는 기억해두는 것이 좋다. 라 아바나에서 산띠아고 데 꾸바까지 이동하며 경유 도시에서 정차하는 여행사 전세버스를 이용 그 외에에 ㅡ바이어 이용할 수 있겠다.

항공

쿠바의 국내선은 Cubana Aerolinea와 Aerogaviota, Aero caribean이다. Cubana 항공은 일부 주요 도시로만 운행하고 있으며, 주로 국제선에 집중하고 있고 기타 관광지로의 라 아바나에서의 직행편은 나머지 항공사가 담당하고 있다.

Cubana Aerolinea

라 아바나 – 올긴, 라 아바나 – 산띠아고 데 꾸바, 라 아바나 – 관따나모, 라 아바나 – 까마구에이

Aerogaviota

라 아바나 – 까요 라스 브루하스, 라 아바나 – 산띠아고 데 꾸바, 라 아바나 – 올긴, 라 아바나 – 바라꼬아

Aero Caribean

라 아바나 – 누에바 헤로나, 라 아바나 – 라스 뚜나스, 라 아바나 – 바야모, 라 아바나 – 모아, 라 아바나 – 산띠아고 데 꾸바, 라 아바나 – 올긴, 라 아바나 – 까요 쓰쓰, 라 아바나 – 바라꼬아, 라 아바나 – 까미구에이

이상의 리스트가 각 항공사의 홈페이지에서 취항을 한다고 하는 비행편이지만, 정확한 것은 여행을 갔을 때 해당 항공사 사무실에서 직접 확인을 해야한다. 자체 시스템과 인터넷 상의 정보가 다르거나 알려져 있는 것과 실제 운영하는 내용이 다른 경우가 많은 쿠바이기 때문에 비행편에 있어서 일정을 웹 상의 정보에 의존해서 정하다가는 실수가 생기기 쉽다. 오리엔떼 지방(산띠아고 데 꾸바, 바라꼬아, 라스 뚜나스 등)은 너무 멀어 차량 이동이 힘들기에 비행편 이용을 고려해보는 것도 좋은 방법이다.

기차

각 주도에서 기차를 이용할 수 있다. 다만 기차의 경우는 비아술처럼 관광객을 배려하는 서비스 시설이 갖추어져 있지 않아 관광객들은 많이 이용하지 않는 상황이다. 라 아바나의 경우는 아바나 비에하의 중앙역 근처에 있는 르 꾸브레 스테이션 Le Coubre station에서 기차표를 살 수 있다. 기차로 이동할 수 있는 주요 도시는 다음과 같다. 라 아바나, 삐나르 델 리오, 아르떼미사, 마딴사스, 시엔푸에고스, 산따 끌라라, 상띠 스뻬리뚜스, 까마구에이, 라스 뚜나스, 올긴, 바야모, 산띠아고 데 꾸바, 관따나모, 그 외 소도시로도 연결편이 있다.

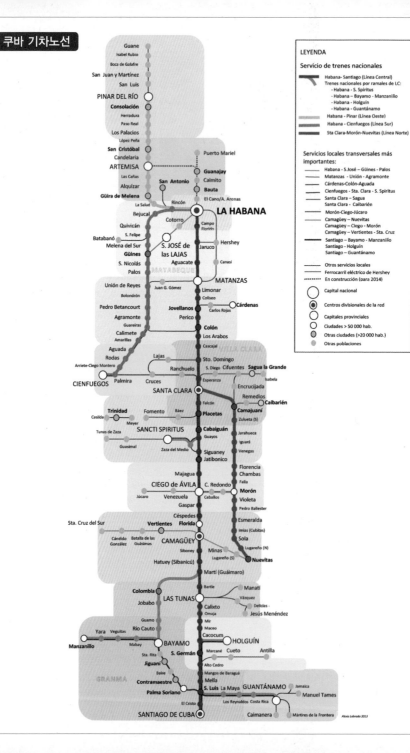

CUBA
영화 속 쿠바

쿠바에서 제작된 영화들 중에도 수작들이 많이 있지만, 한국에서 쿠바 영화를 구해본다는 것은 쉬운 일이 아니다. 미리 쿠바의 분위기를 엿볼 수 있는 기회가 부족하다는 생각에 아쉽기는 하지만, 대신 쿠바가 그려진 다른 나라의 영화들을 몇 편 소개해본다.

치코와 리타 Chico & Rita

매력적인 색채와 그림체, 포스터만으로도 눈길을 사로잡는 이 영화는 스페인과 영국의 영화사가 만든 쿠바의 음악과 사랑에 대한 영화이다. 츄초 발데스의 아버지이자 유명 쿠바 뮤지션인 베보 발데스가 음악을 담당하며 쿠바 음악의 깊이와 흥겨움을 더 하고 있다. 스토리 전개가 다소 급한감은 있으나, 1950년대의 쿠바와 지금의 모습을 사실적으로 담아냈다는 평을 듣고 있다. 영화에 등장하는 Tropicana는 아직도 운영되는 유명 카바레이고, Hotel Nacional 등 실제 장소를 그대로 그려내는 장면이 많아 유심히 살펴본다면 또 다른 재미를 느낄 수가 있다. 'Sabor a mí'라는 곡은 사실 멕시코 노래이다. 초노 파소스는 정말 그렇게 죽었다고 한다.

체 1 Che part 1

피델 까스뜨로와 체 게바라가 멕시코에서 만나는 장면으로 시작하는 이 영화는 체 게바라의 이야기를 담은 두 편의 시리즈 중 첫 번째이다. 천식으로 고생하며 산악지대에서 힘든 게릴라 생활을 계속하는 체 게바라의 모습을 보면 '혁명의 아이콘'이라는 명성을 쉽게 얻지 않았다는 걸 알 수 있다. 산따 끌라라 기차 습격 사건을 영화의 하이라이트로 그리고 있으므로, 산따 끌라라를 방문할 계획이 있다면 미리 봐두는 것도 좋겠다.

맘보 킹 Mambo King

안토니오 반데라스가 아직 신인이던 때 출연한 영화로 음악 영화에 가깝다. 두 뮤지션 형제가 구바를 떠나 미국에서 겪는 형제애를 담았다. 배경이 쿠바인 장면은 도입부 잠깐뿐이고 영어로 만들어진 미국 배경의 할리우드 영화이기 때문에 쿠바의 정취나 생활상을 엿볼 수는 없지만, 'Guantanamera', 'Perfidia' 등 사랑받는 쿠바 음악 등이 삽입되어 귀를 즐겁게 하며, 셀리아 크루즈가 등장해 쿠바 음악영화로서의 정통성을 인증하는 듯한 느낌을 주기도 한다. 형으로 출연한 아만드 아싼떼의 남성미 넘치는 호연이 가슴을 저미는 영화다.

CUBA
쿠바의 음악

아름다운 카리브해의 자연 조건만으로도 매력적인 쿠바이지만, 많은 관광객들이 쿠바를 찾고 또 쿠바를 특별하다고 여기는 이유 중 하나가 쿠바의 음악임에 틀림 없다. 1990년대 후반 '부에나 비스타 소셜클럽'이라는 다큐멘터리 영화와 음반으로 전 세계에 재조명된 쿠바의 음악은 여전히 쿠바의 인기 관광상품이다. 관광객들이 자주 들르는 Obispo 거리를 걷다보면 어디에선가는 끊임없이 부에나 비스타 소셜클럽의 노래들이 라이브로 연주되고 있다.

이브라힘 페레르 Ibrahim Ferrer

셀리아 크루스 Celia Cruz

아르뚜로 산도발 Arturo Sandoval

중남미 여러 국가들의 역사적 배경은 각각의 나라에서 독특한 음악장르를 탄생시키기도 했는데, 아르헨티나의 탱고 Tango, 브라질의 쌈바 Samba 그리고 쿠바에서는 쿠바 손 Son cubano과 룸바 Rumba가 대표적이다. 이후 쿠바 음악은 맘보, 볼레로, 차차차, 살사 등의 리듬으로 발전하여 오늘에 이르고 있으나 근래에는 같은 문화/언어권인 중미지역 타 국가와의 빈번한 음악적 교류 및 미국 팝문화의 영향으로 인해 젊은 층이 즐기는 음악에서 우리가 기대하는 쿠바 음악의 느낌을 찾기는 쉽지 않다.

잘 알려진 뮤지션으로는 부에나 비스타 소셜클럽으로 널리 알려지게 된 '이브라힘 페레르 Ibrahim ferrer', '꼼빠이 세군도 Compay Segundo', '오마라 뽀르투온도 Omara Portuondo' 등과 미국에서 왕성하게 활동했던 '셀리아 크루스 Celia Cruz', 아프로 쿠반 재즈의 전설적 피아니스트 '추초 발데스 Chucho Valdés', 10개의 그래미어워즈 수상과 그의 망명에 대한 이야기가 영화화 되기도 했던 재즈 트럼펫 연주가 '아르뚜로 산도발 Arturo Sandoval' 등이 있다. 젊은층이나 클럽에서는 빠른 비트의 살사 밴드들이 큰 인기를 얻고 있으며, '마크 앤써니 Mark Anthony'나 '빅토르 마누엘레 Victor Manuelle' 등의 중미권 대중가수들이 국경에 구애없이 많은 사랑을 받고 있다. 현재 사랑받는 쿠바 대중 뮤지션으로는 '로스 반반 Los vanvan', '아바나 쁘리메로 Habana primero', '핏 불 Pit bull' 등이 있다.

부에나 비스타 소셜클럽 Buena vista social club

한 때 쥬라기공원이 자동차 150만대를 수출하는 경제적 효과를 가지고 있다는 말이 한국 영화산업을 술렁이게 했던적이 있다. 그렇다면 부에나 비스타 소셜클럽이라는 영화와 앨범이 쿠바에게 가져다준 혜택은 어떻게 측정할 수 있을까? 게다가 1990년대 후반에 발표된 영화와 앨범의 매력은 주요 멤버들이 사라진 지금에도 여전히 관광객들을 쿠바로 불러들이고 있다.

한 때 '부에나 비스타 소셜클럽' 이라는 이름으로 명성을 얻던 가수와 연주자들은 1950년대 후반 공산주의 혁명 후 제대로 된 대접을 받지 못하고 점차 사라져갔다. 이후 젊은 세대들은 쿠바 재지나 쿠바 솔 바늘 팝과 빠른 비트의 살사에 관심을 보였고, 한 때의 뮤지션들은 40년이 지나 이미 흰머리를 휘날리며 구두를 닦아 생계를 유지하거나 발레 학원에서 반주를 하며 하루를 살아가고 있었다.

1997년 쿠바 음악에 관심이 많던 영화음악감독 라이 쿠더와 그의 아들 요하킴 쿠더는 그들을 다시 찾아 6일 만에 앨범을 한 장 만들어내게 된다. 그리고, '베를린 천사의 시, '파리, 텍사스'의 감독 빔 벤더스가 그들이 뉴욕 카네기 홀에 서게되는 과정까지를 담아 1999년 다큐멘터리 영화 '부에나 비스타 소셜클럽' 이 탄생하게 된다.

이브라힘 페레르의 기름기 없이 애절한, 오마라 뽀르뚜온도의 풍성한, 꼼빠이 세군도의 낮게 읊조리는 보컬들의 다채로움과 다양한 실력파 쿠바 연주자들의 끈끈하게 밀고 닦기는 리듬의 향연은 전 세계에서 600만 장이 팔리며 폭발적인 사랑을 받았다. 2000년 이브라힘 페레르는 72세의 나이로 그래미 신인 예술가상 받았고, 영화는 아카데미 다큐멘터리 부문 노미네이트를 포함해 그 외 여러 영화제에서 수상하게나 후보에 오르며 인기를 더하게 된다.

이후 같은 이름으로 활동하면서 많은 앨범들을 발매하고 꾸준히 해외 활동을 해왔으나 현재는 주축이던 꼼빠이 세군도나 이브라힘 페레르 등은 이미 세상을 떠났고, 남아있는 멤버들도 왕성하게 활동하지는 않고 있다.

사실 그들이 쿠바에 없던 새로운 음악을 한 것이 아니기에 당시에나 지금에나 쿠바 내에서의 반응은 전 세계적인 열광과는 조금 다르다. 실제로 쿠바 내에서 그들의 음악이 주로 들리는 곳은 관광객들이 자주 방문하는 곳인 경우가 많고, 일반 가정에서 그들의 음악을 일부러 듣는 풍경을 만나기는 쉽지 않은 것이 사실이다. 자국민에게 크게 사랑받지 못해도 관광객을 위해 지속되는 유사(?) 부에나 비스타 소셜클럽의 향연들이 조금 어색하기는 하지만, 오래된 나무의자에 차분히 앉아 꾸바 리브레 한 잔을 앞에 두고 그들의 연륜 넘치는 목소리를 듣고 있다 보면 어쨌든 역시 쿠바에 오길 잘했다는 생각이 저절로 들 수 밖에는 없다.

CUBA
쿠바의 춤

쿠바를 대표하는 춤이라면 당연히 살사지만, 정확히 살사가 쿠바에서 생긴 춤은 아니다. 쿠바 손 Son 리듬에 영향을 받아 뉴욕에서 '살사'라는 이름을 얻은 이 춤은 중미 대부분의 지역에서 추고 있는 춤이며, 살사에는 맘보나 룸바 등의 동작도 녹아있어서 딱히 경계도 정확한 편은 아니다. 다른 라틴 아메리카의 춤처럼 남성이 춤을 리드하고 여성은 기본동작들을 남성의 리드에 맞춰 추는 춤으로 많이들 알고 있는 아르헨티나의 탱고보다는 더 움직임이 경쾌하고 빠르게 추는 춤이다. 탱고는 서로가 몸을 거의 밀착해서 추는 반면에 살사는 서로 마주보고 반 보 정도 떨어져서 추는 것이 기본이다. (물론 밀착해서 추는 커플들도 있다.) 때문에 의외로 모르는 사이끼리 춤을 추기에도 부담이 없고, 경쾌하고 빠른 움직임 덕에 탱고의 농밀하고 정적인 아름다움과는 다른 재미를 가지고 있다 할 수 있겠다.

여성의 경우는 기본 스텝, 턴 동작, 간단한 몇 가지 피규어만 익히면 남자의 리드를 따라하는데 큰 문제가 없기 때문에 처음 배우는 데 오랜 시간이 걸리지 않아 쿠바에 춤을 배우러 오는 관광객들도 적지 않은 편이다. 남성의 경우 기본 스텝과 턴 동작 외에도 여러 가지 동작과 순서들을 익혀야 무리없이 리드를 할 수 있기 때문에 아무래도 여성보다는 배우기가 어렵다.

살사 외에도 쿠바에서는 아프리카의 영향이 진하게 남은 전통 춤과 젊은층에게 사랑받는 도미니카의 춤 바차타 Bachata, 쳐다보고 있으면 낯이 뜨거워지는 앙골라의 춤 키솜바 Kizomba 등을 추고 있으나 클럽이나 공연장에서 가장 쉽게 접할 수 있는 춤은 역시 살사이다.

CUBA
쿠바의 시가

쿠바의 시가가 유명하다는 걸 모르는 사람은 없을 것이다. 담뱃잎을 재배하기에 가장 좋은 날씨와 생산 공정을 수작업으로 진행할 수 있을만한 저렴한 인건비의 조합이 오늘날까지 이어지는 쿠바 시가의 명성을 유지할 수 있게 하고 있다. 담배와 시가의 가장 큰 차이점은 담배는 마른 담뱃잎을 분쇄해서 종이에 싼 것이고, 시가는 담뱃잎을 말린 이후 그대로 한 장 한 장 포개어 만든다는 것이다. 담배의 경우 브랜드마다 고유의 맛을 위해 화학적 첨가물이나 필터를 다양하게 이용하고 있지만, 시가는 별도의 화학첨가물을 이용하지는 않는다. 농장에 따라 담뱃잎 건조 공정 전에 꿀이나 과일주스 등에 담그는 과정을 거치고 있지만 모두 자연 첨가물이다.

꼬이바

시가를 피우는 법
시가는 담배와 달리 연기를 목 뒤로 넘기지 않고, 입 안에만 머금었다가 뱉어낸다. 취향에 따라 연기를 목 뒤로 넘기기도 하지만, 필터가 없어 진한 연기를 삼키는 것이 쉬운 일이 아니다. 시가는 향과 입 안에 남는 맛을 위해 피우는 것이므로 연기를 입 안에 잠깐 머금어 충분히 향을 느낀 후에 뱉어내야한다.

빠르따가스

시가 만드는 법
쿠바에서 가장 좋은 담뱃잎은 삐나르 델 리오 주의 비날레스 인근에서 재배되는 것으로 알려져 있으며, 그 중 가장 좋은 담뱃잎을 꼬이바 Cohiba 제소에 사용한다. 시가 한 대를 만들기 위해서는 10~12장의 담뱃잎이 사용되는데, 짧게는 6개월 길게는 3년을 숙성시켜야 하고, 온도 및 습도 등에 예민하게 유지해야 하므로 비싼 가격을 투정할 수 만은 없다.

몬떼끄리스또

시가 종류
쿠바 시가 최고 브랜드는 단연 꼬이바 Cohiba이다. 담배 농장별로 품질에 따라 꼬이바를 생산하는 농장과 몬떼 끄리스또, 빠르따가스 등을 생산하는 농장으로 나뉘는데, 언제나 가장 좋은 담뱃잎은 꼬이바에 사용되고 있다. 물론 가장 고가이며 종류도 다양하다. 빠르따가스와 몬떼 끄리스또가 꼬이바의 뒤를 잇고 있으며, 로미오 앤 줄리엣으로 알려진 로메오 이 훌리에따도 고급 시가로 취급되고 있다. 시가 전문점에 가면 꼬이바를 12-20CUC, 빠르따가스와 몬떼끄리스또가 7CUC, 로메오 이 훌리에따가 4CUC 선에서 판매되고 있다. 물론 각 브랜드마다 종류와 크기, 품질에 따라 더 고가의 제품들도 찾아 볼 수 있고, 관따나메라나 벨린다 등 저렴한 시가도 판매되고 있다.

시가를 살 때는
일단 길거리에서 시가를 파는 사람은 쫓아가지 말자. 친근하게 다가와 대부분 골목 구석의 집으로 데리고 간 후 강매하는 분위기를 조성하는데, 품질도 장담할 수 없다. 유명 호텔의 담배 전문점이 가장 종류가 다양하고, 온도 및 습도 조절을 통해 보관도 잘 하고 있다. 가격은 아르마스 광장의 가게나 베다도 23가의 가게가 조금 저렴하지만 큰 차이는 나지 않고, 오비스뽀 거리 바 플로리디따 바로 옆의 Casa del ron y tabaco cubano가 비교적 다양하고 적당한 가격의 제품들을 판매하고 있다.

CUBA
쿠바 꼭 가봐야 할 곳

①

②

③

쿠바의 수도인 '라 아바나'는 비 스페인어권에서는 'Havana' 라고 쓰이기도 한다. 하지만, 정확한 스페인어 명칭은 정관사 'La'를 포함하며 'B'를 사용하는 'La Ciudad de la Habana'이다. 마야베케 Mayabeke와 아르떼미사 Artemisa를 모두 포함하여 라 아바나 주였으나 현재는 모두 분리되어 라 아바나주는 없어지고, 라 아바나 시만 남아있다. 현지인들이 '라 아바나'라고 부르고 있으므로, 쿠바에서 의사소통의 편의를 위해 이 책에서는 '라 아바나'로 기술하겠다.

쿠바의 가장 큰 도시이며, 제국주의 시절에는 중남미의 금이 모여들던 곳, 한때는 미국의 관광객과 마피아들이, 지금은 북미와 유럽의 관광객들이 끊이지 않고 찾고 있는 이 곳. 도대체 왜 사람들은 계속해서 이 사으구 보이드는 것일까?

LA HABANA
라 아바나

➕ 라 아바나 알기

라 아바나는 1519년에 설립된 도시이다. 반만년의 역사를 가진 데다가 유사 이전부터 자연스럽게 마을이 형성되어 지금까지 이어져온 게 우리의 역사라서 도대체 도시가 설립되었다라는 개념이 어떤 것인지 잘 와닿지 않을 수도 있겠다. 그러니까 어느 건물도 없고, 숲과 나무가 가득한 땅에 사람들이 짐을 짊어지고 이동해서 개간하고, 다지는 동안 천막에서 먹고 자며, 집을 지어 살기 시작한 게 1519년이라는 뜻이다. 역시 상상하기는 쉽지 않다.

말레꽁의 오래된 건물

이전에는 아르떼미사 Artemisa 주와 마야베께 Mayabeque 주를 모두 포함해 라 아바나라고 호칭했으나 현재는 모두 나누어지고, 라 아바나는 특별시처럼 구분되어 있다. 라 아바나는 다시 15개의 행정구역으로 나누어져 있는데, 관광객들이 많이 찾는 '아바나 비에하'와 '센트로 아바나'는 이 행정구역 중의 하나이다. 두 곳 외에도 관광객들이 자주 찾게 되는 곳은 '쁘라사'와 '쁘라야', '아바나 델 에스떼' 등인데, 베다도는 쁘라사의 일부이고, 미라마르는 쁘라야, 쁘라야 델 에스떼는 아바나 델 에스떼의 일부구역을 칭한다.

많은 관광객들이 아바나 비에하, 센트로 아바나에 숙소를 정하고 있으며, 베다도에 묵는 관광객들도 비교적 많은 편이다. 아바나 비에하, 센트로 아바나 지역의 숙소는 명소가 가까워 이동이 편하다. 가격이 조금 더 저렴하다는 장점이 있으나 다소 지저분하고, 붐비는 곳이기에 번잡한 걸 싫어하는 여행자의 경우에 불만스러울 수도 있겠다. 베다도는 상대적으로 거리가 깨끗한 편이고 한산한데다가 드문드문 숨은 볼거리들이 있는 곳이며, 단점이라면 명소까지 걸어서 이동하기는 힘들고 숙소의 가격이 약간 비싸다 할 수 있겠다.

아바나 비에하, 센뜨로 아바나 지역은 도시가 처음 설립된 자리로 도시의 가장 오래된 구역이다. 현지인들 사이에서 '라'없이 '아바나'라고 하면 이 지역을 말한다. 식민통치 시절에는 아메리카 대륙의 금이 모여들던 곳으로 여러 곳에 자리 잡은 군사시설들과 성벽의 흔적들이 옛 기억을 머금고 있다. 그 때문에 오래된 건물들이 많고, 그 건물들이 제대로 관리되지 않은 채로 사람들이 살고 있어 빈민화되어 있는 곳도 있다. 실제로 이곳을 걷다 보면 관광구역과 빈민구역의 강렬한 대비가 어리둥절할 정도인데, 쉽게 이해가 가지 않는 이런 가시적인 경제적 불평등은 어쩌면 지금의 쿠바를 가장 잘 표현하고 있는 것일지도 모르겠다는 생각이 든다.

베다도 지역은 도시의 확장으로 인해 1900년대 초반에 계획적으로 확장된 구역이다. 1950년대 베다도는 지역 내의 유명 호텔들과 함께 일종의 전성기를 맞았었으나 사실 마피아와 관련이 깊었던 당시는 암흑기였다고도 할 수 있다. 1959년 혁명의 성공 이후로 베다도를 포함한 쁘라사 구역은 국가의 상업 및 행정의 중심지 역할을 담당하고 있다.

베다도 지역의 풍경

라 아바나 지역 구분 및 랜드마크

신 까를로스 요새
Fortaleza de San Carlos
de La Cabaña

모로성
Castillo de los
tres Reyes del Morro

대성당 광장
Plaza de la Catedral

아르마스 광장
Plaza armas

오비스뽀
Obispo

비에하 광장
Plaza vieja

San Pedro

중앙기차역
Estación Central
de Ferrocarril

HABANA VIEJA
아바나 비에하

까삐똘리오
El Capitolio

Ave de México Cristina

Maximo Gomez

에르마노스 병원
Hospital Hermanos
Ameleiras

CENTRO HAEANA
센뜨로 아바나

Zanja

Infanta

Arroyo

Avenida 20 de Mayo

Avenida de La Independencia

아바나 리브레
Habana libre

Infanta

Universidad
de la Habana
아바나대학교

Avenida 23

Avenida de los Presidentes

혁명 광장
Plaza de la revolución

Zapata

Calzada del Cerro

Durege

공항 방향

Avenida de la Independencia

VEDADO
베다도

Avenida Paseo

Avenida 23

Línea

말레꼰
Malecón

북쪽 방향

Calle 25

Avenida 23

프리스또발 공동묘지
Necrópolis Cristóbal Colón

비아술 터미널
Terminal de Ómnibus Viazul

N

34

라 아바나 드나들기

다른 나라에서 라 아바나로 들어오는 방법은 쿠바 입국방법편(P.681)에 간략하게 설명이 되어 있다. 쿠바 내의 다른 도시로의 이동은 베다도 남쪽 끝 부분에 있는 비아술 버스터미널에서 비아술 버스를 이용하는 것이 가장 일반적이며, 기차여행을 원할 경우 아바나 비에하의 중앙역에서 기차를 탑승할 수도 있다. 쿠바 내 대부분의 주요 도시에서 라 아바나로 비아술 버스가 왕래하고 있어 라 아바나행 교통편을 구하기는 비교적 쉬운 편이다. 정규 교통편 외에도 인근 주요도시의 터미널에서는 꼴렉띠보 택시도 왕래하고 있다.

라 아바나 드나드는 방법 **01** 항공

공항을 통해 라 아바나에 도착했다면 짐이 많은 경우가 대부분이기 때문에 택시를 이용하는 것이 가장 일반적이다. 공항 건물을 빠져나오면 노란 택시들이 대기하고 있다. 때때로 탑승 순번을 정해주는 사람이 있기도 하고, 없기도 하지만 어쨌든 택시는 그곳에서 타면 된다. 정가는 없지만, 보통 공항에서 베다도나 아바나 비에하까지 30CUC 정도에 이동할 수 있다. P12, P16번 버스가 공항 인근을 지나지만, 멕시코나 캐나다 노선이 주로 도착하는 3번 터미널에서 버스징류장까지 도보로 30분 정도가 소요된다. 무거운 짐과 피곤한 몸으로 어디인지 정확히 표시도 되어 있지 않은 버스정류장을 찾아 나서지 않기를 권한다. 그래도 택시비가 아깝다면, 택시를 같이 탈 일행을 찾도록 하자.

호세마르띠 공항 출국장

시내 교통

안타깝게도 쿠바는 대중교통이 잘 정비되어 있는 나라가 아니다. 그 중 사정이 가장 나은 라 아바나이긴 하지만, 그마저도 여행자가 처음 접하기에는 어려움이 많다. 여행안내소인 인포뚜르 Infotur에 가면, P노선 버스인 메트로 버스 Metro bus의 노선도를 무료로 구해볼 수는 있지만, 그마저도 정확한 노선이 표기되지 않아서 일단 근처로 가서 몇 블록 정도는 걸을 각오를 해야 한다.

도보

시내교통을 설명하면서 도보 이동에 대해 설명하는 게 좀 이상하긴 하지만, 쿠바라면 좀 더 걸어 다닐 수밖에 없다. 대중교통망이 촘촘하지 않고, 이마저도 이용하기 쉽지 않아 택시비 지출이 부담스럽다면 잘 걸어다닐 준비를 해야한다. 아바나 비에하 관광 시에도 걸어야 하는 길이 꽤 길기 때문에 신발은 가급적 편하게 신는 것이 좋겠다. 그리고 무엇보다 중요한 것은 지도, 라 아바나의 관광구역은 거리 표시가 잘 되어 있는 편이기에 거리명이 표기된 지도가 있고, 지도를 보는

데 어려움이 없다면 길을 잃지는 않겠다. 지도는 인포뚜르 Infotur에서 무료로 구할 수 있지만, 라 아바나 시내 지도는 인기가 많아 안타깝게도 재고가 없는 경우가 대부분이다. 하지만, 책에 시내 지도가 있으니 큰 걱정은 말자. 더 나아가 GPS가 작동되는 휴대폰용 혹은 패드용 지도앱을 다운받는 것을 추천한다. 의외로 쿠바 지도를 상세하게 옮겨놓은 지도 앱들이 몇 종류가 있다. 보유한 기기의 GPS 환경을 먼저 확인한 후 (Wi-Fi 신호로 위치를 확인하는 기기는 쿠바에서 무용지물이다.) 쿠바에서 제대로 작동만 된다면, 한시름 놓고 다닐 수 있겠다.

🚌 시내버스(구아구아)

메트로 버스와 옴니 버스가 있는데 큰 차이는 없다. 단지, 메트로 버스는 번호가 'P'로 시작하고 버스가 더 클 뿐 버스 요금도 0.4MN(한화 20원 정도)로 같다. 탑승 시 운전사에게 직접 돈을 건네야 하며, 거스름돈을 받을 수 없으니 미리 잔돈을 준비해야 한다. 버스를 탈 일이 있을 때마다 쿠바 지인에게서 가방을 앞으로 메라거나 지갑을 조심하라는 주의를 듣게 되는 걸 보면 소매치기가 빈번하게 일어나는 듯하니 주의하는 것이 좋다. 정류장마다 정류장 표시가 있긴 하지만, 정차하는 버스 번호가 제대로 적히지 않은 경우가 대부분이며, 체계 일반 버스인데 가 메너는 것도 쉽지나. 결론적으로 쿠바에 초행이고, 스페인어를 못 하는 여행사가 혼자서 시내버스를 타게 되는 상황은 그다지 권장할 만한 상황이 아니다. 까사 주인이나 인포뚜르에서 충분한 정보를 얻은 후 도전하도록 하자.

주요노선
27번 : 루즈 항 – 아바나 비에하 – 베다도(아바나 리브레) – 산 끄리스또발 공동묘지 – 비아술 터미널

P5 : 쁘라야 – 미라마르 – 리니아 – 베다도(코펠리아) – 말레꽁(센트로 아바나) – 항만길 루즈항

P11 : 알라마르 – 꼬히마르 – 모로성 앞 – 아바나 비에하 – 베다도(23가와 Ave. Presidentes 교차로)

P12 : 아바나 비에하 – 혁명광장 – 호세 마르띠 공항

P16 : 인메미헤이니스 냇커 – 베 다(큐펜리이) 혁명광장 – 호세 마르띠 공항

메트로 버스

옴니 버스

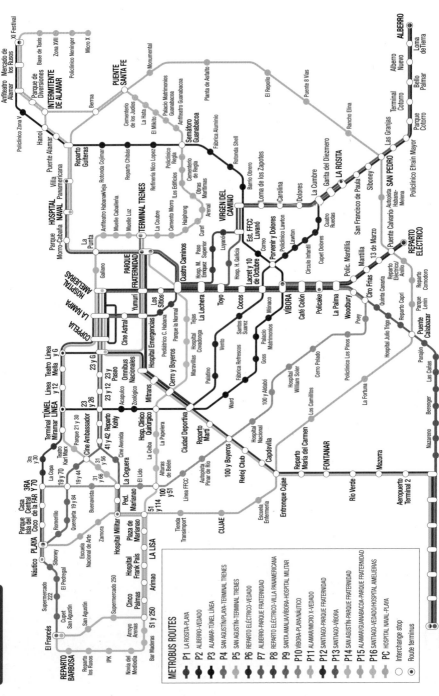

🚗 꼴렉띠보 택시(마끼나)

방법만 익힌다면 저렴한 가격에 가장 유용하게 이용할 만한 교통수단이 바로 라 아바나의 명물 꼴렉띠보 택시이다. 관광객들은 대부분 베다도와 아바나 비에하 간을 이동하기 때문에 특정 구간을 왕복하는 꼴렉띠보 택시는 한 번쯤 도전해 볼 만하다. 꼴렉띠보 택시는 방향이 같은 여러 사람이 함께 타는 합승 택시로, 가는 길 중간중간 새로운 승객을 태우기도 하고, 승객이 원하는 곳에서 내려주기도 하는 교통수단이다. 거의 일정한 구간을 왕복하기 때문에 원하는 목적지까지 갈 수는 없고, 근처에서 내려 조금 걸어야 한다. 예전에는 한 구간에 인당 10MN이었지만, 최근에는 정부에서 거리별 요금을 제시했다. 거리별로 10~15MN를 지불하면 되고, 계산이 복잡하다면 인당 1CUC짜리를 내고, 거슬러준다면 고맙게 받고 내리자. 꼴렉띠보 택시 차량을 구분할 수 있는 특별한 특징은 없다. 대부분 'TAXI'라는 표시를 어딘가에 붙이고 있기는 하지만, 없을 때도 있으므로 오래된 차량이라면 일단 손을 들어보고 차가 서면 방향을 이야기하면 된다.

꼴렉띠보 택시 타는 법

1. 아바나 비에하에서 베다도로 이동할 때

대성성씬 Paque Central 구차에서 Neptuno가를 찾다. 앴바드고인 Neptuno가에서 나루래바 니남이 히느 길 밑 쪼으 쁘를 새느다. 택시기사에게 베다도, 아바나 리브레라고 가는 방향을 이야기하고, 방향이 맞아 택시기사가 고개를 끄덕이면 빈자리에 탑승하자. 아바나 리브레 앞에 차가 서면 인당 차비를 주고 하차한다.

2. 베다도에서 아바나 비에하로 이동할 때

아바나 리브레 호텔의 23가 쪽 옆면으로 가서 말레꽁 방향으로 가는 꼴렉띠보 택시를 세운다(아바나 리브레의 바로 뒤편에서 우회전하는 때도 있으므로 이바나 리브레 건물이 있는 블록에서 택시를 잡는 것이 좋다). 택시기사에게 '까삐똘리오'라고 방향을 이야기하고, 택시기사가 고개를 끄덕이면 빈자리로 탑승한다. 까삐똘리오까지 가거나 가기 전 원하는 목적지에서 세워달라고 이야기하고, 내릴 때 인당 차비를 지불한다.

40~50년씩 된 꼴렉띠부 택시 차량은 이주 시끄럽고 꽃쫑 바닥에 구멍이 뚫려 있세 나. 사이드미러가 없는 경우노 있어 불안하기도 하다. 가끔 손님이 혼자면 기사가 목적지까지 데려다줄 테니 3CUC를 달라는 흥정을 해오기도 하고, 기사가 스페인어로 어디에 내려줄지 어디로 갈지를 묻기도 해 스페인어를 못하는 초

꼴렉띠보 택시

꼴렉띠보 택시 내부

행자는 충분히 당황할 여지가 있다. 그럼에도 기약 없는 버스나 비싼 택시보다 여러모로 장점이 있어 익숙해진다면 가장 속 편한 교통수단이기도 하다. 안타깝게도 공항이나 비아술 버스터미널까지 한 번에 이동하는 꼴렉띠보 택시는 없지만, 꼴렉띠보 택시를 세워서 택시처럼 데려다 달라고 흥정을 하면 일반 택시보다 싼 가격으로 이동할 수 있으므로 시도해보는 것도 좋다.

일반적인 택시요금

- 아바나 비에하 – 베다도(아바나 리브레 호텔) : 7~10CUC

  베다도(아바나 리브레 호텔) –비아술 버스 터미널 : 10~15CUC

  베다도(아바나 리브레 호텔) – 호세 마르띠 공항 : 30CUC

  아바나 비에하 – 호세 마르띠 공항 : 30CUC

택시

🚗 택시

경비에 여유가 있다면 택시를 타는 게 가장 편하다. 현재 라 아바나에 미터기로 운영되는 택시는 없고, 다양한 형태의 차량들이 택시 영업을 하고 있다. 정부에 허가를 맡은 후 개인이 영업하는 형태로 운영되며 노란색 택시, 흰색 택시, 검은색 택시 등 외양도 다양하다. 꼴렉띠보와 다른 점이라면 낡지 않은 세단이 대부분이고, 창문이 열리고 닫히며, 에어컨이 가동된다는 것이다. 큰 도로 어디에서나 택시를 잡을 수 있지만, 큰 호텔 주변에 가면 더욱 쉽게 찾을 수 있다. 미터기가 없어서 탑승하기 전에 기사와 택시비 흥정을 마쳐야 하는데, 시세를 잘 모르는 관광객들에게 일단 가격을 높게 부르고 보는 기사들이 많으므로 주의할 필요가 있다. 흥정을 위한 영어 정도는 기사들도 알고 있으므로 스페인어를 모르더라도 본인이 원하는 금액을 영어로 말할 수 있다면 흥정에 큰 지장은 없다.

투어 버스

라 아바나에서는 현재 2개 노선의 투어 버스가 운영되고 있으며, 각 버스의 주요 노선은 다음과 같다.

T1 아르마스 광장 – 중앙공원 – 리비에라 호텔 – 쁘레지덴떼 호텔 – 혁명 광장 – 꼴론 공동묘지 – 알멘다레스 공원 – 콜리 호텔 – 꼬빠까바나 호텔 – 뜨리똔 꼼플레호 – 라 쎄실리아 – 미라마르 무역센터 – 국립수족관

T3 중앙공원 – 요새 입구 – 비야 빤 아메리까나 – 비야 바꾸라나오 – 따마라 – 비야 메가노 – 호텔 뜨로삐꼬꼬

T1은 10CUC, T3는 5CUC를 지불하면 같은 노선을 하루 동안(저녁 6시까지 운영) 이용할 수 있는 탑승권을 준다(다른 노선을 교차로 이용할 수는 없다). 각 노선이 1회 투어에 2~3시간 정도의 시간이 소요되며, 짧은 일정일 경우 빠르게 라 아바나를 돌아보기에 유용한 교통수단이다. 별도의 매표 창구 없이 각 정류장에서 차량에 탑승하여 티켓을 구매하면 된다.

주요 정류장

중앙공원 잉글라떼라 호텔 건너편의 중앙공원에서 T1, T3 탑승이 가능하다.

아바나 리브레 호텔 아바나 리브레 호텔 앞길인 L 가를 따라 아바나 대학교 방향으로 약 50m 정도 걸어가면 왼편에 정류장이 있다. 이곳에서 T1 탑승이 가능하다.

호텔 뜨로삐꼬꼬 산따 마리아 해변을 방문하고 돌아올 때 주로 이용하며, 뜨로삐꼬꼬 호텔 건너편의 Las Terrazas가에서 T3 탑승이 가능하다.

TIP
주의

산따 마리아 해변으로 가는 T3노선의 경우 2층 투어 버스가 아닌 일반 관광버스가 이동하고 있으므로 버스 앞 유리창에 표시된 번호를 유심히 살펴보도록 하자.

그 외 교통수단

택시 루떼로 Taxi Rutero

꼴렉티보 택시처럼 일정한 구간을 이동하는 승합차량이지만, 그리 많이 다니지 않는다.

꼬꼬 택시 Coco Taxi

관광용으로 운행되는 택시로 거의 기본요금 3CUC로 가까운 거리를 이동한다. 가격대비 효율성이 떨어지고, 관광의 기능이 커서 교통수단이라고 보기는 어렵다.

꼬꼬 택시

비씨 택시 Bici Taxi

주로 아바나 비에하, 센트로 아바나 지역에서 운용되는 자전거 택시로 자전거 뒷좌석을 마차처럼 개조하여 운행한다. 외국인에게는 10블록 정도의 거리를 2~3CUC의 가격에 이동한다. 차가 다니지 않는 아바나 비에하 골목에서 더 걷고 싶지 않을때 이용할 수 있다.

골목 구석을 누비는 비씨 택시

클래식 투어카

주로 중앙공원 근처에서 관광객을 상대로 영업을 한다. 25~30CUC의 가격에 1시간 정도 클래식 무개차를 타고 라 아바나 시내를 돌아볼 수 있다.

투어 마차

라 아바나에서는 마차를 주 교통수단으로 이용하지는 않고, 관광용으로 이용하고 있다. 클래식 투어카와 마찬가지로 중앙공원 근처에서 탈 수 있으며, 가격은 1시간에 20CUC 정도다.

LA HABANA

HABANA VIEJA &
CENTRO HABANA

라 아바나
아바나 비에하 &
센트로 아바나

쿠바의 수도 라 아바나 La Habana의 가장 오래된 구역으로 라 아바나의 시작부터 현재까지를 한눈에 볼 수 있는 곳이다. 각광받는 관광지인 Obispo거리, Plaza Vieja 등과 라 아바나의 저소득층이 살고 있는 배후 주거지는 쿠바라는 이름의 예술 작품에 강렬한 색채를 더하고 있다.

아바나 비에하 & 센트로 아바나

N

모로요새
Catillo del Morro

산 까를로스 요새
Castillo de San Carlos

Avenida 1ra

Arret de Los Cocos

산 살바도로 요새
Castillo de San Salvador

하단 확대 지도 참고

Tunel de La Habana

Casa Omar

말레꽁 Malecón

Rosa's House

San Lazaro

Colon

Cuarteles

Colon

Tunel de La Habana

마세오 공원
Parque Maceo

San Lazaro

Lagunas

Manrique

Galiano

Aguila

Consulado

Industria

Cofon

혁명 박물관
Museo de la Revolución

Tejadillo

대성당 광장
Plaza de la Catedral

국왕군 성
Castillo de la Real Fuerza

아메이헤이라스 병원
Hospital Ameijeiras

Ánimas

Virtudes

국립미술관 (쿠바관)
Museo Nacional de Bellas Artes

Empedrado

아르미스 광장

Concordia

Neptuno

San Nicolas

Neptuno

Paseo de Marti

중앙공원
Parque Central

O'Reilly

Obispo

비스뽀 가
Obispo

Obrapia

산 프란시스꼬 광장
Plaza de San Francisco

San Miguel

Padre Varela

San Miguel

아바나 대극장
Gran teatro de la Habana

국립미술관 (국제관)
Museo Nacional de Bellas Artes

Teniente Rey

Aguacate

Habana

Mercaderes

러시아 오소독스 교회
Iglesia Ortodoxa Rusa

San Rafael

Amistad

까삐똘리오
Capitolio

비에하 광장
Plaza vieja

Dos Hermanos

루즈항

San Martin

빠르따가스 시가 공장
Fabrica de Tabacos Partgas

Avenida de Bélgica

Compostela

아바나클럽 럼 박물관
Museo del Ron Havana Club

Zanja

Cuchillo

Luz

Luz

쿠바 항만터미널

San Pedro

Salud

프라떼르니다드 공원
Parque de Fraternidad

Acosta

Cuba

San Ignacio

예수성심교회
Iglesia Del Sagrado
Corazon de Jesus

Simón Bolívar

빠올라 산프란시스꼬 교회
Iglesia de
San Francisco de Paula

que Barnet

Enrique Barnet

Corrales

Jesús Maria

Damas

Maloja

Apodaca

Gloria

Agramonte

Avenida de Bélgica

섹터 아그리꼴라 오에스떼
Sector agricola oeste
West agricultural zone

Leonor Pérez

Almacén
de Madera
y el Tabaco

Sitios

Sitios

주앙역
Estación Central de Ferrocarril

호세 마르띠 생가
La casa de Jose Marti

Mercado Artesanal
San José

Desagué

Figuras

Esperanza

라스 무라야스
Las Murallas

자동차 박물관
Depósito del automóvil

Hotel
Lincoln

혁명 박물관
Museo de la Revolución

Palacio
de la Artesanía

Cuarteles

N

Consulado

Industria

Avenida de Bélgica

Colon

Corcordia

국립미술관 (쿠바관)
Museo Nacional de Bellas Artes

Tejadillo

대성당 광장
Plaza de la
Catedral

Tunel de La Habana

까사 데 라 무지까

Aguila

Neptuno

Bar Asturias

Hotel Parque Central

라 보데기따
La Bodeguita
del Medio

Empedrado

Mercado
de Boulevard
de San Rafael

Casa
Joaquina

중앙공원
Parque Central

아바나 대극장
Gran teatro
de la Habana

Hotel Manzana
La
Floridita

O'Reilly

Longina

라 유비아
La lluvia
de oro

호텔
플로리다

Café Paris

아르마스 광장
Plaza Armas

국왕군 성
Castillo de la Real Fuerza

Barrio chino

국립미술관 (국제관)
Museo Nacional
de Bellas Artes

Casa
Miguel

인포뚜르

까사 델 론
Casa del
Ron y del
Tabaco

Nippon
Shokudo

까데까

에떽사

Patio de los
artesanos

Europa

Casa
Maikel

비스뽀 가
Obispo

Casa del cafe
La Taberna
del Galeon

Nao

빠르따가스 시가 공장
Fabrica de Tabacos Partgas

까삐똘리오
Capitolio

Casa
Faruk

Crepe
Sayu

Casa
Loretta

Casa
Ana María

Obrapia

San Ignacio

Oficlos

까데까

보자!

아바나 비에하 & 센트로 아바나

쁘라도 Prado 가를 중심으로 아바나 비에하와 센트로 아바나로 나뉘는 이 지역은 라 아바나에서 가장 오래된 지역이다. 가장 많은 관광객이 찾는 지역이며, 아이러니하게도 가장 가난한 지역 중 하나이다. 명소 대부분은 오비스뽀 거리와 광장 들이 모여 있는 아바나 비에하에 있고, 센트로 아바나에는 까삐똘리오나 차이나타운 등 드문드문 방문할 만한 곳이 자리 잡고 있다. 통칭 센트로로 불리는 이 지역에서도 가장 중심지는 중앙공원 Parque Central이라 할 수 있다. 아바나 대극장과 까삐똘리오가 바로 보이고, 센트로 지역 최대 호텔인 '호텔 빠르께 쎈뜨랄'이 자리 잡은 중앙공원은 지역 내에서 관광객들의 이동량이 가장 많아 택시, 꼴렉띠보 택시, 관광마차 등의 교통수단도 가장 많이 모여드는 곳이다.

추천 일정

첫째 날

- 까삐똘리오
- 아바나 대극장
- 국립미술관 (국제관)
- 오비스뽀 가
- 아르마스 광장
- 대성당 광장
- 국립미술관 (쿠바관)
- 혁명 박물관
- 말레꽁

둘째 날

- 중앙역
- 호세 마르띠 생가
- 구 성벽
- 빠울라 산 프란시스꼬 교회
- 럼 박물관
- 비에하 광장
- 프란시스꼬 광장

Habana Vieja & Centro Habana
첫째 날

일단 조금 걸을 각오를 하자. 아바나 비에하 지역의 경우 골목이 좁아서 차가 들어가기도 힘들고, 비씨 택시를 이용할 경우 관광객 요금으로 바가지를 씌우기 일쑤다. 먼저 중앙공원으로 가자. 아바나 비에하나 센트로 아바나에 있다면 걸어서 쉽게 찾을 수 있을 것이다. 일단 중앙공원에 도착하면 까삐똘리오와 아바나 대극장이 공원에서 멀지 않은 곳에 보인다.

까삐똘리오 / 아바나 대극장 Capitolio/Teatro Habana

1929년 당시 대통령인 마차도의 사업으로 미국 국회의사당을 본따 더 큰 규모로 만들었다는 이곳은 쿠바 정부의 과학기술부 건물로 사용되다가 2013년부터 현재까지 대규모 보수공사 중이다. 92m에 달하는 높이와 먼 거리에서도 규모 있는 돔형태는 도시의 랜드마크로서 역할을 담당하고 있다.

까삐똘리오

'알리시아 알론소라는 이름으로 다시 태어난 아바나 대극장은 저녁마다 밝혀진 조명으로 중앙공원 근처의 분위기를 한결 풍요롭게 하고 있다. 쿠바 국립발레단이 주로 사용하는 이 건물은 풍성하고 화려한 장식으로 오래된 건물들이 많이 자리 잡은 아바나 비에하 & 센트로 아바나 지역에서도 단연 눈에띄는 건물이다.

아바나 대극장

👣 국립미술관 국제관은 중앙공원을 가운데 놓고, 아바나 대극장의 건너편에 있는건물이다.

국립미술관 (국제관)

Museo Nacional de bellas artes 무세오 나시오날 데 벨랴스 아르떼스

국립미술관이라고 하지만, 박물관에 가까운 이곳은 해외의 미술품뿐만 아니라 유물도 전시해 두었다. 내부의 전시물들이 비교적 흥미롭지만, 유럽의 미술관에서 볼 수 있는 유명작들은 아쉽게도 부유하고 있지 않다. 스페인 식민 시절 유럽에서부터 들여온 16~20세기 초반 사이의 그림들을 보유하고 있으며 흥미롭게도 이집트, 로마, 아시아 등의 유물들을 일부 보유하고 있다. 기대하지 않고 입장했을 때에는 의외로 맘에 드는 작품을 발견할 수도 있겠고, 무엇보다도 건물 내부와 천장의 스테인드글라스 채광 창이 쿠바에서 쉽게 보기 힘든 분위기를 자아내고 있다. 국제관과 쿠바관을 나누어서 운영하고 있고, 쿠바관은 건물이 별도로 있으므로 혼동하지 않기를 바란다. 둘 중한 곳만 관람을 원할 경우 각각 5CUC의 입장료를 받으며, 함께 관람할 경우 8CUC이다.

👣 국립미술관 건물을 나와 오른쪽으로 20m 정도를 걸으면 바로 La Floridita라는바가 보인다. 그 앞 직진 방향으로 난 길이 오비스뽀가이다.

국립미술관 (국제관)

⌂ Cl. Obispo esq. a Agramonte
◷ **Open** 화~토 10:00~17:30
🎫 국제관 단독 관람 시 5CUC
　국제관+쿠바관 관람 시 8CUC
www.bellasartes.cult.cu

국립미술관 (국제관)

오비스뽀 거리

오비스뽀 거리 Calle Obispo 까예 오비스뽀

대부분의 교통편이 모여있는 중앙공원에서 아르마스 광장이나 아바나 성당 광장, 비에하 광장으로 가기 위해 관광객들이 가장 많이 지나게 되는 길이 바로 오비스뽀 거리이며, 그로 인해 식당이나 기념품점들이 집중되어 있는 곳이 이 거리이다. 라 아바나의 수많은 거리 중 관광객들에게 가장 유명한 이 길에는 각종 기념품점과 이름이 알려진 식당들뿐만 아니라 까데까, 에떽사, 서점, 의류점, 관광안내소, 까사 빠르띠꿀라 등 관광객들에게 필요한 많은 편의시설이 자리 잡고 있다. 아바나 비에하에 숙소를 잡고 느지막이 일어나 오전에는 Hotel Parque Central에서 인터넷을 이용하자. 점심은 La lluvia de oro나 Europa에서 오후에는 근처 광장을 구경하다 환전도 하고 저녁에는 Hotel Florida의 살사 클럽에 들러 즐기다 보면, 하루를 그냥 오비스뽀 거리 근처에서 보내게 된다 해도 그다지 아쉽지가 않겠다.

사실 아바나 비에하의 뒷골목을 다니다 보면 드문 동양인에 대한 낯선 눈초리를 종종 마주치는 경우도 있다. 비교적 안전하다는 라 아바나이지만 환전 후 현금을 몸에 지니고 있다거나, 약간 늦은 저녁 아바나 비에하에 있게 된다면 조금 돌아가더라도 오비스뽀 거리를 통해가는 것이 마음 편하다. 많은 식당들이 늦게까지 영업을 하고, 경찰들은 100m 정도의 간격으로 순찰을 하고 있기 때문에 불상사가 생길 확률도 낮다.

🚶 라 플로리디따에서 출발해 오비스뽀가를 따라 계속해서 안쪽으로 걷다보면 길이 끝나는 곳에 아르마스 광장이 나타난다.

아르마스 광장 Plaza de Armas 쁘라사 데 아르마스

'군대의 광장'이라는 이름이 다소 과격하게 느껴질 수 있는 이곳은 스페인 정복자들이 라 아바나에 도착해서 통치를 위해 건설한 첫 번째 광장이다. 그렇기에 이 곳의 주요 건물은 국왕군성, 총독관저, 부관관저 등의 통치 시설물이다. 이 땅의 역사를 어떻게 바라보느냐에 따라 다르겠지만, 어쩌면 얼마남지 않은 원주민들에게는 뼈 아픈 곳일 수도 있겠다. 유럽의 웅장한 건축물에 비하면 건축적 감흥이 덜 할 수도 있겠지만, 18세기 말 유럽 에 서 두세 달 동안 배를 타고 건너 온 기술자들이 부족한 도구와 재료들을 새 땅에서 새로 준비해 건물을 지어내 는 장면을 상상해본다면 간단히 '별로인데?'라는 감상만으로는 부족할 듯하다.

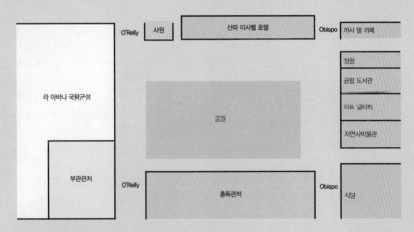

▨▨▨ **사원 El Templete** 라 아바나의 첫번째 미사가 진행된 장소이다. 매년 11월 15일, 라 아바나의 창립전야에는 사람들이 신전 안의 세이바나무를 돌며 소원을 빌기도 한다.

▨▨▨ **산따 이사벨 호텔 Hotel Santa Isabel** 이전에는 백작가문의 저택이었으며, 현재는 호텔이 운영되고 있다.

▨▨▨ **총독관저 Palacio de los Capitanes Generales** P.712 참조

▨▨ **부관관저 Palacio del Segundo cabo** P.712 참조

▨ **라 아바나 국왕군성 Castillo de la Real Fuerza de la Habana** P.713 참조

🏠 Plaza de Armas, Habana Vieja
🕐 Open 화~일 09:30~17:00
   Close 월요일
📷 3CUC
   사진촬영 시 5CUC 추가

총독관저 / 부관관저
Palacio de los Capitanes Generales / Palacio de Segundo cabo
빨라시오 데 로스 까삐따네스 헤네랄레스 / 빨라시오 데 쎄군도 까보

스페인군의 총독과 부관이 살던 집이 나란히 옆으로 서있다. 이미지가 쉽게 다가오지 않는다면 영화 〈카리브의 해적〉에서 총독의 사무실과 사택이 있는 곳이라 생각하면 좋지 않을까? (물론 영화에서는 영국군이다.) 혹은 〈조로 Zorro〉의 탐관오리가 살던 곳? (물론 조로는 멕시코가 배경이다.) 당시에는 해군이 가장 중요한 군사력이었기에 배가 자주 드나드는 만 근처에 광장을 세우고, 도시의 전체를 관장하는 총독의 관저도 이곳 아르마스 광장에 두었다.

열대식물인 두 그루의 야자수 나무가 정원에 시원하게 뻗어있고, 스페인 풍 건물이 이를 둘러싸고 있어 중미의 식민통치를 위한 건물이라는 독특한 분위기를 잘 보여주고 있다.

총독관저는 1776년에 이곳에 자리 잡았고 현재 내부는 도시 박물관 Museo de la Ciudad으로 사용되고 있다.

총독관저 / 부관관저

라 아바나 국왕군성

Castillo de la Real Fuerza de la Habana
까스띠요 데 라 레알 푸에르사 데 라 아바나

아르마스 광장이라는 이름에 걸맞게 부대 주둔지로 쓰이던 성이다. 큰 규모는 아니지만, 총독관저가 세워지기 이전에는 총독이 함께 주거했고, 현재는 항해사 박물관으로 사용되고 있다. 내부에는 당시 바다를 주름잡던 다양한 종류의 배를 모형으로 제작해 함께 전시하고 있는데, 그 수량과 정밀함은 놀라운 수준이라 아니할 수 없겠다. 갤리언선의 특징과 제작방법도 상세히 전시해 놓았고, 특히 1층에 전시된 '뜨리니다드 Trinidad 호'의 모형은 쿠바 문화재청의 야심작이라 할 만큼 섬세한 디테일을 자랑한다. 건물의 종탑까지 올라가 볼 수 있으며, 국왕군성에서 보이는 모로성과 싼 까를로스 요새로 이 곳이 당시 군사적 요지였음을 확인할 수 있다.

라 아바나 국왕군성

⌂ Plaza de Armas, Habana Vieja
○ Open 화~일 09:30~17:00
　 Close 월요일
▤ 3CUC
　 사진촬영 시 5CUC 추가

라 아바나 국왕군성

🚶 아르마스 광장에서 국왕군성 앞으로 난 O'Relly가를 따라 말레꽁 반대 방향으로 두 블록을 지나면 San Ignacio가가 나온다. 그곳에서 우회전 해서 한 블록만 가면 대성당 광장이 시작된다.

대성당 광장 Plaza de la Catedral 쁘라사 데 라 까떼드랄

대성당 덕분인지, 몰려드는 관광객들에도 불구하고 들어서면 차분함이 먼저 느껴지는 이 광장은 다른 광장들에 비해서는 아담한 규모이다. 다른 광장들에 비해 보존 상태가 좀 더 나은 이곳의 건물들은 옛 풍모를 그대로 간직하고 있는 듯해 더 고풍스러운 분위기를 느낄 수 있을 듯 하다.

아바나 대성당과 그 건너편에는 식민지 시절의 유물과 공예품들을 전시해 놓은 끌론 이르때 박물관이있고, 조금만 걸어나가면 쿠바의 현대 미술 일부를 엿볼 수 있는 '그래픽 실험실'이라 이름붙은 작업실이 있다.

아바나 대성당
Catedral de San Cristóbal de La Habana
까떼드랄 데 싼 끄리스또발 데 라 아바나

아바나 대성당은 1748년에 시작해 1777년에 완공되었다. 유럽의 성당들을 돌아봤던 사람들이라면 성당에 들어서자마자 무언가 용서받는 기분을 느껴본 적이 있을 것이다. 아쉽지만 이 대성당에서는 없던 죄도 사해지는 것 같은 그런 느낌을 느끼기는 쉽지 않다. 웅장함이나 화려함보다는 소박하고 친근한 느낌을 주는 내

대성당 광장

아바나 싼 끄리스또발 대성당

부이지만 바로크 양식의 현란한 전면부는 비교적 아담한 규모의 건물에 대성당으로서의 지위와 품격을 더하는 듯하다.

※ 아바나 대성당은 대성당 광장에 면해 있다.

그래픽 실험실
Taller experimental de grafica
따예르 엑스뻬리멘딸 데 그라피까

국립미술관과 함께 현대 쿠바 미술에 대한 흥미로운 관찰이 가능한 곳이 대성당 광장 구석에 있다. 전면에 식당들이 많이 얼핏 보면 식당 같아 보이시

그래픽 실험실

만, 내부로 들어가면 최근의 작업물들이 벽에 전시되어 있고, 가끔씩 출입 통제가 풀리는 내부에서는 쿠바의 예술가들이 직접 작업을 하는 모습도 볼 수 있다. 전시되어 있는 작품들에서 느껴지는 수준은 예리하지 않은 눈으로 봐도 거리에서 파는 기념품들과는 확연히 다르다. 관광객을 위해 현란하고 너무나도 쿠바스러운 그림들을 파는 기념품점들과는 다르게 현재 쿠바 예술가들의 작품을 감상하고 싶다면 들러볼 것을 추천한다.

※ 대성당 건너편 꼴론 아르떼 박물관의 왼편 깊숙한 곳을 보면 식당들 너머로 흰색 건물이 보인다.

국립미술관(쿠바관)

혁명 박물관

🚶 대성당 광장에서 대성당을 바라보고 바짝 다가가면 양쪽으로 나있는 길이 Empedrado가이다. 왼쪽으로 이 길을 따라 일곱 블록을 걷자. 걷다가 바다가 나왔다면 반대 방향으로 잘못 온 것이고, 왼편으로 작은 공원이 나왔다면 제대로 가고 있는 것이다. 일곱 블록 후에 나오는 현대식 건물이 국립미술관 쿠바관이다. Empedrado가에서 바라 봤을 때 건물의 입구는 반대편에 있으므로 우회전 한 번, 좌회전 한 번이면 건물 입구가 보일 것이다.

국립미술관 (쿠바관)

🏠 Cl. Trocadero e / A Agramonte y Bélgica
🕐 Open 화~토 10:00~17:30
🎫 쿠바관 단독 관람 시 5CUC
　국제관+쿠바관 관람 시 8CUC
www.bellasartes.cult.cu

국립미술관 (쿠바관)

Museo Nacional de Bellas Artes 무세오 나시오날 데 벨랴스 아르떼스

길거리의 그림만 보고 다닌다면, 자칫 쿠바의 미술 수준에 대한 오해를 안고 돌아갈 수도 있을 것이다. 국립미술관 쿠바관과 아주 간간히 만나게 되는 진지한 작가의 작업실을 보게 된다면 그들이 가지고 있는 쿠바 사회에 대한 문제의식과 찬란한 태양빛 아래에서 성장한 쿠바 미술가들의 찬란한 색채에 놀랄 수도 있다. 이 곳에는 주로 19C 후반에서 20C 중반까지 활동한 쿠바 미술가들의 작품을 전시해두었고, 다소 낯설지만 충분히 매력적인 작품을 어렵지 않게 찾아볼 수 있다. 국제관과 쿠바관을 나누어서 운영하고 있고, 국제관은 건물이 별도로 있으므로 혼동하지 않기를 바란다. 둘 중 한 곳만 관람을 원할 경우 각각 5CUC의 입장료를 받으며, 함께 관람할 경우 8CUC이다.

🚶 국립미술관 쿠바관을 나오면 바로 전시되어 있는 보트가 보인다. 그 보트가 유명한 Granma호이고, 그 너머로 보이는 건물이 혁명박물관이다. 혁명박물관의 입구는 쿠바관 입구에서 보이지 않는 건물의 반대쪽 면에 있다.

혁명 박물관 Museo de la Revolución 무세오 데 라 레볼루시옹

1920년대부터 대통령궁으로 쓰이던 이곳을 혁명 이후 혁명 박물관으로 사용하고 있다. 내부에는 쿠바 혁명과 관련된 자료들을 전시하고 있는데, 안타깝게도 스페인어로 된 설명뿐이라서 제대로 이해하는 데는 한계가 있을 듯하다. 전시관 너머 안쪽으로 들어가 보면 그란마 Granma 호가 외부에 전시돼있다. 쿠바에서 가장 유명한 이 배는 피델 까스뜨로와 체 게바라 그리고, 전 대통령 라울 까스뜨로를 싣고 1959년 비밀리에 쿠바에 상륙했다. 12명이 적정 탑승인원인 이 배는 개조 후 82명을 싣고 멕시코를 떠났는데, 실제 그 배의 크기를 본다면 82명이 어떻게 탑승할 수 있는지 의아한 기분이 들 수도 있다. 혁명과 관련된 쿠바 전역의 여러 박물관 중에는 가장 규모가 크고, 전시물도 많다. 그래서인지 입장료도 다른 박물관보다 특별히 비싸다.

말레꽁 Malecón

라 아바나에서 빼놓을 수 없는 명물, 말레꽁. 거센 파도를 잘게 부수기 위해 해안가에 설치한 빙파제를 '말레꽁'이라 하고 사람들은 이 길노 말레꽁이라 부느고 있다. 산 살바도르 요새부터 미라마르로 가는 터널 앞까지 6km 정도 되는 해안도로가 모두 말레꽁이다. 저녁이 되면 대부분의 구간에서 사람들을 찾을 수 있지만, 사람들이 가장 많이 모이는 구간은 쁘라도가가 말레꽁과 만나는 부분이나 베다도의 나시오날 호텔 앞쪽이다. 흐린 날에 방파제를 넘어치는 높은 파도, 저녁이면 나와서 사랑을 속삭이는 연인, 저녁마다 시원하게 불어주는 바람 등 말레꽁을 매력적으로 만들어 주고 있지만 저녁에 혼자 나갔다가는 뻘쭘함과 외로움만 느끼다 돌아올 수도 있으니 주의하기 바란다. 말레꽁 주변에는 최근 들어 고급을 지향하는 식당들이 점점 더 생겨나고 있다. 물론 가격은 관광객용으로 조금 비싼 편이다.

혁명 박물관

⌂ Cl. Refugio e/ A Agramonte y Bélgica
☎ 8624093, 8624094
○ Open 화~일 09:00~17:00
💵 8CUC

말레꽁

Habana Vieja & Centro Habana

둘째 날

라 플로리디따 앞에서 오비스뽀가와 직교하는 길은 Monserrate가이다. 라 플로리디따에서 Monserrate가를 정면으로 두고 봤을 때 왼쪽 방향으로 계속해서 15분 정도 걸으면 오른편으로 중앙역 건물이 보인다.

중앙역 / 호세 마르띠 생가 / 구 성벽

중앙역은 비록 건물 내부에 실망하더라도 외부만큼은 도시의 주요 시설로서의 품격을 뿜어내고 있다. 관광객들이 자주 이용하고 있진 않지만, 기차는 쿠바인들이 이용하고 있는 주요 교통수단 중에 하나이기에 건물 내부에서는 현지인들의 사는 모습도 조금 엿볼 수 있다. 관광객들은 이곳에서 기차표를 구매할 수가 없고, La Coubre라는 표지판을 쫓아 걷다보면 그리 멀지 않은 Del Puerto가의 사무실에서 표를 구매할 수 있다.

중앙역 건물 정면에서 1시 방향에서 Leonor Perez가를 찾을 수 있고, 그 거리의 초입에서 왼쪽에 호세 마르띠의 생가를 찾을 수 있다.

쿠바 전역에서 만날 수 있는 호세 마르띠가 태어난 곳이 중앙역 앞에 있다. 스페인계 부모 밑에서 첫째로 태어난 호세 마르띠는 쿠바의 스페인으로부터의 독립을 지지한다는 이유로 젊은 시절 자신의 아버지로부터 한동안 눈 밖에 나있었다고 한다. 이 집에는 호세 마르띠와 관련된 다양한 유품들을 전시해두고 있지만, 지구 반대편 나라의 독립 영웅이 한국인에게 얼마나 관심 있게 다가올지는 개인차에 따라 다를 듯하다.

중앙역과 호세 마르띠 생가 사이의 Bélgica가를 따라 오던 방향으로 100여 미터만 걸으면 오른편으로 오래된 성벽의 일부를 찾을 수 있다.

오래된 성벽

스페인 식민 통치 시절 라 아바나라는 도시를 만들고, 스페인군은 지금의 아바나 비에하 지역을 성벽으로 둘러쌓았었다고 한다. 이곳 라스 무랄랴스 Las Murallas는 이제 많이 남아 있지 않은 성벽의 흔적이다. 만 건너편의 산 까를로스 요새에서는 저녁마다 포격식을 진행하는데, 식민 통치시절 그 포격은 저녁이 되어 성벽의 문을 닫는다는 신호였다. 꽤나 넓은 지역을 성벽으로 두른다는 것이 지금에는 쉽게 이해할 수 없는 시스템이지만, 포격이 있고 성안으로 들어가려 분주히 움직이는 사람들을 상상해본다면 그 당시의 삶을 조금 더 유추할 수 있을 듯하다.

🚶 Bélgica가를 따라와서 성벽의 두 번째 조각을 지나면 가로로 놓인 길이 항만길 Del Puerto이다. 오던 방향에서 왼쪽으로 항만 길을 따라 계속 걸으면 멀리 만의 건너편이 보이고 색다른 풍경이 펼쳐진다. 7~10분 정도를 걸으면 작고 아담한 교회, 빠울라 산 프란시스꼬 교회가 보인다.

빠울라 산 프란시스꼬 교회
Iglesia de San Francisco de Paula 이글레시아 데 산 쁘란시스꼬 데 빠울라

이 아담한 작은 교회는 교회 자체의 아름다움과 주변의 시원한 풍경 앞을 오가는 사람들의 모습과 함께 라 아바나에서 손꼽을 만한 분위기를 만들어 내고 있다.
1670년내에 건축되었다가 허리케인으로 인해 1730년에 개축된 건물은 여느 산 프란시스꼬회의 교회처럼 수수하고 소박하지만, 단정한 아름다움을 뽐내고 있는 듯하다.

빠울라 산 프란시스꼬 교회

🚶 항만길 Del Puerto을 따라 계속해서 걷자. 주변의 풍경이 나쁘지 않아 심심하지 않을 듯하다. 약 600여 미터를 걸으면 왼편으로 금빛 나는 러시아 정교회 건물이 보이고, 그다음 블록에 럼 박물관이 있다.

럼 박물관 Museo del Ron 무세오 델 론

1층에는 럼 판매장, 바, 레스토랑이 있고 2층에는 전시실을 갖추고 있는 쿠바의 럼 브랜드 아바나 클럽의 럼 전시장. 영어가 가능한 가이드 투어도 함께 하고 있지만 투어로 이야기할 만큼 넓은 규모는 아니다. 1층 바 안쪽 벽면에는 럼을 이용한 12가지 칵테일 방법이 나와 있으니 알아두었다 숙소에서 직접 만들어 마시는 것도 괜찮겠다.

🚶 럼 박물관과 도스 에르마노스 식당 사이로 난 Sol가를 따라 골목 안쪽으로 두 블록 우회전해서 한 블록을 가면 비에하 광장이 나온다.

럼 박물관

비에하 광장 Plaza Vieja. 쁘라사 비에하

아바나 비에하의 여러 광장 중 사람들이 가장 많이 모이는 곳이 아닐까 한다. 특별히 유서깊은 건물이나 명소가 있다기 보다는 넓은 광장이 있어 사람들이 모이고, 사람들이 모이다 보니 광장 자체가 명소가 되었다. 이제 유명한 식당이나 전망대를 보기 위해 관광객들이 방문하는 곳이다. 광장 자체의 감흥은 좀 떨어질 수 있지만, 그렇다고 그냥 지나칠 수 없는 시끌벅적한 곳이 바로 비에하 광장이다.

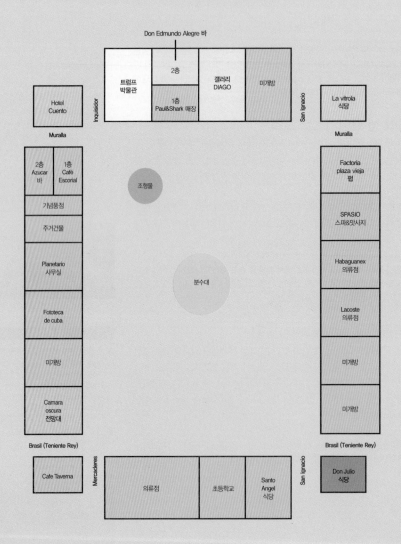

트럼프 박물관
한 때 카지노로 명성을 날리던 도시답게 각 종 특징있는 트럼프들을 한곳에 모아두었다. 넓지는 않으니 잠깐 들러볼 만한 곳이다.

갤러리 디아고 DIAGO
강렬하고 흥미로운 유화들을 모아 전시해 두었다.

라 비트롤라 La vitrola 식당
라이브 음악이 자주 들리는 이 식당은 노랫소리를 따라 많은 관광객들이 모여들고 있다.

팍또리아 쁘라사 비에하 Factoria Plaza Vieja

돈 훌리오 Don Julio 식당

까마라 오스꾸라 Camara Oscura 전망대
P.722 참조

꾸엔또 호텔 Hotel Cuento P.722 참조

2층 바 Don Edmundo Alegre 와 Azucar
비에하 광장을 내려다보며 간단하게 식사를 하거나 음료를 마시고 싶다면 건물 사이로 나있는 복도를 따라 계단으로 올라가 보자.

팍또리아 프라사 비에하 Factoria Plaza Vieja

줄을 서 기다려서라도 이 집 맥주를 마시려는 사람들이 있을 만큼 유명한 맥줏집이다. 직접 양조를 하는 곳으로 기다란 맥주 피쳐가 인상적이다. 비에하 광장에서 사람들이 가장 많이 모여있는 곳으로 한 눈에 찾을 수 있다.

돈 훌리오 식당 Don Julio

비에하 광장 내 식당 가격이 조금 부담스럽고, 멀리 가기에는 너무 배가 고프다면 돈 훌리오로 가자. 35MN 짜리 햄버거 하나와 35MN 짜리 부꺼네로 한 병이면 급한 끼니 정도는 때울 수 있다. 맛은 크게 기대하지 말자.

카페 에스꼬리알 Café Escorial

볶은 원두를 파는 가게로 더 유명한 카페 에스꼬리알. 하지만 볶은 원두가 있는 날보다는 없는 날이 더 많다.

돈 훌리오 식당

팍또리아 쁘라사 비에하에서는 빈 자리를 찾는 게 쉽지 않다.

까마라 오스꾸라 전망대에서의 풍경

까마라 오스꾸라 전망대 Camara Oscura

라틴아메리카에는 하나뿐이라는 암실 광학렌즈를 통해
비에하 광장과 주변을 실시간으로 볼 수 있는 흥미로운
기계 장치가 있다. Brasil가와 Mercaderes가의 모퉁이 건
물에서 엘리베이터를 타고 8층으로 올라가면 매표소가
있는데, 엘리베이터가 고장 났을 때는 가야 할지 고민해
보자. 레오나드 다 빈치의 기술로 만든 광학렌즈 외에도
건물 옥상에서 바라보는 비에하 광장과 라 아바나의 풍
경은 입장료의 가치 정도는 한다. 건물 앞에 매표소가 별
도로 설치되어 있다.

꾸엔또 호텔 Hotel Cuento

기약없는 보수공사 중인 호텔 꾸엔또

Muralla 거리와 Inquisidor 거리의 모퉁이에 심상치않은 건
물이 보수 공사 중에 있다. 1906년에 지어졌다는 이 건물
은 라 아바나의 다른 곳에서 찾기 힘들만한 현란한 장식
으로 치장되어 있다. 보수공사가 언제 끝날거 같냐는 질
문에 관계자는 "나도 모르겠다."고 대답한다. 언제가 되
었든 공사가 완료되면 라 아바나의 새로운 명소가 될 것
은 틀림없다.

🚶 비에하 광장에서 Mercaderes가를 따라 까마라 오스꾸라가 있는 방향으로 한 블록을 갔다가 우회전하자. 한 블록 너
머에 다시 광장이 보일 것이다.

산 프란시스꼬 광장 Plaza de Sán Francisco de Asís 쁘라사 데 싼 프란씨스꼬 데 아시스

라 아바나에서 가장 운치 있는 광장을 꼽으라면, 싼 프란씨스꼬 광장을 꼽겠다. 조금만 걸어가면 바다가 보이고, 광장도 도로와 면해있어 답답하지 않다. 상공회의소 건물과 싼 프란씨스꼬 교회 건물이 풍기는 고풍스러운 느낌이 광장의 요란함을 무게감 있게 감싸고 있어. 이런 곳에서 누군가를 기다린다면 상대가 약속시간에 좀 늦더라도 근처 커피숍에서 느긋함을 즐기며 기다릴 수 있을 듯하다

산 프란시스꼬 광장

아시스회 산 프란시스꼬 수도원

아시스회 산 프란시스꼬 수도원
Convento de Sán Francisco de Asís
꼰벤또 데 싼 프란씨스꼬 데 아시스

산 프란시스꼬 광장의 무게감을 더해주고 있는 이 수도원은 1730년대 완공되었으며 교회 건물과 수도원 건물이 함께 있다. 완공 이후 정부 공관, 식당, 병원 등 여러 가지 용도로 사용되다가 현재는 박물관으로 운영하여 종교의식에 사용되었던 기념물들을 전시하고 있다. 건물 외부는 마산/가치지만 내부가 화려하게 장식되어 있는 편은 아니다. 건물 안쪽 파티오에 있는 계단을 통해 위쪽으로 올라갈 수 있으며 종탑에도 오를 수 있어 산 프란시스꼬 광장과 일대를 조망할 수 있다.

상공회의소 Lonja del Comercio 론하 델 꼬메르시오

산 프란시스꼬 수도원과 함께 광장의 품격을 더하고 있는 이 건물은 1908년에 완공된 상공회의소 건물로 현재는 여러 회사들의 사무실로 이용되고 있다. 건물 내부로는 들어갈 수 있으나 사진 촬영은 금지하고 있다. 건물의 외부에 비하면 현대식으로 일부 리노베이션 하였으나 조화를 이루지 못하는 건물의 내부가 조금 안타까워 보이기도 한다.

성당 앞의 소각상

성당 앞의 조각상은 라 아바나에서 유명했던 한 노숙인의 쪼타생이라고 한다. '빌 Caballero de Paris'(빠리의 신사)라고 불렸던 이 인물은 자신을 빠리에서 왔다고 소개하며 거리를 돌아다녔고, 라 아바나의 시민들 또한 그를 사랑했었다 한다. 1980년 중반 그가 사망한 후, 한 조각가가 그를 기려 이곳에 그의 조각상을 만들어 놓았다. 그의 수염을 만지고 발을 밟으면 행운이 온다는 말이 있어 그렇게 포즈를 취하고 사진을 찍는 사람들이 많다.

상공회의소

아바나 비에하 인근 둘러보기

아바나 비에하 인근 ❶

엘 모로 El Morro

모로 요새와 산 까를로스 요새 그리고, 예수상이 이곳의 볼거리이긴 하지만, 이곳 엘 모로를 찾아야 하는 진짜 이유는 석양 무렵 이곳에서 바라보는 라 아바나의 아름다운 모습 때문일 것이다. 그런 이유로 이곳을 석양 나절에 방문할 것을 권하긴 하지만, 또 너무 늦으면 모로 요새 매표소가 문을 닫아 입장할 수 없기 때문에 조금 난감하긴 하다. 하지만, 모로 요새와 이곳의 석양도 빠뜨리면 후회할만한 라 아바

<table>
<tr><td colspan="2" align="center">엘 모로</td></tr>
<tr><td>💾</td><td>5CUC</td></tr>
<tr><td>📍</td><td>버스 쁘라도가와 말레꽁이 만나는 지점에서 P8이나 P11번을 타고 터널을 지나 바로 하차
배 루즈항에서 탑승</td></tr>
</table>

산 까를로스 요새 입구

이지남미 **724**

나의 명물이기에 이곳에 두 번 오게 되더라도 둘 다 볼 수 있기를 바라는 마음이다.

지도상에서도 알 수 있겠지만, 모로 요새와 산 까를로스 요새 그리고 산 살바도르 요새는 삼각형을 이루며 만의 입구를 지키고 있는 형상이다. 직접 요새의 높은 곳에 올라서보면 왜 이곳에 자리를 잡게 되었는지 이해가 더욱 쉬울 듯하다. 라 아바나항은 스페인 통치 시절 남아메리카에서 모아온 금을 스페인으로 이동시키기 위한 금 집결지로 활용되었고, 그 때문에 쿠바 섬의 남쪽 카리브해 지역과 이곳 라 아바나 지역에는 해적의 출몰이 잦았다고 한다. 〈피터팬〉이나 〈보물섬〉의 배경이 된 나라가 쿠바이고, 영화 〈카리브의 해적〉의 그 카리브 해가 쿠바의 남쪽 바다이니 이 지역이 한때 해적으로 얼마나 유명했을지는 짐작이 가능할 듯하다. 모로 요새와 산 까를로스요새는 입구가 별도로 나 있고, 입장료도 별도로 지불해야 하며, 산 까를로스 요새에서는 저녁 9시에 포격식을 거행하고 있다.

엘 모로 이동하기

1. 최근에 배를 타고 엘 모로가 있는 까사 블랑까 지역으로 건너갈 수 있는 선착장이 새로 마련되었다. 하나의 선착장에 까사 블랑까로 가는 배와 레글라로 가는 배, 두 노선이 있으니 잘 구분해서 까사 블랑까행 배에 올라타자.
2. 배에서 내려 위를 올려다보면 예수상이 보인다.
3. 멀지 않은 곳에 체 게바라의 집을 가리키는 간판도 찾을 수 있다. 여유가 있다면 둘러보자.
4. 예수상에서 뒤쪽으로 뻗은 길을 따라 왼쪽 방향으로 1km 정도 계속 걷다 보면 산 까를로스 요새의 입구를 찾을 수 있다.
5. 산 까를로스 요새를 나오면 출구에서 엘 모로가 보인다.
6. 엘 모로를 관람하고 바다 방향을 보면 터널과 도로가 있다. 도로가 난 방향으로 길을 따라 내려가면 버스 정류장을 찾을 수 있다. 이곳에서 타는 버스는 무조선 아바나 비에하를 지나게 되므로 버스를 이용해 터널을 건너가자.

*전체 여정이 반나절 정도 걸리고, 적어도 3km는 걸어야 하는 길이니 날이 너무 덥거나 컨디션이 안 좋다면 무리하지 않도록 하자.

아바나 비에하 인근 ❷

예수 성심 교회 Iglesia Del Sagrado Corazon de Jesus
이글레시아 델 사그라도 꼬라손 데 헤수스

쿠바의 교회들은 대부분 수수하고 친근한 디자인이라 실망스러웠을 수도 있다. 그렇다면 이 예수 성심 교회에서 조금 마음을 날래기 바란다. 유럽 굴지의 교회만큼 화려한 상식은 아니라도 구석구석 비어 보이지 않도록 채워진 장식과 스테인드글라스는 당신이 처전함을 조금은 날래줄 수 있을 듯하다. 내부나 외부 디자인, 종탑에 들어간 정성이 아바나 대성당에 뒤지지 않는 데다가 까삐똘리오와 함께 멀리서도 잘 보이는 몇 안되는 높은 건물이기에 충분히 방문해 볼 가치가 있다 하겠다. 단 주변에 이 건물 외에는 다른 볼거리가 별로 없어 마음을 먹고 방문해야 할 듯하다.

예수 성심 교회 이동하기

P4, P11, P12번 버스가 이 곳을 지난다. 프라떼르니다드 공원에서 버스를 탑승 할 경우 아바나 비에하에서 멀어지는 방향의 버스를 탑승해야 한다. 프라떼르니다드 공원에 서 도보로는 1km가 약간 못 되는 거리로 20분 정도 걸리겠다. 프라떼르니다드 공원에서 Simón Bolívar가를 앞에 두고 섰을 때 오른쪽 방향으로 Simón Bolívar가를 따라 걸으면 된다.

하자! ACTIVITIES

이 지역의 저녁 거리가 생각만큼 떠들썩하지 않아서 의아할 수도 있겠지만, 쿠바 사람들은 길거리에서보다는 건물 안에서 놀기를 좋아하는 편이니 여기저기 물어보고 잘 찾는다면 신나는 저녁을 보낼 수도 있겠다. 늦게까지 여는 식당에서 라이브를 해준다면 조용히 즐기기에 그만한 곳이 없다. 좀 더 시끄러운 저녁을 원한다면, 까사 데 라 무지까나 호텔 플로리다를 찾는 것이 가장 좋고, 호텔 빠르께 쎈뜨랄 내부에서는 '부에나 비스타 소셜클럽'의 타이틀로 공연 티켓을 판매하고 있으니 참고하자.

Casa de la Música 까사 데 라 무지까

누가 뭐라해도 이 동네 밤의 챔피언은 까사 데 라 무지까라 하겠다. 단 놀줄 아는 사람들에게는. 10CUC의 입장료는 다른 곳과 비교하면 조금 부담이 되지만, 밖에서는 쉽게 상상할 수 없었던 내부 홀과 쿠바의 다른 곳에서 찾기 힘든 대형스크린을 보면 '바로 여기구나.'하는 생각이 들기도 한다. 라 아바나에서도 잘 나가는 가수들이 지치지도 않고 2~3시간을 연달아 공연하는 이 곳은 오후 5시부터 새벽 3시 사이에 두 번 정도 공연을 진행한다. 본 공연 시작 1시간 전부터 입장이 가능하고, 늦게 갔다가는 자리를 잡지 못할 수도 있으니 그냥 제 시간에 가서 자리를 잡고 기다리는 것도 좋은 생각이다. 음악은 주로 빠른 비트의 살사 음악이며, 종종 일반 댄스 음악을 끼워넣어 살사를 못 추는 관광객들도 배려하고 있다.

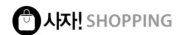

근처에서 까사 데 라 무지까라고 하면 누구나 길을 가르쳐 줄 것이다. 중앙공원 근처로 Neptuno가 지나간다. 그 Neptuno가를 따라서 오비스뽀가 있는 지역의 반대 방향으로 걷다가 다섯 번째 블록에서 우회전하면 간판이 보인다.

10CUC (공연 팀에 따라 변경 가능) Open 17:00~01:00 사이 2타임 공연(게시판 확인요)

Bar Asturias 바 아스뚜리아스

바 아스뚜리아스는 저녁 12시 정도는 되어야 활기를 띤다. 외국인들이 주로 찾으며, 제대로 분위기를 타면 사람들 사이에 끼어서 움직일 틈도 없을 정도다. 이런 곳에서도 제대로 스텝을 밟아가며 춤을 추는 쿠바 사람들의 '흥'이 대단하다.

Paseo del Prado e/ Virtudes y Animas
중앙공원에서 빠르께 쎈뜨랄 호텔의 정면을 보고 호텔의 왼쪽으로 쁘라도가를 따라 두 번째 블록 오른쪽이다.

사자! SHOPPING

사실 쿠바 전역에서 모두 비슷한 기념품을 팔고 있기 때문에 어느 지역의 특산품을 소개하거나 그 곳에서 꼭 사야할 것을 추천하기 힘든 쿠바이지만, 적어도 이곳에서는 다양한 품질과 다양한 가격대를 만날 수 있다. 큰 규모의 기념품점들이 몇 곳 있어 쇼핑하는 재미를 느낄만 하겠다.

싼 라파엘 시장 Mercado de Boulevard de San Rafael

기념품을 더 싼 가격에 사고 싶다면, 싼 라파엘가로 가보자. 싼 라파엘가는 주로 현지인들이 이용하는 상가로, 들어서자마자 오비스뽀와는 확연히 다른 분위기를 느낄 수가 있다. 가격은 더 싸고, 흥정도 하기 나름이지만, 품질은 각자 판단하기 바란다. 시장은 건물 안에 있고 따로 간판이 없으니 거리명으로 찾아보자.

Cl. San Rafael e/ Galiano y Aguila
빠르께 쎈뜨랄 건너편 잉글라테라 호텔과 아바나 대극장 사이에 난 길이 싼 라파엘가다. 그 길을 따라 Aguila가가 나오면 그 다음 블록 오른쪽 하늘색 건물 1층이다.
 Open 09:00~18:00 (점포별 상이)

수공예품 정원 Patio de los artesanos 빠띠오 데 로스 아르떼사노스

오비스뽀 거리의 작은 공예품 장터로 산호세 공예 시장까지 가기가 부담스럽다면 이 곳에서 물건을 사는 것을 추천한다. 흔히 다른 나라 관광지에서 판매하는 자석이 달린 기념품은 대부분 중국산인 경우가 많지만, 쿠바에서는 확실히 쿠바산이다. 그 만큼 손 때 묻은 느낌을 느낄 수가 있지만 아무렇게나 달려있는 자석을 보고 귀찮아하는 예술가의 고뇌와 예술혼을 함께 느낄 수 있으니 물건을 잘 살펴보고 구매하도록 하자. 비교적 다른 기념품점보다는 품질이 좋은 제품을 판매하는 편이다.

⌂ Cl. Opispo, e/ Compostela y Aguacate
라 플로리디따에서 출발해 오비스뽀가를 따라 안 쪽으로 걷다보면 네 번째 블록 오른편이다.

◎ Open 10:00~18:00

Longina 롱히나

오비스뽀 어디에서나 간단한 악기류들을 팔고 있지만, 롱히나에서는 더 다양한 종류를 찾아 볼 수 있다. 타악기나 기타 기념품이나 의류들도 판매하고 있다. 전문 악기점 수준은 아니니 너무 큰 기대를 하지는 않는 것이 좋겠다.

⌂ Cl. Opispo No.360/ Habana y Compostela
Floridito에서 오비스뽀 거리를 따라 안 쪽으로 걷다보면 왼편에 까데까가 있는 블록이다.

◎ Open 월~토 10:00~18:00, 일 10:00~13:00

Casa del Ron y del Tabaco
까사 델 론 이 델 따바꼬

시가와 럼을 살 곳은 많이 있지만, 이곳은 꼭 들려서 가격을 비교해보기 바란다. 매장도 비교적 넓은 편이고, 제품의 종류도 다양해 고르기에도 좋은 듯하다. 그리고 시가의 온, 습도를 맞춰가며 보관하는 오비스뽀가에서는 거의 유일한 가게이기 때문에 민감한 구매자라면 더욱 방문해볼 것을 권하겠다.

⌂ Cl. Obispo e/ Bélgica y Bernaza
오비스뽀가 라 플로리디따의 바로 옆이다.

Vueltabajero 부엘따바헤로

고급 시가를 아바나 비에하의 제대로 된 가게에서 사고 싶다면 호텔 내의 매장도 좋다. 온도 소설이 가능한 보관소에 시가를 보관하고 있어 믿을 만하다. 가격은 성가를 받고 있고, 호텔 내부 판매점인 만큼 종류도 많은 편이니 구경만이라도 하고 싶다면 가보자.

⌂ Hotel Parque central, Neptuno,
　Habana vieja
빠르께 쎈뜨랄 호텔 로비 2층에 있다.

◎ Open 09:00~20:00(무휴)

산호세 공예 시장
Mercado Artesanal San José 메르까도 아르떼사날 산호세

가장 큰 기념품점이다. 크게 고민하고 돌아다니고 싶지 않다면 산호세 공예 시장으로 가는 것이 정답이다. 판매하고 있는 물건은 크게 다르지 않지만, 그림이든 팔찌든 가죽지갑이든 종류는 이 곳에 가장 많다. 8,000㎡의 창고형 건물에는 1CUC 미만의 제품부터 500CUC가 넘는 제품까지, 쿠바가 아니면 살 수 없는 물건들과 굳이 쿠바까지 와서 사지 않아도 될 물건들이 다양하게 진열되어 있다. 벼룩시장처럼 각 부스마다 주인이 다르고 내부에는 간단하게 요기를 때울 수 있는 cafeteria도 있다.

⚜ Av. Del Puerto e/ Cuba y Habana
비에하 광장에서 San Ignacio가를 따라 오비스뽀가의 반대 방향으로 계속해서 해변이 보일 때까지 걸으면 해변가에 노란 긴 건물이 보인다.

Palacio de la Artesanía 빨라시오 데 라 아르떼사니아

말 그대로 저택 하나를 지금은 기념품점으로 사용하고 있다. 내부에는 스낵코너도 있으니 들려 쉬었다가도 나쁘지 않다. 판매하고 있는 상품들이 외부와 큰 차이가 있지는 않지만, 호젓한 분위기와 그늘이 있어 다른 곳을 헤매는 것보다는 나을 듯하다.

⚜ Cl. Cuba y Cubatacón
조금 복잡한 위치에 있지만, 가장 간단한 길은 플로리디따에서 출발해 오비스뽀가를 걷다가 Cuba가가 나오면 좌회전해서 직진하는 것이다. 여섯 블록 정도를 가면 왼편으로 건물이 보일 것이다.

Casa del cafe 까사 델 까페 La Taberna del Galeon 라 따베르나 델 갈레온

아르마스 광장에서 가까운 이 두 가게는 나란히 붙어서 비슷한 제품을 팔고 있다. 커피도 팔지만 그리 종류가 많지는 않고, 럼과 시가를 많이 팔고 있다. 멀리가고 싶지 않거나 시간이 없다면 이곳을 이용해도 될 듯하다.

⚜ Cl. Barillo e/ Obispo y Obrapia
비에하 광장에 있는 산따 이사벨 호텔의 바로 옆이다.

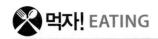 먹자! EATING

C 0~5CUC C C 5~10CUC C C C 10CUC~

아바나 비에하나 센트로 아바나에서 관광객이 많이 몰리는 지역에는 고급을 지향하는 음식점들이 많다. 가격대는 보통 10~30CUC이며, 음식의 수준이 여느 외국의 레스토랑 같지는 못해도 점점 향상되고 있는 편이다. 관광객용 식당의 비싼 가격이 부담스럽다면 아바나 대극장과 잉글라테라 호텔 사이로 난 산 라파엘가를 따라 골목 안쪽으로 들어가보자. 이곳은 현지인들이 주로 이용하는 상업지역으로 저렴한 먹거리들이 가득하다. 대부분은 피자나 햄버거 등이지만, MN로 저렴하게 판매하는 가게들이 많아 배낭 여행자들에게 소중한 거리라 할 수 있겠다.

차이나 타운 Barrio Chino 바리오 치노 C C

그렇다. 그들은 이 곳에서도 그들의 자취를 남기고 있다. 차이나타운. 여러 다른 나라에 있는 차이나타운에 비해 규모도 작고, 중국인들도 많은 편은 아니지만, 중국 음식이 그립다면 이 곳을 찾아보자. 식당들이 크지도 않고, 중국인이 직접 조리하는 경우는 드문데다가 많은 식당들이 중국 식당에서 인터내셔널 음식점으로 바뀌어져 있는 상황이라 기대했던 풍경이 아닐 수도 있지만, 여전히 몇 곳은 중식당으로 운영되고 있다. 바리오 치노 Barrio Chino라고 표시되어 있는 구역은 상당히 넓지만, 식당가는 그 중 일부이므로 잘 찾아보도록 하자.

 Cl. Zanja esq. a Rayo
까삐똘리오의 뜨띠베스뜨니나트 송편 사이의 Dragones가를 따라 까삐똘리오의 뒤쪽 방향으로 걷다보면 길이 두 갈래로 갈리고, 오른쪽 길이 Zanja가이다. 그 길을 따라 두 블록 정도만 가면 중국식 건축물이 보일 것이다.

Crepe Sayu 끄레뻬 사유 C

라 아바나에서 가츠동을? 일본인이 운영하는 작은 식당으로, 가츠동에 사용된 쌀은 평소 먹던 쌀과 조금 다르지만 전체적인 맛은 우리가 알고 있는 맛에 가깝다. 라 아바나 식당의 다른 음식들이 입맛에 맞지 않는다면 익숙한 맛을 찾아 이곳으로 가보자. 가격은 아주 저렴해서 쿠바인들도 종종 들르는 곳이다.

 Cl. Aguacate esq. a Obrapia Open 10:00~18:00, Close 일요일
플로리디따에서 시작해 오비스뽀가를 걷다보면 머지 않아 Aguacate가가 나온다. 우회전해서 Aguacate를 따라 가면 그 블록의 끝에 끄레뻬 사유의 간판이 보인다.

La Floridita 라 플로리디따 C C C

어네스트 헤밍웨이가 다이끼리는 이 곳에서, 모히또나 다른 곳에서 즐기며 여러 시킴을 뽁어 쌀리고 있는 듯 하다. 'Mi Daiquiri ...... en el Floridita.' '내 다이끼리 ...... 플로리디따에 있다.' 라는 한 마디덕에 이곳은 다른 곳보다 음식이든 다이끼리든 1.5배 정도 비싸다. 다이끼리의 맛은? 원한다면 직접 판단해보도록 하자. 내부에는 헤밍웨이의 동상이 설치되어 있어 많은 관광객들이 사진을 찍고 있다. 입구쪽은 바, 안쪽 홀은 레스토랑으로 운영되고 있다.

 Cl. Obispo esq. a Bélgica Open 11:00~01:00
중앙공원에서 오비스뽀를 찾아가면 바로 보이는 첫번째집이다.

La lluvia de oro 라 류비아 데 오로 C C C

식사와 함께 음악을 즐기고 싶다면 라 류비아 데 오로를 가보는게 좋을 듯하다. 건물의 어떤 구조 때문인지는 정확히 모르겠지만, 이 곳의 연주는 오비스뽀가의 다른 어느 집보다 울림이 좋다. 음식에는 큰 차이가 없지만, 다른 곳과 차별화 된 분위기 덕에 많은 관광객에게 이미 유명해진 집이다.

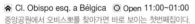

 Cl. Obispo esq. a Habana Open 09:00~01:00
플로리디따에서 시작해 오비스뽀가를 따라 걸으면 왼쪽편 코너에 자리잡은 식당으로 찾기에 어렵지 않을 듯 하다.

Europa 에우로빠 ⓒⓒ

라 류비아 데 오로에서 자리를 못
찾았다면, 에우로빠도 괜찮을 듯하다.
에우로빠에서도 분위기있는 라이브를
즐길 수 있고, 가격은 조금 더 저렴하다.
무게감 있는 건물 외부는 분위기 있는
사진을 찍기에도 나쁘지 않을 듯하다.

⌂ Cl. Obispo esq. a Aguiar
플로리디따에서 시작해 오비스뽀가를 따라
걸으면 오른편 코너에 자리잡은 식당으로 라
류비아 데 오로의 다음 블록이다.

Café Paris 까페 빠리스 ⓒⓒ

오비스뽀가를 걷다가 지쳐 '이제 좀 쉬어
볼까?'하고 생각하면 아마 근처에 카페
빠리스가 있을 것이다. 오비스뽀가의 2/3 지점
관광객이 지칠만한 곳에 자리 잡은 데다가
오비스뽀가에서 처음으로 나타나는 야외
테이블이 있는 까페라서 왠만하면 이곳에서
쉬었다가 가게 된다. 가격도 비싼편이 아니고,
가끔씩 라이브 공연도 해준다.

⌂ Cl. Obispo esq. a San Ignacio
플로리디따에서 시작해 오비스뽀가를
걷다보면 여덟번째 블록 코너에 있다. 아르마스
광장 두블록 전이다.

Nippon Shokudo 니뽄쇼쿠도

1년 새에 노리꼬네 식당이 자리를 두 번
이나 옮겼다. 최근에 자리를 옮기면서는
콘셉트도 바꿔서 이제는 10 ~15 CUC
정도의 식당이다. 메뉴도 다양하고, 맛이
나쁘지 않아 외국인들도 자주 찾고 있는
식당. 더군다나 오다기리 죠가 촬영차
쿠바를 방문해 이 곳에서 도시락을 싸간
집이다. 직접 보았으므로 틀림없는 사실.

⌂ Calle Bernaza e/ Obrapia y Obispo
플로리디따에서 시작해 오비스뽀가를
바라보고, 첫 번째 골목에서 오른쪽으로 돌자.
그 블록 끝 즈음 오른쪽 편이다.

NAO 나오 ⓒⓒⓒ

오비스뽀의 1번지라는 말이 수식어가
아니라, 진짜 오비스뽀 거리의 번지수가
1인 식당이다. 아르마스 광장에서
일행과 조용히 식사하고 싶다면 조금
외진 것이 오히려 매력적인 이 식당을
추천하고 싶다. 대낮에도 환하지 않은
1층, 2층의 아담한 홀에서의 식사 후
좁은 골목 그늘에 놓인, 바다가 보이는
테이블에서의 후식은 여유를 느끼기
안성맞춤이다.

⌂ Cl. Obispo 1, Habana vieja
Floridita에서 시작하는 오비스뽀 거리를
끝까지 가면 Hotel Santa Isabel이 나타나고,
그 건물 옆에 난 작은 길(오비스뽀)로 10미터만
직진하면 식당을 찾을 수 있다.

◉ Open 12:00~24:00(무휴)

La Bodeguita del Medio
라 보데기따 델 메디오 ⓒⓒ

어네스트 헤밍웨이가 모히또를 마셨다고
해서 유명해진 집인데, 최근에 사실이
아니라고 밝혀졌다. 어쨌든 이미
유명해진 후로 건물 외부와 내부에
손님들의 사인으로 가득해진 이곳은
이제 지방에도 같은 이름의 바가
생기는가 하면 다른 나라에도 같은
이름으로 장사하는 집이 생겨나고 있다.

**⌂ Cl. Empedrado entre Cuba y San
Ignacio**
아바나 대성당 정문 앞에서 대성당 광장을
보고 선 후 오른편 Empedrado가를 바라보면
라 보데기따 델 메디오의 간판도 함께 보일
것이다.

Dos hermanos
도스 에르마노스 ⓒⓒⓒ

항만길 Av. del puerto를 걷다가
시장하다면 도스 에르마노스에 들러
점심 한끼를 하는 것도 괜찮다. 단,
기다리는 줄이 길지 않다면. 인근에
변변한 식당이 없는데다가 헤밍웨이와
말론 브란도가 식사를 한 곳으로
알려져서인지 붐비는 편이다. Bar로 더
유명한 곳이라서 식사류가 다양하진
않지만, 점심을 해결할 만한 메뉴에
간단한 햄버거와 샌드위치도 있다.

⌂ Av. del puerto esquina a sol
항만길 Av. del Puerto에 러시아 오소독스
교회와 럼 박물관 사이에 있다. 저녁에는
인적이 없는 도로라서 저녁에 방문할 경우는
걷는 것보다 택시로 바로 가는 것이 좋겠다.

Almacén de la madera y
el tabacco
알마쎈 데 라 마데라 이 엘 따바꼬 ⓒⓒⓒ

진짜 창고이거나 전시장 쯤으로 보이지만,
안으로 들어가보면 맥주를 직접 만들어 팔고
있는 집이다. 위치도 좋은데다가 외부를
시원하게 바라볼 수 있게 지어진 건물은 지친
다리를 쉬어 시원한 맥주 한잔을 마시기에
더없는 곳이라 하겠다. 안주가 될만한 음식도
함께 팔고 있으니 곁들여도 좋다.

⌂ Av. del puerto y San Pedro,
항만길 Av. del Puerto에 산호세 공예 시장
바로 옆, 빠울라 산 프란시스꼬 교회 건너편에
있다.

쟈자! ACCOMMODATIONS

기본적으로 아바나 비에하와 센트로 아바나 지역이 환경면에서 지내기 좋은 곳은 아니다. 숙소의 내부뿐만 아니라 숙소가 있는 지역의 분위기와 청결도 또한 숙소를 정할 때의 중요한 기준이다. 그런 면에서 이 지역은 좋은 점수를 받을 수 없는 것은 확실하다. 하지만 어쩌겠는가? 이곳은 오래전부터 그래 왔고, 관광객들이 익숙해지는 수밖에 없다. 원래는 숙박비가 굉장히 저렴해 메리트가 있었으나 최근, 여러 명소에서 가깝다는 이유로 숙소 가격이 좀 올랐다. 저렴한 숙소는 15CUC~20CUC, 조금 깨끗하다 싶으면 25~30CUC은 생각해야 하며 더 비싼 집도 많다. 도미토리도 간간이 있다.

Hotel Lincoln 호텔 링꼰

인터넷에서 아주 저렴한 가격에 찾을 수 있는 호텔. '이 가격에 호텔이라니!' 하고 놀라겠지만, 지내보면 건물 외양과는 달리 허술한 내부 등 그만한 사정이 있다. 하지만 허술하긴 해도 조식을 챙겨주는 데다가 조식을 먹는 옥상 테라스의 전망은 여느 전망 스폿 못지않다.

🏠 Cl. Galiano esq a Virtudes

쁘라도가를 따라서 호텔 빠르께 쎈뜨랄 근처에서 Virtudes가를 찾아보자. Virtudes가를 찾았다면 그 길을 따라 베다도가 있는 방향으로 걷자. 이들 블록 징검놀 서너 보면 오른편 코너에서 높이 솟은 8층짜리 건물을 찾을 수 있다.

📞 8628061

Casa Omar 까사 오마르

말레꽁을 바라볼 수 있는 또 다른 집. 하지만 안타깝게노 이 집에 테라스는 없다. 말레꽁 근처에는 이렇게 세를 놓는 집이 한둘씨 있으니 너무 이 책의 싱보에만 의시하지 말고 찾아보는 것도 괜찮겠다. 허름한 틈에서 홀로 단정함을 뽐내는 이 건물에는 성격 털털한 아저씨가 살고 있다.

🏠 Cl. Malecon No. 63 alto e/ Genios y Cárcel

쁘라도가를 따라 말레꽁으로 나와 베다도 방향으로 걸으면 2~3분 내에 왼쪽편으로 조그맣고 단정한 건물이 보일 것이다. 2층에 있는 집이니 잘 찾자.

📞 8644265

Casa Joaquina 까사 호아끼나

이미 쿠바를 여행하는 한국인들 사이에서 유명한 집으로 두 개의 방에서 시작해 최근에는 집의 거의 전부를 도미토리로 만들었다. 이 집이 유명한 이유는 저렴한 가격에 숙박할 수 있는 것 외에도 이곳을 지나쳐간 한국인들이 남겨둔 정보 북 때문이라 하겠는데, 이제 거의 검은 빛을 띠는 페이지 안에는 냐앵사늘이 남긴 이곳저곳의 노히우가 남아 있으니 참고하는 것도 좋겠다.

🏠 Cl. San Jose No. 116 e/ Industria y Consulado

아바나 대극장과 까삐똘리오의 사잇길인 San Jose가에 있고, 아바나 대극장뒤로 두 번째 건물이다. 까사 마크가 낡아 잘 보이지 않지만, 자신감 있게 벨을 누르자. 누군가가 열쇠를 던져 줄 것이다.

📞 8616372 / (mob) 52539442 📧 ficopc@nauta.cu

Rosa's House 로사스 하우스

라 아바나의 명물 말레꽁을 매일 마주하는데 5CUC 정도를 더 지불할 수 있냐면 루사스 하우스가 나쁘시 않겠디. 구바에시 10년이 넘게 관광업을 해 온 덴마크인 집주인은 당신의 여행에 이노부모로 조언을 해줄 수도 있을 듯하다.

🏠 Cl. Malecon No.259 e/ Galiano y Blanco

쁘라도가를 따라 말레꽁으로 나와 베다도 방향으로 걸으면 8분 정도 걸린다. Colon가나 Trocadero가를 이용하면 더 빨리 갈 수 있지만, 길을 헤맬 수도 있으니 주의하자. 높이 솟아있는 Hotel Deauville 바로 옆 건물이니 이정표를 삼아 찾아보자.

📞 8635525 / (mob) 52937429
📧 rosamalecon@gmail.com / www.rosamalecon.dk

Casa Ana María 까사 안나 마리아

안나 마리아의 집을 소개하는 이유는 딱히 이 집 때문만은 아닌 이 건물에 까사들이 많이 있기 때문이다. 게다가 이 지역의 집들은 그리 비싼편이 아니므로 4~5개 정도 되는 집을 둘러보고 결정하는 것도 나쁘지 않을 듯 하다. 안나 마리아의 방 중에는 에어컨이 없는 방도 있으니 유의해서 살피자.

⌂ Cl. Obrapia No.401apto 11, piso2 e/ Aguacate y Compostela
Obrapia가는 오비스뽀가의 바로 옆, 평행하게 놓인 도로이다. Bélgica가에서 Obrapia가로 진입하면 네 번째 블록 오른편에 입구가 있다.

☎ 78643840 / (mob) 53241659

Casa Maikel 까사 마이껠

Obrapia가에서 방 2개 짜리 집 전체를 세놓고 있다. 깔끔하게 새로 단장된 집은 보기와 다르게 뒤쪽으로 깊어서 4~5명이 그룹으로 움직이거나 가족일 경우 충분히 고려할만한 옵션이라 하겠다. 집주인은 옆 건물의 바로 옆쪽 창문 2층에 살고 있고, 대부분의 시간을 근처에서 보낸다고 하니 대문 앞에서 서성이다 보면 어딘가에서 나타나는 그를 만날 수 있을 것이다.

⌂ Cl. Obrapia No.355-A e/ Habana y Compostela
Obrapia가는 오비스뽀가의 바로 옆, 평행하게 놓인 도로이다. Bélgica가에서 Obrapia가로 진입하면 다섯 번째 블록 오른편에 입구가 있다.

☎ (mob) 52930693

Casa Faruk 까사 파룩

언젠가 한 번 묵어보고 싶었지만, 일 때문에 몇 번 방문했을 뿐 결국 숙박은 못해본 집. 터키에서 온 주인은 느린 영어로 의사소통이 가능하고, 약간 낡은 듯한 집의 분위기는 특이 취향을 저격한다. 내부인 듯 외부인 거실도 나름의 매력이 있는 집. 406번지에서 오른쪽 문으로 계단을 올라 2층이다.

⌂ Lamparilla #406 e. Bernaza y Villegas
새로 단장한 끄리스또 광장 Plaza de Santo Cristo을 찾아가면 근처에서 쉽게 찾을 수 있다.

☎ 78621665

Hotel Manzana 호텔 만사나

오랫동안 개보수 중이던 만사나 호텔이 드디어 문을 열었다. 빠르게 센뜨랄 호텔을 제치고, 동네 최고 호텔의 지위를 단숨에 빼앗은 듯하다. 호텔 체인 캠핀스키에서 운영 중인 호텔로 1층에는 지금까지 쿠바에서 찾아볼 수 없었던 상점들이 자리를 잡고 있다. 숙박비가 비싼 것이 흠.

⌂ Calle San Rafael e/Monserrate y Zulueta
일단 빠르게 센뜨랄로 가면 못 보고 지나칠 수가 없다.

☎ 78624273 / (mob) 52545467

호텔 빠르게 쎈뜨랄 Hotel Parque Central

427개의 객실에 2개의 수영장, 3개의 식당, 4개의 바, 스파, 헬스장 등을 갖춘 가히 아바나 비에하 최대 규모의 호텔이라 하겠다. 전면에 보이는 7층짜리 건물뿐 아니라 거리 뒤편에는 9층짜리 신관이 있고, 두 건물은 지하 복도로 연결이 되어 있어 내부로 이동이 가능하다. 1일 숙박료가 300CUC 정도로 규모에 걸맞은 가격을 자랑하고 있다. 투숙객에게 더 많은 혜택이 있긴 하지만, 투숙하지 않는다고 해서 입장이 불가한 것은 아니므로 한번 돌아보는 것도 나쁘지 않다. 로비 1층의 바에서는 5CUC 정도에 잔잔한 라이브 피아노 반주와 함께 음료를 마실 수 있으므로 한국에 비해 굉장히 비싼 편은 아니다. 지친 발걸음을 쾌적하게 쉬어가기에는 이만한 곳이 없다. 숙박을 할 생각이라면 호텔보다는 캐나다나 쿠바의 여행사를 통하는 것이 저렴하다.

🏠 Neptuno e/ Prado y Zulueta

쁘라도 가의 중앙공원 바로 왼편에 있다. 까삐똘리오에서는 쁘라도가를 따라 말레꽁 방향으로 기다보면 오른쪽 중앙공원 바로 다음 건물이다.

📞 78606627

www.hotelparquecentral-cuba.com

아바나 비에하&쎈트로 아바나에 대한 이런저런 이야기

- 유난히 라 아바나가 자세히 나와있는 인포뚜르의 무료 지도는 쉽게 구할 수가 없다. 이 책의 지도가 충분하지 않거든 하나를 구매하는 것도 나쁘지 않을 듯 하다.
- 까삐똘리오의 건너편에는 'Los Nardos', 'El asturianito', 'El trofeo' 라는 식당이 함께 모여있는 곳이 있다. 미처 일정상 확인하지 못함을 미안하게 생각하지만, 직접 찾아가 확인해보는 것도 나쁘지 않을 듯 하다.
- 생필품이 필요할때는 San Rafael가를 따라 Galiano가 까지 가보자. Galiano가를 따라 몇 개의 대형 수퍼마켓이 있다. 그럼에도 찾지 못했고, 꼭 필요하다면 '까를로스 떼르쎄로 Carlos Tercero' 를 물어 택시를 타고 가보자. 인근에서는 가장 큰 수퍼마켓으로 그 곳에서 찾지 못한다면 포기하는 편이 낫겠다.
- 안경이나 콘텍트렌즈에 문제가 있을 경우는 오비스뽀가에 'El Almandares'를 찾아가면 해결책이 있을 수도 있겠다. 물론 한국에서 모두 대비하고 오는 게 최선이다.
- 비록 사진 전문가는 아니지만, 좋은 사진을 찍고 싶다면 관광객들이 다니지 않는 아바나 비에하의 뒷골목과 바람이 드센 날의 말레꽁을 노리는 것이 좋겠다.
- 이 책에 소개하지 않은 좋은 식당들이 이 지역에는 많이 있으므로, 식사에 대해서는 너무 책에 의존하지 말고 직접 찾아다녀 볼 것을 권하겠다. 다리가 너무 아프고 걷기와 더운 날씨에 지쳤을 때에는 책을 펴 가까운 곳으로 가자.
- 저렴한 식당이 필요한데, 오비스뽀가의 분위기도 느끼며 식사하고 싶다면, 카페 빠리스를 지나 대학건물 앞에서 'Santo Domigo'를 찾아보자. 그 곳과 그 옆에서 저렴한 식사거리를 찾을 수 있고, 앞쪽 테이블에서 식사가 가능하다.

까를로스 떼르쎄로

Santo Doming

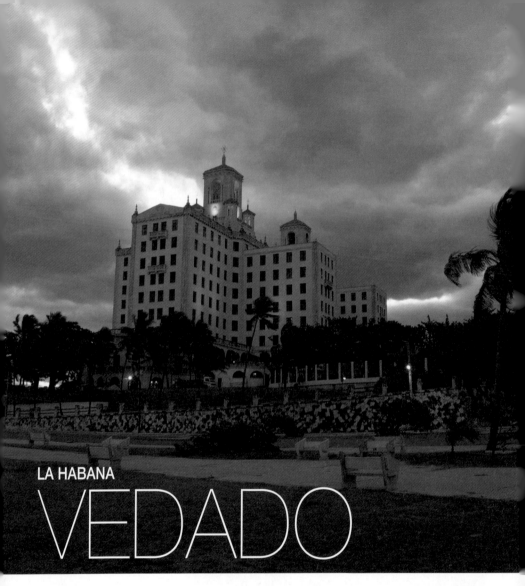

LA HABANA
VEDADO

라 아바나
베다도

베다도 지역은 아바나 비에하와 센트로 아바나의 팽창으로 라 아바나에서
계획적으로 구축한 소위 신도심이다. 하지만 그것도 오래전의 이야기이고, 지금의
베다도는 '신도심'이라기 보다는 구도심 지역보다 조금 더 깨끗하고 덜 붐비는 라
아바나의 구역일 뿐이다. 관광객들을 위한 볼거리들은 많지 않지만 유명 호텔들이
모여있고, 상대적으로 깨끗한 덕에 이곳에서 숙박을 하는 관광객들은 의외로 아주
많은 편이다.

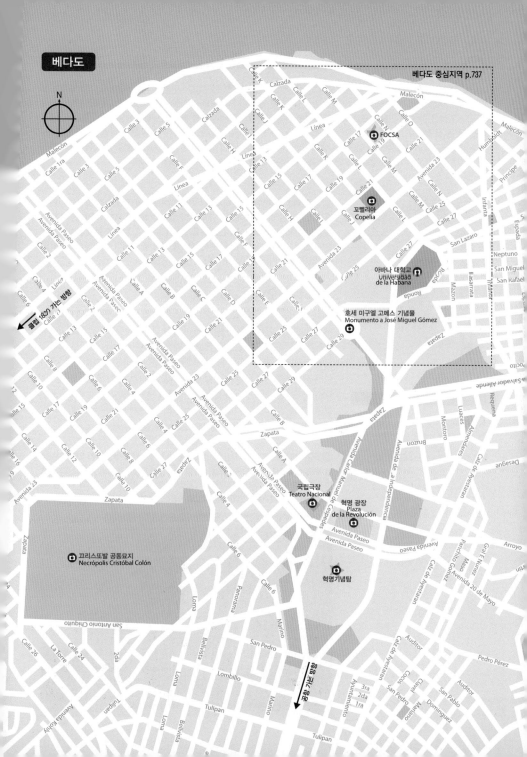

베다도

N

베다도 중심지역 p.737

Calzada
Malecón
Malecón
Humboldt
Príncipe
Espada
Infanta

Calle 3
Calle 5
Calle 3
Calle 5
Calle H
Calle F
Malecón
Calle 1ra
Calle 3
Calle 5
Línea
Calle J
Calle I
Calle K
Calle L
Calle M
Calle N
Calle O
Línea
Calle 13
Calle 15
Calle 17
Calle 19
Calle 21
Calle K
Calle L
Calle M
Calle N
Calle 21

🅿 FOCSA
San Lazaro
Neptuno
San Miguel
San Rafael

꼬뻴리아
Copelia
Avenida 23
Calle 25
Calle 27

아바나 대학교
Universidad de la Habana

호세 미구엘 고메스 기념물
Monumento a José Miguel Gómez

Calzada
Avenida Paseo
Avenida Paseo
Línea
Calle 2
Calle 4
Calle 6
Calle 8
Calle 10
Calle 11
Calle 13
Calle 15
Calle 17
Calle A
Calle B
Calle C
Calle D
Calle E
Avenida 23
Calle 21
Calle 25
Calle 27
Calle 29

Avenida Paseo
Avenida Paseo
Avenida 23
Calle 25
Calle 27
Calle 29
Calle 8
Zapata

콜럼 18가 가는 방향

Calle 13
Calle 15
Calle 17
Calle 19
Calle 21
Calle 23
Calle 25
Calle 27

Zapata

국립극장
Teatro Nacional

혁명 광장
Plaza de la Revolución

꼬리스또발 공동묘지
Necrópolis Cristóbal Colón

혁명기념탑

Zapata
San Antonio Chiquito
Loma
Panorama
Belivista
Marino
San Pedro

Calle 4
Calle 6

La Torre
Calle 24
Calle 26
2da
Loma
Lombillo
Belivista
San Pedro
Tulipan
Marino
Tulipan
Loma
3ra
2da
1ra
Ayuntamiento

공항 가는 방향

Avenida Kohly
Tulipan

Salvador Allende
Requena
Luaces
Montoro
Bruzon
Almendares
Calz. de Ayestaran
Desagüe
Arroyo
Gral Núñez
Panchito Gómez
Avenida 20 de Mayo
Mazón
Calz. de Ayestaran
Calz. de Ayestaran
Auditor
Pedro Pérez
San Pablo
Clavel
Mariano
Dominguez
Auditor
San Pedro
Cocos

보자!

베다도 지역은 관광하기 좋은 지역이라기 보다는 생활에 편리한 곳이다. 관광객들의 이동이 적지 않음에도 그리 붐비는 편이 아니다. 여전히 한국인의 평균적인 기준으로는 지저분한 동네이지만, 아바나 비에하에서 이곳으로 이동했다면 '깨끗하다.'라며 감탄을 할 수도 있을 정도로 비교적 쾌적한 편이다. 센트로 지역에 비해 볼거리는 확실히 없지만, 괜찮은 식당도 이곳저곳을 잘 찾아보면 많이 있고, 가격도 나쁘지 않다. 23가와 아바나 리브레 앞의 L가가 만나는 곳을 중심지라 볼 수 있겠다. 명소들간의 거리가 좀 멀어 걸어다닐 생각이라면 마음을 굳게 먹는 것이 좋겠다. 센트로의 중앙공원이나 L가의 아바나 리브레 오른쪽 블록에서 출발하는 투어 버스를 이용하는 것이 이 지역을 돌아보는 좋은 방법이다.

추천 일정(하루)

- 호텔 나시오날
- FOCSA
- 아바나 대학교
- 끄리스또발 공동묘지
- 혁명 광장
- 국립극장

호텔 나시오날

- ⌂ Cl. 21 y O
- ☎ 836 3564
- ◎ 레스토랑, 바, 수영장, 테니스장
- 💲 124~1,000CUC
- www.hotelnacionaldecuba.com

🚶 말레꽁에 면해있는 호텔 나시오날 건물은 어렵지 않게 찾을 수 있겠지만, 입구는 말레꽁의 반대편에 있어 조금 주의 깊게 살펴야 하겠다. 23가와 말레꽁이 만나는 근처로 이동하면 클래식한 건물을 쉽게 찾을 수 있고, 입구를 찾기 위해서는 극장 라 람빠 La Rampa의 옆을 지나는 O가를 따라 라 람빠의 건너편으로 계속 걸어가면 200m 이내에서 찾을 수 있다.

호텔 나시오날 Hotel Nacional

1930년부터 운영되오고 있는 호텔 나시오날은 1950년대를 전성기로 화려한 시절을 보냈고, 여전히 많은 관광객들이 즐겨 찾고 있는 곳이다. 건물 내부로 들어가면 이곳을 찾은 많은 유명인들의 사진을 볼 수 있는데, 윈스턴 처칠, 케빈 코스트너, 에바 가드너 등 각계의 유명인들이 쿠바에 오면 이곳에 묵었다는 것만 봐도 이 호텔이 소위 얼마나 잘 나갔었는지 알 수 있다. 굳이 투숙객이 아니더라도 정문을 들어가 정원 정도는 편하게 거닐 수 있으니 방문해보기를 권한다. 호텔 나시오날의 정원 레스토랑과 바에서는 말레꽁과 멀리 아바나 비에하가 한눈에 보여 시원한 전망을 즐길 수 있다.

🚶 FOCSA 건물도 호텔 나시오날 건물만큼이나 커서 쉽게 찾을 수가 있다. 나시오날 호텔 정문으로 나와 오른쪽으로 O가를 따라가면 19번가가 바로 나온다. 그 길을 따라 왼쪽으로 두 블록 올라가면, FOCSA 빌딩이다. FOCSA 빌딩의 최상층 레스토랑에 가는 입구는 17번가에 면해있고, 식당 입구의 바로 옆이다.

호텔 나시오날

베다도 중심지역

Malecón

Calle M

Linea

Calle O

Gato tuerto

Café California

Hotel Nacional

항공사 건물 ●

Casa Doris
Casa Orestes

FOCSA

Calle N

에떽사

Hotel Capri

Calle 17

Calle L

Calle K

Calle 19

Calle 21

La Casa del Tabaco

Humboldt

라 람빠

Calle 25

Príncipe

La Zorra y el Cuervo

Avenida 23

El Café de los artistas

Calle 19

Mandarina

23가 노점

Calle N

Toke

Calle 21

극장 야라

Calle M

Infanta

Jovellar

꼬뻴리아
Copelia

인포뚜르

Comercial Caracoal

Habana Sí

Calle L

Hotel
Havana Libre

Calle 25

La Paila fonda

Calle J

Calle I

까데까

Waoo

Vapor

Espada

San Lazaro

은행

Cibo

Jovellar

San Lázaro

Locos

1you

Avenida 23

San Lázaro

Casa Jorge

Neptuno

Basarrata

Infanta

Casa Onelio

Casa Martinez

San Miguel

Calle 25

아바나 대학교
Universidad
de la Habana

Ronda

San Rafael

Fuentes

Mazon

Café Presidénte

Ronda

N

호세 미구엘 고메스 기념물
Monumento a José Miguel Gómez

Zapata

Zanja

Calle 29

Zapata

폭사 빌딩 FOCSA

베다도 어디에서나 잘 보이는 이 121m 높이의 39층짜리 건물은 크긴 하지만, 사실 저 정도의 건물 짓는 게 뭐 어렵겠나 하는 생각이 들 수도 있다. 그렇다면 이 건물이 1956년에 완공되었다는 점을 생각해보자. 우리나라가 전쟁에서 겨우 벗어났던 시기에 쿠바는 이미 이런 건물을 지었다. 이미 아바나에서 가장 높은 전망대의 타이틀은 빼앗겼지만, 여전히 높은 빌딩의 대명사로 쿠바인들에게 남아 있는 건물이 아닐까 한다. 최상층에는 레스토랑과 바가 있어 여전히 쿠바에서는 가장 멋진 전망을 즐길 수 있는 곳 중 하나다.

🚶 FOCSA 건물에서 나와 17번가를 따라 말레꽁 반대 방향으로 한 블록을 가면 L가가 나온다. L가에서 좌회전하여 가면 꼬뻴리아 Copelia, 극장 야라 Yara, 아바나 리브레 Habana Libre 등을 지나게 되고 계속해서 San Nazaro가가 나올 때까지 걸으면 오른쪽에 아바나 대학교의 정문과 계단이 보인다. San Nazaro가는 언덕 아래쪽으로 쭉 내려가는 곧은 길이니 쉽게 구별할 수 있다.

아바나 대학교 Universidad de La Habana 우니베르시다드 데 라 아바나

캠퍼스가 그리 크진 않지만, 건물의 구석구석에서 1728년부터 이곳을 지켜온 흔적을 느낄 수 있는 곳이다. 쿠바에서는 가장 오래된 대학교이지만, 의외로 캠퍼스가 넓지는 않다. 대학의 주요 건물만 메인 캠퍼스 안에 자리 잡고 있으

갈릭스또 가르시아 기념물

며, 주변의 외부 건물에 경제학부, 생물학부, 예술학부 등이 드문드문 펼쳐져 있다. 스페인어 어학원을 내부에 운영 중이며 주로 중국인 학생들이 대다수를 차지하고 있는데, 몇 년 전부터는 한국인 학생들도 간간히 등록하고 있다.

🚶 아바나 대학교 정문으로 되돌아와서 아바나 리브레 방향으로 걷다 보면 오른 편에 투어버스 정류장을 찾을 수 있다. 그 바로 옆(10m 이내)에 일반 버스정류소가 있고, 그곳에서 27번 버스를 타면 산 끄리스또발 공동묘지에 닿을 수 있다. 공동묘지를 건너뛰고 혁명 광장으로 가겠다면, 꼬뻴리아 앞으로 가서 P12, P16번 버스를 타거나 꼴렉띠보 택시를 타면 된다. 거리는 1.6km 정도다.

끄리스또발 공동묘지

Necropolis de San Sristobal Solon 네끄로뽈리스 데 산 끄리스또발 꼴롱

566,560㎡, 17만 평의 대지에 펼쳐진 공동묘지의 향연. 그것도 도심 한가운데의 평지에 이렇게 펼쳐진 대규모 공동묘지는 분명 익숙한 풍경은 아니다. 8십만 이상의 묘지에 백만 이상의 시신이 묻혀있다는 이곳에는 또 그만큼이 묘지 장식들이 있어 볼거리 일 수도 있겠다.

끄리스또발 공동묘지

🚶 이 곳에서 혁명 광장까지는 특별한 교통수단이 없어 택시를 타는 것이 좋다. 택시비는 5CUC 이내로 탑승 전에 협의하자.

혁명 광장 Plaza de la Revolución 쁠라사 데 라 레볼루시온

멀리서도 보이는 109m 높이의 혁명 기념탑은 이 쿠바라는 나라가 '혁명'을 얼마나 중요하게 생각하는지 잘 보여주는 듯하다. 쿠바 대부분의 혁명 광장이 그러하듯 광장 자체에 별다른 시설물은 없다. 광상 옆에 서 있는 혁명 기념탑은 이 나라에서 누구보다도 가장 중요하게 선전하고 있는 호세 마르띠를 기리기 위한 시설물이다. 기념탑 앞에는 호세 마르띠를 기리는 동상이 자리 잡고 있다. 기념탑 내부에는 호세 마르띠 박물관이 있고, 호세 마르띠의 탄생부터 마지막까지 그리고 지금의 정부가 호세 마르띠의 정신을 어떻게 잇고 있는지를 전시해두고 있다. 기념탑 꼭대기의 전망대는 라 아바나에서 가장 높은 전망대로 알려져 있다. 하지만, 역시 이 광장에서 가장 유명한 것은 누가

혁명 광장

뭐래도 내무부 건물벽에 붙어 있는 체 게바라의 조형물일 것이다. 'Hasta la Victoria Siempre'(영원한 승리를 향해)는 그가 쿠바를 떠나며 피델에게 쓴 편지의 마지막 구절이다.

내무부 건물벽 체 게바라의 조형물

체 게바라는 알겠는데, 그 옆에 있는 사람이 누구인지 모르겠는가? 까밀로 시엔푸에고스 Camilo Cienfuegos 역시 피델, 체 게바라, 라울과 함께 혁명 전쟁에서 큰 역할을 한 부대장 중 한 명으로 체 게바라와는 유난히 돈독한 관계를 유지했던 것으로 알려져 있다. 활달하고 잘생긴 얼굴로 친근한 이미지로 많은 사랑을 받았으나 혁명의 성공 직후 27세의 젊은 나이에 불의의 사고로 실종되었다.

까밀로 시엔푸에고스

🚶 혁명 광장에서 체 게바라를 바라보고 섰을 때 왼쪽 길 건너편에 국립극장이 보인다.

국립극장 Teatro Nacional 떼아뜨로 나시오날

아바나 대극장이 수리를 마치기 전까지는 국립발레단이 주로 이용하던 극장이다. 국립극장이라 는 거창한 이름을 가진 건물 치고는 생각보다 볼품없는 이 건물은 극장 본관의 왼쪽 뒤로 돌아가면 티켓 창구가 따로 있어 티켓을 구매할 수 있다. 인터넷으로 예매를 하는 시스템도 아니고, 공연 알림도 스페인어로 된 신문이나 방송을 보아야만 알 수가 있어 약간은 외지다고 할 수 있는 이곳까지 여행자가 공연을 보러 온다는 건 사실 쉬운 일이 아니다.

국립극장

🏠 Cl. Paseo y 39
📞 785590
🕐 공연일정에 따름
📧 tnc@cubarte.cult.cu
www.teatronacional.cu

👉 하자! ACTIVITIES

베다도 지역의 소개된 호텔에는 모두 캬바레가 함께 운영되고 있다. 아바나 리브레는 꼭대기층에 Turquino, 호텔 나시오날에는 Parisien이 있고, 본관 내부에 '부에나 비스타 소셜 클럽'의 이름으로 공연도 하고 있다. 까쁘리 호텔의 옆에는 'Salon Rojo'가 운영되고 있다. 하지만, 역시 인근의 챔피언은 'Club 1830'이니 왠만하면 방문해서 살사의 충격을 맛보기 바란다.

클럽 1830 Club 1830 클럽 밀 오초시엔또 뜨리엔따

최근에 살사 클럽으로 어디가 제일 잘 나가는가하고 현지인들에게 물으면 언제나 '클럽 1830'이라는 대답을 듣는다. 명불허전 이 클럽에서 일어나는 살사 물결은 직접 눈으로 보지 않으면 쉽게 상상하기 힘들다. 살사를 출 줄 모른다면 조금 뻘쭘하게 앉아있어야 하지만, 여기저기 프로 댄서 못지 않은 춤꾼들의 살사를 구경하고 있자면 그것만으로도 시간가는 줄 모르게 되기도 한다. 레스토랑 건물 외부의 정원은 바다와 맞닿은 곳에 자리잡아 바람도 시원하다. 입장료가 있고, 내부에서 마시는 음료는 별도다. 가방은 입구에서 맡길 수 있는데 여권을 함께 맡겨야 하기 때문에 이런 곳은 왠만하면 간단한 차림으로 가는 것이 좋다. 화, 목, 일요일에만 운영한다.

- 🏠 Cl. Malecón, esquina 20

밀레꽁의 끝 터널로 진입하는 바로 전에 있어 꽤 멀다. 꼴렉띠보를 탈 경우 리니아에서 한 번 갈아타야 하고, 초행이라면 택시를 타는 것이 가장 좋지 않을까 한다.

- 📞 8383091 · ⏰ Open 화,목,일 22:00~01:00 (시간은 변경 가능) · 💰 3CUC

La Zorra y el Cuervo 라 소라 이 엘 꾸에르보

베다도의 이 재즈 카페는 쿠바 재즈를 즐기기에 더없는 장소일 듯하다. 20여개 이상의 밴드를 번갈아가며 섭외해서 일주일 동안 매일 방문한다해도 매일 다른 공연이 펼쳐진다. 그리 넓지 않은 실내는 잘 보이지 않는 자리도 있고, 외국 관광객들에게도 유명해서 찾는 사람들이 많으니 너무 늦게 가지 않는 것이 좋겠다. 입장은 22시부터 가능하지만, 공연은 23시가 다 되어 시작한다.

- 🏠 Cl. 23 e/ N y O

23가를 따라 아바나 리브레에서 내려가다 보면, 오른편에 전화부스가 보인다. 그 문을 열고 내려가면 그 곳이 라 소라 이 엘 꾸에르보이다.

- 📞 662402
- ⏰ Open 22:00~01:00
- 💰 10CUC (음료 두 잔 포함, 맥주는 별도)

FAC (Fábrica de Arte Cubano) 파브리까 데 아르떼 꾸바노

쿠바에 전무하다해도 이견이 없을 복합문화공간. 폐공장을 개조해 꾸며놓은 건물의 내부에는 스낵바, 클럽, 공연장, 전시장들을 쿠바답지 않게 꾸며놓았다. 덕분에 쿠바의 젊은이들이나 외국 여행자들 가리지 않고 저녁이 되면 모여드는 명소가 되고 있다. 약간은 외진 곳이라 찾아가기 쉽지 않지만, 젊은층에게는 쿠바 최고의 핫플레이스.

- 🏠 Calle 26, esquina 11, Vedado, La Habana (택시를 타자. 초행길에 찾기에는 쉽지 않다.)
- 📞 8383091 · ⏰ 목~일 20:00~03:00 (시기별로 휴식기가 있으므로 홈페이지 참고) www.fac.cu
- 💰 3CUC

🛍️ 사자! SHOPPING

베다도 지역에서도 마찬가지로 기념품 가게들을 쉽게 찾을 수 있다. 맘에 드는 물건들이 있다면 길에서 사도 전혀 문제없지만, 나름 특색있는 가게를 몇 곳 소개해보겠다.

아바나 리브레 상가 Galería Comercial Habana libre 갈레리아 꼬메르시알 아바나 리브레

쿠바 기념 티셔츠를 사고 싶은데, 거리 상점의 품질이 맘에 들지 않는다면 이곳으로 가자. 단, 더 비싼 중국산이다. 기념품 가게 외에 화장품점, 주류점, 의류점, 스포츠 용품점, 약국 등 라 아바나에서 찾기 쉽지 않은 가게들이 한 곳에 모여 있어 편리하지만, 외부 상점보다 5~10% 정도는 비싸다. 쉽게 구할 수 없는 제품들이고 폭리라 느낄 정도는 아니니 필요하면 이용하는 것도 나쁘지 않다. 주류점에 가면 M&M's와 코카콜라를 살 수 있다.

- 🏠 Esq. de L y 23, Habana libre · ⏰ Open 무휴 09:00~19:00

아바나 리브레 입구 1층 오른편에 상가들이 자리잡고 있으며, 아바나 리브레 오른쪽으로 건물을 따라 돌아들어가면, 내부 상가도 있다.

La Habana sí 라 아바나 씨

흥겨운 쿠바 음악들을 소장하고 싶다면, 가장 손쉬운 방법이 라 아바나 씨에서 구매하는 것이다. 음반 외에도 기념품들과 피델, 체 게바라에 대한 다큐멘터리를 판매하고 있다.

🏠 Esq. de L y 23, Vedado.
아바나 리브레 건너편 23가와 L가의 모서리에 있다.

La casa del tabaco 라 까사 델 따바꼬

시가, 담배, 럼을 판매하고 있다. 호텔이나 아바나 비에하보다 조금 저렴하나 제품들이 많지 않다. 염가의 시가들도 구비하고 있으니 저렴한 시가 선물을 위해서라면 괜찮다.

🏠 Cl. 23/O y P, Vedado.
아바나 리브레 건물의 왼쪽 23가를 따라 내려가면 네 번째 블록 오른편에 있다. Ministerio de trabajo y seguridad social 맞은편.

🕙 Open 무휴 08:30~21:00

La casa del Habano 라 까사 델 아바노

베다도 내에서는 가장 많은 고급 시가들을 구비하고 있다. 다른 곳에서 쉽게 볼 수 없는 고급 꼬이바들도 찾을 수 있으니 시가 애호가라면 방문해보기를 바란다. 이곳과 호텔 나시오날의 시가 매장, 호텔 까쁘리의 매장을 뒤져보면 결국 원하는 시가를 찾을 수 있을 것이다.

🏠 Esq. de L y 23, Habana libre, Vedado.
아바나 리브레 내부, 1층의 왼쪽 코너에 있다.

🕙 Open 09:00~21:00(무휴)

Bazar de calle 23 23가 노점

거리의 상점들과 제품이 큰 차이는 없지만, 30여개의 노점이 모여 있어 편하다. 흥정도 좀 더 쉽게 통한다.

🏠 Cl. 23/M y N
아바나 리브레 건물의 왼쪽 23가를 따라 내려가면 두 번째 블록 오른쪽 공터에 있다.

🕙 Open 09:00~18:00, Close 일요일

Yara / La Rampa 야라/라 람빠

베다도의 극장에서는 쿠바 영화 DVD도 함께 판매하고 있다. 한글자막은 힘들어도 영어자막을 지원하는 DVD들을 찾을 수 있으니, 국내에 잘 소개 되지 않는 쿠바의 영화가 궁금하다면 들려보자.

🏠 야라 Esq. de L y 23 라 람빠 Esq. 23 y O
야라는 아바나 리브레의 23가 건너편에 있다. 라 람빠는 아바나 리브레 인편 23가를 따라 말레꽁 방향으로 가다보면 네 번째 블록이다.

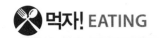

먹자! EATING

© 0~5CUC   © © 5~10CUC   © © © 10CUC~

신도심이라는 말에 왠지 모든 게 비쌀 것 같지만, 오해하지 말고 잘 살펴보자. 적정한 가격에 괜찮은 식당이 의외로 많은 곳이 베다도 지역이다. 아바나 리브레 호텔이나 그 근처에는 관광객을 상대로 하는 식당들이 있다. 가격이 평균에 비해 비싼 편이지만, 아주 비싼 편은 아니니 괜찮을 듯하다. 하지만 바로 근처의 길거리 음식은 터무니없는 가격으로 판매하고 있는 느낌이 없지 않으니 주문하기 전에 가격을 잘 살피도록 하자. 아바나 비에하의 산 라파엘가처럼 싼 음식점이 모여 있는 곳은 없지만, 드문드문 알찬 식당들이 많아 발견하는 재미가 있다.

Café Presidente 까페 쁘레지덴떼 © © ©

오늘은 좀 괜찮은 걸 먹어야겠다는 생각이 든다면 'Presidente'가 좋다. 맛이나 상차림 면에서 호텔 식당을 제외하면 쿠바에서 손에 꼽을 정도이다. 넓진 않지만, 중후한 식당 외부와 깔끔한 내부도 나쁘지 않다. 쿠바에서 쉽게 찾을 수 없는 비프스테이크를 내오는 식당이기도 하다.

🏠 Esq. De los Presidentes y 25 📞 8323091

23가를 따라 아바나 리브레에서 말레꽁 반대 방향으로 10분 정도 걸으면 Presidente가 나온다. 거기서 좌회전 하여 100m 정도만 가면 왼편에 빨간 그늘막이 보일 것이다.

Waoo 와우 © © ©

아바나 리브레 건너편의 이 식당은 쿠바에서 아주 희귀한 캐쥬얼한 느낌의 식당이다. 마치 미국의 어느 레스토랑에 들어가 있는 기분이 아주 잠깐 나는 식당에서 창밖으로 내다보이는 길도 유난히 멋있어 보인다. 음식 맛도 평균 이상으로 식당이 주는 활달한 느낌과 식사를 함께 한다면 돈이 아깝다는 생각은 들지 않을 듯하다. 10CUC 전후로 식사할 수 있다.

🏠 Cl. L e/ 23 y25

아바나 리브레에서 바라보면 바로 맞은편 건물 1층 코너에 있다.

Toke 또께 ©

조금 유심히 찾아 들어가야 하는 이 집은 테이블에 앉아서 먹는 메뉴와 테이크아웃 메뉴의 가격이 두 배 정도 차이가 난다. 그렇다고 맛에 차이가 있는 건 아니기 때문에 괜히 앉아서 먹으면 돈 아깝다는 기분 때문에 항상 서서먹게 되기 쉬운데 먹을 만한 햄버거는 포장해서 주기 때문에 가지고 이동하기도 좋다. 간판이 보이는 곳에서 오른쪽으로 조금만 돌아가면 테이크아웃해주는 작은 문과 별도의 MN 가격표가 있다.

🏠 Esq. 25 y Infanta

아바나 리브레에서 건너편을 보고 섰을 때 왼쪽에 25번가가 있다. 이 길을 따라 4블록 정도 내려가면 Infanta가가 나오고 그 코너에 또께가 있다.

Cibo 시보 © © ©

아바나 길거리에 붙어 있는 저렴한 스파게티 가격을 보고 한 번 놀랐다가 직접 맛을 보고 두 번 놀라는 면 애호 관광객들이 적지 않을 듯하다. 그렇다. 쿠바 스파게티는 '죽'에 가까운 경우가 많다. 그렇다고 고개를 숙이고 우울해 하지만 말고, 제대로 된 스파게티를 먹고 싶다면 '시보'로 가보자. 면을 삶고 볶는 제대로 된 과정을 거치는 듯 우리가 아는 그 스파게티를 시보에서라면 찾을 수 있다.

🏠 Cl. L e/ Jovellar y25

아바나 리브레에서 정면에서 건너편을 바라보면 11시 방향으로 건너편 1층 코너에 있다. 이 집은 건물주가 현판을 열어 놓고 싶지 않아하는 바람에 문이 잠겼있다. 계단을 오르고 'Cibo'가 표시된 벨을 누르면 웨이터가 나와서 문을 열어 준다.

4you 포유 © ©

최근 새로 개장한 식당은 이름을 바꾸면서 로브스터 가격을 대폭 올렸다. (14CUC) 비록 가격은 비싸졌지만, 베다도 근처에서 깨끗한 식당을 찾는다면 들러도 좋겠다.

🏠 Cl. San Lazaro e/ Razon y Basarrate

아바나 대학교 정문에서 아래 방향으로 뻗은 길이 San Lazaro가이고 그 길을 따라 내려가면 200m 내 오른편에서 식당의 작은 입구를 찾을 수 있다.

Locos por Cuba 로꼬스 뽀르꾸바 © ©

2층 테라스에서 식사가 가능하고 가격이 저렴해서 벌써 이곳을 찾는 관광객들이 많다. 벽에는 사인과 외국인들이 남긴 사진이 가득하다. 음식의 맛은 평균 수준 이지만, 넉넉하게 주는 편이라 가끔은 남겨야 할 때도 있을 정도, 이곳은 현관을 들어가 좁은 계단을 타고 2층으로 올라가면 나온다. '로꼬스 Locos'는 '미친놈들'이라는 뜻이므로 현지인들에게 길을 불을 때는 주의해서 묻도록 하자.

🏠 Cl. San Lazaro e/ Razon y Basarrate

아바나 대학교 정문에서 아래 방향으로 뻗은 길이 San Lazaro 가이고 그 길을 따라 내려가면 250m 내 오른편에서 식당의 작은 간판을 찾을 수 있다.

Café California 까페 캘리포니아 © ©

한국인들의 치맥에 대한 사랑을 알기에 좋은 치맥집을 찾아내야 한다는 것은 취재 내내 은근한 압박이었다. 그래서 소개하는 집이 이곳 카페 캘리포니아이다. 캘리포니아라서인지 카페 여주인의 영어가 유창해 영어가 가능하다면 주문에 전혀 문제가 없을 듯하다.

센트로 아바나 말레꽁가에도 파란 천막아래서 장사를 하는 치맥집이 있지만, 이곳 카페 캘리포니아는 좀 더 정돈되어 있는 느낌이 들어 이곳이 좀 더 낫지 않을까 한다. 아쉽게도 바다가 조금밖에 보이지 않지만, 카페 분위기나 메뉴면에서는 꽤나 훌륭한 집이다.

🏠 Cl. 19 e/ N y O

나시오날 호텔 정문에서 뻗어나가는 길은 21번가이다. 그 호텔 정문에 21번가를 봤을때 오른쪽으로 한 블록을 더 가면 19번가이고, 거기서 좌회전하면 바로 카페 캘리포니아가 있다. 나무에 가려 잘 안 보일 수도 있으니 작은 간판을 잘 찾아보자.

La Paila fonda 라 빠일라 폰다

갑자기 생기더니 어느덧 주변에서 유명한 식당이 되어버린 라 빠일라 폰다. 야외라도 전체에 그늘이 있어 덥지 않고, 분위기도 좋다. 적절한 가격에 푸짐한 양 덕분에 쿠바 사람들도 점점 많이 찾고 있는 이 식당은 이제 주변에서 제일 특색 있는 식당 중에 하나가 되었다. 메뉴는 고기, 고기, 고기.

🏠 Esquina M y 25, Vedado, La habana

아바나 리브레 호텔 오른쪽으로 나있는 25번가를 따라 말레꽁 방향으로 내려가다보면 두번째 블록이다.

Gato tuerto 가또 뚜에르또 ©

'애꾸눈 고양이'라는 이름에 건물 외부에는 커다란 애꾸눈 고양이를 심벌로 사용하고 있다. 이곳은 단순히 식당이 아니라 아래층에서는 라이브 바를 운영하고 있는 곳으로 10시 즈음에 시작하는 공연에 맞춰 위층에서 식사를 마치고 내려와 공연을 보고 돌아간다면, 그날 저녁 일정은 따로 고민할 필요가 없겠다.

🏠 Calle O, e/ Calles 17 y 19, Vedado, La habana

나시오날 호텔에서 언덕 아래쪽으로 100m를 내려가면 왼쪽이다.

Burner Brothers Bakery
버너 브라더스 베이커리

굳이 이곳에서 겨우 몇 개씩 만들어 팔고 있는 조그만 빵들을 사 먹으러 다른 것 아무것도 볼 것이 없는 이 지역 으로 방문할 필요는 없다. 그럼에도 쿠바에서 가장 즐겨 사 먹었던 디저트를 꼽으라면 이곳 버너 브라더스의 도넛과 초콜릿 과자를 꼽겠다. 다시 말하지만, 당신이 이곳까지 갈 일도 없고, 그럴 만큼 엄청난 맛도 아니다. 그래도 역시 쿠바에서는 제일 맛있다.

🏠 C #719 e/ 29 y Zapata, La habana

주변에 가까운 랜드마크가 없어 주소로 찾아가겠다. 그나마 혁명 광장에서 멀지 않은 편이다.

자자! ACCOMMODATIONS

베다도의 까사들은 아바나 비에하 지역보다 약 5CUC 정도 비싼 것이 사실이지만 지역이 상대적으로 깔끔하기에 라 아바나에 오래 머무를 계획이라면 베다도 지역을 추천하겠다. 한국에 비한다면 깨끗한 편이 아니지만, 라 아바나 내에서는 비교적 깨끗하고 편의시설도 적절히 있어 생활도 편리하며, 가격은 20~30CUC으로 숙박이 가능하다. 이곳의 대형 호텔들은 단순히 규모뿐만 아니라 각 건물이 품고 있는 역사에서도 나름의 특색을 가지고 있어 꼭 숙박하지 않더라도 방문해보면 좋고, 호텔 나시오날이나 아바나 리브레는 내부에 몇몇 이용할 만한 편의시설들이 있어 편리하다.

Hotel Capri 호텔 까쁘리

마피아 영화의 바이블이라 할만한 〈대부2〉에는 마이클의 형 프레도가 돈 가방을 들고 쿠바의 어느 호텔에 들어가는 장면이 나온다. 아주 빨리 지나가 버리지만, 화면을 유심히살피면 'Capri'라는 글씨를 확인할 수 있다. 이 호텔은 실제로 유태계 마피아 마이어 랜스키와 밀접한 관련이 있었고, 1950년대에는 마피아에 의해 시설물과 카지노가 운영되었다 한다. 시설은 일반적인 별 4개에 조금 못 미치는 듯하지만 깔끔하게 운영되고 있어 여전히 찾는 관광객들이 많은 곳이다.

🚌 Cl. 21 e/ N y O 📞 8397200
나시오날 호텔 앞의 21번가를 따라 100여 미터나 낮은 언덕길을 오르면 오른편에 보인다.
📧 reservas1@capri.gca.tur.cu

Casa Doris 까사 도리스

호텔 나시오날의 건너편 건물에는 숙박할 수 있는 까사들이 많이 있다. 나시오날 앞에서 우회전하여 약 50m만 내려오면 'Altamira'라고 이름붙은 건물이 있다. 여기에는 4, 5개 정도의 까사가 있고 까사 도리스는 그 중 하나이다. 한때는 혁명 전쟁에 참가했었고, 지금은 가끔씩 그림을 그리며 혼자 지내는 도리스 할머니가 관리한다. 깔끔하고 쾌적해서 한 번 투숙해보면 다른 집에 적응하기가 쉽지 않을 수도 있다.

🚌 Cl. O No.58 Edificio Altamira apto 25 e/ 19 y21
나시오날 호텔 정문에서 오른쪽, 바닷가 쪽으로 내려다보면 높이 솟은 Altamira 건물이 보인다. 엘레베이터를 타고 2층에 내려 복도 안쪽으로 들어가면 25호와 까사 마크가 보인다.

📞 8320442 / (mob) 58056760
📧 baldoris@nauta.cu

Habana Libre 호텔 아바나 리브레

이 지역에서 가장 유명한 랜드마크라 할 수 있는 아바나 리브레 호텔은 1958년에 힐튼 그룹 산하의 호텔로 문을 열었다. 하지만 1년이 조금 지난 시점에 피델의 공산 혁명이 성공하고 미국의 모든 부동산을 압수하였을 때 함께 압수당해 한동안 피델 까스뜨로와 그 정부의 본부로 사용되었다. 지금도 내부에는 피델과 체 게바라의 사진들이 걸려 있어 그 시절을 상상하게 한다. 현재는 다시 호텔로 운영 중이며, 고급 레스토랑과 옥상 바, 상가 등의 각종 편의시설로 관광객들을 불러들이고 있다.

🚌 Esq. 23 y L 📞 8346100
아바나 대학교에서 L가를 따라 23가까지 걸으면 코너에 자리잡고 있다.
www.hotelhabanalibre.com

Casa Onelio 까사 오넬리오

아바나 대학교의 옆에 자리잡은 오넬리오는 유럽의 어학 연수생들이 자주 찾는 집이다. 유럽의 어학연수 에이전시와 연계되어 있어 학생들은 이곳으로 오거나, 이곳에서 소개를 받아 근처의 집으로 가게 된다. 아침, 점심, 저녁을 모두 챙겨주고 외국 친구들을 쉽게 만날 수 있어 괜찮을 듯하다. 학생들이 많은 집이기에 나름의 간단한 규율을 정해놓고 있지만, 그리 신경쓰일 만한 것들은 아니다. 스페인어에 관심이 있다면, 이 집으로 가서 물어본다면 유럽 에이전시를 통하는 것보다 저렴한 가격에 수업을 받을 수 있다.

🚌 Cl. Universidad No.456 e/ J y K
아바나 대학교 정문을 바라보면 오른쪽 대학교 건물 옆으로 난 길이 있다. 그곳을 따라 걸으면 두 번째 블록 중간 1층에 식당이 있고, 그 옆으로 난 내부 계단을 통해 한 층을 오르면 왼쪽에 있는 집이다.
📞 8336850 📧 maite.gomez@infomed.sld.cu

Casa Orestes 까사 오레스떼스

까사 도리스와 같은 건물인 Altamira 빌딩 7층에는 전망이 끝내주는 집이 하나 있다. 테라스에 나서면 바다도 시원하게 보이고, 맞은편 호텔 나시오날의 멋진 풍경도 함께 보여 전망에 있어서는 오히려 호텔 나시오날에 묵는 것보다 나을지도 모르겠다.

🅐 Cl. O No.58 Edificio Altamira apto 76 e/ 19 y21

나시오날 호텔 정문에서 오른쪽, 바닷가 쪽으로 내려다보면 높이 솟은 Altamira 건물이 보인다. 엘레베이터를 타고 7층을 눌러 내리면 바로 엘레베이터 옆의 집이다.

📞 8329780/(mob) 53291324

까사 오레스떼스에서 보이는 전망

Casa Jorge 까사 호르헤

베다도의 마당발 호르헤의 집은 외국 사이트에 등록이 많이 되어있어 많은 사람들이 찾고 있다. 비록 그 집에서 빈 방을 못 찾더라도 호르헤는 어렵지 않게 주변의 좋은 집을 찾는걸 도와 줄 수 있을 듯하다.

🅐 Cl. Neptuno No.1218 e/ Mazón y Basarrate

아바나 대학교 정문에서 아래 방향으로 보면 쭉뻗어 내려가는 San Lazaro가 보인다. 그리고, 그 오른쪽으로 뻗어내려가는 길은 Neptuno가 이다. Neptuno를 따라서 150m 정도가 가면 왼편에서 찾을 수 있다. 벨을 누르고 2층으로 올라가야 한다

📞 8707723
📧 jorgeroom@gmail.com
www.jorgeroom.wordpress.com

Casa Martinez 까사 마르띠네스

100년이 넘은 집에서 자보고 싶다면, 1909년에 지어진 까사 마르띠네스로 가보자. 천장은 5m에 가깝고, 문과 창문도 색다르다. 의사인 마르띠네스는 영어를 잘하고, 집안의 할머니 마르시아는 다정하고 상냥하다. 층고가 5m인 방에서 자는 경험이 색달라서 쉽게 잠이 오지 않을 수도 있지만, 100년이 넘은 집이라면 흥미롭지 않은가?

🅐 Cl. Neptuno 1221 altos e/ Mazon y Basarrate

아바나 대학교 정문에서 아래 방향으로 보면 쭉뻗어 내려가는 San Lazaro가 보인다. 그리고 그 오른쪽으로 뻗어 내려가는 길은 Neptuno가 이다. Neptuno를 따라서 150m 정도만 가면 오른 편에서 1221번지를 찾을 수 있다. 건물의 꼭대기에 1909라고 적혀있다. 벨을 누르고 2층으로 올라가야 한다.

📞 8701040
📧 marcialb@infomed.sld.cu

베다도에 대한 이런저런 이야기

- 베다도에서 생활하다면 아바나 리브레에 있는 낭키 김토를 활용하는 것이 좋다. 물도 그리 비싸지 않고, 와인이나 주류, 콜라 등을 갖추고 있어 편리하다.
- 지도에 표시된 23번가와 말레꽁이 만나는 곳에 항공사 건물이 있다. 그 건물에는 Cubana airline뿐만 아니라 Air berlin, Aero Caribean, Aero México 등 많은 항공사 사무실과 여행사들이 자리 잡고 있어 알아두면 좋다. 하지만 특히 국내선의 경우 수요가 공급에 미치지 못하기 때문에 줄을 서 있는 사람들이 많아 일단은 먼저 인터넷으로 확인을 해보고 제대로 안 될 경우 사무실을 방문하는 것이 가장 현명할 듯하다.
- 여행에 실제 도움이 되는 여행사들은 각 호텔의 로비에 자리 잡고 있다. 호텔을 방문해서 문의하도록 하자.
- 베다도의 까데까는 아바나 비에하의 까데까보다 확실히 덜 붐비고 일 처리가 빠르다. 특히 오후 3시 이후에 방문한다면 줄을 서지 않고 바로 들어갈 수도 있다.
- 근처에서 살사를 배우고 싶다면 까사 데 손 Casa de Son을 추천한다. 23번가를 따라 말레꽁까지 간 후 우회전하여 두 블록 정도를 가면 왼쪽에서 가장 높은 건물에 달린 작은 간판을 찾을 수 있는데, 그 건물의 2층에 까사 데 손이 있다. 매일 열지는 않고, 그때 그때 원하는 사람이 있으면 개인교습을 하고 있다.

항공사 건물

까사 데 손

쿠바의 중부지역 상띠 스삐리뚜스 Santi Spiritus 의 남쪽
해안가에 자리 잡은 뜨리니다드는 도시 자체가
유네스코 세계문화유산으로 지정되어 있을 정도로 도
시 구석구석이 아름답다. 볼거리도 많고 아기자기한
뜨리니다드 중심지를 유유히 구경하는 것도 좋지만,
사진찍는 걸 즐긴다면 관광지의 배후 현지인들이 사는
거리를 둘러보는 것도 좋다. 언제나 그곳에서 우리를
유혹하고 있는 떨어져가는 벽과 붉은 기와, 나무로 만든
대문들. 관광객들에게 익숙해진 탓에 자연스러움에
있어서는 베테랑 모델 저리가라 할만한 노인들.
도대체가 제대로 담아내기 힘들만큼 멋나게 저물어가는
하루. 뜨리니다드라면 카메라 밧데리와 저장용량을
미리 신경써둬야 할듯하다.

TRINIDAD
뜨리니다드

⊕ 뜨리니다드 알기

여행자들에게 종합 선물세트같은 이곳은 그리 높지 않은 산의 남쪽 완만한 경사지에 형성되어 마을의 윗쪽에서 바라보는 도시의 정경과 멀리 펼쳐진 바다. 오른쪽으로 보이는 산지가 어우러져 심심할 틈 없는 풍경을 자아내는데, 이 풍경의 유일한 단점이라면 아무리 사진을 잘 찍어봐도 실제보다 못한 기분이 든다는 것 정도이겠다. 대부분의 집들이 뜨리니다드 근교에서 나는 붉은 점토로 만들어진 붉은 기와와 붉은 벽돌로 지어져 있어 위에서 보는 붉은 지붕의 물결 또한 아름다운 풍경에 한 몫을 더하고 있다.

유명한 까사 데 라 무지까 계단

대부분의 명소와 편의시설이 마요르 광장 Plaza Mayor과 까리히요 광장 Plaza Carrillo 주변에 자리잡고 있는데, 일반적으로 '센트로 Centro'라고 하면 시청사가 있는 까리히요 광장을 이야기하지만 관광객에게 중심지는 마요르 광장이라고 보는 편이 좋겠다. 지대가 더 높아서 전망 좋은 식당이나 까사들이 많고, 무엇보다도 뜨리니다드의 밤을 지배하는 '까사 데 라 무지까 Casa de la Musica'가 바로 마요르 광장 근처에 있기 때문이다. 마요르 광장에 비하면 다른 지역은 비교적 한산한 편이지만, 마을 전체가 아기자기하게 구성된 뜨리니다드라서 이곳 저곳 구석구석 돌아다니며 발견하는 재미가 있으므로 빠뜨리지 말고 골목 구석을 다녀보기 바란다.

숙소를 뜨리니다드에 잡을 때는 같은 가격이면 조금 높은 곳에 전망이 보이는 테라스가 있는 곳으로 잡는 것이 좋겠다. 언덕 위 쪽에서의 전망이 좋으므로 기왕이면 다홍치마를 선택하자. 저렴한 숙소는 마요르 광장에서 좀 오래 걸어야 하니 유념하도록 하자. 떠들썩한 저녁을 좋아하는 게 아니라면 라 보까에 숙소를 정하는 것도 나쁜 생각은 아닐 듯하다. 바다가 가까워 언제라도 카리브해에 뛰어들 수 있는, 거부할 수 없는 장점이 있는 마을이다. 앙꽁반도의 올인클루시브 호텔도 생각해볼 만하다. 이곳 앙꽁 해변은 쿠바에서도 손꼽히는 해변 중 하나이기에 제대로 즐기고 갈 생각을 하는 것도 좋다.

뜨리니다드에서는 뜨리니다드뿐만 아니라 잉헤니오스 농장이나 국립공원, 해변 등 즐길거리가 많으니 후회하지 않으려면 일정에 여유를 두고 방문하는 것이 좋겠다. 여행사에서 진행하는 코스들도 알찬 편이라서 조금 돈을 쓰더라도 참여를 고려해보자. 뜨리니다드에 가보면 알겠지만, 이 작은 도시를 찾는 관광객들은 생각보다 훨씬 많고, 지내다보면 그럴 법하다는 생각이 든다.

뜨리니다드 풍경

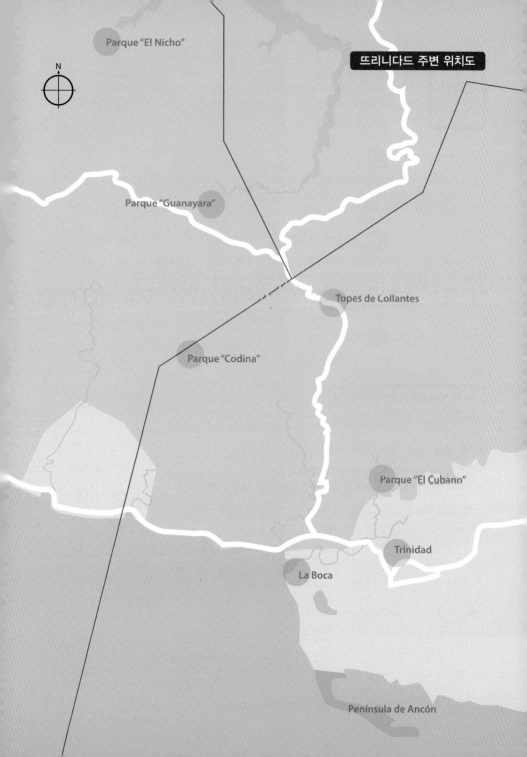

뜨리니다드 드나들기

인기 관광지이니만큼 이곳을 지나는 비아술 버스 편수가 많다. 비냘레스, 바라데로에서도 뜨리니다드로 가는 비아술 버스를 운영하고 있으니 일정을 짜기에도 수월하겠다. 꼴렉띠보 택시도 비교적 쉽게 구할 수 있다. 다만, 비아술 버스를 성수기에 이용할 생각이라면 티켓 예매는 가능하면 며칠 전에 해두는 것이 좋을 듯하다. 근래에는 비수기에도 관광객들이 많아 인기 관광 노선의 경우 원하는 날에 비아술 버스를 타기가 쉽지 않다.

 뜨리니다드 드나드는 방법 **01 버스**

비아술 버스터미널에서 뜨리니다드행 버스를 탈 수 있으며, 시즌에 따라 하루 두 번 내지 세 번 운행한다. 그 외 시엔푸에고스, 비냘레스, 삐나르 델 리오에서도 시엔푸에고스로 가는 비아술 버스를 탈 수 있고, 바라데로에서 오는 노선도 있다. 뜨리니다드행 비아술 버스는 시엔푸에고스에 들렀다 오므로 미리 내리지 않도록 주의하자.

 뜨리니다드 드나드는 방법 **02 꼴렉띠보 택시**

라 아바나의 비아술 버스터미널에서는 뜨리니다드행 꼴렉띠보 택시를 어렵지 않게 구할 수 있다. 4인이 차 한 대를 대절하면 인당 가격은 비아술 버스와 같거나 조금 비싸다. 매일 상황이 다르므로 너무 안심하지는 말고, 미리 여러 가지 경우의 수를 고려하자. 그리고, 일부 까사에서는 뜨리니다드로 다니는 꼴렉띠보 택시 기사들의 연락처를 알고 있어 연결해줄 수도 있다. 까사에도 확인해보도록 하자.

뜨리니다드 드나드는 방법 **03 기타**

기차로는 뜨리니다드까지 갈 수 없고, 상띠 스삐리뚜스에서 다른 교통수단을 이용해야 한다.

비아술 터미널에서 시내로

터미널이 중심가라 할 수 있는 마요르 광장 근처다. 별도의 교통편은 필요가 없을 듯하다.

시내 교통

뜨리니다드에서 교통수단을 이용해야 할 경우는 '뜨리니다드 – 앙꽁 해변 간', '뜨리니다드 – 라 보까 간' 정도라 하겠다. 중심지역은 차량을 통제하는데다 그리 넓지도 않아서 도보로 모두 이동이 가능하다.

뜨리니다드 – 앙꽁 해변 간 / 뜨리니다드 – 라 보까 간

🚌 버스

정기노선은 아니지만, 관광객을 위한 투어 버스가 라 보까와 앙꽁 해변을 거쳐 다닌다. 가격은 인당2CUC이며, 현재는 9시, 11시, 14시, 17시에 꾸바뚜르 여행사 건너편에서 탑승할 수 있다.

Cubatur : Esq. Antonio Maceo(Gutiérrez) y Francisco Javier Zerquera(Rosario)

🚗 택시

라 보까나 앙꽁 해변을 즐기는 추천할 만한 안락한 방법 중 하나가 택시 1대와 사전에 왕복 가격을 정하고, 시간 약속을 해두는 것이다. 가격은 매번 흥정할 때마다 조금씩 오르고 있는데, 상식적으로 봤을 때 차 1대로 15~20CUC 정도라면 적당한 가격으로 보인다. 물론 협상력에 따라 가격은 내려갈 수도 올라갈 수도 있겠다.

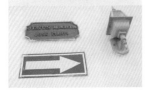

🛵 스쿠터

나름 추천할 만한 방법이라 하겠다. 1일 25CUC의 가격은 조금 비싼 듯하지만,
스쿠터에 올라 바닷바람을 맞으며 라 보까나 앙꽁 해변을 달리는 기분에는 특별
함이 있다. 가는 길도 그다지 복잡하지 않아서 지도를 보고 미리 숙지한다면 가
능하다. 쿠바카 Cubacar에 여권과 운전면허증을 가지고 가면 대여할 수 있다.
스쿠터를 대여하기 전 숙소에 스쿠터를 주차할 수 있는 곳이 있는지는 미리 확
인해야 하겠다. 없다면 별도로 2CUC 정도를 내고 개인 주차장에 주차해야 한
다. 뜨리니다드의 쿠바카 사무실은 아침 8시30분부터 10시, 저녁 4시부터 5시에
만 운영하고 있다.

Cubacar : Cl.Lino Pérez e/ Francisco Cadahía (Gracias) y Antonio Maceo(Gutiérrez)

뜨리니다드는 도보로 다 돌아다닐만한 도시이지만, 처음 도시에 도착했다면 도
보로 돌아다니는 것이 쉽지만은 않다. 정방형으로 구성되어 있지 않은데다가 중
심가는 더욱 길이 복잡하고 지도에 표시되지 않은 길도 있어 어려울뿐더러, 이
름이 두 개인 길마저 있다. 중심가는 대부분이 구 도로명과 현 도로명을 함께 사
용하고 있고, 도로명 표지판에 두 개의 이름을 함께 표기해두었지만, 그것도 중
심가뿐이고 외곽에는 표지판이 없는 곳도 많아 여행자를 힘들게 한다. 낮에 주
변을 충분히 숙지해 둘 필요가 있을 듯하다.

아바나뚜르와 쿠바카 사무실

쿠바뚜르 사무실

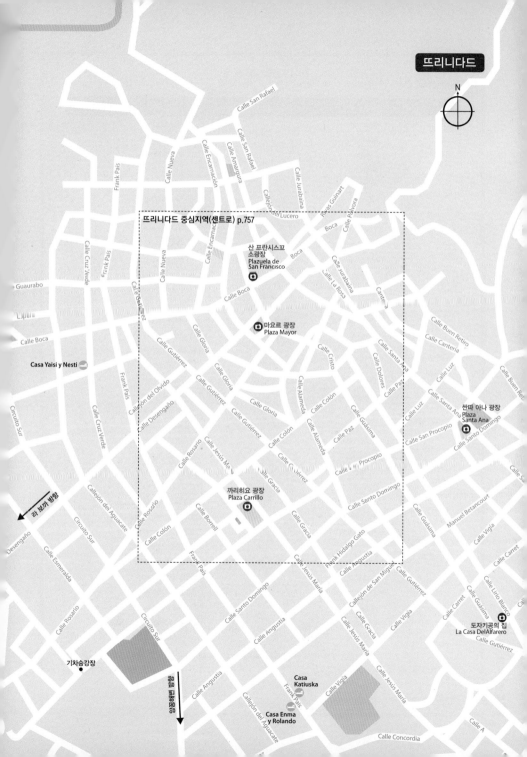

뜨리니다드

N

뜨리니다드 중심지역(센트로) p.757

Calle San Rafael

Calle San Rafael

Calle Nueva

Calle Encarnación

Calle Amargura

Callejón de Lucero

Boca

Calle Jurabaina

Calle Pólvora

Calle Guinart

산 프란시스꼬
소광장
Plazuela de
San Francisco

Calle La Rosa

Calle Jurabaina

Cantero

Calle Nueva

Calle Cruz Verde

Frank País

Frank País

Calle Boca

Calle Osteriz

Guaurabo

Lijuni

Calle Boca

Calle Gloria

Calle Boca

마요르 광장
Plaza Mayor

Calle Cristo

Calle Buen Retiro

Calle Canteria

Casa Yaisi y Nesti

Calle Gutiérrez

Callejón del Olvido

Calle Gloria

Calle Gloria

Calle Gutiérrez

Calle Alameda

Calle Colón

Calle Santa Maria

Calle Dolores

Calle Paz

Calle Luz

Calle Buen Retiro

Frank País

Calle Cruz Verde

Calle Desengaño

Calle Gutiérrez

Calle Rosario

Calle Jesús María

Calle Colón

Calle Colón

Calle Alameda

Calle Guásima

Calle Paz

Calle Santa Ana

Calle San Procopio

Calle Luz

Calle Santo Domingo

싼따 아나 광장
Plaza
Santa Ana

Circuito Sur

Callejón del Aguacate

Circuito Sur

Calle Rosario

Calle Gracia

Calle Borrell

까리히요 광장
Plaza Carrillo

Calle Gutiérrez

Calle San Procopio

Calle L Procopio

Calle Santo Domingo

Calle Guásima

Manuel Betancourt

Calle Vigía

러 보까 방향

Desengaño

Calle Esmeralda

Calle Colón

Frank País

Calle Gracia

Calle Hidalgo Gato

Calle Angustia

Callejón de San Miguel

Calle Gutiérrez

Calle Carret

Calle Guásima

Calle Lirio Blanco

Calle Rosario

Calle Santo Domingo

Calle Jesús María

Calle Jesús María

Calle Gracia

Calle Vigía

Calle Carret

Calle Carret

도자기공의 집
La Casa Del Alfarero

Calle Gutiérrez

Circuito Sur

Calle Angustia

Calle Jesús María

Calle Vigía

기차승강장

씨엔푸에고스 방향

Calle Angustia

Callejón del Aguacate

Frank País

Casa
Katiuska

Casa Enma
y Rolando

Calle Vigía

Calle Jesús María

Calle A

Calle Concordia

Calle Gutiérrez

뜨리니다드 주요 도로명

구 도로명	신 도로명
Aguacate	Pedro Zerquera
Alameda	Jesús Menéndez
Amagura	Juan M Márquez
Angarilla	Fidel Claro
Angustia	Jesús Betancourt
Boca	Piro Guinart
Candelaria	Conrado Benítez
Capada	Patricio Lumumba
Carmen	Frank Pais
Chanzoneta	Fausto Pelayo
Cristo	Fernando Hernández Echerri
Cruz Verde	Clemente Pereira
Desengaño	Simón Bolivar
Encarnación	Vicente Suyama
Gloria	Gustavo Izquierdo
Guaurabo	Pablo Pinch Girón
Gutiérrez	Antonio Maceo
La Rosa	Rafael Arcis
Las Guásimas	Julio A Mella
Lirio Blanco	Abel Santamaría
Luz	Restoy Fajardo
Media Luna	Ernesto Valdés Muñoz
Mercedes	Antonio Guiteras
Paz	Agustin Bernaz
Peña	Francisco Gómez Toro
Real del Jigue	R Martinez Villena
Rosario	Francisco Javier Zerquera
San Antonion	Isidro Armenteros
San Diego	Rubén Batista
San José	Ciro Redondo
San Miguel	Manuel Fajardo
San Proscopio	General Lino Pérez
Santa Ana	José Mendoza
Santiago	Frank Hidalgo Gato
Vigia	Eliopa Paz

이 책에서는 가급적 두 개의 도로명을 함께 표기했다. 인포뚜르에서 배포하는 지도와 같이 구 도로명은 괄호안에 넣어 병행 표기했다.
단, 도로명 표지판에서는 윗쪽이 구 도로명인 것을 기억하자.

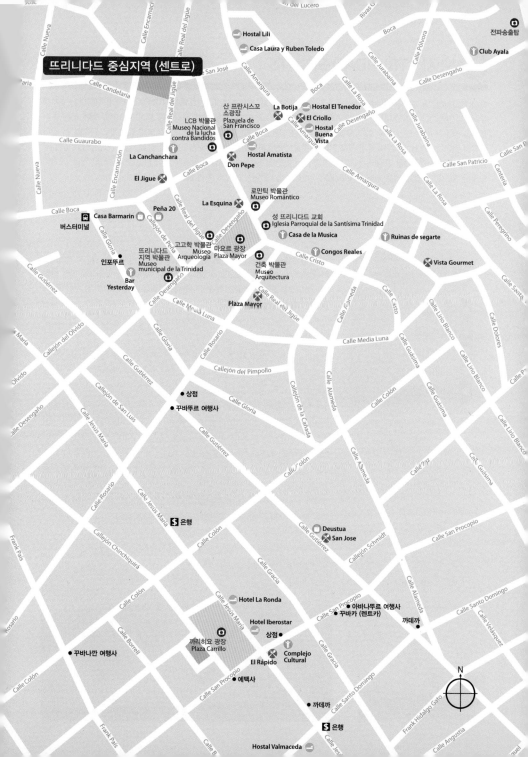

뜨리니다드 중심지역 (센트로)

Hostal Lili
Casa Laura y Ruben Toledo

Calle Nueva
Calle Encarnación
Calle Real del Jigüe
del Lucero
Rivas G
Calle Amargura
Calle Polvora
전파송출탑
Club Ayala
Calle Jurabaina
Calle Desengaño
Calle Candelaria
Calle San José
Boca
Calle La Rosa

산 프란시스꼬 소광장
Plazuela de San Francisco
La Botija
Hostal El Tenedor
El Criollo
Hostal Buena Vista

LCB 박물관
Museo Nacional de la lucha contra Bandidos
Calle Boca
Calle Amargura
Calle Jurabaina
Calle La Rosa

La Canchanchara
Hostal Amatista
Don Pepe
Calle Amargura
Calle San Patricio

El Jigüe
Calle Boca
로만틱 박물관
Museo Romántico
Calle La Rosa
Calle Peregrino

Casa Barmarin
Peña 20
La Esquina
성 뜨리니다드 교회
Iglesia Parroquial de la Santísima Trinidad
Ruinas de segarte

버스터미널
고고학 박물관
Museo Arqueología
마요르 광장
Plaza Mayor
Casa de la Musica
Congos Reales
Vista Gourmet

인포뚜르
뜨리니다드 지역 박물관
Museo municipal de la Trinidad
건축 박물관
Museo Arquitectura
Calle Cristo
Calle Casto

Bar Yesterday
Calle Desengaño
Plaza Mayor
Calle Media Luna

Calle Mejia Luna
Calle Gloria
Calle Rosario
Callejón del Pimpollo
Calle Media Luna
Calle Lirio Blanco
Calle Guásima
Calle Dolores

상점
꾸바뚜르 여행사
Calle Gloria
Calle Alameda
Calle Colón
Calle Guásima
Calle Lirio Blanco

Calle Jesús María
Callejón de San Luis
Calle Gutiérrez
Calle Colón
Calle Guásima

은행
Callejón Chinchiquirá
Deustua
San Jose
Callejón Schmidt
Calle San Procopio

Hotel La Ronda
아바나뚜르 여행사
꾸바카 (렌트카)
까데까
Calle Santo Domingo
Calle Velázquez

꾸바나깐 여행사
Hotel Iberostar
상점
Calle San Procopio
Calle Alameda

까리히요 광장
Plaza Carrillo
El Rápido
Complejo Cultural
Calle Santo Domingo

에떽사
까데까
N

은행
Hostal Valmaceda
Frank Pais
Frank Hidalgo Gato
Calle Angustia

보자! TRINIDAD SIGHTS

사실 뜨리니다드는 별다른 명소에 대한 소개가 필요치 않은 도시다. 뜨리니다드가 특별한 것은 바닥에서 지붕까지 도시를 구성하는 모든 작은 요소들이 각자 자기 역할을 해내면서 빛나고 있기 때문이지, 사람들을 끌어모을 만한 어떤 특정한 건물이나 장소가 따로 있는 것은 아니기 때문이다. 그런 이유로 뜨리니다드에 도착했다면 특별히 정보책을 뒤적일 것 없이 유유히 걸어다니면서 구석구석을 우연히 만나볼 것을 추천한다. 오래된 마을 도서관, 동네 빵집, 집을 새단장하고 있는 사람들, 별일 없이 관광객을 구경하는 노인들, 이제는 문을 닫은 오래된 극장들이 곳곳에 숨어 당신을 기다리고 있다. 그럼에도 길은 잃으면 안되고, 밥은 먹어야 하고, 잠은 자야 할테니 간단한 소개와 함께 설명을 남기도록 하겠다.

추천 일정

- 전파송출탑
- 마요르 광장
- 산따 아나 광장
- 도자기장인의 집
- 까리히요 광장

아침 기운을 받으며, 뒷산에 있는 전파송출탑에 올라보자. 시몬 볼리바르 SimónBolívar (데세가뇨 Desegaño)나 식당 라 보띠하의 앞쪽길에서 높은 방향으로 계속 오르면 능선을 걷는 산길이 나온다. 그 길을 계속 따르면, 멀리서부터 보이던 전파 송출탑에 닿을 수 있다.

전파송출탑

열심히 산길을 20여분 오르면 전파송출탑에 닿을 수 있다. 그리 험하고 가파른 길은 아니지만, 나이가 있으신 분들은 힘들어 하시는 경우도 있는 듯하다. 오래전에는 뜨리니다드를 내려다보는 망루였던 이곳에 현재는 라디오와 텔레비전 전파를 송출하는 철탑이 높게 솟아 있다. 이 탑은 먼 곳에서도 잘 보여 종종 길을 찾는데도 유용하니 눈여겨 봐두도록 하자. 이곳에서는 멀리 앙꽁반도, 엘 꾸바노 공원, 잉헤니오스로 가는 기차길, 꾸에바 호텔 등이 한눈에 보여 시원하다. 일정의 처음으로 삼아도 좋지만, 주변을 다 돌아본 후 맨 마지막에 다시 오르면 자신이 갔던 곳이 어디쯤 있는지를 다시 확인하며 또 다른 재미를 느낄 수도 있는 곳이다.

정상에 오르면 혼자서 이 송출탑을 지키고 있는 직원이 한 명 있다. 며칠씩 번갈아가며 근무를 하는데, 사람에 따라서 여기저기 뭐가 있는지를 설명해주

전파송출탑

전파송출탑에서의 전경 (엘쿠바노 공원과 잉헤니오스 기차길이 보이는 방향이다.)

기도 한다. 당연스럽게도 설명 뒤에는 은근한 팁 요구가 있으니 설명이 충분했다면 준비하되 원하지 않으면 애초에 모르는 척하는 것이 좋겠다.

산을 오르는 길에 주변을 보면 Ermita de Nuestra Señora de la Candelaria de la Popa라는 무척이나 긴 이름의 교회 잔해도 볼 수 있다. 현재는 주변에 공사를 진행하고 있어 가까이 볼 수는 없다. 또한 중간에 지나게 되는 동네는 관광지의 뒷편에서 이곳 사람들이 어떻게 사는지를 보여주는데, 전체를 돌아본 바로는 이곳에 사는 사람들이 마을에서 가난한 축에 속하는 듯해 쿠바에서 자주 느끼게 되는 갑작스런 대비를 또 한번 느끼게 한다.

 이제 마요르 광장으로 가보자. 산길을 내려와 Juan M Márquez(Amargura)가에 닿으면 정면에 라 보띠하 식당이 보이거나 Simón Bolívar(Desegaño) 가가 이어질 것이다. 라 보띠하 앞이라면 왼쪽으로 한 블록가서 Simón Bolívar(Desegaño)를 따라 내려가고 Simón Bolívar(Desegaño)가라면 그대로따라 내려가자. 한 블록만 내려가면 마요르 광장이 보인다.

마요르 광장 Plaza Mayor 쁘리자 마요르

관광객들에게는 이곳 마요르 쌍상이 뜨리니다드의 중심이 되는 곳이다. 석양을 보는 전망도 좋고, 광장을 둘러 싼 보기 좋은 건물들 그리고 무엇보다도 까사 데 라 무지까와 그 앞의 넓은 돌계단이 관광객들을 이곳으로 모이게 하고 있는데, 그래서 주변은 식당과 바, 기념품점들로 가득하다. 최근에는 마요르 광장에서 와이파이도 사용이 가능해져 더욱 붐비는 곳이다.

그렇지만, 광장 자체는 별다른 감흥이 있는 것이 아니라서 주변을 둘러싸고 있는 건물들에 대한 간단한 설명을 주로 하는 것이 나을 듯하다.

LCB 박물관

로만틱 박물관

성 뜨리니다드 교회

LCB 박물관 Museo Nacional de la lucha contra Bandidos

스페인어를 직역하자면, '도적들에 대한 소탕작전 박물관'으로 혁명 과정 중에서, 또 혁명 이후에 반대 세력과 치뤘던 전투와 토벌 작전에 대한 기록을 모아 둔 곳이다. 쿠바의 역사에 특별한 관심이 있다면 들러 볼만하겠지만, 대부분의 관광객은 이곳의 전망대에 오르기 위해 입장료를 지불하며 이곳에 들어가는 듯하다. 이곳에는 건물로서 가장 높이 솟은 종탑이 있어 전망대 역할을 하고 있다.

마요르 광장에서 로만틱 박물관과 교회를 바라보았을 때 사이에는 Fernando Hernández Echerri (Cristo)가 있다. 그 길을 따라 왼쪽으로 한 블록만 더 가면 작은 공원이 나오고 그 앞이 LCB박물관이다.

로만틱 박물관 Museo Romántico

19세기에 사용되던 고급스러운 생활용품들을 모아두었다. 전시품도 생각보다는 볼만하고 그와 함께 2층 벽에 손으로 직접 그린 장식이 눈길을 끈다. 그림도 당시에 그려진 것으로 방마다 용도와 사용자에 따라 조금씩 다르게 그려져있다. 마요르 광장에서 산 정상 쪽을 바라보았을때 왼편의 건물이 로만틱 박물관이다.

성 뜨리니다드 교회 Iglesia Parroquial de la Santísma Trinidad

많은 교회들이 흔적만 남아있는 가운데 자리를 지키고 있는 몇 안되는 교회 중 하나이다. 내부 대부분의 성소들이 나무 장식으로 되어 있어 눈길을 끌고 있다. 세밀하게 조각된 나무 장식 때문에라도 들어가 볼만한 교회인 듯하다. 평일 오전 몇 시간 동안만 관광객의 입장이 가능하기 때문에 조금 서두를 필요가 있겠다.

마요르 광장에서 산 정상 쪽을 바라보았을때 오른편의 건물이 성 뜨리니다드 교회이다.

고고학 박물관 Museo Arqueología

고고학 박물관이다. 왜 이곳에 이런 박물관이 있는지는 모를 일이다.
마요르 광장에서 산 아래쪽을 봤을때 오른쪽 아래편 모서리 옆 건물이다.

고고학 박물관

건축 박물관

뜨리니다드 지역 박물관

건축 박물관 Museo Arquitectura

개인의 취향에 따라 다르겠지만, 그래도 이곳의 박물관 중에서 전시물 자체로 가장 볼만한 곳을 꼽으라면 이곳 건축 박물관이라 하겠다. 1738년에 건축된 사탕수수 농장주의 저택이었던 이곳 내부에는 그 시설부터 사용되어오던 물건들과 문, 문 손잡이 장식, 지붕 시공법 등 주택에 관한 흥미로운 것들을 모아놓았다. 특히 1890년대에 사용되었다는 가스통과 은 몸으로 물을 뿜어주는 샤워기는 관심을 끈다.

마요르 광장에서 산 아래쪽을 봤을 때 왼편 건물이다.

건축 박물관

◎ Open 목~화 09:00~17:00
　Close 수요일(일요일 격주 휴무)
▤ 1CUC

뜨리니다드 지역 박물관 Museo municipal de la Trinidad

뜨리니다드 시의 역사와 관련된 전시물들을 모아두었다. 그 중에서도 대규모 사탕수수 농장, 벽돌 공장, 과수원을 위해 아프리카에서 강제 이주시킨 노예들과 관련된 기록들이 이채롭긴 하지만, 내부의 전시물보다는 사방이 막히지 않아 시내에서 가장 좋은 전망대가 있어 관광객들의 발걸음을 당기고 있다.

마요르 광장에서 산 아래쪽을 봤을 때 오른편 옆으로 나있는 Simón Bolívar(Desegaño)가를 따라 내려가면 두 버째 블록 오른편 주건물에 큰 입구가 있다.

이 아름다운 도시 뜨리니다드에서 인근의 박물관을 소개해야하는 마음은 조금 착잡하고 안타깝다. 분명 이 도시의 분위기를 형성하는데 크게 한 몫을 하고 있는 이 오래된 저택들이 품고 있는 전시물들은 여행자들의 마음에 뚜렷한 기억을 남기기에는 미흡하다는 것이 솔직한 평이라 하겠다. 전시물들보다 입장료를 받는 데스크 직원들의 나른한 표정과 건조한 반응이 오히려 흥미를 돋우는 이 박물관들을 굳이 하나하나 방문할 필요는 없을 듯하다. 그럼에도 박물관이 문을 닫는 월요일과 격주로 닫는 일요일은 관광객도 뜸하고, 도시가 휴식을 취하는 분위기가 난다. 전체 일정을 짤 때 일, 월은 피하는 것도 고려해 볼 일이다.

뜨리니다드 지역 박물관

◎ Open 화~일 09:00~17:00
　Close 월요일 (일요일 격주 휴무)
▤ 2CUC, 사진촬영 시 1CUC 추가

🚶 산따 아나 광장으로 가는 가장 좋은 방법은 Juan M Márquez (Amagura)가를 따라가는 것이다. 왔던 길을 다시 되돌아 Simón Bolívar(Desegaño)가를 따라 산 정상 방향으로 올라 Juan M Márquez (Amagura)가가 나올때까지 걷자. Juan M Márquez (Amagura)가가 나오면 오른쪽 방향으로 계속해서 7~8분 정도만 걸으면 왼편에 교회의 잔해와 오른편에 작은 공원이 나온다.

산따 아나 광장

산따 아나 광장

도자기 장인의 집

- 🏠 Cl. Andrés Berro No.9 e/ Abel Santa María y Julio A. Mella
- 🕐 개인 공방으로 개인 사정에 따름
- 🍽 없음. 내부 바 운영
- 📧 azariel@hero.cult.cu

산따 아나 광장 Plaza Santa Ana 쁘라자 산따 아나

산따 아나 광장은 나머지 두 광장에 비해 덜 주목받는 곳이고 실제 아주 한적하다. 폐허가 돼가고 있는 건너편의 산따 아나 교회는 아직까지도 그냥 방치되어 있는 수준으로 이렇게 계속 점점 더 폐허가 되어갈 듯하다. 그리 멀지 않으므로 도자기 장인의 집에 가는 길에 지나며 보면 되겠다.

🚶 산따 아나 광장에서 도자기장인의 집까지는 도로 표지판이 잘 보이지 않을 수 있다. 오던 방향으로 앞으로 다섯 블록, 우회전해서 세 번째 블록까지 가자. 네 번째 블록 오른편을 유심히 살피면 'La Casa del Alfarero'라고 쓰인 작은 간판을 볼 수 있을 것이다.

도자기 장인의 집 La Casa del Alfarero 라 까사 델 알파레로

뜨리니다드 인근에는 도자기에 적합한 흙이 많아 도자기가 유명하다. 중심가를 돌아다녀 봐도 다른 도시에 비해 유난히 자기로 된 기념품을 많이 파는 것을 볼 수가 있을 것이다. 이곳이 바로 그 자석 기념품과 재떨이를 만들어내는 그곳 중의 하나이다. 산지에 왔음에도 가격이 더 비싼 건 무슨 이유인지 모르겠지만, 이곳에서는 자석 기념품과 재떨이 외에도 신경써서 만들어진 많은 그릇들을 구경할 수 있다. 더불어 안쪽에 있는 작업장으로 들어가보면 흙을 모아서 물을 붓고 다시 걸러서 불순물을 제거하고, 말리고, 반죽하고, 그릇을 만드는 모든 과정을 한눈에 볼 수가 있다. 스페인어가 어느 정도 가능하다면 일하고 있는 사람들이 간단한 설명도 더해주니 미소와 함께 접근해보자. 안쪽에는 바가 있어 지친 다리를 잠시 쉬어 갈 수도 있다.

개인 공방이기에 입장료는 없어도 열고 닫는 시간은 주인 마음이므로 운이 좋기를 바란다.

🚶 여기서 까리히요 광장까지는 꽤 걸어야 한다. 다리가 아프면, 비시 택시를 타자. 까리히요 광장을 주민들은 센트로라고 부르므로 센트로로 가자고 하면 데려다 줄 것이다. 흥정은 잘 하자. 도보로는 오던 방향으로 다음 블록을 지나 학교 건물이 보이면 우회전해서 Antonio Maceo(Gutiérrez)가를 따라가자. 여섯 블록 정도 가서 갈림길이 보일 것이다. 작은 공원처럼 보이는 그 곳에서 직진하는 방향으로 한 블

도자기장인의 집

록을 더 가서 왼쪽을 보면 아바나뚜르와 쿠바카의 간판이 보인다. 좌회전해서 두 블록을 더 가면 까리히요 광장이다.

주변 풍경

까리히요 광장 Plaza Carrillo 쁘라사 까리히요

돔형의 철제 구조물이 비록 덩굴은 헐벗었지만, 공원의 전체적인 분위기를 부드럽게 만들고 있는 까리히요 광장은 관광객과 주민들이 적절히 섞여 쉼 터 같은 분위기를 만들어내는 곳이다. 저녁이 되어도 한산했던 이 광장은 WIFI 장비가 설치된 이후로 아주 부산해졌다. 인터넷을 이용하러 나오는 주민 들, 여행객들, 인터넷 카드를 판매하는 사람들, 이들을 따라 놀러 나온 아이들 로 항상 붐빈다. 시청사와 주민들의 생활에 필요한 은행, 도서관, 까데까, 에 떼사 등이 까리히요 광장 주변 가까이에 있어 주민들의 생활의 중심은 이곳 이며, 시청사가 있으므로 주민들은 이곳을 '센트로'라고 부르고 있다. 이전에 는 세스뻬데스 공원 Parque Cespedes로 불렸던 이곳은 특별히 들어갈 만 한 명소는 없어도 운이 좋으면 문이 열려 있는 산 프란시스꼬 데 빠울라 교 회 Iglesia de San Francisco de Paula의 공원 뒤편에 자리 잡은 야외 녹.., 시청사 건물(시청사는 입상할 수 없다) 등 천천히 눈요기할 만한 곳과 엘 라삐도와 가까이 있는 길거리 음식점 등이 있어 넉넉히 쉬었다 갈 만 하다. 천천히 Jose Marti(Jesús María)를 따라 왼쪽(광장에서 이베로스타 호 텔을 바라보고 섰을 때)으로 걸어가다 보면 마을 도서관이나 이제는 문을 닫 은 까리다드 극장 등 주민들이 사는 모습도 구경할 수 있으니 놓치지 않기 를 바란다.

시청사

산 프란시스꼬 데 빠울라 교회

야외 극장

까리히요 광장

뜨리니다드 인근 ❶

앙꽁 해변 Playa Ancón 쁘라야 앙꽁

쿠바가 그렇게도 자랑하는 바로 그 '까리베' 카리브 바다다. 뜨리니다드의 남쪽에 휘어져 길게 늘어진 앙꽁반도 Península de Ancón의 긴 모래사장을 쁘라야 앙꽁이라고 부르고 있다. 실상은 이 모래사장이 라 보까에서부터 드문드문 이어지므로 결국은 길고도 긴 해수욕장이 눈에 보이는 끝까지 펼쳐져 있는 셈이다.

앙꽁의 모든 해변은 퍼블릭 비치로 누구나 무료로 즐길 수 있다. 리조트 앞 바다라고 해서 입장 제한이 되어 있지 않으므로 어느 곳이나 맘에 드는 포인트에서 푹 즐기다가 가면 된다. 하지만, 해변이 너무 길어 모든 곳을 다 직접 보고 결정하기는 힘드니 간단히 설명을 해보자면 다음과 같다. 긴 해변에는 세 곳의 리조트 호텔이 운영되고 있는데, 각 리조트의 옆에 비투숙객들이 좀 더 편히 즐길 수 있는 바와 파라솔이 자리 잡고 있다.

앙꽁 호텔 옆 해변
앙꽁반도의 가장 깊숙한 곳에는 앙꽁 호텔이 있으며, 그 옆으로 나무들이 파라솔처럼 우거져 있어 편하게 해수욕을 할 수 있는 곳이 있다. 전망에 막힘이 없어 시원하며, 수심이 곧 깊어진다.

브리사스 호텔 옆 해변
반도의 중간 지역에 자리잡고 있으며 수심이 그리 깊지 않다. 역시 전망에 막힘이 없어 시원하나, 사람이 많이 모일 경우 파라솔이 부족해질 수도 있겠다. 바다를 바라보고 오른편으로 이동하면 모래사장이 끝나고, 바닥이 돌인 해안이 나타난다. 수심이 많이 얕아 가까운 곳에서는 스노클링이 힘들지만, 조금 멀리 나간다면 가능하다.

앙꽁 해변 리조트 호텔

예약 문의처
꾸바나깐
www.cubanacan.cu
www.hotelescubanacan.com

아바나뚜르
www.havanatur.cu

🛏 **숙박비** 인당 60~80CUC
   (호텔과 시기에 따라 다름)
기타 ➔ 인클루시브

꼬스따 수르 호텔 옆 해변

교통수단을 타고 가면 가장 처음으로 지나는 곳이 꼬스따 수르 호텔이고, 그 건물 입구 오른쪽으로 난 샛길을 걸어 들어가면 이 해변을 찾을 수 있다. 주민들은 따로 마리아 아길라 María Aguila라고 부르거나 이곳에 있는 특이한 천연 수영장을 가리켜 삐시나 나뚜랄 Piscina Natural이라 부르기도 한다. 바닥에 돌이 좀 많아 조심해야 할 필요가 있지만, 앙꽁으로 간다면 이곳을 가장 추천하고 싶다. 추천 이유는 직접 보면 확인할 수 있으리라 생각된다. 바닥에 돌이 많아 수영은 리조트 앞쪽 돌로 둘러쌓여 파도가 더 잔잔한 천연 수영장으로 가서 즐기면 되겠다. 바위들 주변으로 물고기들이 많고, 수심이 아주 깊지는 않아 스노클링을 즐기기에 아주 좋다.   (바위 주변에서는 파도에 밀려 부딪힐 수 있으니 조심하자.)

앙꽁 해변의 리조트 호텔

까사 빠르띠꼴라가 없는 앙꽁 해변에는 총 세개의 리조트가 올인클루시브로 운영이 되고 있다. 뜨리니다드와 가깝고, 적절한 가격에 카리브해를 즐길 수가 있어 주로 캐나다 관광객들에게 인기를 끌고 있다. 실제로 성수기에는 당일이라면 방을 구하기가 힘들뿐만 아니라 2~3주 후까지 예약이 꽉 차있으므로 숙박을 원한다면 한 달 전부터 서둘러 예약을 해야할 필요가 있다. 외국 관광객들은 숙소를 이곳 리조트로 정해놓고, 낮에 뜨리니다드나 잉헤니오스 농장을 둘러보는 일정으로 움직이고 있는데, 이런 방법으로 지역을 즐기는 것도 나쁘진 않을 것으로 보인다.

각 리조트에서는 시간에 따라 관광객이 참여할 수 있는 프로그램을 저녁까지 순비하여 지루할 일이 없도록 하고 있으며, 스쿠버다이빙을 원한다면 리조트 내 여행사와 상의하여 역시 앙꽁반도에 자리 잡은 마리나 마를린 뜨리니다드를 통해 진행할 수 있도록 준비하고 있다. 시설물은 중간 지점에 자리잡은 브리사스 호텔이 가장 낫고, 다음이 앙꽁, 마지막으로 꼬스따 수르의 순이다. 앙꽁 호텔은 아파트형 건물. 브리사스는 드문드문 지어진 연립 형태의 건물에서 숙박하며, 꼬스따수르는 연립 형태와 독채를 함께 운영하고 있다. 세 곳 모두 200여개 정도의 객실을 운영하고 있음에도 성수기 당일에 숙소를 구할 수 없는 상황이니 앙꽁 해변의 인기를 짐작할 수 있다.

라 보까 La Boca

강과 바다가 만나는 지점에 자리잡은 마을 라 보까는 앙꽁반도로 이어지는 모래사장이 시작되는 곳으로 까사 빠르띠꿀라들이 많아 좀 더 저렴하게 카리브해 바닷가 마을을 즐길 수 있다는 장점이 있다. 퍼블릭 비치가 좁고, 앙꽁 해변보다 모래사장이 드물다는 단점은 있지만, 중간중간 바위와 섞여있는 조그만 모래사장들은 접근하는 사람들이 많지 않아 조용히 가족 단위로 즐기기에 좋다. 라 보까 마을에서 앙꽁반도 방향으로 해안가 길을 따라 가다보면 나타나는 조그만 모래사장들은 경치도 좋을 뿐더러 스노클링을 즐기기에도 좋아 장비가 준비되었다면 라 보까에서는 이런 곳들을 찾아 즐기기를 권하는 바이다. 단, 직접 움직일 수 있는 교통수단이 있어야 한다는 아쉬움이 있지만, 스쿠터를 대여한다면 충분히 가능하니 고려해보기 바란다. 라 보까에서 숙박을 해도 좋겠지만, 역시 뜨리니다드의 저녁을 놓치는 것은 아쉬운 일이니 숙박은 뜨리니다드에서 하고 낮에 방문하는 것을 추천하겠다.

잉헤니오스 농장 Valle de Ingenios 바예 데 잉헤니오스

유리창이 없이 뚫린 오래된 기차를 타고 6시간여를 넉넉하게 다녀오는 잉헤니오스 농장 열차 여행도 이 지역의 인기 관광코스 중 하나이다. 아쉽게도 기차로 산을 오르거나 굽이굽이 돌아가거나 하는 일 없이 기차는 대부분 반듯하게 놓인 철로를 달려간다. 특별한 이벤트 없는 여행이 6시간이나 이어지다 보니 경우에 따라서는 지루하게 느낄 수도 있겠지만, 이곳저곳 속속들이 살펴보고 사진을 찍고 한적하게 노니다 보면 또 나름의 맛을 느낄 수 있는 코스다.

기차는 뜨리니다드 남쪽의 기차 승강장을 9시 30분경 출발해서 한 시간 후 Iznaga 역에 도착한다. 이곳은 잉헤니오스 농장에서 일하던 노예들을 감시하던 감시탑이 있는 곳으로 45m에 달하는 높이에서 보아야 할 정도로 넓은 농장의 크기도 놀랍지만, 노예들을 감시하기 위해 이 런 탑을 짓는 수고까지 마다하지 않는 당시 스페인계 이주민들의 표독스러움 또한 느껴진다. 기차가 떠나기까지 시간이 넉넉하게 주어지므로 감시탑 뒤의 마을도 한번 짧게 돌아보는 것도 나쁘지 않다. 한 집에 망고나무 두세 그루씩은 있는 뒷마을에 주렁주렁 달린 망고만 바라봐도 입에 침이 고일 정도다. 마을 안쪽에서 보는 탑은 진입로에서 보는 것과는 또 다른 느낌이다. 마치 영화 반지의 제왕에 나오는 모르

잉헤니오스 기차 타기

🚶 **승강장 위치** Cl.General Lino Pérez (San Proscopio)를 따라 산 아래쪽 방향으로 계속 내려가면 철로와 승강장이 나온다.

🕐 일 1회, 출발 09:30, 뜨리니다드 복귀 15:00시경

🎟 **티켓** 10CUC. 당일 아침에 승강장 건너편 역사나 아바나 뚜르에서 구매 가능

감시탑 입장료 1CUC

도르 산 정상. 사우론의 눈동자같은 느낌이 조금 나기도 한다. 내가 노예였다면 피하기 쉽지 않다는 압박감. 30분을 정차한다 했던 기차는 한 시간 가량 지나 다시 움직인다. 기차가 떠나기 전 기적을 울리니 귀를 잘 열어두었다가 기적이 울리면 돌아오자. 기차를 놓쳐도 뜨리니다드로 돌아갈 수는 있지만, 당연히 돈이 든다. 다시 움직인 기차는 30여 분 후 지나쳐왔던 Guachinango 역에 정차한다. 이곳에서 한 시간 이상 머무르게 되므로 식당과 화장실이 있는 이곳에서 식사를 하거나 음료를 마시며 넉넉하게 시간을 보내야 한다. 식당에서 멀지 않은 거리에 철로가 지나는 철교가 있다. 식사 생각이 없다면 100년 전에 세워졌다는 이 철교를 카메라에 담아보는 재미도 있겠다.

탑승인원이 미달이거나 기차에 문제가 있을 경우 운행이 취소될 수도 있어 티켓은 예매를 하지 않고, 당일 아침에 운행이 확정되었을 때 판매하고 있다. 좌석번호가 별도로 없고, 티켓은 차후에 확인하기 때문에 관광객들은 기차가 서기도 전에 좋은 자리를 차지하려 뛰어오른다. 서로 도와가며 열심히 뛰어오르는 캐나다와 유럽 관광객을 먼발치서 바라보면 '이 사람들 며칠 만에 쿠바사람 다 되었구나.' 하는 생각이 든다. 내가 앉을 자리 걱정도 되겠지만, 최대한 조심해서 기차에 오르도록 하자. 생각보다 오래 걸리는 기차 투어가 싫다면 따로 택시를 대절하는 방법도 있다. 택시를 대절해서 이즈나가 감시탑 Torre Iznaga과 잉헤니오스 전망대 Mirador Valle de los ingenious 정도를 돌아보고 오는 코스가 있으니 택시기사와 협의해보도록 하자.

뜨리니다드 인근 ❹

또뻬스 데 꼬랸떼스 Toppes de Collantes

뜨리니다드 여행 선물세트의 산파트를 담당하는 또뻬스 데 꼬랸떼스. 넓게 펼쳐진 이 공원 지역을 또뻬스 데 꼬랸떼스라고 통칭하지만, 또뻬스 데 꼬랸떼스는 그중 호텔과 숙박시설이 모여있는 한 마을이다. 이 공원 지역은 엘 니초 공원 Parque El Nicho, 과나야라 공원 Parque Guanayara, 또뻬스 데 꼬랸떼스 Toppes de Collantes, 꼬디나 공원 Parque Codina, 엘 꾸바노 공원 Parque El Cubano 이렇게 총 5개의 트레킹 혹은 승마 코스가 갖춰진 공원들로 구성이 되어있다. 차량을 렌트하면 개인적으로 이동할 수 있으나 길이 좁은데다가 심하게 굽이치고, 안전시설이 제대로 갖춰져 있지 않아 이곳을 잘 모르는 상태로 직접 운전해서 가는 것은 상당히 위험한 일일 것이다. 스쿠터로는 경사가 심해 이동할 수가 없다. 간혹 자전거로 이곳을 지나는 사람들이 보인다. 자전거 투어도 가능하지만, 이들은 평소에도 꾸준히 산악자전거를 타던 사람으로 보이니 쉽게 도전할 생각은 하지 않는 것이 좋겠다. 여행사에서 이곳으로 가는 여행 상품을 판매하고 있다. 현재는 과나야라 공원과 또뻬스 데 꼬랸떼스를 주로 판매하고 있으며, 과나야라는 55CUC(점심 포함), 또뻬스 데 꼬랸떼스는 30CUC(점심 미 포함) 정도이다. 지역에서 가장 높은 전망대와 커피 재배에 관한 간단한 전시를 해놓은 커피하우스를 방문하며, 약 2시간여의 트레킹 중 폭포와 천연 수영장을 방문한다. 영어가 가능한 전문 가이드가 트레킹 중에 볼 수 있는 새와 나무들에 대한 많은 이야기를 생생하게 전달해주어 베어 그릴스를 뒤쫓아 다니는 느낌이 조금 들기도 한다.

뜨리니다드 시내에서 승마로 호객행위를 하는 많은 사람들은 가장 가까운 엘 꾸바노로 간다. 시기나 경우에 따라 6~8CUC 정도로 탈 수 있는 이 코스는 한 시간 이상 말을 타야하므로 자주 말을 타지 않은 사람에게는 조금 고통스러울 수도 있다. 저렴한 가격으로 말을 타보는 것은 좋으나 아무래도 비공인이다 보니 코스나 시간이 소위 지맘대로인 경우가 있어 이렇게 개인적으로 진행할 경우는 미리 시간이나 코스, 가격을 꼼꼼히 해둘 필요가 있겠다.

건기에 이곳을 방문하면 수원지와 가까운 엘 니초나 과나야라 외의 공원에서는 폭포를 보기 힘들 수도 있다. 엘 꾸바노로 호객행위를 하는 사람들은 가끔 폭포가 있다고 하다가도 막상 도착해서 건기라서 물이 없다고 딴소리를 하니 출발 전에 폭포에 물이 있는지 꼬집어 물어보자. 남미의 엄청난 폭포들에 비하기는 힘들지만, 우리 나라에서는 쉽게 보기 힘든 20~30m 높이의 폭포는 확실히 아름다운 광경이니 꼭 볼 수 있기를 바란다.

또뻬스 데 꼬란떼스

아바나뚜르나 꾸바나깐에서 상품 판매

- 🏞 과나야라 공원 : 55CUC
  또뻬스 데 꼬란떼스 : 30CUC
- 🕐 출발 09:00, 복귀 16:00

전망대, 커피하우스, 과나야라는 점심 포함.
폭포, 천연수영장 (코스별로 미리 확인요)

하자! ACTIVITIES

뜨리니다드의 마요르 광장은 밤에 더 빛을 발한다. 마요르 광장 옆 뜨리니다드 밤의 대통령 '까사 데 라 무지까' 때문이다. 앞 광장이나 계단이 넓어 약속을 하거나 할 일이 없거나 왠만하면 저녁식사 후에는 다들 마요르 광장으로 모여드는데, 그렇다해서 갈 곳이 거기밖에 없는 것은 아니니 하나씩 알아보자.

La Canchanchara 라 깐찬차라

라 깐찬차라는 종종 이른 낮부터 시끄러워 들르지 않더라도 지나가며 한 번씩 들여다보게 된다. 하지만, 매일 저녁의 분위기 편차가 커서 어떤 날은 사람이 많고, 어떤 날은 사람이 없어 썰렁하니 너무 한산하면 다른 곳으로 가자. 깐찬차라를 한 잔 하며 음악을 들을 수 있는 바이다.

⌂ Cl. R Martínez Villena (Real del Jigue) e/ Ciro Redondo(San José) y Piro Guinart (Boca)
LCB 박물관 건물의 뒷편 블록에 있다.
⌚ Open 10:00~22:00

Ruinas de Segarte 루이나스 데 세가르떼

그냥 좀 조용히 음악이나 들으면서 동행과 이야기를 나누고 싶다면 루이나스 데 세가르떼가 낫다. 귀에 익숙한 잔잔한 쿠바 음악과 함께 조용한 시간을 보내자.

⌂ Cl. Jesús Menéndez(Alameda) e/ Fernando hernández Echerri(Cristo) y Ernesto Valdés Muñoz(Media Luna)
마요르 광장에서 산쪽을 보고 Fernando hernández Echerri(Cristo)가를 따라 오른쪽으로 한 블록 가서 좌회전하면, 앞쪽에 골목이 보이고, 그 골목의 코너에서 찾을 수 있다.
⌚ Open 08:00~24:00

Casa de la Musica 까사 데 라 무지까

까사 데 라 무지까의 풍경을 사진에 담기란 참 쉽지가 않다. 모든 관광객이 저녁이면 한 번은 지나는 듯 이 앞은 매일 북적인다. 야외 공연장에서 연주되는 음악은 광장 인근을 떠들썩하게 하고 계단 위쪽 무대에서는 춤판이 한창이다. 입장료 1CUC를 받는 날도 있고, 그냥 들어갈 수 있는 날도 있지만, 춤을 출 생각이 아니라면 어차피 들어갈 필요는 없이 밖에서 즐기면 되겠다.

⌂ Cl.Fernando Hernández Echerri(Christo) e/ Simón Bolívar(Desengaño) y Jesús Menéndez(Alameda)
마요르 광장에서 산쪽을 봤을때 1시 방향. 그냥 지나치기가 더 어렵다.

Congos Reales 꽁고스 레알레스

까사 데 라 무지까의 그늘 아래서 꿋꿋하게 자신의 길을 가고 있는 꽁고스 레알레스는 외국인도 많지만, 주민들도 편하게 찾는 곳인 듯하다. 아쁘로 쿠반 음악을 주로 한다지만, 음악 전문가가 아니라서 정말 그런 것인지는 잘 모르겠다.
까사 데 라 무지까보다는 한결 진한 색다른 음악을 듣고 싶다면 꽁고스 레알레스에 가보자.

☗ Cl.Fernando Hernández Echerri(Christo) e/ Simón Bolívar(Desengaño) y Jesús Menéndez(Alameda)
까사 데라 무지까와 같은 블록에 있다.

🕔 Open 10:00~24:00

Bar Yesterday 바 예스터데이

'비틀즈'라거나 '예스터데이'라는 이름의 바는 세계 어느 나라에나 있기는 할 테니, 이곳에서 마주쳤다 해도 너무 이상하게 생각하지는 말자. 비틀즈는 우리 모두의 것이니까. 가게를 오픈하는 건 주인 맘이지만, 가게에 가는 건 손님 맘이라 별로 붐비지 않는 이곳은 그래도 살사보다 비틀즈가 편한 손님들이 들러 라이브 공연을 즐기는 바이다. 쿠바 음악에 지쳤다면 가보자.

☗ Cl. Gustavo Izquierdo (Gloria) e/ Piro Guinart (Boca) y Simón Bolívar (Desengaño)
마요르 광장에서 아래쪽으로 뻗은 Simón Bolívar (Desengaño)를 따라 한 블록 가서 우회전하면 인포뚜르 옆이다.

🕔 Open 16:00~24:00

Complejo Cultural 꼼쁠레호 꿀뚜랄

마요르 광장 저 멀리, 까리히요 광장의 한편에서 저녁을 떠들석하게 하려고 하지만, 뭔가 역부족인 곳이다. 저녁이 되면 근처에 사람도 뜸해서 영 분위기도 나지 않는다. 다만 낮에는 살사 수업 등이 진행되서 활기차므로 관심이 있다면 들러 구경해보는 것도 좋다.

☗ Cl. General Lino Pérez (San Proscopin) e/ José María(JesusMaria) y Francisco Cadahía (Gracias)
까리히요 광장에서 이베로 스타를 봤을 때 1시 방향에 있는 블록 General Lino Pérez(San Proscopio)가에 있다.

🕔 Open 10:00~01:30

Club Ayala 클럽 아얄라

뜨리니다드뿐만 아니라 쿠바에서 최고의 클럽이라며 동네 사람들이 추켜세우는 자랑거리. 산중에 동굴을 클럽으로 개조해 만든 곳으로 주소는 따로 없고 산길을 따라가면 된다. 보통 11시 이후로 까사 데 라 무지까가 한산해질 때쯤 사람들이 클럽 아얄라로 이동한다. 미리 가면 좀 썰렁할 수도 있으니 시간을 잘 맞춰보도록 하자.

전파 송출탑으로 올라가는 길 중 산길이 시작되는 지점에 있다.
산중턱이라 주소가 없다. 지도 참조. 오픈 시간은 11시이나 12시부터 활발해 짐.

🛍️ 사자! SHOPPING

뜨리니다드는 흙이 좋아 도자기가 유명한 곳이어서 도자기를 파는 집들이 종종 눈에 띈다. 그리고, 예전부터 자수가 유명하다 해서 길가에 자수천을 파는 노점들이 유난히 많다. 박물관에 가보면 유명하다는 그 솜씨가 담긴 자수를 만나볼 수 있지만, 길가에서 파는 자수천들은 그리 대단한 상품으로 보이지는 않는다. 몰려드는 관광객이 많은 만큼 기념품점은 보고 싶지 않아도 보일만큼 많으니 따로 소개할 필요는 없을 듯하고, 대신 흥미로운 가게 몇 곳만 간단히 소개해볼까 한다.

Casa Barmarin 까사 바르마린

마치 기계로 찍어 내는 듯 고만고만하게 똑같은 그림의 홍수를 겪으며, 까사 바르마린에 있는 그림들을 한 번 둘러보는 것만으로도 어느 정도 안구가 안정을 찾아간다. 딱히 지역 화가의 그림을 모아 둔 것은 아니고, 각지의 실력있는 화가들의 그림을 모아 두었다고 한다. 그 때문인지 그림들의 수준이 남달라 보이기는 하다. 까사도 운영하고 있는데, 조금 비싸긴해도 꾸밈이 남달라 있어볼만도 하다.

까사 바르마린

🏠 Cl.Francisco Gómez Toro (Peña) No.21 e/ Piro Guinart (Boca) y Simón Bolívar(Desegaño)
인포뚜르의 뒷 블록에 있다.
📞 (mob) 5237 1644
📧 verdilamil@gmail.com, casa.barmarin@nauta.cu
www.casabarmarin.com

Peña 20 뻬냐 20번지

얼핏 보면 기념품점의 그림과 별다를 것 없는 것 같다가도 계속 눈길이 간다. 따로이 이름을 가르쳐주지 않아 그냥 뻬냐 20번지로 알고 있는 이 집은 주인이 직접 그리고 운영하고 있다. 밝은 색감의 선인장 그림은 하나 정도 집에 둬도 괜찮을 듯하다.

뻬냐 20번지

🏠 Cl.Francisco Gómez Toro (Peña) No.20 e/ Piro Guinart (Boca) y Simón Bolívar(Desegaño)
인포뚜르의 뒷 블록에 있다.
📞 (mob) 5365 7712
📧 virgilioss@nauta.cu

Deustua 데우스뚜아

굳이 도자기 장인의 집까지 가지 않아도 예쁜 도자기들을 만나볼 수 있는 곳이 Antonio Maceo(Gutiérrez)가에 있다. 동양의 고급 자기들처럼 세밀하고 정교한 장식보다는 투박하고, 친근하고 가끔 귀여운 느낌을 내는 것이 쿠바 자기의 특징인지 이곳의 자기들에서 우리가 흔히 고급 그릇에 기대하는 그런 고급스러움을 느낄 수는 없다. 그래도 나름의 맛에 탐나는 물건들이 있긴 하지만, 문제는 포장. 깨지지 않은 채로 집까지 가지고 갈 수 있을지가 문제다.

데우스뚜아

🏠 Cl.Antonio Maceo(Gutiérrez) e/ Colón y Smith
까리히요 광장에서 이베로스타 호텔을 바라봤을 때 오른쪽으로 나 있는 General Lino Pérez (SanProscopio)가를 따라 산 정상 방향으로 두 블록을 가자. 다시 좌회전해 가면 오른쪽으로 작은 골목 다음 블록에 있다.
📞 (mob)5338 5219 📧 aledeustual@gmail.com

🍴 먹자! EATING

C 0~5CUC   C C 5~10CUC   C C C 10CUC~

뜨리니다드는 비싼 식당부터 저렴한 길거리 음식까지 다양한 먹거리들이 있어 여행자들을 또 만족하게 해준다. 저렴한 길거리 음식은 PiroGuinart (Boca)가의 터미널 인근과 General Lino Pérez (San Proscopio)가의 까리히요 광장 인근을 다니다 보면 6~10MN 짜리 피자를 쉽게 찾을 수 있고, Jose Martí (Jesús María)가와 기차역 근처에도 여러가지 먹거리들이 드문드문 있으니 어렵지 않게 찾을 수 있다. 이 책에서는 나름의 장점이 있는 여러 식당에 대해서 소개해보기로 하겠다.

El Criollo 엘 끄리올료 C C

이 집을 까사로 소개해야 할지, 식당으로 소개해야 할지 조금 망설이다가 그래도 식당에 좀 더 강점이 있는 듯해 식당편에서 다루기로 한다. Juan M Márquez (Amagura)가는 지대가 높아 유난히 전망이 좋은 식당과 까사가 많다. 그중 하나인 이 집은 그 전망과 함께 신선한 음악을 들으며 식사할 수 있는 집이다. 하루 저녁 정도는 해 지기 전에 엘 끄리올료에 자리를 잡고 앉아서 칵테일 하나 시켜서 석양을 바라보는 것도 좋겠다. 음식에는 그게 기내하지 말고.

🏠 Cl. Juan M Márquez (Amagura) No. 54 Altos e/ Piro Guinart (Boca) y Simón Bolívar(Desegaño)   ⊙ Open 10:00~24:00

까사 데 라 무지까의 뒷편 블록에서 찾으면 된다.

La Botija 라 보띠하 C C

뜨리니다드에 왔다면 그냥 속는 셈치고 라 보띠하에 가자. 음식들이 모두 푸짐한 편이라 1인당 하나씩 주문하다 보면 틀림없이 남기게 된다. 워낙 유명한 집이라 저녁 6시 30분 정도에는 줄을 서고 있어야 그나마 덜 기다리고 식사할 수 있겠다. 사람이 많다 보니 음식도 좀 오래 기다리게 되지만, 부위기, ㄱ래 ㅁ ㅣ ㄷ ㅁㅣㅂㅣㄴ니—에서 가장 만족할 만한 식당이다.

🏠 Esq.Juan M Márquez(Amargura) y Piro Guinart (Boca)

Piro Guinart (Boca)가로 산 정상 방향으로 계속 걷다보면 작은 광장이 왼쪽에 나오고 그 다음 사거리의 모퉁이에 간판이 보인다.

⊙ 24시간이라고 적히는 있지만, 적당한 때 열고 적당한 때 닫는다.

Don Pepe 돈 뻬뻬 C

식당은 아니고, 흔치 않은 커피전문점이다. 길거리 커피를 1, 2MN에 마시는 걸 생각하면 1, 2CUC이 비싸게 느껴지겠지만, 한국에서 마시던 4,000~5,000원짜리 커피를 그 가격에 마신다면 이 또한 즐겁지 아니한가? 라떼, 모카 등등 친숙한 다양한 커피를 즐길 수 있다.

🏠 Cl. Piro Guinart (Boca) e/ Juan M Márquez(Amargura) y Fernando hernández Echerri(Cristo)

Piro Guinart (Boca)가의 작은 광장 Plazuela de San Francisco의 바로맞은 편이다.

⊙ Open 08:00~24:00

Vista Gourmet 비스따 고르멧 CCC

뜨리니다드에서 계속해서 전망 좋은 테라스가 있는 집에서 지냈고, 또 전망이 좋은 집들만 돌아다니며 봐왔었지만, 이 식당의 3층 테라스 전망을 보고는 '헉'하는 소리를 살짝 냈던 것 같다. 음료 미포함으로 준비되는 조금 비싼 뷔페라도 전망과 함께 하는 분위기로는 뜨리니다드 최고다. 연인과 모처럼 온 여행에 경비에 여유가 있다면 시간을 잘 맞춰 석양 무렵에 3층 테라스로 가자. 인당 20CUC 정도는 지출을 예상해야 한다.

- ⌂ Cl. Galdós No.2 e/ Ernesto Valdés Muñoz(Media Luna) y los Gallegos

마요르 광장에서 산 정상 쪽을 보고 Fernando hernández Echerrí(Cristo)가를 따라 오른 쪽으로 한 블록 가서 좌회전하면 앞쪽 오른편 블록에 Ruinas de Segarte와 그 옆으로 난 사잇길이 보인다. 그 사잇길 Galdós가를 따라 언덕 위로 20미터만 올라가면 왼편으로 식당 입구가 보인다.

- ⊙ Open 12:00~22:00

Plaza Mayor 쁘라사 마요르 CCC

허기가 져서 한끼를 단단히 먹지 않으면 안되겠다 싶을 때는 레스토랑 쁘라사 마요르로 가보자. 점심을 15CUC의 뷔페로 준비하고 있어 일단 한번 음식을 둘러보고 취향에 맞을 때 먹으면 되겠다. 홀이 안쪽으로 굉장히 넓고 분위기도 좋다. 뷔페는 점심만 운영하고 저녁에는 메뉴로만 주문을 받는다.

- ⌂ Esq. R Martínez Villena (Real del Jigue) y Francisco Javier Zerquera(Rosario)

까사 데라 무지까에서 아래쪽으로 나있는 Francisco Javier erquera(Rosario)가를 따라 한 블록만 가면 왼쪽 코너에 있다.

- ⊙ Open 식당 12:00~14:45, 19:00~21:45 / 바 11:45~22:00

San Jose 산 호세 CC

분위기, 맛, 가격의 삼박자가 고루 갖춰져 외국인 관광객들에게는 이미 유명한 집이다. 저녁때는 줄을 서서 기다려야 할 때도 있을 정도로 인기가 있는 집으로 내부에 죽 늘여놓은 와인병이 입안을 시큼하게 유혹하는 집이다.

- ⌂ Cl.Antonio Maceo(Gutiérrez) e/ Colón y Smith

까리히요 광장에서 이베로스타 호텔을 바라봤을 때 오른쪽으로 General Lino Pérez (San Proscopio)가를 따라 산 정상 방향으로 두 블록을 가자. 다시 좌회전하면 오른쪽으로 작은 골목 다음 블록에 있다.

El Jigue 엘 히게 CC

더 비싸보이지만 생각보다 저렴한 집. 쌀밥이 함께 나오는 요리를 7CUC 정도에 먹을 수 있고, 분위기도 훌륭하다. 건물 자체가 동네에서 유명한 집으로 다니다보면 자주 눈에 띄는 식당이다.

- ⌂ Esq. R Martínez Villena (Real del Jigue) y Piro Guinart (Boca)
- ⊙ Open 11:00~21:30

쟈자! ACCOMMODATIONS

뜨리니다드에서 숙소를 정하며 중요한 포인트는 '테라스와 가격'이다. 테라스에서 보는 전망이 유난히 아름다운 뜨리니다드라서 그 전망을 한껏 즐기다 오는 것은 여행의 큰 즐거움이 되어 줄 듯하다. 그럼에도 전망은 다른 곳에서 볼 수 있으니 가격을 택하겠다면 마요르 광장에서 좀 먼 곳으로 제법 걸어다닐 것을 감수해야만 한다. 저녁마다 불나방이 전등에 꼬이듯 까사 데 라 무지까를 들르지 않으면 왠지 찜찜한 기분이 들기 때문에 왔다 갔다 하는 거리를 좀 염두에 두어야겠다. 뜨리니다드 까사의 가격 분포는 라 아바나와 비슷하거나 비싸다. 잘 구하면 20CUC 정도도 있겠지만, 보통 25~35CUC, 좀 더 좋은 집은 그 이상을 염두에 두자. 최근에는 관광객들이 늘어 비수기가 따로 없다 보니 저렴한 방을 찾기가 쉽지 않을 뿐 아니라 방 자체를 찾기가 힘들 수도 있어 할 수 있다면 예약을 하고 오는 게 가장 좋을 듯하다.

Hostal Lili
호스딸 릴리

주변보다 좀 비싼 가격으로 운영되고 있는 이 집은 막상 들어가 보면 그럴 만도 하겠다 싶은 생각이 든다. 넣 주가 아니라 몇 개월 전에는 예약을 해두어야 하는 이 집은 안뜰을 깨끗하게 관리하며 전망 좋은 테라스도 신경 써서 꾸며놓아 비싼 가격에도 많은 손님들이 찾고 있는 집이다. 40CUC를 기준으로 조식 여부 등을 협의하면 될 듯하다.

🏠 Cl.Juan M Márquez(Amargura)
   No.108 e/ Ciro Redondo(San José)
   y Calixto Sánchez

마요르 광장에서 산 정상을 보고 Juan M Márquez(Amargura)가 까지 올라와서 좌회전하고 두 블록을 지나면 오른쪽에 노란 건물이 보인다. 그 건물의 먼쪽 끝 대문이다.

📞 994444/(mob) 5271 1520
📧 lilicuba2011@gmail.com
🌐 www.hostal-lili.com

Hostal El Tenedor
호스딸 엘 떼네도르

테라스가 나쁘지 않은 엘 떼네도르, 비록 식당을 함께 운영하는 집이라 저녁에는 테라스를 쓰기 힘들지만, 일출과 일몰을 감상하기에는 충분하다. 화장실 분이 좀 엉성해 친하지 않은 사이가 함께 묶는다면 좀 불편할 수는 있다.

🏠 Cl. Piro Guinart (Boca) No.412
   e/ Rita María Montelier y B. rivas
   Zedeño

마요르 광장에서 산 정상을 보고 Juan M Márquez(Amargura)가 까지 올라와서 좌회전하고 한 블록을 지나면 산으로 가는 소로가 보인다. 15m만 올라가면 오른쪽으로 엘 떼네도르 간판이 보인다.

📞 (mob) 5277 0913
📧 katisk@nauta.cu

Casa Laura y Ruben Toledo
까사 라우라 이 루벤 또레도

집이 넓진 않아도 아기자기하게 잘 꾸며놓았다. 파띠오외 테라스를 이곳 저곳에 마련해 두어서 전망을 바라보며 휴식을 취하기에 편하다.

🏠 Cl. Ciro Redondo(San José) No.279/Juan M Márquez(Amargura) y Bartolomé Rivas

마요르 광장에서 산 정상을 보고 Juan M Márquez(Amargura)가 까지 올라와서 좌회전하고 두 블록을 지나 다시 우회전하면 왼쪽에 노란 벽에 파란 대문이 보인다.

📞 996337/(mob) 53592631,
   52743526
📧 casalaurayruben@gmail.com
   www.casalaurayruben.com

Hostal Buena Vista 호스딸 부에나 비스타

근처의 테라스가 다 그렇듯이 전망 좋은 테라스가 있다. 식당도 하지 않으니 테라스는 우리 차지다. 이 집의 숨겨진 장점은 식당 엘 끄리올료와 테라스가 맞닿아 있어 저녁이 되면 바로 옆에서 공짜 라이브공연을 들을 수 있다는 것이다. 엘 끄리올료 주인과는 형제 사이라 별 탈이 있을리도 없다. 침대가 3개 있는 방이 있어 3명이서 움직인다면 생각해볼만 하겠다.

🏠 Cl. Juan M Márquez (Amagura) No. 54 e/ Piro Guinart(Boca) y Simón Bolívar(Desegaño)

까사 데 라 무지까의 뒷편 블록에서 찾으면 된다.

📞 993462/(mob) 5377 2744, 5377 2662
📧 hostalcarlosysilvia@gmail.com

Casa Yaisi y Nesti
까사 야이시 이 네스띠

어쩌면 가격과 거리에 있어 가장 좋은 절충안이 될 수도 있겠다. 18CUC에 앞으로도 가격을 올릴 생각은 없다지만, 그거야 주인 맘이니까.
지대가 낮아 전망을 기대하기는 힘들지만 터미널에서는 4블록, 마요르 광장에서는 6, 7블록 거리로 중심가에서 멀지 않다.

🏠 Cl. Clemente Pereira(Angarilla) No.169 e/ Piro Guinart (Boca) y Fidel Claro
터미널에서 Piro Guinart (Boca)가를 따라 산 반대쪽으로 내려오다가 세 블록 후인 Clemente Pereira(Angarilla)가에서 좌회전 하면 바로 오른쪽 블록의 끝 코너다.
📞 (mob) 53657622
📧 yaisi.r@nauta.cu

Casa Enma y Rolando
까사 엔마 이 로란도

가격이 싸면 거리가 멀지만, 거리가 멀다고 다 가격이 싼 건 또 아니다. 힘들게 방문한 저렴한 숙소가 참 귀하게 느껴진다. 방도 크게 문제 될 것 없고, 건너편에는 도자기 공방이 하나 있어 구경할 수도 있다.

🏠 Cl. Frank Pais (Carmen) No.35 e/ Manuel Fajardo (San Miguel) y Eliopee Paz)
까리히요 광장에서 엘 라삐도 앞의 Jose Marti (Jesús Maria)가를 따라 한 블록을 가면 Camilo Cienfuegos (Santo Domingo)가다. 우회전해서 두 블록 정도 가면 왼편으로 마리노라는 파란색 야외 식당이 보인다. 거기서 좌회전 후 세 번째 블록 오른편에서 찾아보자.
📞 994836/(mob) 54576619

Casa Katiuska 까사 까띠우스까

거리도 멀고 가격도 싸지 않지만, 큰 방이 있다는 것이 이 집의 장점. 침대를 더 놓으면 6명까지 잘 수 있다는 게 안주인의 설명이지만, 5명 정도가 적당할 듯하다. 그룹이라면 장점이 될만한 큰 방이 있고, 안주인의 영어가 유창하다.

🏠 Cl. Frank Pais (Carmen) No.36 e/ Manuel Fajardo (San Miguel) y Eliopee Paz)
까리히요 광장에서 엘 라삐도 앞의 Jose Marti (Jesús Maria)가를 따라 한 블록을 가면 Camilo Cienfuegos (Santo Domingo)가다. 우회전해서 두 블록 정도 가면 왼편으로 마리노라는 파란색 야외식당이 보인다. 거기서 좌회전 후 세 번째 블록 왼편에서 찾아보자.
📞 994187/(mob) 5271 1385

Hostal Valmaceda 호스딸 발마세다

로만틱 박물관에 근무하는 안주인이 여행 정보 책을 쓰고 있다는 말에 왜 자기 집을 소개를 하지 않냐며 되묻는다. 일단 한번 보자며 찾아온 집에 특장점이 없어 고민이었다. 테라스는 지대가 낮아 고만고만하고, 마요르 광장과 거리가 있음에도 가격이 저렴하지 않아 매력적이지 않았지만, 다행스럽게 집에서 이메일 확인을 할 수가 있고, 벽걸이 에어컨이 조용하다는 장점을 찾았다. 안주인의 쾌활한 성격이 장점이라면 장점일테고, 이 집에는 사람 몸에 갇힌 천사라는 다운증후군에 걸린 아이가 살고 있다는 것이 또 하나의 장점이다.

🏠 Cl. Camilo Cienfuegos (Santo Domingo) No.180 e/ Jose Martí (Jesús María) y Miguel Calzada(Borrell)
까리히요 광장에서 엘 라삐도 앞의 Jose Martí (Jesús Maria) 가를 따라 한 블록만 가서 우회전하면 왼쪽 블록 중간쯤이다.
📞 993324/(mob) 5277 0915

Hotel La Ronda 호텔 라 론다

까리히요 광장 앞에 자리 잡은 호텔로 시설물은 별 세개 반 정도로 보면 된다.

🏠 Cl. Jose Martí (Jesús María) No.242 e/Juan M Márquez(Amargura) y Fernando Hernández Echerri(Christo)
까리히요 광장 바로 옆이다.
📞 998538, 998542

Hotel Iberostar 호텔 이베로스타

별을 다섯 개나 붙일 만하지 않은 외양에
들어가 보면 조금 수긍은 하게 된다. 그래도
다섯 개는 좀 후하다 싶지만. 고즈넉하게
꾸며놓은 실내가 까리히요 광장의 분위기와
어울려 차분하다. 20CUC 짜리 점심
뷔페도 운영하고 있으니 잔뜩 주려있다면
생각해보자.

⌂ Cl. Jose Martí (Jesús María) No.262 e/
Juan M Márquez(Amargura) y Fernando
Hernández Echerri(Christo)
까리히요 광장 바로 옆이다.

☎ 996070, 996071
✉ comercial@iberostar.trinidad.co.cu

Hostal Amatista
호스딸 아마띠스따

테라스가 이음에다 안디깨게 긴밍이
보이지는 않지만, 꽃으로 예쁘게 장식해
놓아 나름의 멋을 내고 있다. 열정적인 빨간
색으로 꾸며진 방은 친구끼리 가면 어색해질
수도 있으니 주의하자.

⌂ Cl. Piro Guinart (Boca) No.366 e/
General Lino Pérez (SanProscopio) y
Colón
터미널에서 Piro Guinart (Boca)를 따라 산
정상 쪽으로 올라가다 보면 Plazuela de San
Francisco를 지나 바로 오른쪽에서 찾을 수 있다.

☎ (mob) 5271 1378
✉ hostal.amatista@gmail.com
www.hostal-amatista.com

뜨리니다드에 대한 이런저런 이야기

- 현재 인포뚜르에서 발행된 뜨리니다드 지도에는 꾸바나깐 사무실, 도자기 장인의 집 위치가 잘못 나와 있다. 다음 발행 지도에서 정 정하리라 생각되지만, 이 책에 수록된 위치와 비교하여 잘 찾아가기 바란다.
- 스쿠터를 빌릴 생각이라면 기름은 하루 2ℓ로 충분할 듯하다. 쿠바카에서는 4ℓ를 넣으라고 하지만, 하루만 대여할 예정이면 2ℓ 정도 만 넣고 보자. 기름은 1ℓ에 1CUC을 조금 넘는다.
- 깐찬차라를 마실 때는 충분히 저어서 마시자. 꿀이 아래 쪽에 가라앉아 있어 잘 저어주지 않으면 밍밍하다.
- 까사 데 라 무지까에 입장하지 않아도 근처의 Piña colada라는 간판이 붙어 있는 집에서 칵테일을 사서 까사 데 라 무지까 앞 돌계단 에 앉아 음악과 분위기를 즐길 수 있다.
- 말을 탈 생각이라면 슬리퍼는 신지 말자.
- 이런저런 상점들이 많음에도 지도에 별도로 '상점'을 표시해 둔 이유는 그 두 곳은 저녁 9시까지 문을 열기 때문이다. 거의 모든 까사 에서 정가 0.7CUC 짜리 물 1.5ℓ를 2CUC에 팔고 있는데, 왠지 찜찜하다면 TDR0이라는 표시가 되어 있는 상점으로 가면 그나마 좀 싸 게 살 수 있다. 오후 5시에 문을 닫는 상점이 많으므로 좀 서두르자.
- 기차 승강장에서 철로를 따라 한쪽 방향을 보면 멀지 않은 곳에 기차가 정차되어 있는 곳이 있다. 그 곳으로 가면이 전에 잉헤니오 스를 달리던 증기기차를 볼 수 있다.

쿠바
CUBA

미처 소개하지 못했지만, 방문할 만한 몇 곳을 더 소개해보고자 한다. 라 아바나와 뜨리니다드를 보고 왔다면 이미 쿠바를 충분히 보고 왔다 이야기할 수 있겠지만, 그렇다고 쿠바 최고의 바다가, 쿠바 최고의 풍경이 그 두 도시에 있다고 말할 수는 없다. 짧은 일정이라면 두 도시를 충실히 돌아보고 일정이 충분하다면 다른 곳도 좀 알아보자.

CUBA +
VARADERO · VIÑALES · SANTA CLARA

바라데로 Varadero 아는 사람은 다 아는 눈부신 해변

바라데로는 쿠바의 문화나 역사를 즐긴다기보다는 순수하게 쿠바의 아름다운 바다와 휴양을 위해 사람들이 찾는 곳이다. 외국 관광객들의 이곳에 대한 관심은 바라데로로 직접 취항하고 있는 다양한 국제 항공노선의 수로 알 수 있는 것처럼 매우 뜨겁다. 이들이 바라데로를 이렇게 즐기는 이유는 첫째로 라 아바나로부터의 접근성이라고 할 수 있겠다. 일주일에서 열흘 정도의 일정으로 쿠바를 찾는 관광객들이 이틀 정도의 시간을 내서 휴양하기에 적합하다. 편안한 교통편으로 라 아바나에서 쿠바의 음악과 춤, 분위기를 충분히 즐기고, 바라데로에 와서는 푹 쉬었다 가기에 더 할 나위 없다. 다음 이유로는 바다를 꼽을 수 있겠다. 칸쿤을 방문해 본 여행자라면 칸쿤의 호텔존이 자리 잡은 반도의 인상적인 풍경을 기억할 것이다. 바라데로는 그곳과 비슷한 지형적 특색을 가지고 있어 길고 좁은 반도 지역 어느 곳에서나 쉽게 바다로 이동할 수 있고, 모든 호텔은 바다와 면해 있어 언제나 도보로 바다에 접근할 수 있다.

거주 구역

거주지역의 바다라고 해서 호텔 지역과 다를 것은 없다. 같은 바닷물과 같은 모래사장이 반도의 해안선을 따라 계속해서 이어진다. 하지만 아무래도 지역 주민들이 자주 다니는 바닷가라서 소지품이 좀 더 신경 쓰이고, 썬베드나 파라솔이 없어 느끼는 불편함이 없지는 않다. 기념품 가게나 식당, 소규모 호텔들이 거주 지역에 자리 잡고 있으며, 아기자기한 분위기의 동네는 한번쯤 돌아볼 만하다.

리조트 구역

바라데로의 호텔은 대부분이 리조트형 호텔이다. 그 중 호텔 지역의 호텔은 대부분이 올인클루시브 리조트형 호텔이며, 거주지역의 호텔 중에는 올인클루시브가 아닌 곳들도 있으므로, 호텔을 선정할 때 제공 서비스 내용을 잘 살피기 바란다.

비교적 넓은 부지에 저층형 건물들이 많아 한적하고 여유로운 해안가의 분위기를 유지하고 있으며 야외 수영장, 레스토랑, 풀 바 등의 시설은 기본으로 갖추고 있다. 부지의 형태에 따라 2, 3개 이상의 수영장들을 보유하고 있으며, 레스토랑도 기본 뷔페식 레스토랑 외에 호텔에 따라 이탈리안, 차이니즈 등의 전문 레스토랑을 별도로 운영하고 있다. 각 호텔의 레크레이션 센터에서는 오전부터 함께 즐길 수 있는 퀴즈나 간단한 스포츠 등 다채로운 레크레이션을 계속 진행하고 있으며, 살사 수업, 스페인어 수업을 진행하는 리조트도 있다. 저녁이면 각 호텔에서 준비한 공연단의 춤과 음악 공연이 이어지고, 호텔에 따라 해안가 나이트클럽도 운영하고 있어 젊은 층들이 많이 찾는다.

아무래도 쿠바이다 보니 최신 호텔 건물들과 약간의 수준 차이를 보이기는 하지만 크게 뒤지는 시설들은 아니고, 외국계 회사에서 공동운영하는 최고급 호텔들은 서비스나 시설 면에서도 훌륭한 수준이다.

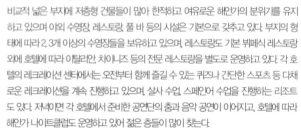

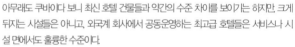

바라데로 이동하기

비아술 버스 : 라 아바나, 뜨리니다드, 산띠아고 데 꾸바 등에서 비아술 버스로 이동이 가능하다. (라 아바나에서 3시간 30분) 비아술 버스로 이동했을 경우에는 터미널에서 숙소까지 별도의 차량으로 이동해야 한다.

택시 : 일단 까사에 문의해보자. 까사 주인을 통해 섭외가 안된다면 중앙공원 주차장에나 혹은 비아술 터미널에서 택시기사 섭외가 가능하다.

여행사 버스 : 호텔에 예약을 했다면, 여행사 버스를 통해 좀 더 편안하게 바라데로로 이동할 수 있다. 큰 호텔의 로비에 있는 여행사 데스크에 문의해보자.

바라데로 데이 투어

일정이 촉박하다면 바라데로 데이 투어도 좋은 선택이다. 아침 일찍 출발해서 충분히 해변과 호텔 시설을 즐기고 돌아오는 투어로 바라데로를 알차게 즐겨보자.

바라데로 호텔 예약

미국과의 수교선언 이후로 다양한 글로벌 호텔 예약 사이트에서 예약이 가능해졌다. 단점은 예약에 문제가 생겼을 경우 해결하기가 쉽지 않다는 점. 특히 쿠바라면 더욱 그렇다. 국내 여행사에서도 호텔 예약을 대행하고 있으니 이용도 가능하겠고, 쿠바 내에서 예약을 원할 경우라면 가까운 고급 호텔의 로비로 찾아가보자. 여행사 데스크를 찾아 예약 진행이 가능하다.

비냘레스 Viñales 자연에 쌓인 조용한 시골마을

유네스코 문화유산으로 제정되어 보호되고 있는 비냘레스 국립공원의 경치와 그곳의 농장에서 생산되고 있는 세계 최고 품질의 시가용 담뱃잎은 이곳의 유명세에 큰 비중을 차지하고 있다. 또한, 삐나르 델 리오 주의 인근 관광지를 함께 즐기기에 가장 교통편이 많은 곳이기도 하고, 관광객을 위한 식당이나 숙박시설도 가장 많은 곳이 이곳 비냘레스이기 때문에 삐나르 델 리오 주를 여행한다면 비냘레스를 거치거나 숙박하면서 여행을 즐기는 것이 가장 유리한 방법임이 틀림없다. 다만, 비냘레스가 인기만큼이나 볼거리가 많은 관광지인가하는 것은 조금 미지수이다. 뒤따르는 지역 설명을 참고로 잘 판단해 보도록 하자.

국립공원 트레킹 코스

국립공원으로 지정된 지역 대부분은 농장으로 이용되고 있다. 공원 내부는 담배 농장이 대부분이며, 일부 커피, 토마토, 고구마, 감자, 유까, 사탕수수 등이 재배되고 있고 외에도 망고나무 구아바나무 코코아나무 등 다양한 수종들이 서식하고 있다. 내부에는 또 동굴, 자연 저수시 기능의 볼거리도 함께하고 있다.

라 에르미따의 전망

로스 하스미네스와 라 에르미따의 전망

생각보다 별로라고 중얼중얼 투덜투덜거리면서도 비냘레스의 요지에 자리잡은 두 호텔의 전망에 대해서는 할 말이 없다. 비냘레스의 남서쪽에 자리 잡은 로스 하스미네스 호텔에 가면 호텔 외부 주차장 정면으로 조그만 바와 전망대가 있다. 언덕을 오르자마자 바로 시원한 풍경이 보이기 시작하므로 굳이 어디인지 둘러 볼 필요가 없다. 멀리 보이는 모호떼들과 그 주변으로 펼쳐진 시원한 평야를 보고 있으면, 까사 주인에 지친 마음도 지리했던 투어가이드와의 가격 합상도 모두 잊게 된다.

로스 하스미네스

싼 미겔 동굴

동굴과 선사시대 벽화

냉정하게 이 곳의 두 동굴(싼 미겔 동굴과 인디오 동굴)은 우리나라 동굴보다 못하고, 선사시대에 그려진 벽화가 아니라 '선사시대'를 그려놓은 벽화는 큰 그림이라는 것 외에는 이비 실망스럽다. 일단 비냘레스에 왔다면 가봐도 좋겠지만, 너무 큰 기대는 하지말자.

선사시대 무사 벽화

Villa La Salsa 비야 라 살사

특별한 계획 없이 비냘레스까지 갔더라도 아주머니와 가만히 앉아서 상담을 하다 보면 알아서 일정이 나오고 여기저기 연락을 해준다. 방이 넓은 것이 큰 장점.

- Cl. Salvador Cisnero 44, Viñales, Pinar del rio.
- 4869 6984/5248 6933
- 방 2개/식사 가능

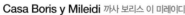

Casa Boris y Mileidi 까사 보리스 이 미레이디

찾아가는 게 조금 고생스러울 수도 있지만, 찾아가 보면 의외로 넓은 안뜰과 옥상 위 테라스가 넉넉한 집이다.

- Camilo Cienfuegos 26 el Juaquin Pérez y Ramón Coro
- 5331 1799/5267 1333
- borisymileidi@gmail.com
- 방 2개/영어 가능(아들) /레스토랑 겸비, 식사 가능

비냘레스 이동하기

비아술 버스
라 아바나와 삐나르 델 리오 시에서 비아술 버스로 이동이 가능하지만, 다른 도시에서는 접근이 쉽지 않다.

택시
라 아바나라면 어렵지 않게 택시 섭외가 가능하겠다. 언제나 까사 주인에게 먼저 문의해보는 것이 정답이다.

산따 끌라라 Santa Clara 체 게바라의 도시

체 게바라의 도시라고 불러도 손색이 없을 만큼 이 도시에는 체 게바라의 기념물이 가득하고, 또한 적지 않은 관광수입을 이 도시에 가져다 주고 있다. 쿠바 각 주도의 혁명 광장은 특정한 독립 영웅이나 혁명 영웅에 한정되어 각 영웅의 동상이나 기념비 등을 세워두고 있는데, 산따 끌라라의 혁명 광장은 체 게바라에게 한정되어 있고, 규모도 여느 도시보다 크다. 반면 도시 자체는 크거나 체 게바라 기념물 외에 볼거리가 많은 편은 아니기에 다양한 볼거리를 기대했던 여행자라면 조금 실망스러울 수도 있겠다. 하지만, 호객행위도 기타 도시들처럼 호들갑스럽거나 관광객이라 해서 과도한 친절을 보이는 경우도 덜 해서 가끔은 이런 모습이 진짜 쿠바의 화장기 없는 민낯이 아닐까 하는 생각도 해본다.

비달 공원 Parque Vidal 빠르께 비달

관광객들에게 점령당한 라 아바나의 유명 공원들과 달리 이곳 비달 공원은 도시의 중심 공원이면서도 산따 끌라라 사람들의 공원이라는 생각이 든다. 도시의 주요 기관이었던 곳들이 광장을 중심으로 둘러 서 있으며 현재는 도서관이나 문화센터의 기능을 하고 있다.

무장 열차 Tren Blindado 뜨렌 블린다도

쿠바 혁명 중 라 아바나 무혈입성과 혁명 성공의 계기가 된 '무장 열차 습격'은 체 게바라가 이끌었던 수많은 게릴라 전투 중에서도 가장 중요한 전투로 기록이 되었고, 이를 기념하기 위해 쿠바 정부는 당시 전복되었던 열차 5량을 이곳 산따 끌라라의 바로 그장소에 불도저와 함께 전시해두고 있다. 열차 내부에는 당시 전투에 대한 기록과 주요 사건들, 탈취했던 무기, 당시의 끊어진 철로 등을 전시해두었다.

체 게바라 기념관 Complejo Monumental Ernesto Che Guevara
꼼쁠레호 모누멘딸 에르네스또 체 게바라

체 게바라 기념관은 쿠바 내에서 체 게바라가 가지는 영향력과 상징성을 반영하듯 산따 끌라라의 서북쪽 대규모 부지에 조성이 되어 있다. 기념공원, 기념조형물, 기념관, 추모관 등으로 구성이 되어 있다. 체 게바라의 묘지도 이곳에 있으므로 잘 찾아보자.

Hostal Itac 오스딸 이따까

부부는 외국에서 온 여행자들과 여러 곳의 역사나 문화에 대해서 이야기하는 것을 즐기고 있어 외국어로 대화가 가능하다면 심심치 않다.

🏠 Maceo 59, Marti e Indepedencia,
📞 (Mob) 5836 6079
📧 hostalitaca@gmail.com
방 2개/레스토랑/영어, 불어, 독일어 가능

Hostal Auténtica Pérgola

내부로 들어서면 바로 이곳에서 묵고 싶다는 생각이 들게 만드는 실내는 외국에 이미 많이 소개가 되어 찾는 사람이 적지 않다.

🏠 Luis Estévez 61, Marti /e Indepedencia
📞 208686 / (mob) 5376 4634, 5342 7936
📧 carmenrt64@yahoo.es
방 4개/테라스/레스토랑 운영/간단한 영어 가능

그리고, 빛나는 쿠바의 해변들

〈이지 남미〉와 〈이지 쿠바〉를 만들며 독자들에게 꼭 전달해주고 싶었던 것들은 "쿠바는 눈부신 바다의 나라다"라는 한 문장으로 줄일 수 있을 듯 하다. 보는 것만으로도 행복한 웃음을 짓게 만드는 해변들이 한국 여행자들에게도 닿기를 바라며 간단한 소개를 더한다.

까요 산따 마리아 Cayo Santa Maria

산따 끌라라를 통해 갈 수 있는 아담한 리조트 단지는 해변의 분위기와 시설 면에서는 바라데로에 뒤질 것이 없다. 남들 다 가는 바라데로가 싫다면 까요 산따 마리아로 가보자.

가는 방법 여행사를 통해 호텔을 예약하고 여행사 버스를 이용하는 것이 가장 좋은 방법이다. 라 아바나에서는 직행 비아술이 없고, 뜨리니다드에서는 있다.

깔레따 부에나 Caleta Buena

당신의 바다는 깔레따 부에나 이전과 이후로 나뉜다. 바다에 대한 당신의 기준을 높여주는 믿을 수 없는 바다. 쁘라야 히론까지 갔다가 깔레따 부에나 안보고 오면 히론 안간거.

가는 방법 일단 쁘라야 히론으로 가서 숙수를 정하자. 그 곳에서 까요 부에나 상남을 하면 택시를 타든 버스를 타든 가는 방법을 알아낼 수 있다. 쁘라야 히론 까지는 비아술버스도 가능하다.

쁘라야 에라하두라 Playa herradura

정말 가기 힘든 바다. 일단 도착하면 나오기 싫은 바다. 가장 이상적인 마을과 해변의 조화를 어쩌면 그 곳에서 볼 수 있을지 모른다. 그 곳까지 가는 길이 아직 제대로 정비되지 않아 찾는 사람이 많지 않다. 그러니 우리는 정비되기 전에 가벼이겠다.

가는 방법 가는 길이 너무 험하다. 일단 올긴이나 라스 뚜나스로 가서 그 곳에서 택시를 이용하자. 현지인들이 타는 까미옹을 탈 수도 있지만, 너무 힘들다.

라 바하다 La Bajada

이 작은 마을에서 며칠만 지내면 동네 사람 전부와 친구가 될지도 모른다. 20여 가구가 모여사는 작은 마을과 숙소 칭으로 뻘쳐지는 푸른 바다는 신기할 따름. 너무 외진 마을이라서 돌아가는 교통편을 꼭 미리 확보해두어야 한다.

가는 방법 라 아바나에서 렌트카로 가는 게 최선이라 할 정도로 길이 험하다. 다만, 비날레스에서 인근의 마리아 라 고르다까지 가는 투어 버스가 있으므로 확인해보자.

까요 레비사 Cayo Levisa

작은 섬 까요 레비사에는 호텔이 하나 있을 뿐이다. 쿠바인들은 들어갈 수 없다는 이 원초적인 자태의 섬은 한 시간이면 걸어서 다 돌아볼만큼 작지만, 하루도 아쉬울 정도로 질리지 않는다. 얇게 펼쳐진 유리같은 바다와 내가 처음 밟는 것 같은 모래사장의 매력을 맛보고 싶다면 가보자.

가는 방법 비날레스에서 데이 투어로 가는 방법이 가장 좋은 듯 하다. 비날레스 광장 건너편 여행사에서 알아보자.

부
록

스페이어 회화

스페인어 회화

에스파뇰, 셔반아어, 카스테야노로 불리는 스페인어가 브라질을 제외한 남미 거의 대부분의 나라에서 사용하고 있는 언어다. 물론 짧은 시간 안에 다른 나라의 언어를 습득한다는 것은 불가능에 가까운 일이지만, 기본적인 회화 및 숫자 등 여행에 필요한 간단한 문장과 단어 몇 개를 익히고 여행을 한다면 아주 도움이 될 것이다.

스페인어 발음

말을 하기 위해서는 발음이 중요한데, 스페인어 발음은 발음 나는 대로 읽으면 된다. 하지만 영어의 발음과는 조금 다른 것들이 몇 개 있으니 아래내용을 참고하자.

① P, K(Q), T 알파벳의 발음은 ㅃ, ㄲ, ㄸ 된소리로 발음해라. Ex. Pero → 페로(x), 뻬로(o)

② LL 발음은 Y 발음을 하되 아르헨티나에서는 LL & Y 알파벳을 Z로 발음해라.
   Ex. Pollo → 뽀요(아르헨티나→뽀쇼), Mayo → 마요(아르헨티나 → 마쇼)

③ 영어에는 없는 알파벳 Ñ은 ㅑ, ㅖ, ㅒ, ㅠ, ㅛ 등으로 발음해라. Ex. Español → 에스파뇰

기본		
인사		
한글 뜻	**스페인어**	**발음**
안녕하세요. (아침)	Buenos días.	부에노스 디아스
안녕하세요? (점심)	Buenas tardes.	부에나스 따르데스
안녕하세요? (저녁)	Buenas noches.	부에나스 노체스
처음 뵙겠습니다.	Con mucho Gusto.	꼰 무쵸 구스또
감사합니다.	Gracias.	그라시아스
대단히 감사합니다.	Muchas Gracias.	무챠스 그라시아스
천만에요.	De nada./ No hay de qué.	데 나다/노 아이 데 께
미안합니다.	Lo siento./ Perdón.	로 씨엔또/뻬르돈
괜찮습니다.	No pasa nada./De nada.	노 빠사 나다/데 나다
부탁합니다.	Por favor.	뽀르 파보르
만나서 반갑습니다.(남자)	Encantado de conocerle.	엥깐따도 데 꼬노쎄를레(남자)
만나서 반갑습니다.(여자)	Encantada de conocerle.	엥깐따다 데 꼬노쎄를레(여자)
안녕히 계세요.	Chao. / Adiós.	챠오/아디오스
다음에 또 만나요.	¡Hasta luego!	아스따 루에고

기본 회화

한글 뜻	스페인어	발음
네	Sí	씨
아니요	No	노
알겠습니다.	Sí, entiendo.	씨 엔띠엔도
모르겠습니다.	No entiendo.	노 엔띠엔도
저기요~ (실례합니다)	Disculpe.	디스꿀뻬
좋아요.	Bueno.	부에노.
나쁩니다. (안 좋습니다.)	Está mal.	에스따 말.
언제?	¿Cuándo?	꾸안도?
어디시?	¿Dónde?	돈데?
누가?	¿Quién?	끼엔?
무엇을?	¿Qué?	께?
어떻게?	¿Cómo?	꼬모?
왜?	¿Por qué?	뽀르 께?
몇 살 입니까?	¿Cuántos años tiene?	꾸안또스 아뇨스 띠에네?
어디 가고 싶어요?	¿Dónde quiere ir?	돈데 끼에레 이르?
가자. (갑시다.)	Vamos. (Vámonos)	바모스. (바모노스)
몇 명 입니까?	¿Cuantas personas son?	꾸안따스 뻬르소나스 손?
이거 보세요. (이거 봐.)	Mire. (Mira.)	미레. (미라.)
알아들었어?	¿Oíste?	오이스떼?
이해했어?	¿Entendiste?	엔뗀디스떼?
들어봐요.	Escuche.	에스꾸체.
지금 몇 시죠?	¿Qué hora es?	께 오라 에스?
어느 나라 사람이죠?	¿De qué país es?	데 께 빠이스 에스?
이름이 어떻게 되십니까?	¿Cómo se llama?	꼬모 쎄 야마?
내 이름은 OOO입니다.	Mi nombre es OOO.	미 놈브레 에스 OOO.
나는 한국인입니다.	Yo soy coreano.	요 소이 꼬레아노.
나를 좀 도와주시겠어요?	¿Me puede ayudar, por favor?	메 뿌에데 아유다르, 뽀르 파보르?
좀 여쭤 봐도 될까요?	¿Le puedo preguntar algo?	레 뿌에도 쁘레군따르 알고?
잠시만 기다려주세요.	Un momento, por favor.	운 모멘또 뽀르 파보르
천천히 말씀해 주세요.	Hable más despacio por favor.	아블레 마스 데스빠씨오 뽀르 파보르!
잠시만 기다려주세요.	Un momento, por favor.	운 모멘또 뽀르 파보르

※ 남미 지역에서 Oíste는 쓰지 않습니다. ¿Entiende?(엔띠엔데?) 혹은 ¿Comprendiste?(꼼쁘라스떼?)를 씁니다.
※ 남미 지역에서는 Bueno는 쓰지 않습니다. Está bien 혹은 줄여서 Ta bien(따비엔)을 씁니다.

숫자

한글 뜻	스페인어	발음		한글 뜻	스페인어	발음
1	uno	우노	26	veintiséis	베인띠세이스
2	dos	도스	27	veintisiete	베인띠시에떼
3	tres	뜨레스	28	veintiocho	베인띠오쵸
4	cuatro	꾸아뜨로	29	veintinueve	베인띠누에베
5	cinco	씽꼬	30	treinta	뜨레인따
6	seis	쎄이스	31	treinta y uno	뜨레인따 이 우노
7	siete	씨에떼	32	treinta y dos	뜨레인따 이 도스
8	ocho	오쵸	33	treinta y tres	뜨레인따 이 뜨레스
9	nueve	누에베	34	treinta y cuatro	뜨레인따 이 꾸아뜨로
10	diez	디에쓰	35	treinta y cinco	뜨레인따 이 씬꼬
11	once	온쎄	36	treinta y seis	뜨레인따 이 세이스
12	doce	도쎄	37	treinta y siete	뜨레인따 이 시에떼
13	trece	뜨레쎄	38	treinta y ocho	뜨레인따 이 오쵸
14	catorce	까또르쎄	39	treinta y nueve	뜨레인따 이 누에베
15	quince	낀쎄	40	cuarenta	꾸아렌따
16	dieciséis	디에시세이스	50	cincuenta	씬꾸엔따
17	diecisiete	디에시시에떼	60	sesenta	세센따
18	dieciocho	디에시오쵸	70	setenta	세뗀따
19	diecinueve	디에시누에베	80	ochenta	오첸따
20	veinte	베인떼	90	noventa	노벤따
21	veintiuno	베인띠우노	100	cien	씨엔
22	veintidós	베인띠도스	200	doscientos	도스씨엔또스
23	veintitrés	베인띠뜨레스	500	quinientos	끼니엔또스
24	veinticuatro	베인띠꾸아뜨로	1,000	mil	밀
25	veinticinco	베인띠씽꼬	10,000	diez mil	디에스 밀

※ 31 이후 숫자는 규칙 동일

요일

한글 뜻	스페인어	발음
월요일	lunes	루네스
화요일	martes	마르떼스
수요일	miércoles	미에르꼴레스
목요일	jueves	후에베스
금요일	viernes	비에르네스
토요일	sábado	사바도
일요일	domingo	도밍고

월

한글 뜻	스페인어	발음
1월	enero	에네로
2월	febrero	페브레로
3월	marzo	마르소
4월	abril	아브릴
5월	mayo	마요
6월	junio	후니오
7월	julio	훌리오
8월	agosto	아고스또
9월	septiembre	쎕띠엠브레
10월	octubre	옥뚜브레
11월	noviembre	노비엠브레
12월	diciembre	디씨엠브레

계절

한글 뜻	스페인어	발음
봄	Primavera	프리마베라
여름	Verano	베라노
가을	Otoño	오토뇨
겨울	Invierno	인비에르노

시간

한글 뜻	스페인어	발음
그제	Anteayer	안떼아예르
어제	Ayer	아예르
오늘	Hoy	오이
내일	Mañana	마냐나
모레	pasado mañana	빠사도 마냐나
지난 주	semana pasada	세마나 빠사다
이번 주	esta semana	에스따 세마나
다음 주	próxima semana	쁘록씨마 세마나
일주일 후	en una semana	엔 우나 세마나
지난 달	mes pasado	메스 빠사도
이번 달	este mes	에스떼 메스
다음 달	próximo mes	쁘록씨모 메스
한 달 후	en un mes	엔 운 메스
일 년 후	en un año	엔 운 아뇨

공항 및 입국심사

한글 뜻	스페인어	발음
예약을 확인하고 싶습니다.	Quisiera confirmar la reservación.	끼시에라 꼰피르마르 라 레세르바시온.
예약을 변경하고 싶습니다.	Quisiera cambiar la reservación.	끼시에라 깜비아르 라 레세르바시온.
편도입니까? 왕복입니까?	¿Sólo ida o ida y vuelta?	솔로 이다 오 이다 이 부엘따?
경유지에서 얼마나 기다려야 합니까?	¿Cuánto tiempo tardeo en hacer la escala?	꾸안또 띠엠포 따르도 엔 아세르 라 에스깔라?
일반석으로 부탁합니다.	Económico, por favor.	에꼬노미꼬, 뽀르 파보르
대기자 명단에 올리고 싶습니다.	Póngame en la lista de espera, por favor.	뽕가메 엔 라 리스따 데 에스뻬라, 뽀르 파보르
국적이 어디입니까?	¿Cuál es su nacionalidad?	꾸알 에스 수 나씨오날리닷?
여권을 보여 주십시오.	Enséñeme su pasaporte, por favor.	엔세녜메 수 빠사뽀르떼, 뽀르 파보르
무슨 목적으로 오셨나요?	¿Cuál es el propósito de su visita?	꾸알 에스 엘 쁘로뽀시또 데 수 비시따?
관광으로 왔습니다.	Vengo por turismo.	벵고 뽀르 뚜리스모
얼마나 있을 예정입니까?	¿Cuánto tiempo se va a quedar?	꾸안또 띠엠뽀 세 바 아 께다스?
한 달입니다. / 일주일입니다.	Un mes. / Una semana.	운 메스. / 우나 세마나
어디에 머무르실 예정입니까?	¿Dónde planea alojarse?	돈데 쁠라네아 알로하르세?
호스텔에 있을 겁니다.	Voy a estar en un hostal.	보이 아 에스따르 엔 운 오스딸
탑승권	Tarjeta de embarque	따르헤따 데 엠바르께
출입국 카드	Tarjeta de entrada y salida	따르헤따 데 엔뜨라다 이 살리다
출국 심사	Trámite de migración	뜨라미떼 데 미그라씨온
비자	Visado	비사도
세관신고서	Formulario de declaración aduanera	포르물라리오 데 데끌라라씨온 아두아네라

숙소에서

한글 뜻	스페인어	발음
빈 방이 있습니까?	¿Hay alguna habitación libre?	아이 알구나 아비따씨온 리브레?
체크인하고 싶습니다.	Quiero hacer check-in.	끼에로 아쎄르 체낀.
조용한 방을 부탁합니다.	Deme una habitación tranquila, por favor.	데메 우나 아비따씨온 뜨랑낄라, 뽀르 파보르
하룻밤에 얼마입니까?	¿Cuánto cuesta una noche?	꾸안또 꾸에스따 우나 노체?
요금에 조식이 포함되어 있습니까?	¿Está incluido el desayuno en la tarifa?	에스따 잉끌루이도 엘 데사유노 엔 라 따리파?
짐을 보관해 주시겠습니까?	¿Me puede guardar el equipaje, por favor?	메 뿌에데 구아르다르 엘 에끼빠헤, 뽀르 파보르?
맡긴 짐을 주십시오.	¿Me da las maletas, por favor?	메 달 라스 말레따스, 뽀르 파보르?
체크아웃은 몇 시입니까?	¿A qué hora es el check-out?	아 께 오라 에스 엘 체까우?
다른 방으로 바꿔 주시면 좋겠습니다.	Cámbieme de habitación, por favor.	깜비에메 데 아비따씨온, 뽀르 파보르.
하루 더 묵고 싶습니다.	¿Podría quedarme un día más?	뽀드리아 께다르메 운 디아 마스?
내일 아침 6시에 깨워 주십시오.	Despiérteme a las seis de la mañana, por favor.	데스삐에르떼메 알 라스 세이스 델 라 마냐나, 뽀르 파보르.
방에 열쇠를 두고 나왔습니다.	He cerrado la puerta con la llave dentro de la habitación.	에 쎄라도 라 뿌에르따 꼰 라 야베 덴뜨로 델 라 아비따씨온.
예약	Reservación.	레세르바시온.
2인실	Habitación doble	아비따씨온 도블레
보증금	Depósito	데뽀시또
취소	Cancelar	깐쎌라르
세금 / 봉사료	Impuesto / Servicio	임뿌에스또 / 세르비씨오

교통수단

한글 뜻	스페인어	발음
OOO은 어디에 있습니까?	¿Dónde está OOO?	돈데 에스따 OOO?
OOO에 가려면 어떻게 합니까?	¿Cómo llego a OOO?	꼬모 예고 아 OOO?

한글 뜻	스페인어	발음
얼마나 걸립니까?	¿Cuánto tardaré en llegar allí?	꾸안또 따르다레 엔 예가르 아이?
이곳은 어디입니까?	Disculpe, ¿dónde es este lugar?	디스꿀뻬, 돈데 에스 에스떼 루가르?
지하철역으로 가는 길을 가르쳐주세요.	Por favor, indíqueme el camino para ir hasta la estación de metro.	뽀르 파보르, 인디께메 엘 까미노 빠라 이르 아스따 라 에스따씨온 데 메뜨로
이 버스는 OOO로 갑니까?	¿Este autobús va a OOO?	에스떼 아우또부스 바 아 OOO?
OOO는 어느 정류장(역)에서 내리면 됩니까?	¿Dónde hay que bajarse para ir a OOO?	돈데 아이 께 바하르세 빠라 이르 아 OOO?
OOO까지 얼마입니까?	¿Cuánto es la tarifa para OOO?	꾸안또 에스 라 따리파 빠라 OOO?
다음 정류장(역)은 OOO입니까?	¿La siguiente parada es OOO?	라 시기엔떼 파라다 에스 OOO?
OOO에 도착하면 알려 주세요.	Por favor díganos cuando llegue a OOO.	뽀르 파보르 디가노스 꾸안도 예계 아 OOO.
다음 버스(기차)는 몇 시에 있습니까?	¿Cuándo viene el siguiente autobús?	꾸안도 비에네 엘 시기엔떼 아우또부스?
편도(왕복) 티켓을 주십시오.	De ida (ida y vuelta), por favor.	데 이다 (이다 이 뷰엘따) 뽀르 파보르.
이곳은 빈자리입니까?	¿Está disponible este asiento?	에스따 디스뽀니블레 에스떼 아시엔또?
출발 / 출구	Salida	살리다
도착	Llegada	예가다
입구	Entrada	엔뜨라다
지하철역	Estación de metro	에스따씨온 데 메뜨로
버스정류장	Parada de autobús	빠라다 데 아우또부스
공항	Aeropuerto	아에로뿌에르또
매표소	Taquilla	따끼야
표	Billete / Boleto	비예떼 / 볼레또
지하철 노선도	Plano de metro	쁠라노 데 메뜨로
플랫폼	Andén	안덴
환승	Transferencia	뜨란스페렌씨아
지름길	Atajo	아따호

한글 뜻	스페인어	발음
주소	Dirección	디렉씨온
거스름돈	Cambio	깜비오
요금	Tarifa	따리파
왕복	Ida y vuelta	이다 이 부엘따
국제운전면허증	Carnet de conducir internacional	까르넷 데 꼰두씨르 인떼르나씨오날

관광지에서

한글 뜻	스페인어	발음
여행안내소는 어디에 있습니까?	¿Dónde está el centro de información turística?	돈데 에스따 엘 쎈뜨로 데 인포르마씨온 뚜리스띠까?
여기에서 사진을 찍어도 됩니까?	¿Puedo tomar fotos aquí?	뿌에도 또마르 포또스 아끼?
실례지만, 사진을 찍어 주시겠습니까?	¿Me podría tomar una foto?	메 뽀드리아 또마르 우나 포또?
함께 찍으시겠습니까?	Tomemos una foto juntos.	또메모스 우나 포또 훈또스
몇 시에 시작합니까?	¿A qué hora empieza?	아 께 오라 엠삐에싸?
몇 시까지 합니까?	¿A qué hora termina?	아 께 오라 테르미나?
입장료는 얼마입니까?	¿Cuánto cuesta la entrada?	꾸안또 꾸에스따 라 엔뜨라다?

상점에서

한글 뜻	스페인어	발음
OOO를 사고 싶습니다.	Quiero comprar OOO.	끼에로 꼼쁘라르 OOO.
OOO를 보여주세요.	¿Me enseña OOO, por favor?	메 엔세냐 OOO, 뽀르 파보르?
이것으로 하겠습니다.	Voy a comprar esto.	보이 아 꼼프라르 에스또.
입어 봐도 되겠습니까?	¿Puedo probarme esto?	뿌에도 쁘로바르메 에스또?
이것은 얼마입니까?	¿Cuánto cuesta esto?	꾸안또 꾸에스따 에스또?
너무 비쌉니다.	Es muy caro.	에스 무이 까로.
깎아주시겠습니까?	¿Me lo puede rebajar?	멜 로 뿌에데 레바하르?
깎아 주시면 살게요.	Si me lo rebaja, me lo llevo.	시 멜 로 레바하, 멜 로 예보.
다른 색깔은 없습니까?	¿No hay otro color?	노 아이 오뜨로 꼴로르?

한글 뜻	스페인어	발음
그것은 필요 없습니다.	No lo necesito.	노 로 네세시또.
교환해 주시겠습니까?	Cámbiemelo por otro, por favor.	깜비에멜로 뽀르 오뜨로, 뽀르 파보르.'
기념품 가게는 어디에 있나요?	¿Dónde está la tienda de recuerdos?	돈데 에스따 라 띠엔다 데 레꾸에르도스?
좀 둘러봐도 될까요?	¿Puedo echar una ojeada?	뿌에도 에차르 우나 오헤아다?
그냥 둘러보고 있어요.	Sólo estoy mirando.	솔로 에스또이 미란도.
저것 좀 보여 주시겠어요?	¿Me enseña eso, por favor?	메 엔세냐 에소 뽀르 파보르?
신용카드로 계산해도 되나요?	¿Se puede pagar con tarjeta de crédito?	세 뿌에데 빠가르 꼰 따르헤따 데 끄레디또?
영수증 주세요.	Deme el recibo, por favor.	데메 엘 레씨보, 뽀르 파보르.
여기 금액이 틀려요.	Este precio no es correcto.	에스떼 쁘레씨오 노 에스 꼬렉또.
선물	Regalo	레갈로
색상	Color	꼴로르
하자	Defecto	데펙또
할인가격	Precio rebajado	쁘레씨오 레바하도
할인	Descuento	데스꾸엔또
일시불	Al contado	알 꼰따도
서명	Firmar	피르마르
교환	Cambiar	깜비아르
영수증	Recibo	레씨보
반품	Devolver	데볼베르

긴급 상황

한글 뜻	스페인어	발음
도와주세요!	¡Ayúdame!	아유다메!
사람 살려!	¡Socorro!	소꼬로!
전화 좀 써도 될까요?	¿Se puede usar este teléfono?	쎄 뿌에데 우사르 에스떼 텔레포노?
경찰서는 어디입니까?	¿Dónde está la estación de policía?	돈데 에스따 라 에스따씨온 데 뽈리씨아?
경찰을 불러주십시오.	Por favor, llame a la policía.	뽀르 파보르, 야메 아 라 뽈리씨아
경찰서가 어디예요?	¿Dónde está la estación de policía?	돈데 에스따 라 에스따씨온 데 뽈리씨아?
여권을 잃어 버렸습니다.	He perdido mi pasaporte.	에 뻬르디노 미 빠사뽀르떼.
가방을 잃어버렸어요.	He perdido mi bolso.	에 뻬르디도 미 볼소.
화장실은 어디에 있습니까?	¿Dónde está el baño?	돈데 에스따 엘 바뇨?
입장료는 얼마입니까?	¿Cuánto cuesta la entrada?	꾸안또 꾸에스따 라 엔뜨라다?
제 지갑을 소매치기 당했어요.	Me han robado la cartera.	메 안 로바도 라 까르떼라.
지금 한국 대사관으로 연락해 주세요.	Por favor, llame ahora a la Embajada de Corea.	뽀르 파보르, 야메 아오라 알 라 엠바하다 데 꼬레아.
보험 처리가 됩니까?	¿Me cubre el seguro?	메 꾸브레 엘 세구로?
문제	Problema	쁘로블레마
외국인	Extranjero	에스뜨랑헤로
병원	Hospital	오스삐딸
경찰	Policía	뽈리씨아
분실물 취급소	Oficina de objetos perdidos	오피씨나 데 오브헤또스 뻬르디도스
여권	Pasaporte	빠사뽀르테
도난신고	Declaración de robo	데끌라라씨온 데 로보
강도	Ladrón	라드론
불	Fuego	푸에고
소화기	Extintor	엑쓰띵또르
보험회사	Compañía de seguros	꼼빠니아 데 세구로스

병원에서

한글 뜻	스페인어	발음
근처에 병원이 있어요?	¿Hay algún hospital por aquí cerca?	아이 알군 오스삐딸 뽀르 아끼 쎄르까?
OOO이 필요합니다.	Necesito OOO.	네세씨또 OOO.
약국은 어디에 있습니까?	¿Dónde hay una farmacia?	돈데 아이 우나 파르마씨아
진료 받으러 왔어요.	Vengo a la consulta médica.	벵고 알라 콘술따 메디까.
의사를 만나고 싶어요.	Quisiera ver al médico.	끼시에라 베르 알 메디꼬.
입원해야 합니까?	¿Tengo que hospitalizarme?	뗑고 께 오스삐딸리싸르메?
알레르기가 있어요?	¿Tiene alguna alergia?	띠에네 알구나 알레르히아?
밤에는 통증이 더 심해져요.	Me duele más por la noche.	메 두엘레 마스 뽀르 라 노체.
욱신욱신 쑤셔요.	Tengo dolores musculares.	뗑고 돌로레스 무스꿀라레스.
머리가 아픕니다.	Me duele la cabeza.	메 두엘레 라 까베싸.
배가 아픕니다.	Me duele el estómago.	메 두엘레 엘 에스또마고.
설사를 합니다.	Tengo diarrea.	뗑고 디아레아.
열이 있습니다.	Tengo fiebre.	뗑고 피에브레.
구토를 합니다.	Creo que voy a vomitar.	끄레오 께 보이 아 보미따르.
임산부예요.	Ella está embarazada.	에야 에스따 엠바라싸다.
아스피린 좀 주세요.	Deme una aspirina, por favor.	데메 우나 아스삐리나, 뽀르 파보르.
진통제 좀 주세요.	Deme un analgésico, por favor.	데메 운 아날헤시꼬, 뽀르 파보르.
멀미약이 있어요?	¿Tiene algún medicamento contra las náuseas?	띠에네 알군 메디까멘또 꼰뜨라 라스 나우세아스?
감기약이 있어요?	¿Tiene medicamento para el resfrío?	띠에네 메디까멘또 빠라 엘 레스프리오?
부작용이 있어요?	¿Tiene efectos secundarios?	띠에네 에펙또스 세꾼다리오스?
처방전	Prescripción	쁘레스끄립씨온
진찰	Examen médico	엑싸멘 메디꼬
알레르기	Alergia	알레르히아
주사	Inyección	인옉씨온

한글 뜻	스페인어	발음
검사	Examen	엑사멘
체온	Temperatura	뗌뻬라뚜라
증상	síntomas	씬또마스
엑스레이	Rayos X	라요스 에끼스

남미 식당가기, 메뉴판 읽기!
식당에서

한글 뜻	스페인어	발음
메뉴를 보여 주십시오.	Menú Por favor.	메누 뽀르 파보르.
한국어(영어)메뉴가 있습니까?	¿Tiene la carta en coreano (inglós)?	띠에네 라 까르따 엔 꼬레아노 (잉글레스)?
저도 같은 깃을 주십시오.	Yo también quiero lo mismo.	요 땀비엔 끼에로 로 미스모
이 식당에서 가장 잘하는 음식은 무엇인가요?	¿Cuál es la especialidad de la casa?	꾸알 에스 라 에스뻬씨알리닷 델 라 까사?
물 좀 주세요.	¿Me da agua, por favor?	메 다 아구아, 뽀르 파보르?
포장해 주세요.	Para llevar, por favor.	빠라 예바르, 뽀르 파보르
예약하고 싶습니다.	Quiero hacer una reservación.	끼에로 아쎄르 우나 레세르바시온.
이것은 주문한 것과 다릅니다.	Esto no es lo que yo he pedido.	에스또 노 에스 로 께 요 에 뻬디도.
계산서를 주십시오.	La cuenta, por favor.	라 꾸엔따, 뽀르 파보르.
지리 있어요?	¿Hay sitio?	아이 시띠오?
얼마나 기다려야 합니까?	¿Cuánto tiempo hay que esperar?	꾸안또 띠엠뽀 아이 께 에스뻬라르?
금연석으로 부탁해요.	No fumadores, por favor.	노 푸마도레스, 뽀르 파보르.
이건 어떤 요리죠?	¿Qué plato es este?	께 쁠라또 에스 에스떼?
이것은 어떻게 먹나요?	¿Cómo se come esto?	꼬모 세 꼬메 에스또?
건배하십시다. 건배!	¡Un brindis! ¡Salud!	운 브린디스! 살룻!

음료

한글 뜻	스페인어	발음
생수	Agua mineral	아구아 미네랄
음료	Bebida	베비다
콜라	Coca Cola	꼬까꼴라
오렌지 주스	Zumo de naranja	쑤모 데 나랑하
레모네이드	Limonada	리모나다
커피	Café	까페
맥주	Cerveza	쎄르베싸
레드와인	Vino tinto	비노 띤또
화이트 와인	Vino blanco	비노 블랑꼬
큰 것	Grande	그란데
작은 것	Pequeño	뻬께뇨

메뉴 구분

한글 뜻	스페인어	발음
전채요리	Entrada	엔뜨라다
특선요리	Plato especial	쁠라또 에스뻬씨알
고기	Carne	까르네
해산물 / 생선	Mariscos / Pescado	마리스꼬스 / 뻬스까도
디저트	Postre	뽀스뜨레

음식 재료

한글 뜻	스페인어	발음
소고기	Carne de vaca	까르네 데 바까
돼지고기	Carne de cerdo	까르네 데 세르도
닭고기	Pollo	뽀요
야채	Verduras	베르두라스
감자	Papa	빠빠

한글 뜻	스페인어	발음
양파	Cebolla	세보야
토마토	Tomate	또마떼
아보카도	Palta	빨타
마늘	Ajo	아호
후추	Pimienta	삐미엔따
고추	Chile/Aji	칠레/악히
소금	Sal	살
소스	Salsa	살사

요리 방법

한글 뜻	스페인어	발음
레어	Cruda/Jugoso	끄루다/후고소
미디엄	Término medio	떼르미노 메디오
웰던	Bien cocido	비엔 꼬시도
튀기기	Freír/Frita	프레이르/프리따
볶기	Saltear	살떼아르
굽기	Asar	아사르

과일

한글 뜻	스페인어	발음
레몬	Limón	리몬
오렌지	Naranja	나랑하
바나나	Plátano	쁠라따노
망고	Mango	망고
포도	Uva	우바
패션후르츠	Maracuyá	마라꾸야

이지 남미

멕시코+쿠바

페루·볼리비아·칠레·아르헨티나·브라질

2015년 11월 16일 초판 발행
2020년 2월 14일 제4개정판 1쇄 발행

지은이	차기열, 강혜원, 김현각
발행인	송민지
기획	박혜주, 강제능
경영지원	한창수
디자인	김영광
마케팅	오대진
제작지원	이현상

발행처	도서출판 피그마리온
	서울시 영등포구 선유로 55길 11(4층)
	전화 02-516-3923
	팩스 02-516-3921
	이메일 books@pygmalionbooks.com
	www.pygmalionbooks.com

브랜드	EASY & BOOKS
	EASY&BOOKS는 도서출판 피그마리온의 여행 출판 브랜드입니다.

등록번호	제313-2011-71호
등록일자	2009년 1월 9일

ISBN 979-11-85831-90-9
ISBN 979-11-85831-17-6(세트)
정가 23,000원